U0274390

普通高等教育“十五”国家级规划教材

面向21世纪课程教材

普通高等教育机械制造及自动化专业规划教材

机械设计学

第3版

主　编　黄靖远　高　志　陈祝林

参　编　徐颖强　徐海波　徐曾荫

李平林　刘丽春

主　审　郭可谦　朱　均

机械工业出版社

本书以“机械设计学”的学科思想为基础,以产品的“功能设计”和“结构设计”为核心内容,将设计的各种主要理论和技术问题在各章作了相应的介绍,最后以设计试验和优势设计结束。全书共十章,辅以各种优秀设计实例,以阐明理论与方法的应用。

本书以培养学生“能提出创新构思并能尽快将其转化为有竞争力的产品”的初步能力为目标,围绕影响产品竞争力的功能原理设计、实用化设计和商品化设计三个关键设计环节组织全书内容,体现“学科”与“应用”相结合的原则。

本书于1998年进行了第2版修订,增编了“优势设计”,加强了创造性设计和为竞争的优势而设计的内容,以适应日趋激烈的国际市场竞争的要求。

本书此次修订时,增补了“设计过程讨论”、“概念设计”、“质量功能配置(QFD)”、“质量屋”、“稳健设计”、“公理设计”、“绿色设计”以及“TRIZ”等新内容,并对原有内容作了修改、增补及重新编排。

本书可用作高等工科院校机械设计及制造专业的教学用书,也可供其他机械专业师生和机械类科技人员参考。

图书在版编目(CIP)数据

机械设计学/黄靖远,高志,陈祝林主编.—3版.—北京:机械工业出版社,2006.4(2022.1重印)

普通高等教育“十五”国家级规划教材

ISBN 978-7-111-06866-2

Ⅰ.机… Ⅱ.①黄…②高…③陈… Ⅲ.机械设计-高等学校:技术学校-教材 Ⅳ.TH122

中国版本图书馆CIP数据核字(2006)第004360号

机械工业出版社(北京市百万庄大街22号 邮政编码100037)

责任编辑:刘小慧 冯 铁 赵亚敏 版式设计:冉晓华

责任校对:张 媛 封面设计:张 静

责任印制:郜 敏

北京富资园科技发展有限公司印刷

2022年1月第3版第15次印刷

184mm×260mm · 24印张 · 588千字

标准书号:ISBN 978-7-111-06866-2

定价:49.80元

凡购本书,如有缺页、倒页、脱页,由本社发行部调换

电话服务

服务咨询热线:010-88379833

读者购书热线:010-88379649

网络服务

机 工 官 网:www.cmpbook.com

机 工 官 博:weibo.com/cmp1952

教育服务网:www.cmpedu.com

金 书 网:www.golden-book.com

第3版前言

本书第2版自1999年5月出版以来，至今已经第7次印刷，印数已达4万余册，2002年10月荣获全国普通高等学校优秀教材二等奖，并被定为“面向21世纪课程教材”“普通高等教育‘九五’国家级重点教材”“普通高等教育“十五”国家级规划教材”和“普通高等教育机械制造及自动化专业规划教材”。

近年来，我们见到了美国出版的两本“设计学”教材，一本是David G. Ullman编写的《The Mechanical Design Process》，另一本是Kevin N. Otto和Kristin L. Wood合著的《Product Design》。这两本书的共同特点是，明确强调了它们的内容是阐述“产品设计”方面的思想、理论、技术和方法的。对于那些针对“机构”和“零件结构”的设计技术，在书中仅作为基础知识处理。“产品设计”的主要问题是“怎样产生产品的概念?”“怎样评价产品的概念?”以及“怎样组织产品设计的过程，才能获得有竞争力的优秀产品?”

早在20世纪80年代，本书第1版编写之前，我国就引进过前联邦德国和欧洲的“设计学”(Konstruktionslehre)，本书第1版的主要参考资料就是前联邦德国的“设计学”。其实前联邦德国的“设计学”就是这里所说的“产品设计”。但是当时很多学者以习惯的思维来对待前联邦德国的设计学，把它视同与以前其他设计技术和方法一样，并且冠以“设计方法学”的名称，模糊了“产品设计”的主题。

德国人当时没有明确地举起“产品设计”的旗号，美国的这两本书则明确地提出了“产品设计”的目标，直至把它作为书名。书中有很多内容与前联邦德国的“设计学”的内容是一致的。这两本书的出现是一个重要的标志，说明“产品设计”经过多年的发展，已经成为一门成熟的学科。

对照我国近年来的研究成果和现在美国的这两本教材，我们这本教材怎样改进呢?

1. 应该更加明确地强调“产品设计”的目标

本教材在第1版编写时，虽然已经提出了“……尽量使学生具有初步的‘能提出创新构思并能尽快将其转化为有竞争力的产品的能力。’”明确了培养“产品设计”能力的方向，并且在教材内容上安排了影响产品竞争力的三个关键设计环节：功能原理设计、实用化设计和商品化设计。第2版修订中又加强了创造性设计和优势设计的内容。但是，从全书的内容来看，缺乏强调产品设计的点睛之笔。例如，从书名《机械设计学》看，就很难让读者看出和传统的“机械设计”有什么区别。

2. 加强和引进与“产品设计”有关的内容

本教材从第1版起就强调了“功能原理设计”这一产品设计的核心内容。在第2版修订中又有所加强。在美国教材《产品设计》中，也有大量的篇幅对“功能设计”作了详细的阐述，说明我们当时的处理是恰当的。但是，我们的教材中，关于“怎样产生产品的概念?”，“怎样评价产品的概念?”等有关“概念设计”方面，却是很薄弱的。

这次修订，我们加强了“产品设计”有关内容的阐述。

3. 引进近年来新出现的一些设计思想、技术和方法

近年来设计领域内出现了一些例如“质量功能配置（Quality Function Deployment)”、“质

量屋（House of Quality）”、“稳健设计（Robust Design）”、“公理设计（Axiomatic Design）”、“绿色设计（Green Design）”以及“TRIZ（发明问题解决方法）”等与产品设计有关的新的设计思想、技术与方法。这些内容在上述两本美国教材中都有所反映。

这次修订，我们也在相应章节和附录中作出安排。另外，在附录中，我们加入了由陈祝林老师引入的德国的“设计学”作业范例，供各校老师在教学中参考。

欧美等国产品竞争力的强大优势，我国产品竞争力的相对软弱，也许和我们是否对“产品设计”这门学科给予足够的重视不无关系。目前我国在产品设计方面提出了“推动设计革命，逐步形成具有中国特色的产品设计风格”，相信我国的产品，不久的将来也会在国际市场上扬眉吐气。

这次修订距第1版的编写已经经过了14个年头。长江后浪推前浪，参加修订的人员也有很大的变化，年轻化了。参加修订的有高志（编写第五、六章，参编第七章部分），陈祝林（编写第九章，参编第六章部分），徐海波（参编第四章部分），徐曾荫（编写第四章部分），李平林（编写第二章，参编第七章部分），徐颖强（参编第七、八章部分），刘丽春（编写第八章），黄靖远（编写第一、三、十章）。

本书由黄靖远（主编一、二、三、四、八、十章），高志（主编第五、六章），陈祝林（主编第七、九章）任主编。北京航空航天大学郭可谦教授（主审一、二、三、四、五、六章）、西安交通大学朱均教授（主审七、八、九、十章）任主审，他们做了非常认真、细致的审查。

感谢在第1版和第2版中参加编写的各位老师，他们在本书的形成和发展过程中所作出的贡献，将永远值得后来的读者感谢和纪念！

编　者

第2版前言

《机械设计学》第1版在1991年10月出版，至今已经第5次印刷，印数近3万册，1996年荣获机械工业部优秀教材二等奖。

在6~7年的使用过程中，一方面满足了新建的“机械设计及制造专业”教学的急需，同时也通过广泛的使用，积累了大量的改进建议，为这次修订提供了宝贵的参考。

1）“功能”是机器的灵魂，但是过去的机械设计教育几乎没有“功能设计”的教学内容，例如机械原理课程讲缝纫机，只讲它的机构组成，而没有一本书讲它的“穿梭功能”，这恰恰把机械设计中最富创造性的内容漏掉了。

美国人首先觉悟，40年代有人提出“人们购买的不是机器本身（机构或结构），而是它所具有的功能”。这个极富哲理的思想，在美国也经过了30多年才被人们理解和接受。

第1版的编写，我们注意到了这一点并在教材中有所体现。1991年在合肥工大举办的教材研讨会上也宣传了这个思想，不少学校在教学中注意到这一点并有所发挥，取得了很好的效果。但也有一些学校，由于没有参加研讨会，并且由于受到当时流行的“设计方法学”思想的影响，把这部分内容用“设计方法学”的概念和思想来讲述，结果不很好，学生反映空洞抽象。而按“功能”思想进行教学的大部分学校，学生反映很好，甚至连机制专业的学生也纷纷选听这门课。

当然，第1版在编写时，在功能思想的表达和组织方面，还有很多不足之处，以至使有些学校仍把这一内容当作“设计方法学”来讲。这是我们这次修订着重改进的重点。

为配合“功能”教学，我们录制了“打字机功能原理的演进”、“复印机的功能原理”、“缝纫机功能原理分析”、“点钞机功能分析”等录像教育片，收到了很好的效果，建议今后能更好地组织这方面的工作。此外，各校还组织了一些配合功能分析的优秀设计实例分析的实验课程，效果也很好，建议今后加强交流，更好地提高实验效果。

2）“创造力”是一个民族进步的灵魂，工程教育本质上是一种创造性教育，设计和科研这两者的基本区别在于前者是“创造”，后者是“发现”，设计教育是贯彻创造性教育的最理想的阵地，过去的设计教育，在创造性培养方面几乎没有注意，以至使我国目前很多企业几乎难以适应当前急需的开发有竞争力的产品的任务。

在第1版的编写中，我们已经注意到创造性教育，在相应的章节中也设置了相应的教学内容，不少学校在教学中注意到这一点，并通过作业和课堂训练加强了创造性训练，收到了很好的效果，也有些学校，由于如前所述的原因，强调某些“设计步骤”和“设计进程”的教育，忽略了创造性的训练和培养，使得本来应该是生动活泼的创造性构思训练，变成了死板、僵硬的设计程式的讲述，很难引起学生的学习兴趣。在这方面，我们在教材编写中也有不少不足之处，在这次修订中已经加以改进和提高，务求使创造性教育成为本课程教育的一大特色。

创造性教育不能只通过说教来进行，需要通过生动活泼、多种多样的教学形式来实现，目前我们采用课堂讨论以及课外的设计竞赛等方式来激发学生的创造积极性和培养学生的创造意识，另外，有的学校还开设了“机械设计创新构思与实践”选修课，还正在编写“机械系统构思设计”教材，选编各种优秀设计实例，供学生进行创造性活动时参考。

3）21 世纪是一个以世界性的激烈的经济竞争为特色的世纪，有人说“21 世纪将是设计的世纪”，正是指的这样的时代特点。美国人在 90 年代才意识到光有先进的科技还不一定能在商品竞争中取胜，必须通过先进的设计，使自己的产品富有竞争力，才能在经济竞争中取得优势。因此他们在 1991 年提出了“为竞争的优势而设计。(Designing for Competitive Advantage）的口号，作为改善他们的设计教育的方向。

本教材在编写中也提出了使学生具有“能提出创新构思并能尽快将其转化为有竞争力的产品”的能力作为本课程的教学宗旨。为达到这个目的，教材把对竞争力有重要影响的“功能原理设计”、“实用化设计”和“商品化设计”三个重要环节作主线来组织教学过程。有的学校结合教学，运用设计学思想，设计成功了有竞争力的产品，并打入了国际市场。虽然，目前这还只是个别的例子，我们相信，今后将会有更多的学校在自己的教学实践中，产生更多的成功的实例，这些成功的优秀设计实例，将使“设计学”教学更加生动，更具生命力，“设计学”的内容也将更加充实。目前，有关实用化设计中的“总体设计”、“结构合理化”、“人机工程学”以及商品化设计中有关“工业设计”、“模块化、系列化”、“价值工程”等内容虽然反映了先进的设计思想，但还需要用我们自己的优秀设计实例来加以充实，才能使教学内容更生动，更有说服力，教学效果才能更好。

世界正进入以知识为基础的经济的时代，世界市场的产品竞争将更加激烈，为了使本课程更好地体现面向 21 世纪的特色，在教材中加入“优势设计”的思想和教学内容，这是这次修订增补的内容。

“九五”教材建设是跨世纪工程，在第二届机械设计及制造教学指导小组的具体指导和组织下，顺利地完成了这次修订工作。大部分章节都作了重要的修改和增补，每章都加上了习题。

参加本教材修订的有：西安交通大学徐曾荫（第四章），西北工业大学刘丽春（第八章），哈尔滨工业大学贾延林（第六章），同济大学陈祝林（第九章），重庆大学龚剑霞（第五章及第七章部分），程燕青（第七章部分），清华大学李平林（第二章及第七章部分），黄靖远（第一章、第三章及第十章）。

黄靖远、龚剑霞、贾延林任主编，北京航空航天大学郭可谦教授、西安交通大学朱均教授任主审，他们做了非常细致而认真的审查。

希望使用本教材的读者，进一步提出宝贵的具体修改意见，以供下一次修改参考。

编 者

1998 年 9 月

第1版前言

作为机械设计及制造专业教学指导委员会规定的第一门专业主干课，本教材应能反映出专业的特色。本教材在教指委的指导下，总结多年本专业教学实践和机械产品设计的经验，努力提炼“机械设计学”的学科思想并以之为基础，力求在课程内容体系上能做到科学、系统、完整地反映出学科思想。

原有其它机械类专业的专业课程，内容和体系都相当成熟，而本教材为新专业的新编教材，在内容体系和编写水平上自然难以相比。为了在教学中尽量使学生具有初步的“能提出创新构思并能尽快将其转化为有竞争力的产品”的能力，本教材围绕影响产品竞争力的三个关键设计环节，按功能原理设计、实用化设计和商品化设计来组织课程内容，力求使学生的能力更符合当前国家建设的需要。

对比相近的课程，本课程更强调实质性问题的研究，强调基本知识、原则、规律、经验、设计实践以及实验验证的重要性；不倾向于研究设计阶段、设计进程、过程战略等方法。

参加本教材编写的有：西安交通大学牛锡传（第一章），哈尔滨工业大学贾延林（第六章），同济大学仲正华（第四章），毛培芳（第九章及第二章部分），北京航空航天大学李恩至（第六章部分），重庆大学张静如（第七章）、龚剑霞（第五章及第七章部分）、西北工业大学刘丽春（第八章），清华大学李平林（第七章部分及第二章部分），黄靖远（第三章及第二章部分）。

北京航空航天大学郭可谦教授任主审。黄靖远、龚剑霞任主编。

希望使用本教材的读者提出宝贵的具体修改意见，以供下一次修改参考。

编 者

1991年3月

目 录

第一章 绪 论

第二次世界大战结束（20 世纪 50 年代）后，世界形热从军事斗争转入以经济竞争为主的状态，人们开始从经济竞争中看到产品设计的重要性，于是逐渐对设计这门传统的学科形成了一些新的认识。主要有 3 个方面：

1）自古至今，人类一切物质文明都是设计的产物。

2）设计和科学研究以及技术三者的出发点、目标和结果都是不同的，因而其过程也是不同的。

3）要为竞争的优势而设计，经济的发展主要是市场驱动而不完全是技术驱动，因而，要更加注重针对“产品”的设计理论与方法的研究。

在这 3 个新的认识的推动下，20 世纪 50 年代以后，人们开始把“产品设计”作为一门独立的学科来研究，并逐渐形成了“机械设计学”（以产品为对象）这门新的学科。

这 3 个新的认识是现代机械产品设计学科产生的认识基础。

第一节　设计与文明

人类从一开始学会拿木棍橇石头，一开始学会钻木取火，就学会了设计。用杠杆橇石头是实现一种简单的动作功能；钻木取火，则是实现一种工艺功能。

可以说，自从人类学会了劳动，学会制造和使用工具，就开始学会了设计。从此以后，人类设计和制造了石器，设计建造了房屋，设计烧制了陶器，设计制造了贝壳项链……人类在进化过程中不断提高着自己的劳动技能，也同时提高了自身的创造才能，他们设计并制造了衣食住行种种物质产品，在创造性劳动中进行创造性设计。在创造性劳动和设计中丰富了人类的物质文明，同时促进了人类自身的精神文明的成长。在劳动和创造的实践中，精神和思想逐渐得到发展，变得越来越丰富，越来越高级，形成了人类大大区别于动物的文明。

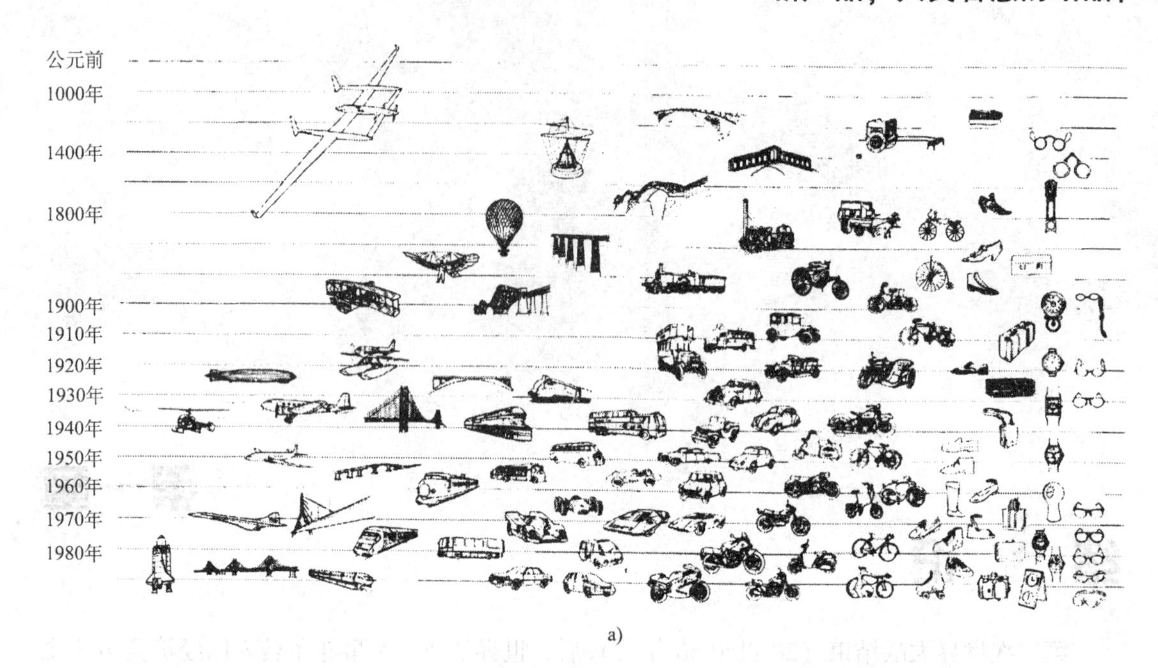

a)

图 1-1　人类设计的产物、智慧的结晶

可以说，自人类进化以来，一切物质文明的产物都体现了人类的创造能力。拿今天的观点看，创造是一种从构思到实现的过程，是为了满足某种需求而进行的一种人类特有的活动，这种活动，今天就叫做“设计”。所以说，人类的一切物质文明都是设计的产物。从古埃及的金字塔到中国的长城，从犁锄到计里鼓车，无一不是设计的结晶。

人类在劳动中进化，在进化中锻炼了自身的劳动能力和思维能力。这两种能力的结合就形成了一种特殊的能力——创造性设计的能力。设计不是一种单纯的思维能力，它必须通过制作使产品得以实现。设计也不是一种单纯的制作技能，它必须通过创造性思维以创造出过去没有的或者比过去更好的物质产品。古代保留至今的辉煌的物质文明充分体现出古代人类的创造性设计能力。可以说，正是人类设计能力的进步和发展，才使人类的精神文明和物质文明得以以一种物质与精神相结合的形式保存在世界上，并且越来越发展、提高，直到今天、明天……以至无穷。反过来，人类物质文明和精神文明的积累和提高，也大大提高了人类的创造能力和设计能力。

第二节　设计与国家竞争力

设计的成果是以物质形式体现在人们眼前的实物，其中一部分成为文物，例如长城、金字塔，但更大的部分是作为一种产品，以商品的形式进入市场。图 1-1 展示了人类自古至今的各种设计创造的产物。在 18 世纪以前，这些产物大都成为一些伟大的文物，而在此之后，设计的产物就逐渐以商品的形式进入市场，开始了市场竞争，图中也显示出现代工业产品的市场竞争的历史还不很长，只有100年左右，未来对于所有国家来说都是充满机遇的。第

新产品，美好生活的象征！

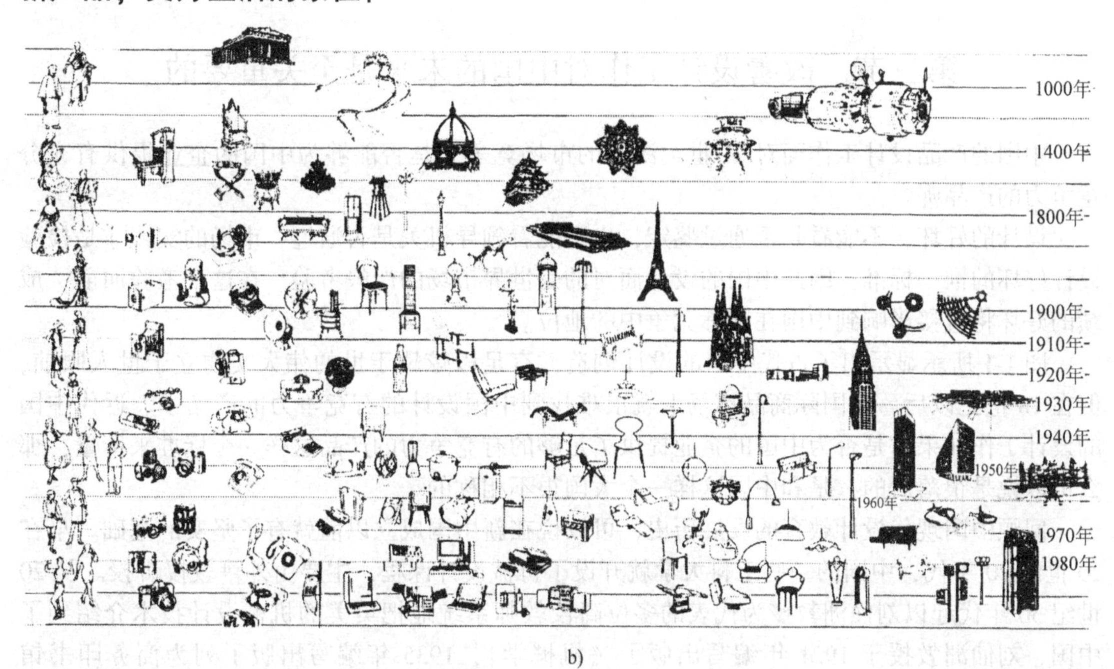

b)

从文物到竞争性产品的发展

二次世界大战以后，国际间的经济竞争日益突出。经济竞争主要体现在国际市场的商品竞争。而商品竞争说到底是各国的设计与制造水平的竞争。世界各发达国家在第二次世界大战之后在激烈的经济竞争面前已经逐渐认识到设计和竞争的重要关系。20 世纪 50 年代初，联邦德国有感于第二次世界大战之后“Made in USA”的产品充斥联邦德国市场，力图重新树立“Made in Germany”的产品信誉，首先提出了“关键在于设计（Der Engpass ist die Konstruktion）”的口号，英国在20 世纪80 年代也认识到了这一点，而美国则认识较晚。美国在第二次世界大战之后，一直自认为是科技大国。1957 年 10 月 4 日前苏联卫星上天，美国受到一次强烈的冲击，随即在国内开展了大规模的创造性活动，取得了很大成效。但是科技先进和创造性发达并不能直接解决产品的竞争力，科学和技术必须通过“设计”这个环节才能变成有竞争力的产品。20 世纪 90 年代末，美国人才恍然大悟，才知道加强设计教育、研究和实践的重要性，并提出了“为竞争的优势而设计（Designing for competitive advantage）”的口号，并说“这对美国的未来是至关重要的”。正因为人们认识到设计直接影响国际经济竞争，因此有人说“21 世纪将是设计的世纪”。现在可以说没有一个国家可以脱离世界市场。闭关自守的后果就是自己扼杀自己的经济。既然不能脱离世界市场，就应该投入国际产品竞争。面向国际市场的产品竞争就必须依靠产品创新设计技术。

有人形容整个地球是一个“地球村”，这是说现代信息技术已经冲破各种国界的约束，包括经济活动在内，世界市场已经无处不在，要想摆脱这个市场独立发展自己的国民经济，已经证明只会越来越落后。只有面对这个现实，奋起直追参与竞争，“这对中国的未来也是至关重要的”。

当然，设计对于国内市场的竞争来说，也是同样重要的，在国内市场上没有竞争力的产品，就更难到国际市场上求得发展。实际上，中国市场也是国际市场的一部分。

第三节　改善设计工作对中国的未来是至关重要的

中国的产品设计工作面对21世纪激烈的市场竞争，是否能够为中国的企业提供有充分竞争力的产品呢？

设计的好坏，不能看是否通过鉴定，也不能看领导机关是否通过，市场的实践才是检验设计好坏的惟一标准，因此中国的设计面对的是世界市场的严峻考验。在这个考验面前，成绩的好坏将直接影响到中国在国际竞争中的地位。

图1-1所示显示出了古代中国的设计创造，有足以炫耀于世的伟大文物立于世人眼前，但在18世纪以后，在国际商品市场上就很难找到中国设计的有竞争力的产品了。近代中国的设计工作如果拿是否为中国的企业提供了足够的有竞争力的产品这样一个标准来衡量，那么可以说是很落后的，是和中国这样一个大国很不相称的。

回顾中国现代设计教育的发展历史，可以说在新中国成立以前就有了坚实的基础。早在20世纪20年代，中国的一些工科大学就开设了机械设计课程，主要由外籍教授讲授。从20世纪30年代起以刘仙洲教授为代表的多位高校教师系统地把英美的机械设计技术介绍到了中国，刘仙洲教授于1921年编写出版了《机械学》，1935年编写出版了列为商务印书馆《大学丛书》之一的《机械原理》，并最早在清华大学亲自授课，造就了一批中国早期的机械设计人才。20世纪50年代以后，中国高校全面引进了前苏联的机械原理和机械零件教材以及系统的教学手段（习题、模型、实验、课程设计……），其教学内容基本上类同于德国的学术体系，在这个期间培养的机械设计人才都有相当深厚的学术基础和扎实的基本功，他们在中国的各大机械企业中发挥了骨干的作用，和国外的同时代的机械设计教学相比，可以说毫不逊色。

进入20世纪70年代以后，世界各先进工业国家逐渐认识到面对的是世界市场竞争，就提供竞争产品而言人们手中的重要武器就是“设计”。这些国家很早就把“设计学”从“机械学”中分列出来，并逐渐发展了各有特色的面向市场竞争的设计技术和设计教育体系。中国在20世纪70年代中，就已经开始在国内开展了关于“设计思想”的研究和讨论，20世纪80年代初就有人从国外引进英、美、联邦德国和丹麦等国的各种“设计学”知识，组织和开展了设计学学术讨论。但是没有处理好“设计学”和“机械学”的关系，没有认识到“传统设计”“创新设计”和“竞争性设计”的区别，没有解决好个别设计技术和“按产品实现过程”（Product Realization Process）”来进行产品的全寿命设计的关系。因此近30年来，虽然有了很好的现代设计单项技术（优化、可靠性、CAD……），但是中国的产品在市场上的竞争力并没有因此而有明显加强。其中主要原因在于我们所做的各种引进、发展、教育、研究都几乎没有和“面向国际市场的竞争”这一目标紧紧地挂起钩来。

面对21世纪，人们必须清醒地认识到，只有改善设计教育、研究和实践，使之和“市场竞争”紧密联系起来，中国的设计工作才能真正发挥对国民经济的重要支持作用。可以说，“这对中国的未来也是至关重要的”。

当然设计和制造是密不可分的，只有先进的制造技术，生产出来的也许是“落后的高质量产品”；反之，如果只有先进的设计技术，向市场提供的可能是“质量很差的先进产品。”

设计是核心，制造是基础，两者决不能偏废。

第四节 设计与科学研究

一个好的产品设计不能离开科学技术的强大支持，可以说没有高水平的科学研究就没有高水平的设计。

但是人们的认识往往存在另一种片面性，以为有了高水平的科学研究就自然会有高水平的产品设计。这种认识使得一些科技发达的国家在国际市场竞争中失利了。他们总结教训才明白，设计和科学研究并不是一回事，两者在出发点、目标和结果方面都是不同的，如表1-1所示。

表1-1 设计与科研的区别

	出发点	目 标	结 果
科学研究	求知欲、好奇心	发现自然规律	更好地认识客观世界
产品设计	需求	发明新产品	创造一个更好的新世界

两者不仅出发点、目标和结果不同，而且所需要的知识基础也不尽相同。科学研究需要在已有知识和技术能力的基础上运用假设、分析和实验等方法来探索自然规律，而设计则是需要广泛得多的知识，不仅需要自然科学知识，还需要工程科学知识、工程技术知识以及人机学、美学、社会学、心理学、经济学和生态学等知识。

在实际工作中，设计和科学研究是相互渗透的。设计一个新产品，当要采用一些新技术，要作一些创新尝试时，就必须进行一些实验、研究甚至于作一些应用基础研究或潜在的基础研究工作，以证明设计的合理性或是说寻求最理想的设计方案。

反过来，在科学研究中，也常常需要一些特殊的工具和实验装置，这就需要通过设计来获得。例如在作粒子碰撞研究时，要设计很复杂的加速器，这种加速器就是一种为满足科研需求而设计的装置。加速器的研制更多的是属于设计的范畴。

尽管设计和科学研究常常是相互渗透的，但是不能不强调，设计区别于科学研究的地方是更需要人们的创造力，并通过各种工艺手段去创造世界上还没有的东西，实现人们的构思，最后做出能实现人们希望实现的功能的产品来。

当人们的科学知识越来越丰富的时候，人们设计产品的技术含量和水平也更高。但是如果人们有了丰富的科学知识而缺乏创造力，也就是没有相应的设计能力时，他们很可能做不出很好的产品来放到市场上去参加竞争。常常有这样的情况，一个国家做出了科研新成果，而另一国家却先用这个成果做出了新产品，并抢先取得了市场竞争的优势。这不能不说是一种遗憾，但也说明了设计在竞争中的重要意义。

在此，有必要对科学、技术和设计三者的区别作一些分析，这对中国科学、技术和设计的发展也许有重要的意义。

科学（Science）和技术（Technology）是完全不同的两个概念，中国人用“科技”一词作为科学和技术连称的缩写（相当于S&T）。但是许多人把这两个不同的概念混在一起了，很多人不完全清楚“科学”和“技术”两者是否有严格的区别。

科学是指那些基础性的研究，例如数学、物理、化学、天文、地理、生物……；技术则主要是指制造工艺（包括材料的制备、加工、处理）以及各种制作的技巧、经验等。显然，技术是更直接为制造产品服务的。前面列表说明了科学研究和设计的关系，这里也可以列表表示技术和设计的关系，如表1-2所示。

表1-2　技术与设计的区别

	出发点	目　标	结　果
技术	制造	开发新工艺和新材料	制造出更好的零件和产品
设计	需求	发明新产品	创造一个更好的新世界

当然技术一词在中国也有外延的意义，不完全专指具体物质性的制造技巧，例如设计技术、驾驶技术、运动技术等。但是，其含义始终是指那些操作性的技能。表中所指是工业方面Technology的基本含义。

日本在20世纪80年代明确提出“技术立国”的口号，目的是提高产品的制造技术水平，使其产品在国际市场上取得竞争地位，他们达到了目的；20世纪90年代提出“科学立国”的口号，想要在经济上取得强大优势的基础上，发展基础研究，增强经济的后劲；21世纪初，又进一步提出了“知识立国”的口号，要在产品设计的知识产权上取得优势地位，各大企业在外国大量申报国际专利，加强和稳固经济上的竞争优势。他们对科学、技术和设计三者相互关系的认识是相当清楚的。

混淆科学和技术的界线，其结果往往是用科研的方式处理技术问题，不求将技术成果转化为生产力，而只求发表论文，使国家花费大量的人力物力，不能实现经济实力的高速增长。

如果只强调“科学和技术”的重要性，不注意产品设计的作用，结果是没有很多有本国自主知识产权的产品参与国际市场竞争。对设计的重视，很多国家并不是一开始就注意到了，而是在第二次世界大战之后，随着国际市场产品竞争的发展而逐渐清醒地认识到的。例如美国，直到20世纪80年代，因为国内市场受到日本产品的冲击，才省悟过来并提出了“为竞争的优势而设计”的口号，并强调“这对美国的未来是至关重要的”。

应该说，科学、技术和设计三者是互相紧密关联和支持的，但他们的地位和作用又是有重大区别的，应该很好把握和处理好三者的关系，这对国民经济的健康发展和提高国家竞争力是至关重要的。

第五节　近代设计科学的重大发展

在世界性的经济竞争中，真正的战场是市场，要占领市场就要有具有竞争力的产品，有竞争力的商品就是武器。在这样的形势下，第二次世界大战以后，设计科学出现了重大的发展，其中最有深远影响的是三个方面：“功能”思想的提出和发展、“人机工程”学科的兴起以及“工业设计”学科的成熟。为了说明这三个方面的核心内容，有必要简要回顾设计科学的发展历史。

一、“设计学”从古代到现代的三个发展阶段

设计科学发展的历史应该以古代人类发明工具开始算起。由于生产、生活和战争的需要，推动了各种工具、器具和武器的发明，其中所用到的知识主要涉及初步的材料知识和力

学原理（如杠杆原理等）。这一时期可以以16世纪达芬奇的创造活动为顶点，这一时期“设计”活动的特点是有了原始的功能思想——为了实现某种“功能目标”而创造发明成功某种器械。但是由于作为机械设计的基础知识——力学（运动学→动力学）尚未成熟，因此这一阶段的设计最高水平就是达芬奇所构思的齿轮、螺旋，而中国的记里鼓车和秦代就出现的齿轮传动则比达·芬奇更早地达到了这个水平。

设计学发展的第二阶段可以以1854年德国学者劳莱克斯（Reuleaux. F）作为起点。他写了《机械制造中的设计学》一书。在这之前，机械设计学是融于数学、力学和物理学之中的。以经典力学为基础的机构学，此时已经得到充分的发展，劳莱克斯首先把力学和机械制造作为机械设计的基础，建立了“机械设计”的基本体系，从此德国的机械设计学术体系成为欧洲、俄国和美国的样板，把设计学分为“机构学（机械原理）”和“机械零件（机械设计）”两门课程来进行教学，显然这两门课程的基础主要是理论力学和材料力学。

机械学学科中最早达到成熟阶段的是“机构学”，它实际上是理论力学中的运动学的应用，20世纪的学者把“运动学”作为机械学发展的第一里程碑。20世纪50年代前后，动力学得到了充分的发展，并成为机械学发展的第二里程碑。

在运动学和动力学发展成熟的同时，实际上同时发展了以材料力学为基础的其他一些机械学的分支学科，例如摩擦学、断裂力学、流体力学……

这一阶段的“设计学”其实只是“机械学”，人们忽略了“设计学”的核心是“功能”，而一心一意去研究运动学、动力学和强度、断裂、摩擦等问题，以至于人们忘记了“设计学”本身还有更重要的内容应该去研究。尽管如此，“机械学”的发展对于“设计学”来说是一个重要的基础。坚实的基础将不断支持和推动“设计学”的发展。

设计学发展的第三阶段可以以1947年美国工程师麦尔斯（L. D. Miles）提出“功能”的概念算起。从此，设计学的发展又回到“设计学”本身应该重点研究和发展的内容上来了。在这一时期，有3个重要的，对“设计学”有深远影响的学科内容被提出并逐渐取得了发展和成熟，这就是：①“功能”思想的提出和发展；②“人机学”思想的形成和发展；③“工业设计”学术体系的发展和成熟。这三个方面形成了现代“设计学”的核心内容。

二、近代“设计学”的重大发展

第二次世界大战以后，“设计学”作为第二阶段的继续，在“机械学”的结构设计方面取得了进一步的发展，例如在摩擦学、振动与噪声、断裂力学等方面。同时随着计算机科学的发展，作为设计工具和手段的计算机辅助设计（CAD）以及应用计算机的优化、有限元、可靠性等也以很快的速度进入设计技术领域，使现代设计技术面貌一新。近年来还出现了“并行工程（Concurrent Engineering）”等基于信息网络的异地协同快速设计技术，以及CAD/CAM一体化技术。计算机在机械设计中的应用，对设计科学起了一个“冲击”性的推动作用。

计算机的引入尽管产生了令人眼花缭乱的视觉冲击和达到了令传统的手工设计难以想象的效果和速度，但是对于“设计学”来说，真正激动人心的则是三项“设计学”核心技术的萌芽和发展。

1. “功能”（Function）思想的提出和发展

1947年，美国工程师麦尔斯创立了“价值工程（Value Engineering）”。他真正重要的贡献不在于“价值工程”本身，而在于他提出的“功能”思想。他在工作中由于工作室地板损坏，需要寻找一种代用材料来修理，引发了他的关于“功能”的想法，最后他提出一句重要的富有哲理性的名言：“顾客购买的不是产品本身，而是产品所具有的功能”，明确说明了“功能”是产品的核心和本质。这句话在美国技术界也经过了足足30多年才被人们理解和接受。

其实，在20世纪40年代以前的一些机械科技书中，早就提出过“功能”的概念，但是过去从事设计的人们头脑里想的都是机构、结构、运动学、动力学、强度、刚度、振动……甚至在设计教科书中也几乎不提功能的概念，人们“淡忘”了这个早已出现过的概念。而一个产品的设计，首先应该考虑的是要实现什么功能和怎样更好地实现所需的功能。

自从“功能”概念被重新理解和接受以后，在设计领域产生了重大的影响，在产品设计中引发了“功能原理”不断翻新的新气象。

过去的设计师，在进行产品设计时，似乎“功能”问题是已经由别人规定了的，或者是过去的发明人已经解决了的，不必由设计师来考虑，一个设计师似乎只是从机构和结构方面来完成该产品的设计，久而久之，很少人从功能的角度去考虑改进产品。

自从“功能”概念被重新提出以后，人们开始认识到，既然人们购买的是产品所具有的功能，那么在保证实现功能的前提下，可以采用各种不同原理、机构和结构来实现所要求的功能，而不一定非要采用原有的原理、机构和结构。从哲学的观点来看，这是一对“形式”和“本质”的范畴，也就是功能是本质，而所采用的具体结构是形式，只要本质不变，形式可以是变化的。于是20世纪70年代以后在产品设计中，出现了种种革新，流行了近百年的字头式打印机，到20世纪80年代出现了点阵式针式打印机，继而出现了喷墨打印机、激光打印机，人们终于看到了“功能”思想的巨大威力。在20世纪70年代之前，每一种产品似乎都有几十年不变的历史，它们的原理、结构甚至外形都没有太大的变化，似乎只有这样的结构和外形才能被称为是这种“产品”。但是“功能思想”打破了这种习惯，人们开始寻找不同的原理、结构和外形来实现同一种功能，而且有可能使这种功能实现得更完美、更理想。

“功能”思想从此重新成为“设计学”的最重要的概念。

用功能观点回顾第二阶段的“设计学”，可以说，当时人们过分热衷于用力学、数学对机构学的研究，以至于看不到机器的“功能”是值得研究的。这一时期的“设计学”更确切地说是属于“机械学”的天下。也就是要人们用更合理的机构、结构去完善别人已经创造了的能实现某种功能的机器，而不希望人们去研究功能本身。

要进入“设计学”发展的第三阶段，必须要掌握“机械学”的全部知识作为设计的基础知识，同时必须站在“机械学”的肩膀上，去探求第三阶段的新精神——“功能”。

功能，这个在远古人类发明杠杆时就涉及到的概念，经过人们长时期的冷落和遗忘，现在又以更鲜明的形象站到“设计学”的前排来了，它将在今天的“设计学”学科中扮演真正的主角。

2.“人机学（Ergonomics，Human Factor）”思想的形成和发展

第二次世界大战中，空战中的射击手发现瞄准了敌机但往往打不到目标的情况，一开始以为纯粹是风速和相对运动的问题，后来才发现，误差还和射击手的反应时间有关，即从脑子想击发到手指扣动扳机有一个延迟时间，这个时间在不同人、不同情绪等情况下都是不同的，另外还和扳机的构造及运动状况有关。

“机器”从古代出现的时候起，就和使用者——人发生了密不可分的关系。例如武器中的刀柄，就是一种典型的人机结构，既要使手能握住，还要握得舒服、稳妥，还要考虑护手。

但是，曾经有一段时间人们忘记了人和机器的密切关系，在设计机器时不把人机接口作为一个重要的问题来处理，以至于使操作者在工作中出现不舒服、效率低，甚至造成职业病的情况。另一种倾向是人们以为今后机器向着自动化的方面发展，因此也不去认真考虑人机接口的合理化问题。

今天人们对“人机学”已经有了一个全新的、更深刻的认识，对人机学的研究已经从生理、心理发展到思想感情，从按钮、手柄发展到环境、情绪。

今天几乎可以在任何场合看到“人机学”研究的成果，可以在一切机器上找到应该考虑的人机学问题。

人们已经认识到，人和机器的密切关系是客观现实，也是不可能被自动化代替的真实领域，必须把“人机学”作为一个永恒的课题来对待。

“人机学”的思想已经从狭隘的“工效学”发展到涉及整个企业的“工业工程”。

“宜人”的宗旨已经成为现代机械设计不能丝毫疏忽的观念。

3. “工业设计（Industrial Design）”学科体系的发展和成熟

1851 年，在展示工业革命中出现的刚强有力的机械产品的大英博览会中，有一个母亲带着 9 岁的孩子参观了博览会。这个孩子在钢铁机械面前发出了“太可怕了”的惊呼。这个孩子就是后来成为“工业设计之父”的莫里斯（W. Morris），从此他毕生从事美化机器的工作。

他提出了“艺术第一，技术第二”的观点。但是由于他的这个观点，使英国的工业损失了几十年。

第二次世界大战前在德国出现的“包豪斯（Bauhaus）”，正确地总结了工业产品设计的原则，提出了“技术第一，艺术第二”的正确口号，从此“工业设计”走上了正确发展的道路。

工业设计的宗旨是为大批量生产的工业产品进行造型和色彩设计，使产品的视觉形象更具有“迷人”的效果。一个产品技术上的进步也许需要较长的时间，但是这个产品进入市场的外观形象却可以不断翻新。工业设计不同于手工艺品雕龙画凤，而是通过对产品形体的设计、线条和色彩的安排，达到艺术的效果，这是一种简炼的工业化艺术语言。工业设计的根本目的是为了达到人、产品和环境的适应和协调。更明确地说，“工业设计”的目的是为了人。

工业设计师应该首先是一个工业技术专家，而不首先是一个艺术家。

经过了将近半个世纪的发展，“工业设计”已经成为一门在理论和实践上都相当成熟的学科，已经成为企业进行市场竞争的有力武器。

上述三个方面，是近代“设计学”的三个有深远影响的重大发展，它们成为了“机械设计学”的核心内容。

“机械设计学”的学科组成可以分为三大部分。

第一部分是“功能原理设计”。这一部分正是用“功能”概念来认识、分析和设计机器的功能原理。

图1-2所示为船用抽水机功能原理构思。设计的意图是要将船底的积水排出而不使用动力机。设计者构思了3个原理性方案：①利用船体的左右摆动带动活塞往复运动，达到抽水目的，如图1-2a所示；②利用船在水中的起伏，通过杠杆使活塞运动，如图1-2b所示；③利用涨潮的水位落差，将水排出，如图1-2c所示。

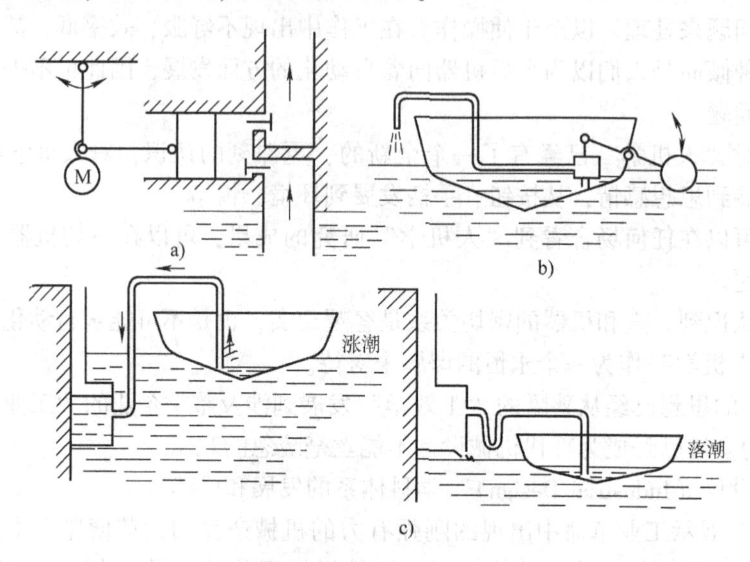

图1-2　船用抽水机功能原理构思

第二部分是“实用化设计”。这部分首先是以“总体设计”为主线，以“结构设计”为骨架，然后把已经发展成熟了的“机械学”知识（运动学、动力学、摩擦学、强度和寿命、振动和噪声……）应用于其中来使结构设计合理化，最后从人机学的观点，完善人机接口的设计，并用适于制造、适于装配和维修、便于使用维护、避免腐蚀、适于回收等观点加以全面考察，务求达到技术先进、性能优越、使用方便。在各项实用化指标方面足以和同类产品相媲美。“实用化设计”的核心是要使产品具有优良的“性能”，从实用的角度使产品“好用”。

一个非常优越的功能原理，由于在实用化设计中某一方面没有考虑好，以至造成市场失利，这种情况在现代市场竞争中不为鲜见。

第三部分则是产品进入市场前的精心打扮，属于“商品化设计”的内容。这一步工作的前提是要有商品化的基础，也就是要有先进的功能原理和优越的实用化性能。如果没有这个基础，只是把落后的产品加以“商品化”处理，难免会被人视为是一种欺骗行为。

现代的商品化设计内容，不能简单地理解为单纯的“包装”，它应该包含着一些科学技术的内容。例如工业设计、价值工程、模块化设计、标准化、系列化等等。

在资本主义初级阶段，“商品化 commercialize”这个词曾被不少人看成是个贬义词，它意味着用美丽的装潢掩盖劣质的内容。而现代资本主义市场上的商品化，则已经成为一个重要的竞争手段，它已经不可能再有丝毫欺骗和虚假的成分在内。因为现代市场竞争包含着信誉和责任，一旦失去信誉，则将对企业带来可怕的后果。

可以看到，这里所说的现代设计学的三大重大发展，恰好成为设计学学科三大组成部分中三个重要的核心内容。反过来看，也正因为有了这三个重大发展，才使得现代“设计学”

得以从“机械学”的土壤中成长为一门独立的新学科。

第六节　机械设计概述

如第一节所述，设计涉及到人类一切物质文明的创造过程，可见设计包含许多类型，例如：

服装设计	建筑设计	机械设计
室内设计	船舶设计	工程设计（水利工程……）
公路设计	桥梁设计	工艺过程设计
风景设计	热力系统设计	采暖通风设计

本书副书名为“（机械产品设计学）”，意味着所要讨论的是设计领域中属于“机械产品设计”的一部分。当然，这里所说的机械产品是广义的，应该包含机电一体化产品的内容在内。

从上面所列的各类设计中，可以明显地分为两大类：一类是有动作的，一类是无动作的。笼统地说，凡是有动作的这类设计，都属于“机械设计”的范围。前列的服装设计等，显然没有动作，因此不属于“机械设计”的范围。而热力系统设计或水利工程设计它们本身不算机械设计，但也许中间包含着一些有机械动作的设备或装置，因此不排除它们内部有涉及机械设计的内容。

带有动作的设计可以有产品，有装置，有仪器或一些结构部件。这里，把以设计产品为目标的机械设计称为“机械产品设计”。

设计是人的创造性活动。它是如何开始的？是否设计师只是坐在设计桌旁在纸上写一些想法和计算，画几张图就是设计？设计又是如何结束的呢？从开始到结束，这个有人参与的复杂的创造性活动，常常可以用图1-3所示框图来表示。

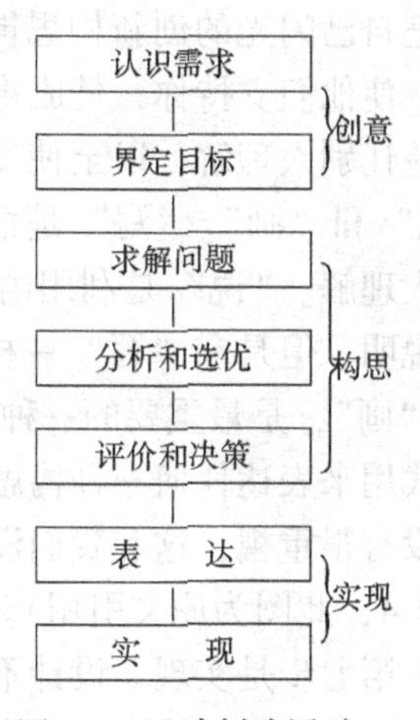

图1-3　设计创造活动

设计的第一步是“认识需求”，并由此决定要设计一种装置来满足它。“认识需求”有时是一种有很高创造性的活动。因为所谓需求有时仅仅是一种含糊的不满，一种不舒服的感觉，或者仅是一种对某些事感到不对的感觉，总之需求常常是不明确的。对需求的认识常常由相反的情况触发的，是由一种随机产生的事件引发的。

很明显，一个敏感的人，一个容易受事件干扰的人，往往更容易发现一种需求并积极地为此做些什么（创作）来满足这种需求。

因此可以说，敏感的人更富有创造性。当有人说明了某种需求之后，大家都会认识到这是一种需求。例如要解决环境污染问题，现在已经被绝大多数人认识到是一种急迫的需求，但是在被人指出之前，大多数人只是感觉但并不认识，而有些人甚至在别人指出之后很长一段时间内还不认识这种需求。

第二步是界定目标。这与认识需求是有区别的。例如，需求是净化空气，目标则可以是降低电厂烟尘的排放，可以是降低汽车有害气体的排放，也可能是尽快扑灭森林火灾。界定目标有时可能要求做得很具体，必须包括对所要设计的对象的所有说明，例如输入输出的数量、特性和空间尺寸、温度、速度以及这些数量的范围及限制等。

这一步的基本目的是把需求限定在某种确定的方面，并限定满足需求的一些特殊的技术要求和特性，这样就可以在下一步寻求解决这一特定问题的解法。

第三步是求解问题（或称综合），也就是前面所说的“功能原理设计”，应该把各种可能的解法尽可能多地收集起来，供下一步分析比较。这是至关重要的一步，要尽可能避免把也许是最好的解法遗漏掉。

第四步是分析和选优。要对第三步提出的各种可能的解法进行分析，进而作优选处理，尽量把各种解法的缺点加以克服，把优点加以突出，以便在下一步作出合理的评价。千万不要有先入之见。要记住，过早地把个人偏见放入分析过程中去往往是很有害的。

第五步是评价和决策。这是最困难的一步，迄今为止，还没有一种评价方法可以确保不会做出偏离正确方向的评价。应该尽量筛选掉那些看来似乎很好，实际没有前途的解法，挑出那些看来似乎不太好，实际经过改进可能是一种非常有前途的解法。评价之后就要决策，就是选出几个最有希望的解法作进一步的分析和试验。决策是一项难以用公式或方法推出绝对正确答案的工作。如同一个优秀棋手或一个优秀的指挥员，在错综复杂的形势下作出决策往往是依靠经验加上一种“直觉”。即使这样，成功率也难以保证100%，只能要求人们在决策中采取种种保护措施，以便在情况变化时能及早转向，避免钻牛角尖。当然也要注意不要经不起风吹草动，轻易甩掉一个正确的方向。

第六步是表达。一般认为设计的最后阶段是画工程图，这是对于那些常规的设计来说的。而对于创新构思意义上的设计来说，最后阶段更重要的是“表达”。也就是设计者要设法把自己闪光的创新构思向有关的领导、同事或合作者说明，使他们理解、惊喜直至感兴趣，使他们支持你，赞成将这个创新构思设计付诸实施。有不少设计者，因为不能使自己的创造让别人理解，以至使得非常有前途的设计被埋没了。设计的表达有三种方式：“写”“说”和“画”。“写”是指用文字表达自己的设计，这是常常必需的表达方式。但是也较难让人理解。“说”是利用语言表达，可以比文字说得更透彻，而且可以加上表情和语气来帮助说明。但是和“写”一样，只凭口说也是难以令人完全理解创新要点。再一个表达方式是“画”，是最重要的一种方式。这里所说的“画”是指用铅笔画示意图（Sketch），这种方式用来表达任何一种构思都是很好的手段。应该指出，对于这种画图能力的培养，我们一直没有很重视，这和我们没有重视创新能力有关，现在我们应该加强这种能力的培养（见图1-4，此图为原文引用）。

第七步是实现。设计不同于艺术创作的主要区别或者说难点，就是必须要以物质形式来实现预想的机械功能。一台现代的机器能实现各种复杂的动作功能或工艺功能，其技术含量是任何艺术品无法与之相比的。实现是对构思的验证，实践是检验真理的惟一标准。在功能原理设计阶段，实现的手段是模型或原理样机。在实用化设计阶段，实现的手段是实用样机。在商品化设计阶段，实现的手段就是产品样机。实现的最后考验是市场，市场实践是检验设计成功与否的惟一标准。

这里讲的七个设计步骤是指当人们进行创造性构思一种全新的对象时所进行的工作步

骤，因此也可以说仅是最原则性的步骤，随着所设计的对象的成熟，这七个步骤也变得更加具体化，尤其在后半部分将有一些具体的内容加入，例如计算、参数确定、详细设计、工程图样、样机试制、技术文件、制造销售以至回收报废……

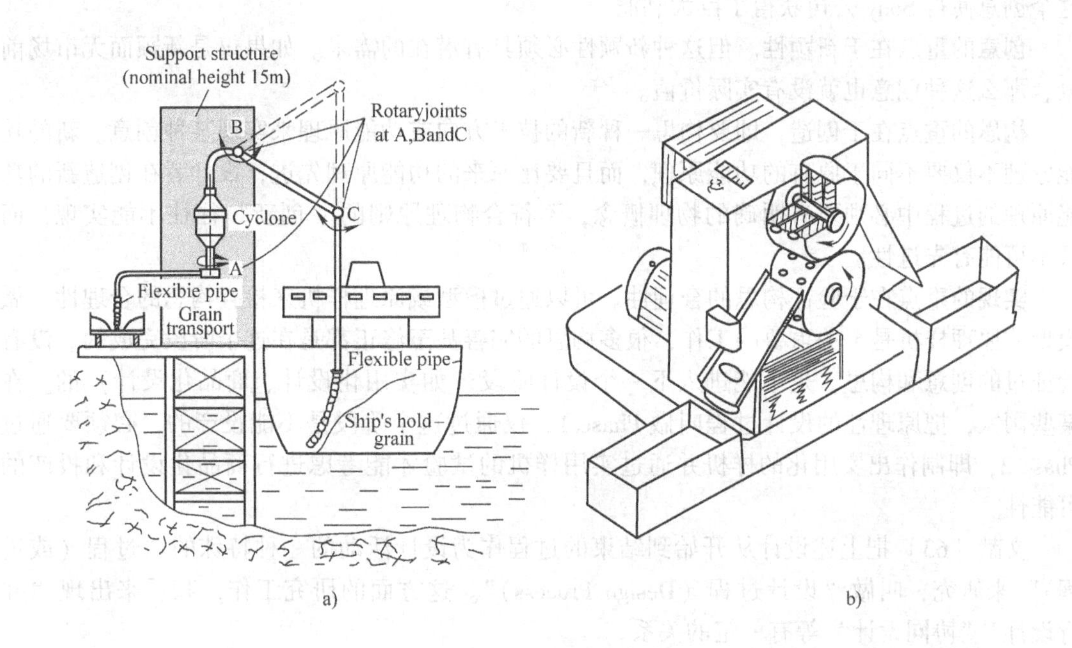

图 1-4 设计构思的示意图实例

a）谷物装载系统示意图 b）点钞机构思示意图

在本书中讨论的内容，则更多地属于上述七个步骤中较原理性的部分，所要讨论的是如何进行创新构思式的设计。

设计不同于数学、物理学的研究，不是对一种假设的求证，也不同于艺术家进行雕塑、绘画或写小说。设计从一开始立项就有真实的目的，它最终要创造一个真实的结果，即创造出一些有物理真实性的东西；甚至更确切地说，是要做出一种产品来投入市场竞争。当然有些设计只是作出某种装置来满足有限的使用，不一定投入市场。但即使是这样，也难免有进入市场的可能。因此本书研究的是针对要进入市场的产品设计而言。明确地说，是针对“面向市场的产品创新设计”。

在工程实践中，对“设计”这个词，人们也有不同的理解。英语单词“Design”本身包含很广的意思，它包含了人们每天都要遇到的需求分析、选优和决策的问题。例如：一个家庭要决定假期的活动，到哪里去？有几种方案？各有什么特点？时间和费用有什么不同？家庭每个成员的爱好和时间的矛盾如何处理等等，这就叫设计。另外，也可以把规划一个复杂的城市管理系统、通信网络也叫作设计。当然有些人只把设计看作是在图板上画出一个齿轮、离合器或其他机械零件的细节。本书所要讨论的，既不是狭义的画图、计算，也不是广义的对任何系统的规划，所讨论的是针对某种需求所要设计的机械产品，更多地注重对这种产品的功能原理的构思和创新，以及随后的实用化和商品化处理。

从设计构思的角度看，上述七个步骤可以归纳为三大步，即创意、构思和实现（见图 1-

3）。

创意就是提出一种新颖的产品目标（或产品方向）。当然它的具体做法就是认识需求和界定目标。一个很好的创意实例，就是Sony公司提出的Walkman（随身听）的原始创意。这个创意使得Sony公司获得了巨大利润。

创意的重点在于新颖性。但这种新颖性必须具有潜在的需求。如果仅是新颖而无市场前景，那么这种创意也就没有实际价值。

构思的重点在于创造，即要构思一种新的技术方向或功能原理来实现某种创意。新的功能原理不仅要不同于原有的功能原理，而且要比原来的功能原理先进，设计者在创造新的功能原理的过程中必须要有明确的物理概念，不符合物理原则的“创新”往往不能实现，而且不可能有先进性。

实现的重点在于验证构思的合理性。可以通过模型或原理样机来检查构思的合理性。做模型或原理样机是至关重要的工作，很多构思的完善甚至修正都是在这个阶段完成的。没有验证过的创意和构思，是不能进入下一个设计阶段（如实用化设计、商品化设计）的。在某些国家，把原理性的设计过程叫做Phase 1，仅通过这个阶段是不能投产的，必须要通过Phase 2，即制作出实用化的样机并通过实用样机的试验才能考虑进行商品化设计和投产的可能性。

文献［63］把上述设计从开始到结束的过程作为设计活动的一种特殊的“过程（或进程）”来研究，叫做“设计过程（Design Process）”。这方面的研究工作，和后来出现“并行设计”“协同设计”等有一定的关系。

第七节　机械设计的类型

德国学派[36]把机械设计分成3种类型：

1）适应性设计——仅改变一些尺寸、外形，以适应某些新的情况。

2）变型设计——不改变基本原理，但在机构、结构以及辅助原理方面有较大的变动。

3）创新设计——基本原理方面有实质性的创新。

近年来，美国的一些研究[63][64]提出把产品设计分为两类：

1）创新设计（New Product Design）——设计过去从未有过的产品。

2）更新设计（Reverse Engineering，Reverse Design）——对现有产品的更新换代。

实际上，更新设计可以对应上述的适应性设计和变型设计。按这样分类，把更新设计和创新设计相对应，有更明确的意义。在实际工作中，更新设计可以有大有小，可以是少量的改进，也可以是较重大的换代性的改型，如有必要的话，可以再作细分。

第八节　概 念 设 计

“机械产品设计”和传统的“机械设计”有很大的不同，后者强调的是对构成机器的基本元器件的研究，例如研究机器中的机构、机械零件以及其中的运动学、动力学、材料、强度理论等。而产品设计则是研究产品的总体的设计问题，其核心的问题是研究“如何产生产品的概念？”“如何评价产品的概念？”以及“如何组织产品开发的过程以获得有竞争力的产品?”

所谓“产品的概念”，就是指对产品的一个总体的想法，也就是“概念设计”要研究的内主要内容。

“概念设计”（Conceptual Design）是20世纪60年代英国人弗兰茨（French）首先提出来的，20世纪70年代联邦德国帕尔，拜茨（Pahl，Beitz）教授在他们的著作《Konstruktionslehre 设计学》中开始介绍和引用这个名词作为设计学的专用名词。

“概念设计”的确切含义是指对一种产品的创意性的形象化描述。例如：20世纪60年代美国MIT提出的“程序控制机床”的概念；20世纪80年代日本SONY公司提出的Walkman的概念；现代汽车展上各种“21世纪概念车”等等。

从上面的这些例子可以看出，“概念设计”所指的产品是总体性想法，但并没有限定为专指某些具体的方面，而是对产品总体设计方面的一些有特殊意义的想法。这些想法有以下几个特点：

1）有突出的创意，相当于前面第六节所述的三大步的第一步。

2）其效果是为同类产品开创出一个全新的方向（技术性的或应用性的或……）或是创造出一种全新的产品。

3）和需求的关系更加密切，可能将产生广阔的应用前景。

4）这种概念不应该是一种空想，而应该和当前的科学和技术发展水平相适应的。例如有人提出“原子能电池”的创意。当然，如果可能实现，那么世界性的能源问题几乎全部解决了。但是这在目前来说，是难以实现的。

过去我们在设计中常用“方案设计”的术语。“方案设计”这个名词比起“概念设计”这个名词来，似乎内涵较窄。“方案设计”常常被理解为一种“布局”或“安排”，其中技术含量和创意程度要差得多。“概念设计”则更多地强调思想（Idea）。

如何产生或得到一个好的“产品概念”呢？

有一些书[43]介绍了一些产生概念的方法，诸如推理性方法（形态学方法等）、激励性方法（Brainstorming等创造性技法）等，为了得到各种各样新的、好的想法以及好的产品概念，人们提出了各种各样的创造性技法。我们可以在本书第十章第六节读到有关的内容。这些方法有时能得到一些好的成果，但是往往不总是有效的。

世界上的事物基本上有两大类：一类是可以按人们的理想，用某种固定的程式，可以人为地制造出来的。例如工厂中生产产品、田地里种出庄稼；另一类则是不可知的，它只服从“自然法则”的支配，需要经过许多人长期探索，在某种合适的条件下才能得到的。例如人类发明飞机、发明计算机就属于这一类。

要想得到一个“好的产品概念”，就是一个受“自然法则”控制的问题。也就是说，没有一种可以直接得到某种成功的“产品概念”的公式、程序或方法。一个最后被证明是成功的“概念”，是随机产生的。

为此，一些大公司，为了得到一些新的创意的灵感，在青年学生或其他人群中举办各种各样的“创意大奖赛”，广泛收集各种创意的原始想法和思想火花。他们认为，也许可以在这些人的头脑中产生一些火花，成为21世纪的新产品的概念。这件事说明，人们已经明白，并不是只要组织一个天才小组，让几个天才们关门苦思苦想，就可以得到一个“好的概念”的。

一个好的概念，不知道在什么地方，不知道在什么时候，不知道由什么人首先提出来，不知道由什么人将其变成成功的产品。总之，我们面对的是一片星空，不知道那颗星星将会放射出耀眼的光芒。这就是“自然法则”。但是，我们坚信，在全世界，总是不断地在这儿那儿产生耀眼的星星。

成功总是会眷顾那些苦苦求索、永不气馁的人们的。这也是“自然法则”。我们强调“自然法则”并不是说要听天由命。相反，机遇总是只眷顾那些付出大量汗水的人们。人们要注意的是，要让汗水集中在正确的方向上，才能激发出有用的“灵感”来。

如何评价一个已经提出的产品概念呢？

这又是一个世界性的难题。对一个新产品概念的评价，无论是政府部门、企业老板、总经理、教授、工程师、技术人员或是工人，都不能说了算数。只有市场才是评价产品概念是否成功的惟一标准。但是，人们又不能回避对概念的评价，因为产品的开发工作总是要进行下去。就好像下棋一样，虽然棋局的结果胜负难卜，但是棋总要下下去才能决定胜负。因此，作为一个企业领导，一个项目负责人，一个技术负责人，总是要不断面临对新产品概念的评价和决策。

对新的产品概念的评价和决策，是一个面对“不确定性”问题的评价和决策。一个新的概念是否能成功，不仅取决于概念本身的技术本质的好坏和高低，还受到其他因素的影响：

1）概念本身是否确实有优势、有前景。

2）企业本身（领导和团队）是否有能力和毅力实现该产品概念的开发，直至取得成功。

3）竞争对手是否会提出更有优势的产品概念。

4）随着时间的发展，是否会出现新的技术，促使更新的概念的出现。

5）市场是否会出现难以预料的变化。

所有这一切，说明评价和决策是一个面对“不确定性”的思维，任何方法、公式、程序都是没有办法作出肯定性的预测的，也没有一个专家或权威能保证作出100%肯定的决策来。

本书的后面（本章第十节）介绍了一些有关顾客调查和概念评价的方法；在第十章第五节中也谈到了有关优势决策的问题，可供读者参考。有些决策者有一种盲目的自信心，以为作为某一方面的领导者，就有天然的“拍板”能力，往往在不懂得面对“不确定性”问题应有的科学态度的情况下，盲目地、草率地作出决策，导致难以挽回的损失。这种情况，可以说不为鲜见，应该引起注意。

关于如何组织设计过程，以保证有竞争力的新产品开发成功，本章下一节将对此作概略的介绍，供读者参考。

第九节 “设计过程”研究及其新发展

对于“设计过程”（Design Process）的研究，最早开始于20世纪70年代，由瑞士苏黎世大学胡勃卡（Hubka，V）教授最先提出，后来，20世纪80年代联邦德国学者帕尔（Pahl，G）、拜茨（Beitz，W）等加以发展，（德文“设计过程”为Konstruktionsprozeв）[23]。

所谓“设计过程”，其思想要点为：

1）“设计过程”是由一连串的“设计阶段”组成的一种有组织的活动过程。尽管不同著作中对于各设计阶段的分法和称呼多少有些不同（见本书图 1-3、附录 A 及文献［23］、［43］），但大体上是大同小异的。

2）这些“设计阶段”大体上是互相衔接的，但其进行方式不一定是单行线方式，而更多可能是相互搭接、反复迭代、循环进行的。

3）每一个“设计阶段”中还有一些各不相同的活动内容，要进行多次决策，根据决策的结果，决定是进入下一阶段还是回到某个初始阶段重新开始。

美国人接受了这个设计过程的思想以后，加以应用和发展，提出了“并行工程”（Simultaneos Engineering），把传统的“抛过墙”（over-the-wall）的设计过程，改造为各个设计阶段互相“搭接”的过程模式。例如聘请制造工程师的代表参加到设计队伍中，以便于他们在设计过程中与设计人员之间互相沟通。

20 世纪 80 年代以后，“并行工程”的理念又被扩展为“协同设计”（Concurrent Design），到 90 年代又发展为“产品及工艺集成设计”（IPPD-Integrated Product and Process Design）。虽然，并行、协同和集成意义上近似，但术语上的变化，也隐含着对如何有效地提高产品设计的思想认识上的提炼。

协同设计的重要思想就是同时关注产品的更新设计和与之相关的制造工艺，迫使工程师们在设计产品时，将精力投入到这两个重要方面。事实上，现在所说的协同设计已经不仅仅只包括设计和制造，而且把材料专家、销售人员、售后服务人员、供货商以及废品处理部门等都集成到一起进行工作。

这些“并行”“协同”或者“集成”，实际上是对“设计过程”的一种“哲理性”（Philosophy）的认识，并把这种认识贯穿到设计活动的具体组织工作和计划安排中去，它们本身并没有特殊的理论或技术。

在进行“并行”“协同”或“集成”时，要求及时记录、生成和处理信息，并将它们在恰当的时间交流给适宜的人。因此，要用到大量的计算机及网络技术。尽管如此，事实上，许多设计工作还是要依靠具体的人，采用铅笔和纸张来完成，仅 20% 的活动依靠计算机的支持［63］，80% 的工作还是要依靠公司和团队成员的管理和业务方面的能力及素质来支持和推动，才能完成一项复杂的设计活动。

第十节　质量功能配置（QFD）和质量屋（House of quality）

当人们确定了一个项目并明确了想要设计的产品的概念之后，随后要做的工作是确定产品的特性，这些工作包括：

1）产品的特性或目标。

2）这个目标的竞争力如何。

3）从顾客的观点看，什么是重要的。

4）用数字表达出上述特性或目标。

一种叫做“质量功能配置”（Quality Function Deployment QFD）的方法被用来得到上述这些问题的大量重要的信息。

这个方法最早可以追溯到 Pahl 和 Beitz 合著的《Konstruktionslehre》一书中的“要求表”（Anforderungslists），可以用来帮助设计者更好地理解设计问题。现在这个 QFD 方法是 1970 年在日本发展起来的，1980 年推广到美国。使用这个方法，日本丰田公司在推出一款新的轿车时降低成本 60% 以上，并且缩短开发周期 1/3，在达到这些目标的同时产品质量也得到提高。一个对 150 家美国公司的最近调查显示，69% 的公司应用了 QFD 方法，其中的 71% 的公司自 1990 年开始就应用这个方法。大多数应用这个方法的公司采用 10 个或少于 10 个人的功能交叉的设计团队。这些公司的看法是，83% 的人感觉到提高了顾客的满意程度，76% 的人指出它可以导致合理的决策。

应用 QFD 方法，要按步骤建立“质量屋”（House of quality），它是一幅框图，样子像是一座有许多房间的房子，每个房间都含有可定值的信息。关于它的详细介绍请参见本书附录 B。

总之，要对设计的问题充分地理解，最好是通过 QFD 方法，它可以把顾客的需求转换为可以度量的工程要求的目标。

习　题

1-1　试预测在家用电器产品中，下一代可能风行市场的新产品将有什么？（产品方向预测）

1-2　试预测下一代的____________的技术新特色是什么？（注：__________指某种产品）（技术方向预测）

1-3　试提出某种产品设计的“创意”来。

第二章
机器的组成及典型机器的功能分析

这一章采用“机器”一词而不用“机械”，是因为“机械”包括机器、工具、器械、仪器……较广的范围，而这里仅讨论其中与“机器”有关的问题。

第一节　机器的定义

随着生产和科学技术的发展，机器的定义也在不断地发展和完善。现代机器应定义为：机器是由两个或两个以上相互联系配合的构件所组成的联合体，通过其中某些构件限定的相对运动，能转变某种原动力和运动，以执行人们预期的工作，在人或其他智能体的操作和控制下，实现为之设计的某种或某几种功能。

上述基本定义中有两个新的概念：其一是强调机器是实现某种“功能”的装置；其二是强调了“控制”的概念，而且可以由某种智能体来实现控制。

此外，所谓构件，则是广义的；构件之间的联系不仅指机械连接，而且包括电、磁、气、液等各种联系方式。

第二节　机器的组成

一、原有的观点

以前的教科书介绍的机器概念为：“任何机器是由原动机、传动机和工作机三部分组成的”。随着科学技术的发展。人们又作了补充，即增添了控制器作为第四部分。所谓控制器，既包括机械装置，也包括电子控制系统在内。

二、从不同的角度看机器的组成

为了更深入地观察和了解机器，应该从各种不同的角度来观察和分析机器。

1）从机构学的角度看，机器是由各种基本机构组合而成的，其自由度应等于原动机数。

2）从结构学的角度看，机器是由一系列基本零件组装而成的，包括机架、箱体、齿轮、轴、轴承、联轴器……

3）从专业的角度看，则常以主要部件来看机器的组成。例如汽车被看成是由底盘、发动机、车身三大部分所组成（见图2-1）；在底盘上还有行走部分、传动部分、操纵部分和制动部分。又如机床中的车床则被看成是由床身、三箱（主轴箱、进给箱、溜板箱）、两架（刀架、尾座）和床腿所组成（见图2-2）。显然，这种观点更偏重于从主要结构件和部件的角度来看机器的组成。

上述任何一种观察角度对于深入了解机器都有其独到之处，它们事实上都形成了各自相应的学科。一个机器设计师应该学会从所有各种角度来观察机器。机械设计学则更强调从功能的观点来看机器的组成，因为这更有利于和设计过程中的工作特点相协调。

三、从功能观点看机器的组成

早在20世纪40年代末就有人提出："用户购买的不是机器本身，而是它的功能"。这个观点直到30多年后才被人们认识并接受，并被用作设计学的基本概念。人们逐渐意识到，只有从功能的观点来观察和认识机器，人们的思维才能从旧的结构和形式中解放出来，才能有不断探索新原理、新结构的广阔视野。

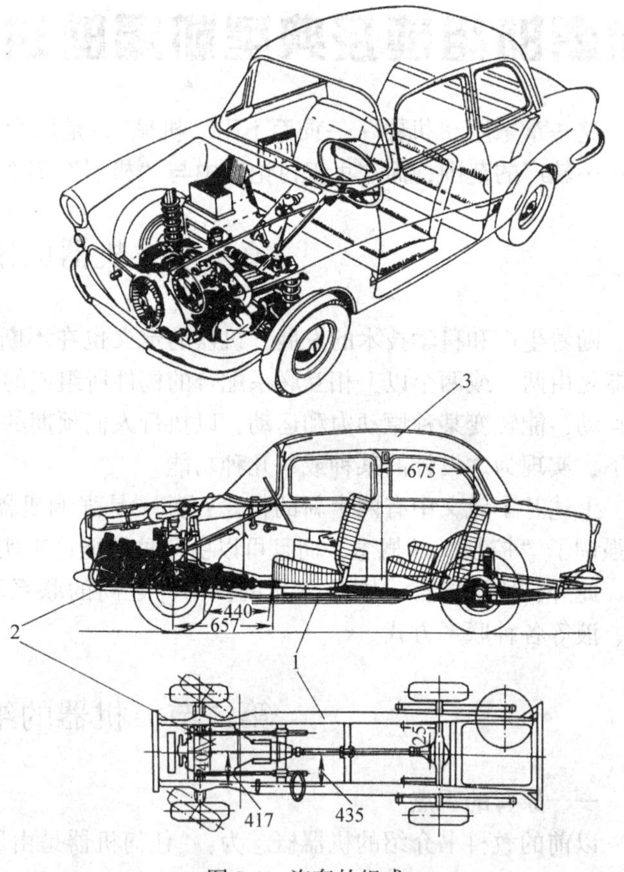

图2-1　汽车的组成

1—底盘　2—发动机　3—车身

一台机器所能完成的功能，常称为机器的总功能。例如前述的车床，其总功能就是利用移动刀具对旋转工件进行切削的功能。为了实现其总功能，至少要有两个主要分功能系统（工件旋转系统，刀具进给系统）的相互配合动作，才能完成。因此应该这样来描述机器的组成：机器由多个主要分功能系统构成，它们的协调工作实现了机器的总功能；每个主要分功能系统可由原动机、传动机、工作机和控制器组成；其中的工作机则多由执行机构和工作头构成。如在车床中，工件旋转功能系统就由电动机、主轴传动系统、卡盘组成。当然，有些分功能系统也往往共用一个原动机（如车床）或传动机。控制器则既有集中形式，也有分散形式。因此，从功能观点看机器的组成可表述为：

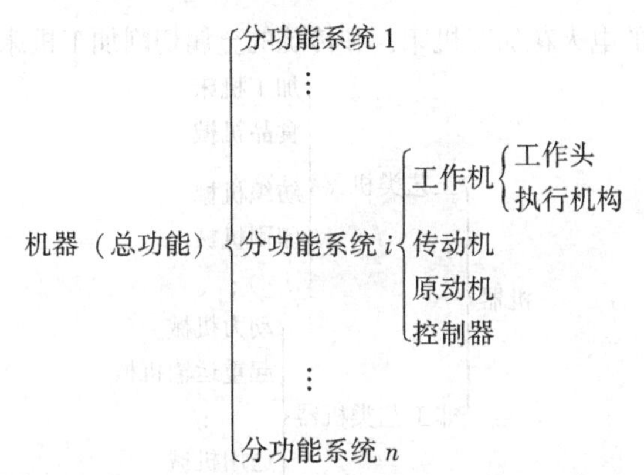

任何一台机器，除具有为实现总功能的主要功能外，同时还存在很多低一层次的，起支持和保证的功能，称为辅助功能。例如为保证车削质量，适应不同工件要求，车床还应具有变速功能（主轴变速，进给变速）、润滑和冷却功能。对于机器来讲，还应有控制功能。例如车床中的定位挡块控制，以及人对车床进行人机控制等。车床的功能原理如图 2-3 所示。

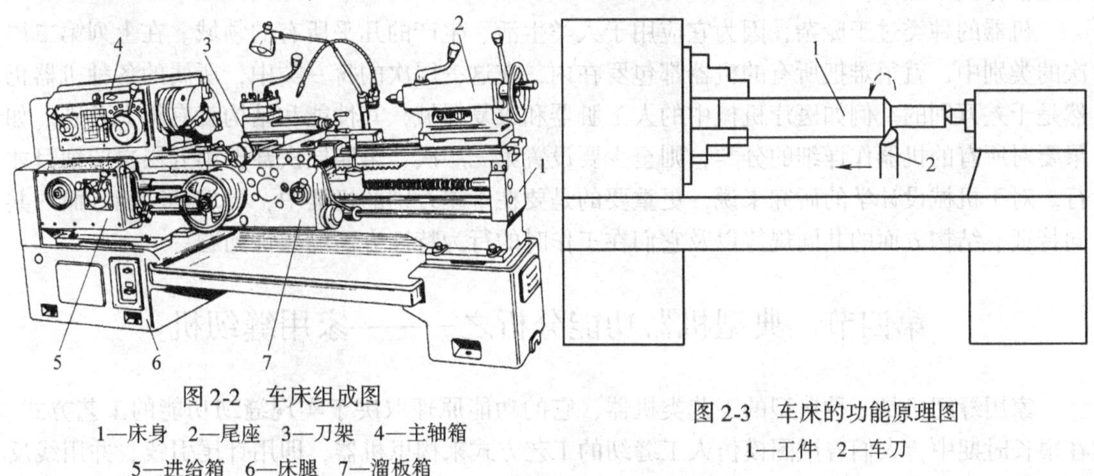

图 2-2　车床组成图

1—床身　2—尾座　3—刀架　4—主轴箱
5—进给箱　6—床腿　7—溜板箱

图 2-3　车床的功能原理图

1—工件　2—车刀

上述机器组成的功能分析，只涉及具有动作的功能，至于更低层次的功能，如零件的支承等功能都不在分析之列。从以上分析可见，它和从产品结构的角度来分析机器组成是完全不同的。

第三节　机器的分类

机器的种类繁多，按不同的目的，可以有不同的分类方法。例如，可以按行业分，也可以按轻、重分。对于机械设计学的研究来说，用功能的观点来进行分类是较为合理的。

从功能的观点看，所有的机器首先可以分为工艺类和非工艺类两大类。所谓工艺类，是指那些对物料进行工艺性加工的机器，这类机器的主要特征是具有专用的工作头（例如机床的刀具）并进行独特的工艺加工动作。非工艺类机器则不对任何物料进行工艺性加工，而只是实现某些特殊的动作性功能。

对于工艺类机器来说，机器的结构和形式往往取决于所采取的工艺方法，如果工艺方法有所改变或革新，那么机器的形式将随着发生变化，这种变化有时是很大的。例如随着电火花加工工艺的产生而出现的电火花加工机床，和传统的金属切削加工机床有着完全不同的形式。

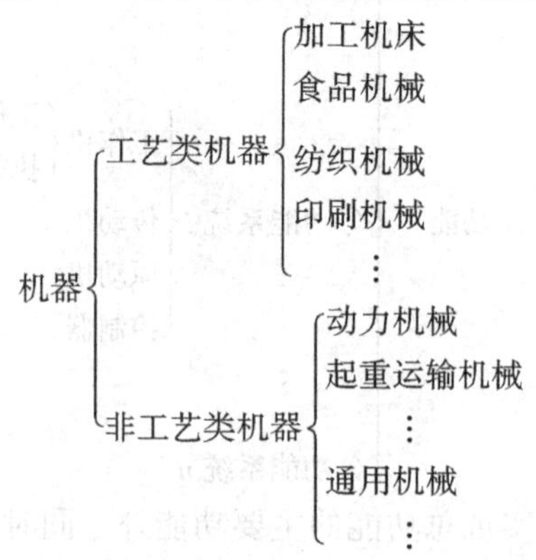

对于非工艺类机器来说，其中每一种机器也都有各自独有的工作方式和规律。例如动力机械中的内燃机，其热力学原理是工作过程的基础，而精密机械中的测量机则以精密的运动和定位作技术基础。

机器的种类过于庞杂，因为它应用于人类生活、生产的几乎所有的领域。在上列第二层次的类别中，就很难把所有的机器都包罗在内，在这一层次的每一类中，所属的各种机器仍然是千差万别的。例如医疗机械中的人工脏器和康复器械，其性能和结构就有很大差别。如果要对所有的机器作详细的分类，则至少要设置第三层次、第四层次甚至第五层次的细目才行。对于机械设计学的研究来说，更重要的是要在千差万别的机器中，寻求其功能方面的共同特征、结构方面的共同规律以及它们在工作时的行为特性方面的共性问题。

第四节　典型机器功能分析之一——家用缝纫机

家用缝纫机是一种典型的工艺类机器，它的功能原理取决于实现缝纫功能的工艺方式。在很长时期中，人们曾试图模仿人工缝纫的工艺方式来构思机器，即用针尾引线，并用线反复穿刺来进行缝纫。但经过探索和挫折，人们才认识到：简单照搬手工操作动作并不一定都是合理的。为了实现缝纫功能机械化，最后在两方面实现了具有历史性的突破和创新。第一是采用针尖引线的方法代替针尾引线，第二是采用双线互锁交织的方法代替线的反复穿刺，从而实现了缝纫工艺功能的机械化。图 2-4 所示为手工缝纫线迹与家用缝纫机缝纫线迹的对比。

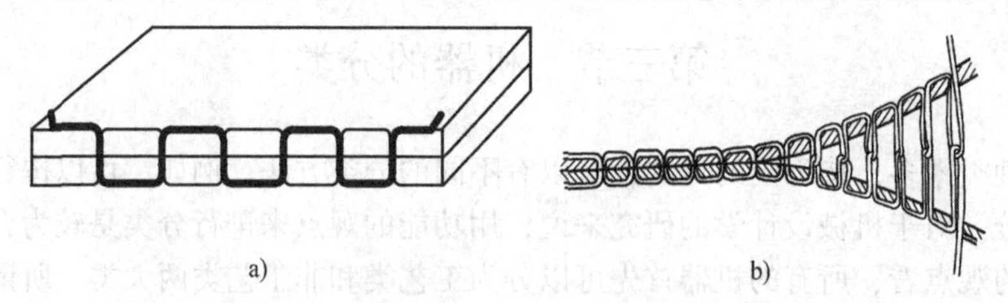

图 2-4　手工线迹与家用缝纫机线迹对比

a）手工线迹　b）缝纫机线迹

一、家用缝纫机的总功能

缝纫机的总功能是将线按一定规律缝于缝料上。它可使一根线或多根线通过自连、互连或交织，在缝料上形成一定形式的线迹。而家用缝纫机则采用了上下两根缝线互相交织（见

图2-4），交织点位于缝料中间的双线锁式线迹。这种缝纫功能具有以下特点：

1）机缝线迹整齐美观，缝合牢固，缝纫迅速。它能缝制棉、麻、毛和化纤等多种制品，应用广泛。

2）由于缝纫质量的要求，实现总功能的各机构间的运动配合要求精度很高，如与机针相关构件的运动配合间隙必须保持在0.04~0.10mm之间，一些关键动作如钩线又要求在极短时间（0.005s）内完成。因此，家用缝纫机属于精密的工艺类机器。

二、家用缝纫机的功能分析

1. 主要功能

为实现缝纫功能，形成双线锁式线迹，它由以下四个主要分功能构成：

（1）引面线造环功能　为使底线穿过面线，实现交织，必须由机针带着面线刺穿缝料。当机针上升时，穿过缝料的面线并不随之上升，而是留在缝料底面形成线环。这是由机针特殊结构形成的。图2-5表示了具有引入槽和引出槽，并在针尖带孔的缝纫机针。从图中可看出，引入槽长而深，引出槽却短而浅。面线从引入槽引入，穿过针孔，再从引出槽引出。当机针刺过缝料时，面线随针下降。而当机针回升时，在引入槽一侧，因其较深，面线嵌入槽内，不和缝料接触，而随机针上升；但在引出槽一侧，由于槽较浅，面线则凸出槽外被缝料挤压，形成较大摩擦阻力，因而并不随针上升，而是被槽底托起，向外扩大，形成线环。这是实现双线交织的关键，它是一个很巧妙的工艺动作功能，其工作头则是具有特殊结构的带针槽的机针。线环的形成过程如图2-6所示。

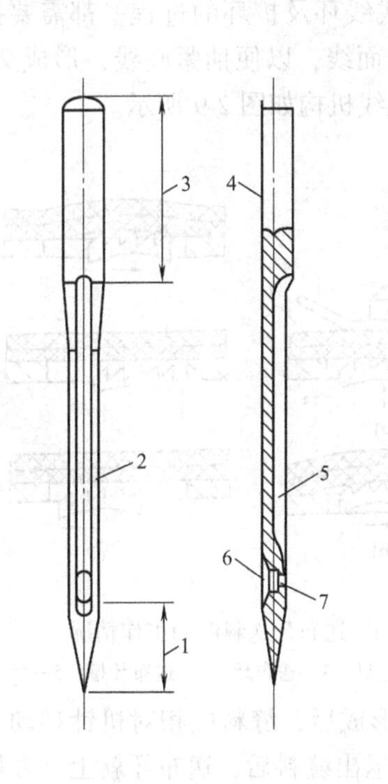

图2-5　缝纫机针的形状

1—针尖　2—针刃　3—针柄　4—平面
5—引入槽　6—引出槽　7—针孔

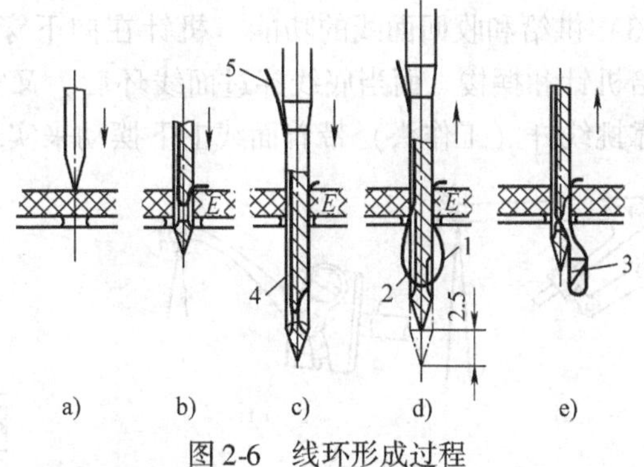

图2-6　线环形成过程

a）穿刺缝料　b）、c）引线　d）、e）成环
1—线环　2、5—面线　3—摆梭尖　4—针槽

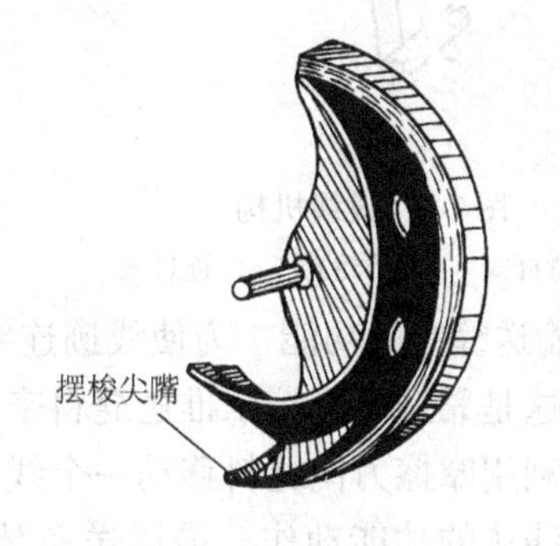

图2-7　摆梭

（2）钩面线扩环，使底面线交织的功能　为实现此功能，先要使面线环扩大，并绕过藏有底线的梭心套，以便使底线穿入面线环，而后被面线环抽紧。这是靠一个在线环中摆进摆出的摆梭组件来实现的，如图2-7所示。当面线成环后，摆梭尖嘴即插入线环，摆梭摆动又使环扩大。在扩大的环绕过梭心后，线环就被底线穿过。同时面线回收，使线环从摆梭尖嘴内脱出，抽紧面线，形成底面线交织，而后摆梭组件返回。图2-8表示了形成此主要功能的过程，该工作头就是往复摆动的带有尖嘴的摆梭。

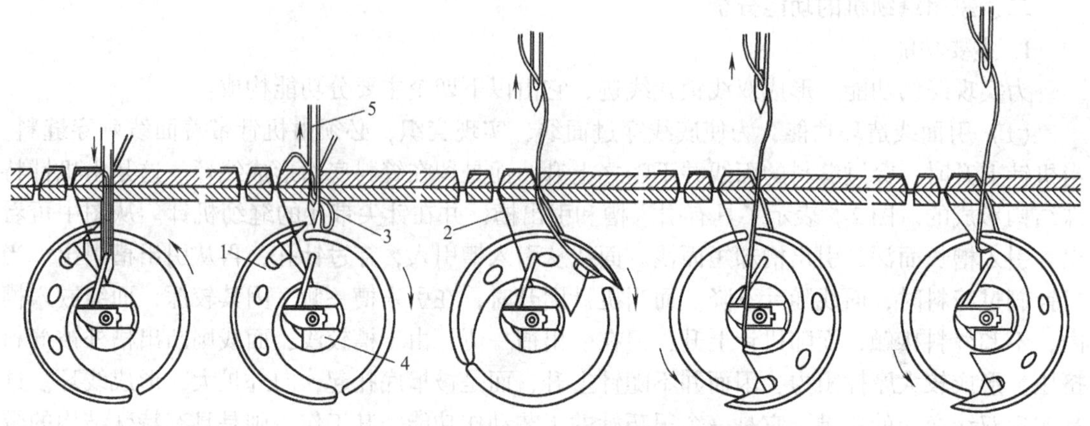

图2-8　摆梭钩线扩环，完成底面线交织的工艺过程

1—摆梭　2—底线　3—面线　4—梭心套　5—针

（3）供给和收回面线的功能　机针在向下穿刺、形成线环及扩环的过程，都需要把面线供给机针和摆梭。而当底线穿过面线环后，又需要收回面线，以便抽紧底线，形成交织。这是靠挑线杆（工作头）带着面线上下摆动来实现的，挑线机构如图2-9所示。

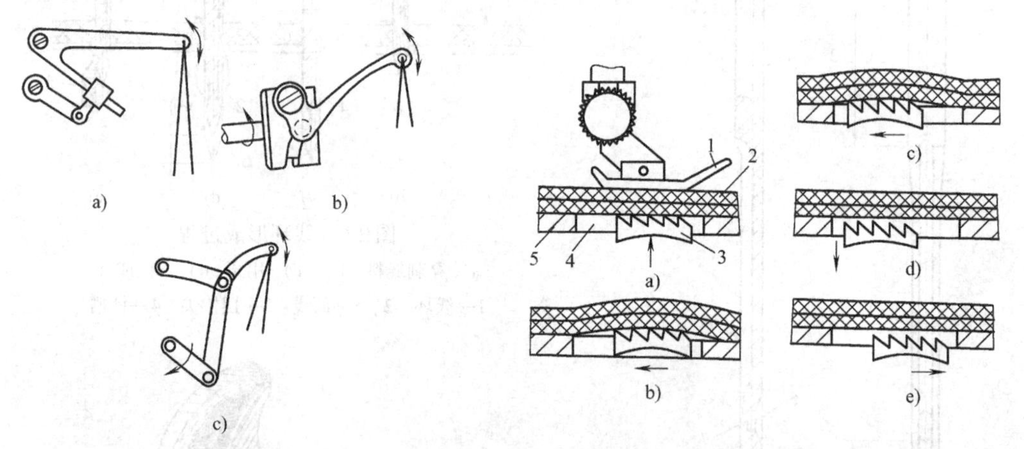

图2-9　挑线机构

a）滑杆式　b）凸轮式　c）连杆式

图2-10　送布牙送料时的工作情况

1—压脚　2—缝料　3—送布牙　4—送布牙槽　5—针板

（4）输送缝料的功能　为使线迹连续，当一个线迹形成后，缝料应相对机针移动一个线迹距离。这是靠送布牙挤压推送缝料来实现的。当机针退出缝料后，送布牙就上升并压紧缝料底面，利用摩擦力使缝料移动一个线迹。而后送布牙下降，和缝料脱离接触，以便进行下一个形成线迹的功能动作。最后送布牙返回原位，为移动下一个线迹作好准备。图2-10所示为送布牙移动缝料的功能动作过程，此主要功能的工作头即为送布牙，它所移动的实际

轨迹如图 2-11 所示。

2. 辅助功能

为支持和保证主要功能的实现，还配置了一系列辅助功能。它们包括：

(1) 调节面线和底线阻尼的功能

为保证得到美观整齐的线迹，面线与底线的松紧应能使锁式线迹的交接点绞合在缝料中间，如图 2-12 所示。面线过紧或底线过松，则会使底线被拉到缝料上面；反之，面线又会被底线拉到缝料下面。调节面线松紧的阻尼是靠旋动夹面线螺母来实现的。调节底线松紧的阻尼则用拧动压紧底线的螺钉来实现，如图 2-13 所示。

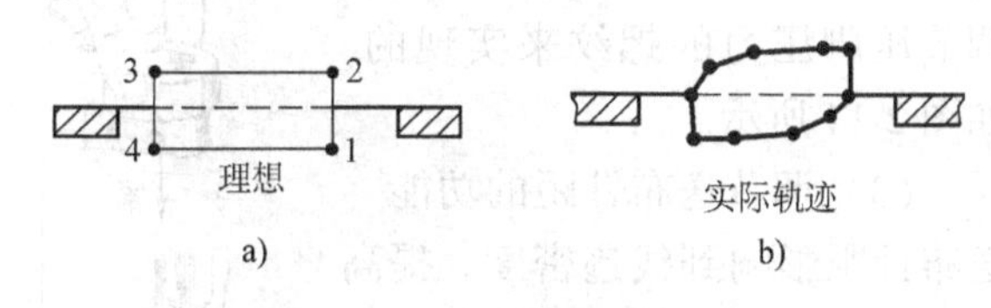

图 2-11　送布牙运动轨迹

a) 理想轨迹　b) 实际轨迹

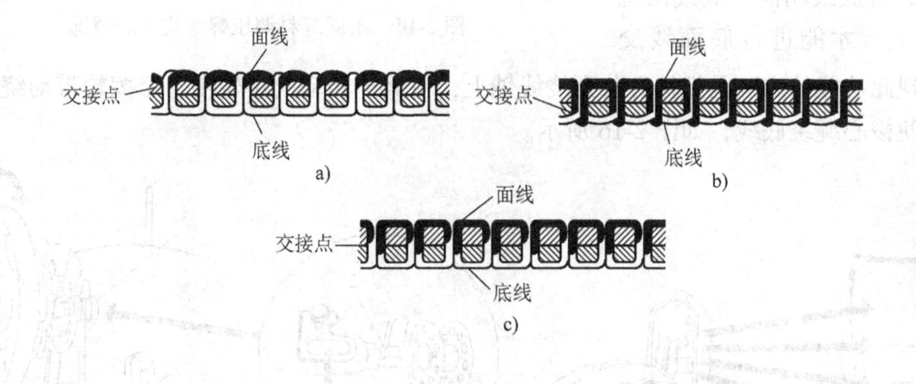

图 2-12　面线和底线的交织状况

a) 面线过紧　b) 底线过紧　c) 正确

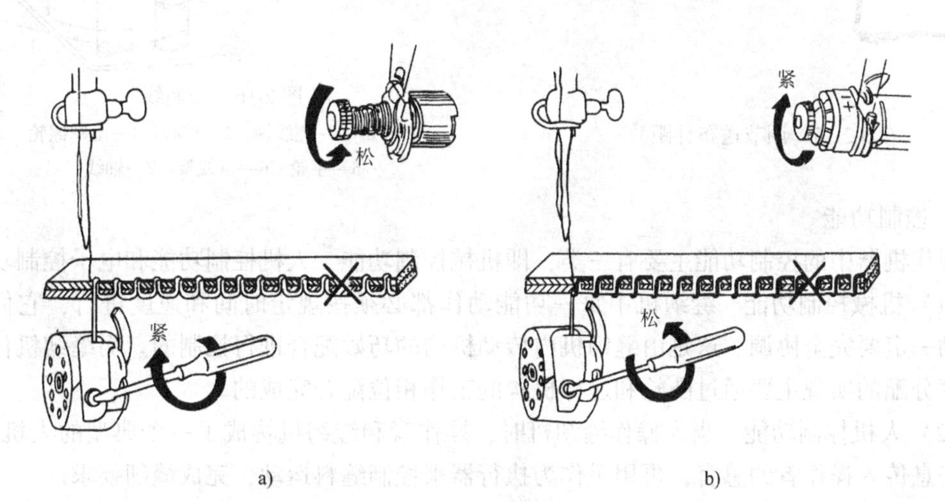

图 2-13　面线和底线的张力调节

a) 底线调紧，面线调松　b) 面线调紧，底线调松

（2）调节压脚压紧力的功能　压脚压紧缝料的压力过大，会产生缝料皱缩和使缝料遭受损伤，压力过小，又会产生送料呆滞和缝料溜滑现象。这是靠调节压脚压力的螺纹来实现的，如图2-14所示。

（3）调节送布针距的功能　送布针距影响到线迹密度。提高线迹密度会增加缝纫牢度，但过密则会影响缝料强度。送布牙送料距离由调节钮调定，如图2-15所示。

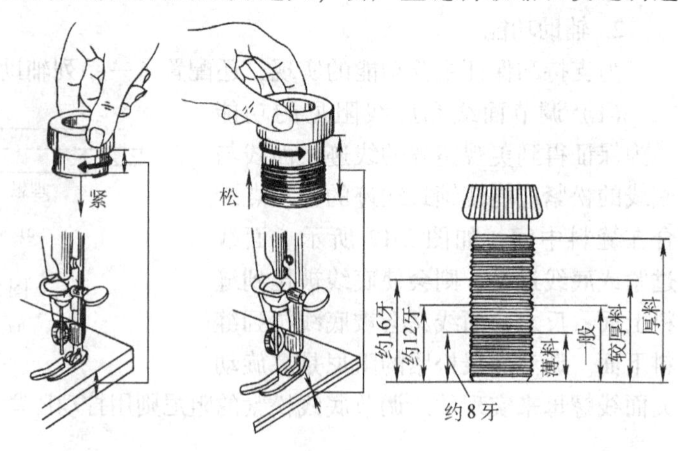

图2-14　不同缝料调压螺纹旋入的情况

（4）绕底线功能　底线须绕在梭心上，才能进行底面线交织。实现此功能的方法是把梭心装到绕线轴上，由高速转动的手轮使上摩擦轮带动绕线轴旋转，而使梭心缠绕底线，如图2-16所示。

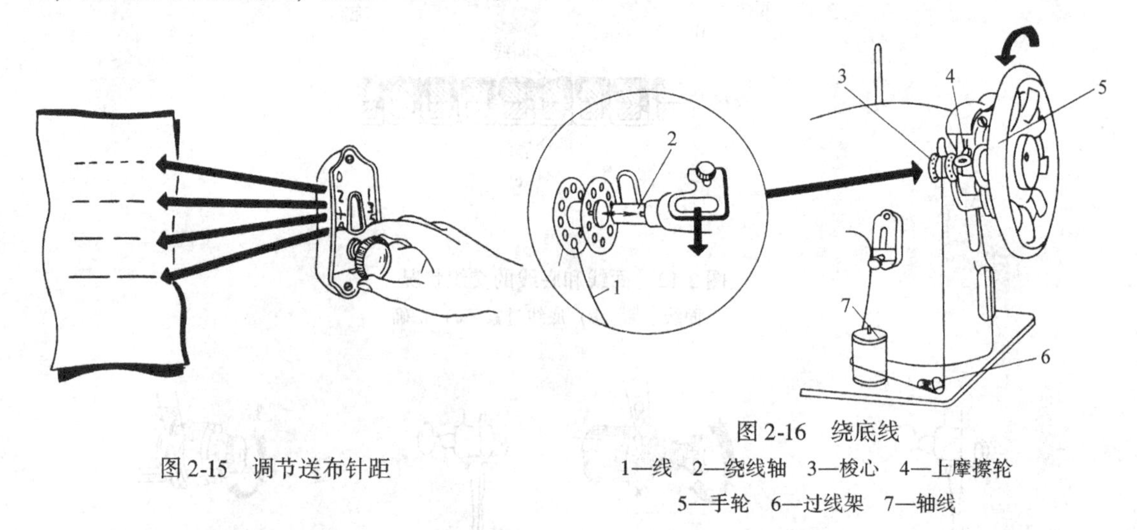

图2-15　调节送布针距

图2-16　绕底线

1—线　2—绕线轴　3—梭心　4—上摩擦轮　5—手轮　6—过线架　7—轴线

3. 控制功能

现代机器中的控制功能主要有三类，即机械控制功能、人机控制功能和电子控制功能。

（1）机械控制功能　缝纫机中每一功能动作都必须按规定时间和速度进行，它们之间的运动一定要完全协调。这是由缝纫机内传动机构的巧妙配合进行控制的。而缝纫机传动机构时序分配的实现主要通过凸轮和连杆机构的工作相位配合完成的。

（2）人机控制功能　当人操作缝纫机时，操作者和缝纫机构成了一个典型的人机系统。缝纫信息传入操作者的感官，再用手作为执行器来控制缝料运动，完成缝纫要求。

人机控制功能都要通过人机接口来实现，例如缝纫机的人机接口有4个：①缝针工作区，是人眼获得信息的接口；②手轮，是人手控制起动的接口；③机针前方布面，是人手扶持布料引导针迹的接口；④脚踏板，是人脚输入动力和控制速度的接口。人机接口往往需要很好地设计，以使人能更舒适，合理、可靠地实现控制。

(3) 电子控制功能 这是很多现代机器中普遍采用的控制方式。例如现代缝纫机也用微机进行程序控制，从而实现可随意调节和改变缝纫线迹，甚至可以实现绣花和锁扣眼的特殊功能。

以上三方面功能（主要功能、辅助功能和控制功能）互相配合，共同实现了缝纫总功能。

第五节 典型机器功能分析之二——点钞机

银行每天有大量的纸币出纳，每天下班之前必须经过清点，做到帐物相符。因此每天的纸币清点是个极繁重的工作量。人们早就希望能有准确、高速的纸币点钞机。但是，20世纪80年代以前，银行及一般财务部门在清点纸币时一直采用手工点数，不但效率低，而且经常出错。直到20世纪80年代后期，才出现可靠实用的现代化点钞机。

现代银行部门使用的点钞机是一种典型的机电一体化机械，它属于工艺类机器，它能将一沓纸币逐张分开、清点、计数并整理好。

图2-17所示就是20世纪80年代后期点钞机的外形图。

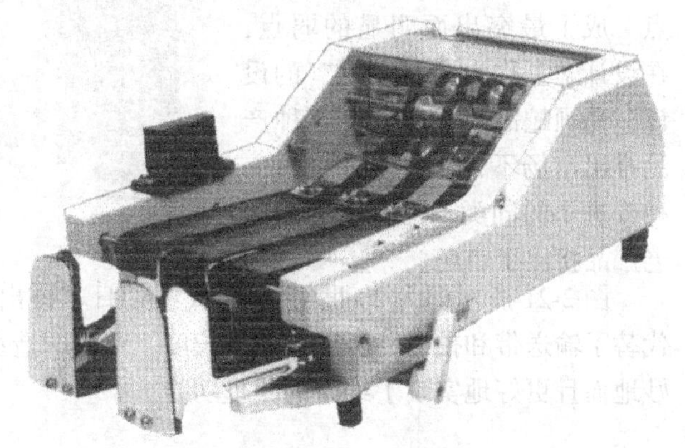

图2-17 20世纪80年代后期的点钞机外形图

一、点钞机的功能要求及机型的发展演化

早在20世纪50年代，欧洲就有人提出过一种点钞机的构思（图2-18），在这个构思中，可以看到对点钞机功能要求的基本认识：

1）要有堆放准备清点纸币的空间，并能将纸币连续输入，直到最后一张。

2）要有能把纸币逐张分开，避免两张当作一张计数的机构。

3）要有准确计数的装置。

4）清点完毕的纸币要整理成一叠。

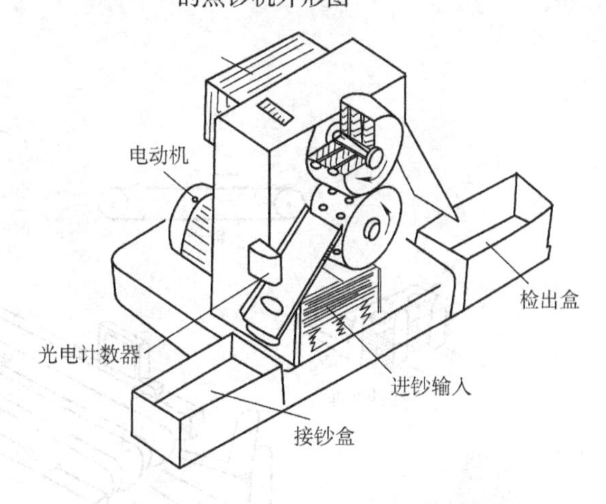

图2-18 早年对点钞机的构思

从图2-18可以看出，这个构思中采用了真空吸附的原理，但在当时没有实现。20世纪70年代，出现了一种采用真空吸附技术的纸币复点机（图2-19），这种复点机用五个吸附头，对纸币进行分张清点。图中显示，纸币是经过手工清点后在中间用纸带捆好，然后用复点机进行复点，复点时不开捆，手握一端，以另一端放入复点机进行清点。这种机器没有普遍使用，原因是要求纸币比较挺刮，不能太软太烂。而且机器较复杂，价格太贵，仍需要手工进行初点，它只能用来复点。

中国工商银行组织了下属沈阳、广州等多个银行机具技术部门，经过10多年的反复研究试制，终于在20世纪80年代中期开发成功了一种实用性很强的点钞机（图2-17）。这种点钞机没有采用真空吸附技术，能很好地完成点钞任务，而且对于不太挺刮的纸币也能顺利清点。但是这种点钞机技术上还不够成熟，在设计中存在考虑不周之处。这种点钞机的最后整理部分，采用了带输送和拍板拍齐整理的功能原理（图2-20）。由于输送带有一定长度，所以整体形状呈一种卧式的造型。就是这一点，成了最突出而明显的弱点，在设计学上称为“复杂化”的设计，是画蛇添足。因此，这种产品推出市场不久，日本就推出一种改进了的同类产品，把中国的老产品挤出了市场。

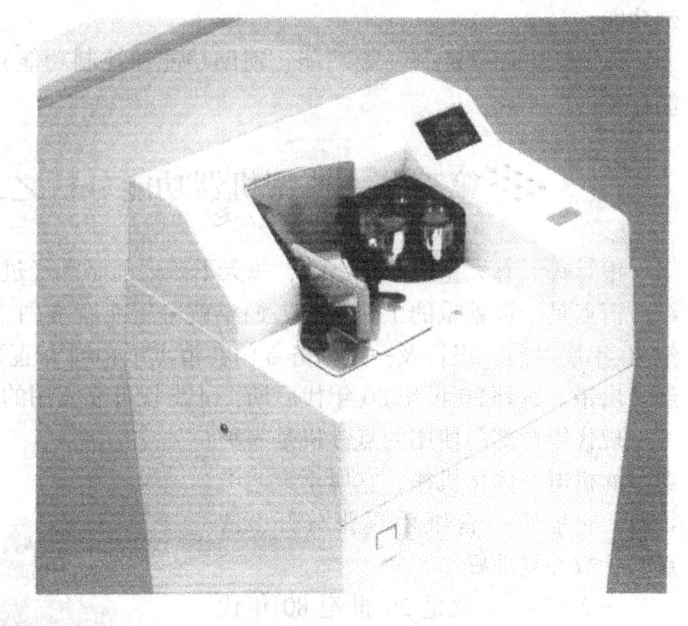

图2-19　纸币复点机

图2-21所示即为20世纪90年代中期日本推出的改进了的立式点钞机，它用一个叶轮代替了输送带和拍板，所以缩短了长度，整机的造型变成了立式，整个体积显得小巧了，巧妙地而且更好地实现了纸币的整理功能。

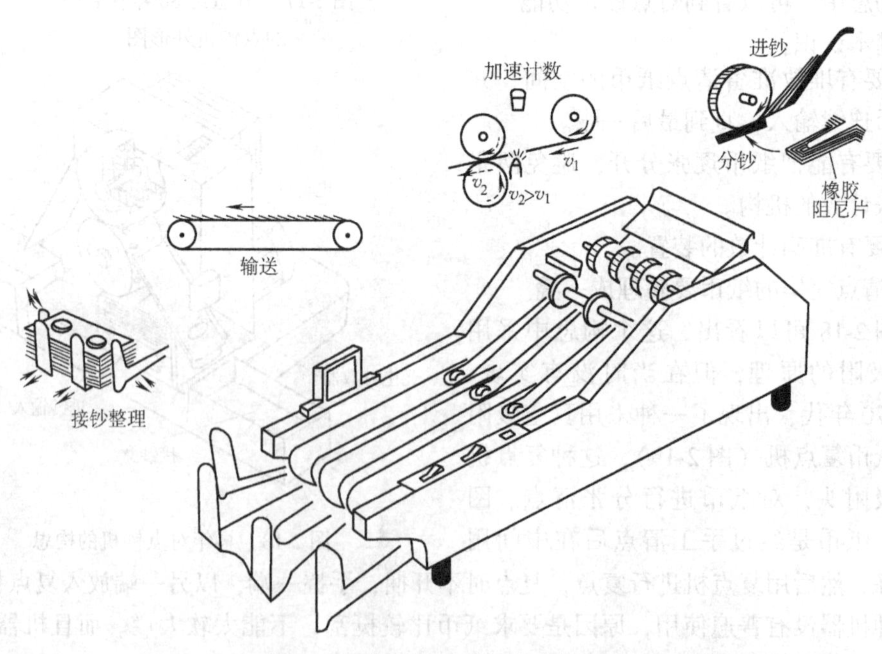

图2-20　20世纪80年代中国发明的卧式点钞机功能原理图

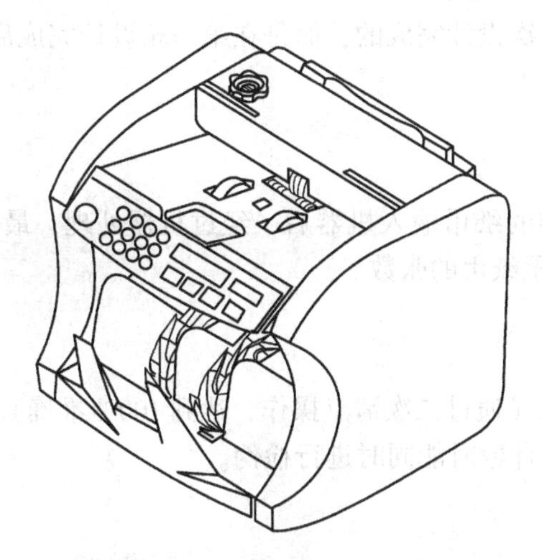

图 2-21 20 世纪 90 年代中期出现的立式点钞机

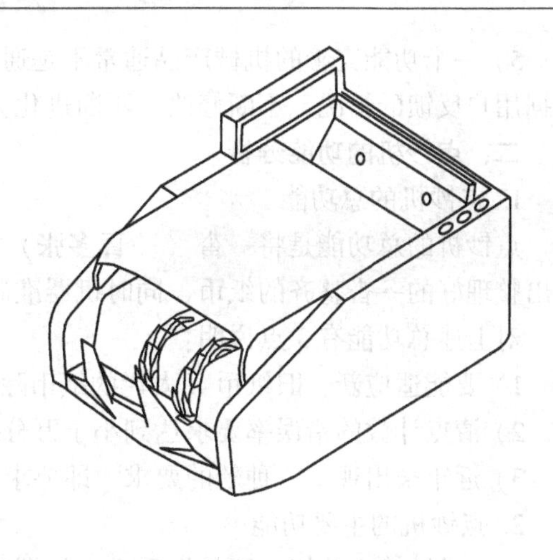

图 2-22 21 世纪初中国推出的新型半卧式点钞机

这种点钞机在用叶轮代替输送带的同时，还把纸币进钞输入部分从侧面改到了上面。这一修改，使得整机布置完全立式化了。但是纸币从上面进钞输入时，纸币是从最下面一张开始输入的，一旦出现输入故障（纸币卷曲或折叠），不能一下从上面看出并及时予以处理；而原来卧式机从侧面进钞输入的情况则不同，纸币从前面第一张开始输入，一切情况一目了然，也便于处理。另外，当纸币只有很少几张时，上面输入是靠自重产生摩擦力驱动纸币的，有时则因摩擦力不足而需要用手帮一下；而侧面输入是沿斜面楔入，不会产生输入的困难。所以，将输入从侧面改到上面，引起了一些新情况、新问题，反而有些弄巧成拙。于是又给别人创造了一个改进的机会。

图 2-22 所示即为 21 世纪初中国又推出的新型的卧式点钞机，把进钞输入部分从上面改回到侧面，出现了进钞输入在侧面，接钞输出是叶轮的另一种新型产品，这种产品技术上更合理，机型则成为非立非卧的半卧式，这里则把它称为新型半卧式点钞机。这种产品很快夺回了大部分市场。

总结 30 余年来点钞机的改进和演化，可以总结出以下几点有意义的认识：

1）点钞机是银行部门不可缺少的辅助机具，因此它的市场需求是巨大的、恒久的，只要纸币还作为流通货币，市场就不会衰竭。

2）点钞机是用来清点纸币的。对于银行来说，不允许有丝毫的差错，而且要求能适应新旧不同的纸币。因此在 20 世纪 80 年代之前，虽然曾经出现过一些形式的点钞机，但始终没有得到普遍推广，原因在于可靠性达不到要求。

3）点钞机最关键的功能是分钞功能，即必须保证纸币是一张一张地送过去，才能保证精确计数。中国最初发明的卧式点钞机的分钞功能是橡胶阻尼式分钞功能原理。这种功能原理非常成功，可靠性比真空吸附要好得多。因此在以后的改进演化过程中，这种摩擦阻尼式分钞功能原理始终没有被改变。

4）一台机器一旦进入市场，如果它存在薄弱环节或者复杂化了的设计，就很有可能被竞争对手超越，做出更好的产品来。开发出一种原型机是很不容易的，往往要花费好几年以至十几年的功夫，经过无数次的试验和失败。但是如果只是针对别人的缺点作出局部的改进，则可能是相当容易的。不过，改进有时也会弄巧成拙，这也是经常发生的事情。

5）一个功能完善的机械产品通常不是通过一次设计完成的，而是在第一轮设计完成后，根据用户反馈的情况，不断修改、不断进化完成的。

二、点钞机的功能分析

1. 点钞机的总功能

点钞机的总功能是将一沓（一百多张）同样的纸币输入机器后，经过机器处理，最后输出整理好的一沓整齐的纸币，同时机器准确显示纸币的张数。

对上述总功能有3点说明：

1）要能适应新、旧纸币（太烂的纸币除外）。

2）清点计数的错误率要求达到小于万分之二（通过二次清点操作，达到100%准确）。

3）近年来出现了一种新的要求，即要求清点计数时能同时进行检伪。

2. 点钞机的主要功能

（1）进钞输入功能　这是纸币进入机器的入口。立式点钞机为上置式（图2-23a），纸币平放（略有前倾）在入口处，依靠其自重压在输入胶轮上，其输入功能由输入胶轮实现。输入胶轮有前后两排（每排左右各一个），胶轮表面有约90°扇形凸缘，表面带齿，以加强摩擦，前后轮同速旋转，其扇形凸缘错开相位，形成接力，以将纸币完全送入下一位置。可以看出，纸币是从最下一张开始送入的。卧式点钞机的进钞为侧置式（图2-23b），纸币斜插在入口的斜板上，纸币前面自动楔入斜板和输入胶轮形成的楔形缝中，输入胶轮转动，即将前面一张纸币送入。输入胶轮为单排，一排上设置4个胶轮，轮缘有齿以加强摩擦。

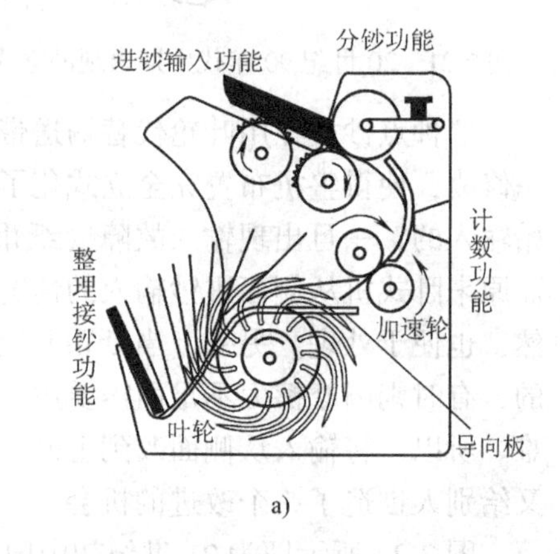

a)

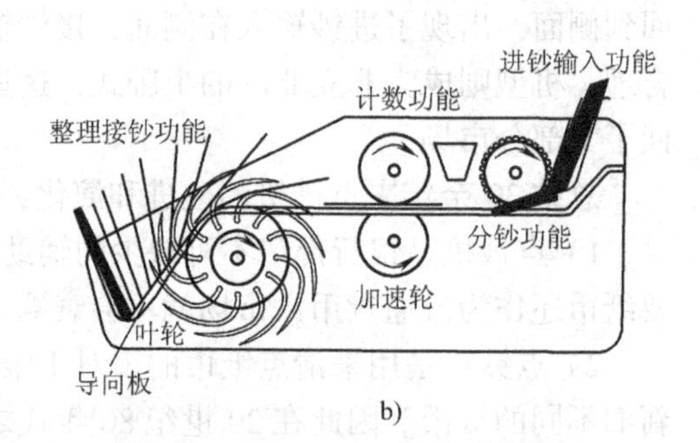

b)

图2-23　两种机器的功能原理及其对比
a）立式　b）卧式

上述立式和卧式两种功能原理，虽然同样应用摩擦轮的物理效应，但具体结构却有很大区别，因此实际使用效果也有所不同。卧式的比较简单可靠；立式的偏于复杂，而且会引起一些意外的问题。

（2）分钞功能　分钞功能是点钞机的核心技术，也是关键功能，点钞机这所以在较长时间内未获成功，主要原因就是分钞功能没有解决好。中国工商银行最先研制成功的卧式点钞机，采用摩擦阻尼分钞的功能原理，为此后点钞机的研制奠定了技术基础。所谓摩擦阻尼分钞，即除正面采用摩擦轮搓动纸币前进外，在背面也用橡胶作摩擦阻尼物，阻止第2张（包括第3、第4张）纸币随第1张带出。其具体结构如图2-23所示。

图2-23a所示为立式点钞机的分钞功能原理，在第二排输入胶轮的对面设置一个阻尼胶轮，而且施加压紧力。这个阻尼胶轮原则上是不必转动的，实际做成能够反向转动（非主动），以随机变换轮子上的摩擦接触位置，以免局部过度磨损。图2-23b所示为卧式点钞机

的分钞功能原理，在输入胶轮的下面，设置有阻尼橡胶片。为了加强阻尼作用，提高可靠性，在橡胶片上开出槽口，胶轮稍微陷入槽中，强化了阻尼效果。

可以看出，立式和卧式在功能原理上（采用的物理效应）是一样的（都是利用摩擦），只是具体结构不同，分钞效果都很可靠。

(3) 计数功能　现代点钞机的计数都采用了光电计数的原理。为了实现光电计数，必须得到可靠的计数信号。目前点钞机中都采用光隙信号，即让第一张纸币和第二张纸币之间瞬时出现一个透光的缝，即拉开一点距离，让光产生一个阶跃信号。

具体的功能原理如图2-23所示，纸币经过分钞后进入加速胶轮，加速胶轮的转速比输入胶轮高，纸币突然加速，和后面的纸币拉开距离，出现缝隙，光电管即可准确地得到一个阶跃信号。为了保证每张纸币可靠地加速，加速胶轮由一对轮子组成，相互间加上压紧力。同一排加速胶轮可以有好多个，以保证可靠加速，避免计数出错。

现在添加了的检伪功能，也是利用加速过程对全钞表面进行光电检伪的。

(4) 整理功能　立式点钞机最成功的改进就是发明了一种叶轮来代替卧式点钞机的输送带和拍板。图2-23显示了这种叶轮的外形及其功能原理。当纸币从加速胶轮快速送出后，恰好进入叶轮的一个叶缝，叶轮的转动把纸币带到前面的接钞盒内。叶轮共有两个，一左一右并列，以使纸币平行动作。叶轮的转速必须和纸币输出的速度相匹配，这样，纸币落入接钞盒内就是码放整齐的一沓。注意在叶轮侧面的机壳上设置有导向板，纸币在被叶轮带着前进时，纸币的下沿受导向板推动，在叶轮叶片槽内向外滑出，最后以合适的姿态落入接钞盒内。叶片的形状和导向板的边沿形状相配合，使得纸币在前进过程中实现一种由横转立并推出落入接钞盒内的过程。当接钞盒中纸币快满时，叶片还可以产生向前推压纸币的附加作用。

这样一种叶轮，比起原来的输送带和拍板，确实是又简单又好。正是由于这种又简单又好的特点，使得以后要想再找到一种更好的功能原理来超过它，就比较困难了。从事设计工作的人们，应该从中得到很重要的启发。

3. 辅助功能

(1) 动力及传动功能　动力采用两个电动机；一个主电动机，驱动所有的轮子。另一个专门驱动叶轮。传动机构很简单，采用同步带带动所有轮子（见图2-24）。

(2) 接钞输入口斜板调节功能　输入口的斜板对于输入胶轮的相对位置和角度，决定纸币是否能顺利输入直到最后一张。因此这块斜板的位置和角度必须能够调整。

(3) 阻尼轮压紧功能　立式点钞机的阻尼轮需要用压紧装置将其压紧在输入轮上，加速轮下面的压紧轮也要采用压紧装置（立式和卧式均需）。

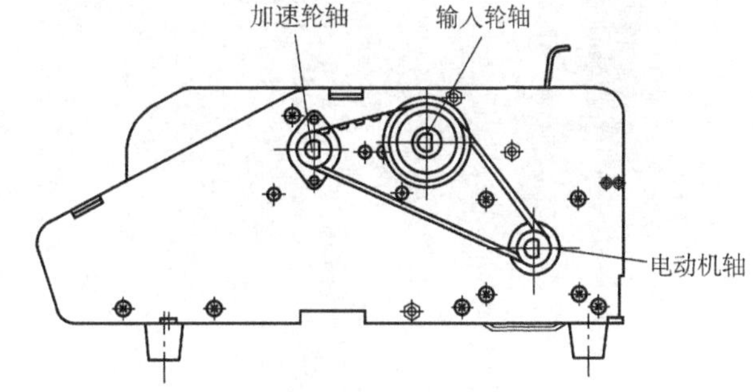

图2-24　卧式点钞机中用同步带控制各个轮轴的转速和转向

4. 控制功能

(1) 机械控制功能　输入胶轮和加速轮的转速不同，在这里是用同步带的带轮的大小来控制的。

各轮轴的转动方向也由同步带的缠绕方式来控制，如图2-24所示。

(2) 光电控制功能　点钞机中的计数采用光电计数技术。这种技术已经比较成熟，出现计数误差是由光隙的干扰引起的，例如纸币纸边破碎、不整齐或有杂物等原因造成误读。

早期的点钞机还没有检伪功能，现在点钞机上一般都设置检伪功能。常用的有磁性检伪、金属线检伪、紫外线检伪、W码检伪、荧光透视及反射检伪等。一旦发现有伪，立即自动停机，等待手工检出（也有自动剔出的）。一般要求漏检率达到万分之二、错检率为千分之一。这是目前技术能够达到的。

(3) 人机控制功能　目前的点钞机还需要人参与操作。它有几个人机接口：一是起停开关，靠人手操作接通总电源，点钞过程是自动的，即采用一个自动检测有无纸币的传感器来控制起动和停止；二是数码显示，把计数结果显示给人看；三是声音报警器，出现伪币时机器发声，让人耳听见，由人介入处理；四是计数方式控制切换按钮，按人的要求清零、单次计数或连续计数，由人手按按钮切换。

习　题

2-1　试画出缝纫机摆梭的工作头形状，并用Sketch描述造环、钩线和穿梭功能。

2-2　试对家用吸尘器（或某种别的机器）作功能分析。用黑箱法描述总功能，用Sketch法描述分功能（黑箱法见第三章第二节）。

第三章

机械产品的功能原理设计

机械产品设计的最初环节，是先要针对该产品的主要功能提出一些原理性的构思。这种针对主要功能的原理性设计，可以简称为“功能原理设计”。

例如，要设计一种点钞机，先要构思将钞票逐张分离的工作原理。图3-1所示就是其功能原理设计的构思示意图。显然，进行原理性构思时首先要考虑应用某种“物理效应”（如图中的摩擦、离心力、气吹等），然后利用某种“作用原理”（如图中的摩擦轮、转动架、气嘴等），最后达到实现“功能目标”的目的。

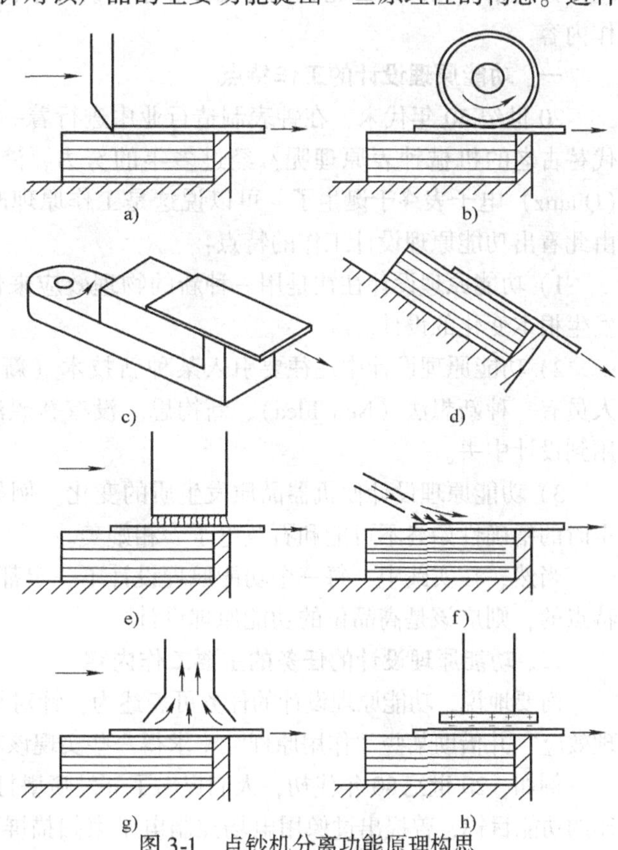

图3-1　点钞机分离功能原理构思
a）推括　b）摩擦　c）离心力　d）重力
e）粘力　f）气吹　g）气吸　h）静电

功能原理设计的重点在于提出创新构思，使思维尽量“发散”，力求提出较多的解法供比较选优。对构件的具体结构、材料和制造工艺等则不一定要有成熟的考虑，因此常只需用简图或示意图来表示所构思的内容。

功能原理设计是对产品的成败起决定性作用的工作。一个好的功能原理设计应该既有创新构思，又应同时考虑其市场竞争潜力。因为脱离市场需求的盲目创新是没有意义的。例如美国宝丽来公司研制的一次成像照相机，在研制过程中投入了大量人力物力，终于取得技术上的成功，但在投入市场之后，很快就被日本的自动照相机压倒了。原因在于其单片成本过高且不易复制。当然这也许是暂时的失败，在经过改进后，在新的条件下可能会获得新的成功。因为功能原理上的创新总是有其潜在的价值的。

任何一种机器的更新换代都存在三个途径：一是改革工作原理，二是通过改进工艺、结构和材料提高技术性能，三是加强辅助功能使其更适应使用者的心理。这三方面对于产品的市场竞争力的影响几乎有同等重要的意义。但第一种途径在实现时的困难程度却比后两种要大得多。以至于早在20世纪60年代就有人预言：各种机器的工作原理已经基本定型，今后改进的方向主要只能在工艺、材料和结构方面。然而30年来产品发展的事实否定了这种悲观的预言。不仅采用新工作原理的新机型不断出现，而且由于新工艺、新材料的出现，也促进了新工作原理的产生。例如液晶材料的实用化，促使钟表的工作原理发生了本质的变化。很多有远大目光的企业家和工程师，现在都把更多的注意力放在基本工作原理的改革这一方面来了。

第一节　功能原理设计的工作特点和工作内容

过去学校培养的设计人员比较习惯于作机构设计和结构设计，很少受到有目的的功能原理设计的培训和训练。比起机构设计和结构设计来，功能原理设计有其完全不同的特点和工作内容。

一、功能原理设计的工作特点

20世纪50年代末，在钟表制造行业中进行着一场悄悄的革命：用什么新的工作原理来代替古老的机械钟表原理呢？经过多年的努力，液晶显示的纯电子表和机电结合的石英（Quartz）电子表终于诞生了。可以说这是工作原理改革的最典型的成功之例。人们也可以由此看出功能原理设计工作的特点：

1）功能原理设计往往是用一种新的物理效应来代替旧的物理效应，使机器的工作原理发生根本变化的设计。

2）功能原理设计中往往要引入某种新技术（新材料、新工艺……），但首先要求设计人员有一种新想法（New Idea）、新构思。没有新想法，即使新技术放到面前也不会把它运用到设计中去。

3）功能原理设计使机器品质发生质的变化。例如，机械表不论在技术上如何改进，其走时的精确性始终不可能和石英电子表相媲美。

当然，在实践中，每一个功能原理设计不一定都能体现上述三个特点。而能体现这三个特点的，则应该是高品位的功能原理设计。

二、功能原理设计的任务的主要工作内容

简要地说，功能原理设计的任务可表述为：针对某一确定的“功能目标”，寻求一些“物理效应”并借助某些“作用原理”来求得一些实现该功能目标的“解法原理”。

例如，20世纪80年代初，人们提出了开发喷墨打印技术的构想。最初，人们针对喷墨打印的功能目标，曾提出过像用电场控制电子束扫描屏幕那样控制喷嘴喷出的墨水滴来扫描白纸。结果扫描出的画面，可以想象比电子束扫描屏幕的效果要差得多。后来人们又寻找了另外一些物理效应，较好地实现了喷墨打印的功能目标。一种是用液体受热汽化的物理效应，在毛

细管口产生汽泡，将墨水滴喷出（图3-2）。一种是用压电晶体在受电场作用时产生变形的物理效应，将墨水腔中的墨水从小孔口中挤出，达到喷墨的效果。这两种功能原理所用的物理效应不同，作用原理也不同，却都能实现相同的功能目标。这就是当前市场上正在激烈竞争着的两种喷墨技术。竞争推动了技术进步，它们已经达到了1440～4800dpi[⊖]的分辨率。

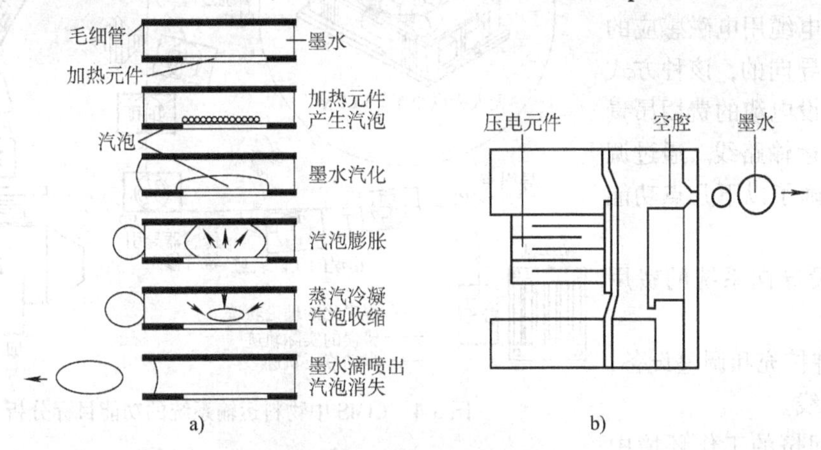

图3-2 两种喷墨打印功能原理

a）加热汽化喷墨 b）压电喷墨

从这个例子可以看到，功能原理设计的主要任务是："寻找一种物理效应和相应的作用原理"以实现所追求的"功能目标"。

功能原理设计的主要工作内容是构思能实现功能目标的新的解法原理。但其工作步骤必须先从明确功能目标做起（见图3-3），然后才能进行创新构思；得出某些解法原理后还应通过模型试验，进行技术分析，验证其原理上的可行性；对于不完善的构思还应按实验结果做修改、完善和提高的工作；最后对几个解法作技术经济的评价对比，选择其中一种较合理的解法作为最优方案予以采用。这里所谓的"最优方案"，实际上只能是一种较"满意"的解法。因为在实际设计工作中，真正完全理想化的、没有缺点的解法几乎是没有的。

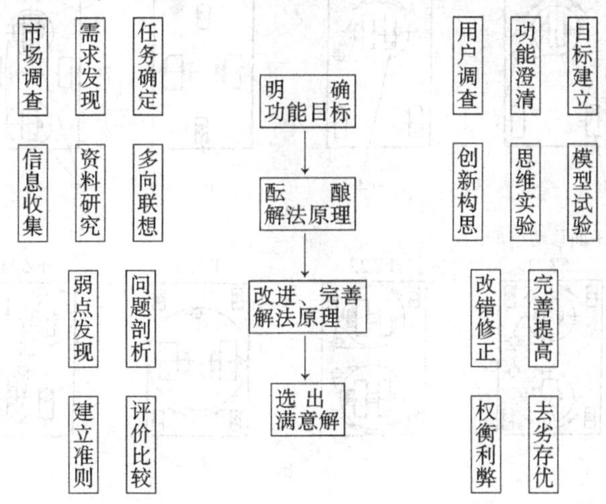

图3-3 功能原理设计的工作步骤和工作内容

⊖ dpi为每英寸点数。

图 3-4 所示是为改进设计 CIMS(计算机集成制造系统)中的运输小车而作的功能目标分析。以前的运输系统是采用地面下埋设电缆用电磁感应的方式来进行导向的,该种方式的缺点是敷设电缆的费用昂贵且不易调整运输路线。通过调查分析,明确了以下几点功能目标:

1)装设导向系统的费用应较小。

2)允许扩充和调整设备,变动运输路线。

3)在拥挤的工作环境中小车能灵活运行。

4)在工件转接站上小车能准确定位。

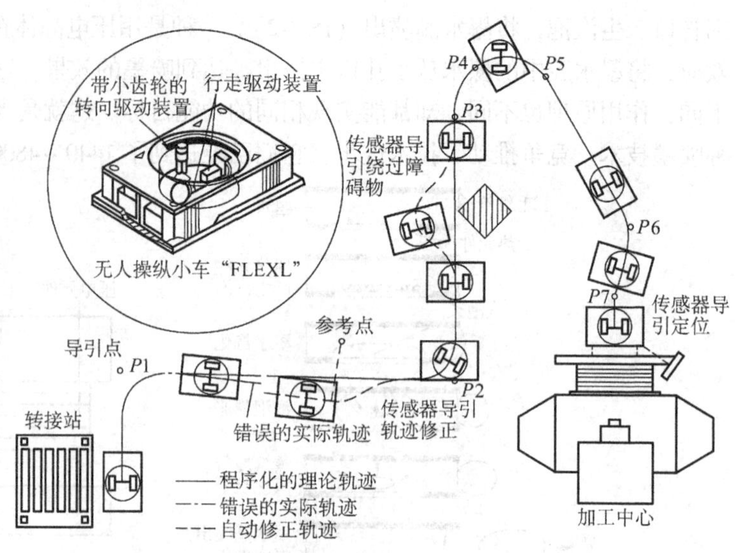

图 3-4 CIMS 中物料运输系统的功能目标分析

针对上述功能目标,提出了下面一些原理性的设想作为新的解法原理:

1)应用惯性导航技术,利用所设参考点用预置程序给出理论轨迹并作轨迹误差的修正。

2)应用传感器引导绕过障碍物。

3)在工件转接站上用超声波定向,使小车实现准确定位。

为实现上述原理性设想,必须设计新的小车以实现灵活运动和准确定位的可能性。

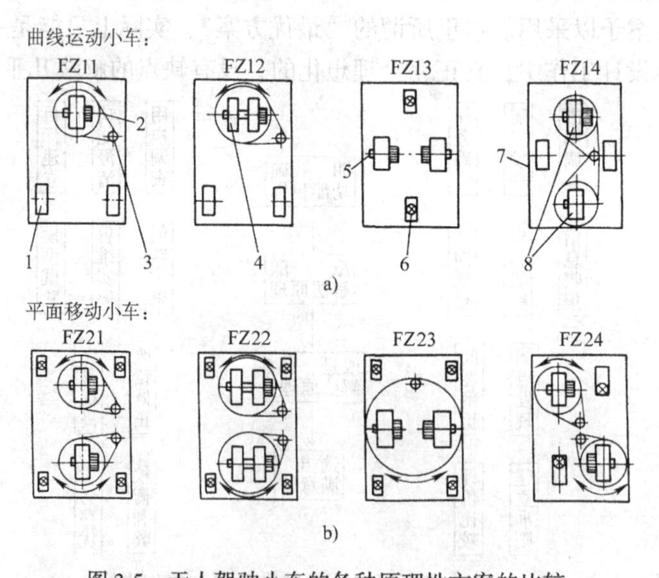

图 3-5 无人驾驶小车的各种原理性方案的比较

a)曲线运动小车 b)平面移动小车

1—支持轮 2—行走驱动轮 3—转向驱动轮 4—带测量系统的支持轮

5—测量系统 6—可转动的支持轮 7—联动式转向驱动 8—联动轮

图 3-5 所示为 8 种小车方案的对比，FZ23 型的构思最具特色，小车的中枢用两个驱动轮驱动，可实现进退和转弯，车架可绕中枢回转，以保证与转接站对接时的方位调整。

这个例子说明了功能原理设计过程中确定“功能目标”和构思“功能原理”的真实工作内容。

第二节　功能、功能单元和功能结构

要进行功能原理设计，首先应对“功能”的概念及其他有关的概念有科学的认识。

19 世纪 40 年代，美国人麦尔斯（Miles）在他的《价值工程》（Value Engineering）一书中，首先明确地把功能（Function）的概念作为他的价值工程研究的核心问题。

20 世纪 60 年代，欧美各国先后开展了设计科学的研究。“功能”的概念被明确地用作设计学的一个基本概念。人们开始意识到，设计的最主要的工作并不只是选用某种机构或设计某种结构，更重要的是要进行工作原理的构思，其中的核心问题就是“功能”问题。

一、功能的含义

功能是对于某一产品特定工作能力的抽象化描述，它和人们常用的“功用”“用途”“性能”“能力”等概念既有联系又有区别。例如，以一台电动机为例：

电动机
- 功用——作原动机
- 用途——驱动电扇、机床……
- 性能——效率、耐用性、振动……
- 能力——功率、转速……

}功能——将电能转变为旋转运动的动能

由此例可知，“功能”是指某一机器（或装置）所具有的转化能量、运动或其他物理量的特性。

系统工程学用“黑箱”（Black Box）来描述功能（图 3-6）：任何一个技术系统都有输入和输出，把技术系统看成一个黑箱，其输入用物料流 M、信息流 S 和能量流 E 来描述；其输出用相应的 M′、S′和 E′来描述。

于是，就可以这样来定义“功能”：

功能——一个技术系统在以实现某种任务为目标时，其输入量和输出量之间相互转换的关系。

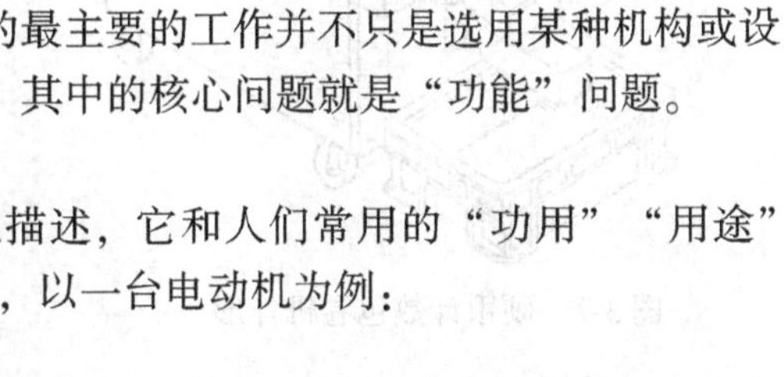

图 3-6　用“黑箱”描述技术系统的功能

图 3-7 所示是一台硬币计数包卷机的外观，它用来整理、清点、计数，最后按 50 枚一卷将硬币用纸包卷起来；也可以在计数后装袋而不包卷。图 3-8 所示是用黑箱法描述的硬币机的总功能。

这种黑箱只是描述了从系统外部观察到的“功能特点”，而黑箱的内部结构是未知的，是需要设计师去进行具体构思和设计的。

系统分析中的“白箱”和“灰箱”，则是指内部结构完全已知或部分已知的技术系统。

二、功能元素和功能单元

从系统论的观点看，一个系统可以分解为一些子系统，那么一个系统的总功能也应该可以分解为一些分功能。有些学者因此提出一种设想：是否可以把机器中的复杂动作分解为一

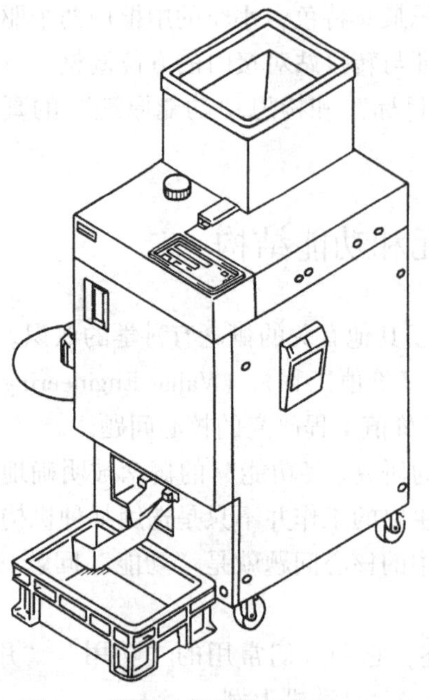

图3-7　硬币计数包卷机外形

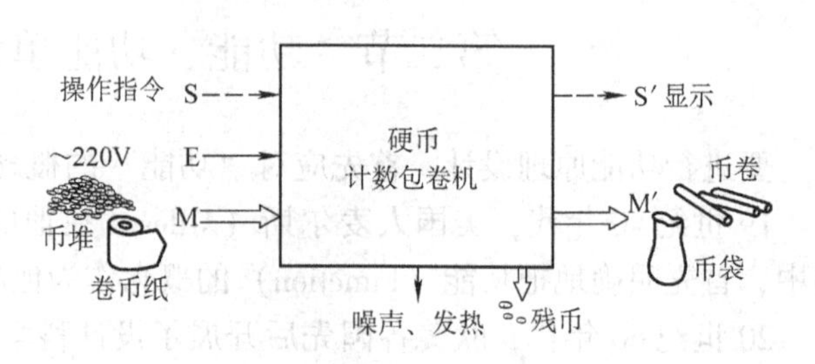

图3-8　硬币机总功能的黑箱描述

些基本动作，并把这些基本动作理解为“功能元素”，由这些功能元素可以构成任何技术系统复杂的总功能。典型的基本动作共有以下12对：

放出——吸收　传导——绝缘　集合——扩散
引导——阻碍　转变——恢复　放大——缩小
变向——定向　调整——激动　联结——开断
结合——分离　接合——拆开　贮存——取出

可以把功能元素看成像电子元件一样，设想用它来联接成各种复杂的电路（技术系统）。这种设想似乎很有道理，在仪器仪表设计中有一定的适用性。但在机械设计实践中却并不很有效，尚有待人们进一步研究和发展。

另一种方式是不把功能过分细分，而只是分解到“功能单元”的层次上。这样的功能单元是既有一定的独立性，又有一定复杂程度的技术单元。例如可以把硬币计数包卷机分解为7个功能单元，如图3-9所示。

显然，功能单元的概念与零件、部件或机构的概念是有区别的，前者特别适宜于在功能原理设计时进行原理性解法的构思。

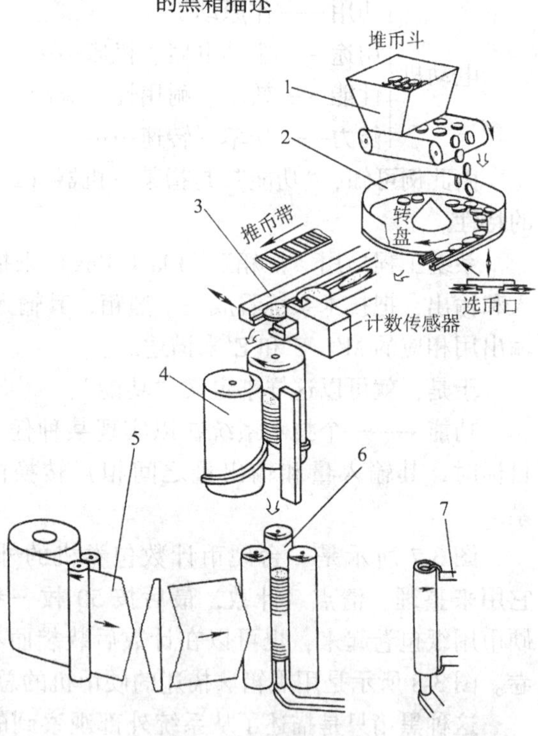

图3-9　硬币计数包卷机的7个功能单元

1—硬币堆放、输送功能单元　2—硬币排列、分选、挑残功能单元　3—硬币分选计数功能单元　4—硬币堆码、整理功能单元　5—送纸、撕纸功能单元　6—硬币包卷功能单元　7—卷边功能单元

三、功能结构和功能系统分析

一个系统的总功能可以逐步分解为很多分功能。图 3-10 中把硬币计数包卷机的总功能分解为计数和包卷两个分功能，而计数和包卷还可以进一步分解。如图所示可将计数进一步

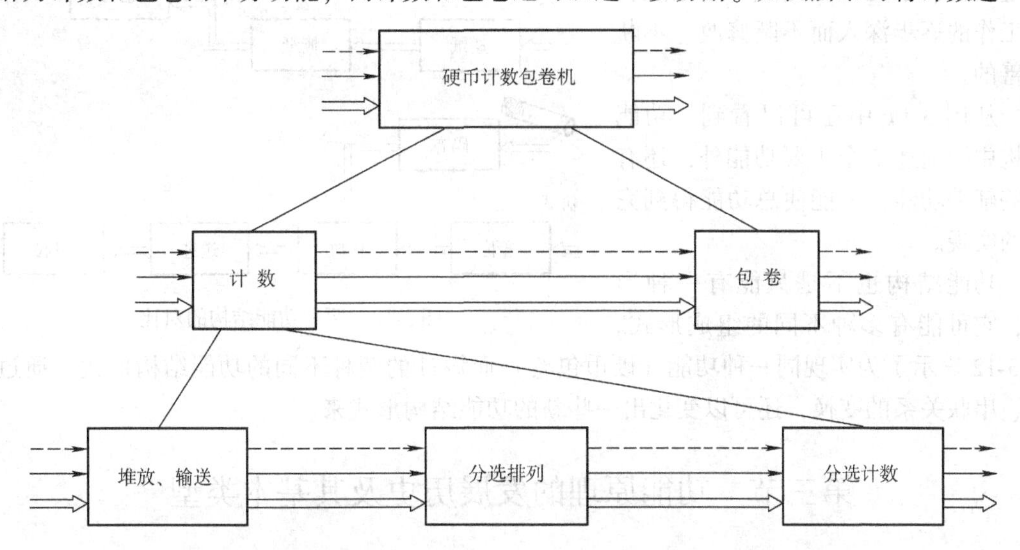

图 3-10　硬币计数包卷机的功能分解

分解为堆放输送、分选排列和分选计数 3 个分功能。

上述功能分解方式不能充分表达各分功能之间的相互配合关系。图 3-11 所示为用来表示各分功能之间关系的框图，叫“功能结构”图。它比功能分解图更好地反映了各分功能之间的联系和配合。

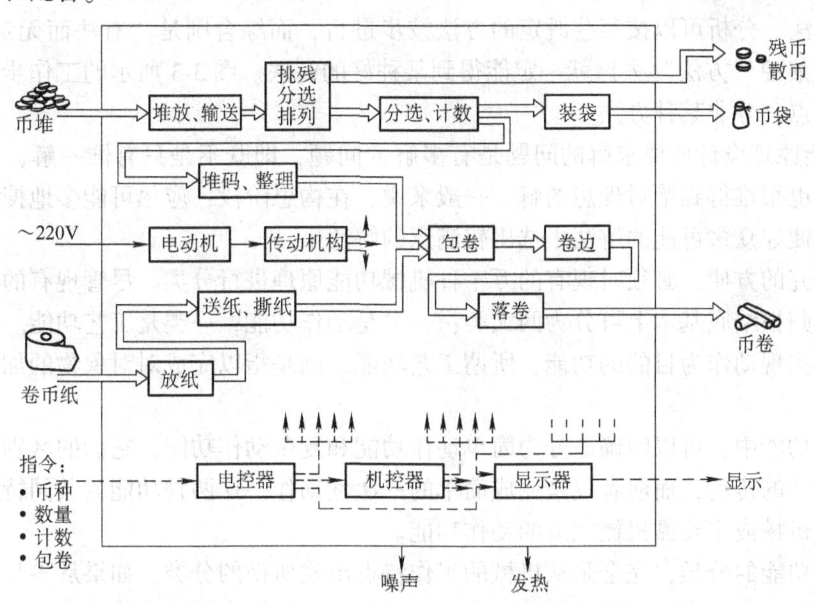

图 3-11　硬币计数包卷机的功能结构图

由总功能分解为分功能，最后作出功能结构图，这样一个过程，称为“功能分析”，也可称为“系统分析”。

功能分析过程是设计人员初步酝酿功能原理设计总体方案的过程，这个过程往往不是一次完成，而是随设计工作的逐步深入而不断修改、不断完善的。

从图3-11中还可以看到，功能结构中除前述7个主要功能外，还有一些辅助功能，才能使总功能得到完满的实现。

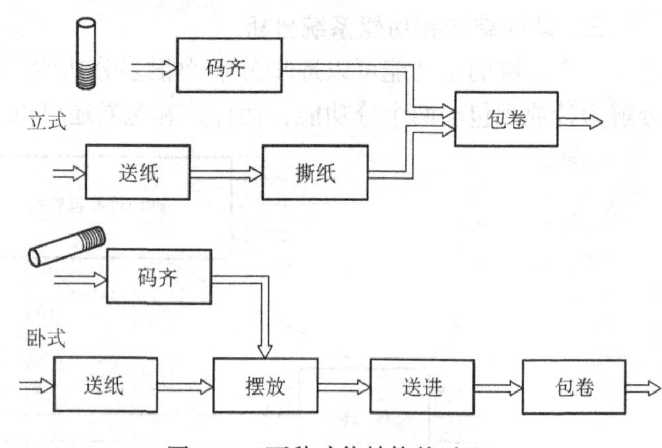

图3-12　两种功能结构的对比

功能结构也不是只能有一种形式，它可能有多种不同的组成形式。图3-12表示了为实现同一种功能（硬币包卷）而设计的两种不同的功能结构形式。通过并联、串联关系的变换，还可以变化出一些新的功能结构形式来。

第三节　功能原理的发展历史及其基本类型

功能原理设计是一种创新构思的过程，它不同于一般工作过程可以遵循某种步骤或方法。对于设计者来说，进行功能原理求解时，主要依靠他本人的知识、经验、才能和灵感(直觉)。因此，对于同一个问题，不同的设计者往往构思出完全不同的解法原理。它的两个工作特点如下：

1）功能原理设计是一种综合。综合是不可能有任何定法可循的。分析和综合是两种不同的科学方法。分析可以按某些既定的方法按步进行，而综合则是“有法而无定法”，即不可能只要按某种“方法”去做就一定能得到某种好的解法。图3-3所示的工作步骤，也仅是一些工作要点，并非某种方法。

2）功能原理设计所要求解的问题是有多解的问题，即既不是只有惟一解，也不是绝对无解，而且也很难得到绝对理想的解。一般来说，在构思阶段，应尽可能多地搜索各种可能的解法，以便在众多可能的解法中选出较满意的解法来。

为了研究的方便，必须对现有的万千种机械功能原理进行分类。尽管现有的功能原理五花八门，但归根结底基本上可分为两大类：一类是动作功能，一类是工艺功能。所谓动作功能，是指以实现动作为目的的功能；所谓工艺功能，则是指以完成对对象物的加工为目的的功能。

在动作功能中，可以明确地分为简单动作功能和复杂动作功能，它们的区别主要在于后者能实现连续的传动，而前者仅是完成简单的一次性动作。这两种功能的共同特点在于它们都是指用纯机械或主要靠机械完成的动作功能。

上述对功能的分类，完全是从机械的工作特点出发所做的分类，如果从参与完成功能的物理作用的特点来分类，则可以把功能分为纯机械功能和综合技术功能两类；如果从所完成的功能的困难或复杂程度来分类，则可以把功能分为常规技术功能和关键技术功能两类。

从不同的角度对事物进行分类研究是有利于完整和深刻认识事物本质的好方法。用3种观点来研究功能的分类，显然对功能的本质会有更完整和深刻的认识与理解。

综合技术功能和关键技术功能是随着历史发展和技术的进步而出现的，对于现代产品设计来说，它们对于提高产品的竞争优势，有时可能起着非常重要的作用。

随着科学技术的发展，已经不再局限于用纯机械的方式去完成动作功能，而出现了综合运用机、光、电、磁、热、化……各种“广义物理效应”更好地去实现各种动作功能和工艺功能，我们把它总称为“综合技术功能”，以区别于纯机械的功能原理。从它所完成的功能来说，实际上仍是动作功能或工艺功能，但其技术手段却是广义的物理效应，因此把它们单列为一类功能是有意义的。

近年来，在激烈的产品竞争中，出现了一种有力的竞争武器，就是所谓的“关键技术”（包括叫做“Know How”的技术诀窍）。它是作为某个企业或部门独有的技术，暂时还没有被别人掌握，因此该企业的产品在这一方面占有特殊的优势。这种技术可能是动作功能，可能是工艺功能，而且很有可能也是采用“广义物理效应”的综合技术功能，只是因为它在竞争中的特殊地位，才把它列为一种功能，叫“关键技术功能”。

归纳上面所说的几种功能类型，很明显，它们有不同层次的分类，也有不同观点的分类。对于一个具体的功能来说，只有动作功能和工艺功能是可以明确区分的基本功能。一个动作功能或工艺功能，则有可能同时是综合技术功能，甚至还同时是关键技术功能。

综上所述，基本类型就是“动作功能”和“工艺功能”两种，动作功能又可分为“简单动作功能”和“复杂动作功能”，而这两种基本功能可能同时又是“综合技术功能”和“关键技术功能”。

图 3-13 表示了上述几种功能原理的关系。对于研究功能原理以及从事创新功能原理的人来说，正确理解各种功能原理的类型及其本质，对工作会起到很好的指导作用的。

功能类型
- 动作类
  - 简单动作功能
  - 复杂动作功能
- 工艺类——工艺功能

（纯机械）

关键技术功能
综合技术功能

（广义物理效应）

图 3-13　功能类型

第四节　两种动作功能及其对应的求解思路

动作功能是指那些只完成动作而不同时对物体进行加工的功能。按其是否为一次性动作还是连续运动，可分为“简单动作功能”和“复杂动作功能”。

一、简单动作功能

古代人类最伟大的发明之一是带轴的轮子。自然界虽有很多圆形物体，但不存在带轴的轮子。轮子被穿在轴上，能实现相对转动。这是一种典型的简单动作功能。

被称为人类近代十大发明之一的拉链，是最典型的简单动作功能之例，它有两种构件（链米和开链器）组成（图 3-14），能实现闭合和开启的动作功能。根据这两个例子，可以归纳出这种功能的特点如下：

简单动作功能是由两个或两个以上的具有特殊几何形状的构件组成，利用它们形体上的特征，可以实现互相运动或锁合的动作。

除这个结构上的特点之外，它的应用价值也很高。例如上述拉链，自发明以来，已经深入到人们生活的各个领域，以至于有人对其发明的意义给予非常高的评价。

至于另一种典型——带轴的轮子，它的影响更大，到现在为止，几乎所有的机器都离不开旋转运动，可以说都是带轴的轮子的大家族。当然这也许是一种束缚，当人类创造出不用轮子的机器以后，将会出现新的一族机器，它完全和今天的机器不是一个概念，也许它将比今天的机器更灵活、更简单、更有效。

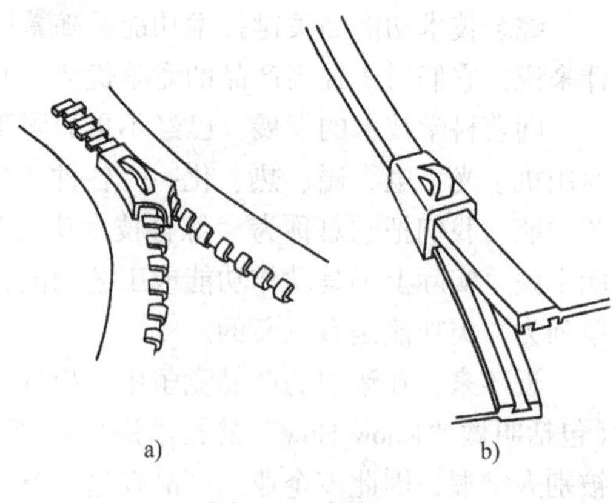

图3-14 拉链
a）链米式 b）塑槽式

在今天的现实生活中，这种简单动作功能还以它的应用广泛性而著称。可以说，在人类生活、生产、科研、航海、航天……所有领域，都有它们在可靠地工作。例如，电视机双动调节盒盖，圆珠笔的伸缩双动功能（图3-15），计算机鼠标的x、y驱动功能，各种电器开关的双稳态快动功能，各种枪炮的击发功能……

简单动作功能由于其简单，而所实现的功能又相对巧妙，所以往往给人以神奇的感觉。例如，“魔方”（图3-16），由三种构件组合而成，利用形体的几种形状相互结合，可以实现巧妙的换位。

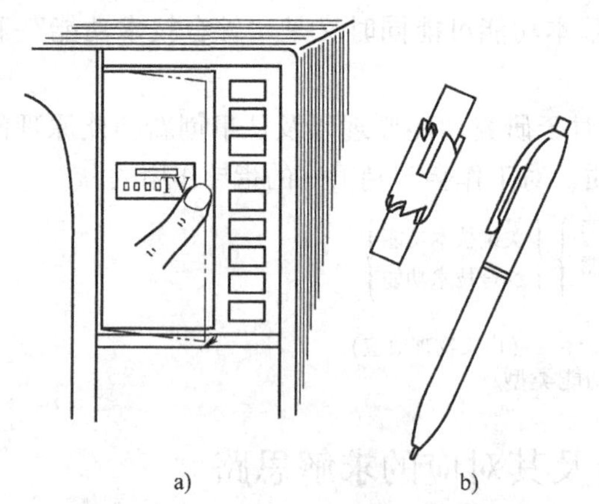

图3-15 电视机盒盖和圆珠笔
a）电视机双动调节盒盖 b）圆珠笔双动按钮

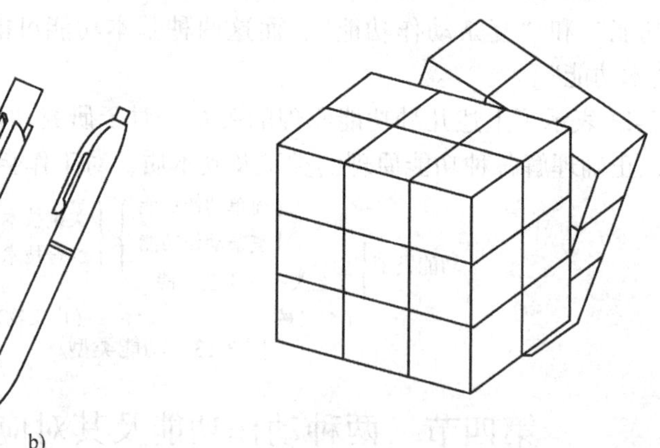

图3-16 魔方

又例如，自古到今人类发明的各种门锁都是典型的简单动作功能，较简单的是弹子锁（图3-17）。除常见的功能外，稍加改造可以成为一种多功能锁，管理人员用一把钥匙可以打开整个大楼所有房门的锁。每个工作人员的钥匙，除可以开自己房门的锁外，还可以打开大楼大门以及阅览室、休息室及各种公共场所的门。这种锁的钥匙和普通弹子锁的钥匙在外形上看不出什么区别，只是在锁芯上做了小小的改造，就能实现上述巧妙的功能。如果要创造一种新的简单动作功能，可以以**几何形体组合法**作为参考求解思路来进行构思。

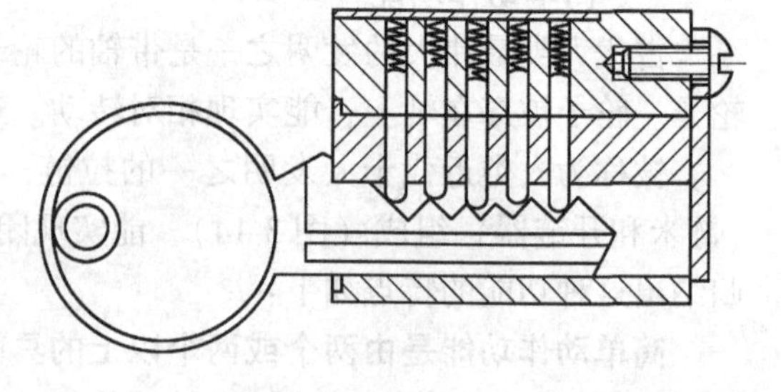

图3-17 弹子锁

在构思简单动作功能时，首先要明确“功能目标”，然后针对功能目标，对几个构件上的几何形体进行构思。由于在构件上设置几何形体的可能性非常多，这就为实现这类功能创造了宽广的途径，总有几种形体可以实现所要求的功能目标。当然，不是每个人都可以很容易获得合理的解决思路的。因此，多看现有的优秀设计实例，练习设计巧妙的简单动作功能，对于训练设计创造力是很有帮助的。

在这里需强调指出的是，在进行功能原理设计创造时，没有什么简易的“办法”可循。因为设计是“综合”，而“综合”是没有确定的方法的，即使有某些参考的方法可作辅助，也不一定能取得合理的结果，所谓“有法而无定法”就是设计创造的特点。最实际的办法，就是多看优秀设计实例，多作基础设计训练，在正确的指导性思路的引导下，才有可能取得某一个合理的设计成果。

简单动作功能并没有过时，而仍以其简单可靠的特点，在各个领域里可靠地为人类服务。

二、复杂动作功能

当人类学会利用畜力、风力和水力的时候，人类就需要发明一些能连续运动的机械来进行搬运、抽水和舂米等工作，这时候人类就已经开始发明绳轮、连杆、齿轮、凸轮等一些机构。古代的这些机构，尽管比起现代的结构要粗糙些，但其原理已经和现代机构完全相同。

当人类发明了内燃机和电动机以后，由于它们的转速很高，人们不得不发明各种变速机构来适应这些动力机。于是从 17 世纪开始，近代的 6 种基本机构（连杆机构、齿轮机构、挠性机构、凸轮机构、螺旋机构、间歇机构）成了人们研究的重点对象，并从理论上和实践上达到了成熟和完善，按美国大百科全书的说法，18 世纪至今 200 年来，再也没有发明出什么新的基本机构。

人类利用这些基本机构，不仅实现了连续的传动，而且实现了复杂的运动规律和运动轨迹。例如图 3-18 所示的硬币机的卷边功能系统所采用的一组六杆机构，它既要使上钩的位置能随包卷纸的宽度而变，而且能使上、下钩同时进行对称的包卷动作。它是由凸轮、一套平行四杆机构和一套反四杆机构组合而成的。

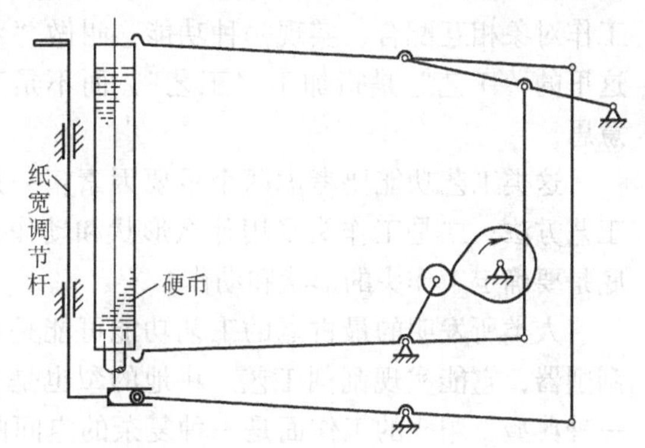

图 3-18　硬币机卷边功能的执行机构

这类功能以采用常用基本机构为主，其设计已有很成熟的理论和经验。尽管这类功能原理要实现相当复杂的功能目标，设计起来并非毫无困难，但是比起“简单动作功能”的设计来，还是要容易得多，因为它毕竟被人们研究得相当透彻了。

显然，“复杂动作功能”的设计求解思路应该是**基本机构组合法**。在机械原理课程中介绍了这些基本机构，由这些基本机构可以组成如图 3-18 那样各种各样有复杂运动规律的装置来。可以说，在现有的各种机器中，绝大多数机器的传动机构和执行机构都属于这一类型。虽然它们运动规律多种多样，但无非是一些齿轮、连杆、凸轮、螺旋等基本机构的组合而已。即使一些以完成工艺功能为主的机器（如硬币计数包卷机），其工作头完成的是工艺功能，但驱动工作头的执行机构和传动机构也还是由基本机构组成的。

特别应该指出的是在现在很多所谓“机电一体化”的机器中，仍大量采用基本机构来实现各种运动和动力传递。并不因为有了CPU和各种电子控制装置而不再采用基本机构了。因为实现运动最可靠的手段还是机构而不是什么电子装置。即使在最典型的办公自动化机器——复印机中，仍大量采用了各种基本机构，因为它需要实现大量的运动。那种认为信息时代机器里面的机构已变得不重要了的想法是过于幼稚而不符合实际的。

总结上述两种动作功能，无论是简单动作功能还是复杂动作功能，都是纯机械的功能。它们的基本特点是“以形体来实现功能”。这个特征使机械实现动作功能的方式变化无穷，而且不可能像设计电子电路那样用“功能元素”的串联、并联方法来进行设计。机械动作功能原理实现得好与不好，全在于形体设计的变化。而进行形体设计的思维方法主要要用形象思维、视觉思维和动作思维的思维方式，也就是说不能全靠抽象思维来进行形体的构思。

动作功能是人类生活、生产活动不可缺少的一种最常用的功能，它们永远也不可能被信息所取代。很难想象未来的社会不需要能实现动作功能的机器，而只要信息就能满足人类生活、生产的需要。因此，对于这两种动作功能，仍然要给以十分的重视。在随后将要讨论的三种功能，不但仍要用到动作功能，而且甚至是要用更先进的方法来实现这些动作功能。因此可以说，动作功能是人类生活、生产中所用到的最基本的、最重要的功能。

第五节　工艺功能及其对应的求解思路

工艺类机器是对被加工对象（某种物料）实施某种加工工艺的装置，其中必定有一个工作头（如机床的刀具、挖掘机的挖斗等），用这个工作头去完成对工作对象的加工处理。在这里，工作头和工作对象相互配合，实现一种功能，叫做“工艺功能”。这里的“工艺”是指加工“工艺”，而不是工艺美术的意思。

这类工艺功能要考虑两个重要因素：一是采用哪种工艺方法；二是工作头采用什么形状和动作。而归根结底是要确定工作头的形状和动作。

人类所发明的最古老的工艺功能可能是石器时代的刮削器，它能实现刮削工艺。耕地的犁也是工艺功能的一种典型，犁头的工作面是一种复杂的空间曲面（图3-19），它能把泥土犁起，并翻过来扣在犁沟边上。

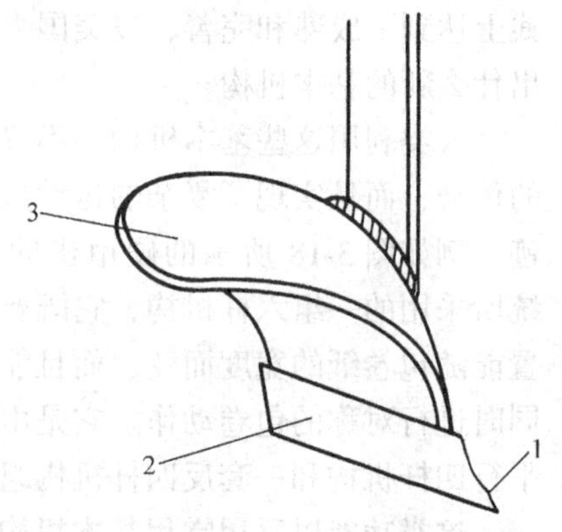

图3-19　犁的工作曲面
1—犁尖　2—犁镜　3—曲面

机器的工艺方法往往不能完全模仿手工的工艺方法，例如为了把肉切碎，模仿手工剁切的方法显然不是理想的途径，因为很难把肉均匀剁碎，而且砧板也承受不了机械的剁切。因此人们想出了绞碎的工艺方法，并设计了相应的工作头（见图3-20），通过螺旋输送器强迫肉块通过绞刀孔，由刀片把挤出刀孔的肉绞碎。

工艺功能不仅要有动作，它与动作功能不同之处主要在于工作头对物体的作用。这种作用有一部分是纯机械的作用。例如上述绞肉机，就是刀口对肉的绞切作用。而工艺功能的最大特点在于这种作用有时可能不是纯机械的，而加入了其他广义的作用。例如过去长期采用的纯机械切削的金属切削工艺，现在可以采用激光切割和水刀切割（图3-21）。

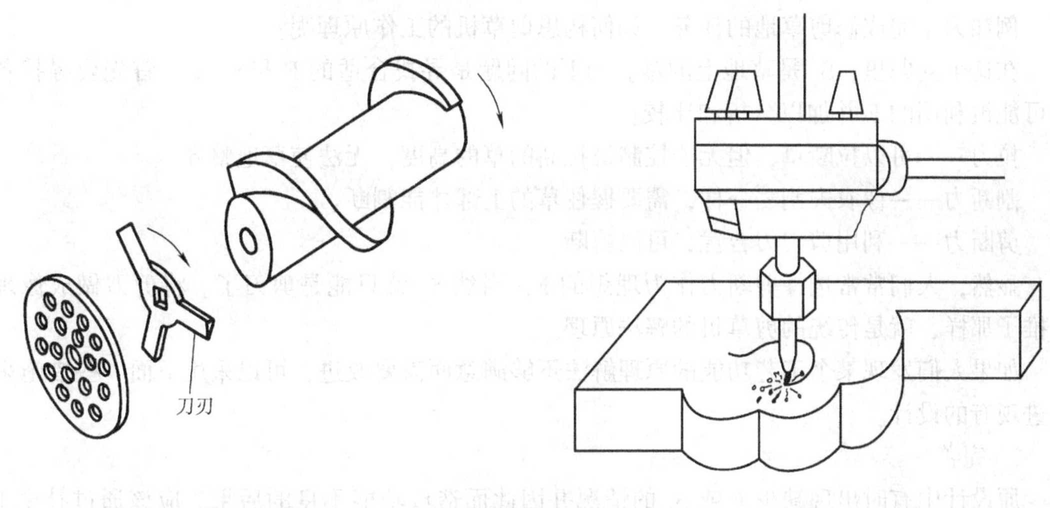

图 3-20　绞肉机　　　　图 3-21　水刀切割工艺

因此，工艺功能的特点是：**工作头的形状、运动方式和作用场是完成工艺功能的三个主要因素。这里，工作头和工作对象是对立的统一，通过“场”产生相互作用。**

工艺功能比起动作功能来，更容易进行改进和革新，因为工作头的变革可能性是很大的。例如目前市场上出现的家用切碎机（图 3-22），其工作头的形状、工作方式完全不同于老式的绞肉机，特别是它的两把刀子的形状和姿势的设计很有特色，保证了肉或菜能被均匀切碎。

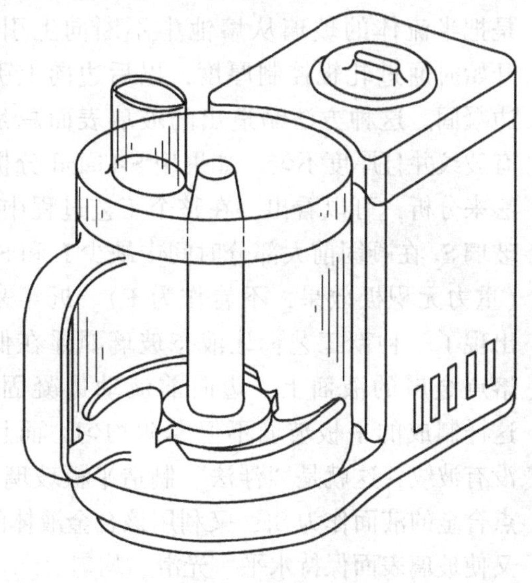

图 3-22　家用切碎机

前苏联的科学家提出的**物—场分析法（S-Field 法）可以作为求解工艺功能很有效的思路。**

所谓 S，是指对象或物体（Substance）的意思。这种方法适合于求解工艺功能。

这个方法的基础是对“最小技术系统”的理解和分析：在任何一个最小技术系统中，至少有一个主体（S_1），一个客体（S_2）和一个场（F），三者缺一不可，否则不能发生技术作用。

一个标准的 S-Field 模型的形式如图 3-23 所示，即 S_1 通过 F 作用于 S_2。其中，S_1——主体，是对客体发出作用的物体，也就是所说的工作头（或工具）；S_2——客体，就是被加工的物体，也就是工艺动作的对象物体；F——场，这不单指某种物理场，而是广义地指 S_1 向 S_2 作用时发出的力、运动、电磁、热、光……一切作用场。

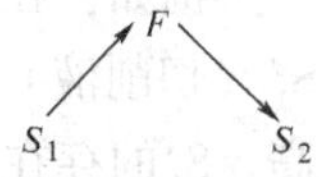

F

S_1　　S_2

图 3-23　标准 S-Field 模式

如何用上述 S-Field 模式来探求工艺功能的原理解法呢？

基本的方法是寻求合理的 F 和 S_1。此外还可以通过“完善”“增加”和“变换”的方法来寻求新的解法。

1. F、S_1 搜寻

例如为了完成修剪草地的任务，如何构思剪草机的工作原理呢？

在这个问题里，S_2 是草地上的草。剩下的问题是寻找合适的 F 和 S_1 了。首先要寻找各种可能被利用的 F 并加以分析和比较：

拉力——可以拉断草，但无法控制被拉断的草的高度，无法使草地整齐。

割断力——像农夫割麦一样，需要握住草的上部才能割断。

剪断力——利用剪刀刃合拢，可以剪断。

显然，人们常常选择剪断力作为理想的 F，当然 S_1 就只能是剪刀了。将剪刀做成像理发推子那样，就是传统的剪草机的解法原理。

如果人们发现某个工艺功能的原理解法不够满意而需要改进，可以采用下面一些措施来改进现有的设计。

2. 完善

原设计中有时出现缺少 F 或 S_1 的情况并因此而造成功能不良的后果。应该通过补全 F 或 S_1 的措施来使 S-Fielad 模式完善化。

例如制造平板玻璃的方法，以前一直采用“垂直引上法”（图 3-24）。这种方法是把半流体的玻璃从熔池中不断向上引，开始时通过轧辊控制厚度，以后边向上引边凝固。这种方法制造出的玻璃表面总是有波纹并且厚度不匀。如果用 S-Fielad 分析法来分析，可以看出，在整个工艺过程中，玻璃 S_2 在凝固前大部分时间中缺少 F 和 S_1（重力无积极效果，不看作为 F）。近年来出现了一种新工艺：让液态玻璃飘浮在低熔点金属的液面上，边向前流动边凝固。这样制成的平板玻璃不但厚薄均匀，而且没有波纹，这就是“浮法”制造平板玻璃的功能原理解法。显然，浮法工艺是补充了低熔点合金的液面作为 S_1，又利用该合金液体的表面张力作为一种特殊的力场 F，既浮起了玻璃又使玻璃表面保持水平、光滑、均匀。

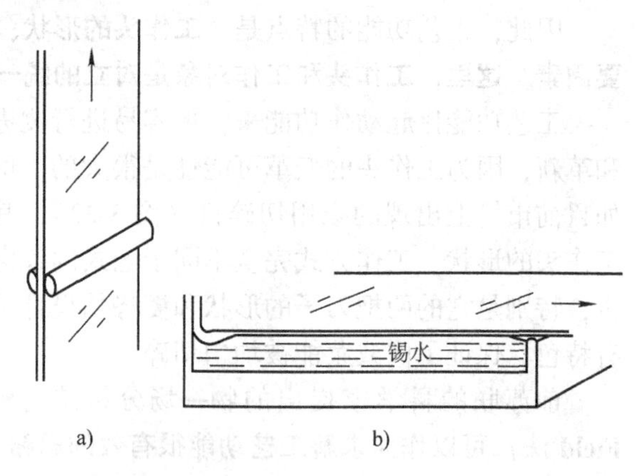

图 3-24 平板玻璃制造工艺的完善

a）垂直引上法 b）浮法

3. 增加

一个最小技术系统至少应具有 S_1、S_2 和 F，但有时还应辅以 S_1'和 F′，才能更好地完成希望实现的功能。

例如，在金属切削过程中，钢工件是 S_2，刀具是 S_1，切削力是 F，如果加入另一种物质 S_1'（切削液），切削工艺过程就会变得更好，工件的表面粗糙度值会减小，切削速度也能提高。S_1'的存在实际上还附加了另一种物理场 F′，这就是分子吸附膜，这层分子膜使得刀具和工件表面之间的摩擦得到改善，同时还起冷却作用。于是，S-F 模式变为如图 3-25 所示。这种模式在很多工艺功能中几乎都可以采用并会取得好的效果。

4. 变换

对已有工艺功能解法中的 S_1 和 F 进行分析后，常常可以发现它们并非是不可替换的。

有时通过变换可能会产生意想不到的好效果。

例如前面提到过的剪草机原理，是否有别的东西可以代替剪切力F和剪刀S_1呢？

杂技演员在舞台上用鞭子可以把报纸抽断，这提示人们，即使不用刀，用软的物体也可以切断某些物体，只要有足够高的速度就行。于是一种新型的割草机就产生了。它的原理特别简单（图3-26）。用一根高速旋转的尼龙线（直径约2mm），就可以又快又好地来修剪草地。这时，S_1是一条尼龙线，F则是高速抽打的“抽击力”。这种变换产生了更为理想的效果。人们也许立刻就会联想到用高压水喷射可以切割木材、钢板、布料……总之，通过变换提高功能效果的例子时有可见。

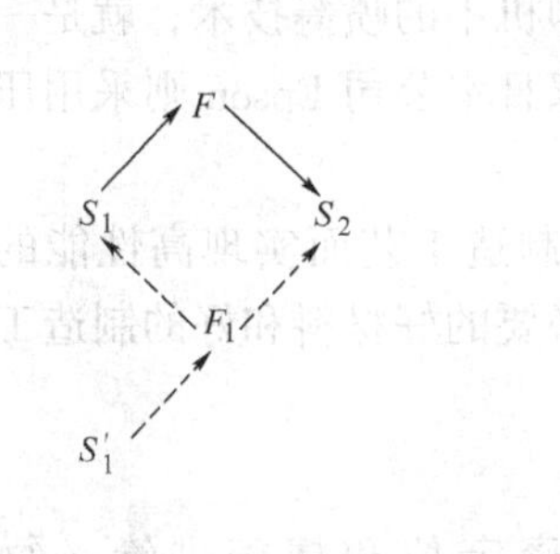

图3-25　S-F模式的变型

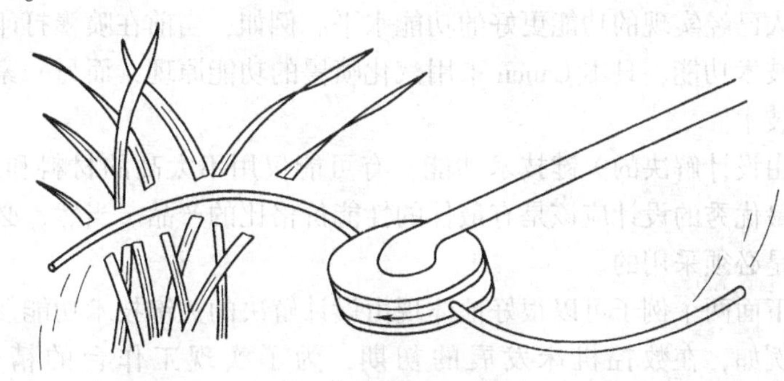

图3-26　新型割草机

由于作为S_1的工作头和起媒介作用的F的变换是有很大自由度的，因此，工艺功能是一种最具灵活性的功能。

人类生活在这个世界上，就注定要改造这个世界。工艺功能是改造这个世界的主要手段。因此对工艺功能的研究，对人类和社会进步有着重要的意义。现在人类已经开始学会利用各种广义的物理效应，这就为工艺功能提供了更多的可利用的“场”，就有可能创造出更多更好的工艺功能来。

第六节　关键技术功能和综合技术功能及其对应的求解思路

关键技术功能和综合技术功能反映了产品设计的背景的变化。一方面出现了激烈的市场竞争，促使各企业在自己的产品中采用关键技术和技术诀窍（Know How）；另一方面，广义物理效应随着高科技的发展而更易被人们利用而实现综合技术功能。因此，这两种功能成了时代发展和技术进步的象征。

当然，正如前面说过的那样，这两种功能所实现的还是动作和工艺两种基本功能，不过在技术上更难、更高、更特殊而已。

一、关键技术功能

利用常规技术设计制造的产品，它们的技术性能只能达到一般水平。随着市场竞争的加剧，几乎所有的企业都在设法提高自己产品的技术性能指标，于是出现了对“关键技术”的研究，并由此而出现了各种Know How（技术诀窍）。现在几乎可以这样说，没有关键技术和Know How的产品，在激烈的竞争中难以建立起竞争优势，也就难以在市场上得到一席之地。同样，对于现代设计人员来说，不懂得关键技术功能也就等于不懂得现代设计。

产品中的关键技术主要与以下几个方面有关：

1）材料。例如高强度、高耐磨性要求，特殊的润滑油、特殊轻质材料（例如复合材料）、特殊物理性能要求等。

2）制造工艺。高精度、小的表面粗糙度值、高的热处理要求……例如在汽车制造中的2mm工程，要保证汽车外壳所有缝隙都小于2mm，美国就把它作为一个重大的关键技术难题组织攻关。高的制造水平将直接影响产品性能的技术水平，例如免维护性和使用寿命等技术性能的提高。

3）设计 通过设计实现特殊的功能原理，尤其是实现以前从未有人实现过的功能或是比别人已经实现的功能更好的功能水平。例如，当前在喷墨打印机中的喷墨技术，就是一种关键技术功能。日本Canon采用汽化喷墨的功能原理，而另一家日本公司Epson则采用压电喷墨技术。

由设计解决的关键技术功能，有可能仅用不太高的材料和制造工艺而实现高性能的目标，最优秀的设计应该是有最佳的性能价格比的产品。当然，必要的好材料和好的制造工艺常常是必须采用的。

下面两个例子可以很好地体现由设计解决的关键技术功能。

例如，在数控机床发展的初期，为了实现工作台的精密定位和精密进给（每步0.01mm），必须使传动丝杠和工作台导轨的摩擦阻力尽量小，于是滚珠丝杠和静压导轨成了关键技术。

又例如，在肌电控制假手的研制中，用常规技术所设计的手指开合机构，其指端捏紧力只能达到5N左右（图3-27），连系鞋带时捏紧鞋带的力量都不够。为此，需要在保持手指合理的运动角速度（约0.5rad/s）的前提下，使指端捏力提高到50N左右（即提高10倍）。这个问题能否解决，决定了这种肌电控制假手是否有实用价值。这就是它的关键技术。

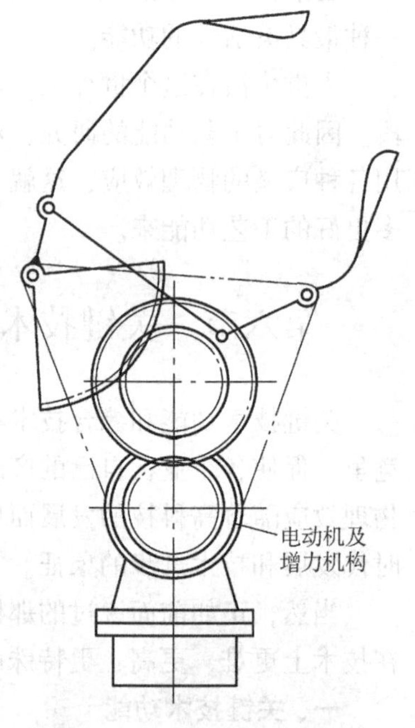

图3-27 关键技术功能（肌电控制假手）

由上面的两个例子，可以归纳出关键技术功能的特点：**由于特殊的工作条件（约束）或特殊的使用要求，用常规技术或已有技术难以达到的技术难点，或是别人目前尚难以实现的技术高度，总的来说它的技术要求高，而解决的方法也往往是出奇制胜。**

关键技术功能的求解思路是**技术矛盾分析法。**

无论何种关键技术，往往都是在某种特殊条件的约束下难以实现的技术难点，其中期望达到的较高要求和约束条件，就形成一对技术矛盾。例如前面提到过的肌电控制假手，由于空间的限制，只能用直径仅ϕ20mm左右的微型直流电动机（额定输出$n=5000$r/min，$M=0.3$N·cm）。经过减速比$i_1\approx900$的降速后，驱动一套连杆机构（手指机构），使指手得到约0.5rad/s的抓握运动速度，这和人手的真实运动速度较符合。但是在这样的运动速度下，指端能产生的捏紧力只有5N左右。如果要使捏紧力达到50N，按一般方法就应该使降速比增大10倍。可是手指的运动速度也将放慢10倍。那么在端起一个杯子时，大约要等半分钟才能握住杯子。显然，运动和力难以同时达到满意的程度，即存在运动与力之间的矛盾。所谓“技术矛盾分析法”，即是指这样去分析技术难题中的技术矛盾。

针对上述技术矛盾，设计者提出了这样的想法，即在传动路线上再串接一套减速比 $i_2=10$ 的减速装置，然后通过两个联动的切换开关来操作；切换开关的动作是自动的，是由手指触到物体后的反馈力来控制的。图3-28表示了用两个超越离合器组成的切换开关，切换机构上的两对销子去拨动超越离合器的滚柱，实现切换功能。被接通的离合器带动其中一对销子，将运动和力经由切换机构传至输出轴上。切换机构的开合则由输出轴所受阻力矩的大小所控制。

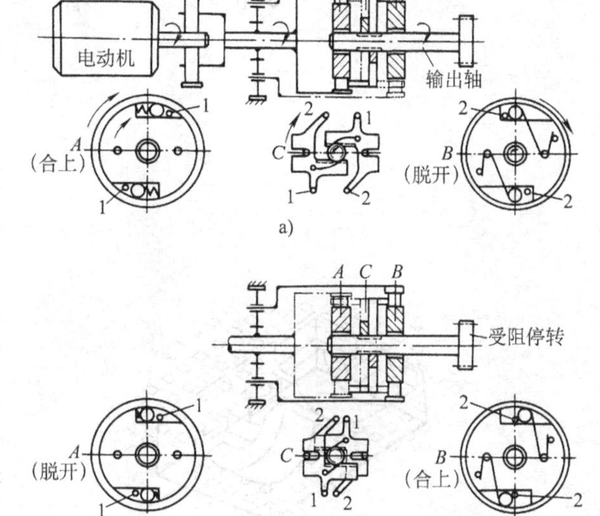

图3-28　假手增力切换原理示意图

a）正常运行状态　b）受阻增力状态

A、B—超越离合器　C—切换控制器

1、2—销子

上述从分析技术矛盾到构思出解法原理的过程，是求解关键技术功能的原理解法的一般规律。

如果从不同的角度分析技术矛盾，则可以得到不同的分析结果，并可导出另一些解法。

仍以肌电控制假手为例，人们也可以认为主要矛盾是电动机体积和输出力矩之间的矛盾。研制一种大力矩的微型电动机就是一种求解的途径。

从动力学的角度来看，如果系统有足够大的储能飞轮，那么也可以达到增大指端捏紧力的目的（如同冲床飞轮效应那样）。

技术矛盾分析法的作用并不是直接给出解法，而是帮助人们找出可能解决问题的途径。

二、综合技术功能

前面所述的动作功能都是指用纯机械的方法，用形体产生动作，这可以说是现有机器里绝大多数的情况。但是，实际上还存在一些非机械方式获得动作的情况。例如，飞机在空气中飞起来，是靠空气动力学原理实现的；螺旋桨旋转能推动轮船前进，是利用流体力学的原理；内燃机能转动、电动机能转动，是依靠热力学和电磁学的原理实现的。可见，动作功能可以不用纯机械的方式来实现，实际上，用光、电、磁、液、热、气、生、化等原理都可以实现某些动作功能，甚至在某些场合，比纯机械的方式还要好。

例如有一种高速平面电动机式自动绘图机，带有画笔的驱动头悬挂在定子台面的下面（图3-29），驱动头本身相当于电动机的转子，它靠定子表面上磁极的磁力作用而运动，同时利用磁力使其能悬挂在“天花板”上。为了使驱动头在天花板上高速移动时阻力小，还应用了气浮导轨的原理：在贴合面间吹入压缩空气并形成气垫，使驱动头在高速移动时几乎没有摩擦阻力。这种驱动头的功能，就是典型的综合技术功能。

又例如精密定位工作台，采用激光测距，用计算机控制运动规律，组成闭环控制系统，

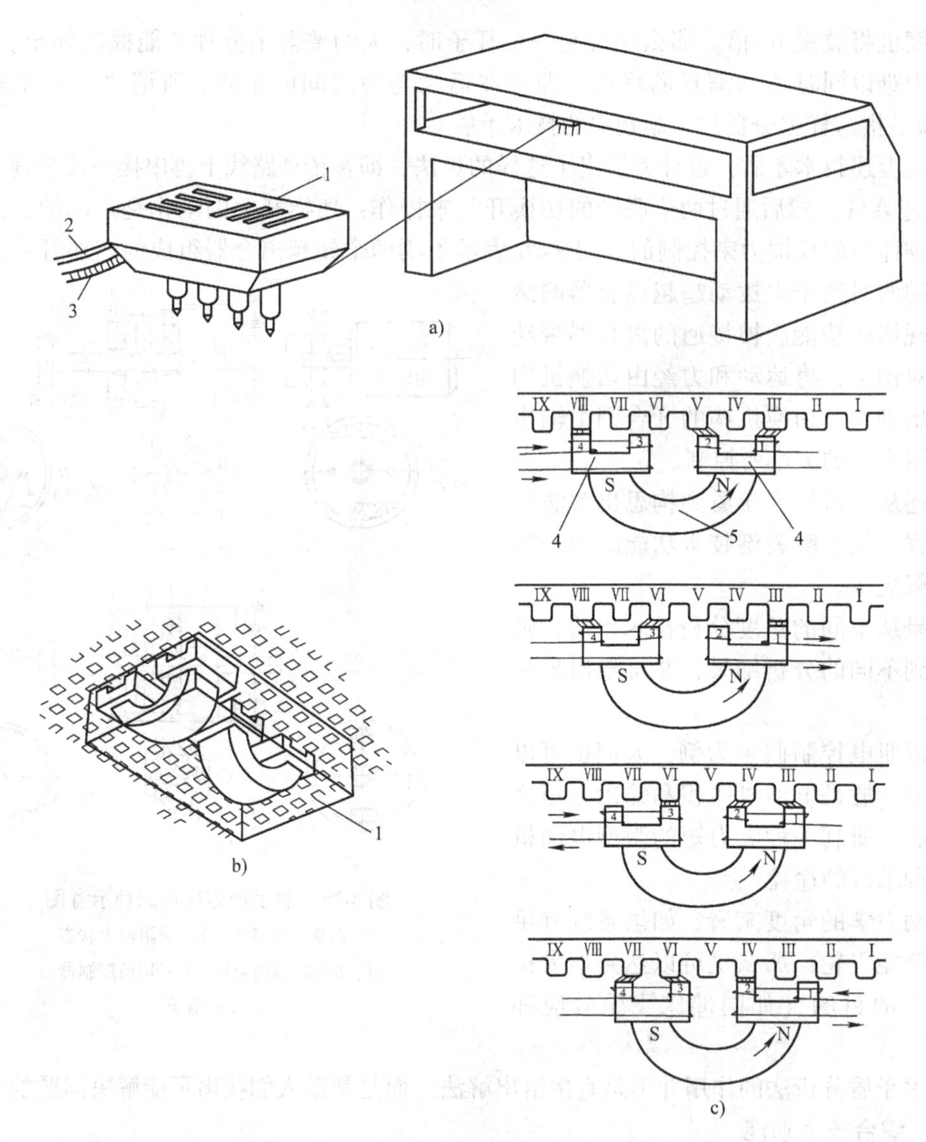

图 3-29 高速平面电动机式自动绘图机

a）总体外形 b）吸顶式驱动头 c）线性电动机驱动原理

1—驱动头 2—电缆 3—压缩空气管 4—电磁铁 5—永久磁铁驱动头运动面积

1m×1.4m 驱动头运动速度 >1m/s 重复精度 0.025mm 齿宽＝齿距＝1mm

阶梯形正弦波细分 40 步，步距＝0.025mm

这种典型的机电一体化技术系统当然也属于综合技术功能。

至于说工艺功能，本身就要用到各种“物理场”，它既有纯机械的工作头用纯机械的形体和机械力去完成的工艺功能，也有用非机械的工作头，通过广义物理场去实现对对象物体的加工，这也就是综合技术功能。不过过去的工艺功能较多利用纯机械的工艺方式，而以后将越来越多地采用广义物理效应来实现各种工艺功能，它们将更有效、更高质量地实现工艺功能目标。例如，过去连杆头加工中的剖分工艺是用切削加工方法进行的，而现在则采用爆炸断开的工艺（图 3-30），在可控的条件下爆炸，连杆头断开的位置正好在中间，断面光洁，重合性好，不但效率高，而且连杆孔的几何精度仍然保持得很好。

综合技术功能的特点是：**在某些特定的条件下，采用广义物理效应，有可能实现比纯机械方法更好的动作或工艺功能。**显然这里并不强调全部可以代替纯机械功能，因为有许多场合纯机械的动作和工艺功能还是特别简单可靠的，没有必要用更复杂的广义物理效应去代替。

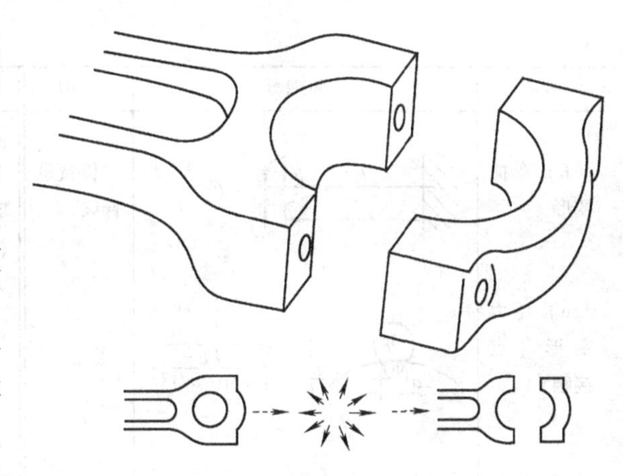

图 3-30　连杆头的爆炸切断工艺

世界上任何事物都不能绝对化，每一件事物都有各自的适应范围，任何好的事物也有一定的适应条件，不可能取代一切。因此，虽然今后综合技术功能会被大量采用，有些会产生纯机械难以达到的效果，但是纯机械的功能也将在它本身的适应范围内仍被广泛地采用。

综合技术功能的求解思路是：**物理效应引入法。**

这种方法适合于综合技术功能的求解。这里所指的物理效应是一种广义的概念。机构学本身包含了运动学、力学方面的各种物理效应，但除此之外，还有更多的物理效应（如热胀冷缩、电磁效应、光电效应、流体效应等）可以在求解时引入。

最简单的例子就是利用热胀冷缩的效应使双金属片产生弯曲变形，用来作电流的过载保护器、调温电器的温控开关等等。

在人工脏器的设计中，需要一种微型液体泵来帮助体液循环。以前这种泵都是用微型电动机带动微型机械泵来工作的。由于存在磨损等机械问题，效果不理想。有一位生物医学专家想出了用金属的热膨胀效应来做体液泵，效果很理想。用石英晶体振荡器控制的电磁摆来代替机械游丝摆制成的石英电子钟表，也是运用物理效应引入法的很典型的例子。

由于机械学是在力学的基础上发展起来的，因此以前对机器的概念是建立在“刚体的机械运动”的基础上的。挠性体和弹性体是最早引入的新的物理效应，它们已经使机械的功能有了发展。现在引入广义的物理效应，等于把机械学的界限更扩大了，把一切可以应用的物理现象都应用到机械设计中来了。这样一来，显然使得解决功能原理的手段扩大了很多。

近年出现的所谓“机电一体化”或“机械电子学”（Mechatronics），就是引入微电子技术和计算机技术的产物，它是物理效应引入法中一个较突出的成功的例子。

应该注意，物理效应引入法不能只注意电子技术的引入，还应考虑其他很多广义的物理效应的引入。表 3-1 给出了现在人们已知的一些物理效应供设计者参考。

表 3-1　物理效应查阅表

效应	原理	应用	效应	原理	应用
一、力学效应 1. 静力学效应 1）固定联接 2）弹性变形		形锁合	a）拉伸	l　F　Δl　E　A　$F=\frac{AE}{l}\Delta l$	拉杆

（续）

效应	原理	应用	效应	原理	应用
b）弯曲变形	$F=\frac{3EIf}{l^3}$	板簧悬臂梁	c）滚动摩擦（滚动阻力）	$F_W=F_Q\mu r$	轮子
c）压力变形（点接触）	$\sigma_0=\sqrt[3]{\frac{FE^2}{r^2(1-\mu^2)^2}}$		6）万有引力	$F=mg$	落锤粘结，钎焊
d）横向收缩	$F=\frac{AE}{\mu r}\Delta r$		7）附着力 2. 动力学效应	$F=ma$	
e）扭转切变形	$\varphi=\frac{Mfl}{GI_P}$	扭簧	1）线加速度	$\dot{\omega}=M/I$	
3）塑性变形 a）蠕变					
4）力平衡 a）杠杆-位移、力传递	$x_1/l_1=x_2/l_2$ $F_1l_1=F_2l_2$	指针，齿轮	2）旋转加速度	$a=\omega^2 r$	
b）楔、斜面-位移力传递	$x_1/x_2=F_2/F_1=\tan\alpha$ $H=G\sin\alpha$	丝杠、螺栓斜槽	3）向心加速度	$a=2\omega v_r$	
c）绳结点			4）哥氏加速度	$\Delta l=l_0a\Delta T$	
5）摩擦 a）库仑摩擦	$F_R=\mu F_N$	制动器摩擦锁合	二、热力学效应 1. 热膨胀	$Q=\frac{\lambda A}{d}\Delta T$	温度计
b）挠性体摩擦	$F_2/F_1=e\mu\alpha$	锚绳铰盘	2. 热传导	$Q=cA[(T_1/100)^4-(T_2/100)^4]$	热交换绝缘

(续)

效应	原理	应用	效应	原理	应用
3. 热辐射	T_1 A T_2 $Q=aA\Delta T$	暖器片	5）反冲力	m, v_r F $F=mv_r$	
4）对流	T t $Q_{ZU}=\text{const}$	暖气恒温	6）Magnus 效应	v ρ R ω l F $F=2\pi\rho R^2\omega vl$	
三、流体效应 1. 静态液、气效应 1）浮力	ρ_2, V F_A ρ_1 $F_A=V\vert\rho_1-\rho_2\vert$	漂浮	7）Coanda 效应（射流效应）	1 —喷嘴 2 —集流嘴 3 —低压旋涡	
2）自重压力	h ρ p $p=\rho gh$	高位容器	四、电磁效应 1. 磁吸引力	N S　S N	永久磁铁 电磁铁
3）压力传递力、位移传递（利用不可压缩性）	F_1 A_1 A_2 F_2 x_1 x_2 $F_1/A_1=F_2/A_2$ $x_1A_1=x_2A_2$	液压装置气动装置	2. 静电引力	Q_1 Q_2 F L $F=\mu_0\mu_r\dfrac{Q_1Q_2}{L^2}$	
4）可压缩性	p_1 p_2 V_1 V_2 ΔV $\Delta V=(1-\dfrac{p_1}{p_2})V_1$	气体弹簧	3. 电阻	l ρ, A R I U $I=U/R$ $P=I^2R$ $R=\dfrac{l}{A}\rho$	
2. 动态液气效应	v ρ AG_W F $F=\dfrac{\rho}{2}v^2AC_W$	降落伞	4. 电磁感应	S N B I l F $F=BIl$	电动机 发电机
1）流体阻力 2）粘滞性	F h A $F=A\eta\dfrac{v}{h}$				
3）翼型截面运动升力	F_A C_AA v ρ $F_A=C_A\dfrac{\rho}{2}v^2A$	机翼	5. 压电效应	Δl L U U Δl	伸长仪 煤气点火器
4）全压头（顶风压）	ρ, v p $p=\dfrac{\rho}{2}v^2$		6. 电致伸缩	Δl l_0 + −	超声发生器

(续)

效应	原理	应用	效应	原理	应用
7. 磁致伸缩	$\frac{\Delta l}{l_0}$ 材料1 2 3 4 N l_0 Δl	超声发生器	2. 能量传送		激光，次声，微波
			3. 热效应		红外加热
五、光、声效应 1. 波传导	))))))))))))	光纤通讯，电，声波	4. 光压，声压 5. 光吸收，声吸收	$F=\rho vcA$ $F=2\frac{S}{c}A$	太阳能利用

由于广义的物理效应包括光、电磁、流体，甚至化学效应等很多方面，不但有很多现在已知的效应可供利用，而且还有更多新的正在被发现中的效应和大量的派生效应将可利用。例如，在润滑油中添加某些成分，就有可能使这种油在高压或电场中产生特殊的性能（如粘性变大等），在机械传动中已经在利用这些新效应。可见，物理效应引入法的求解途径在功能原理求解中是一个非常重要、大有前途的途径。

第七节　功能原理设计的工作要点

功能原理设计是在创意确定之后，进一步去实现创意阶段所提出的功能目标，因此它的工作重点是构思和创造，以及随后的原理验证和表达。

功能原理设计是一个创新过程，但这种创新决不能像求解数学难题那样只是冥思苦想，而应该做一些切切实实的实际工作，考虑一些必须注意的问题。主要可以归结为以下一些工作要点。

1. 明确所要设计的任务的功能目标

由顾客或领导部门提出的最初的设计任务往往是笼统的，在很多细节上是不明确、不具体的。设计者必须亲自通过调查分析，确定合理、明确的功能目标。

例如，在接受肌电控制假手的设计任务时，有关部门提出的任务只是笼统地要求“肌肉电控制的，能模仿真手抓握物体的假手”。

经过设计者调查分析，逐步明确了应实现的具体功能目标如下：

1）手指应能实现0.5rad/s的抓握运动速度，以模仿人手的真实运动。

2）手指触物后，应能产生50N左右的捏紧力，以满足实际工作的需要。

3）所用微型电动机需在假手掌心中放置，故其外径应不大于ϕ20mm。

4）传动机械的效率应足够高，以保证充电电池至少能工作1天。

有些具体要求，甚至要在设计过程中才能进一步明确。设计者必须十分重视这件事。否则等到设计完成后才发现某些方面不合理，那时再作改动就太晚了。

2. 调查、分析已有的解法原理

在技术相当发达的今天，技术产品已经普及到几乎每一个生活和生产领域。对于任何一种新提出的任务来说，寻找类似的技术作参考是不会有太多困难的。

例如就假手来说，可查到的专利就非常多，可参考的各国的产品也很多。

从所调查到的产品和专利看，过去的假手大多是牵引式的，即通过一条牵引索联结于残疾人的肩背部，由肩背肌肉活动来带动假手的抓握，动作非常不便。电动的、具有增力措施的有两例，一是德国 Otto Bock 公司的产品（图3-28），一是美国专利（图3-31）。对美国专利分析后可看出，它虽然可实现速比的切换，但不能在任意位置切换；另外，切换得到的速比增大率不很大，这些都不理想。德国产品虽无这些缺点，但结构过于复杂，制造相当困难。

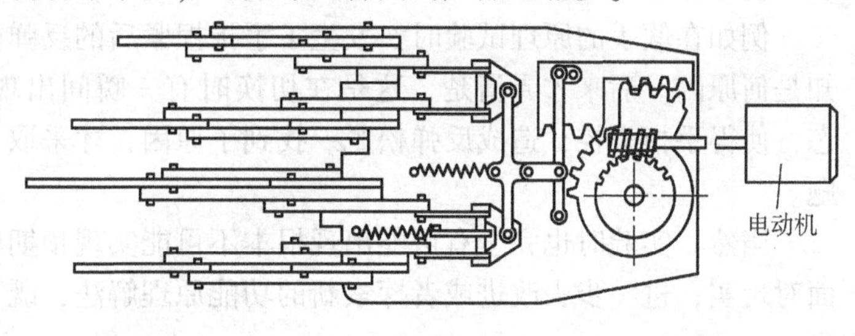

图3-31 美国假手专利

调查和分析已有的解法原理对于启发思路是十分重要和有益的。已有技术一方面反映了别人的构思和实践的结晶；另一方面也提供了分析、比较的对象，使设计者能在已有技术的基础上，提出更新、更巧妙的构思来。如果没有对已有技术的了解，设计者的构思很可能只是重复前人已经走过的道路，甚至是不成功的道路。当然，对于创新来说，已有技术可能会成为一种对思路的无形的束缚，应该引起注意。但参考已有技术的积极作用总是主要的。

3. 进行创新构思，寻求更合理的解法原理

设计者应该有一个信念：现有的产品决不是顶峰，肯定还会有更好的设计出现。要争取由自己推出新一代的创新产品。

不少设计者往往不自觉地养成一个习惯，常常把第一次产生的想法当作最好的想法，忽视了进一步开发新构思的重要性。

设计者还应重视基本科学知识的积累，避免陷入一些违反基本科学原理的“错觉”。例如，有人设计了一种机械式的“功率增大器”，认为能把小功率输入变为大功率输出，他采用了一种特殊的行星齿轮传动方式来实现他的理想。当然，他所作的原理设计中存在着基本力学知识上的错误。

总之，创新构思本来是不应有约束的。但是要把构思变为有竞争力的产品，就不能像画抽象画那样随心所欲。如果没有科学知识作前提，创新工作常常成为空想。又因为成功要靠知识和机遇，如果知识不足，即使机遇来到面前，也有可能会当面错过。

4. 初步预想实用化的可能性

有大量例子说明一个好的原理构思最后不能成为产品。在专利文献中有大量的专利都没有能够成为有用的技术，其中部分原因就是因为结构、材料和工艺问题无法得到合理的解决。这充分说明创新构思时要粗略考虑一些主要的结构工艺问题的重要性。

一个好的构思总是有实现的可能的。例如沙俄时期齐奥尔科夫斯基（K. E. Tsiolkovsky）当年设想的太空飞行火箭，到今天终于成了现实。但实用化的过程经历了一百多年。对于一个一般的产品设计来说，最好不要等那么多年。相反，应该力求很快实现，以免错过竞争的时机。

5. 认真进行原理性试验

这是功能原理设计阶段的最后一步，也是最重要的一步。在进行创新构思时，尽管发明者反复检验过他的发明原理，但是实际做一下试验，往往会出现意想不到的问题。

例如在假手的原理试验时，发生了手指捏紧后的反弹松脱现象，令人百思不得其解，不知是何原因。后来才弄清楚，这是在切换时有一瞬间出现了两个离合器同时处于脱开的状态，使得手指失控，造成反弹松脱。找到了原因，才采取了相应的措施，解决了上述反弹问题。

当然，实验时也完全有可能出现根本不可能实现预期的功能的情况。设计者应该有勇气面对现实，进一步去改进或者探索新的功能原理解法，既不应该轻易放弃，也不应该钻牛角尖。

功能原理试验只是为了验证预想的功能，实验装置的结构和材料并不要求完全真实，以不影响功能原理的可靠性为原则。

6. 评价、对比、决策

必须根据实验的结果进行评价和对比，从技术和经济两方面的对比结果来作出决策。

决策是一项最困难的工作，即使现在有各种各样的决策理论，但是仍然不可能对一个产品的技术方向作出绝对正确的决策。

设计工作过程中，有两项重大决策问题：

一是在创意阶段，这是决定产品方向的决策。要能判断 5 年或 10 年以后市场所需要的产品。

二是在构思阶段，这是决定产品的技术方向的决策。一个产品可能有两个以上的技术方向，在未来的发展中，有可能出现完全不同的命运。

例如，不久以前，人们提出了一种创意。就是壁挂式电视。没有人怀疑这种创意的合理性，于是各大公司都化大量的人力、物力投入研究、试制。但是随后出现的功能原理设计中，就出现了技术方向的问题，是用液晶技术，还是用固体发光技术，哪一种有最好的效果（屏幕的光亮度、色彩的鲜艳程度以及寿命、省电等等其他性能指标）。后来又出现了发光塑料，也许发光塑料可以比液晶和固体发光都好。或者还有一些别的什么可能性，一旦作出决策，开发出产品就将承受市场的风险。

又例如，目前市场上的喷墨打印技术，也存在两个技术方向的选择，现在两个方向（汽化喷墨和压电喷墨）正在激烈竞争，最后的胜利将由市场作出判决，只有市场才是决定胜负的惟一标准。

因此，在选择技术方向的决策中，实际上不存在方法，只有像象棋大师那样，用深刻的洞察力、精密地分析比较、超人的预测能力，最后通过直觉判断，作出天才的决策。不过，任何天才的决策成功率也不可能是 100%。

总之，决定产品方向和技术方向的决策是一个非常重要，又是非常困难的问题，千万不要轻信那些草率的决策，它将带来灾难性的后果。

习　题

3-1　试构思一种采用新的“物理效应”作为功能原理的点钞机，并用 Sketch 描述之。

3-2　试构思保险箱锁（或别的简单动作功能）的功能原理，并用 Sketch 描述之。

3-3　试构思汽车安全带的“动感”自动锁紧的功能原理。

（说明：带感——指对安全带快速抽动敏感；动感（或车感）——指对汽车任何振动敏感）

3-4　试构思针式打印机色带的单向驱动功能的功能原理。

（说明：色带由打印头的双向往复运动带动）

3-5　试观察并构思“膨化食品”机工作头的形状，并用 Sketch 图说明其功能原理。

3-6　试画出复印机中布墨粉功能的 Sketch 图，并说明磁辊和绝缘载体的作用。

3-7　试对核反应堆控制棒的驱动技术作矛盾分析：

1）该关键技术的本质矛盾是什么？

2）水力驱动原理应用了什么物理效应？与普通液压（静压）方式有何区别？

3）用 Sketch 法描述水力驱动的功能原理。

（说明：此题各校可根据本校熟悉的关键技术另行出题）

3-8　试构思咖啡壶的功能原理，并用 Sketch 描述之。

3-9　请观察、分析荧光灯电路中用什么物理效应做成起辉器，画出电路图，分析起辉过程。

第四章

机械功能原理的实现——机械运动系统的方案设计

第一节 机构能实现的动作功能

一、机构能实现哪些动作功能

机械产品的动作功能要通过一系列的机构和电气电子装置去具体实现。为了完成某一项机械动作功能，可能只需一个简单的机构，也可能需要一个复杂的机构，或一些基本机构的组合。随着机械技术的发展，机构的含义也在不断扩展，例如液体、气体也能直接参与机械运动的变换，挠性体等也在机械传动中起着重要作用。机构的范畴不再停留在过去纯刚性体的意义上了。机构一般能实现下列各种动作功能。

1. 利用机构实现运动形式或运动规律变换的动作功能

在绝大多数的机械中，原动机的运动形式为转动，而机构的输出运动则是多种多样的。利用机构可以进行构件运动形式的变换。例如：

1）匀速运动（平动、转动）与非匀速运动（平动、转动或摆动）的变换。

2）连续转动与间歇式的转动或摆动的变换。

3）实现预期的运动轨迹运动。

2. 利用机构实现开关、联锁和检测等动作功能

开关、联锁和检测是自动机中的重要内容。检测机构可以检查最后的成品，也可以检测中间工序，以自动校正与规定标准间的差异。控制联锁机构的用途则是在机器工作过程中发现控制和检测机构所不能排除的缺陷时停止或限制机器的工作。例如：

1）用来实现运动离合或开停。

2）用来换向、超越和反向制动。

3）用来实现联锁、过载保护、安全制动。

4）实现锁止、定位、夹压等。

5）实现测量、放大、比较、显示、记录、运算等。

3. 利用机构实现程序控制或手动控制的功能

程序控制或自动控制是自动机械中不可缺少的一部分。控制的方法很多，用机构来控制的方法就有：

（1）利用时间的序列进行控制　图4-1所示为一种凸轮程序装置，它由一系列的微动开关和凸轮组成。凸轮轴由同步电动机驱动，凸轮旋转一周，对应着工件的整个加工循环。在整个加工循环中，某个微动开关需要触动几次，对应这个微动开关的凸轮上就制出几个凸起处，以实现对该开关的几次触动。这种程序控制装置精确度高，可以在任意一个所需要的位置上触动微动开关。但是一旦凸轮制成，则整套程序就不能改变了。如果将凸轮改成鼓轮，在鼓轮上加工出许多个T形槽用于固定触点撞块，撞块的作用相当于凸轮程序控制器中凸轮上的凸起部分，这样随着要求的程序不同便可以调整了，在更换产品或更换程序时能迅速适应新的要求。音乐盒（如八音盒）能演奏出音乐来也是利用了这种机构。但也应该指出，在利用机构程序控制实现精确复杂的运动轨迹方面，还是不如利用计算机数字程控技术来得方便。例如数控切割机、数控焊接机等，其进给运动轨迹可以非常复杂，而如果用纯机械式机构来实现，则其结构非常庞大，可调整性差。

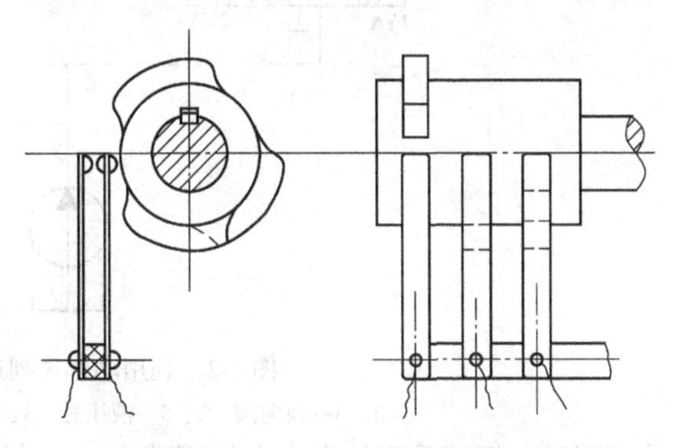
图4-1　凸轮程序控制装置

（2）利用动作的序列进行控制　图4-2所示为一种利用电磁阀控制液压缸进行工作的顺序操作过程。图中以液压缸2和5的行程位置为依据，来实现相应的顺序动作。工作中，当按下启动按钮，电磁阀1YA吸合，液压缸2向右移动，液压缸5因相应的控制电磁阀断开不进油而维持不动。当液压缸2挡块压下行程开关4时，电磁阀3YA吸合，液压缸2停止运动，液压缸5开始前进。当液压缸5挡块压下行程开关7时，电磁阀2YA吸合，液压缸5停止运动，液压缸2开始返回。当液压缸2的档块压下行程开关3时，电磁阀4YA吸合，液压缸2的返回运动停止，液压缸5开始返回。当液压缸5的挡块压下行程开关6时，液压缸5的返回运动也停止。由此完成一个工作循环。利用这种顺序动作进行控制，对需要变更液压缸的动作行程和动作顺序来说比较方便，因此在机床液压系统中得到了广泛应用，特别适合于顺序动作的位置、动作循环经常要求改变的场合。

（3）利用运动的变化等进行控制　图4-3所示为汽车发动机的离心调速器。调速器轴11上固装有带径向槽的主动盘1，槽中放置钢球。当钢球随固定盘旋转时，即受到离心力的作用而企图向外飞开。钢球左侧为不可移动的钢板，右侧为可左右滑动的滑套10，滑套的锥形盘在调节弹簧6的作用下保持与钢球相接触。杠杆8一端与滑套相接触，另一端联接调节供油量的拉杆4。当发动机因载荷减小而使曲轴转速上升时，钢球受到的离心力作用增大，向外移动并推动滑套向右移动而使杠杆8绕定轴7逆时针方向转动，拉杆4推动供油量调节臂5，降低发动机的供油量，使发动机的转速下降。反之，当发动机因载荷增大而使曲轴转

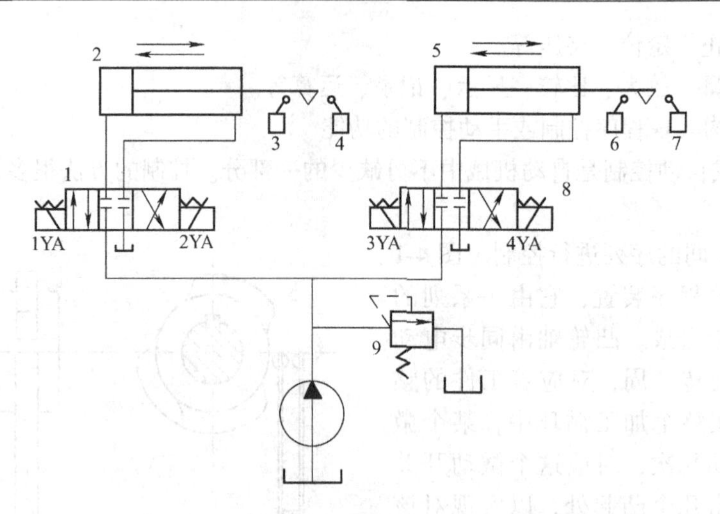

图4-2 利用动作序列进行控制的液压系统

1、8—换向阀 2、5—液压缸 3、4、6、7—行程开关 9—溢流阀

速下降时，钢球受到的离心力作用减小，向内移动，在调节弹簧6的作用下，杠杆8绕定轴7顺时针方向转动，拉杆4拉动供油量调节臂5，增加发动机的供油量，从而提高发动机的转速。通过离心调速器的调节作用，发动机的转速便可以稳定在一个设定的范围内。

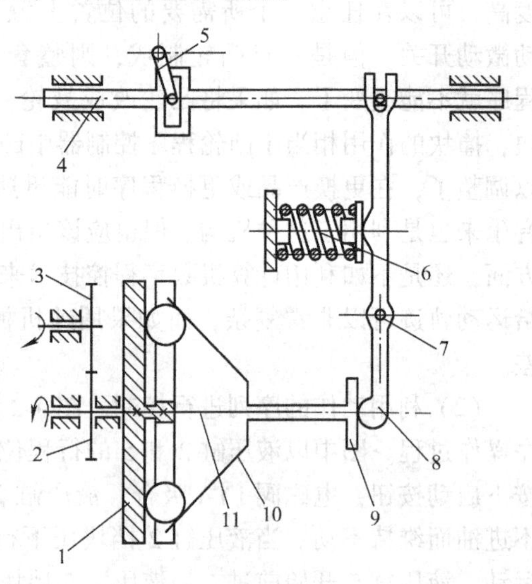

图4-3 利用速度变化进行控制的汽车发动机调速器

1—主动盘 2、3—齿轮 4—拉杆 5—供油量调节臂 6—调节弹簧 7—定轴 8—杠杆 9—平板 10—滑套 11—调速器轴

二、选择机构来实现功能原理的原则和范围

上面叙述了机构所能实现的动作功能。实际上，这些功能也完全可以用电气或电子的原理来实现。但是在什么情况下选用机构来完成这些功能呢？当然首先是要完成设计时提出的功能目标，还要考虑到工作可靠、运行安全、操作方便、制造和运行的经济性等等。其中前两条是必须满足的，后两条则在有条件下尽可能地予以满足。

根据目前科学技术的条件，下列几方面的动作功能，一般较宜用机构来实现。

1. 功率性的机械运动形式或规律的变换功能

在目前技术条件下，有各式各样的交直流变速电动机，以满足机械上的各种转速要求；有直线电动机产生直线运动，以满足运动形式变换的要求。但是这些电动机的运动特性不理想，有的会受到载荷的变化而变化，或转换的效率较低。因此，绝大多数的机械均使用运动特性好、变换效率高的笼型异步电动机，故用机构来完成运动规律与形式的变换就成为必需。例如各式各样的减速、变速机构，曲柄滑块机构，正弦机构等的运动形式变换机构。只有非功率性的微小摆动或移动，除了可用机构外，还可以用电磁原理等来获得。

2. 固定轨迹或简单可调的轨迹功能

例如各种自动机上的上、下料，加工，检测等工序上需要的运动轨迹，均可用机构来完成。对于要实现可任意变动的复杂轨迹，虽然一般采用电子或电气来控制，但其轨迹动作部分也还必须使用机构，如机器人的手臂、手腕、手爪，计算机绘图仪的绘图笔的动作等。

3. 在特定条件下能优质地实现开关、联锁和检测等功能

这些功能一般用机械或电控均能实现，但究竟用哪一种好，需要设计者仔细分析研究。例如开关功能，人们熟悉的电灯开关，均是用机械式的，但也有触摸式、光电式的开关，都能安全可靠地完成开关任务，至于操作方便和经济性如何，只能在特定条件下做具体的分析。

4. 简单的固定程序或可变程序的控制功能

以上所述几方面功能均适宜用机构来实现。但这不是绝对的。随着科学技术的进步，将会有变化，因此设计者要密切注意当前科技进步的动向。例如，目前很少采用直线电动机来实现直线运动的功能。但由于超导的发现，磁悬浮技术的成熟，直线电动机将使用在磁悬浮的高速列车上。电视机最初出现时，电视频道少，显象管屏幕也小，因而广泛使用安全可靠、操作方便、经济性好的机械式频道变换开关；但当电视机屏幕不断增大，频道逐渐增多，经济性好的机械式频道变换开关因操作的不便而被遥控开关所取代。但是也应看到，电子技术的发展虽然能控制许多复杂的自动化机器和设备，但其本身的结构也日趋复杂，因而引起可靠性、安全性的下降。例如飞机上的自动导航仪，可以自动按给定路线飞行，而不需驾驶员动手。但是为了保证绝对安全可靠，这种飞机上还是安装了结构简单、工作安全可靠的手动控制设备，万一自动驾驶仪出现故障，驾驶员可以利用这套设施确保安全。因此使用“机”还是“电”，尚处于互相补充互相依存的关系上，怎样协调利用好二者的关系，也是当今机械设计者的任务。

第二节 传动机构和执行机构

一切机器都包含有四个部分：动力机、传动机构、执行机构和控制部分。在一般的机器中，这四部分的区别是比较明显的。

一、传动机构

传动机构的作用是将原动机的运动和动力传递给执行机构，以完成预期的功能。常用的传动机构有齿轮机构、连杆机构、凸轮机构、螺旋机构、楔块机构、棘轮机构、槽轮机构、摩擦轮机构、挠性件机构、弹性件机构、液气动机构、电气机构，以及利用以上一些常用机构进行组合而产生的组合机构。传动机构在使用中最主要的目的是为了实现速度或力的变换，或实现特定运动规律的要求。

1. 运动速度或力的大小变换

根据功率、速度、三者之间的关系

$$P = Fv$$

式中 P——输出功率；

F——输出力；

v——输出速度。

在传输功率一定的情况下，为得到一个比较大的力输出，可以降低输出速度。如果要使输出力按某一规律变化，则可通过调整输出速度按某种规律变化来实现。

常见的用于运动速度或力的大小变换的传动机构主要有以下几种：

（1）通过啮合方式　例如：齿轮、蜗轮蜗杆、链、同步齿形带等。其中，齿轮传动可以在平行轴或交错轴间实现准确的定传动比传动，适用功率和速度范围广，结构紧凑，传动效率高，工作可靠，寿命长，互换性好，因而得到广泛应用。

（2）通过摩擦方式　例如：摩擦轮、摩擦式无级变速器、带、滑轮等。这类机构结构简单、维修方便、成本低廉。由于带具有柔软性、吸收振动的特性，且有缓冲和安全保护的作用，故特别适用于两轴中心距较大的传动。

（3）利用楔块原理　例如：螺旋传动等。螺旋传动主要由螺杆、螺母及相关的约束件组成，其优点是增力效果大，可用较小的转矩得到较大的轴向力，结构简单，传动精度高，平稳无噪声，也可用于微调距离、位置。

（4）利用流体作用原理　例如：液压、气动传动等。液体可以看作是一种不可压缩物体，因而液压传动能传动较大的力，经常用于传动比不需十分精确但载荷很大的情况下。但液压传动速度较慢，例如用于液压千斤顶、液压挖掘机、飞机起落架收放机构等。气动传动一般用于传递较小的力，但作用速度快。

2. 运动形式或传力方式的变换

较为常见的动力机输出的运动形式是匀速转动，而执行机构的输出要求是多种多样的，因此进行运动形式的变换是传动机构的一个很重要的任务，机械传动机构中常见的运动形式主要有：转动、平动、摆动等。前述的常用机构都可用于运动形式的变换，将转动变换成移动，或反之。由于运动形式的变化，机构的传力方式也就随之改变。

二、执行机构

带动工作头进行工作并使之获得工作力或力矩的机构称为执行机构，如挖掘机中推动铲斗运动的多杆机构，使起重机吊钩运动的起重臂，使飞机起落架收放的作动筒连杆，机器人的手臂等。执行机构的主要作用是给工作头产生工作力，同时带动工作头实现给定的运动规律或特定的运动轨迹等。

1. 实现特定运动规律

特定的运动规律是指那些输出中有速度的规律变化要求，如有等速输出、瞬时或长时间停歇，有急回特性，周期性转位和步进分度动作等。一般机器中常常有多个执行机构，以完成各种预定的机械工作要求。例如图4-4中的牛头刨床，其执行机构有曲柄导杆机构*ABCD*，它带动工作头（刨刀）作往复运动，工作行程时有近似等速及急回的功能；螺旋机构*E*可调节曲柄*AB*的距离，以改变工作头（刨刀）的行程；执行机构齿轮z_1、z_2，曲柄摇杆机构*FGHI*，棘轮机构*J*，螺旋机构*K*带动工作台作进给运动*f*；进给运动的大小也可用螺杆调节曲柄*FG*的距离来获得。此外，从图4-4中还可见到三个螺旋执行机构M_1、M_2、M_3，它们分别执行刀具的上下、工作台的上下及刀具行程*LS*的位置调整功能。

2. 实现特定的运动轨迹

在生产实际中，往往需要机构实现某种特定的运动轨迹，如直线、圆弧等等。当运动轨迹要求比较复杂时，一般通过连杆机构或组合机构来完成。利用组合机构不仅能满足生产上的各种要求，而且能综合应用和发挥各种基本机构的特长。例如图4-5所示为利用联动凸轮

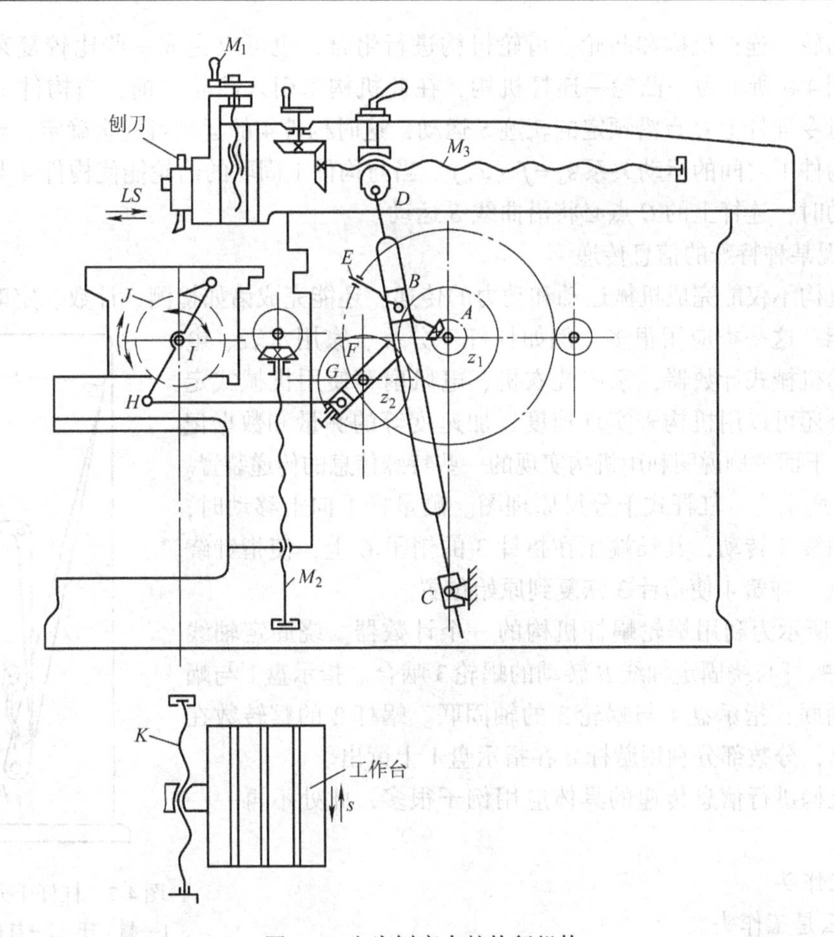

图 4-4　牛头刨床中的执行机构

机构实现任意预定的运动轨迹，图中利用两个凸轮 A 及 B 的协调配合控制 x 及 y 方向的运动，就可使滑块上点 E 准确地实现预定的运动轨迹 $y=y(x)$。比如要求 E 点的运动轨迹为一“8”字形，首先按运动规律拟定出描绘“8”时的路线，再按拟定的描绘路线确定凸轮单位转角的大小和矢径，作出位移—转角线图 $x=x(\varphi_A)$ 及 $y=y(\varphi_B)$，再按凸轮设计方法设计出凸轮，实现预期的运动规迹。

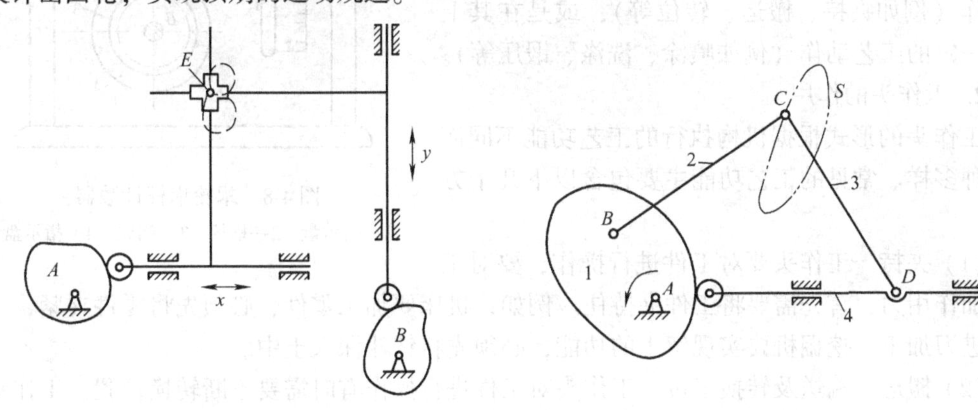

图 4-5　联动凸轮机构　　　　图 4-6　凸轮—连杆机构

利用凸轮—连杆机构和凸轮—齿轮机构进行组合，也可以完成一些比较复杂的运动轨迹。例如图4-6所示为一凸轮—连杆机构，在此机构未引入凸轮之前，当构件1等速回转时，可同时令连杆上C点沿预定的轨迹S运动，这时构件4的运动可完全确定，于是可求出构件4与构件1之间的运动关系$s_4=f(\varphi_1)$。当与构件1固联的凸轮能使构件4与构件1按此关系运动时，连杆上的C点必将沿曲线S运动。

3. 实现某种特殊的信息传递

利用机构不仅能完成机械运动和动力的传递，还能完成诸如检测、计数、定时、显示或控制等功能。这一类应用很多，例如杠杆千分尺、家用水表、电表等使用的机械式计数器，家用洗衣机、电风扇等使用机械式定时器。另外还可以用机构来实现速度、加速度等的测量和数据记忆等功能。下面举例说明利用机构实现的一些特殊信息的传递装置。

图4-7所示为一杠杆式千分尺原理图。测量杆1向上移动时，杠杆2绕轴线A转动，其长端压在指针3的销子C上，使指针绕轴线B转动，弹簧4使指针3恢复到原始位置。

图4-8所示为利用蜗轮蜗杆机构的一个计数器。绕固定轴线A-A转动的蜗杆与绕固定轴线B转动的蜗轮3啮合。指示盘1与蜗杆2的轴固联，指示盘4与蜗轮3的轴固联。蜗杆2的整转数在盘4上读出，分数部分利用游标a在指示盘1上读出。

利用机构进行信息传递的具体应用例子很多，此处不再一一枚举。

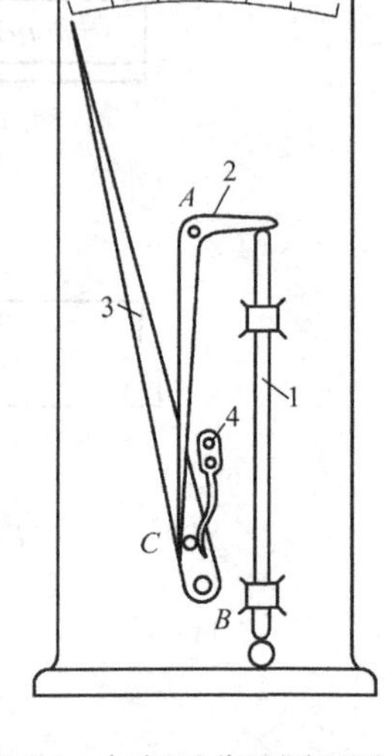

图4-7 杠杆千分尺原理图
1—测量杆 2—杠杆 3—指针

三、工作头

1. 什么是工作头

各种工艺类机械都有一定的工艺功能，其功能是通过与工作对象相关的工作头来表现的。例如，挖掘机的铲斗，推土机的刀架，起重机的吊钩，铣床的铣刀，轧钢机的轧辊，缝纫机的机针，工业机器人的手爪等等。工作头是直接接触并携带工作对象完成一定的工作（例如夹持、搬运、转位等），或是在其上完成一定的工艺动作（例如喷涂、洗涤、锻压等）。

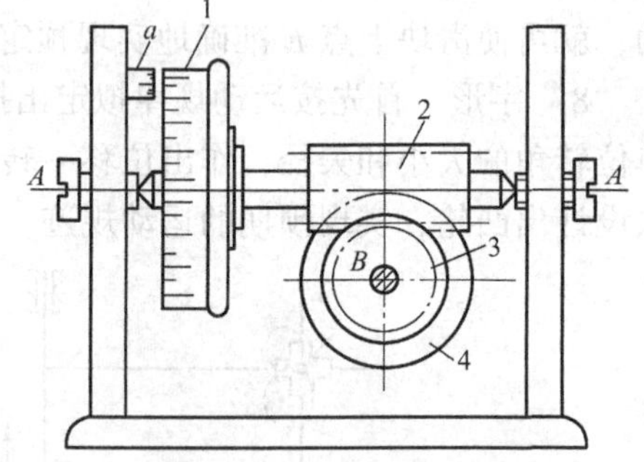

图4-8 蜗轮蜗杆计数器
1—指示盘 2—蜗杆 3—蜗轮 4—指示盘

2. 工作头的作用

工作头的形式根据机构执行的工艺功能不同而有多种多样。常见的工艺功能主要包含以下几个方面：

（1）夹持 工作头要对工件进行操作，要对工件施加作用力，首先需要将工件夹持住。例如，机床要加工零件，必须先将零件夹紧，然后才能进刀加工；挖掘机要实现铲土的功能，必须先将铲斗深入土中。

（2）搬运、输送及转换工位 工作头对工件进行操作有时需要不断转换位置，工作头要起到搬运、输送及转换工位等工作，使工件从一个位置移到另一个位置。例如：起重机吊钩吊起重物后要将其移到另一个位置；自动机床加工零件时，铣完平面后工作头转动一个角度自动钻孔等等。

(3) 施力 机械为了完成一定的功能，要实现一定的运动和动作，工作头有时要对工作对象施加力或力矩以达到完成任务的目的。例如，材料的压力加工与实验，重物的起吊与搬运等。

四、选择机构类型和拟定机构简图中的几个问题

通常机械产品要实现某一功能，可以选用不同形式的机构来完成，究竟选用哪种形式为好，就存在着机构选型的问题。选型时除应满足工艺功能的动作和运动的基本要求外，还应注意以下几个问题：

1. 使机构最简单，传动链最短

从原动机到执行构件之间，机构数量应尽量少，从主动件到从动件的运动链应尽可能短，运动副数目要尽量少，这样不仅可以减少制造和装配的困难，减轻质量、缩小尺寸、降低成本，而且还可以减少机构的累积运动误差，提高机器的效率和工作可靠性。例如图 4-9a 所示，为了实现将回转运动转换为按一定运动规律进行的大行程往复直线运动，一般可采用移动从动件圆柱凸轮机构，而不用图 4-9b 所示的摆动从动件盘状凸轮机构与摇杆滑块机构的组合；尽管图 4-9b 中可以缩小盘状凸轮的尺寸，但必须增加构件的数目和运动副数目。然而在许多机器里，为了使操纵机构比较集中，通常采用中间分配轴传动，这样虽增加了传动环节，但从机器整体考虑却有好处，因此并不是说传动越简短越好，要根据具体实际问题全面地权衡利弊，设计出合理的机构简图。

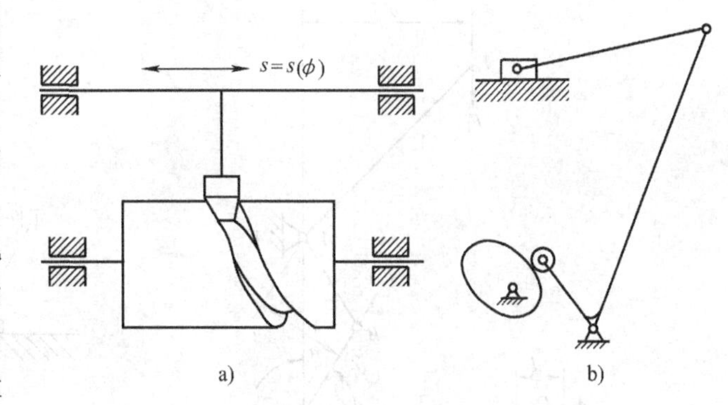

图 4-9 两种移动从动件机构的比较

2. 使机构具备有利的传力条件

许多机构要克服各种阻力工作，各个构件都要传力，在载荷一定的条件下完成同样的动作要求，不同形式、尺寸的机构和运动副中构件受力是不同的，动力机消耗功率的大小也可能不同。对行程不大但克服工艺阻力很大的连杆机构（如冲压机构），应采用增力机构，使其在近于止点位置工作。图 4-10 所示为一种利用止点位置作为增力机构的运动简图。这种增力机构常用于剪切机、冲压机、破碎机等机械中，在主动件上施加较小的驱动力，可以使从动杆具备很大的力去克服其阻力。

由图 4-10 可得

$$F_{21}b = F_1 a$$

$$b = L_{AB}\sin 2\beta \qquad (L_{AB} = L_{BC})$$

$$F_{21} = \frac{F_1 a}{L_{AB}\sin 2\beta} \tag{4-1}$$

$$F_{23} = F_{21}, \qquad F_{23}\cos\beta c = F_3 d$$

$$F_3 = \cos\beta \frac{c}{d} F_{23} \tag{4-2}$$

将式（4-1）代入式（4-2）得

$$F_3 = \frac{ac}{2dL_{AB}\sin\beta} F_1 \tag{4-3}$$

由式（4-3）可知，在机构止点位置附近，因 $\sin\beta = 0$，所以当杆长一定时，施加很小的驱动力 F_1，就能克服在从动杆上所受很大的工作阻力 F_3。

图4-11所示为一快速夹紧机构，当工件被夹紧时连杆 BC 与摇杆 CD 成一直线，即在工件的反力 F_2 作用下，连杆与从动杆共线，机构处于止点位置，此时扳紧力 F_1 去掉后，不论力 F_2 有多大，都不会使机构发生运动而松开工件；只有向上扳动 BC 杆，才能使机构运动而松开工件。这是利用机构在止点位置附近具有自锁特性进行工作的实例。

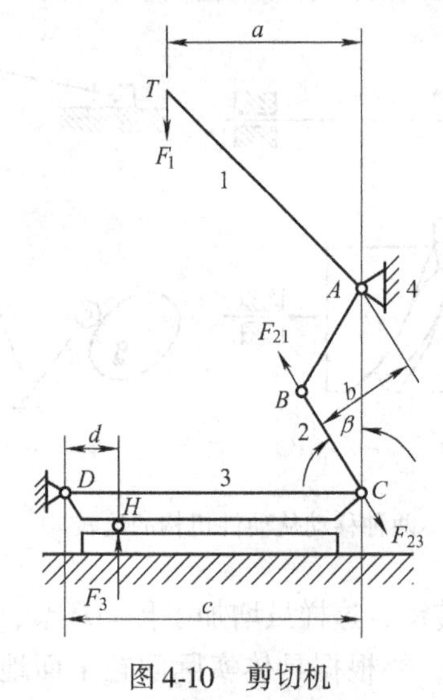

图4-10 剪切机

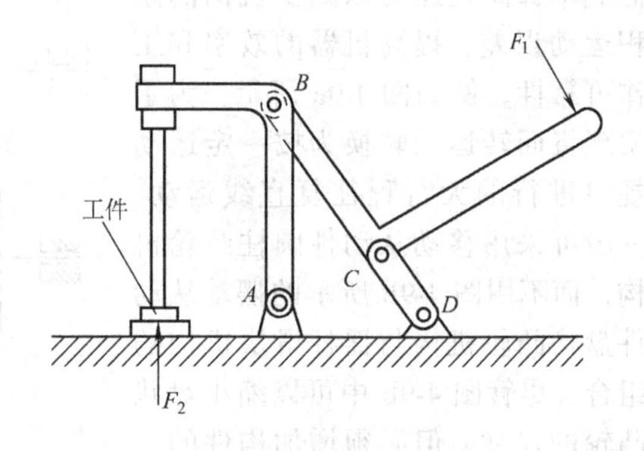

图4-11 快速夹紧机构

3. 使机构有尽可能好的动力性能

在高速机构中，为了使动载荷最小，选用机构时要尽量考虑其对称性。对机构或回转构件进行平衡，使其质量分布合理，对于传动力的机构则要尽量增大机构的传动角，以防止机构的自锁，增大机器的传动效率，减少原动机的功率及其损耗。

4. 使机器操纵方便，调整容易，安全耐用

在拟订机器运动方案时适当地加入一些开、停、离合、正反转、刹车、手动等装置，可使操纵方便，调整容易；机器中加入过载保护装置，可预防机器的损坏等。

第三节　按机械动作功能原理要求做机械运动系统的方案设计

一、功能原理解与机械运动系统的方案设计

机械产品的功能原理设计完成后，得到一个“功能结构图”，图中列出了完成这个机械产品总功能的各个分功能和它们之间的相互关系。按本章第一节的原理就可以分析这些分功能中哪些适合用机械功能来完成；按第二节的原理分析这些功能是属于传动类型还是属于执

行类型，再根据选择机构的原则，从已有的机构中选出能完成这些分功能的最佳机构。但在这些工作中将会产生以下两个问题：

1）在功能结构图中，有的分功能比较复杂，不可能用一个已知的机构来完成。这就需要根据分功能的特点，挑选几个机构组成一个机械运动系统，由这些机构共同完成这个分功能的机械动作。这就是所谓“机械运动系统的方案设计”，或称为“机构的创新设计”。

2）当功能结构图中的各机械分功能均已根据分功能的要求选择好相应的机构后，就要决定怎样使这些分散的机构组成一个协调运动的整体；这也称为“机械运动系统的方案设计”，只是这个系统比较大，其综合后完成的机械功能，就是整个机械产品的总功能中的全部机械功能。这种机械运动系统方案设计也称为“机械运动系统的协调设计”。显然上述两种机械运动系统的方案设计，在机械新产品设计中占有重要位置，设计的优、劣，也直接影响到整个机器的性能。本节的重点是前者，后者问题将在第五节中详细讨论。

二、功能原理的分解和机构和选择

当分功能比较复杂，不能用单一机构完成时，就要将这个分功能分解成几个分功能。分解的原则是所分解出的分功能能够用一个简单机构去完成，故经常将这复杂的动作功能分解成一组由直线和圆弧组成的运动，因为直线和圆弧是机构能够最容易且最精确完成的运动。但能完成同一功能的机构有很多种，如直线运动就有曲柄滑块机构、凸轮机构、四杆机构的连杆曲线、齿轮齿条机构等。选哪一个机构，这除了要按第二节的原则外，还要看这些机构能否组合在一起，即所谓机构间的相容问题。如在要求精密运动的系统中，不能插入摩擦传动；在高速旋转传动中不能插入双曲柄机构等等。虽然这样，每个分功能还都有几种机构可选择，因而能完成这复杂功能组成的机械运动系统的方案就有很多个。这时就应该用机械原理的知识，将这些方案进行详细的运动学和动力学分析，比较各个方案的优缺点后，选择其中最优的。如有必要，还应该进行实验验证。

例如工厂备料车间用的锯床，它是将整根圆钢锯成小段送到各制造车间加工的设备。这种锯床的锯弓所要求的锯断分功能至少应包含以下三个运动特性要求：旋转运动变换成直线往复运动；工作行程的时间大于回程时间的急回特性；防止锯齿在工作时受到冲击载荷，要求在工作行程的中间段具有近似的等速运动。这三个运动特性要求均有多种机构可以选择。如：

1）转动（或摆动）变成移动的机构有：曲柄（或摆杆）滑块机构，正弦机构、凸轮机构、齿轮齿条机构等。

2）具有急回特性的机构有：偏置曲柄滑块机构、曲柄摇杆机构、凸轮机构、曲柄导杆机构等。

3）工作行程具有近似等速运动的功能特性要求除凸轮机构能单独完成外，其余机构均需要相互配合才行。现设想转动（或摆动）变换成移动的机构是采用曲柄（或摆杆）滑块机构（如图 4-12a），在工作行程的中间是等速运动，如将这一段等分几份，每份走过的时间 Δt 必相等，这时曲柄（或摆杆）相应的转角为 $\Delta\psi_1$，$\Delta\psi_2\cdots\Delta\psi_n$ 必不相等。假使设计一个双曲柄机构（或曲柄导杆机构），当曲柄在等速转动时，输出的连架杆的转角或摆动角，在给定的条件下也是不等的，且为 $\Delta\psi_1'$，$\Delta\psi_2'\cdots\Delta\psi_n'$，如图 4-12b 所示。若这机构的输出转角在给定的范围内恰满足 $\Delta\psi_1=\Delta\psi_1'$，$\Delta\psi_2=\Delta\psi_2'\cdots\Delta\psi_n=\Delta\psi_n'$时，将这两个机构相互固结串连后，就能满足具有等速工作段的功能特性要求。

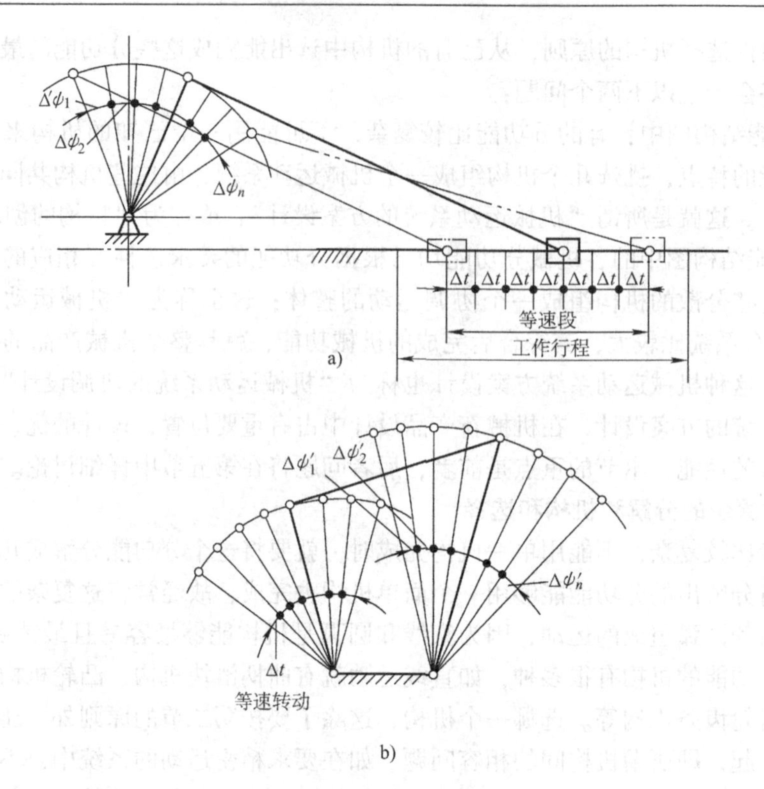

图 4-12 具有近似等速运动的机构构思

a）摇杆滑块机构 b）曲柄摇杆机构（和 a）串联用）

根据这个设想，能满足有等速段子功能的机构，除了凸轮机构外还有曲柄摇杆机构、双曲柄机构、曲柄导杆机构及椭圆齿轮机构等与曲柄（或摆杆）滑块机构、正弦机构等的组合。

在这么多的方案中，选哪一个方案为好。根据上节的原则，如力求机构简单，则应选凸轮机构。因为它同时有这三个子功能，只要这一机构就能满足全部要求。但是实际上由于锯床的工作行程较长，凸轮就需要做得很大；其次要保证凸轮的高副接触，还需增加一些辅助结构。如用力锁合就要求加入一个很强的弹簧来压紧。由于锯床所受的工作阻力是不连续的，必然引起从动件（锯条）的振动，引起锯齿上的附加载荷，使锯齿易于折断。同时由于弹簧压力还会引起机器效率的降低，故力锁合不合适。如采用形锁合，就要做一个凹槽凸轮，这又因凸轮是点接触，接触处挤压应力大，从而引起凸轮槽的磨损，产生噪声和振动，故也不宜用在锯床上。

除凸轮机构外，其他方案均由两个以上机构组合而成，因而就有双曲柄机构—偏置曲柄滑块机构、双曲柄机构—正弦机构、椭圆齿轮—正弦机构、椭圆齿轮—偏置曲柄滑块机构、曲柄导杆机构—摇杆滑块机构等近 10 种方案。有些方案如：用齿轮齿条机构来完成摆动变成移动的分功能，因为结构上、性能上均明显不合适故未列出。在这些方案中，性能最好的，经运动分析知为双曲柄机构—偏心曲柄滑块机构的组合，它在工作行程的 70% 范围内有良好的等速运动性能，且有较好的急回特性，结构尺寸也合理。其次是曲柄导杆机构—摆动滑块机构，其运动性能与上述机构不相上下，但结构尺寸比较大，制造比较复杂，用在锯床中有些大材小用，但却广泛用于各种类型的牛头刨床中。

三、机械运动系统方案设计举例——家用缝纫机的送布机构设计

1. 家用缝纫机送布机构的功能原理要求

1）衣料必须在压脚板与入口平板之间作步进式移动。

2）送布牙的轨迹为近似矩形，特别是在送进阶段应是近似直线。

3）送布牙用棘齿状零件构成，其送布量在一定范围内可作无级调节。

2. 送布机构的功能分解

根据送布机构的功能原理要求，可分解成以下几个子功能：

1）发生矩形轨迹的子功能。

2）矩形轨迹各段生成时，与引线机构相配合的控制子功能。

3）改变送布牙送进量的调节子功能。

4）送布机构与传动轴之间的运动传递子功能。

按上述的功能分解，可得出图 4-13 所示的功能结构图。送布牙送布量的调节方法，可在调节轨迹生成机构、轨迹控制机构或传动机构三者中任选一个。

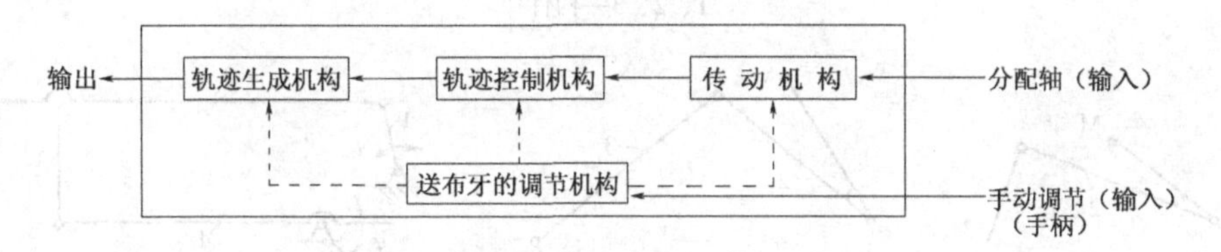

图 4-13　送布机构的功能结构图

3. 实现子功能的机构选择

（1）矩形轨迹生成机构　先根据选择机构要力求简单的原则，作如下分析：

1）四杆低副机构。图 4-14a 所示为四杆全移动副二自由度机构。当构件 1、2 作主动构件移动 x、y 时，构件 3 上的 M 点可生成任意轨迹。图 4-14b 所示为实际机构示意图。由于移动导轨制造困难，只能用在低速。优点是只要分别控制构件 1、2，就可以很容易得到精确的矩形轨迹。

2）全铰链四杆机构。如图 4-15a 所示。由机械原理知，构件 2 上各点生成的连杆曲线，没有近似矩形的可能。

3）全铰链五杆机构。如图 4-15b 所示。它是一个二自由度机构，主动构件 1、4 输入转角 ψ、φ 后，连杆 2、3 上任意点均可生成任意轨迹。故这是一个构件最少而且容易得到矩形轨迹的机构，往往被设计人员首先选用。

但选用全铰链五杆二自由度机构，就要用 ψ、φ 两个转角同时控制矩形轨迹，这就增加了控制机构的复杂性，因而要进一步研究能否使 ψ、φ 两个转角互不干扰的各自控制矩形轨迹的两个边，即 φ 只控制送布牙的上升和下降，ψ 只控制送布牙的送布和退回。图 4-15c 所示是将图 4-15b 中两个连架杆的位置作了适当调整后的机构，这样就将 ψ、φ 两转角的控制矩形的影响分开，φ 只控制送布牙的上下运动，ψ 只控制送布牙的水平运动。从图中知，送布牙上下运动轨迹，实际上是一段半径较大的圆弧；而水平运动，则当摆角较小时在图示位置可视为近似直线运动。由于送布量很小，故完全可满足使用要求。图 4-15d、e 是将图 4-15c 中的构件 2、3 和 1、2 组成的转动副分别变换成移动副后的机构，所得到的轨迹和图 4-15c 所示相同。

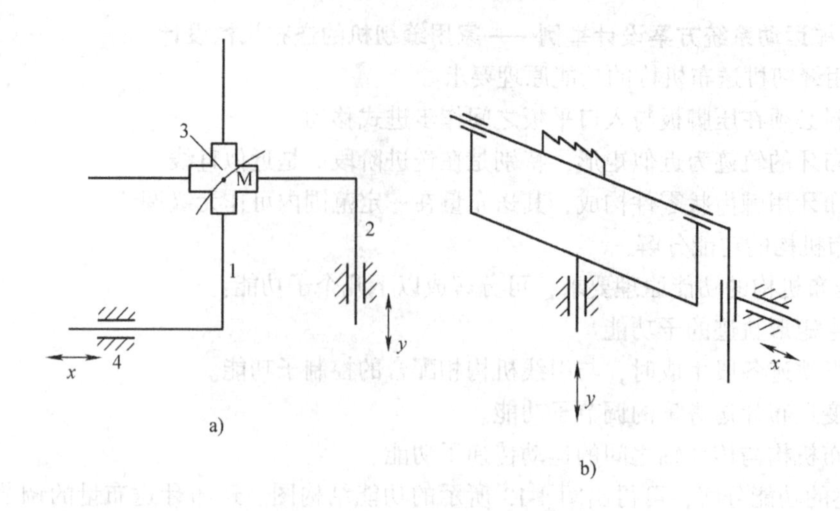

图 4-14 四杆全移动副二自由度机构

1、2、3—构件

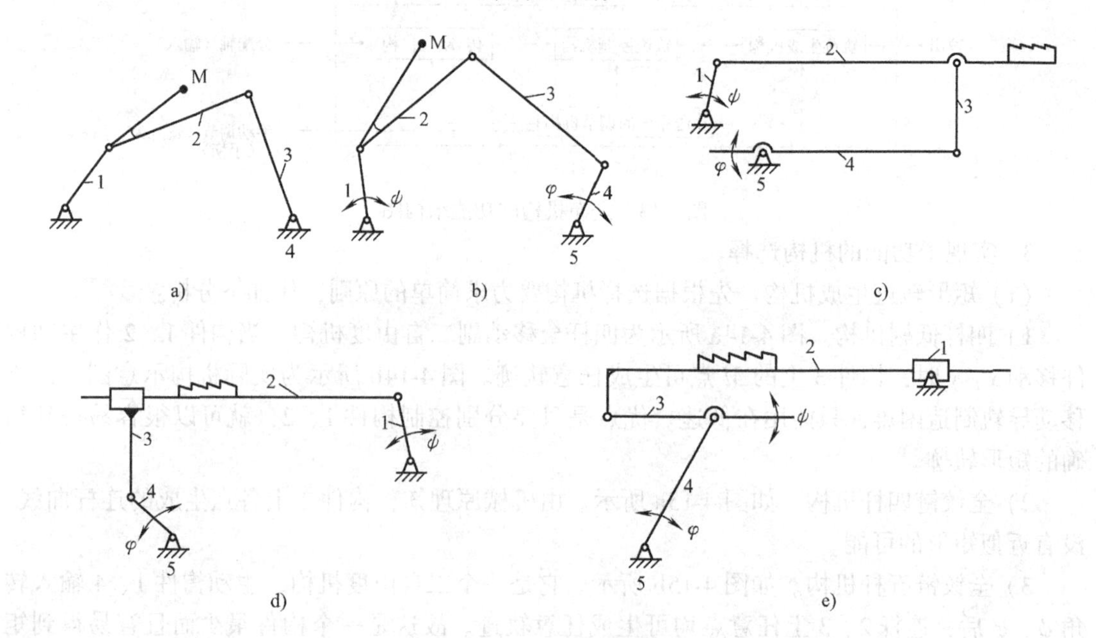

图 4-15 全铰链四杆及五杆机构

a）四杆机构 b）五杆机构 c）、d）、e）经过调和变换后的五杆机构

4）用带有高副的四杆机构。将全绞链五杆机构中的某些构件，作低副高代。如将图 4-15b 中的构件 2 作低副高代，就得到图 4-16a 所示的机构；把它的连架杆上的固定转动副作适当调整，就得到图 4-16b 所示的机构。从图中知，它可以很容易地得到一个近似的矩形轨迹。如将构件 4 作低副高代，则得图 4-16c 所示的机构，用它也很容易得到一个近似的矩形轨迹。

5）用椭圆轨迹代替矩形轨迹。全绞链四杆机构不能得到矩形轨迹，但可以得到椭圆轨迹,在有些场合完全可以代替矩形轨迹，这样就可以简化机构。如图 4-17a 所示的四杆机构，在它的连杆上的 E 点，就可以得到一个椭圆轨迹。图 14-17b 所示为高副低代后的机构。这

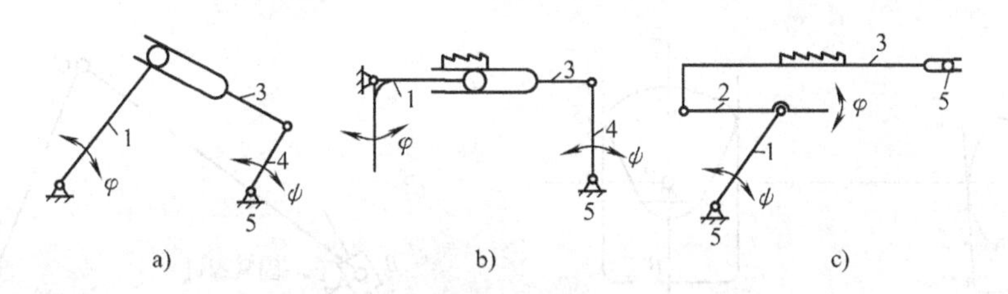

图 4-16　带有高副的四杆机构

a）五杆机构经低副高代后的机构　b）运动副调整后的机构

c）另一种低副高代后的机构

种机构，由于它结构简单，体积小，常用于某些专用缝纫机上。

(2) 矩形轨迹生成的控制机构　这里按控制方便的原则，作如下分析：

1）凸轮机构。由于上述轨迹生成机构已把矩形的上下和前后运动分开，由 φ 和 ψ 两个转角独立控制，因此控制机构就变得简单了，在目前情况下，用凸轮机构作控制机构是最方便的，只要按运动的要求把曲线设计成停—升—停型即可；再根据机构的结构，选用不同的形式，如圆盘、圆柱、端面、移动等等，便可得到一个精确的矩形轨迹。其缺点是凸轮制造困难，成本较高，且不能用于高速。但对于家用缝纫机来说，则是完全适用的。

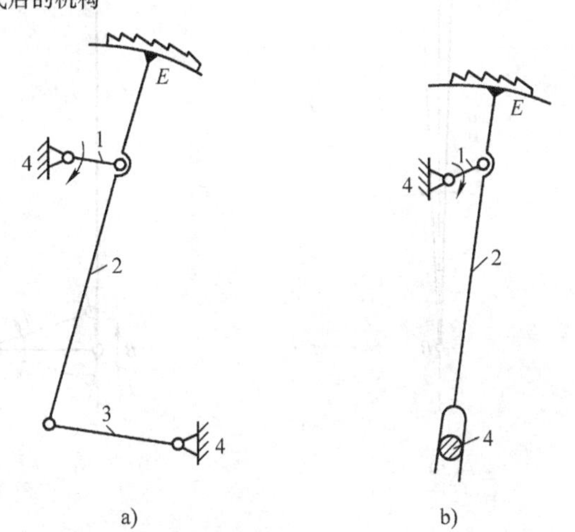

图 4-17　用椭圆轨迹代替矩形轨迹的机构

a）全铰链机构　b）高副低代后的机构

图 4-18a 所示为一等宽摆动凸轮机构，凸轮上有相对应的两个大小圆弧 R 及 r，摆杆上槽宽 L 恰等于 $R+r$。在图示位置，凸轮转动时摆杆不动，这两个圆弧对应于轨迹生成机构的运动停止时间；凸轮两圆弧间用直线相连，凸轮转到这个位置时，摆杆摆动，它对应于机构的运动时间。

2）四连杆绞链机构。四连杆绞链机构结构简单、运动可靠、造价低且能用在高速，因而常常用作控制机构。但例如用曲柄摇杆作控制机构，由于摇杆没有较长时间的停歇，用它控制上述矩形轨迹生成机构时，不可能得到精确的矩形轨迹，只能得到一个近似于矩形的椭圆轨迹。但它有上述的优点，因此常用在工业用高速缝纫机上。

3）多杆绞链机构。用多杆绞链机构作控制机构可以得到一个精确的矩形轨迹。但由于构件增多，四杆绞链机构的优点减少，故只有必需时才采用。

(3) 传动机构　这里所讨论的传动机构是指从分配轴传到轨迹生成机构间的传动，因此为了简化起见，如结构上允许，尽可能不用传动机构。一般常用的传动机构为绞链四杆机构和它的变异机构，如曲柄滑块机构、正弦机构等等。

(4) 送布量的调节机构　这里的调节机构实际上是送布机构上的一个附件，在调节好送布量后，这个附件就固定在机架上或固定在某一个构件上。其原理是改变某一构件的长度或改变某一运动副的位置，因此设计的原则是，在调节方便的前提下，机构设计得愈简单愈好。图 14-18b 所示的机构中，摆杆 CD 是调节杆，当其位置调好后，便与机架相固结。当

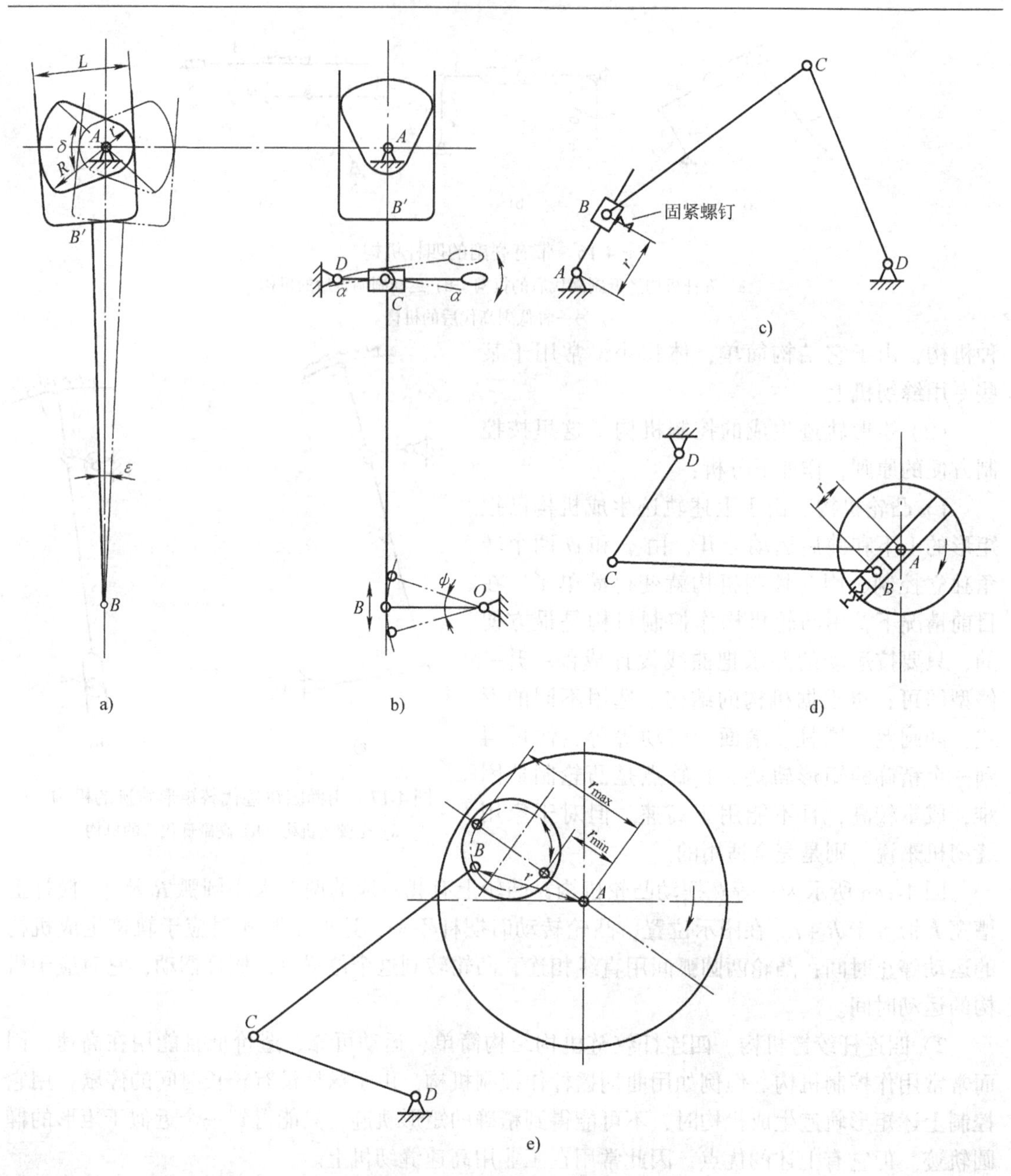

图 4-18 控制送布量的机构

a）等宽凸轮机构 b）家用缝纫机的送布调节机构 c）四杆调节机构原理图 d、e）结构原理图

凸轮转动时，摆杆 BB'摆动，摆杆上的绞链 C 便在调节杆上滑动，如摆杆 CD 在水平位置时（图中粗实线），凸轮转动控制摆杆摆动时，由于滑块离摆杆 BB'的转动中心 B 较远，故滑块上 C 点摆动轨迹 $\alpha—\alpha$ 与导轨直线轨迹相近，这时摆杆 BB'绕 B 点摆动时，摆杆转动中心 B 可以认为不动。当把导轨 CD 摆动成倾斜时（图中双点划线），摆杆 BB'摆动时，就迫使滑块沿导轨滑动，绞链中心 C 也随着移动，因而就带动摆杆 BB'作上、下移动，摆杆摆动中心 B 也随着上下移动；导轨倾斜角愈大，转动中心 B 上、下移动量也愈大。现将摆杆转动中心 B 与以 O 为转动中心的连架杆 OB 在 B 点用绞链绞接，这样 B 点的上、下运动就转变

成 OB 摆杆的摆角 ψ。ψ 的大小受导轨 CD 的倾斜角控制，当斜角为“0”时，约等于“0”。现将 OB 杆的转轴轴心 O 与轨迹生成机构上控制送布量的转轴轴线相连接，就达到了无级调节送布牙的功能，而且还能实现反向送布。

图 4-18c 所示为另一种调节摆角大小方法的机构原理图；图 4-18d 所示为用在一般机械上的结构原理图；图 4-18e 所示为用在仪器上的结构原理图。

4. 家用缝纫机送布机械运动系统的方案设计

上面分析了能完成送布机械各子功能的众多机构，接下来就要根据功能分解的原理将这些机构组合在一起，完成送布的分功能，即完成送布机械的运动方案设计。从上述可知，分功能的分解方法不同，每个子功能所选择机构的不同，得到的机械运动方案也就不同，设计者应该在这众多的方案中选择一个最优的方案。

本例根据家用缝纫机的功能原理要求，以及要求能缝制多种家庭所需的各种衣服，体积小、质量轻、噪声小、价格低、使用方便等条件，矩形轨迹生成机构选用带有高副的四杆机构，如图 4-16b 所示；送布量控制机构选用图 4-18a 所示的等宽凸轮机构，且直接安装在分配轴上；送布量的调节选用图 4-18b 所示用滑块、导杆调节转动副 C 的方法；送布牙的上下运动选用曲柄摇杆机构作为传动机构，从分配轴传到轨迹生成机构附近，再带动一等宽摆动凸轮控制送布牙的上下运动。图 4-19a 所示为本例的机械运动方案的方框图，图 4-19b 所示为其机构示意图。

近年来在市场上出现一种“微型全自动桌上缝纫机”，作为家庭临时缝缝补补的机动设备，由于价格低廉，很受消费者的欢迎。它选用图 4-14b 所示的全移动副二自由度机构作为轨迹生成机构，如图 14-19c 中 SFL 所示；用正弦机构 $GG'E$ 作传动机构，把分配轴 AA 的运动传到轨迹生成机构的下面，在滑块 E 上开一凸轮槽控制轨迹生成机构上的圆柱销 F，控制送布量，滑块 E 上有两个凸块 M、N，控制一摆动端面凸轮 KH，用它控制轨迹生成机构上的圆柱销 L，控制送布牙的上下运动。由此可见，家用缝纫机。由于使用要求不同，就可以有完全不同的设计。

5. 小结

上面通过家用缝纫机送布机构的设计，阐述了按功能原理作机械运动系统方案设计的内容和过程。为了清楚地说明问题，轨迹生成机构的控制机构均采用最简单的凸轮机构。凸轮机构因其设计、制造方便而被广泛使用。但是当今家用缝纫机的个体生产，逐渐为工业生产所代替，人力驱动亦改成电力驱动，缝纫速度亦成倍地提高，传统的凸轮控制已无法满足高速缝纫的需要。若将凸轮的设计、制造精度提高，则将提高产品的成本。因此，用连杆机构来代替凸轮机构已成了高速缝纫机的一种趋势。因为连杆机构制造方便，成本低而高速运转性能良好。图 4-19d 所示为高速缝纫机送布机构示意图，轨迹生成机构为全绞链五杆机构，控制机构也全改成连杆机构。用曲柄导杆机构 $AHBO$ 控制轨迹生成机构的送布运动。图中 $CDEF$ 为送布调节机构。手动调节杆调节 E 点的位置（调节完后 E 点成为固定绞链），当 E 点位于 BC 杆轴线上时，B 点不动，即送布量为“0”。当调节杆使 E 点与 CB 杆的夹角 $\angle ECB$ 增大时，B 点上下移动量也随之增大，使 B 点绕 O 轴转角 ψ 也增大，从而调节了送布牙的送布量，其调节原理与家用缝纫机完全相同。另外，又用曲柄摇杆机构 $AKGO_2$ 直接控制送布牙的上下运动。

由此可知，送布机构的运动系统方案设计可以有很多种。

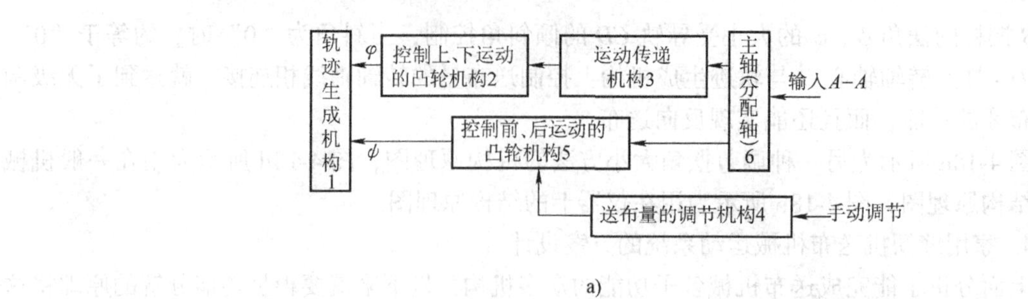

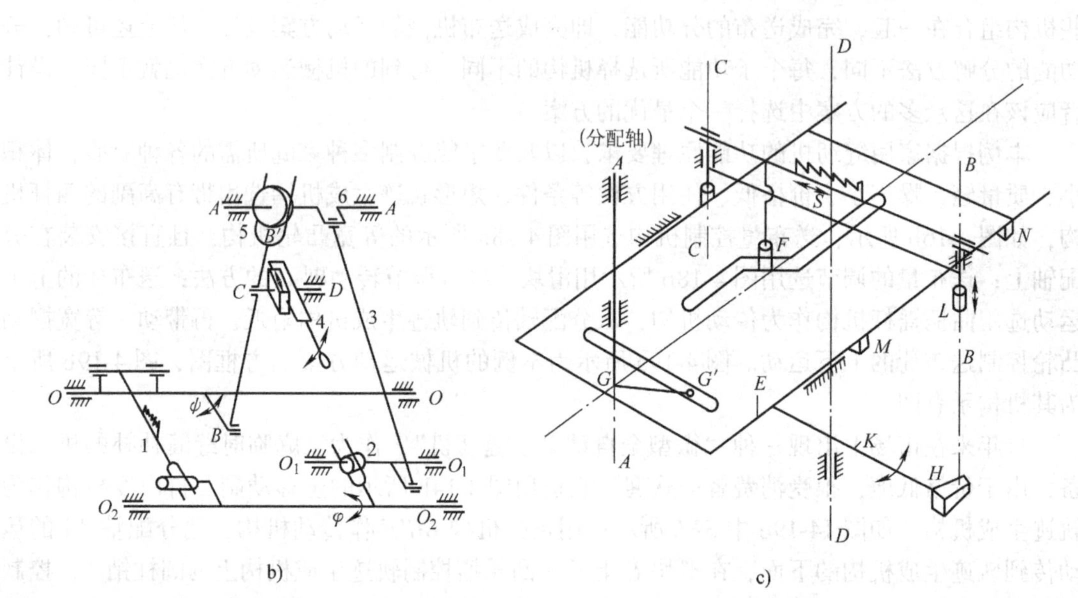

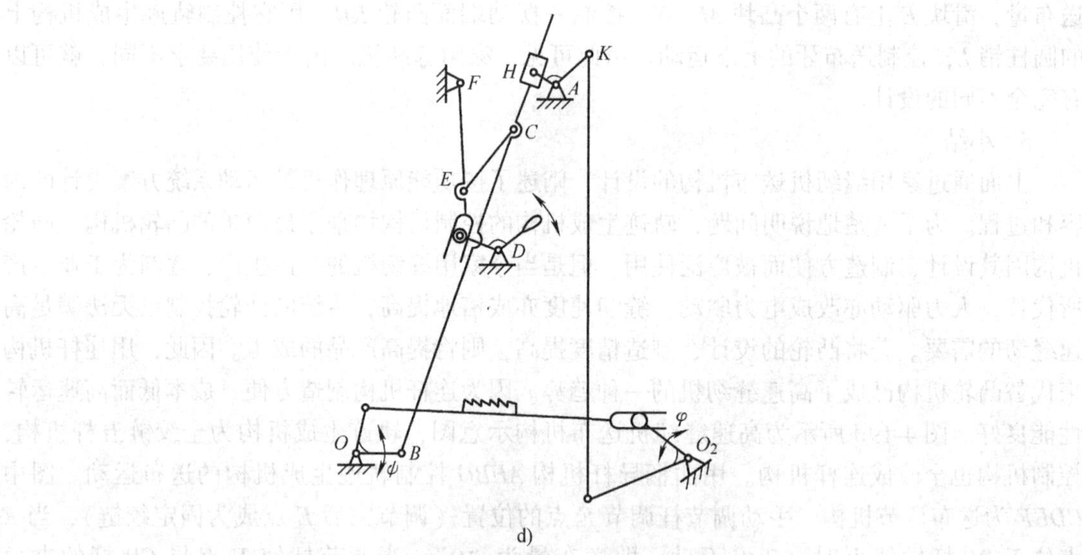

图 4-19　家用缝纫机送布机械运动系统的方案设计

a）机械运动方案的框图　b）机械运动系统机构示意图

c）微型全自动桌上缝纫机的送布机构示意图　d）高速缝纫机送布机构示意图

第四节 发挥机构固有潜力的方法——机构的创新设计

从第三节机械运动系统方案设计中可知，功能原理的分解和按分解后的分功能选择设计机构是一项很重要的工作，分解得不合理，选择机构不当，都会影响分功能的完成。按功能原理来选择或设计机构是一个创造性的工作，能否设计出一个优秀的新机构是方案设计中的一项重要工作。20世纪60年代曾有人悲观地说：机构的功能已基本定型，要创造发明新的机构应找其他途径。其实这种看法是片面的。固然，现在要创造发明出一个以前从未出现过的新机构，的确是一件十分困难的事，但是如能发现现有机构中尚未被人发现的固有性能，并把它充分地发挥出来，这也是一种创造，而且可能是当今机械发明创造的主要方向。

例如，上节所述的两种送布机构，后者以优异性能代替了前者（在高速缝纫机中）。如把这个机构，拆成单个机构来看，均是大家都熟悉的机构，它们都无法单独表现出“无级调节”的运动特性；但将它们组合在一起时，这个潜在的调节性能就充分发挥出来了。对于这样一种新的机构设计，谁也不能否认这是一种创造或发明。但怎样才能发明或创造出新的机械运动系统呢？下面试举几个方面的例子。

一、改变机构的某些尺寸参数，使机构出现一种新的功能

在机械原理中研究过四杆机构，当改变四连杆机构各杆的相对尺寸时，就会出现曲柄摇杆机构、双曲柄机构和双摇杆机构，这3种机构均有其互不相同的运动特性，这已是大家公认的事实。现再举图4-20a所示的“六杆增力机构”为例，其设计的初意是当主动构件AB作较小功率的旋转运动时，滑块能产生巨大的冲压力。因此该机构被应用于大吨位的冲压机床中。但是，如在机构其他尺寸均不变的情况下，稍增加一点曲柄AB的长度，如图4-20b所示，就可发现当曲柄在转至$\Delta\varphi$的范围中，滑块下降至极限位置而产生了“瞬时停歇”现象。这是因为构件具有弹性和运动副间有间隙而引起的。这样一个小小的尺寸变动，就出现了一种具有“瞬时停歇”的运动特性。这种特性有利于被冲压的零件的永久变形，从而增加了冲压零件的尺寸精度。若把AB的尺寸继续增加，曲柄相应的$\Delta\varphi$转角也增大，这时可看

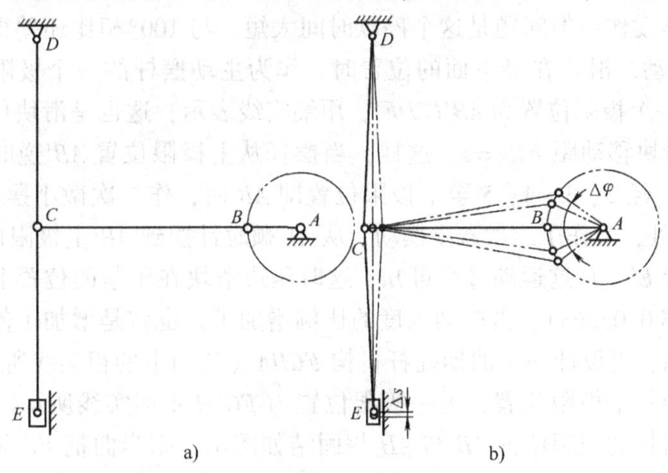

图4-20 六杆增力机构的运动特性
a）六杆增力机构 b）瞬间停歇现象

到滑块有明显的上、下二次运动。用这种运动特性制成的压力机称为“二次压印机”，这种压印机能使被压板料上压出清晰的文字或图案。

由上例可知，仅仅改变了某一构件的微小尺寸，就发掘出六杆增力机构的另两种运动特性，而又不需要增加任何投资，这不失为一种好的方法。

二、运用机构的串联组合，改变机构的运动特性

在第三节中讨论的锯床，就是用机构的串联组合改变了输出锯弓的运动特性，使其在工作行程中间具有一定长度的等速段。反之，对于铸工车间中的筛砂机、面粉加工厂的筛面粉机，它们要求筛子（相当于曲柄滑块机构的滑块）的运动特性是在往复运动中有较大的加速度变化，以使筛砂或筛粉的效率提高。根据上述的思路，就可以设计一个双曲柄机构与曲柄滑块机构串联，串联的位置应恰使滑块的加速度变化增大。

图4-21所示为拉延压力机的工作原理示意图。拉延压力机的冲头向下冲压时，把钢板拉延成杯状零件，但当冲头还未与钢板接触时，压力机压边机构的压边滑块应先下降，把钢板的四周压紧，如图4-21所示。当拉延完毕冲头上升至脱离模具后，压边滑块才能松压上升，准备下一次的拉延工作。因此整个压边时间约占拉延周期的1/3左右，即占主轴旋转360°中的100°左右。这样长时间的压紧工作，以往都是采用凸轮机构，由于压力大，压边滑块的行程又长，因而这个凸轮就要做得很大，这不但占据了机器中很大的空间，而且凸轮的制造也较困难。为了改进这种状态，20世纪80年代有人设计了一个全连杆组成的压边机构，这样加工制造简单了，机器的体积缩小了，使用寿命延长了，因而降低了机器的成本。其设计的思路就是利用机构的串联组合，拓宽机构原有的瞬时停歇特性。分析图4-22a中的六杆增力机构$ABCDE$，从上节所述知，当主动构件转过$\Delta\varphi=20°$时，滑块作瞬时停歇运动（图4-22中为了作图清楚将$\Delta\varphi$放大到40°以上）。如将滑块E用作压边机构，只要滑块二次摆动的升距不超过0.05mm，就可以看作滑块E是做连续压紧动作；但问题是这个停歇时间太短，与100°相比还差得太多。若把主动连架杆AB改成摆动，滑块在最下面的位置时，作为主动摆杆的一个极限位置，如粗实线$ABCDE$所示；另一个极限位置为$AB'C'DE'$，用细实线表示，这也是滑块位于压边机构要求的上极限位置，滑块移动距$EE'=s$。这样，当摆杆从上极限位置AB'逆时针摆动时，摆到$A1$时就开始压紧，经2、3、4、5至下极限位置即AB时，作二次微小摆动。到达B点后，再向上回摆至$A1$处，又作了二次微小摆动，从$A1$顺时针摆到AB'上极限位置，E点逐渐松开回到上极限位置E'。从这运动过程可知，这时压边滑块在压紧的位置上作了四次微小摆动（设计摆动位移0.05mm），占摆动角度的比例增加了，也就是增加了停歇时间。为了进一步拓宽停歇时间，再设计一个曲柄摇杆机构$FGHA$（如图中的粗实线所示），这个位置恰是曲柄摇杆机构的一个极限位置，另一极限位置为$FG'H'A$细实线所示，其摆角$\angle HAH'=\angle BAB'$。现将两机构的极限位置AB与AH相固结如图示，则当曲柄FG旋转一周时，增力六杆机构的主动摆杆就作一次来回摆动。现以曲柄摇杆机构的曲柄FG为主动构件，以FG'极限位置作起始位置（即标为0处），顺时针方向转动，从FG'转到$F1'$时，增力机构的摆杆相应从AH'转至$A1'$（即AB'转至$A1$），滑块E从E'下降至E点附近（相差约0.05mm），开始压紧；

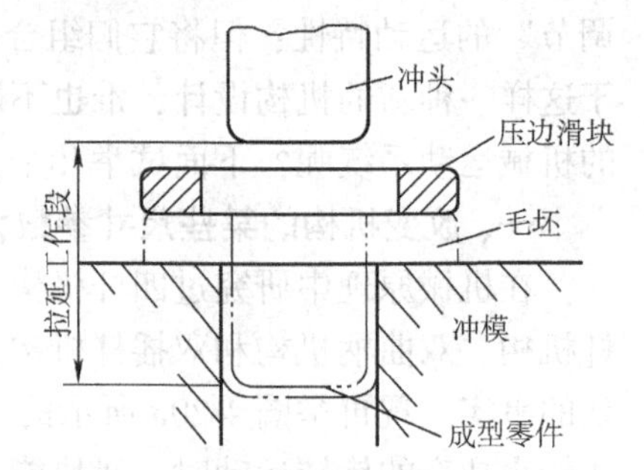

图4-21　拉延压力机的工作原理

$F1'$继续转过$2'$、$3'$、$4'$、$5'$到极限位置时，摆杆AB相继从$A1$经过2、3、4、5的极限位置，使E点作二次微小摆动；$F5'$再经$4''$、$3''$、$2''$、$1''$时，摆杆AB开始回摆往4、3、2、1，使E'点又作二次微小摆动；曲柄FG继续转动，从$F1''$转回FG'作一个周期运动时，摆杆从$A1$转至AB'，滑块E开始松开，上升至上极限位置E'。这样从曲柄FG来看，从$F1'$开始压紧至$F1''$松开，共转过$\angle 1'F1''>100°$，满足了压边机构的使用功能。其运动特性图如图4-22b所示。

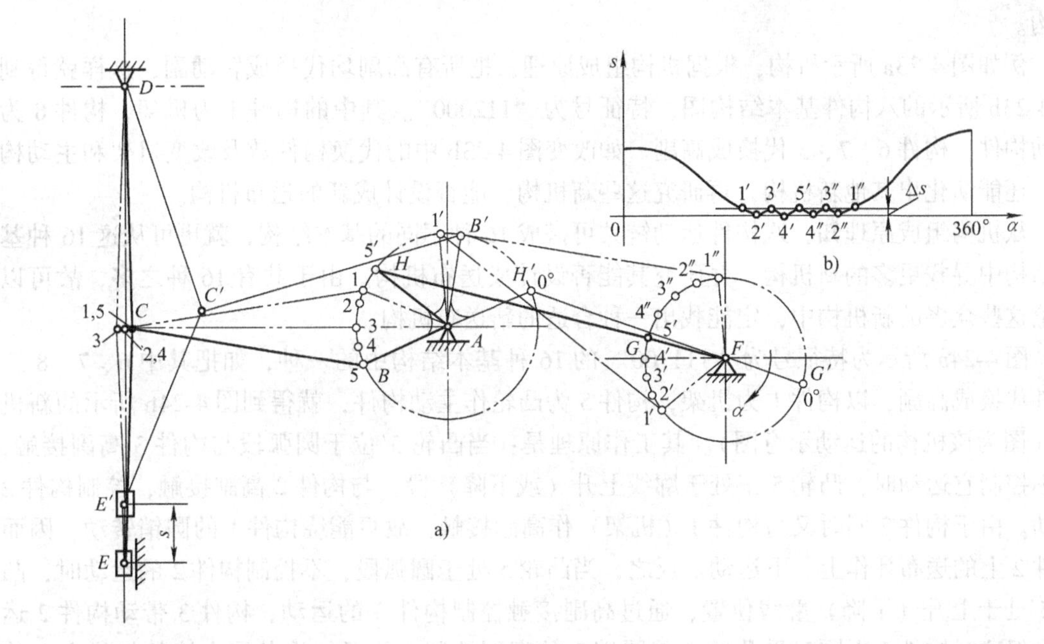

图4-22　八杆压边机构

a）机构运动图　b）运动特性图

三、运用机构的并联组合，得到某种特殊的运动规律或轨迹

典型的实例是上节所述送布机构中的轨迹生成机构，它是以二自由度的轨迹发生机构为基础机构，然后采用两个单自由度的凸轮机构作为其两个输入而并行接入，经基础机构叠加后得到任意的轨迹。如将上述送布机构略去送布调节机构和运动传动机构，并把两个控制凸轮安装在同一主轴上，即得图4-23a所示机构示意图。图中构件1、2、4、5组成二自由度基础机构，凸轮8与构件5及凸轮8′与构件2组成两个单自由度机构，并行输入这个二自由度基础机构，它将这两个输入运动叠加后得到一个期望的输出轨迹。这种经二自由度基础机构叠加而得到一个新的运

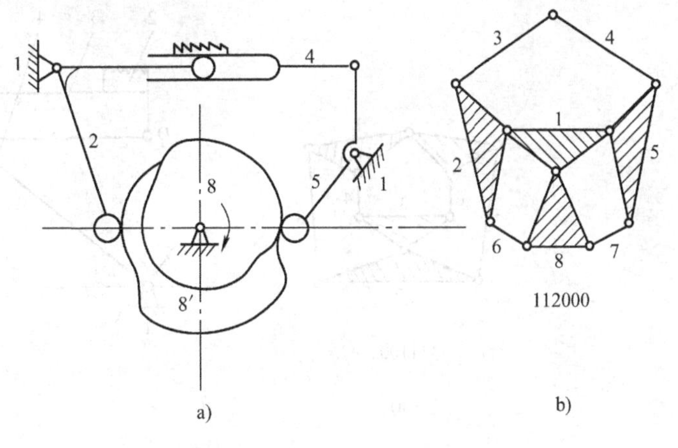

图4-23　送布机构的机动示意图

a）机构实体　b）八构件机构组成原理图

动的原理也可用到运动特性的改变上。如要求旋转运动中有停歇，变速运动中有等速部分等，这里就不再举例了。

四、利用机构组成原理发现新的机构

机构组成原理认为，机构是由若干个构件组成，其最基本的形式是构件间全部用转动副组成。用相同数目的构件组合起来完成给定的运动规律的机构将不止一种，研究机构组成的结构形式，探讨其组成原理，用不同的组合方法，将可演变出具有各种不同运动特性的各种机构。

例如图4-23a所示机构，根据机构组成原理，把所有高副均代换成转动副，这样就得到图4-23b所示的八构件基本结构图，特征号为“112000”。其中的构件1为机架，构件8为主动构件，构件6、7、3代换成高副。如改变图4-23b中的代换构件数及改变机架和主动构件，还能演化出其他新机构，再研究这些新机构，能否设计成新的送布机构。

从机构组成原理知，八构件运动链共可搭成16种不同的基本结构，就更可从这16种基本结构中寻找更多的新机构，并研究其能否设计成送布机构。由于共有16种之多，故可以推论这些众多的新机构中，定能找出一种合适的新送布机构。

图4-24a所示为特征号为“111100”的16种基本结构中的一种，如把其中6、7、8三构件代换成高副，以构件1为机架，构件5为凸轮作主动构件，就得到图4-24b所示的新机构（图为该机构的运动示意图）。其工作原理是：当凸轮5′位于圆弧段与构件3高副接触，而不控制它运动时，凸轮5正处于廓线上升（或下降）段，与构件2高副接触，控制构件2运动。由于构件2同时又与构件1（机架）作高副接触，故只能绕构件1的圆销转动，因而构件2上的送布牙作上、下运动。反之，当凸轮5处于圆弧段，不控制构件2的运动时，凸轮5′处于上升（下降）廓线位置，通过高副接触控制构件3的运动，构件3带动构件2运动。但这时构件2因同时受凸轮5与圆销1的高副控制，故只能沿共同允许的切线方向移动，如图4-24b所示位置，则能沿水平线移动，因而构件2上的D点只能沿水平方向移动，于是完成了送布牙的送布运动。又构件3上的C点，因受铰链A的约束只能作垂直于构件4的运动，其水平分量就是送布牙的送布量。该机构的优点除构件数量少外，还有当改变固定铰链A的位置时，在凸轮5′的控制下，C点的运动方向就要改变，因而水平分量也要改变，从而

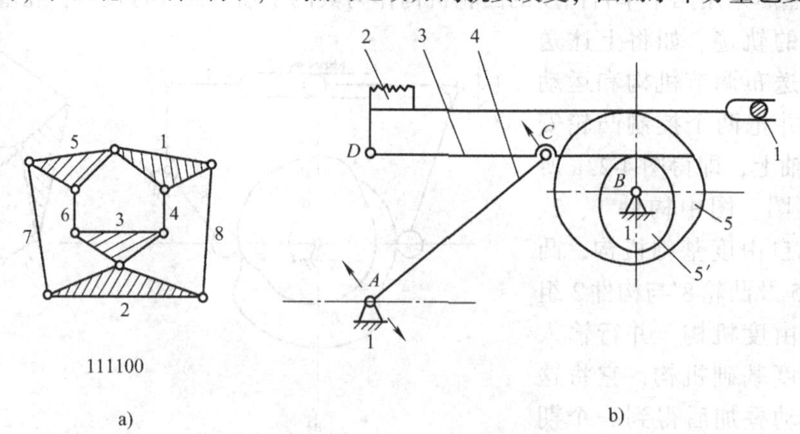

图4-24　另一种可调送布机构
a）另一种组成原理图　*b*）机构实体

完成了送布量可调的功能。

以上送布机构是20世纪80年代联邦德国的专利，它仅用了5个构件，不仅完成了送布牙的近似矩形送布轨迹，而且送布量可调。由此可见创造发现新机构还是有潜力的。

五、引进当前的最新技术，使旧的机械功能得到新的生命

例如机床切削加工是一项很老的机械功能，用以加工各种机械零件。几十年来，机床的种类、加工精度等方面虽均有不断的提高，但都没有突破性的进展。自从设计人员引进了数控技术，根据数控技术的要求，改进了机床的滚珠丝杠进给系统，使机床行业迅速向高精度、自动控制方向发展。到20世纪80年代，又引进了电子计算机的控制技术，把机床发展成自动加工中心，因而使机械加工功能不断地提高，也设计出了一大批配合新技术的机构。

第五节 机械运动的协调设计和运动循环图

一、机械运动协调设计

当功能结构图中各分功能均设计完毕后，怎样将这些分功能协调动作，共同完成总功能？这就需进行总体范围内的运动系统方案设计——机械运动协调设计。

由于完成各分功能的机构（执行机构）均是相对独立的，其运动动作的先后是根据总功能的要求，在一个周期中按时间序列安排的。但怎样使各执行机构严格按规定的时间运动，这就是机械运动协调设计的关键——控制方法设计。在控制的方法上，一般有如下两种。

1. 集中驱动，分散控制

在比较小型的机器上，一般均采用“集中驱动，分散控制”的方法。它由一个总驱动源（一般是电动机），经过变速后达到合适的工作转速，作为机器的总传动轴，即称为分配轴，执行机构均分散在其应完成分功能的位置上，其主动构件的运动经分配轴引入，因此各执行机构应何时动作，就由分配轴控制；如机器比较复杂，也允许另设第二分配轴。

例如，家用缝纫机的分配轴就设在缝纫机机头的上部，自左至右分别安排为：引线机构（曲柄滑块机构）、挑线机构（圆柱凸轮摆动从动件）、送布机构（等宽三角凸轮）和摆梭机构（曲柄摇杆机构），最后是输入运动的带轮。当分配轴转动一周（一个周期），各机构根据总功能安排在分配轴上的位置，依次运动。

2. 集中控制，分散驱动

常用在比较大的机器中，用分配轴传送到各处不方便时采用。驱动源一般是电动机或液（气）压缸。在这种设计中，各分功能均有自己单独的驱动系统。但什么时间动作，则要根据集中控制处发出的指令而进行。集中控制的方法有简单的和较复杂的两种。简单的方法是在控制台上安装许多按钮或阀门，操作者根据总功能的要求进行操作，如挖掘机、大型工作机床。较复杂的方法，则可以采用凸轮、码盘或控制鼓轮，由控制机自动操作。更复杂的则可由计算机根据编程进行控制。

二、运动循环图

为了清楚地了解各执行机构在完成总功能中的作用和次序，就必须先绘出整个机器中各执行机构的运动循环图。该运动循环图不但表明了各机构的配合关系，而且可以由它得出某些机构设计的原始参数。故循环图也是设计控制系统和调试设备的依据。

在运动循环时间内，机器的各执行机构要完成一定的周期运动。执行机构周期性地回到初始位置之间的时间间隔称为工作周期。当采用分配轴来控制各执行机构时，通常用分配轴转一圈作为一个工作周期。

运动循环图常用两种形式表示。图4-25a所示为极坐标式，图4-25b所示为直角坐标式。前者的表达方式与分配轴的分度完全一致，故比较直观，设计安装、调试均很方便；后者用横坐标表示运动循环内各运动区段的时间（或分配轴的转角），纵坐标表示执行机构的运动特性，如位移等，因而可以表示出各执行机构的更多运动信息，也是一种广泛采用的形式。

图4-25所示为家用缝纫机的运动循环图。在极坐标式中，可具体直观地看出分配轴在各个位置时各机构的动作情况，便于各执行机构在分配轴上的安装；在直角坐标式中，虽不及它表现得直观，但它明确指出了每个瞬时（或分配轴的转角）各机构动作之间的相互关系、运动规律和大小，是各执行机构尺寸设计的依据。

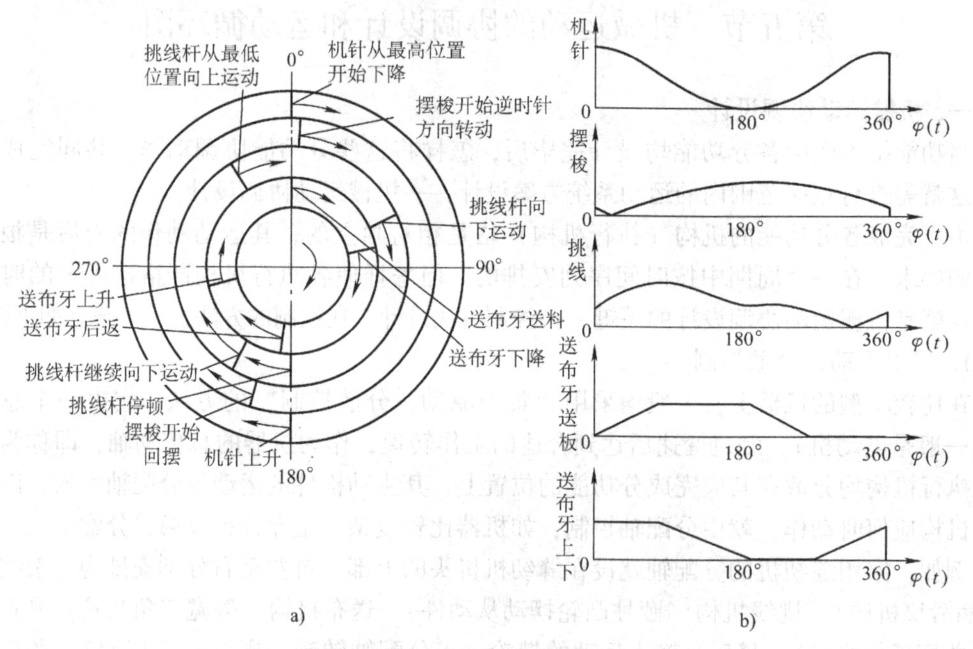

图4-25　家用缝纫机的运动循环图

a）极坐标运动循环图　b）直角坐标时序图

在绘制运动循环图时，应注意下列几点：

1）以工艺过程开始点作为运动循环图的起始点，并定出最先开始工作的那个机构在循环图上的位置，其他机构则按工艺程序的先后依次列出。

2）不在分配轴上的凸轮，应将其动作所对中心角，换算成分配轴相应的转角。

3）尽可能使各机构的动作重合，以便缩短运动周期，提高生产率。

4）几个执行机构的动作作用在同一构件上时，当某个机构作用在该构件上动作结束到另一机构开始作用在该构件上之间，应间隔2°～3°，以补偿凸轮制造及装配误差，避免两机构在动作衔接处发生干涉。

5）在不影响工艺要求和生产率的情况下，应尽可能使动作所对应的中心角增大些，以便减小压力角。

例如图4-25所示缝纫机的运动循环图，它的引线机构的机针在最高位置时作为运动循环图的起始点；当转到最低位置180°处时，摆梭机构也同时向机针处摆动，并钩住机针引下的面线环，并继续摆动；从图中可看出，挑线机构为机针送线，在180°处稍有停顿后继续为摆梭送线，以便有足够大的线环让摆梭中的底线梭芯穿过，然后快速上升将面线拉紧。从送布牙的两个控制凸轮看，机针尚在最高位置时，送布牙已开始送布，约在45°处已送布完毕，升降凸轮已把送布牙下降到最低位置，以便机针顺利地工作。从上述分析可知，图4-25b比图4-25a更清楚地表示出缝纫机的运动状态。由于图中各执行机构的运动特性已经给出，故它又是设计执行机构的参数依据。

习　　题

4-1　试分析车床功能的演进过程，从中体会功能演进与新技术的出现、机器机构的发明及创新之间的关系。

（提示：人力车床→蒸汽机、内燃机为动力的天轴、皮带车床→自动进给与具有尾座的车床→螺纹车床→电动机为动力源的全齿轮车床→自动车床→数控车床→加工中心。）

4-2　根据所学专业，分析该专业的某一专业机械的发展史，从最原始的功能开始，至目前最先进的设备为止，其功能的演进过程；请进一步思考，未来该设备的功能还会有什么发展？

4-3　试从第三章习题中任选一较复杂的分功能原理，经功能分解后设计一种能实现该分功能原理的“机械运动系统方案”。

4-4　试从第三章习题中任选一较简单的功能结构图，按功能结构图中各分功能的要求，选择合适的机构后，设计该功能图的一种“机械运动系统方案”——即协调设计。

4-5　按第三章习题3-4试设计一能满足该功能原理的机械运动系统，并画出机械传动的机构示意图。

设计要求：

（1）色带运动由带动打印头的步进电动机带动。

（2）打印针直径为0.2mm，每步的步距为0.141mm，步进电动机每步的转角为0.9°，因此色带的移动速度要大于上述数据，以免打印针重复打在色带的同一位置上。

（3）当打印头回车时，色带也随之运动，但方向应保持不变。

4-6　试设计一木工用钉（图4-26）的自动制钉机。

设计要求：

（1）能制造$\phi=4$mm，3.5mm，3mm，$L=100$mm，80mm，55mm，$\phi_1=10$mm，8mm，5mm，$s\approx2$mm的三种木工用钉。

（2）生产率为100～120个/min。

（3）原料为绕在圆盘上的一卷低碳钢丝。

（4）原动机为电动机。

（5）不要求设计减速部分。

设计内容：

（1）分析该自动制钉机应具有的功能。

（2）绘制该机的功能结构图。

（3）按功能结构图中的各分功能，设计完成该分功能的机械运动系统方案。

（4）用直角坐标法绘制制钉机的运动循环图。

（5）设计完成各分功能协调动作的运动系统方案。

（6）绘制自动制钉机的机动示意图。

（提示：注意采用一个运动同时完成几个分功能的方案。）

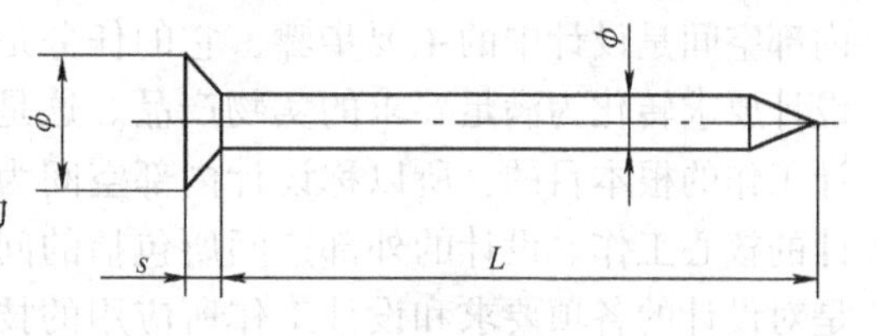

图4-26　木工钉

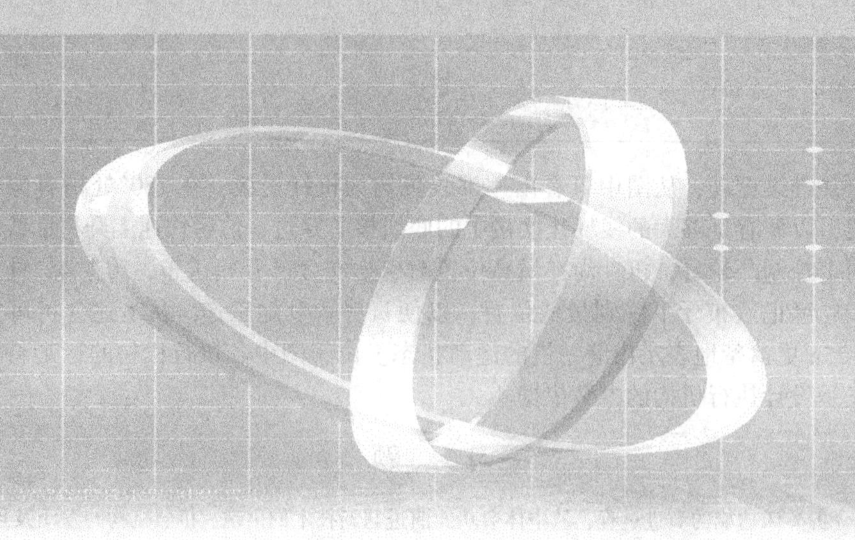

第五章

机械产品的实用化设计

第一节　产品设计的核心和外围问题

一、产品设计的核心

产品设计是根据市场的需求，把资源（能量、物料、信息）转化为满足社会需求的产品的工作过程。

产品设计活动主要经过以下几个阶段：了解社会需求、量化设计要求，拟定设计任务，进行功能原理设计、实用化设计和商品化设计，制造和销售。

设计要求是产品设计、样机制造和设计鉴定的依据，它对设计全过程起着重要的约束作用。可以把这种约束作用理解为一种“设计空间”。整个“设计空间”可以分为两个部分：内部空间是设计中的主要步骤，它的任务是将设计要求转化为满足要求的实物产品。这是设计工作的根本目的，所以称设计内部空间为设计的核心工作。设计的外部空间所包括的问题是对设计的各项要求和设计工作所应用的技术方法，称为设计的外围问题。图 5-1 表示了这种设计“空间”模型。

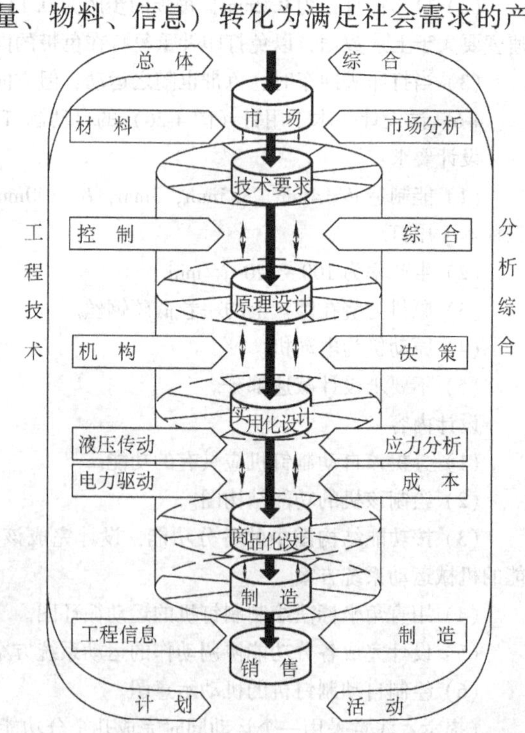

图 5-1　“设计空间”的模型

在机械设计中，核心技术与关键技术是两个不同的概念。

机械设计中的核心技术是指实现总功能的主要要求的技术，对于不同的机械，其核心技术是不相同的。对于以能量转换为主要目的的机械，如动力机械，其主要性能指标是能量转换效率。而对于轻工机械，通常需要完成复杂的动作功能，所以机构设计问题更突出，主要性能指标是生产率，主要要求是高度自动化地、准确可靠地完成动作。重型机械的特点是体积大，自身质量大，设计的重要问题是工作能力，是强度和刚度问题。对于金属切削机床，主要性能指标是生产率、加工精度和加工范围。对于以信息处理为主的仪器，主要性能指标是灵敏度、精度和工作稳定性。对于以材料处理为主要功能的机械，例如离心机、筛选机、过滤机等，主要性能指标是生产效率和分离纯净度。

关键技术是指实现某种功能过程中需要解决的技术难题。在核心技术中也可能有关键技术。例如对于板（带）轧钢机，为了提高产品质量，可以采用液压弯辊，利用液压缸的压力，在轧制过程中，根据轧制条件变化，随时对轧辊施加附加弯曲力，使轧辊产生附加弯曲变形，抵消由于轧制条件变化对辊缝的影响，始终保持辊缝的正确形状，轧出厚度合格的产品。为了实现对板厚偏差和板形的合理控制，需要根据不同的工艺条件对轧机的当量刚度系数 K' 随时作出调整。一般采用液压压下系统实现。这里液压弯辊和液压压下是核心技术问题，其中厚度、压力、位置传感器、数据处理系统等组成的电液闭环控制系统是解决核心技术问题的关键技术（图 5-2、图 5-3）。

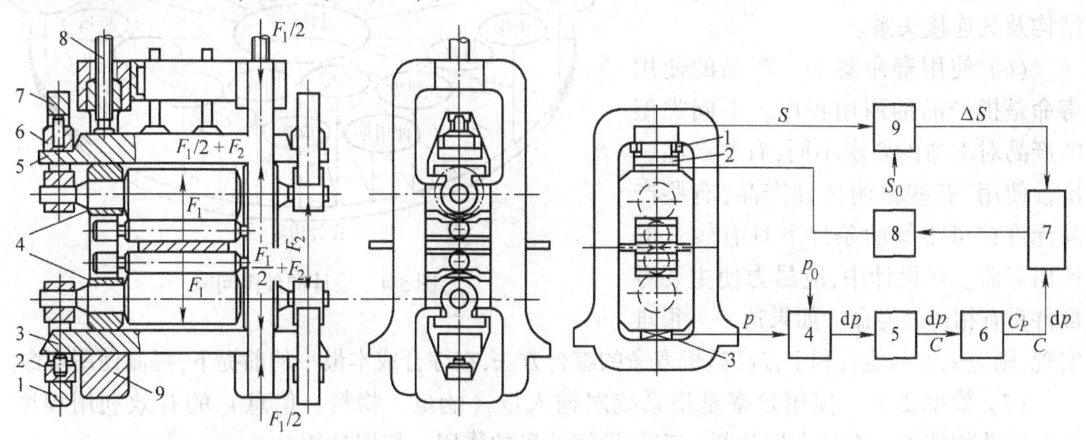

图 5-2　4700mm × 1020mm/1830mm 厚板轧机支承辊正弯辊装置

1—下环钩　2—下液压缸　3—下横梁　4—轴承座　5—上横梁　6—上液压缸　7—上环钩　8—压下螺柱　9—机架

图 5-3　板厚控制系统简图

1—位置传感器　2—液压缸　3—测压仪　4—压力比较器　5—压力和位置转换器　6—调节系数装置　7—综合比较调节器　8—伺服阀　9—位置比较器

在设计中，要抓住核心技术，突破关键技术。促进核心技术发展的技术手段可以分为经营管理和设计生产两个方面。设计生产方面的技术手段如前所述。经营管理方面包括社会、信息资料、专利、竞争对手、售后服务、法规等。

二、设计的外围问题

通过销售渠道反馈信息，进行市场调查，改进设计要求，再进行改进设计的循环过程，是一个相互作用、不断完善的循环过程，这一过程使产品不断发展进化。产品设计过程的各种设计要求是设计的依据，它们也是设计的外围问题（图 5-4）。

设计要求分为主要要求和其他要求。主要要求是针对产品的功能、性能、技术经济等指标所提出的直接要求；其他要求是针对产品质量所提出的间接要求。

1. 主要设计要求

(1) 功能要求 一个产品的功能越全，它的价值也就越高。因此在满足主要功能要求的前提下，还应尽量满足用户的附加功能要求，做到功能齐全，一机多用。

(2) 适应性要求 应明确指出产品的适应范围。所谓适应性，是指产品能适应工作情况变化的程度。工况变化包括工作对象、工作载荷、工作环境条件的变化。用户希望产品的适应性越广越好。

(3) 性能要求 性能是指产品的技术特征，包括动力、载荷及运动参数。

(4) 生产能力要求 生产能力是产品的重要技术性能指标，它表示单位时间内创造财富的多少。在设计要求中，应对理论生产能力作出明确的规定。

(5) 可靠性要求 产品的可靠性是一项重要的技术质量指标，关系到设备系统或产品的无故障工作时间的长短、故障率的多少，关系到设备及操作者的人身安全。产品的可靠性主要取决于正确的设计，取决于正确的结构及其连接关系。

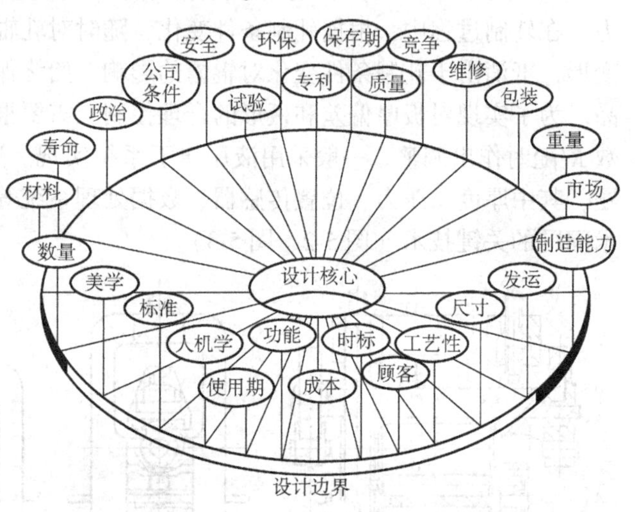

图 5-4 设计的外围问题

(6) 使用寿命要求 产品的使用寿命是指产品的耐用程度。不同类型的产品对寿命的要求不同,有些产品一次性使用,有些是耐久性产品,有些产品允许在可维修的条件下具有较长的使用寿命。在设计中,应尽力使主要零部件具有相近的寿命。如果这一点很难实现,则应采取其他有利于提高整机寿命的综合方法,在综合成本最小的前提下,提高使用寿命。

(7) 效率要求 使用效率是指系统对输入量（能量、物料、信息）的有效利用程度。系统应节约能源，有效利用物料，充分发挥信息的作用，拓展功能。

(8) 成本要求 较高的质量，较低的成本，可以提高产品的市场竞争力。

(9) 人机工程要求 产品的操作和运行应符合人的生理和心理特点，使人—机器—环境系统能够发挥出最佳效能。

(10) 安全性要求 产品设计必须考虑安全性问题。要保证产品的操作和运行不会对人、机器和环境造成伤害。对人的保护包括对人的身体和心理的保护，包括操作者和其他用户(例如车辆的安全应同时保护驾驶员和乘客)；对机器的保护包括运行的机器本身以及与之相关联的其他设备，同时应保证环境的安全。

(11) 包装、运输要求 产品需要通过运输传送给用户，因此产品设计要考虑产品包装、吊装、运输的可能性和方便性。要考虑产品的尺寸和质量对运输和起吊设备的要求。包装在运输过程中起保护产品的作用，在进入市场后又起到宣传商品和吸引购买欲望的作用。

2. 其他设计要求

(1) 强度和刚度要求 强度和刚度是保证工作能力及性能的必要条件，必须得到满足。

(2) 制造工艺要求　产品结构应具有良好的工艺性，有利于用较经济的方法实现。有利于提高质量，有利于大批量生产，有良好的互换性。

(3) 零件加工技术要求　为保证功能的实现和良好的技术经济性能而对零件的加工提出的技术要求。

(4) 工作循环图要求　这是自动线、自动机设计中的特有要求，以确保各项动作间协调配合。

其他设计要求是在设计过程中，为保证满足主要设计要求而提出的。

不同产品设计所涉及的设计要求的内容，主、次、轻、重是不同的，设计者要对设计任务进行具体分析，制定出明确、合理同时具有一定先进性的设计要求。

第二节　实用化设计的任务和主要内容

通过功能原理设计，得到能实现预定功能目标的原理解法；通过优化，筛选出满意的、可靠的工作原理方案。

实用化设计是在功能原理设计的基础上，将原理方案结构化、实体化，把关于原理方案设计的构思转化为具有实用水平的、达到设计要求的实体产品。对于机械产品设计，工作原理确定后，要对机械动作进行构思和分解，初步确定各执行构件的动作以及动作之间的协调关系，进行机械运动方案设计及机械图设计。具体任务就是完成产品的总体设计和零部件设计，完成交付制造和施工的图样资料，同时编制全部技术文件。

如果说功能原理设计是产品设计创新和保证产品质量的关键，则实用化设计就是实现高质量产品的保证。实用化设计阶段的工作既具体又明确，工作量大，工作内容精细，需要处理大量的结构设计与参数设计问题，如零部件的材料、尺寸、形状、工艺、表面特征、装配关系以及总体布局等。对这些问题的处理是否正确，对于功能能否实现、实现的质量、技术经济指标等，都有着直接的影响。

实用化设计阶段是工作量最大的工作阶段，要求设计人员具有丰富的工程经验，掌握充分的分析手段。对于每一个技术细节都要进行巧妙、细致的构思，以求最佳构思。需要根据材料及工艺技术的发展，不断创新技术方案。

实用化设计的一般步骤是：构思并绘制总体布置图和总装草图，通过总装草图绘制零、部件草图，经审核后绘制完成零部件工作图和总装配图，编制技术文件，如设计说明书、使用说明书、标准件明细表、外购件明细表等。

第三节　总体设计的基本任务和内容

总体设计是产品设计的中心环节，对机械产品的技术性能、经济指标和造型设计具有决定性的意义。

一、总体设计的基本任务

设计任务来源于人民生活和社会生产的需求，大致有以下几种类型：

1) 开发新产品，适应新的社会需求。这种需求可能是已经被社会明确提出的，也可能是还没有被需求者所认识的、潜在的需求。

2）扩展已有产品的功能，提高产品的性能，扩大产品的使用范围，使其适合于更多的用户，扩大市场占有率。

3）选用新材料、新工艺、新结构，降低产品成本，提高市场竞争力。

原理方案设计过程首先要确定设计要实现的目的，即设计对象能够做什么，然后确定用哪些方法可以实现给定的功能。总体设计首先要在功能原理设计的基础上确定实现功能的具体方法、功能成分和功能实现的程度。

总体设计包括功能设计和结构设计两部分，还需要考虑所设计的机械系统与其工作对象的关系，与操作者的关系，与相连接的系统的关系，与运行管理系统的关系以及与环境的关系。总体设计要确定对设计各部分的空间约束、工作能力约束及其他约束条件，并确定各部分的构成及连接关系。

二、总体设计的内容

1）确定功能原理方案。在功能原理设计中提出了能够实现给定功能的方法，通常是多种可行的方法。在总体设计中要选定具体的实现方法，同时要确定需要实现的除主要功能以外的其他辅助功能。

2）确定机器的总体参数。总体参数是对功能实现程度的量化指标及约束条件。对于不同类型的机器，由于其功能不同，总体参数的数量和内容也不同。例如对于车床设计的总体参数应包括被加工零件的最大长度，最大直径，主轴转速范围，进给量范围，加工精度等参数；对于汽车设计的总体参数应包括行驶速度及速度变化范围，载货（载客）量，爬坡能力，对行驶路面的适应性，以及对车身的空间尺寸的限制条件等。如果设计对象的性能参数及空间尺寸有相应的国家或行业标准，应使总体参数符合有关标准。

3）确定总体设计的指导思想。设计问题的多解性表现在设计过程必须从众多可行方案中选择较好的方案。无论采用定性或定量的评价方法进行设计方案的选择，都需要首先确定评价标准。不同的评价标准会产生不同的最佳设计方案。

4）确定机械系统运动方案并拟定运动简图。根据主要功能要求选择适当的执行机构，完成各个基本运动，通过机构组合设计方法，改善执行机构的运动特性，使其更完善地满足设计任务对运动轨迹、运动规律及其他运动特征的要求；通过运动及动力分析确定各构件的尺寸，确定运动简图。

5）机器总体布局。根据功能、工艺及操作的需要，确定设备的部分部件的构成、相对位置及其连接关系。

6）机械驱动系统设计。根据执行机构和传动系统的需要，选择原动机的种类和参数；然后根据原动机和执行机构的要求，根据运动分析、动力分析、失效分析和误差分析的方法，逐级确定传动系统的主要参数。

7）控制系统设计　要使机械装置按照预定的时间顺序或功能逻辑进行有序地动作，就需要对其进行有效的控制。控制系统需要及时、准确、全面地获取机械装置的工作状态信息，通过数值计算或逻辑判断，作出控制决策，发出控制指令，再由人或机构执行控制操作。

8）人机学设计。通过对功能实现方式的分析以及对操作者的生理及心理特征分析，确定人在机器运行中的作用，确定人的操作位置，人需要获取的机器运行状态信息的内容和方法。进行信息显示装置和控制装置的设计（详见第七章）。

9）附属装置设计。为保障机器实现功能的可靠性，扩大功能范围，减少和减轻对环境的影响等目的，常需要为机器设置附属设备。

10）产品造型设计。产品的外形及色彩设计（详见第八章）。

11）产品故障分析与对策。

12）绘制全部装配图及零件施工图。

13）编写全部设计技术文件。

14）编制易损件、产品包装及运输要求。

第四节　确定功能原理方案

功能原理设计是结构设计的依据。在功能原理设计中会提出多种可实现给定功能的解法原理与作用原理，总体设计要根据功能实现的可靠程度、工作效率、经济性等多种指标对这些作用原理进行综合评价，从中筛选出拟采用的作用原理。以螺纹联接零件的螺纹加工方法为例，可以采用切削方法加工，也可以采用塑性变形方法加工。切削加工可以在车床上通过多次进给完成（图5-5a），需要完成工件装卡、工件旋转、刀具的横向及纵向进给等动作，设备结构与卧式车床相似；由于加工过程复杂，生产效率和加工表面质量的提高受到限制。

采用塑性变形原理加工螺纹可以分别采用板式搓丝机（图5-5b）、辊式搓丝机（图5-5c）和行星搓丝机（图5-5d）。板式搓丝机通过动搓丝板与定搓丝板的直线往复运动完成搓丝动作，设备结构与车床相比大大地简化，工件质量和材料利用率显著提高。但是由于存在直线往复运动，使得工作效率的提高受到限制。辊式搓丝机通过搓丝辊的旋转运动完成搓丝动作，消除了往复运动，省去了空行程，不仅提高了生产效率，而且使设备结构简化、体积减小。根据行星机构原理设计的行星搓丝机使工艺动作进一步简化，生产效率成倍提高。

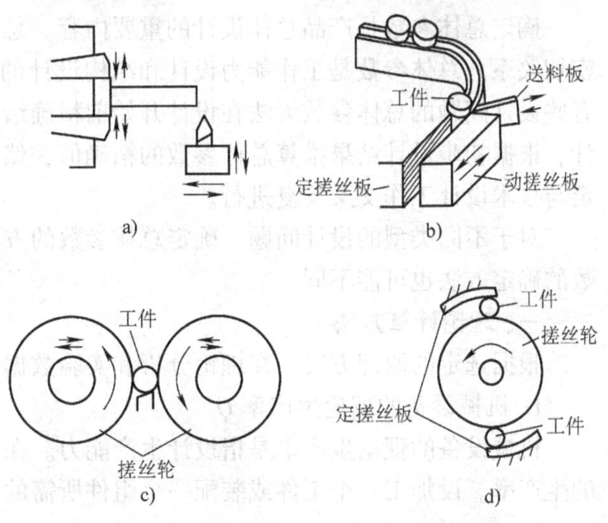

图5-5　螺纹加工的几种工艺动作

实现同样的功能可以采用完全不同的作用原理，对应于各种作用原理的设备结构不同，产品质量、生产能力和生产成本都有很大差异。选择功能原理应综合考虑以下问题：

1）原理方案的先进性及成熟程度。采用新技术、新工艺、新材料是提高产品质量的重要途径。新的技术装备往往是采用新技术、新工艺的结果。例如各种连铸机、连轧机的出现就是采用连铸、连轧工艺的结果。由于采用了新工艺，大大促进生产质量和产量的提高；由于少切削和无切削工艺的采用，减少了对材料的消耗，提高了生产率和产品的内在品质。玻璃器皿生产采用火焰抛光技术明显优于棕刷抛光技术。彩色喷墨打印机采用多层压电晶体打印头和微压电彩色打印技术，可以实现多色喷墨打印，可以精确控制墨点的大小，高速打印出专业品质的彩色图像；可以在普通打印纸上实现彩色超高速打印，作为计算机的外部设备可以进行高质量的文字、图形及图像的打印输出。

设计中采用的新技术应该是成熟的，应该是被使用或研究证明可靠的，而不应该盲目采用尚在研究之中的不成熟的技术。因为这会增大产品开发的风险，可能造成开发进度的延误，开发经费的超支，甚至使开关计划失败。

2）实现功能的可能性与可靠性。原理方案不但应保证实现功能的可能性，而且应使功能的实现具有可靠性。应具有较低的故障率，较长的无故障工作时间，合理的工作寿命；功能的实现过程应对原材料有较好的适应性，同时应对环境的变化有较好的适应性。对操作者的技术水平要求尽可能降低。

3）合理的运动设计。原理方案确定以后，就要进行运动设计。不但要考虑执行机构的运动轨迹和运动规律，而且要注意分析其动力学特征。例如机床设计中应使进给运动尽可能等速，以保证加工质量；筛分机械设计要使运动加速度适当，保证对不同颗粒物料的有效分离。运动设计还要尽可能减小动载荷。

4）工作效率与设计要求相适应，经济上合理。

第五节　整机总体参数确定

确定总体参数是产品总体设计的重要内容。总体参数的确定与其各部分的性能、结构有密切关系。总体参数是工作能力设计和结构设计的重要约束设计。由于设计问题的复杂性，有些设计问题的总体参数无法在设计开始前精确给出，需要首先初定参数，据此开始初步设计，根据初步设计结果推算总体参数的精确值，然后再对初步设计进行修正。总体参数的确定与技术设计工作交叉反复进行。

对于不同类型的设计问题，确定总体参数的方法也不同；在同一个设计问题中，不同参数的确定方法也可能不同。

一、理论计算方法

根据选定的原理方案，在理论分析和实验数据的基础上进行分析计算，确定总体参数。

1. 机械设备的理论生产率 Q

机械设备的理论生产率是指设计生产能力。在单位时间内完成的产品数量就是机械设备的生产率。设加工一个工件或装配一个组件所需的循环时间 T 为

$$T = t_g + t_f$$

式中　T——在设备上加工一个工件的循环时间或称工作周期时间；

t_g——工作时间，直接用于加工或装配一个工件的时间；

t_f——辅助工作时间，在一个循环时间内，除去 t_g 所消耗的时间，如上料、下料、卡紧、移位及必要的间歇所消耗的时间。

设备的生产率 Q 为

$$Q = \frac{1}{T} = \frac{1}{t_g + t_f}$$

设备的生产率 Q 的单位由工件的计量和计时单位确定，常用单位有：件/h、m/min、m^2/min、m^3/h、kg/min 等。

2. 功率参数

(1) 运动参数　机械的运动参数包括移动速度、加速度和调速范围等,主要取决于设计要求。例如吊运熔融金属的容器,需要精确定位大型件的吊装设备,要求速度低,而且平稳。一般运动设计通常希望速度尽量高,以提高工作效率。但是因受到惯性、振动、精度、结构、制造及装配水平,以及新技术应用程度等的影响和限制,同类型设备的速度水平相差很大。如线材轧机的轧制线速度从每秒几米到80m;精密电子设备的速度可能每秒只有几毫米,而高速离心机的线速度可以高达每秒100m以上。一般在满足工艺要求的前提下应尽可能缩短工作时间,以提高生产率。速度变化范围是为了不同品种和不同工况的要求而设置的。如连续浇铸的拉坯速度是根据产品的截面、材料的冷凝速度而进行调节的,要求调节范围大,而且要求能在运转中进行无级调速。机床的调速通常要求可以在停车的条件下进行有级调速。

机械的速度常由生产率确定，如带式运输机的带速 v 可由下式确定

$$v=\frac{Q}{3600S\rho C}$$

式中　v——带的运动速度（m/s）；

Q——带式运输机的理论生产率（t/h）；

S——被运物料在输送带上的堆积面积（m^2）；

ρ——散粒物料的堆密度（t/m^3）；

C——倾角系数，当水平时 $C=1$，倾斜角为20°时 $C=0.82$。

(2) 力能参数　力能参数包括承载力（成形力、破碎力、运动阻力、挖掘力）和原动机功率。工作装置是载荷直接作用的构件，力参数是其设计计算的基本依据，也是设备工作能力的主要标志，例如80t曲柄压力机。

1) 机器的作用力（承载力）。对于起重或物料传送机械，载荷主要由加速物料的惯性力载荷、移动物料的摩擦力载荷以及提升物料需要克服的重力载荷组成。对材料进行成形加工的机械的载荷主要是克服材料变形阻力。下面介绍金属成形所需的力。

图5-6表示三种常用于材料弯曲的形式：折边、弯V形和弯U形。要使金属成形必须对其施加压力使其发生塑性变形。假设所有的应变硬化材料均能完全地弯曲，则弯曲力通常以材料的极限抗拉强度的经验公式来计算。

对于折边所需的弯曲力为

$$F=\frac{0.6KBt^2\sigma_b}{2(r+t)}$$

V形件弯曲力为

$$F=\frac{0.6KBt^2\sigma_b}{r+t}$$

U形件弯曲力为

$$F=\frac{0.7KBt^2\sigma_b}{r+t}$$

式中　F——冲压行程结束时的弯曲力（N）；

B——弯曲件宽度（mm）；

t——弯曲件材料厚度（mm）；

r——弯曲件的内圆角半径（mm）；

σ_b——材料的抗拉强度（MPa）；

K——安全系数，一般 $K=1.3$。

设计剪切机时，需要计算最大剪切力 F_{max}。剪切机的公称剪切力是根据 F_{max} 确定的。最大剪切力 F_{max} 为

$$F_{max}=K\tau_{max}A$$

式中 A——被剪切件横截面面积（m^2）；

τ_{max}——被剪切件金属在剪切温度下的最大切应力（MPa）；

K——考虑由于切削刃磨钝、刀片间隙增大而使剪切力增大的系数。

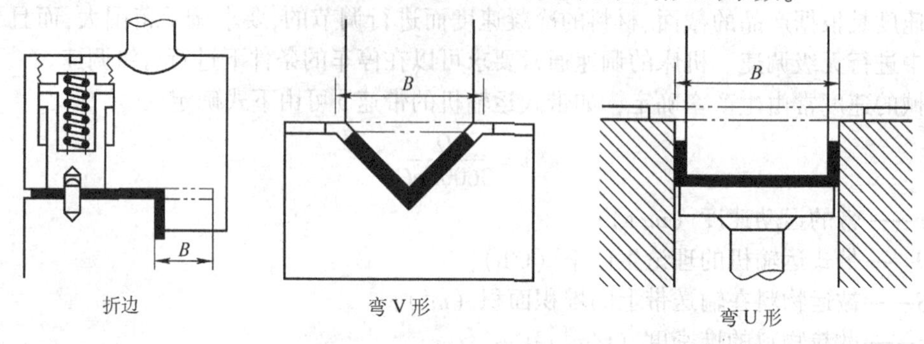

图5-6　材料弯曲成形图

2）原动机功率。原动机功率反映了机械的动力级别，它与其他参数有函数关系，常是机械分级的标志，也是机械中各零、部件的尺寸（如轴和丝杠的直径、齿轮的模数等）设计计算的依据。

机器需要输入的功率等于机器工作所需的动力与消耗的动力之和。大部分机器的载荷是力（转矩）以一定的速度作用一段距离（角度）。如果使用质量大、速度高的工作头，则在载荷中要考虑惯性力的作用。

如图5-7所示机器的输出功率 P_{out} 为一固定力 F 在 Δt 时间内作用一段距离 Δx，这种运动如同一个液压臂弯曲金属板。机器的输出功率可表示为

$$P_{out}=F\frac{\Delta x}{\Delta t}=Fv$$

式中　v——液压臂的速度（m/s）。

图5-8表示固定转矩 T 在瞬间 Δt 作用一个角度 $\Delta\theta$ 时机器刀具轴的输出功率 P_{out}。这一功率发生在工具机的铣刀切削情况下，通常考虑机器在刀具轴的输出为转矩，它可用刀具的切削力与力臂来表示，这种机器刀具轴的输出功率 P_{out} 为

$$P_{out}=T\frac{\Delta\theta}{\Delta t}=T\omega$$

式中　T——转矩（N·m）

$\Delta\theta$——轴输出的角位移（rad）；

ω——轴输出的角速度（rad/s）。

3. 质量参数

质量参数包括整机质量、各主要部件质量、重心位置等。它反映了整机的一个重要品质，如自重与载重之比、生产能力与自重之比。重心位置反映了机器的稳定性及支撑压力分布等问题。

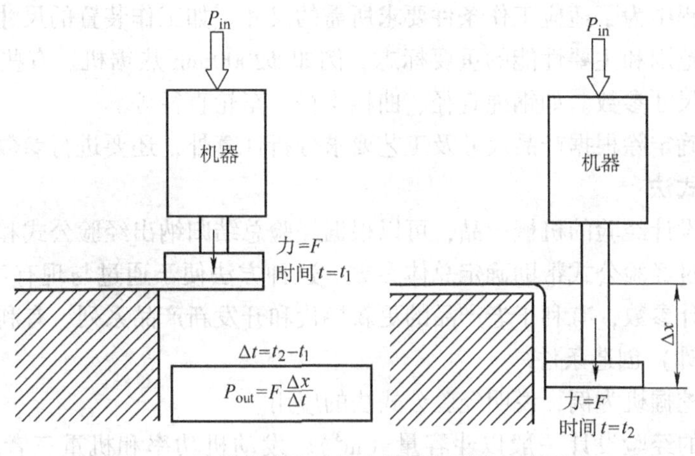

图 5-7　机器线性移动输出的动力所作的有用功

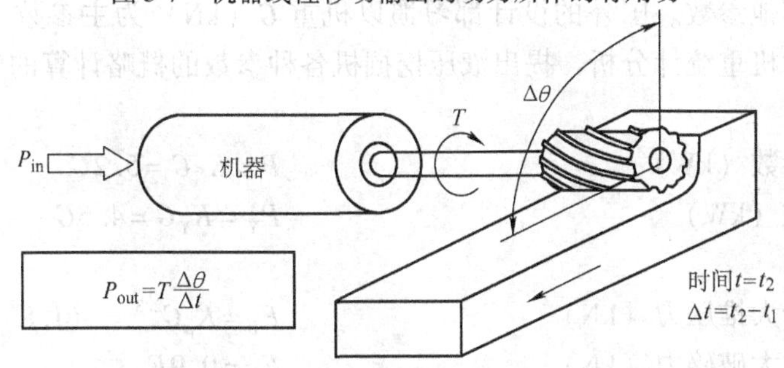

图 5-8　机器输出为转动时动力所作的有用功

对于行走机械如履带式装载机的质量，主要根据作业所需要的牵引力来确定，同时必须满足地面附着条件和作业、行走稳定性要求，否则机器行走时可能打滑或倾倒。

机器提供的最大牵引力必须克服工作阻力和总的行走阻力。即

$$F_{max}=K\left(F_n+G\left(\Omega\pm\beta+\frac{a}{g}\right)\right)$$

式中　K——动载系数；

F_n——工作阻力（N）；

G——机器的重力（N）；

Ω——履带运行阻力系数；

β——爬坡系数；上坡取“+”，下坡取“-”；

a——行走加速度（m/s^2）；

g——重力加速度（m/s^2）；

F_{max}——最大牵引力（N）。

同时满足　$$F_{max}\leqslant G\Psi$$

式中　Ψ——履带与工作面间的附着系数。

4. 总体结构参数

总体结构参数包括主要结构尺寸和作业位置尺寸。主要结构尺寸由整机外形尺寸和主要组成部分的外形尺寸综合而成。机械的外形尺寸受安装、使用空间、包装和运输要求限制。如机壳、特厚板轧机等都要求考虑运输要求，必要时可采用现场组装的方法。作业位置尺寸

是机器在作业过程中为了适应工作条件要求所需的尺寸。如工作装置的尺寸、最大工作行程等，是机械工作范围和主要性能的重要标志。例如 ϕ2000mm 热锯机。有些设计的关键基础尺寸也可以作为尺寸参数。如钢绳直径、曲柄半径、车轮直径等。

总体参数的确定除根据产品尺寸及工艺要求分析计算外，还要进行参数优化计算。

二、经验公式法

对于有多次设计经验的机械产品，可以根据经验总结归纳出经验公式和图表。在新产品设计中，可以通过经验公式帮助确定总体参数。这种方法便于通过与现有产品的参数比较，从而提出最优设计参数，有利于老产品的更新换代和开发新产品系列，有利于为计算机辅助设计（参数化设计）创造条件。

下面以液压挖掘机为例，说明经验公式法的应用。

液压挖掘机的经验设计一般以斗容量（m^3）、发动机功率和机重三者之一作为主要参数，并依此决定其他参数。国外的设计都习惯以机重 G（kN）为主参数。通过对国内、外多种液压挖掘机的机重统计分析，提出液压挖掘机各种参数的概略计算的经验公式，其中 K 值为经验系数。

发动机功率参数（kW）　　$P=K_N G=5.2G$

液压功率参数（kW）　　$P_Y=K_Y G=4.5G$

挖掘力参数：

　　正铲最大推压力（kN）　　$F_1=K_p G^{2/3}=(1.8\sim2.5)\ G^{2/3}$

　　正铲最大破碎力（kN）　　$F_2=0.9F_1$

回转机构参数：

　　回转台最大起动力矩（N·m）　　$T_q=K_q G^{4/3}=960G^{4/3}$

　　回转台制动力矩（N·m）　　$T_z=K_z G^{4/3}=1500G^{4/3}$

行走机构参数：

　　最大转弯力矩（kN·m）　　$T_w=K_w \mu G^{4/3}=(0.25\sim0.33)\ G^{4/3}$

　　履带最大牵引力（kN）　　$F_{max}=K_T G=(0.65\sim0.85)\ G$

生产率参数（m^3/h）　　$E=K_E G^{5/6}=30G^{5/6}$

机重参数：

　　机体质量（kN）　　$G_1=K_{G1} G=0.82G$

　　作业装置质量（kN）（正铲）　　$G_2=K_{G2} G=0.2G$

尺寸参数：

　　最大挖掘半径（m）　　$R_{max}=2.5G^{1/3}$

　　最大挖掘高度（m）　　$H_{max}=2.55G^{1/3}$

　　最大挖掘深度（m）　　$h_{max}=0.85G^{1/3}$

三、相似类比法

采用相似类比法确定总体参数时，是以相似理论为基础，选用国内、外先进名牌产品为典型样机，或根据国内、外有关该产品的设计标准，求出相似系数（级差系数），然后再确定其他主要参数。但应注意，相似类比法只适用于同类型产品，即结构形式、工作对象、环境条件基本相同的产品。

相似类比法的优点在于：如果样机的性能参数和机构参数是优选的，则可得到一个优化的系列产品，它简化了设计计算，加快了设计速度，可以迅速研制出新产品。这是仿制性能优良产品的一种有效方法。

四、实验法

有些全新设计问题的基本参数与基本需求之间的关系较复杂，影响因素较多，既无理论计算方法可以依据，又没有前人的经验可以借鉴，只能通过实验的方法确定基本参数。可以采用模型实验、部分实物实验、计算机仿真实验等方法。

第六节　机械总体布局设计

机械装备的总体布局关系到机械的性能、质量和结构的合理性，也关系到操作的方便性、工作的安全性及工作效率。因此，总体布局是总体设计中的重要内容。下面按机械化生产线的布局和单体机械的总体布局来讨论。

一、机械化生产线的总体布局

机械化生产线（图 5-9）是按产品生产的工艺过程，把主要设备和辅助设备用运输和中间存储设备等连接起来，组成独立控制和连续生产的系统。

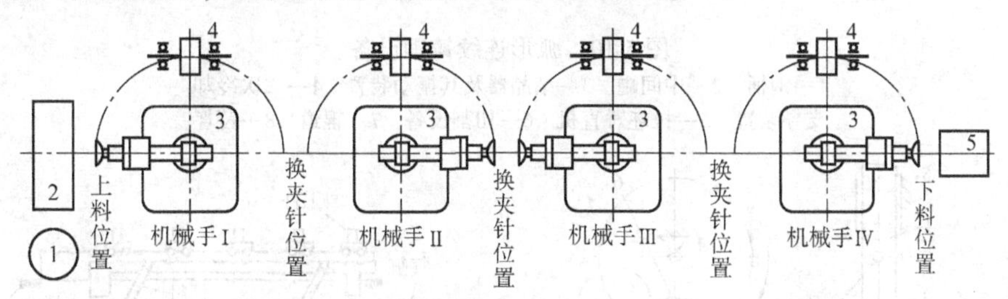

图 5-9　缝纫机针抛光自动线

1—顺针机　2—上料工作台　3—机械手　4—抛光机　5—装针斗

机械化生产线由机械设备组成，根据其在生产中的作用及工作特点，可将机械设备归纳为以下几种类型：

1）主要工艺设备
- 各种轧机，锻压机，自动冲压机，挤压机，金属成形机
- 金属切削自动机，加工中心，组合机床
- 化工过程设备：反应釜，蒸发器

2）辅助工艺装备
- 剪切机，卷曲机，矫直机，转位、翻转装置，夹持装置
- 原料分选、筛分装置，去皮、切块、榨汁机
- 清洗、冷却装置，排屑、排渣装置

3）物料储运装置
- 起重机，链板式或带式运输机
- 液、气压力输送管道装置，推杆装置
- 物料存储装置：料仓、料斗，堆垛机，垛板机

4）控制装置
- 检测装置：产品质量检测，设备故障诊断，环境监测传感器
- 信号处理装置：数据处理，报警，反馈仪器
- 控制装置：速度、压力控制器

在机械化工艺流程中，存在各种分散的作业，需要解决协调连接的问题。机械通常以循

环的移动动作处理工件，可以采用连续工艺方法进行作业，如连续轧制，连续浇铸等（图5-10）。作业动作是在工件连续运行中进行的，如飞剪、飞锯等（图5-11）。

但是在机械加工、装配作业和手工操作等生产流程中多采用断续的工艺方法，流程是间歇的，在移动停止时需要定位并吸收惯性动能，可采用步进机构（图5-12）。

移动作业是使工件向处理方向移进。需要对工件进行抓取、定位、向下一道工序送进等操作。移动方式有直进式和旋转式两种。处理大工件的重型设备及加工种类少的作业机械多采用直进式，如轧制生产线、轻工生产线（图5-13），而处理小工件的机械多采用旋转式（图5-14）。

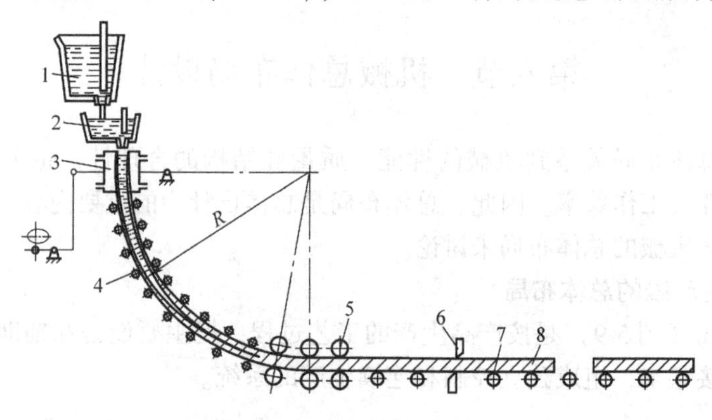

图5-10　弧形连续铸钢设备

1—钢桶　2—中间罐　3—结晶器及其振动装置　4—二次冷却支导装置　5—拉坯矫直机　6—切割设备　7—辊道　8—铸坯

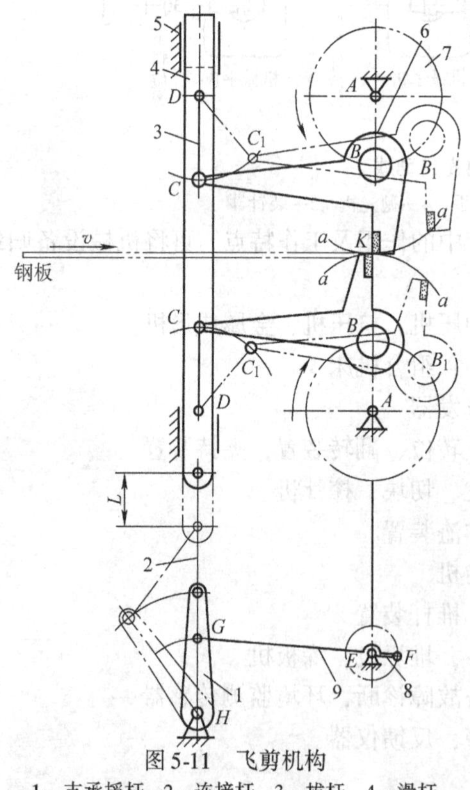

图5-11　飞剪机构

1—支承摇杆　2—连接杆　3—拔杆　4—滑杆
5—机架　6、9—连杆　7—曲柄盘　8—曲柄

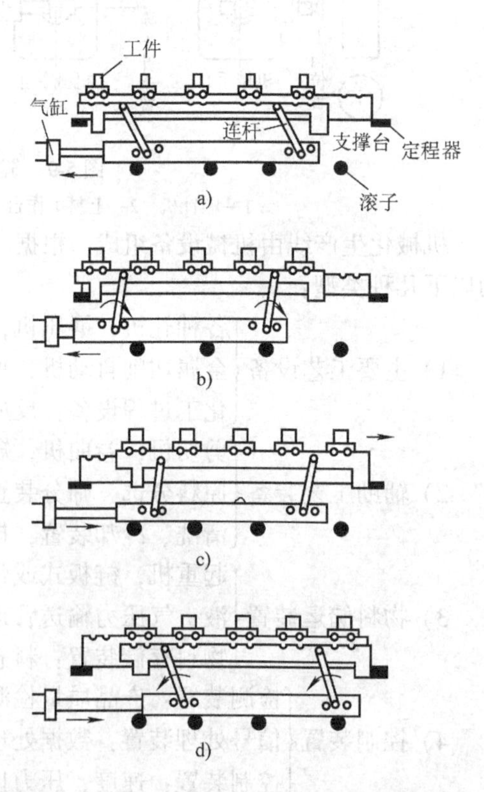

图5-12　“支撑台方式”的间歇进给动作

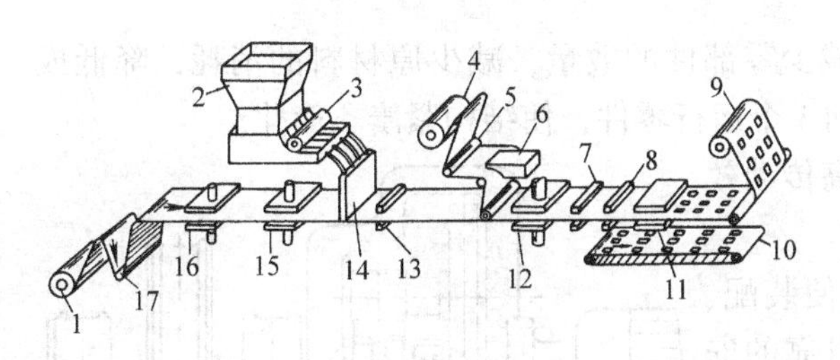

图 5-13　直进式成形充填机

1—聚氯乙烯　2—片剂料斗　3—输送辊　4—铝箔辊　5—引力辊　6—弧形检出器　7—输送机构　8—夹板机构　9—料斗辊　10—取出带　11—修整机构　12—合层机构　13—缺片检出器　14—片剂档板　15—冲孔机　16—成形机构　17—移动张力辊

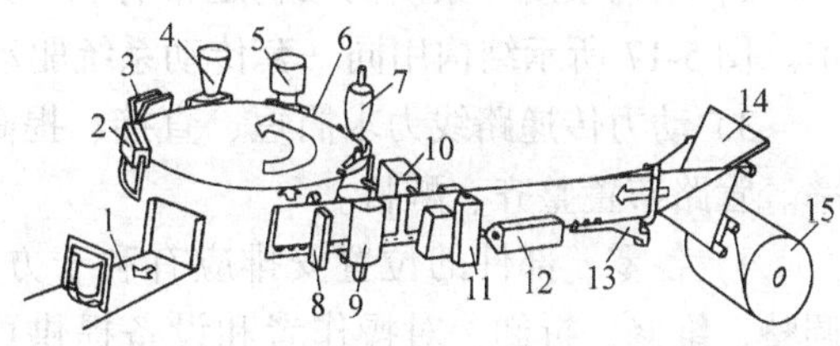

图 5-14　旋转式袋成形—充填—封口机

1—输送带　2—顶封头　3—排气机构　4—充填机构　5—充气机构　6—转盘　7—机械开带器　8—切断剪刀　9—牵引辊　10—定位装置　11—纵封头　12—底封头　13—折叠器　14—犁形成形器　15—薄膜卷筒

二、生产作业机械的总体布局

总体布局的任务是合理布置各零、部件在整机中的位置，按照简单、合理、安全的原则，使其实现工作要求，确定机器重心位置，确定总体尺寸。

生产作业机械是指完成作业操作的单体机械。作业操作是指包括滚轧、挤压、拉拔、剪切、弯曲、包装等多种生产作业，如果称实际作业部件为工作头（工作构件），那么作业进行的场所就是工位，是工件停止移动，接受作业的位置。如多工位自动机（图 5-15、图 5-16）。移动式生产作业机械，如挖掘机、装载机等可完成多种作业，但是工位是不确定的，只有确定的工序，没有确定的工位。

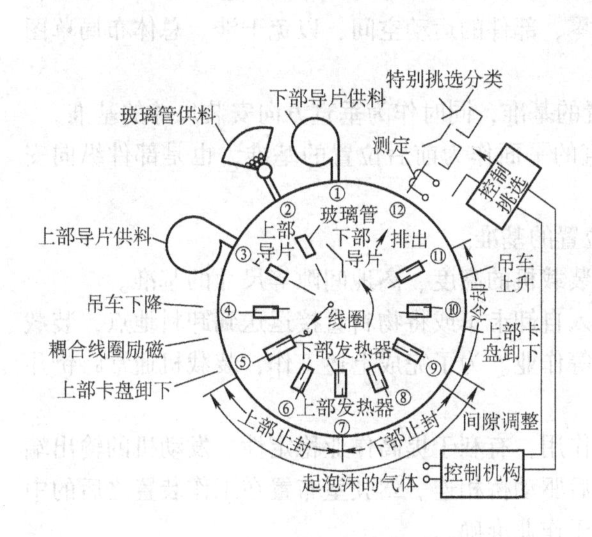

图 5-15　旋转式移动 12 工位实例

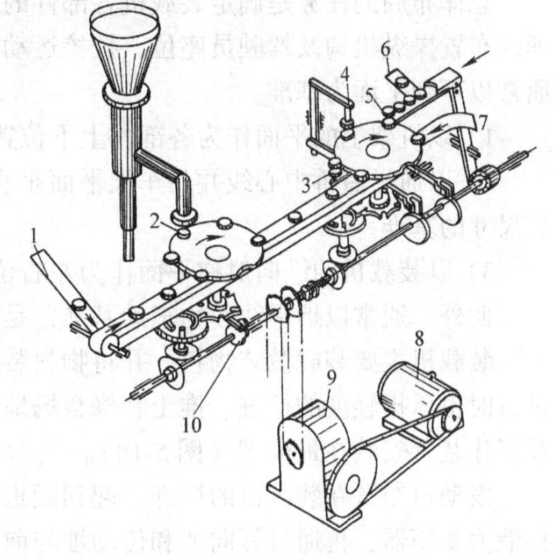

图 5-16　多工位冷霜灌装自动线传动系统

1—送空盒　2—灌装　3—贴锡纸　4—压平锡纸　5—盖盒盖　6—盒盖送进　7—成品送出　8—电动机　9—蜗轮减速器　10—凸轮

生产机械总体布局的原则如下：

1）有利于功能的实现。功能是设计追求的根本目标，无论是整体布局或局部设计，都应采用有利于功能实现的结构方案。

2）结构紧凑。紧凑的结构通常有利于减少零部件的数量，减少原材料的消耗，降低成本。图5-17所示结构用同一套传动系统驱动3个运行零件，使结构紧凑、简化。

3）动力传递路线力求简短、直接、提高传动效率。管路布置整齐、醒目。

4）各零、部件的位置安排应有利于方便装配、调整、维修、拆卸，对操作者和设备提供可靠的安全保护。

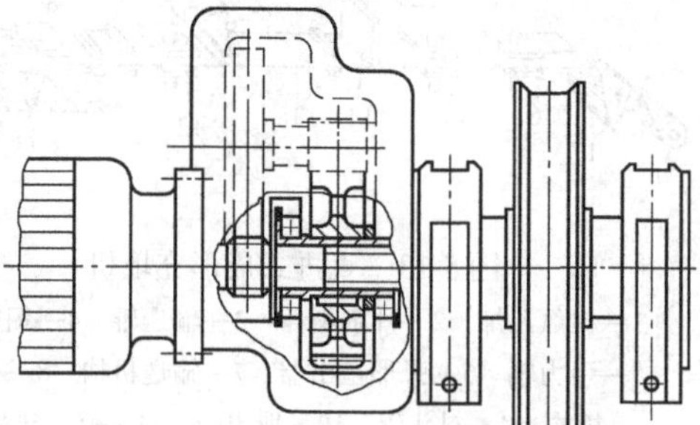

根据形状、尺寸、数量、位置和顺序等基本要素，可将生产作业机械的总体布局类型归纳如下：

1）按主要工作机构的空间几何位置可分为平面式和空间式等。

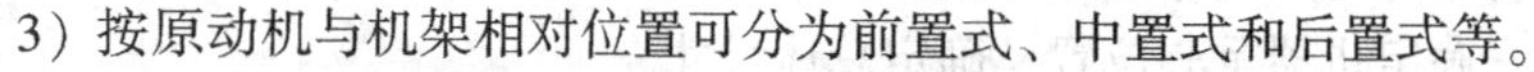

图5-17 “三合一”运行机构

2）按主要工作机械的布局方向可分为水平式（卧式）、倾斜式、直立式和圆弧式。

3）按原动机与机架相对位置可分为前置式、中置式和后置式等。

4）按工件或机械内部工作机构的运动方式可分为回转式、直线式和振动式等。

5）按机架与机壳的形式可分为整体式、剖分式、组合式、龙门式和悬臂式等。

6）按工件运动回路或机械系统功率传递路线的特点可分为开式和闭式等。

三、机械总体布局示例

1. 轮式装载机

总体布局的任务是确定装载机各部件的位置，控制各部分的尺寸和质量，使载荷分配合理。布置操纵机构及驾驶员座位，校核运动零、部件的运动空间，以免干涉。总体布局草图通常以下列平面为基准：

1）以机架上的平面作为各部件上下位置的基准，同时作为垂直方向安装尺寸的基准。

2）以通过后桥中心线并与车架平面垂直的平面作为前后位置的基准，也是部件纵向安装尺寸的基准。

3）以装载机的纵向对称平面作为左右位置的基准。

此外，通常以地平线作为辅助基准，是装载机的高度、离地间隙等尺寸的基准。

装载机主要装载散装物料，并将物料装入自卸卡车或将物料直接运送到卸料地点，装载机有时也承担轻度的挖掘、推土和修整场地等作业。为了完成上述工作，装载机通常将铲斗及工作装置安装在最前端（图5-18）。

发动机布置在装载机的后部，起到配重作用，有利于提高作业稳定性。发动机的输出端接液力变矩器，再通过万向节和传动轴与前后驱动桥相连。驾驶室布置在工作装置之后的中部，位置尽量向前，使前方视野开阔，有利于作业准确。

为了保证装载机的作业稳定性，使铲斗与料堆相对位置准确，装载机不设置弹性悬挂。为了防止在凸凹路面上行驶时出现车轮悬空的现象，使一个驱动桥可以上下摆动，即将驱动架铰接于车架上。多数装载机采用四轮驱动，以提高牵引力，并能在恶劣路面上行驶。工作装置多采用液压传动。

2. 轧钢机

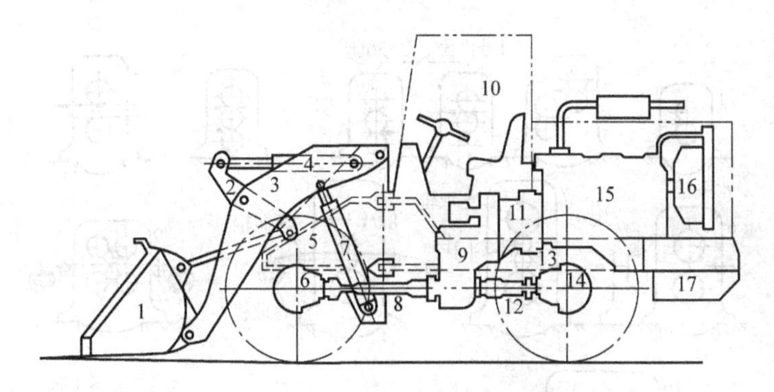

图 5-18　轮式装载机总体布局

1—铲斗　2—摇臂　3—动臂　4—转斗液压缸　5—前车架　6—前桥　7—动臂液压缸
8—前传动轴总成　9—变速器　10—驾驶室　11—变矩器传动轴总成　12—后传动轴总成
13—后车架　14—后桥　15—发动机　16—水箱　17—配重

轧辊是轧机进行轧制的工作头，在大轧机中它是巨型零件，可重达几十吨，因此，必须采用特殊的轴承、轴承座和机架等起支撑作用的零部件。为了保证轧辊开度，设有压下调整装置，对质量大同时又需要移动的零件，如轧辊和轴承座等都设有平衡装置，以消除传动件的间隙，减少零件所受的冲击力和磨损。轧机的主传动部件包括万向联接轴、平衡装置、齿轮座、主联轴器、减速机、电动机联轴器和电动机等（图 5-19）。

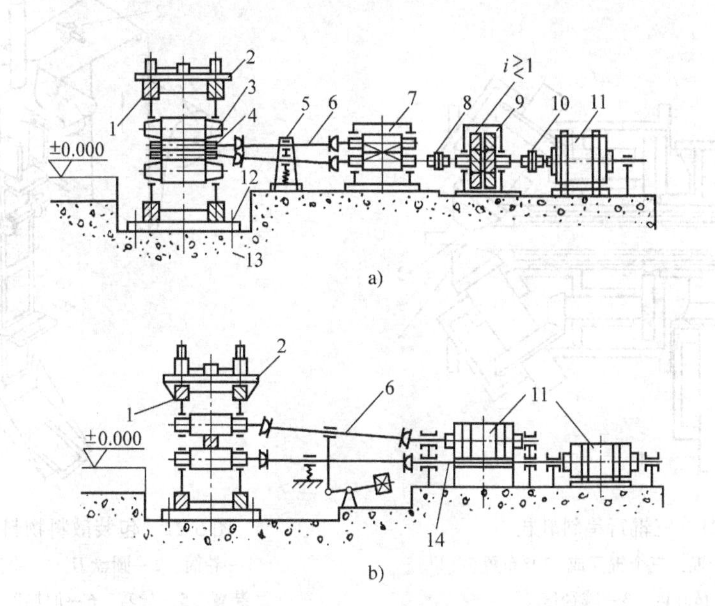

图 5-19　轧钢机主传动装置简图

a）具有齿轮座的主传动装置　b）电动机直接传动轧辊的主传动装置

1—机架　2—工作机座　3—四辊轧机支承辊　4—四辊轧机工作辊　5—联接轴平衡装置
6—万向联接轴　7—齿轮座　8—主万向节　9—减速机　10—电动机联轴器　11—电动机
12—机架底板　13—地脚螺栓　14—中间轴

各类轧机轧辊在工作机座中有不同的布置方法（图 5-20）。

一般轧机的轧辊均作旋转运动，进行纵轧或斜轧。但是也可以作行星运动，如高效的行星轧机（图 5-21）。

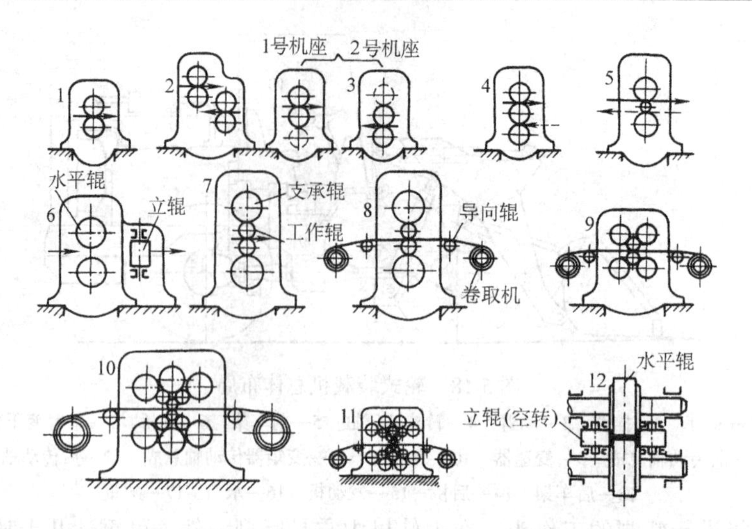

图 5-20　轧辊在轧钢机工作机座中的布局

1—三辊式轧机　2—复二辊式轧机　3—交替二辊式　4—三辊式轧机　5—三辊式钢板轧机　6—万能式轧机　7—四辊式轧机　8—四辊可逆式轧机　9—六辊式轧机　10—十二辊式轧机　11—二十辊式轧机　12—万能式轨梁轧机

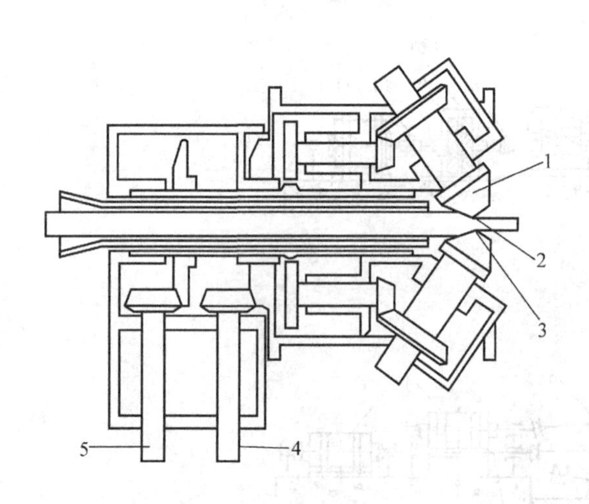

图 5-21　三辊行星斜轧机

1—锥形轧辊，三个辊互成120°布置　2—精轧区　3—减径区　4—主传动　5—叠加传动

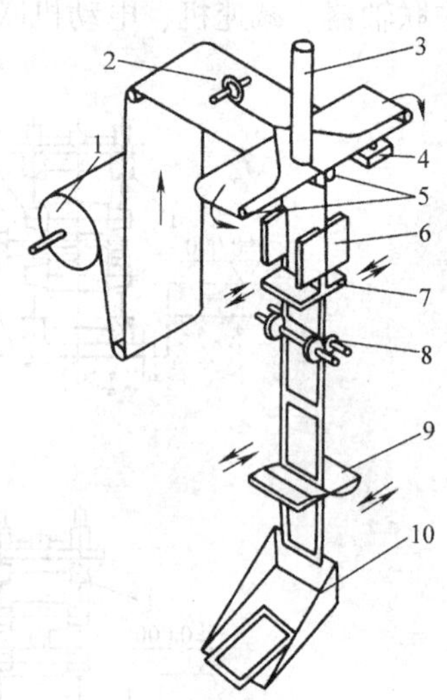

图 5-22　包装散料物料的自动机

1—卷筒　2—圆盘刀　3—圆管　4—光电装置　5—导辊　6—加热器　7—电熨斗　8—辊子　9—剪切装置　10—溜槽

3. 食品机械

在食品加工机械中，机械的总体布局方案多种多样，属于平面水平转子式的机器有：转子式灌瓶机、夹心糖的转子分装自动机等；属于立体直线式的机器有包装散装物料和流体饮料的很多种自动机。

图 5-22 所示为包装散装物料的自动机。在图 5-22 中，从卷筒 1 退下的包装带被圆盘刀沿纵向剖开，切开的两条包装带翻转后分别绕过两对导辊 5，然后又汇合到一起，形成纵

缝，由加热器6焊合。通过圆管3向所形成的软袋内灌注定量的散装物料，由电熨斗7焊合横缝。依靠辊子8牵引软袋，将软袋从卷筒上退下。经四边焊合的装有产品的软袋由剪切装置9剪开，然后落入滑槽10。通过光电装置4调整预先印有图案的软带的运动，从而保证图案在袋上的中心位置。

该自动机的主要执行机构是沿加工对象自上而下的运动路线布置的，占用空间小，工艺流程方向与物料重力方向一致。因此，采用立式布置是合理的。

第七节　机械驱动系统设计

一、选择机构的类型和拟定机构简图

机械设备由一些机构共同协调工作完成功能过程。按所完成的功能不同，可将机构分为执行机构和传动机构两大类。执行机构的作用是根据工作头的功能要求，对运动和力（或力矩）进行变换，实现给定的运动轨迹或运动规律。执行机构与原动机通常具有不同的运动形式、不同的运动速度及不同的动力参数。通常，原动机提供的是高速、连续的旋转运动。为满足执行机构的要求，必须对原动机输出的运动形式和速度进行变换，这就是传动机构的任务。传动机构的组合构成传动链。传动链可能是一条或多条，汇总起来构成设备的传动系统。

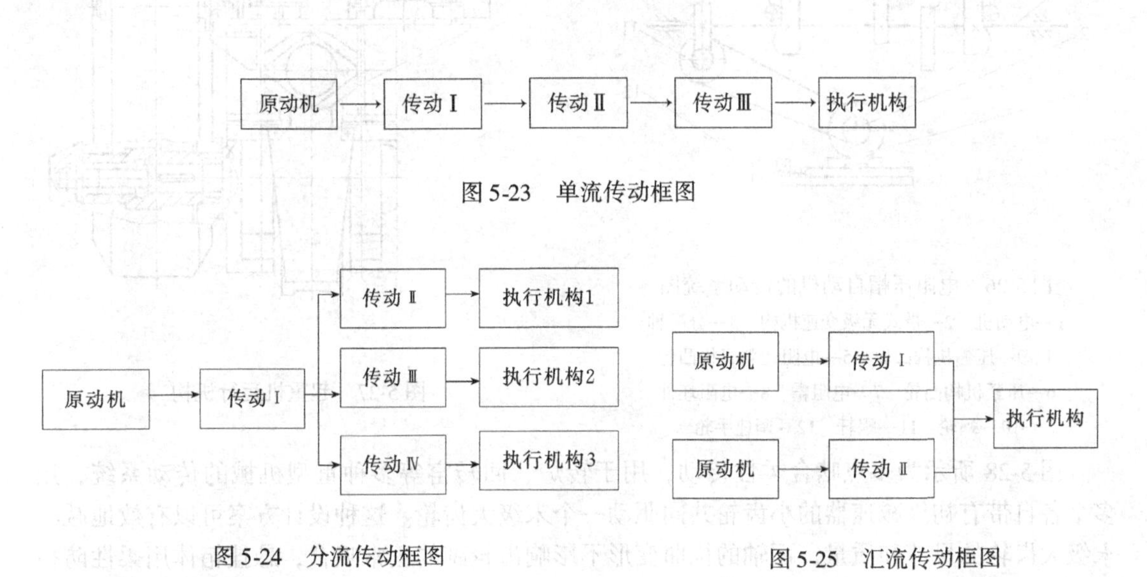

图5-23　单流传动框图

图5-24　分流传动框图

图5-25　汇流传动框图

1. 机械传动系统

它包括定比传动机构、变速机构、运动转换机构和操纵控制机构等几个组成部分。按照所传递的能量流动路线，可将传动系统分为：

（1）单流传动　单流传动是指原动机所输出的能量顺序经过每一级传动件的传动形式，如图5-23所示。这种传动形式的传动级数越多，传动效率就越低。多用于小功率、短传动链的机器。

（2）分流传动　分流传动是指原动机所输出的能量由多个分支传动到各执行机构的传动形式，如图5-24所示。分流传动有利于灵活安排传动路线，提高传动效率，减小传动装置

的尺寸，适合于执行构件较多的机器。

（3）汇流传动　汇流传动是指原动机所输出的能量经多条传动路线的传动后汇聚于执行机构，如图5-24所示。其特点是为低速、重载、大功率的机器配置多台中、小功率的动力源，以减小传动装置尺寸，提高传动效率，使执行机构有效地完成所需的复合运动。为了保证各原动机的同步和均载，需要在系统中设置浮动和柔性的构件。

（4）混流传动　混流传动是指在传动系统中既有分流传动又有汇流传动的传动系统，是由前面三种传动形式组合成的传动系统。

对于轻工机械，多采用一个原动机带动多个执行机构的设计方案，如图5-26所示。而重型机械常采用一个原动机驱动一个执行机构，如单独驱动的起重机运行机构（图5-27），有时甚至采用多个原动机共同驱动一个执行机构的设计方案，如图5-28、图5-29所示。

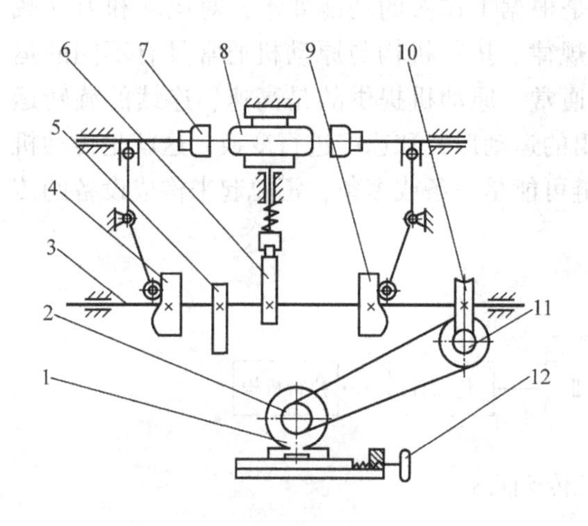

图5-26　电阻压帽自动机的传动系统图

1—电动机　2—带式无级变速机构　3—分配轴　4、9—压帽机构凸轮　5—电阻送料机构凸轮　6—压紧机构凸轮　7—电阻帽　8—电阻坯件　10—蜗轮　11—蜗轩　12—调速手轮

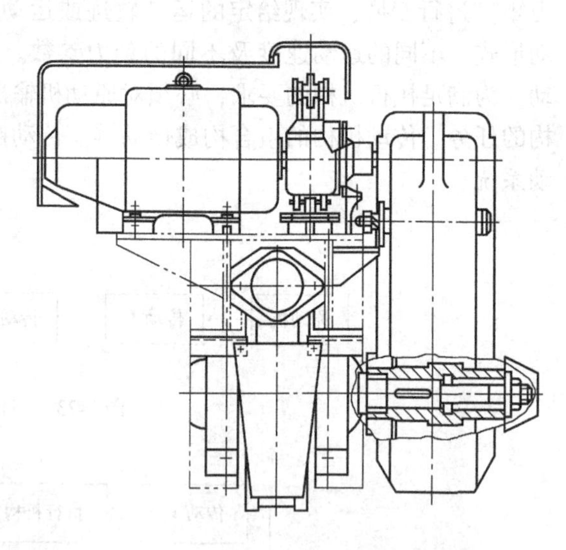

图5-27　起重机运行机构

图5-28所示为多点啮合柔性传动，用于转炉、回转窑等多种重型机械的传动系统，用多个各自带有初级减速器的小齿轮共同驱动一个末级大齿轮。这种设计方案可以有效地减小末级大齿轮的尺寸和质量，而轴的挠曲变形不影响齿轮副的正常啮合，悬挂箱体用柔性防扭装置支撑，使传动平稳，降低动载荷，提高安全性。

2. 机械传动链的类型

设计机械传动系统时，首先需要考虑的是选用什么类型的传动路线（传动链）以保证传递所需的运动。图5-30和图5-31为自动机械原理图，表示了传动链的情况。u_1、u_2 表示“换置器官”，它们代表定传动比或变传动比的传动机构。联系动力源和执行构件（如主轴和分配轴）的传动链称为外联传动链。而复合运动之间的内部联系，如分配轴到各执行构件之间的传动链称为内联传动链。只有复合运动才有内联传动链。无论是简单运动还是复合运动，都必须有一条外联传动链。

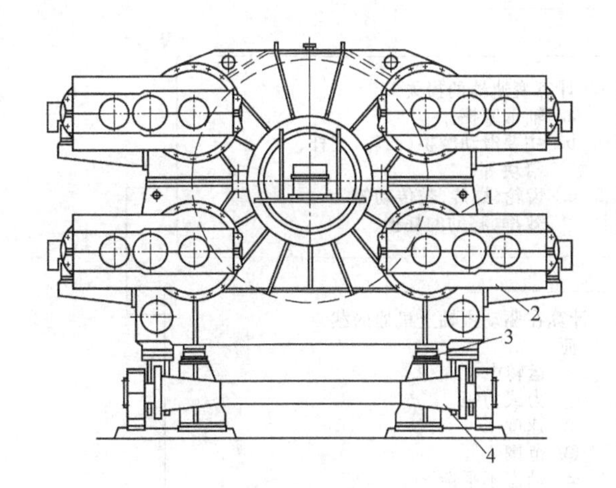

图 5-28　氧气转炉倾动机构

1—悬挂齿轮箱　2—初级减速器

3—紧急制动器　4—防扭装置

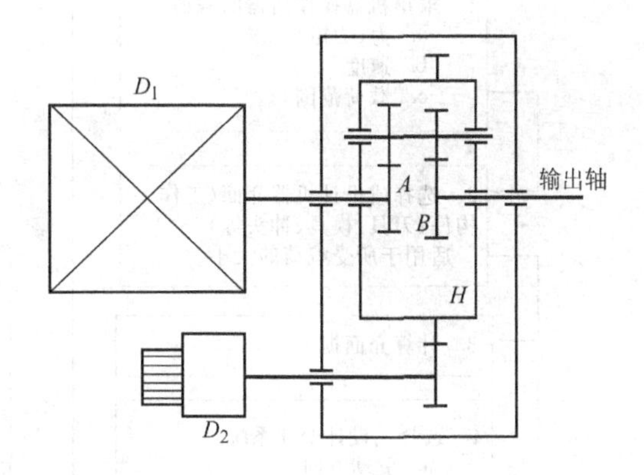

图 5-29　行星差动调速器

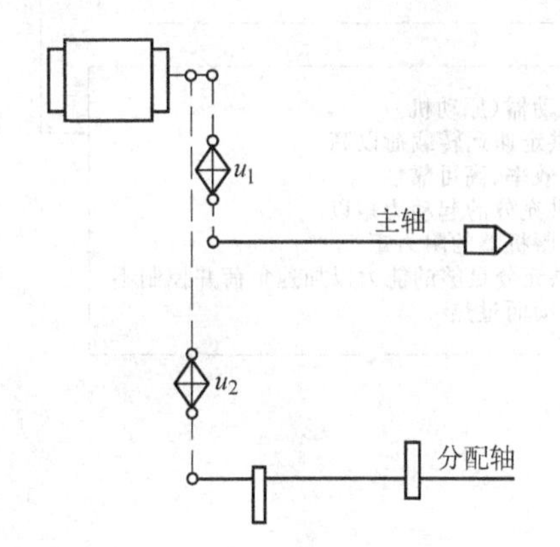

图 5-30　自动机械运动原理图

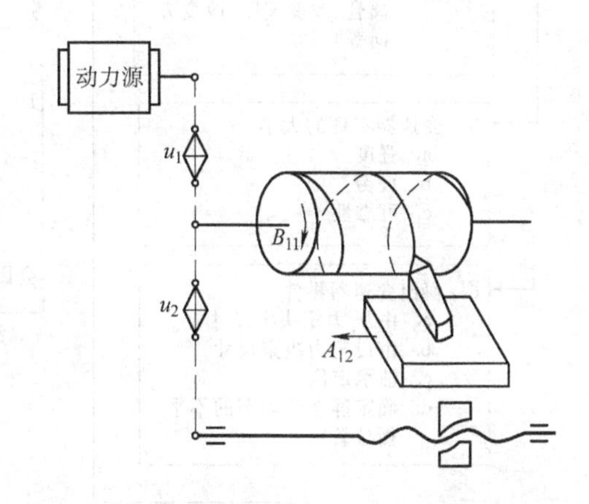

图 5-31　车螺纹的运动原理图

图 5-30 中的 u_1 和 u_2 均为外联传动链。而从分配轴到各执行构件的传动都是内联传动链。图 5-31 中的 u_2 为内联传动链，它决定加工对象的特征，如螺纹导程等。所以内联传动链必须采用传动比准确的传动形式，而不能采用摩擦传动（带传动、摩擦无级变速器等）、液压传动等。外联传动链无此要求，它的传动比误差不会影响所加工产品的质量，因此可以采用传动比不准确的传动形式。设计外联传动链时主要应保证满足运动速度和功率的要求；设计内联传动链时则主要应保证满足精确的传动比要求。

二、机械驱动系统设计步骤

机器的驱动系统是指由原动机、传动机构和执行机构所组成的整个机械系统。图 5-32 所示为机械驱动系统的设计步骤。

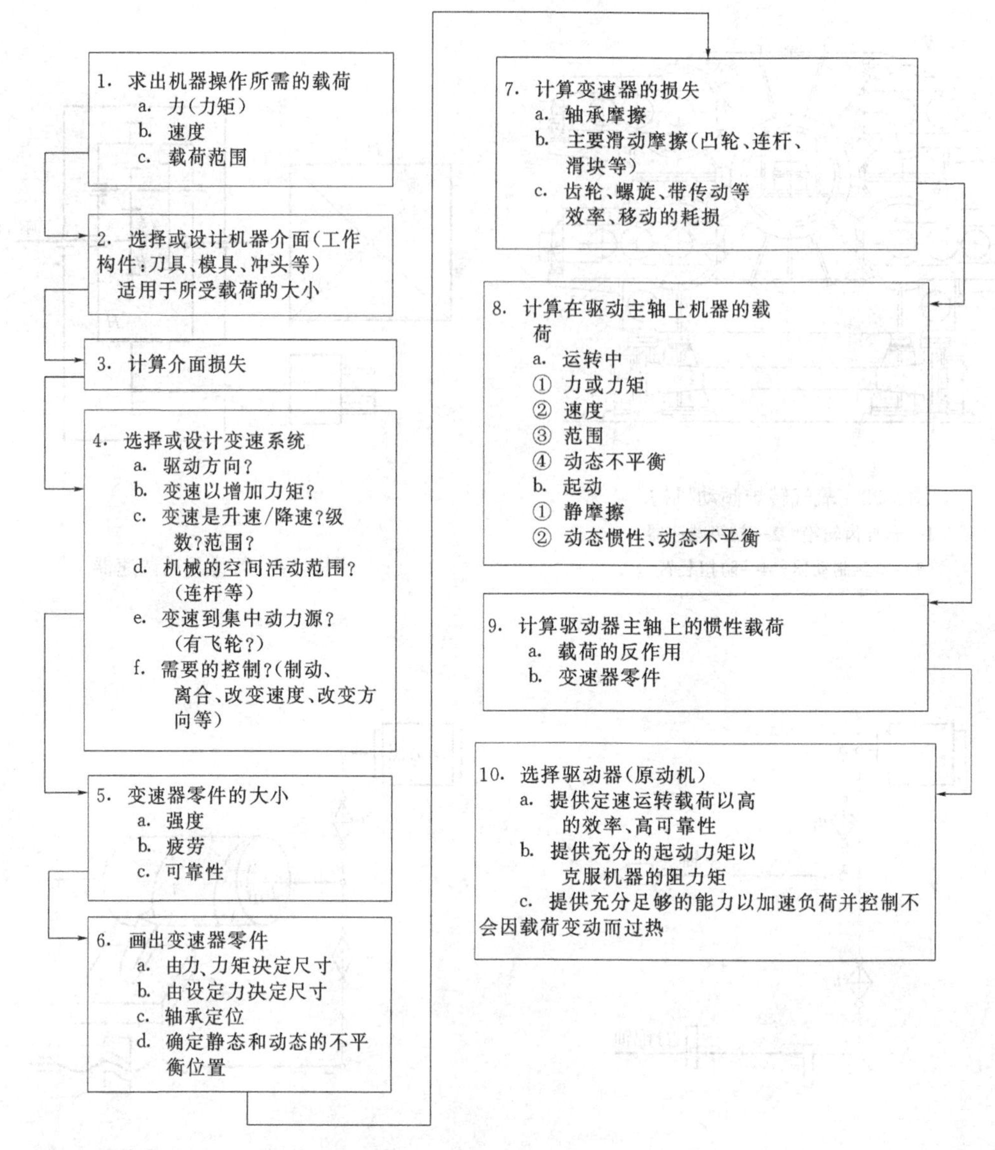

图5-32　驱动系统的设计步骤

第八节　机械总体设计实例

粒状巧克力包装机设计

一、原始资料

1. 产品

加工对象为圆台形柱状巧克力糖（图5-33）。

2. 包装材料

糖用厚度为0.008mm的金色铝箔卷筒纸包装。

3. 对自动机生产能力的要求

根据给定生产定额为每班生产570kg，约合自动机正常生产率为120块/min。采用无级调速自动机的生产率可调范围为 70～130 块/min。

二、包装工艺的确定

对人工包装动作顺序进行加工提高，使之能适合机械动作要求。巧克力糖不能采用料斗式上料机构，要求解决自动上料问题。第一次工艺试验，采用刚性整体锥形模腔，迫使铝箔纸紧贴巧克力糖的圆锥面上，结果发现糖块粘模、破纸等问题。第二次工艺试验时，将刚性锥形模腔改成具有一定弹性的钳糖机械手卡子，组成了比较完善的工艺方案。

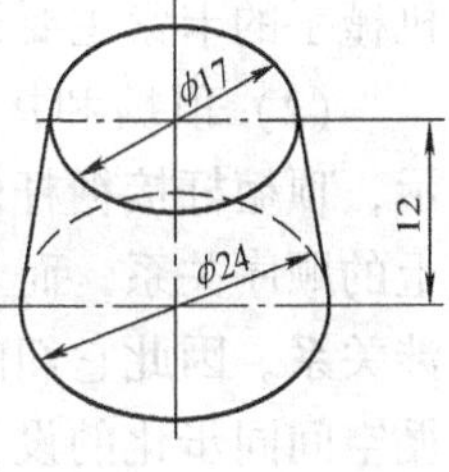

图 5-33　产品形状

三、包装机总体设计

1. 机型选择

从产品数量看，属于大批量生产。因此，选择全自动机型。

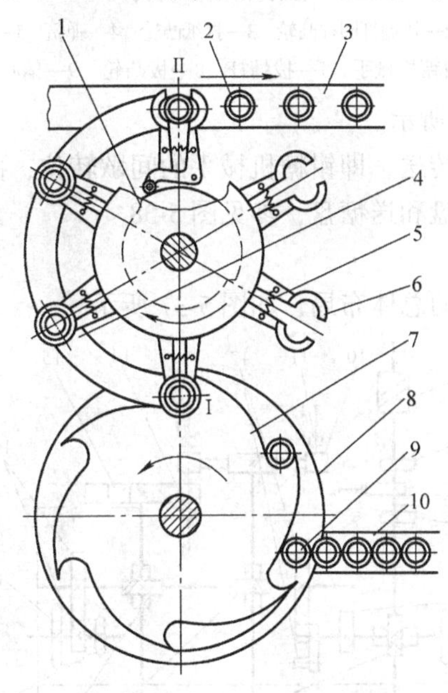

图 5-34　机械手及进出糖机构

1—机械手开合凸轮　2—成品　3—输送带　4—托板　5—弹簧　6—钳糖机械手　7—送糖盘　8—托盘　9—巧克力糖　10—输料带　Ⅰ—进料工位　Ⅱ—出糖工位

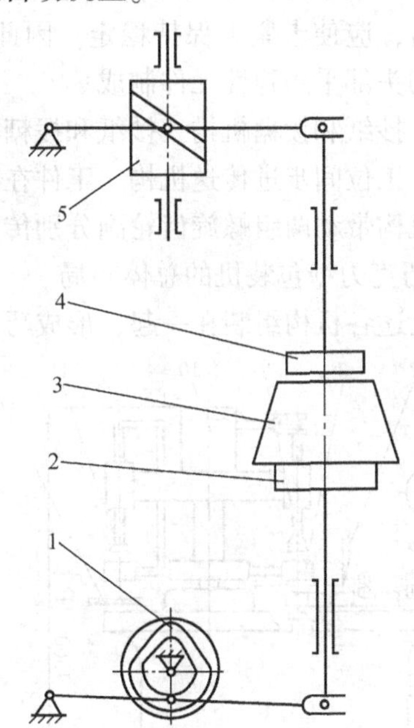

图 5-35　顶糖、接糖机构

1—平面槽凸轮机构　2—顶糖杆　3—糖块　4—接糖杆　5—圆柱凸轮机构

从产品工艺过程看，选择回转式工艺路线多工位自动机型。

根据工艺路线分析，实际需要两个工位，一个是进料、成形、折边工位，另一个是出料工位。自动机采用六槽槽轮机构作工件步进传送。

2. 自动机的执行机构

根据巧克力糖的包装工艺，可确定自动机执行机构为送糖机构、供纸机构、接糖和顶糖机构、抄纸机构、拨糖机构、钳糖机械手和开合机构、转盘步进机构等 7 种。

（1）机械手及进、出糖机构　如图 5-34 所示，送糖盘 7 从输料带 10 上取得糖块，并与钳糖机械手反向同步旋转至进料工位Ⅰ，经顶糖、折边后，产品被机械手送至出糖工位Ⅱ后落下，或由拨糖杆推下。

机械手开闭由机械手开合凸轮1控制，该凸轮的轮廓线是由两个半径不同的圆弧组成，机械手的卡紧主要靠弹簧力。

（2）顶糖和接糖机构　如图5-35所示，顶糖杆接糖杆的运动，不仅具有时间上的顺序关系，而且具有空间上的相互干涉关系。因此它们的运动循环设计必须遵循空间同步化的设计原则，在结构设计时应予以充分重视。

此外，当接糖杆与顶糖杆同步上升时应使糖块上卡紧力不能太大，以免损伤糖伤，同时，应使卡紧力保持稳定。因此在接糖杆的头部采用弹性元件制成。

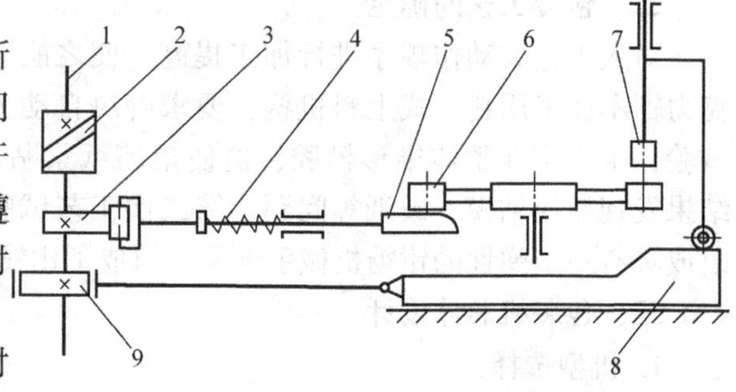

图5-36　抄纸和拨糖机构

1—分配轴　2—接糖杆圆柱凸轮　3—抄纸凸轮　4—弹簧　5—抄纸板　6—钳糖机械手　7—拨糖杆　8—板凸轮　9—偏心轮

（3）抄纸和拨糖机构　抄纸和拨糖机构如图5-36所示。

（4）工位间步进传送机构　工件在工位间的步进传送，即钳糖机械手的间歇转位，由六槽槽轮机构带动两组螺旋齿轮副分别传动机械手的转盘和送糖盘，参见图5-38。

3. 巧克力糖包装机的总体布局

将上述各机构组装在一起，形成巧克力糖包装机的总体布局，如图5-37所示。

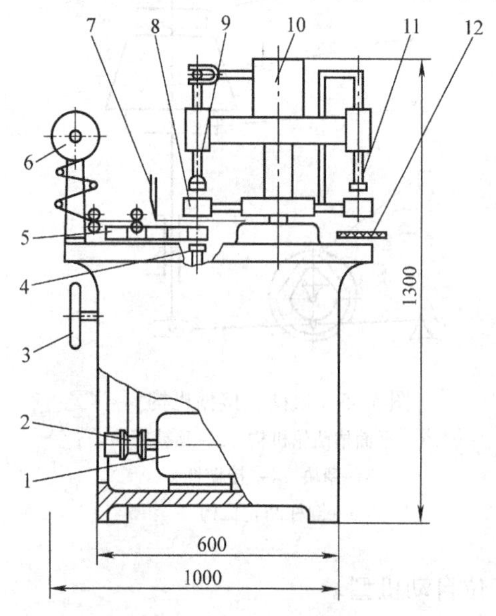

图5-37　巧克力糖包装机总体布局

1—电动机　2—带式无级变速器

3—分配轴手轮　4—顶糖机构

5—送糖盘部件　6—供纸部件

7—剪纸刀　8—机械手转盘

9—接糖机构　10—凸轮箱

11—拨糖机构　12—输送带

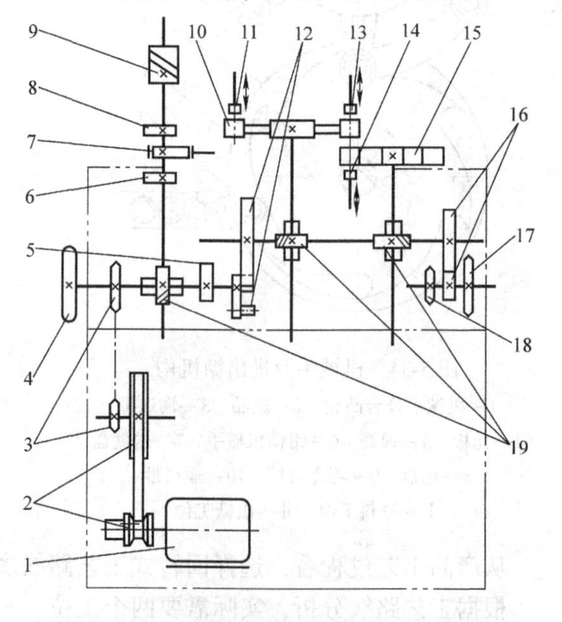

图5-38　巧克力糖包装机的传动系统

1—电动机　2—带式无级变速机构　3—链轮副

4—分配轴手轮　5—顶糖杆凸轮　6—剪纸凸轮

7—拨糖杆凸轮　8—抄纸板凸板　9—接糖杆凸轮

10—钳糖机械手　11—拨糖杆　12—槽轮机构

13—接糖杆　14—顶糖杆　15—送糖盘

16—齿轮副　17—供纸部件链轮

18—输送带链轮　19—螺旋齿轮副

4. 巧克力糖包装机传动系统设计

巧克力糖包装机系专用自动机，宜采用机械传动方式。图 5-38 为该机的传动系统图。

电动机转速为 1440r/min，功率为 0.4kW。分配轴转速为 70 ~130r/min，总减速比 $i_{总}=11\sim20.6$。采用带、链两级减速，其中 $i_{带}=4.4\sim8$，$i_{链}=2.67$。无级变速的锥轮直径 $D_{min}=40mm$，$D_{max}=70mm$。

5. 巧克力糖包装机的工作循环图。

巧克力糖包装机的工作循环图如图 5-39 所示。

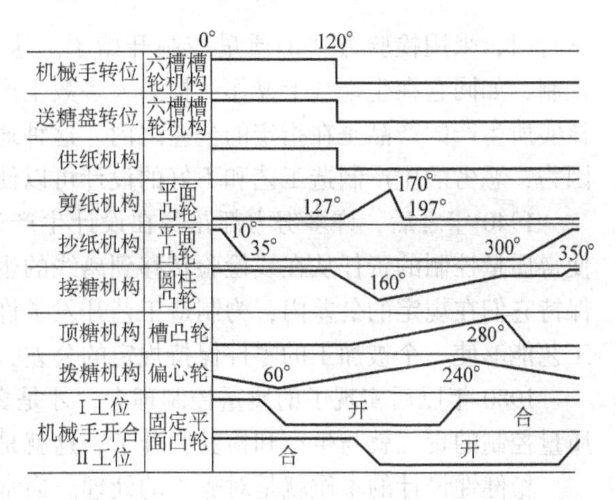

图 5-39 巧克力糖包装机工作循环图

随后的结构设计包括总装配图、部件装配图和零件工作图的设计。

第九节 稳健设计

稳健性设计是研究怎样得到高质量产品的设计技术。

什么是高质量产品？顾客怎么认为？高质量产品的定义是什么？

文献［63］列出了一个关于什么是高质量的顾客调查结果。这个调查结果表明，一个高质量产品，就是大多数基本的质量因素经过长时间使用之后仍保持各自应有的作用（包括易于维护）。这意味着，第一，在正常的工作条件下，对所有的产品不仅要考核它们仍保持实现了的目标，而且也要考核它们在使用中是否有不知不觉的变化，这就是考核所说的产品的使用寿命；第二，产品的动作和外观不应随时间而变；第三，它的操作应该不变，甚至不需要调整，或者不应该有其他随使用时间或不同使用情况而提出的附加要求。把上述所有这些简化为一个说法，作为产品的高质量的定义：

一个产品如果其质量指标保持不变，而且不受制造、使用时间或者环境引起的参数变化的影响，则可以认定为是高质量的。

这个定义是非常重要的。实际上，设计者竭尽全力来控制一些参数，就是为了使它们不对质量指标产生影响。

稳健性设计是研究怎样得到上述这样的高质量产品的设计技术，上面说到的产品受到的干扰因素，称之为噪声。

机械产品的性能与设计时确定的参数值直接相关，通过设计所确定的参数名义值会由于上述各种干扰因素（噪声）的作用而偏离理想值，这些干扰因素（噪声）有三种类型：第一种是制造误差；第二种是环境变化（由载荷作用引起的结构变形，由温度变化引起的变形等）；第三种是使用时间造成的零件磨损、蠕变、疲劳或老化等。上述三类干扰因素包括了所有的噪声。如果通过合理地选择结构参数，使得这些产品满足质量指标并对这些因素不敏感，那么，顾客将认为此系统是一个高质量产品。通过某些设计技术使产品性能对干扰因素的影响不敏感，这样的设计方法称为稳健性设计。

从产品设计和制造的发展历史看，在 1920 年以后，当大量生产的方式在大范围内开始试行时，采用检验方法的质量控制开始了。这个质量控制信念的类型常常被称作“在线”控制，如同它在生产线上操作一样。大多数生产设备设置质量控制检验员，他们的职业是去核实所生产的产品是在指定的公差之内。这种通过检验来提高质量的努力不是非常稳健的，因为，恶劣的生产制造工艺和不好的设计可以使质量检验非常困难。

1940年之后，许多努力都花费在设计生产设备上，以使制造的零件变得更加一致。这使得质量控制的责任从在线检验转移到离线的生产工艺的设计上来了。为了使被加工的零件保持它们在规定的公差内，为制造工艺开发了许多统计学的方法。无论如何，如果一个生产工艺能够使一个被加工的零件保持规定的公差，这就是有一个稳健的、高质量产品的保证。

1980年以后实现了的质量控制理念，才是真正的设计结果。如果稳健性是设计进去的，质量控制的责任就与生产和检验脱开了。这就是稳健性设计的质量控制理念。

稳健性设计的本质就是对噪声的处理。通常，有四种方法来处理这些噪声。首先是保持较紧的制造误差（在通常的费用下）。第二，是加上主动的控制来补偿误差（在通常的复杂程度和费用下）。第三，从产品的使用时间和环境的影响方面加以防护（有时是困难的和不可能的）。第四，是使这个产品对噪声不敏感。一个产品对制造、使用时间以及环境噪声不敏感，可被认为是稳健的，并可被看作是一个高质量的产品。如果稳健性能够实现，那么，这个产品将像设计所想象的那样装配起来，并将成功和可靠地投入使用。因此，稳健性设计的关键的哲学思想是：

以容易制造的公差为基础决定参数的值，并且不采取对使用时间和环境有影响的防护，达到产品的最好的性能。术语“最好的性能”的含意是满足工程需求的目标并且产品对噪声不敏感。反之，如果通过调节参数才能够实现噪声的不敏感性，那么公差必须是紧的或者产品必须对使用时间和环境的影响进行防护。

以这样的哲学思想，质量是能够设计到产品中去的。

具有稳健性的产品设计可以允许较大的制造误差，可以在较恶劣的环境下工作，可以允许温度、压力、载荷在较大的范围内变化，可以具有较长的使用寿命，所以稳健性设计有助于降低产品的成本，提高产品的性能，延长使用寿命。

例如，施乐公司1981年的生产线，回修率是每一千个中有30个，在装配时每33个就有一个不能正常装配。这个配合方面的错误，也许是在检验中发现的，也许是装配人员发现不能装配或在机器从部件组装成产品时才发现。1995年，施乐公司采用稳健性设计的哲学思想，生产线的回修率减小到了百万分之30。

稳健性设计方法是由日本学者田口（Genichi Taguchi）博士首先提出的，所以这种方法也称为田口方法。

传统的机械设计过程中将基本参数和公差分别考虑。首先根据功能要求确定基本参数，然后再根据精度和工艺要求确定公差。

稳健性设计方法则要求在确定基本参数时除了要考虑参数对功能的影响以外，同时还应对干扰因素进行敏感程度分析，使得性能受误差等干扰因素的作用最小。

例如在对圆柱形油箱进行参数设计时，如果选择较大直径，容积对直径误差的敏感程度就会降低，对长度误差的敏感程度会提高；反之，如果选择较小的直径和较大的长度，则容积对直径误差的敏感程度会提高，对长度误差的敏感程度会降低。通过合理地确定直径与长度的组合，可以获得容积对直径和长度的综合误差的敏感程度最低。

设油箱直径为 D，长度为 L，则容积 V 为

$$V=\frac{\pi D^2 L}{4}$$

设直径误差为 ΔD，长度误差为 ΔL，则容积误差 ΔV 为

$$\Delta V=\frac{\partial V}{\partial D}\Delta D+\frac{\partial V}{\partial L}\Delta L$$

$$\frac{\partial V}{\partial D}=\frac{\pi DL}{2}$$

$$\frac{\partial V}{\partial L}=\frac{\pi D^2}{4}$$

$$\Delta V=\frac{\partial V}{\partial D}\Delta D+\frac{\partial V}{\partial L}\Delta L=\frac{\pi DL}{2}\Delta D+\frac{\pi D^2}{4}\Delta L$$

如果希望在最极端的情况下（直径误差和长度误差同方向且达到最大）使容积误差最小，假设直径公差与长度公差值相同并等于 δ，则有

$$\frac{\partial \Delta V}{\partial D}=\frac{\partial}{\partial D}\left(\frac{\pi DL\delta}{2}+\frac{\pi D^2\delta}{4}\right)=\frac{\partial}{\partial D}\left(\frac{2V\delta}{D}+\frac{\pi D^2\delta}{4}\right)=-\frac{2V\delta}{D^2}+\frac{\pi D\delta}{2}=0$$

解得

$$D=\sqrt[3]{\frac{4V}{\pi}}\qquad L=\sqrt[3]{\frac{4V}{\pi}}$$

如果对于所设计的对象无法得到完整的数学模型，则无法使用分析的方法确定最佳参数组合。这种情况下可以采用实验的方法。

确定实验方案之前首先应列举可能对设计性能产生关键性影响的独立设计参数及重要的干扰因素，然后根据测试要求设定实验方案。

所确定的实验方案应使被测试的关键参数可以独立改变或调整，被测试的干扰因素可以被独立控制，性能参数可以被精确地测量，测量误差与关键参数的影响和被控制的干扰因素的影响相比很小。可以通过对每组实验多次重复的方法降低测量误差的影响。

例如某个实验需要测试 n 个关键参数，每一个参数测试两个位级，m 个干扰因素，每一个干扰因素测试两个位级，对每组实验重复 k 次，则共需要做的实验次数为

$$2^n\times 2^m\times k$$

如果参数和位级数量增加，会使实验次数变得很多，这种情况下可以采用正交实验方法。

第十节 公理设计

设计是在“我们要达到什么”和“我们要如何达到它”之间的映射，这个过程从明确的“我们要达到什么”开始，到一个清楚的“我们要如何达到它”的描述结束。

在过去，设计主要是依靠设计人员的经验和聪明才智，通过反复尝试迭代的方法完成的。

公理设计理论试图通过为设计提供基于逻辑的和理性思维过程的及工具的理论基础来改进设计，使设计更加成为一个科学的思维过程，而不是完全艺术的思维过程。

公理设计理论认为，设计过程由四个域构成，它们分别是用户域、功能域、物理域、过

程域。用户域是对用户需求的描述（也称为需求域）。在功能域中，用户需求用功能需求和约束来表达。为了实现需求的功能，在物理域中形成设计参数。最后通过在过程域中由过程变量所描述的过程制造出具有给定设计参数的产品。

公理设计理论由一组公理和通过公理推导或证明的一系列的定理和推理组成。公理设计理论的基本假设是存在控制设计过程的基本公理。基本公理通过对优秀设计的共有要素和设计中产生重大改进的技术措施的考证所确认。

公理设计理论确认两条基本公理：

公理1：独立公理。即表征设计目标的功能需求必须始终保持独立。

公理2：信息公理。在满足独立公理的设计中，具有最小信息量的设计是最好的设计。

所谓独立公理，是指功能需求为设计所必须满足的独立需求的最小集合。独立公理要求当有两个或更多的功能需求时，设计结果必须能够满足功能要求中的每一项，而不影响其他项。

对于有三项功能需求和三个设计参数的设计，其设计功能需求向量［FR］与设计参数向量［DP］之间的关系可以表示为

$$[FR] = [A][DP]$$

其中［A］为设计矩阵，即

$$[A] = \begin{bmatrix} a_{11} & a_{12} & a_{13} \\ a_{21} & a_{22} & a_{23} \\ a_{31} & a_{32} & a_{33} \end{bmatrix}$$

写成微分形式为

$$[\mathrm{d}FR] = [A][\mathrm{d}DP]$$

设计矩阵的元素为

$$a_{ij} = \frac{\partial FR_i}{\partial DP_j}$$

如果 a_{ij} 为常数，则设计为线性设计；如果 a_{ij} 是 DP_i 的函数，则设计为非线性设计。设计矩阵有两种特殊情况：如果设计矩阵除对角线元素 a_{ii} 以外的所有 $a_{ij}=0$（$i \neq j$）

$$[A] = \begin{bmatrix} a_{11} & 0 & 0 \\ 0 & a_{22} & 0 \\ 0 & 0 & a_{33} \end{bmatrix}$$

则设计矩阵为对角形矩阵。如果设计矩阵所有 $a_{ij}=0$（$i<j$）

$$[A] = \begin{bmatrix} a_{11} & 0 & 0 \\ a_{21} & a_{22} & 0 \\ a_{31} & a_{32} & a_{33} \end{bmatrix}$$

则设计矩阵为三角形矩阵。

如果设计矩阵为对角形矩阵，每一项功能可以被一个参数所满足，这种设计称为无耦合设计；如果设计矩阵为三角形矩阵，可以按照一个适当的序列来确定设计参数，使功能需求与设计参数之间独立，这种设计为解耦设计；其他形式的设计矩阵不能保证功能要求的独立性，称为耦合设计。对角形和三角形设计矩阵是可以满足独立性要求的设计矩阵。

当设计参数的数目少于功能要求的数目时只能产生耦合设计；当设计参数的数目大于功能要求的数目时称为冗余设计。冗余设计可能满足，也可能违背独立公理。

所谓信息公理，是指使信息量为最小的设计。

在满足独立公理的设计中，具有最小信息量的设计是最好的设计。公理设计理论将设计信息量定义为功能被满足的概率，即

$$I_i = \log_2 \frac{1}{P_i} = -\log_2 P_i$$

整个设计的信息量为

$$I_{sys} = -\log_2 P_{\{m\}}$$

其中 $P_{\{m\}}$ 为各项功能均被满足的概率。如果设计的各项功能需求是独立的，则

$$P_{\{m\}} = \prod_{i=1}^{m} P_i$$

整个设计的信息量为

$$I_{sys} = \sum_{i=1}^{m} I_i = -\sum_{i=1}^{m} \log_2 P_i$$

如果设计的各项功能需求不独立，则

$$I_{sys} = -\sum_{i=1}^{m} \log_2 P_{i(j)}$$

其中 $P_{i(j)}$ 为在功能项 FR_j $(j<i)$ 被满足的条件下功能项 FR_i 被满足的条件概率。根据信息公理，具有最高成功概率的设计是最好的设计。

如果一项设计要求的公差小、精度高，则某些零件不符合设计要求的可能性会增大。设计信息量是设计复杂程度的度量，越是复杂的系统，信息量越大，实现的难度也越大。

成功概率是由设计所确定的能够满足功能要求的设计范围和规定范围内生产能力的交集。

设计所确定的目标值与系统概率密度曲线均值之间的距离称为偏差。为得到可以接受的设计，应设法减小以至消除偏差。对于单一功能的设计，可以通过修改设计参数来消除偏差。对于具有多项功能需求的设计，如果设计是耦合的，为消除某项偏差而修改任何一个设计参数的同时，都会引起其他偏差项的改变，使系统无法控制。如果设计是无耦合设计，与各项功能相关的参数可以独立改变。如果设计是解耦设计，所有的偏差可以按三角形矩阵的序列加以消除。

要减小信息量还应该减小系统概率密度的方差。方差是由于一系列的变化因素引起的，这些变化因素如噪声、耦合、环境变化等。

如果一项功能与设计参数之间的关系为

$$FR_i = (a_{ii})DP_i$$

DP_i 的设计公差为确定 FR_i 的设计范围提供了依据，具体范围的大小与系数 a_{ii} 有关。a_{ii} 越小，则可以接受的设计参数的公差就越大，系统实现的可能性就越大，系统的信息量就越小。

公理设计理论是美国麻省理工学院机械工程系的 Nam P. Snh 等学者自 20 世纪 90 年代初以来，在对设计理论进行深入研究的基础上提出的一种新的设计理论体系。

习 题

5-1 图5-40所示为曲柄连杆上切式剪切机简图。曲柄轴偏心距 $R=100\text{mm}$，曲柄轴直径 $d_A=290\text{mm}$，连杆与刀台连接的销轴直径 $d_B=100\text{mm}$，曲柄轴颈直径 $d_0=440\text{mm}$，连杆长度 $L=900\text{mm}$。刀片最大行程 $s=200\text{mm}$，刀片重叠量 $\delta_0=10\text{mm}$，今剪切150mm×150mm的方坯，剪切的最低温度为750℃，方坯钢为20钢，试求传动曲柄轴所需的静力矩 M_j。

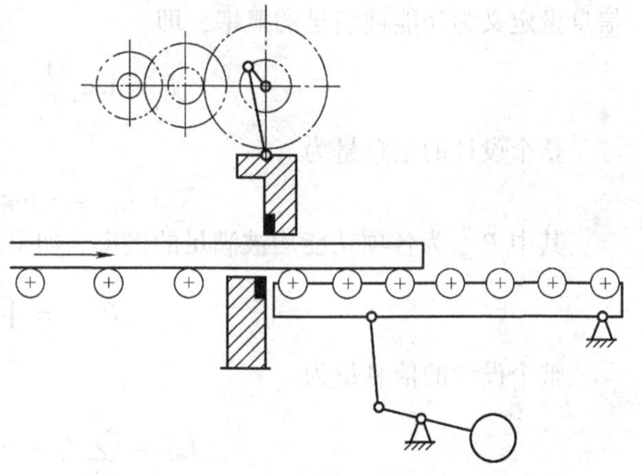

图5-40 上切式平行刀片剪切机简图

5-2 已知条件：被夹持物件为铝活塞，外裹一层塑料薄膜，单件重 $G=10\text{N}$。机械手的手部传动机构采用斜楔杠杆式，当手指卡紧物体时杠杆与楔面的中心线平行（图5-41）。夹钳用铝合金制做，它与薄膜的摩擦因数 $\mu=0.5$。臂部的伸缩行程 $s_b=200\text{mm}$，回转半径 $R_b=500\text{mm}$，转角 $\phi_b=64°$，与柱塞液压缸齿条啮合的齿轮分度圆半径 $r=50\text{mm}$。动作循环及时间分配参照图5-42确定，试设计计算铝活塞自动包装线上作回摆与伸缩复合运动的液压机械手的各主要参数。

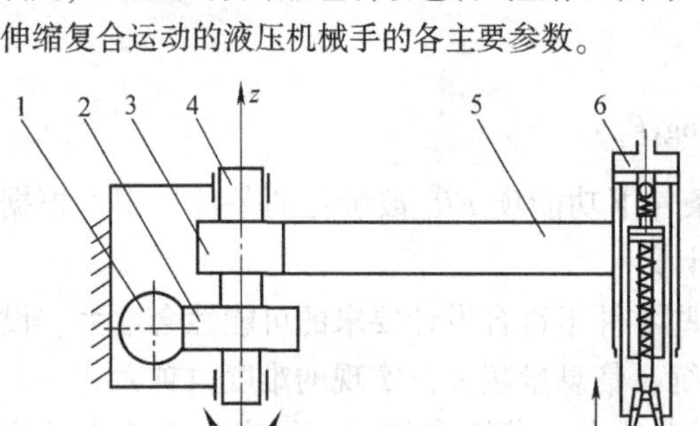

图5-41 液压机械手转臂示意图

1—齿轮式柱塞液压缸 2—齿轮 3—轴套 4—轴轴 5—悬臂 6—套筒式复合液压缸

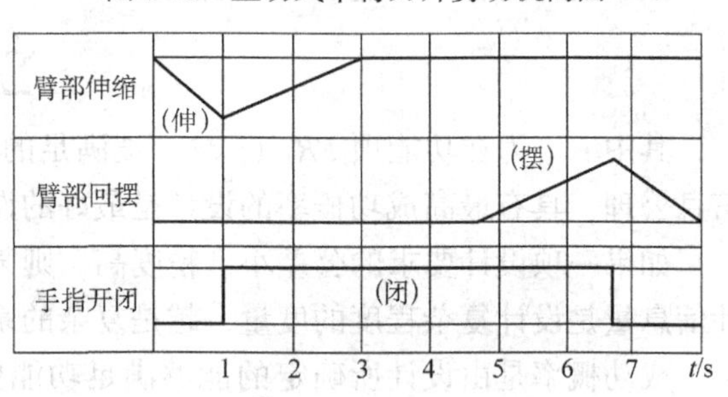

图5-42 机械手的动作循环及时间分配

第六章

机械结构设计

机械结构设计的任务是在原理方案设计与总体设计的基础上，确定机械装置的具体结构与参数。机械结构设计需要确定结构的组成及其装配关系，确定所有零件的材料、热处理方式、形状、尺寸及精度，所确定的结构不但要保证功能实现的可能性，而且要保证功能实现的可靠性，使得机械装置在工作中具有足够的工作能力和必要的工作性能。

结构设计是机械设计过程中内容最具体、涉及问题最多、工作量最大的工作环节。

机械设计问题具有多解性，通常有数量众多的结构方案可以满足同样的功能要求。本章分析在结构设计中应遵从的原则、原理与方法，遵从这些原则、原理与方法有助于优化设计方案。

第一节　零件的功能、相关与结构要素

零件是构成机械装置的基本单元，机械装置的功能通过零件之间相互作用而实现。

一、零件的功能

正确、全面地认识零件的功能是正确进行零件结构设计的前提。机械零件在机械结构中的基本功能是：承担载荷，传递运动和动力，以保证机械装置实现正确的运动规律和运动轨迹。

1. 传递运动和动力

机械装置的执行机构以确定的运动规律或运动轨迹实现给定的功能。原动机的运动特性通常与执行机构的要求不匹配，需要传动机构将原动机提供的运动和动力进行变换，包括对运动的轨迹、规律、频率等特征的变换。

图 6-1 所示为牛头刨床的传动原理。电动机产生的高速连续回转运动需要通过传动系统变换成低速直线往复运动，要求往复运动具有急回特性，并要求在直线运动的起始阶段和终止阶段速度较低，中间阶段速度较高，同时将电动机产生的较低的转矩变换为作用于刨刀的

较大的切削力。

传动系统首先通过带传动和齿轮传动（图中未表示）将高速转动变换成低速转动，再通过摆动导杆机构将连续旋转运动变换成具有急回特性的直线往复运动。在完成运动变换的同时完成动力的传递。

2. 承受载荷

机械装置在工作中受到多种力的作用，这些力都要由零件承受。这些力包括机械装置工作所需的力，零件所受的重力，由于速度波动使零件受到的惯性力，由于做旋转运动使零件受到的离心力，直接接触的零件之间的摩擦力，在介质中运动的零件受到介质的作用力(液压力、风阻力)，对连接结构施加的预紧力（螺纹联接、过盈联接)，由于温度变化而产生的附加载荷等。

如图6-2所示减速器结构中，齿轮传动所受到的力通过轴传递给轴承，其中的径向力和切向力通过轴承传递给箱体，轴向力经轴承传递给端盖，再经端盖传递给箱体。

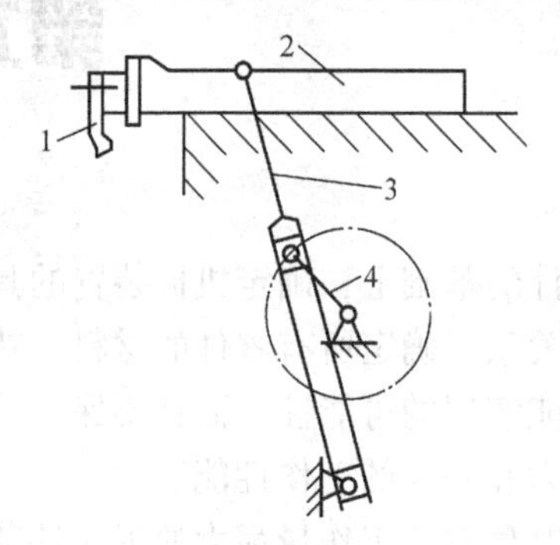

图6-1 牛头刨床传动原理

1—刨刀 2—滑枕 3—摆杆

4—曲柄

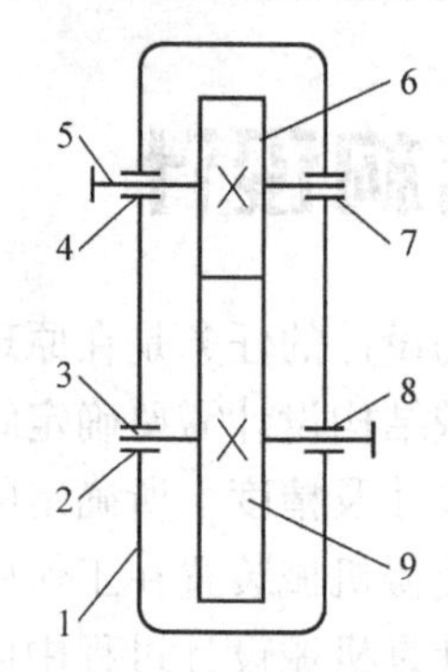

图6-2 减速器简图

1—箱体 2—轴承C 3—轴Ⅱ 4—轴承A 5—轴Ⅰ

6—齿轮Ⅰ 7—轴承B 8—轴承D 9—齿轮Ⅱ

承受载荷是使零件发生失效的重要原因。正确分析结构的受力是进行结构的工作能力设计的基础。

3. 成形

在工艺过程中，通过工作头的形状、运动方式和作用场，完成对对象物的成形。如切削机床上的刀具，冲压机床上的模具，锻压机床的锻锤，耕地用的犁等，都是起成形作用的工作头。

4. 其他功能

起容器作用的零件（如油箱）可以容纳物体（原料、燃料、废弃物等)，起引导作用的结构可以引导其他零件的运动（如导轨、螺旋等)，可以引导流体或松散物体的流动，可以引导场的分布，如使光波或声波发生反射或折射，影响电场或磁场的分布，引导热量的流动等。

二、零件的相关

在机械装置中，每一个零件都不是独立存在的，机械装置的功能是依靠零部件的形状、尺寸和相对位置关系实现的。在机械装置中，必须使零部件之间保持确定的关系，才能保证其功能的实现，才能使零件组成机器。这种零件之间的确定性的关系称为零件之间的相关。

有些零件之间的相对位置关系是通过零件表面之间的直接接触实现的。如轴与装配在轴上的齿轮，通过轴径圆柱表面确定它们之间的径向相对位置关系，通过轴肩端面确定它们之间的轴向相对位置关系；相互啮合的一对齿轮通过齿面间的接触确定两轮之间的相对转角关系（传动比）。这种通过零件表面直接接触实现的相关关系称为直接相关关系。

有些零件之间的某些关系需要通过其他零件之间的一系列的直接相关关系的组合来实现。如轴与装配在轴上的齿轮之间的周向位置关系是通过各自与键的接触间接实现的，两轴线之间的平行关系是通过轴与轴承之间、轴承与箱体之间的直接相关关系间接实现的。这类相关关系称为间接相关关系。

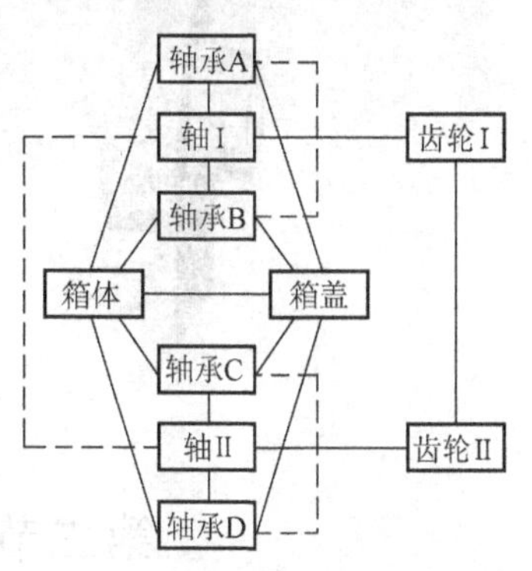

图 6-3　零件相关图

图 6-3 表示减速器中主要零件之间的相关关系，实线连接表示两个零件之间的直接相关关系，虚线连接表示两个零件之间的间接相关关系。

三、零件的结构要素

零件的形体通常由多个表面构成，这些构成零件形体的表面称为零件的结构要素。

一个零件与其他零件形成直接相关关系的结构要素，或与工作介质相接触的结构要素称为工作要素（或工作表面），其他结构要素称为连接要素（或连接表面）。

每一个零件都有工作表面。零件的工作表面决定着零件的工作能力和工作质量，所以零件工作表面的设计是零件设计的核心问题。每个零件的工作表面都不是孤立存在的，每个工作表面和与之相接触的表面相互配合，共同起作用，所以零件的工作表面都是成对进行设计的，设计中共同考虑材料的选择搭配，表面的形状、尺寸，配合公差的分配，热处理方式的选择等。例如螺栓和螺母的螺纹工作表面共同设计，滑动轴承与轴的轴颈表面共同设计，主动齿轮和被动齿轮的齿廓表面共同设计。

鉴于工作表面对零件工作能力影响的重要性，因而常用零件工作表面的设计计算方法有相应的标准（有些属于国家标准），这些标准所规定的算法严格、统一、规范。

连接表面将各个工作表面连接成为完整形体，并保证零件的工作表面的形状、尺寸和位置在工作中不被破坏。连接表面的设计方法较为灵活，没有统一的过程和标准，也不要求有统一的解答，因此零件的连接表面设计是设计人员最能发挥创造性思维的重要方面。

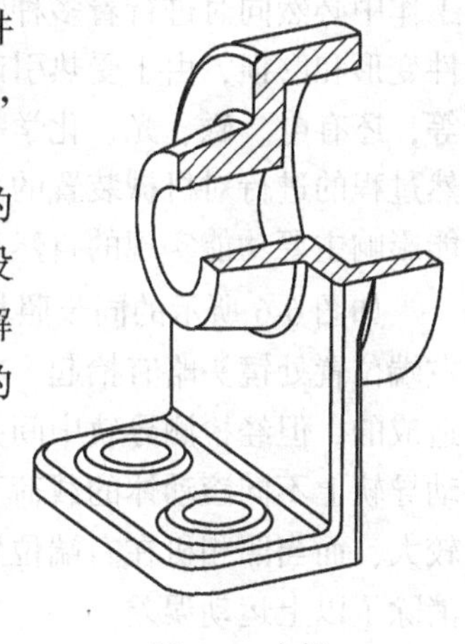
图 6-4　支架

连接表面设计方法虽较灵活，但也应遵守以下的原则：

1）不影响工作表面的功能。

2）不影响零件运动。

3）不影响操作。

在不违背以上原则的前提下，还应尽可能兼顾零件的强度、刚度、寿命、工艺性、经济性、美观等要素。

在如图6-4所示的支架零件中，与轴颈表面接触的孔表面、与箱体接触的底面和与螺母端面接触的凸台上表面为工作表面，其余表面均为连接表面，在不违背连接表面设计原则的前提下，通过改变连接表面的尺寸、位置及连接关系，可将零件结构分别设计成如图6-5所示的多种结构。

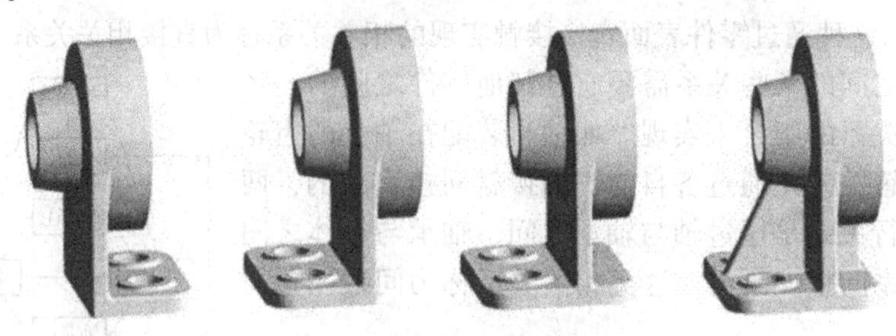

图6-5　支架连接表面设计

第二节　结构设计的基本原则与原理

结构设计的多解性是结构设计区别于其他问题求解过程的重要特征之一。由于结构设计问题的可行解空间很大，这使得结构设计人员的工作有很大的自由度。在结构设计中遵守如下原则有利于作出优秀的机构设计方案。

一、结构设计的基本原则

1. 明确

(1) 功能明确　功能明确原则要求对于设计任务规定实现的每一项功能都必须对应于某些具体的结构要素，同时每一项结构要素要对应于某一项（或多项）功能要求。这项原则保证所有的功能要求都能够实现，同时不存在多余的结构要素。

(2) 原理明确　在功能原理设计中需要通过某种（或某些）物理过程实现给定的功能要求。实际使用的机械装置在工作中必然同时进行着多种物理过程，例如由于受力引起零部件变形和磨损，由于受热引起的零部件形状、尺寸、位置变化等，还有电、磁、光、化学等过程，设计中应充分考虑这些自然过程的进行对机械装置的工作过程以及对环境的影响；对可能影响主要功能实现的自然现象要采取必要的应对措施。

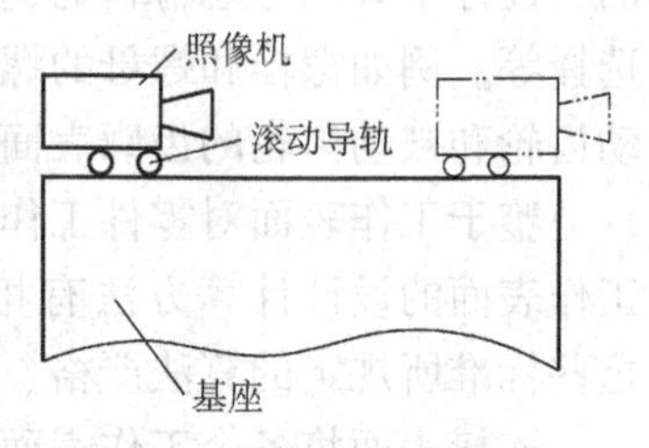

图6-6　同步照相机工作简图

如图6-6所示的同步照相机装置通过滚动导轨引导在基座上运动，调试中发现照相机在左端位置处镜头略有抬起，在右端位置处镜头略有下沉，调试人员认为是由于导轨中间凸起造成的。但经检测导轨中间并无凸起。经分析后确认，造成以上现象的原因是由于作用在滚动导轨上不同滚动体的载荷不均匀引起的，当照相机在左端位置时，导轨左端的滚动体受力较大，而当照相机在右端位置时，导轨右端的滚动体受力较大。经改进滚动导轨结构设计，消除了以上运动误差。

(3) 工作状态明确　在结构设计中，零件的材料选择及工作能力分析均根据对结构的工作状态分析进行。设计中应避免出现可能造成某些要素的工作状态不明确的结构。

如图6-7所示的轴系结构中，轴系工作中会因发热使轴伸长，轴承端盖与滚动轴承外圈应不接触，否则端盖可能参与轴向力的传递，使工作状态不明确。如图 6-8 所示的装配式蜗轮结构中，轮毂外圈与轮缘内孔各有两个圆柱面，如果这两个圆柱面均形成配合关系，由于这两个配合面都可能有尺寸、形状、位置误差，使得工作状态不明确。

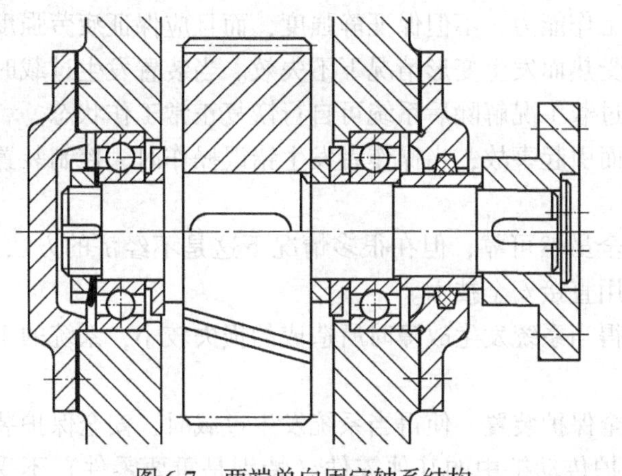
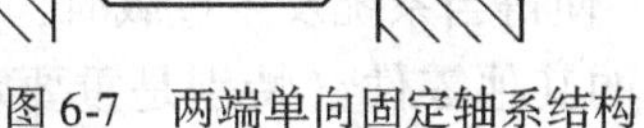

图 6-7　两端单向固定轴系结构

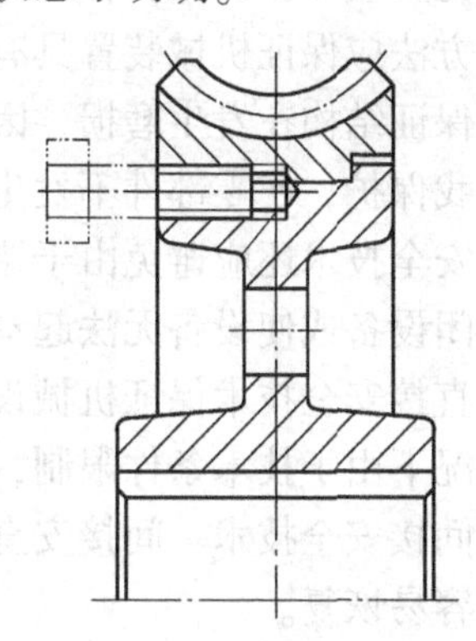

图 6-8　蜗轮结构

2. 简单

在结构设计中，在同样可以完成功能要求的条件下，应优先选用结构较简单的方案。结构简单体现为结构中包含的零部件数量较少，专用零部件数量较少，零部件的种类较少，零件的形状简单，被加工面数量较少，所需加工工序较少，结构的装配关系较简单。

结构简单通常有利于加工和装配，有利于缩短制造周期，有利于降低制造与运行成本；简单的结构还有利于提高装置的可靠性，有利于提高工作精度。

在完成同样功能的结构方案中，通常认为越简单的结构方案越好。

如图 6-9 所示的半联轴器，将结构从图 6-9a 所示改为图 6-9b 所示，减少了结构要素的数量，减少了加工工作量和难度。

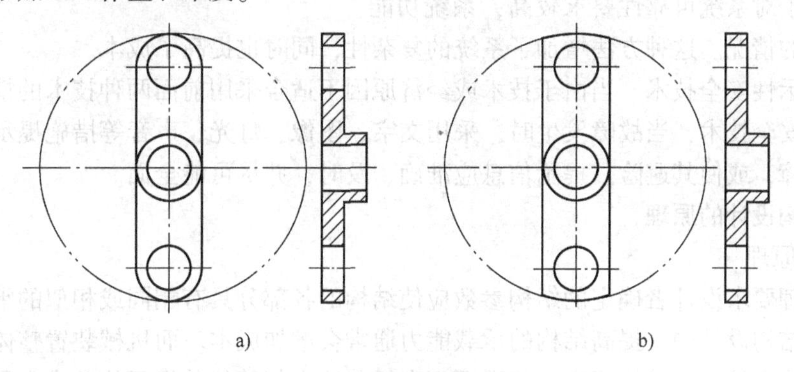

图 6-9　减少加工表面数量的结构设计

3. 安全可靠

要求机械装置的工作安全可靠包括 3 个方面的内容：

1）设计要求的功能要可靠地实现。

2）在工作中，特别是在出现故障的情况下，保证操作机器的人员的安全。

3）在工作中，特别是在出现故障的情况下，保证机器设备本身及相关设备的安全。

在设计中，实现安全可靠通常采用以下 3 类方法：

(1) 直接安全技术　通过设计，保证装置在工作中不出现危险，满足安全性要求的设计技术，称为直接安全技术，称为固有安全性。

这种方法应保证机械装置具有足够的工作能力，不但保证静强度，而且应保证疲劳强度和寿命，保证结构在发生磨损、因受力及受热而发生变形情况下不失效。当装置发生过载时应实现自我保护，使零部件不发生损坏，过载工况解除后系统可自行恢复正常工作状态。

直接安全技术还应避免由于错误操作而引起事故，当操作者发生错误操作时，控制装置能自动关闭设备或使设备无法起动。

应用直接安全技术保证机械设备的安全虽然可靠，但在很多情况下这是不经济的方法，在有些情况下由于技术条件限制，无法应用直接安全技术。

(2) 间接安全技术　间接安全技术使得当系统发生故障时所造成的损失较小，系统的工作状态较容易恢复。

间接安全技术可以在传动链中设置安全保护装置，使得当系统发生过载时，安全保护装置中的某些结构损坏，使传动链中断，保护传动链中的其他零件（特别是重要零件）不受损坏。使得零件损坏造成的影响范围尽量小。

如图 6-10 所示的剪切销安全离合器就是对传动链起保护作用的安全装置。设计中使销的承载能力小于系统中其他零件的承载能力，发生过载时销被剪断，使传动链中断。通过更换销可恢复传动链工作。

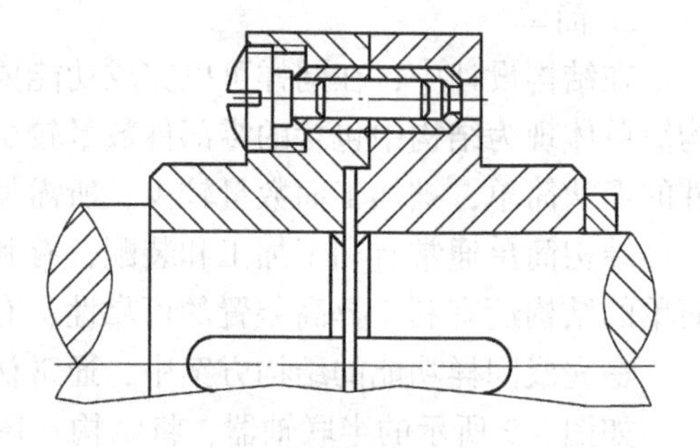

图 6-10　剪切销安全离合器

间接安全技术也可以在装置中设置冗余工作系统，使得当某些零件因损坏不能完成预定功能时冗余工作系统投入工作，代替原系统功能。这种方法适用于对系统可靠性要求较高，系统功能不允许中断的情况。这种方法增加了系统的复杂性，同时也提高了成本。

(3) 提示性安全技术　当由于技术或经济原因不适合采用前面两种技术的情况下，可以采用提示性安全技术，当故障发生时，采用文字、图像、灯光、声音等措施提示使用者，或使其排除故障，或使其避险。提示信息应准确、及时，并尽可能全面。

二、结构设计的原理

1. 等强原理

等强原理要求设计者确定的结构参数应使结构的各部分具有相同或相似的承载能力。

在机械结构设计中，提高结构的承载能力通常会增加成本。而机械装置整体的承载能力取决于承载能力最低的结构要素。等强原理在承载能力相等的前提下使总成本最低。

根据等强原理，当结构中某个结构要素的承载能力低于其他结构要素时，通过提高这个薄弱的结构要素的承载能力以提高整个结构的承载能力是最经济的方法。

等强原理的实质是通过最小成本实现给定功能，使用时应注意以下几点：

1）如果在某些结构中追求等强会增大成本，则应放弃等强原理。例如在滚动轴承轴系结构设计中，同一轴系两端的两个轴承通常受力不同，如果要求其工作寿命或承载能力相同，就需要选用不同型号的轴承，这虽然可以降低轴承成本，但是会增大加工轴承孔的工艺成本，所以应放弃等强原理。

2）不同结构要素的工作原理不同，承载能力的差别很大，使工作原理不同的结构要素的承载能力相同可能会使结构比例不协调。例如自行车的车架和轴承、轮胎的承载能力相差较大，这种情况下通常采用多次更换易损零件的方法解决，将承载能力较低的结构零件设计成较易更换的结构。

3）为保护重要零部件，设计中使某个零部件的承载能力较低，通过牺牲廉价易更换零件的方法保护重要零部件。

4）有些结构参数有标准系列值，在按照等强原理进行设计后应按标准系列圆整参数。

2. 变形协调原理

连接结构的功能要求被连接件之间要保持接触，如果被连接件在预紧力及工作载荷作用下的变形方向不一致，变形规律不一致，会使被连接件之间发生相对位移。在连接表面上需要产生附加变形以补偿相对位移，使被连接件保持接触。附加位移使载荷在接触面间的分布不均匀。

在连接结构设计中，应使被连接件的变形方向和变形规律相一致，使相对位移量较小，以减小附加变形，使载荷在接触面间均匀分布。

螺栓联接预紧后，外螺纹受拉伸长，螺距加大，内螺纹受压缩短，螺距减小。螺距的变化使螺纹牙产生附加弯曲变形，造成预紧力在螺纹牙之间分布不均匀。图 6-11 所示为当螺纹工作圈数为 10 圈时的载荷分布情况。由于第一圈螺纹承担总载荷的三分之一，使总体承载能力降低。图 6-12a 所示为悬置螺母，使内外螺纹在工作中均受拉伸，变形方向相同；图 6-12b 所示为环槽螺母，使原受力最大的几圈螺纹的内外螺纹变形方向相同。这些措施有利于改善载荷分布不均的工作情况，提高结构的总体承载能力。

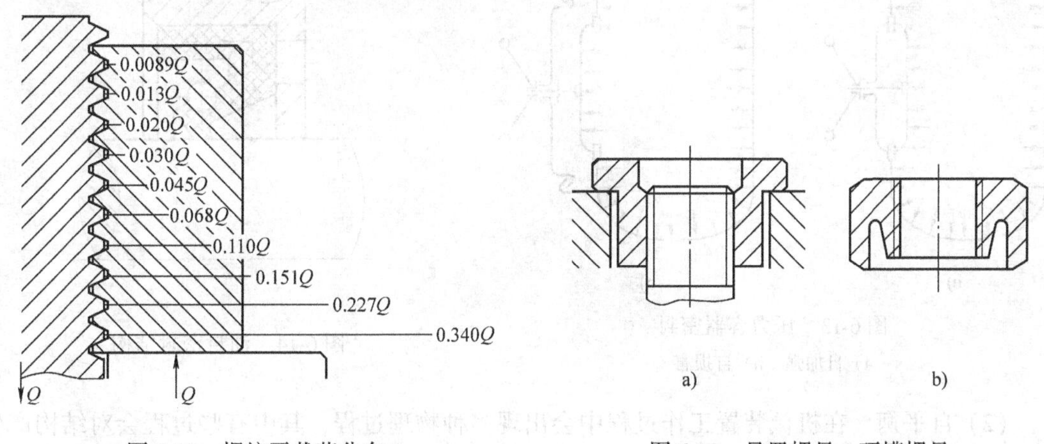

图 6-11 螺纹牙载荷分布

图 6-12 悬置螺母，环槽螺母

3. 任务分配原理

机械结构的功能依靠所有的零部件及其结构要素协调工作来实现。机械功能在零部件间的分配关系通常有以下 3 种可能：

1）多个零件共同完成一个功能。

2）一个零件完成一个功能。

3）一个零件完成多个功能。

设计中要根据功能要求合理确定功能分配方法。一个零件完成多个功能有利于简化结构，降低成本。但是多种功能通常对零件提出不同的技术要求，有些要求很难在同一个零件上实现，这种情况下就需要对功能进行分解。一个零件完成一个功能的分配方法有利于分析和优化设计。对于有些复杂的功能，要求由多个零件协作完成通常是必要的。

例如V带传动要求传动带材料具有摩擦因数大、抗拉、耐磨、易弯、价廉的特点，使用单一材料很难同时满足这些要求，现在普遍采用的传动带是通过强力纤维、橡胶和帆布的组合构成的。

蜗杆传动设计中要求蜗轮齿廓表面材料具有较好的抗胶合性，同时要求轮毂材料具有较高的强度，传递动力的蜗轮通常采用装配结构，轮缘采用青铜合金，轮毂采用钢或铸铁。

采用同一种材料制造的零件，可以对零件的不同部位实施不同方式的热处理，使其具有不同的力学性能。

4. 自助原理

在结构设计中，通过正确地选择结构形式及零件之间的连接关系，可以使零件及其结构要素之间形成互相支持的关系。

（1）自加强　装置在初始状态下具备某种功能，在工作状态下这种功能会有改变，如果在工作状态下有用的功能得到强化则称为自加强。

如图6-13所示压力容器，如采用图6-13a所示结构，工作压力有利于加强端口密封功能；如采用图6-13b所示结构，工作压力对密封功能有损害作用。

图6-14所示油封结构在正确安装条件下，油封两侧工作介质的压力差有利于增强油封的密封效果。

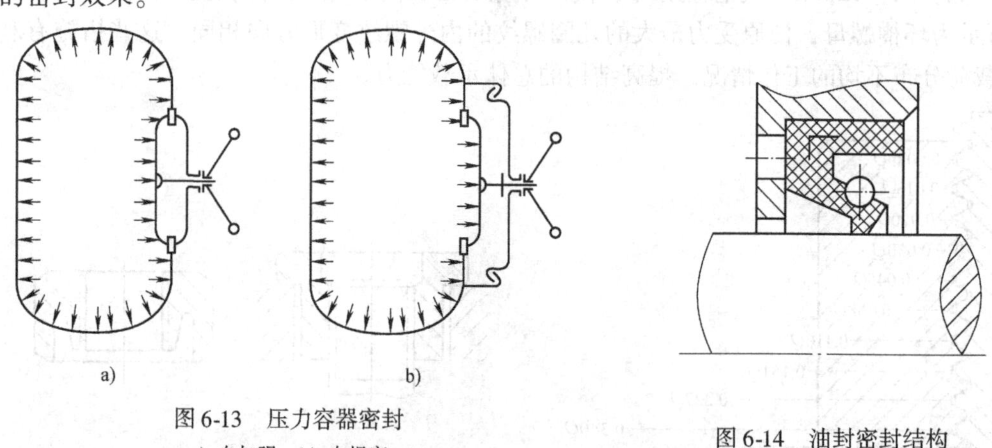

图6-13　压力容器密封

a）自加强　b）自损害

图6-14　油封密封结构

（2）自平衡　在机械装置工作过程中会出现多种物理过程，其中有些过程会对结构产生不利的影响，通过设计选择结构形式，可以使一些不利因素相互抵消。

机械装置在传递工作载荷的同时需要承担一些不做功的力，由于这些力的作用，使得机械装置传递有用工作载荷的能力降低。在结构设计中，应尽力降低这些不做功的力的作用程度，缩小其作用范围。

如图6-7所示斜齿圆柱齿轮轴系结构，齿轮传动产生的轴向力经齿轮传递给轴，再经多个轴上零件和滚动轴承传递到箱体，这些零件都要承受轴向力的作用；轴向力的作用会影响滚动轴承承受径向载荷的能力。在如图6-15所示的双斜齿轮轴系结构中，由于两个斜齿轮的旋向相反，所产生的轴向力互相抵消，滚动轴承和轴上零件均不受轴向力的作用，齿轮传动产生的轴向力作用范围减小，使滚动轴承的工作寿命提高。

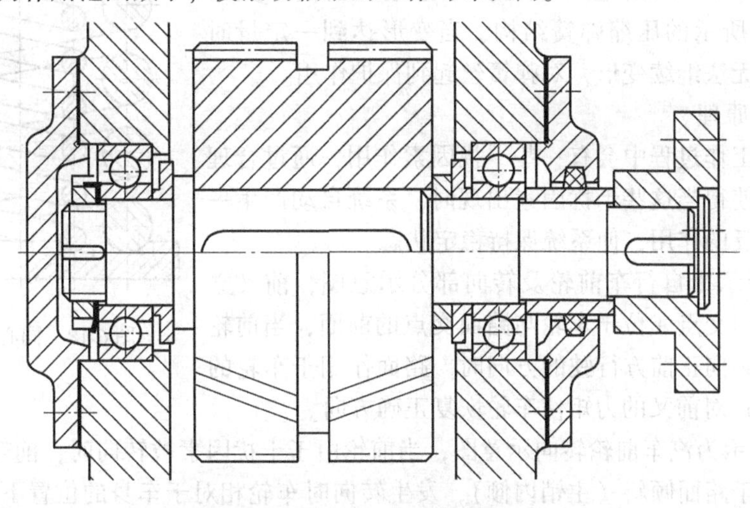

图 6-15　双斜齿轮轴系结构

图 6-16 所示为叶片泵中的叶片受力情况分析。在图 6-16a 所示结构中，介质作用力会对叶片根部产生较大的弯曲应力；在图 6-16b 所示结构中，将叶片向一侧倾斜，使得叶片在高速旋转中的离心力对叶片根部产生的弯矩与介质作用力产生弯矩方向相反，有抵消作用。

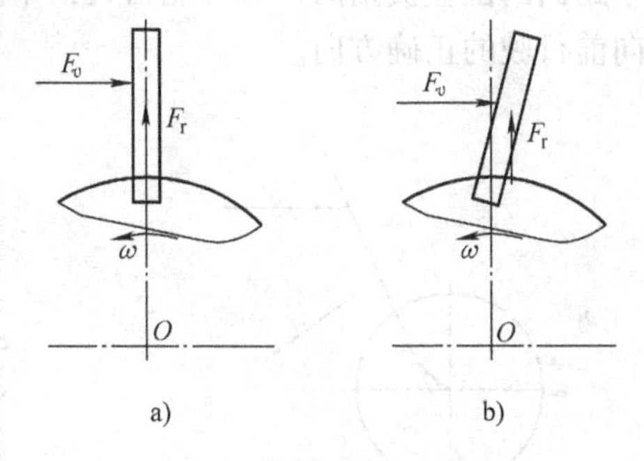

图 6-16　叶片受力分析

（3）自保护　当结构出现过载或其他意外情况时可能造成零件损坏。有些结构要素具有防止过载或其他意外情况发生的作用，可以保护自身及其他零件免受损坏。

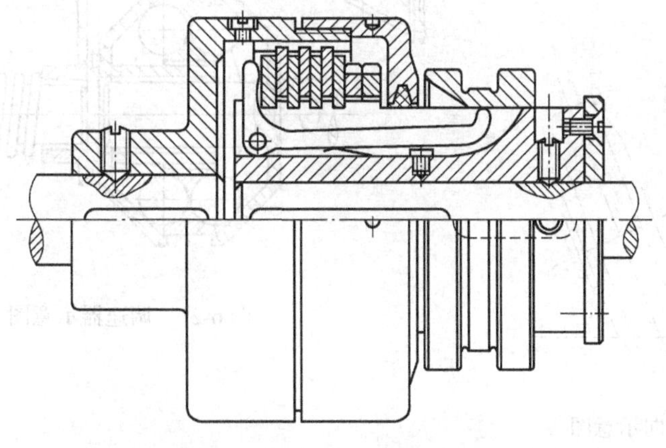

图 6-17　多片式摩擦离合器

各种摩擦传动（如带传动、摩擦离合器、摩擦无级变速器等）均具有过载打滑的特性。如图 6-17 所示摩擦离合器结构，当传递载荷达到最大载荷时，在内、外摩擦片之间发生打滑，使传动链中断，不但不会造成离合器零件的损坏，而且保护传动链中的其他传动零件不因过载而损坏；当过载情况消除后，传动链自动恢复。

弹簧工作应力与变形量正比，变形量过大会使弹簧失效。如图6-18所示的压缩弹簧结构，当变形达到一定量时弹簧被压并，无法继续变形，对弹簧丝起到保护作用。

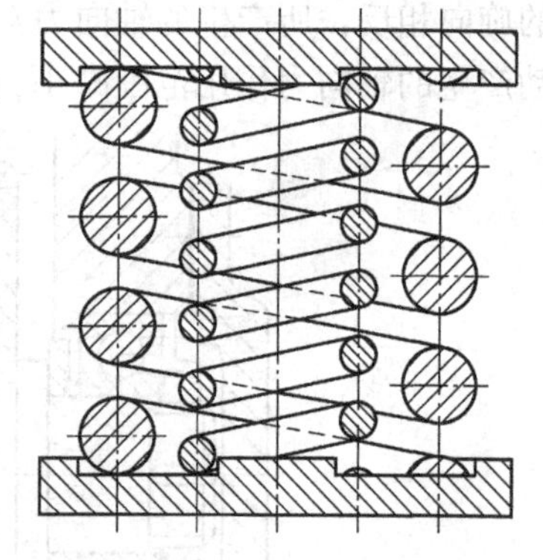
图6-18　同心压缩弹簧

5. 稳定性原理

机械装置工作过程中会有一些干扰因素作用，通过合理的结构设计会使得当这些干扰因素出现时，系统自动产生一种与之作用相反的作用，使系统保持稳定状态。

图6-19所示为自行车前轮及转向部分示意图，前叉立管延长线与路面交点A位于车轮与路面交点的前面，当前轮因干扰因素偏离向正前方行驶的方向时，路面作用于车轮的向心力（B点）对前叉的力矩使车轮恢复正确方向。

图6-20所示为汽车前轮转向示意图，当前轮由于干扰因素被转向时，前轮绕主销转动，由于主销相对于路面倾斜（主销内倾），发生转向时车轮相对于车身的位置下降，车身相对于路面的位置被抬高，总势能增大，车身有恢复较低势能状态的趋势，这种作用使前轮恢复向前行驶的正确方向。

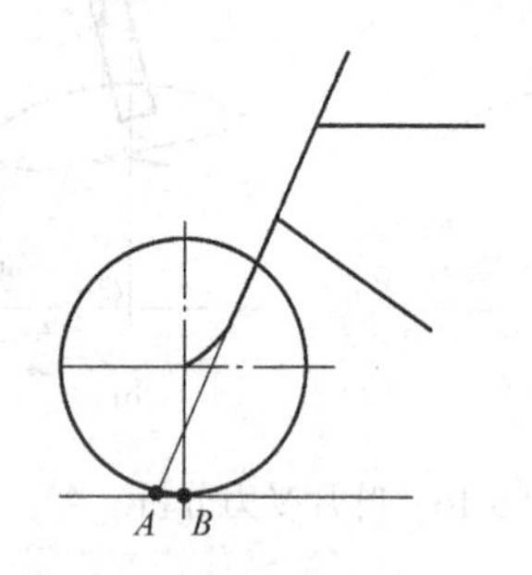

图6-19　自行车转向示意图

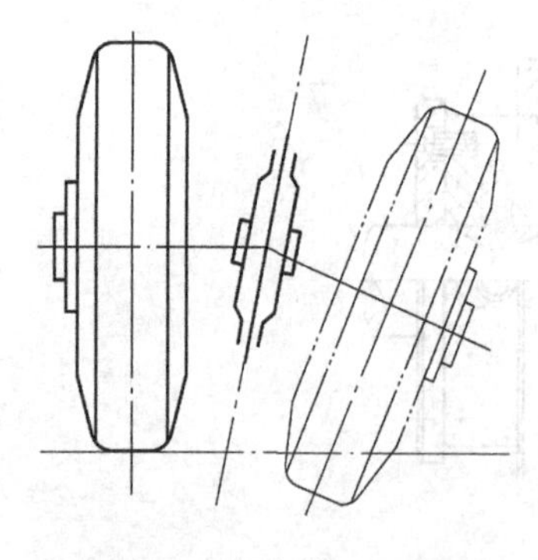
图6-20　汽车转向示意图

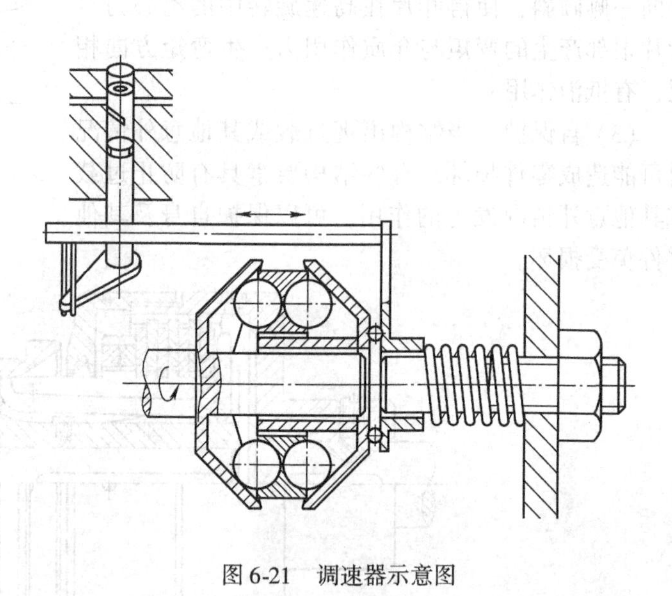
图6-21　调速器示意图

图6-21所示为用于柴油发动机的调速器示意图，当发动机工作中由于干扰因素使发动机工作转速升高时，飞球因离心力增大被甩开，推动推力盘及供油拉杆向右移动，使喷油泵柱塞转动，供油量减小，发动机恢复正常转速。

第三节　结构设计中的强度与刚度问题

机械零部件的基本功能之一是承担载荷。在载荷的作用下零部件可能会因损坏或发生较大变形而影响机械装置主要功能的实现。具有足够的强度和刚度是机械功能对零部件的基本要求。在通常情况下，增大零部件的尺寸和增大材料体积可以提高其强度和刚度。但是这种方法会同时增大装置的体积，提高成本。本节讨论以较小的零部件尺寸和材料体积获得较高强度与刚度的设计方法。

一、提高静强度的设计方法

1. 采用合理的截面形状

由于加工工艺的原因，轴类零件多采用实心圆柱形截面。对于承受弯矩或转矩的轴类零件，由于材料分布距离轴心线较近，对承担载荷的贡献较小。如果采用空心轴结构，使较多的材料远离轴心线，使得轴上因弯矩引起的正应力和由于转矩引起的切应力的分布更合理，同样的载荷所引起的最大应力降低，承载能力提高。空心轴的截面惯性矩和极惯性矩都比实心轴明显增大，所以空心轴的刚度较大。

表 6-1　不同直径轴的比较

序号	轴 的 结 构	D	m	W	W/m	I	f	h
1		1	1	1	1	1	1	1
2		1.5	1.5	3	2	4.5	0.22	8
3		2	2	6.5	3.25	13	0.08	27
4		2.3	2.2	9	4	20	0.05	70

表6-1所示为四种不同的齿轮轴结构，其中齿轮结构相同，轴的跨距及支承情况相同，轴两端均采用深沟球轴承支承，轴的直径不同，表中列出轴的直径（D）、质量（m）、轴的强度（W）、强度比（W/m）、刚度（I）、挠度（f）以及滚动轴承寿命（h）之间的关系。由表中数据可见，由于采用了空心轴结构，使得轴的强度和刚度显著提高，其中4号方案与1号方案相比，轴的外径增大到2.3倍，质量增加到2.2倍，而轴的强度和刚度分别增大到9倍和20倍。

表6-2列出了8种截面积相等而截面形状不同的受弯矩梁的强度及刚度的比较值。由表中数值可见，在截面积相同的情况下，分布在远离中性轴位置的材料越多，梁的强度和刚度都显著提高。所以，在材料体积相同的条件下，通过合理地选择截面形状，可以获得较大的承载能力。

表6-2　不同截面形状梁的比较（截面积相同）

截面形状 / 强度及刚度	 实心圆	 正方形	 矩形	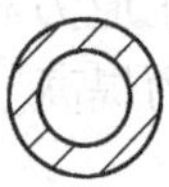 圆环	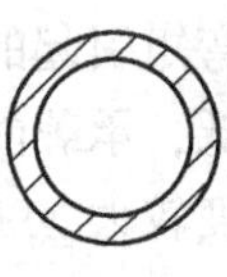 薄壁圆环	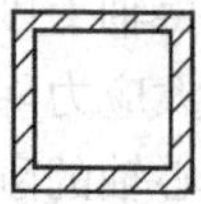 方形管	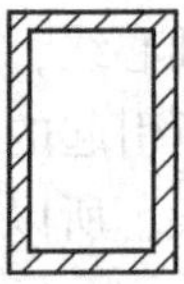 矩形管	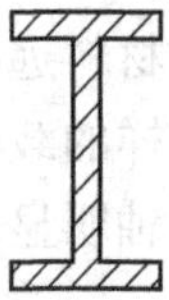 工字形
W	1	1.16	1.6	1.73	2.73	3.2	4.6	5.2
I	1	1.06	1.9	2.3	4.5	4.6	9.5	11

2. 载荷分流

对于承受较大载荷或复杂载荷的零件，可以通过将部分载荷分流到其他零件或其他结构的方法降低关键零件的危险程度。

图6-22所示为机床主轴变速箱输入轴与带轮连接的两种结构设计方案。图6-22a所示将带轮与输入轴直接连接，将压轴力和转矩直接作用于轴，使轴同时受到弯曲应力和扭转切应力的作用，交变的弯曲应力成为影响轴强度的主要因素，从而影响结构整体的承载能力。图6-22b所示将压轴力通过滚动轴承作用于套筒，套筒具有较大的抗弯截面系数，作用在套筒上的弯曲应力为静应力，轴只承受由转矩产生的扭转切应力作用，结构整体的承载能力得到提高。

3. 载荷均布

机械结构中载荷的空间分布通常是不均匀的，结构设计必须使结构中载荷最大的位置、强度最弱的位置满足强度条件，按强度最弱处的强度确定整个结构的承载能力。通过合理的结构设计，使载荷的空间分布更均匀，降低最危险处的载荷水平，可以有效地提高结构整体的承载能力。

如图6-23a所示的两级圆柱齿轮减速器中的齿轮相对于轴承非对称布置，由于轴的弯曲变形，使得轮齿上的载荷沿齿长方向分布不均。图6-23b所示的结构中将受载荷较大的低速级齿轮相对于轴承对称布置，可以消除由于轴弯曲变形造成轮齿上的载荷沿齿长方向分布不均的现象。

在图6-23a所示的方案中，各轴不但会发生弯曲变形，而且会发生扭转变形，特别是输入级的小齿轮，受到轴的扭转变形的影响，也会引起轮齿上的载荷沿齿长方向分布不均。如果将小齿轮放置在靠近输入端的位置，由于轴的弯曲变形和扭转变形引起的轮齿上载荷沿齿

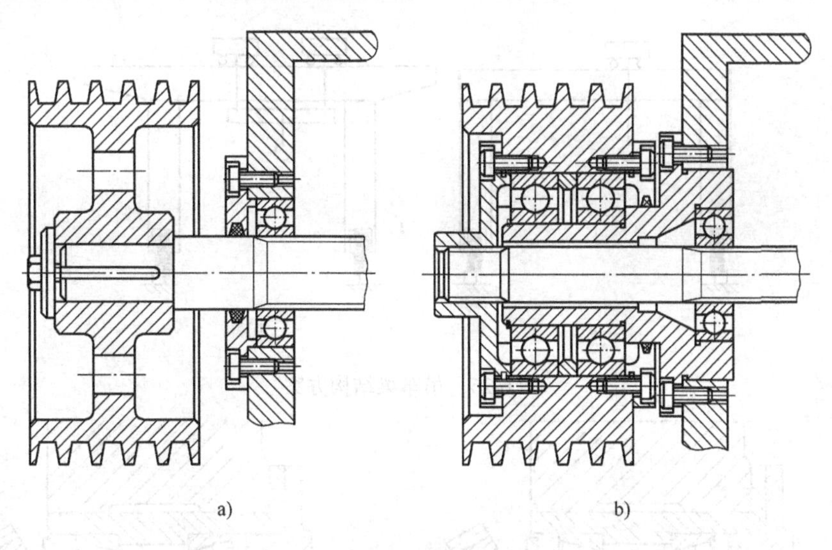

图 6-22　带轮轴端卸载结构

长方向分布不均的作用会互相叠加。如果将小齿轮放置在远离输入端的位置，两种作用会互相（部分）抵消，有利于提高承载能力。

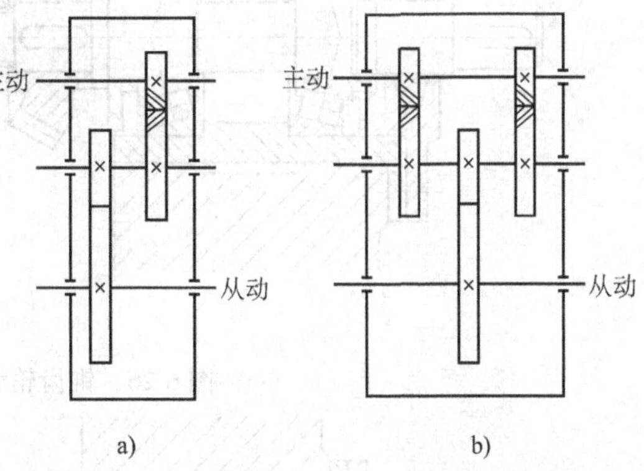

图 6-23　齿轮减速器的两种布置方案

图 6-24 所示为一组齿轮端部结构，通过降低轮齿端部的刚度缓解由于齿长方向误差和及变形造成的轮齿土载荷沿齿长方向分布不均的现象。

图 6-25 所示为两种吊车梁结构方案。图 6-25a 所示结构立柱位于梁的两端，当吊装重物位于梁的中部时，梁中部所受弯矩较大。图 6-25b 所示方案将立柱向中间靠拢，使得在梁的总长度不变的情况下所受弯矩减小，提高了吊车的承载能力。

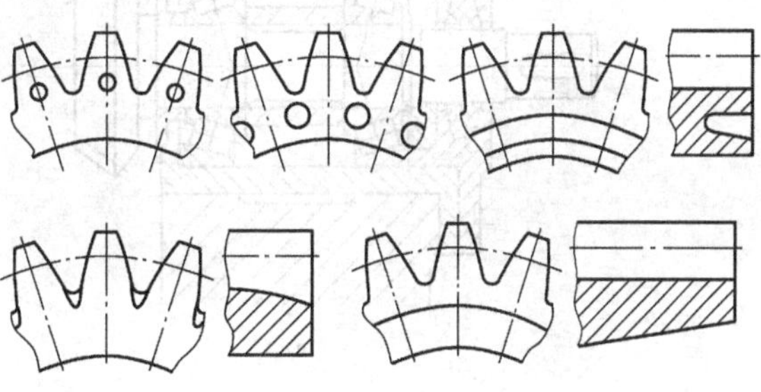

图 6-24　齿轮端部结构方案

4. 改善轴系支撑结构

轴系结构的形式是影响轴及轴上零件承载能力的重要因素。例如对于悬臂支撑的轴系结构，设法通过结构设计缩短悬臂长度，可以有效地降低轴和轴承的载荷。图 6-26 所示为锥齿轮轴系结构的两种设计方案。图 6-26a 中的锥齿轮轮毂向支点内侧延伸，使得齿轮传动力作用点位置远离支承点，使悬臂加长。图 6-26b 中的锥齿轮轮毂则向支点外侧延伸，使得齿轮传动力作用点位置靠近支承点，使悬臂缩短从而提高了承载能力。

图 6-27 所示为锥齿轮轴系支承方式的两种设计方案。图 6-27a 中两轴承采用正安装（面对面）方式，而图 6-27b 中两轴承采用反安装（背靠背）方式，由于支承位置相对于轴承的几何中心更偏向于支点外侧，使得实际悬臂长度变小，轴和轴承承载能力都得到提高。

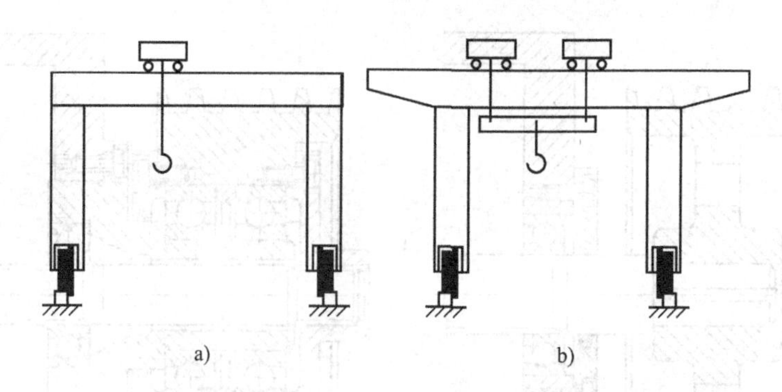

图6-25　吊车梁结构方案

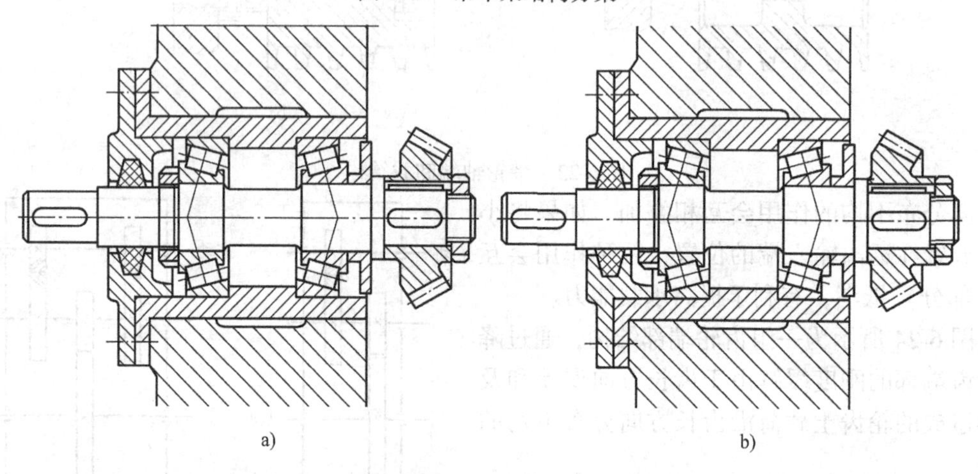

图6-26　锥齿轮结构对悬臂长度的影响

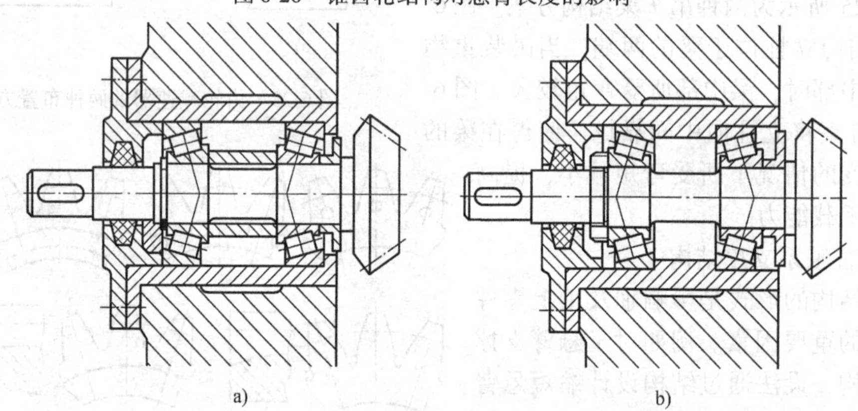

图6-27　轴系支承方式对悬臂长度的影响

图6-28所示的小锥齿轮轴系结构在原悬臂端增加了辅助支承，既提高了轴系结构的强度，同时也提高了刚度。但是要注意这种结构可能引起的几何干涉和装配工艺问题。

5. 充分发挥材料特性

不同的材料具有不同的力学特性，结构设计中应根据所选用材料的特性，合理地确定适当的结构，最大限度地发挥材料的承载能力。例如铸铁材料的抗压强度远高于抗拉强度，所以选用铸铁材料制作抗弯结构时通常将截面设计为非对称结构，使零件结构的最大压应力大于最大拉应力。如图6-29所示结构中，将肋板非对称设置，其中图6-29a所示肋板的最大拉

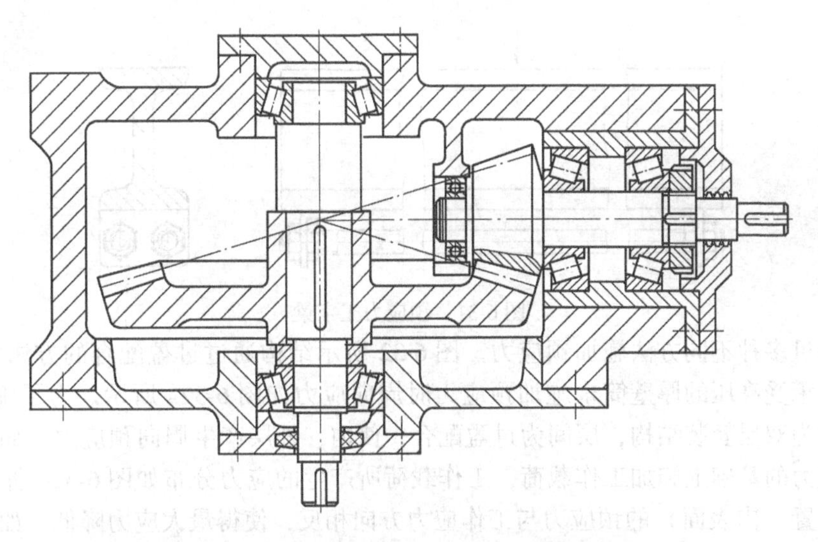

图 6-28 采用辅助支承的锥齿轮轴系结构

应力大于最大压应力，而图 6-29b 所示肋板的最大拉应力小于最大压应力，与材料自身的力学特性相吻合，充分发挥材料特性，具有更高的承载能力。

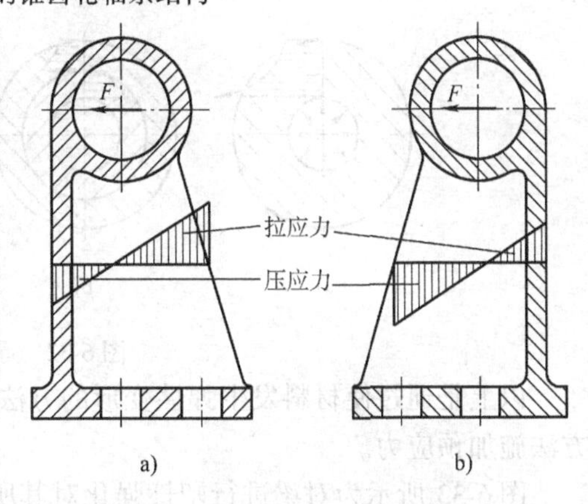

图 6-29 铸铁材料支架结构

当材料为钢材时，应尽量使其承受拉、压应力，这样会比承受弯曲应力的结构更有利。如图 6-30 所示的结构中，图 6-30b 用桁架结构代替了图 6-30a 的简支梁结构，在跨距 L 和载荷 F 不变的情况下，可以使结构参数 d 远小于 D，节省了材料，降低了质量。

6. 合理强化

如果在结构承受工作载荷之前对其施加与工作载荷相反方向的载荷，使得结构由于预加载荷产生的应力与工作载荷产生的应力可以部分地互相抵消，使结构的最高应力水平降低，具有承受较大的工作载荷的能力。这种通过预加载荷的方式提高结构承载能力的方法称为结构强化。如果预加载荷只使材料发生弹性变形，则称为弹性强化；如果预加载荷使材料发生塑性变形，则称为塑性强化。

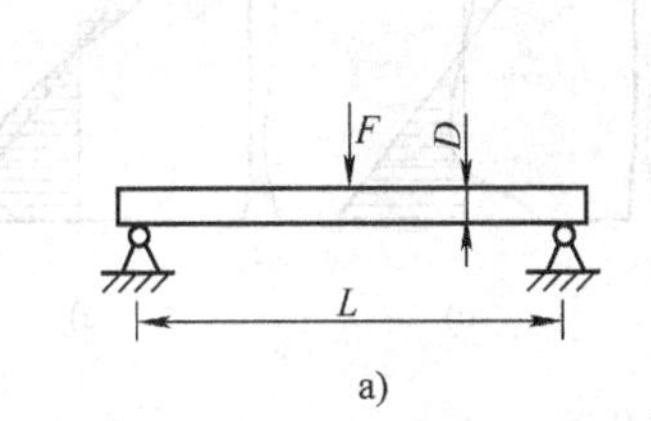

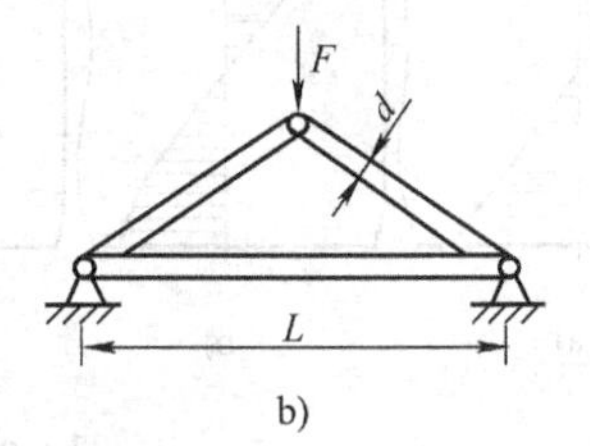

图 6-30 用桁架结构代替简支梁

图 6-31 所示梁在承受弯曲载荷之前用高强度螺杆对其施加预应力，预应力的方向与工作应力方向相反，有利于提高梁的承载能力。

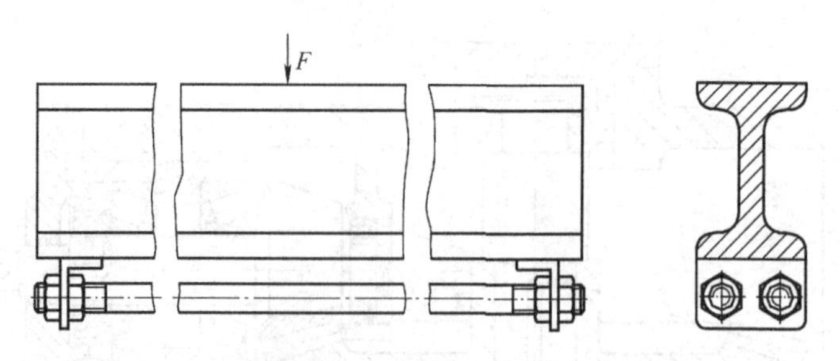

图 6-31　预应力工字梁

可以通过多种不同方法施加预应力。图 6-32 所示结构通过过盈配合的方法对厚壁筒施加预应力。承受高压的厚壁筒未施加预应力时周向应力如图 6-32a 所示。为了施加预应力，将厚壁筒改为双层套装结构，层间为过盈配合，使内、外层产生周向预应力，如图 6-32b 所示。在预应力的基础上施加工作载荷，工作载荷所产生的应力分布如图 6-32c 所示。由于原最大应力位置（内表面）的预应力与工作应力方向相反，使得最大应力降低，如图 6-32d 所示。

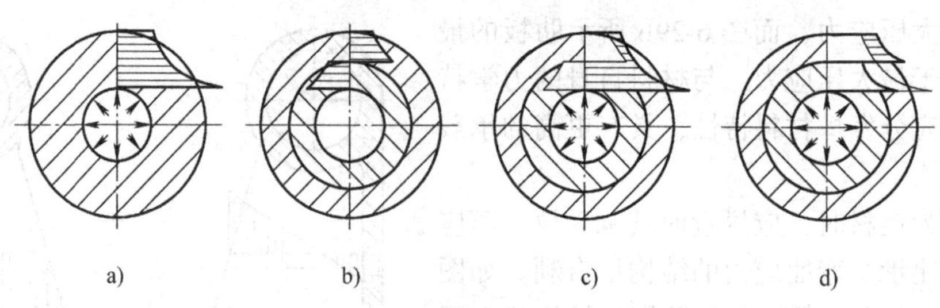

图 6-32　厚壁筒预应力结构

以上是通过使材料发生弹性变形的方法施加预应力。还可以通过使材料发生塑性变形的方法施加预应力。

图 6-33 所示为对梁进行塑性强化对其所受应力的影响。图 6-33a 所示为如果梁完全工作在弹性范围内的弯曲应力分布情况。图 6-33b 所示为当预加载荷产生的最大应力超过材料的屈服极限时的应力分布情况。在梁发生塑性变形后卸载，残余应力如图 6-33c 所示。在残余应力的基础上施加工作载荷，如图 6-33d 所示。由于在原最大应力位置的残余应力与工作应力部分抵消，使实际的最大应力水平降低，如图 6-33e 所示。

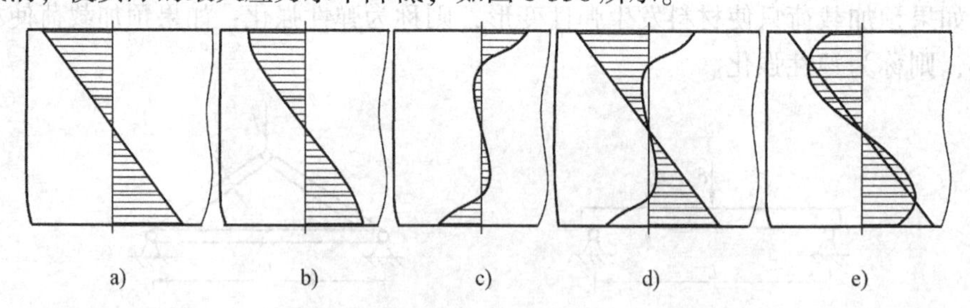

图 6-33　塑性强化梁

以上的设计方法在提高静强度的同时，对提高疲劳强度和刚度也是有益的。

二、提高静刚度的设计方法

刚度是机械结构性能的重要指标。机械结构依靠零部件之间形状、尺寸、位置关系实现其功能。刚度是表示零部件受力后形状变化程度的指标，形状变化过大可能会威胁到预定功能的实现以及实现的质量。

1. 采用桁架结构

由于桁架结构中的杆件只受拉、压，所以强度和刚度都较高。表6-3所示为桁架结构与悬臂梁的强度、刚度比较。在悬伸长度、杆件直径及载荷相同的条件下，悬臂梁的挠度是桁架结构的9000倍，最大应力是悬臂梁的550倍；与桁架结构最大应力相同的悬臂梁直径为桁架杆件直径的8倍多，与桁架结构挠度相同的悬臂梁直径为桁架杆件直径的10倍。在机械结构中，合理采用桁架结构可以有效地提高结构的强度和刚度。

表6-3　桁架与悬臂梁的强度、刚度比较

	f_2/f_1	σ_2/σ_1	G_2/G_1
	9×10^3	550	0.35
	2	1	25
	1	0.6	35

2. 合理布置支承

轴系结构支承参数（跨距、悬伸长度）对轴系的刚度有重要的影响。

以车床主轴系统为例，主轴前端的刚度是影响工作性能的重要因素。轴端悬伸长度受卡盘结构限制，在悬伸长度一定的前提下，主轴轴承的跨距就是影响主轴刚度的重要因素。

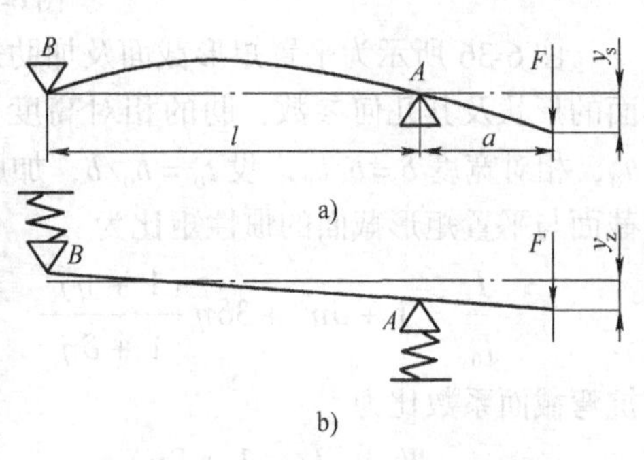

图6-34　主轴跨距对刚度的影响

如图6-34所示，主轴前端受切削力作用发生的位移y由两项因素构成，一项是由于主轴的弯曲变形引起的主轴前端位移y_s，另一项是由于主轴轴承受力变形引起的主轴前端位移y_z

$$y_s=\frac{F^2a}{3EI}(l+a)$$

$$y_z=\frac{F}{K_A}\left(1+\frac{a}{l}\right)^2+\frac{F}{K_B}\left(\frac{a}{l}\right)^2$$

$$y=y_s+y_z=\frac{Fa^2}{3EI}(l+a)+\frac{F}{K_A}\left(1+\frac{a}{l}\right)^2+\frac{F}{K_B}\left(\frac{a}{l}\right)^2$$

$$\frac{\mathrm{d}y}{\mathrm{d}l}=\frac{Fa^2}{3EI}-\frac{F}{K_A}\left(1+\frac{a}{l}\right)\frac{2a}{l^2}-\frac{F}{K_B}\left(\frac{a}{l}\right)\frac{2a}{l^2}$$

由公式可见，跨距对主轴前端位移的影响存在极值点，合理选择跨距可以使主轴获得最佳刚度。

3. 合理布置隔板与肋板

基础件的主体结构多为板式框架结构。在主体结构中添加隔板是提高结构刚度的有效方法。布置隔板需要根据载荷的形式，合理地确定隔板的位置、数量和方向。

当主体结构不同位置处的变形量不同时，应将隔板布置在变形量较大的位置。由于隔板自身为薄板结构，应使其受拉、压或沿刚度较大的方向受弯曲，避免隔板受扭或沿刚度较小的方向受弯曲。

图 6-35 所示框架结构中添加的隔板都沿抗弯截面系数较大的方向承受弯矩。图 6-35a 结构如果沿虚线方向布置隔板，则隔板的抗弯截面系数较小，对提高结构的刚度贡献较小。图 6-35b 所示结构如果沿虚线方向布置隔板，则隔板受扭矩。

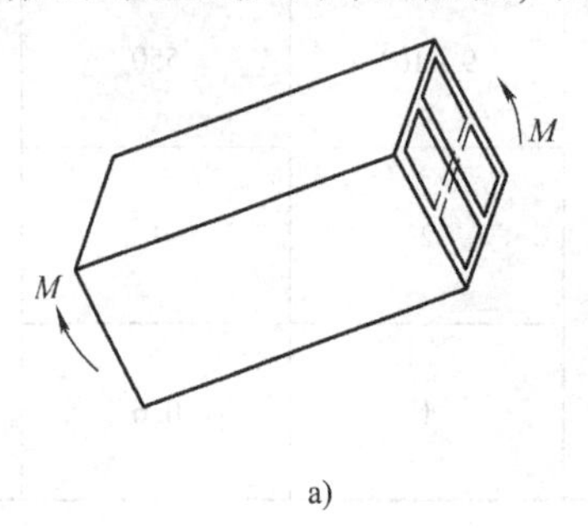

a)

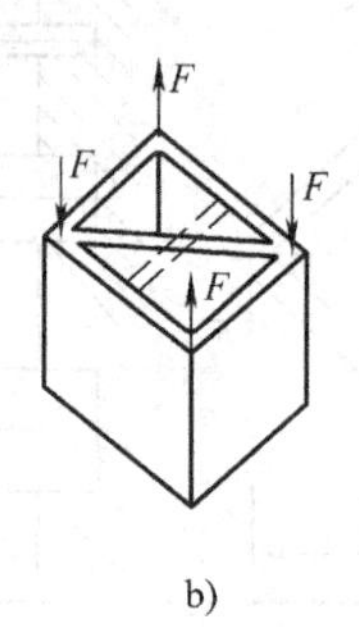

b)

图 6-35　隔板布置方向

图 6-36 所示为平置矩形截面及加肋矩形截面的形状及其几何参数，肋的相对高度 $\eta = h/h_0$，相对宽度 $\delta = b/b_0$，设 $t_0 = b_0/b$，加肋矩形截面与平置矩形截面的惯性矩比为

$$\frac{J}{J_0} = 1 + \delta\eta^3 + 3\delta\eta\frac{(1+\eta)^2}{1+\delta\eta}$$

抗弯截面系数比为

$$\frac{W}{W_0} = \frac{J}{J_0}\frac{1+\delta\eta}{1+2\eta+\delta\eta}$$

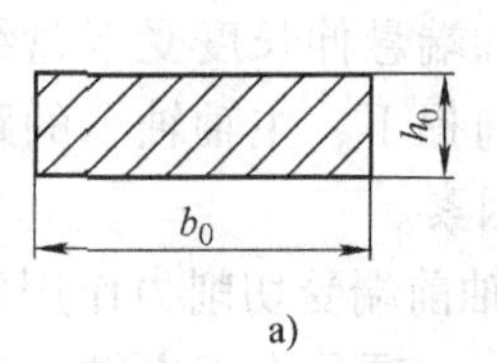

a)

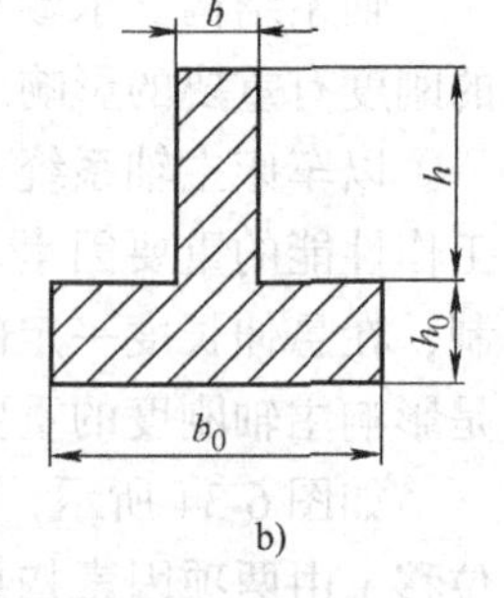

b)

图 6-36　加肋矩形截面

图 6-37 所示为根据以上公式绘制的图线。由图可知，为平置截面添加肋板总能使刚度得到提高，但是截面的强度随着肋板相对高度的增大首先减低达到最小值后开始增大，只有在肋板相对高度大于某一数值后，才能使截面的强度和刚度同时得到提高。所以在选择使用肋板加强结构的局部刚度时应使肋板具有必要的高度。

三、提高疲劳强度的设计方法

大量的零件承受交变载荷作用，疲劳失效是这些零件的主要失效方式，这些零件的设计要考虑交变应力作用的特点，提高抗疲劳强度。

1. 缓解应力集中

应力集中是影响承受变应力的零件承载能力的重要因素。在零件截面形状发生变化处的材料内部力流会发生变化。如图 6-38 所示，局部力流密度的增加造成应力集中。零件截面

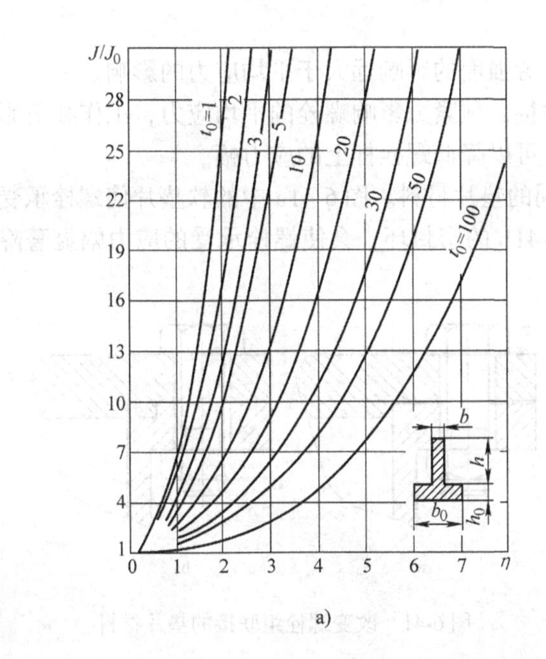

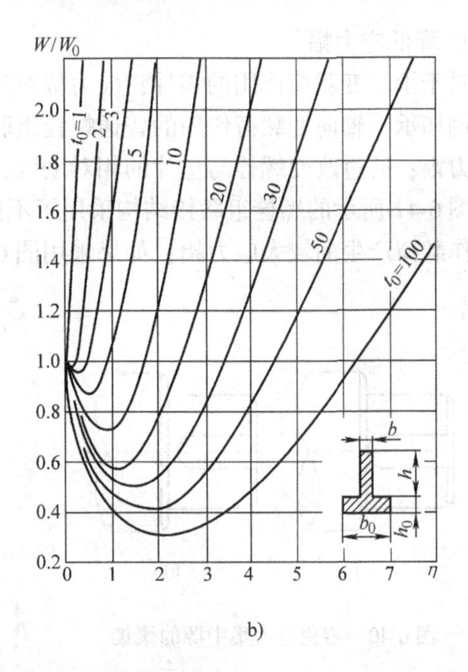

图 6-37　加肋平置矩形截面的强度与刚度

形状的变化越突然，应力集中就越严重，结构设计中应尽力避免应力较大处的零件形状急剧变化，以减小应力集中对强度的影响，零件受力变形时，不同位置的变形阻力（刚度）不相同也会引起应力集中。通过降低应力集中处附近的局部刚度可以有效地降低应力集中。例如图 6-39a 所示过盈连接在轮毂端部应力集中严重，图 6-39b、c、d 所示结构通过降低轴或轮毂相应部位的局部刚度使应力集中得到有效缓解。

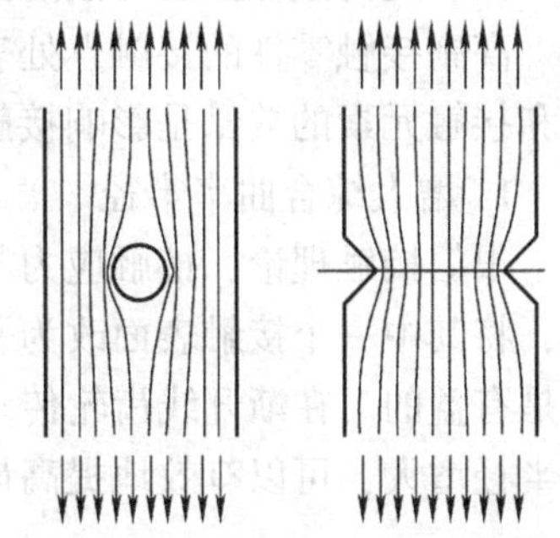

图 6-38　力流变化造成应力集中

2. 避免应力集中源的聚集

由于功能的需要，在零件结构中可能存在多种形状变化，这些变化都会引起零件中的应力集中；如果多种变化出现在同一位置或过于接近，将引起应力集中的加剧。

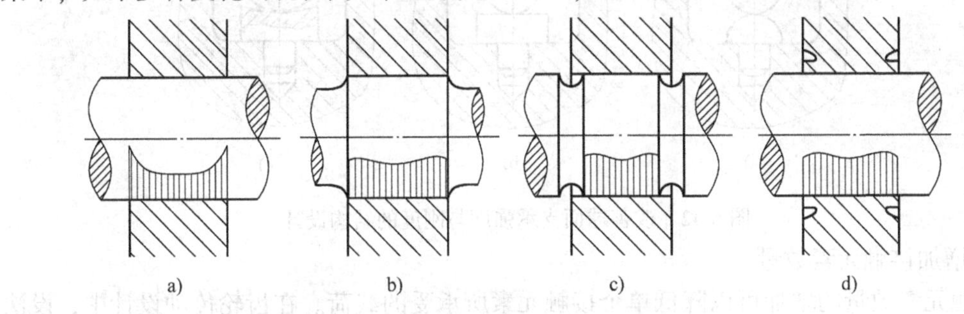

图 6-39　零件局部刚度对过盈连接应力集中的影响

如图 6-40 所示的轴结构中，台阶和键槽端部都会引起轴的应力集中。图 6-40a 的结构将两个应力集中源设计到同一截面处，加剧了局部的应力集中；图 6-40b 结构使键槽长度略短于轴段长度，避免了应力集中源的聚集。

3. 降低应力幅

对于承受变载荷作用的零件，应力幅对疲劳强度的影响远大于平均应力的影响。

例如承受轴向变载荷作用的普通螺栓组联接，预紧力影响螺栓的平均应力，工作载荷影响应力幅；通过改变螺栓与垫片的相对刚度，可以降低螺栓杆上的应力幅。

图6-41所示的螺栓组联接结构采用了不同的垫片材料。图6-41a中的软垫片使螺栓承受由工作载荷产生的较大应力幅；如果采用图6-41b的密封环，会使螺栓承受的应力幅显著降低。

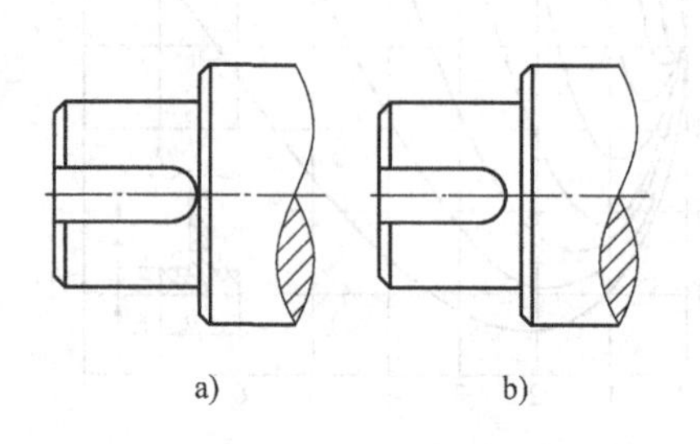

图6-40 避免应力集中源的聚集

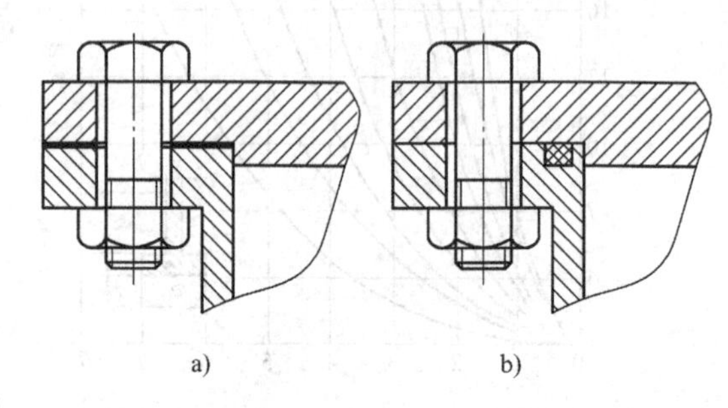

图6-41 改变螺栓组联接的垫片材料

四、提高接触强度与接触刚度的设计方法

高副接触零件的接触点处表层会出现较大的接触应力和接触变形，接触点的综合曲率半径和接触元素的数量是影响接触应力和接触变形的重要因素。

1. 增大综合曲率半径

根据接触理论，接触应力与综合曲率半径成反比关系。如图6-42所示的球面接触结构中，将其中一个接触表面改为平面或凹面（图6-42b或c），对于提高接触强度和接触刚度都是有益的。在渐开线齿轮传动设计中，通过采用正变位，使工作齿廓远离基圆，使综合曲率半径增大，可以有效地提高齿轮传动的承载能力。

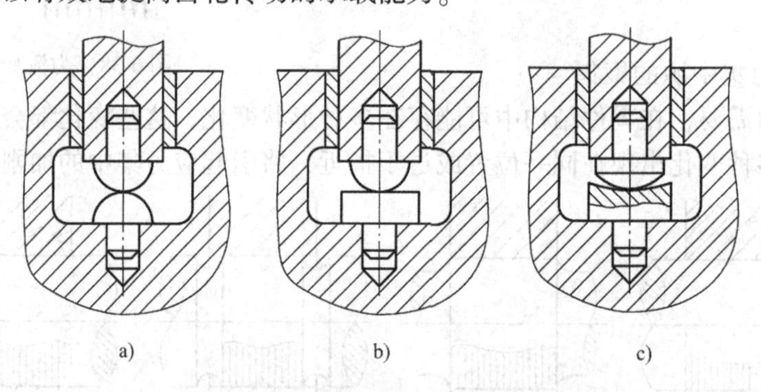

图6-42 改善球面支承强度与刚度的结构设计

2. 增加接触元素数量

接触元素数量的增加可以降低单个接触元素所承受的载荷。在齿轮传动设计中，设法增大重合度，增加同时参与承载的轮齿数量，可以降低单个齿所承受的载荷。在图6-43所示行星轮系设计中，增加行星轮的数量，也可以降低单个轮齿的实际承载量。

3. 用低副低替高副

在图6-44所示的结构中，用低副（面接触）零件代替高副（点、线接触）零件，可以

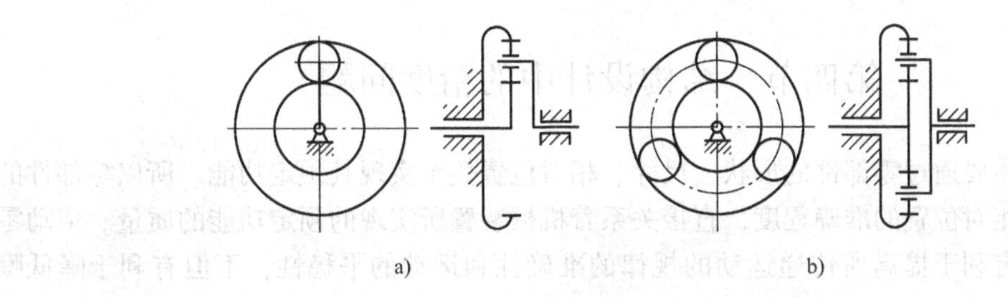

图 6-43 行星轮系结构

有效地提高结构的强度和刚度。但是高副与低副对运动自由度的限制不同，为保证在用低副代替高副的转变中保持自由度不变，需要在原有结构中增加其他零件。

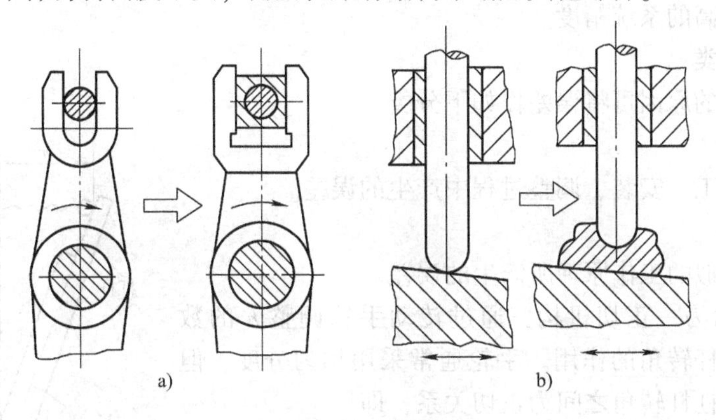

图 6-44 低副代替高副

4. 通过预紧提高接触刚度

对滚动轴承轴系的预紧是指在轴系承受工作载荷之前对其施加预加载荷。图 6-45 表示预紧前、后滚动轴承的工作情况。

对经过预紧的滚动轴承轴系施加的轴向力由两个轴承共同承担，由于滚动轴承刚度的非线性特性，使得经过预紧的滚动轴承刚度得到提高。

以上两条原因使得预紧后的滚动轴承轴系刚度显著提高。

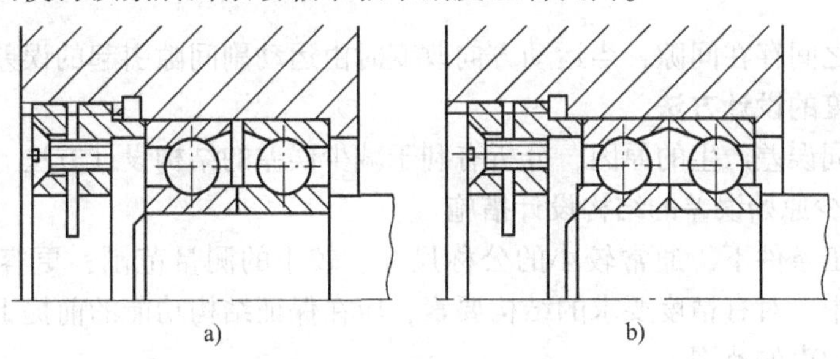

图 6-45 滚动轴承轴系的轴向预紧

a）预紧前 b）预紧后

通过预紧提高刚度的同时增大了滚动轴承承受的载荷。这种方法只应用在以轴系刚度及精度为主要设计目标的情况下。由于预紧所引起的轴承受力对预紧量很敏感，预紧过程中对预紧量要精确控制。

第四节　结构设计中的精度问题

机械装置主要通过零部件的形状、尺寸、相对位置关系实现其预定功能。所以零部件的形状、尺寸及相对位置的准确程度，直接关系着机械装置所实现的预定功能的质量。传动零件精度的提高有利于提高所传递运动的规律的准确性和运动的平稳性，不但有利于降低噪声，减轻振动，而且有利于提高传动系统的承载能力。

零部件的形状及尺寸精度与加工过程密切相关。零部件的加工精度越高，对提高机械装置的工作质量越有利。但是加工精度的提高会使成本提高。正确的结构设计可以在同样的成本条件下获得较高的系统精度。

一、误差分类

按引起误差的原因可将误差作如下分类：

1. 原始误差

在零部件加工、安装、调整过程中产生的误差。

2. 原理误差

由于采用近似的工作原理所产生的误差。

图6-46所示为一正切机构，通过转动手轮调整 h 的数值，起到调整杠杆转角的作用。手轮通常采用均匀分度，但是由于 h 的值与杠杆转角之间为正切关系，即

$$\tan\theta = \frac{h}{l} = \theta + \frac{\theta^3}{3}\cdots \approx \theta$$

所以这种机构存在原理误差。

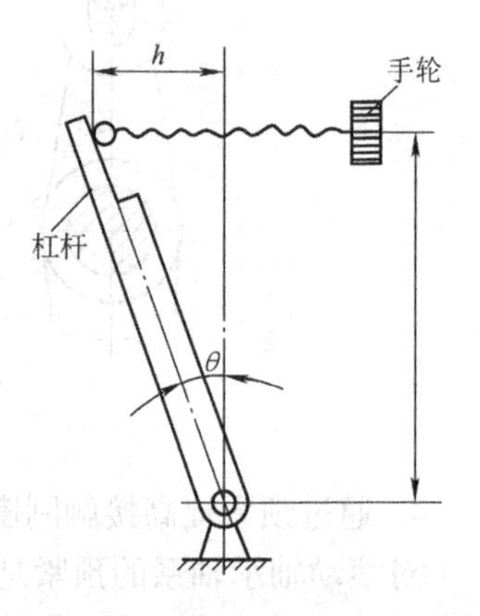

图6-46　原理误差

3. 工作误差

在机械装置工作中由于零部件受力、受热、磨损等原因造成零件的形状变化，这种由于工作中的形状变化所引起的误差称为工作误差。

4. 回程误差

由于运动副之间存在间隙，当运动方向改变时由运动副间隙引起的误差。

二、提高精度的设计方法

下面针对不同误差产生的原因，分析有利于减少误差的结构设计方法。

1. 有利于减少原始误差的结构设计措施

在相同的加工条件下，通常较小的公称尺寸、较小的测量范围，更容易实现较高的精度。在结构设计中，对有精度要求的结构要素，应在保证结构功能的前提下尽量减小其公称尺寸，减小精度约束的范围。

如图6-47所示的轴系结构中，与齿轮配合的轴颈和与右侧轴承内圈配合的轴颈有较高的尺寸精度和表面粗糙度要求，而与毡圈密封配合的轴段对尺寸精度要求较低，所以如图6-47a所示将其沿长度方向分为不同直径的3个轴段。如果如图6-47b所示，将这3个轴段加以合并，则使轴段的长度方向尺寸增大，实现相同精度要求的难度也就加大，因此这种方案不宜采用。

如果某个作用尺寸由多个尺寸元素构成，则该尺寸的公差为组成它的各尺寸元素的公差

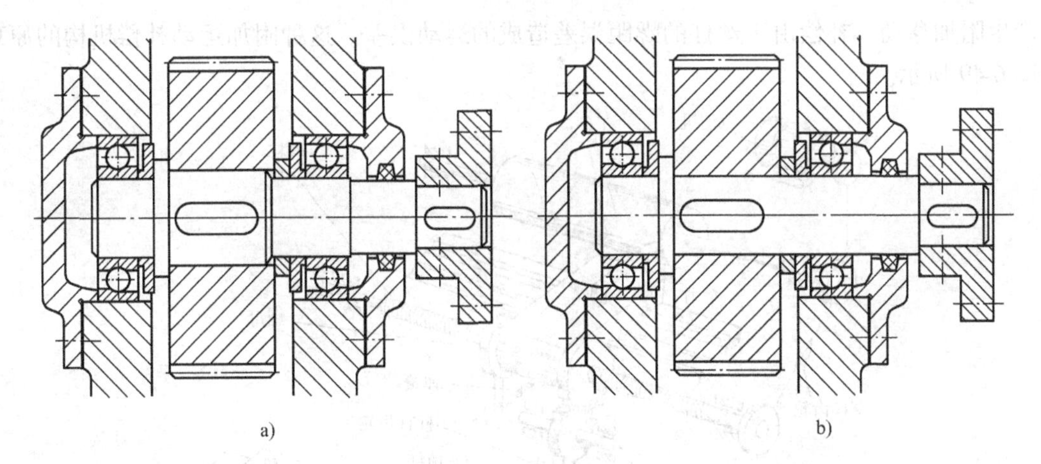

图 6-47　轴系结构

之和，组成元素越多，作用尺寸的精度越低，所以对要求精度较高的尺寸应减少其组成元素数量，尽量使其可以直接得到。

如图 6-48 所示的结构中，标注“120”的尺寸为作用尺寸，如果按照图 6-48b 所示的方法标注，则该尺寸由 3 个基本尺寸组成，累积误差较大；如果按照图 6-48c 所示的方法标注，则该尺寸可以直接得到，容易获得较高的精度。

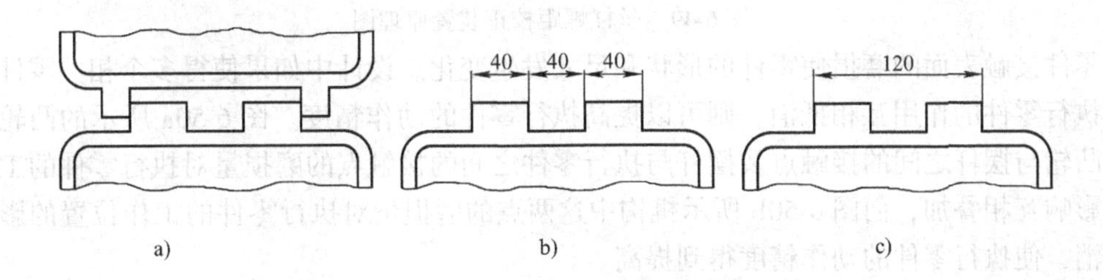

图 6-48　避免误差累积

有些作用尺寸对精度要求较高，但是由于结构的关系，不可避免地由较多的尺寸元素构成。如图 6-47 所示的轴系结构中，滚动轴承的轴向间隙对精度要求较高，并且由较多的尺寸元素组成，通过提高所有这些尺寸元素的精度实现对轴向间隙的精度要求是不经济的方法。在这种情况下，可以在组成该尺寸的各尺寸元素中设置一个可调整尺寸环节，以便在装配工序中可根据实际需要，通过调整这个尺寸实现对作用尺寸的精度要求。图示结构中位于轴承端盖与箱体之间的垫片厚度就是具有这种作用的可调整尺寸，由于调整垫片的存在，可以降低对构成轴承间隙的其他尺寸元素的精度要求。

2. 补偿系统误差

对于已知影响因素的系统误差，可以根据引起误差的原因，采取相应的措施加以补偿。

螺纹加工机床的加工精度与机床本身丝杠的螺纹精度有重要关系，为提高机床的加工精度，可以通过螺距校正装置纠正由于基准丝杠螺距误差引起的加工误差。

首先通过测量得到基准丝杠的螺距误差随长度变化的规律（螺距误差曲线），将误差曲线按需要的比例放大，得到校正曲线，并做成凸轮（校正板）。在刀架移动过程中，校正板推动挺杆，挺杆将运动传递给螺母，使螺母作微小的转动；螺母的转动使得螺旋传动的从动件产生附加移动，补偿由于丝杠的螺距误差造成的运动误差。这种附加运动补偿机构的原理如图6-49所示。

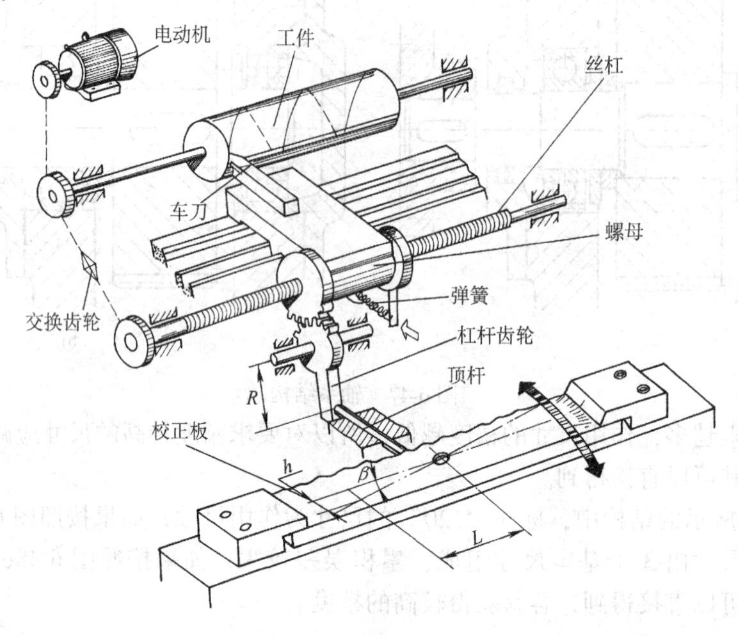

图6-49　丝杠螺距校正装置原理图

零件接触表面的磨损使零件的形状和尺寸发生变化。设计中如果使得多个相关零件的磨损对执行零件的作用互相抵消，则可以提高执行零件的动作精度。图6-50a所示的凸轮机构中，凸轮与摆杆之间的接触点及摆杆与执行零件之间的接触点的磨损量对执行零件的工作位置的影响互相叠加，而图6-50b所示机构中这两点的磨损量对执行零件的工作位置的影响互相抵消，使执行零件的动作精度得到提高。

如果无法使磨损的影响互相抵消，可以在结构中设置调整环节，当磨损量累积到一定程度时，通过调整使系统恢复正确的工作状态。图6-51所示为滚动轴承轴系的轴向间隙调整结构，当由于磨损使轴系的轴向间隙增大到一定程度时，通过调整端盖上的螺钉使轴承外圈向右移动，恢复正确的轴向间隙。

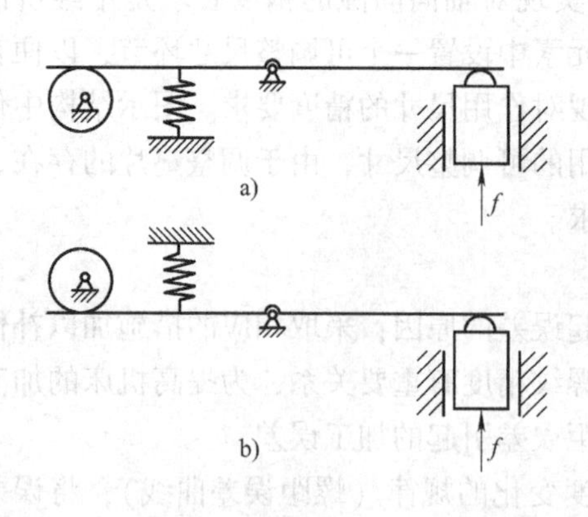

图6-50　凸轮机构磨损量补偿

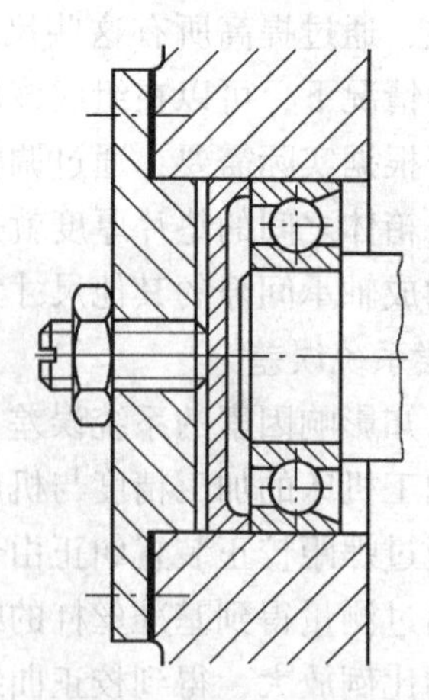

图6-51　轴承间隙调整

3. 误差均化

在机构中如果有多个作用点对同一个构件的运动起限制作用，则构件的运动精度高于任何一个作用点单独作用时的精度。

图 6-52 所示为螺旋测微仪的测量误差与基准螺纹的螺距误差的对比图，由于螺母上有多圈螺纹同时起作用，使得测量误差（螺母的运动误差）小于螺纹本身的螺距误差。

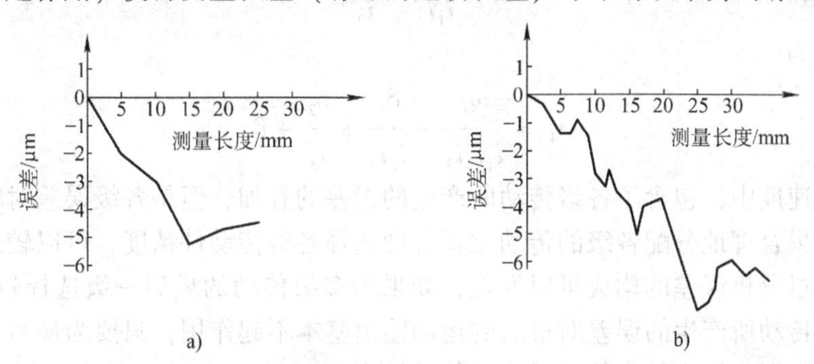

图 6-52　螺旋测微仪测量误差与螺距误差对比

a）测量误差　b）螺距误差

图 6-53 所示的双蜗杆驱动机构由两个相同参数的蜗杆共同驱动同一个蜗轮，由于均化作用，蜗轮的运动误差小于任何一个蜗杆单独驱动的误差。

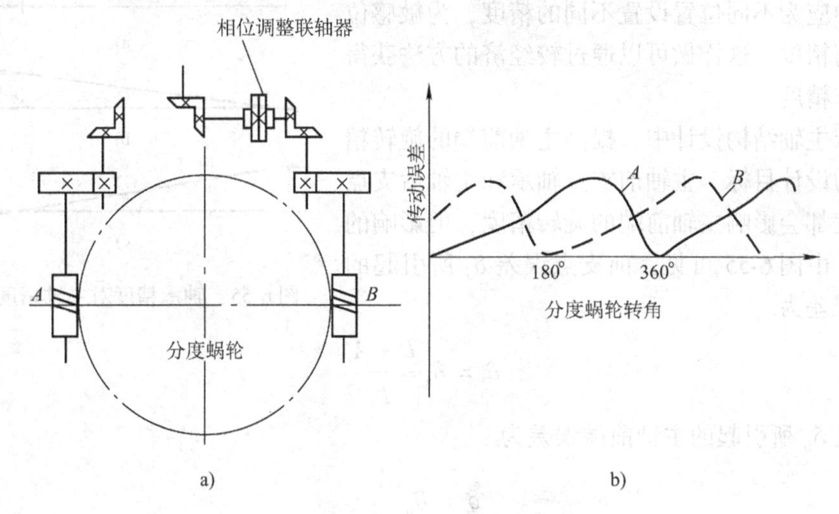

图 6-53　双蜗杆驱动机构

a）双蜗杆驱动机构简图　b）双蜗杆驱动机构传动效果

4. 利用误差传递规律

由多级传动机构组成的传动系统在将输入运动传递到输出级的同时，也将各级传动机构所产生的误差向后续机构传递。

图 6-54 所示为由三级机械传动组成的减速传动系统，第一级输入角速度 ω_1，输出角速度除包括对 ω_1 的变换以外，还包括本级传动所产生的误差

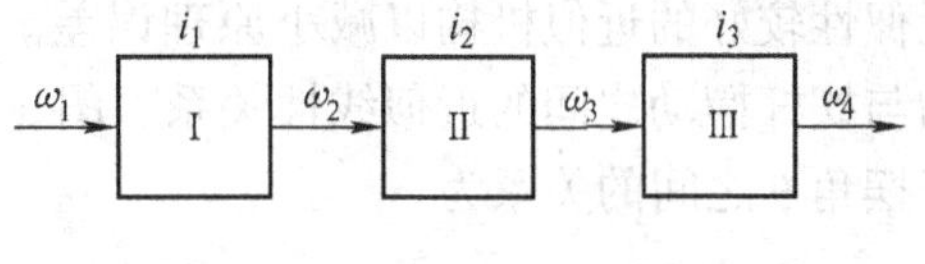

图 6-54　多级机械传动系统

$$\omega_2 = \frac{\omega_1}{i_1} + \delta_1$$

同理，第二级传动输出为

$$\omega_3 = \frac{\omega_1}{i_1 i_2} + \frac{\delta_1}{i_2} + \delta_2$$

最后一级输出为

$$\omega_4 = \frac{\omega_1}{i_1 i_2 i_3} + \frac{\delta_1}{i_2 i_3} + \frac{\delta_2}{i_3} + \delta_3$$

在输出角速度中，包含了各级传动所产生的误差的叠加，但是各级误差对输出误差的影响不相同。如果合理地分配各级的传动比，合理选择各级传动件精度，可以较经济地实现合理的精度。通过分析误差的构成可以发现，如果为多级传动的最后一级选择较大的传动比，则使前面各级传动所产生的误差对最后的运动输出基本不起作用，只要为最后一级传动零件选择较高精度，即可提高整个传动系统的传动精度。

5. 合理配置精度

机械系统的精度受系统内各环节精度的综合影响，但是不同环节对工作精度的影响程度不相同，在结构设计中应为不同位置设置不同的精度，为敏感位置设置较高精度，这样做可以通过较经济的方法获得合理的工作精度。

在机床主轴结构设计中，提高主轴前端的旋转精度是重要的设计目标。主轴前支点轴承和主轴后支点轴承的精度都会影响主轴前端的旋转精度，但影响的程度不同。由图6-55可见，前支点误差 δ_a 所引起的主轴前端误差为

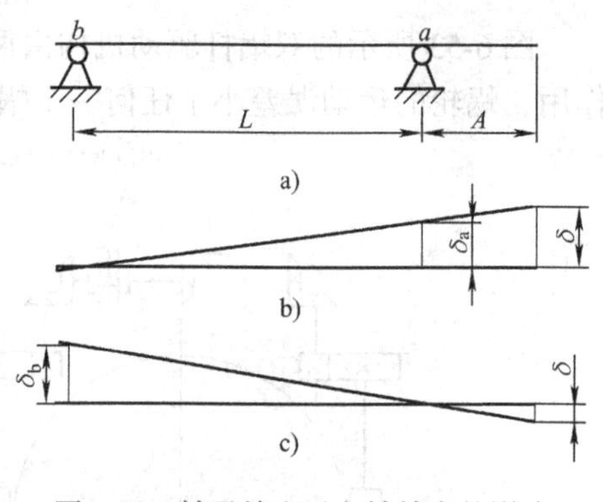

图6-55　轴承精度对主轴精度的影响

$$\delta = \delta_a \frac{L + A}{L}$$

后支点误差 δ_b 所引起的主轴前端误差为

$$\delta = \delta_b \frac{A}{L}$$

显然前支点的误差对主轴前端的精度影响较大。所以在主轴结构设计中，通常为前支点设置具有较高精度的轴承。

6. 选择较好的近似机构

有些应用中为简化机构而采用近似机构，这会引入原理误差，在条件允许时应优先采用近似性较好的近似机构以减小原理误差。图6-56所示的两种机构都可以得到手轮的旋转运动与摆杆摆动之间的近似线性关系，图a所示为正切机构，这种机构中手轮的旋转角 ϕ 与摆杆摆角 θ 之间的关系为

$$\phi \cong \tan\theta \approx \theta + \frac{\theta^3}{3}$$

图 b 所示为正弦机构，这种机构中手轮的旋转角 ϕ 与摆杆摆角 θ 之间的关系为

$$\phi \cong \sin\theta \approx \theta - \frac{\theta^3}{6}$$

从公式中可见，正弦机构的原理误差比正切机构的原理误差小一半，而且螺纹间隙引起的螺杆摆动基本不影响摆杆的运动，如果采用正弦机构将比采用正切机构获得更高的传动精度。

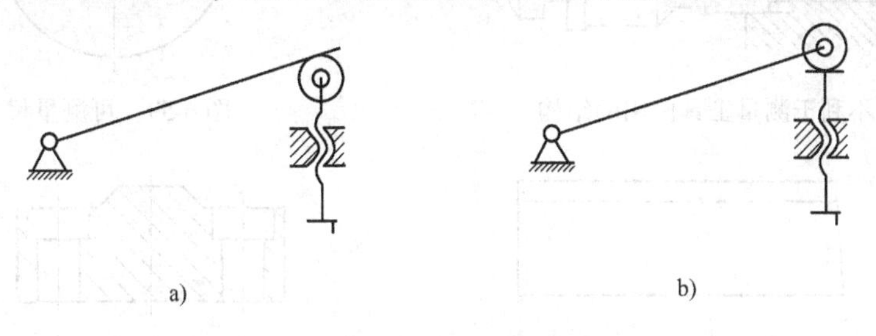

图 6-56　近似机构

7. 采用有利于施工的结构

机械装置的原始精度是通过一系列的工艺过程实现的。如果设计中充分考虑工艺过程的需要，采用有利于工艺过程实施的结构，就可以较容易地实现较高的精度。

如图 6-57 所示零件要求两端轴径同轴，在同一次装卡中完成对两个轴径的加工是保证同轴度的最简单的方法。但是图 6-57a 所示的结构不容易实现这一点，图 6-57b 所示在原结构的一端增加了一个工艺性轴段，通过这个轴段可以实现在同一次装卡中完成对两个轴径的加工，保证同轴度精度的实现。

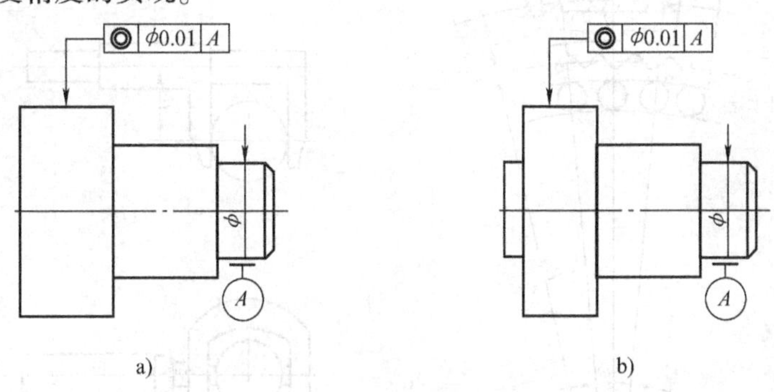

图 6-57　有利于同一道工序加工

一项精度要求如果无法检验，或无法提供相应精度的检验方法，则无法保证精度要求的实现。在结构设计中要充分考虑检验工具和检验工艺的要求，使得所提出的每一项要求都可以被检验。

如图 6-58 所示的结构中，台阶高度过小，无法使用螺旋测微仪测量台阶宽度。如果需要对台阶宽度提出较高精度要求，应将台阶高度加大，以保证测量要求。图 6-59 表示键槽深度参数中只有 A1 是可以直接测量的参数。

加工后满足精度要求的零件在装配中由于装配力的作用，也可能发生变形，影响工作精度。图 6-60a 所示导轨结构，如果安装表面（下表面）不平，在装配中施加的装配力会造成导轨工作表面（上表面）变形；如将结构改为图 6-60b 所示，装配力对结构变形的影响较小，有利于提高导轨精度。

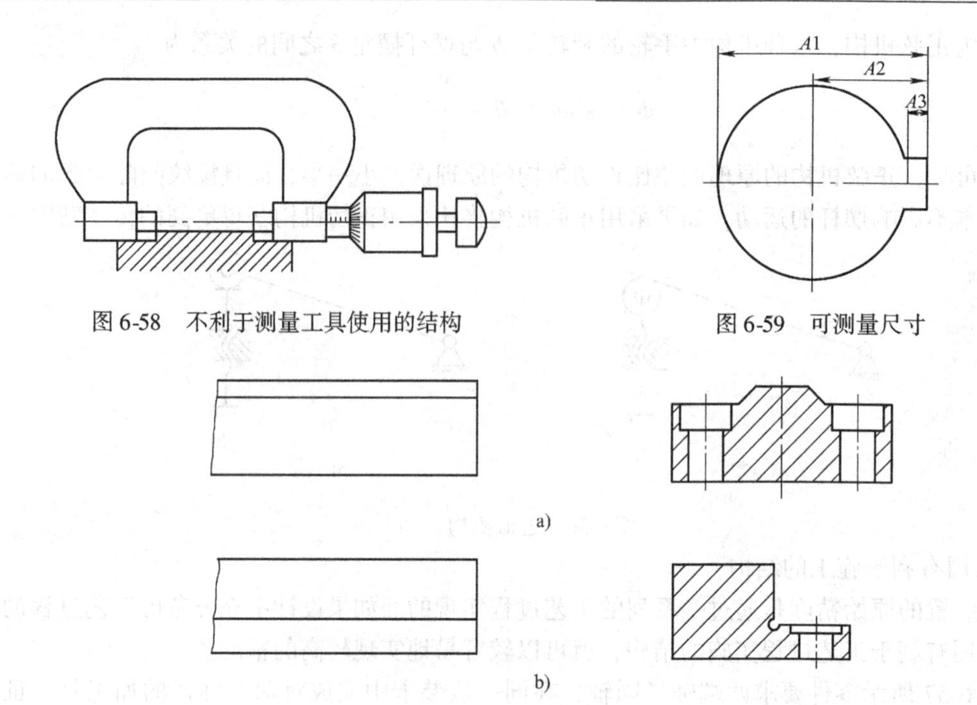

图 6-58　不利于测量工具使用的结构

图 6-59　可测量尺寸

图 6-60　有利于减小装配变形的结构

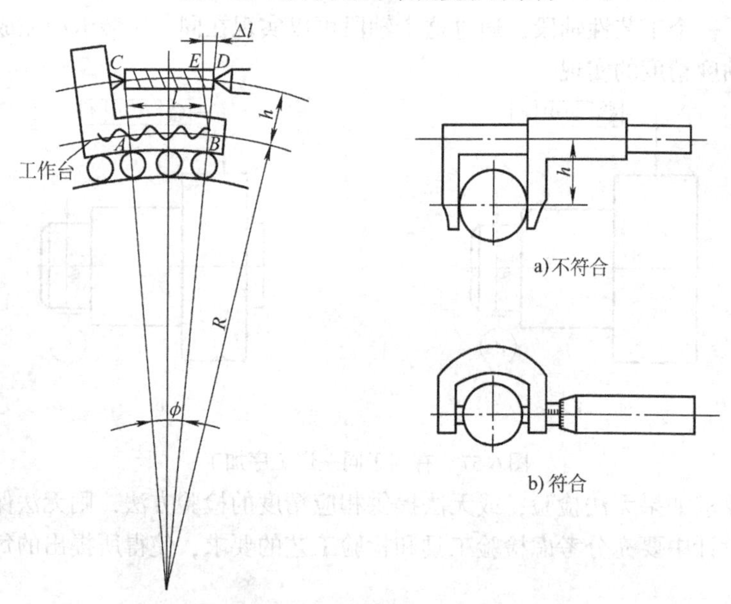

图 6-61　阿贝原则

8. 阿贝原则

1890 年，阿贝（Abbe）提出关于量仪设计的原则："欲使量仪给出正确的测量结果，必须将仪器的读数线尺安放在被测尺寸的延长线上。"阿贝原则是指导测量仪器及其他精密仪器设计重要的指导性原则。

图 6-61 说明不符合阿贝原则的测量仪器会引起测量误差。

假设引导测量仪器测头及读数线尺移动的导轨有直线度误差，实际为一段圆弧，由于测头与读数线尺不沿同一条直线布置，当量仪沿导轨（圆弧）移动时，测头与读数线尺的移动距离不相同，引起测量误差。测量误差与导轨的直线度误差（导轨曲率）有关，与测头和读数线尺的距离有关。由图可见，游标卡尺的设计不符合阿贝原则，所以它不能达到较高的测量精度。螺旋测微仪的结构符合阿贝原则。

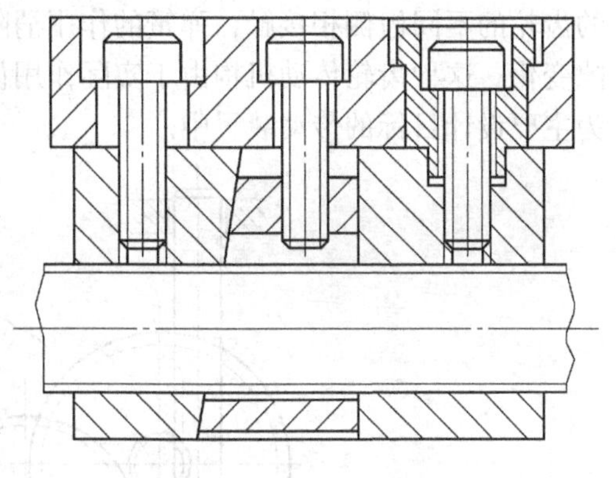

图 6-62 调整螺纹间隙结构

符合阿贝原则的测量仪器可以实现较高的测量精度。但是由于被测要素与读数线尺沿同一条直线布置，所以量仪的长度尺寸较大，而不符合阿贝原则的测量仪器在同样的测量范围条件下可以占用较小的空间。

9. 减少回程误差

为保证运动副正常工作，很多运动副（如齿轮、螺旋），需要必要的间隙。但是由于间隙的存在，当运动方向改变时，因工作表面的变换，使得被动零件的运动方向改变滞后于主动零件，产生回程误差。

回程误差是由于间隙引起的。而间隙是运动副正常工作的必要条件，而且，间隙会随着磨损而增大。减小运动副的间隙可以减少回程误差。

图 6-62 所示为普通车床溜板箱进给螺纹间隙调整结构。在结构中，螺母被沿长度方向切分为两个部分，当由于磨损使间隙增大时，可以通过调整使其恢复原有的间隙。调整时首先松开图中左侧固定螺钉，拧紧中间的调整螺钉，使楔块上移，同时通过斜面推动左侧螺母左移，使作用间隙减小，从而减小回程误差。如果将楔块改为压缩弹簧，也可以起到减小以至消除螺纹间隙的作用。

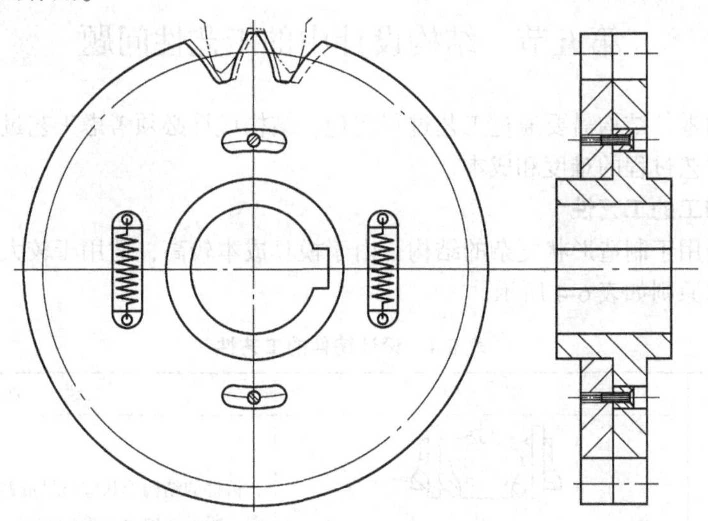

图 6-63 消除齿轮啮合间隙结构

图 6-63 所示为可以消除齿侧间隙的齿轮机构。结构中将原有齿轮沿齿宽方向切分，两半齿轮可相对转动，两半齿轮通过弹簧连接，由于弹簧的作用，使得两半齿轮分别与相啮合

的齿轮的不同齿侧相接触，弹簧的作用消除了啮合间隙，并可以及时补偿由于磨损造成的间隙变化。这种齿轮传动机构由于实际作用齿宽减小，承载能力减小，故通常用于以传递运动为主要设计目标的传动装置中。

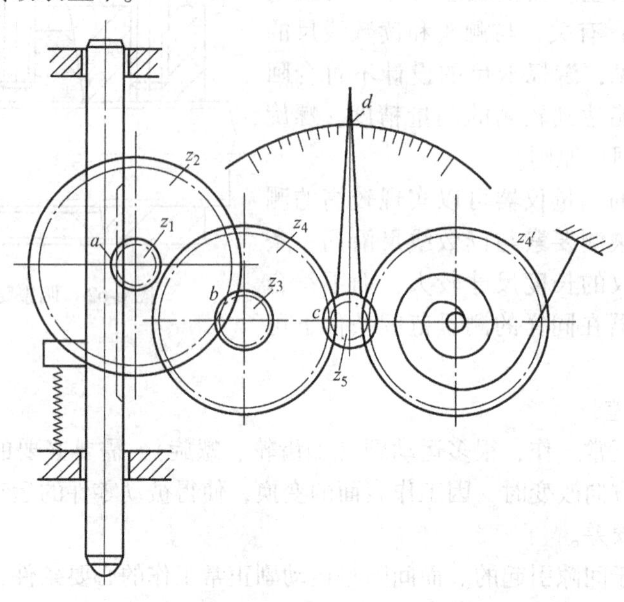

图6-64　千分表传动系统

图6-64所示为千分表传动系统示意图。当表头沿某个方向移动时，固定于齿轮 $z_{4'}$ 上的蜗卷弹簧储能；当表头的运动方向改变时，各齿轮改变转动方向。但是由于蜗卷弹簧的作用，原来的主动齿轮变为被动齿轮，使得各个齿轮的工作齿侧不改变，始终用同一齿侧工作，虽存在齿侧间隙，但不会引起回程误差。

第五节　结构设计中的工艺性问题

设计完成的零件结构需要通过工艺过程实现，结构设计必须考虑工艺过程的可能性和方便程度，降低工艺过程的难度和成本。

一、毛坯加工的工艺性

铸造毛坯适用于制造形状复杂的结构，由于模具成本较高，适用于较大批量生产。设计铸造毛坯的工艺原则如表6-4所示。

表6-4　设计铸件的工艺性

铸造工艺原则	实　例	说　明
便于造型的原则	a) b)	铸件的结构形状应当尽量避免或减少采用型芯。图a所示结构由于有凹空腔和细长通孔。造型必须用型芯，如改用图b所示结构则可不用型芯，其中三个锥孔带有起模斜度，便于取模

（续）

铸造工艺原则	实　例	说　明
考虑铸件冷却变形的原则	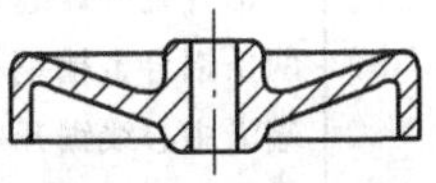	为了防止铸件在冷却中翘曲变形，通常采用加强肋增加铸件的强度和刚度 此外，截面的厚度应尽可能均匀，使之能均匀冷却，避免突然变化
	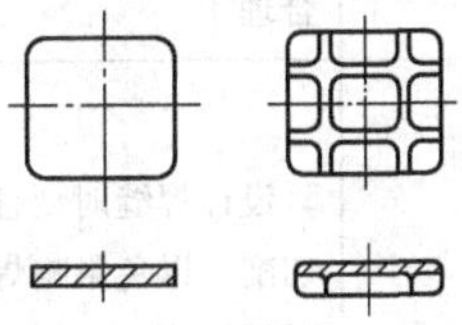	对于大面积平板铸件，应当加肋以防止翘曲变形
适用于金属流体流动充满的原则	（图略）	壁过厚时不仅消耗材料，增加铸件的质量，而且金属组织容易产生缺陷，使零件强度降低。壁太薄也将影响液态金属流动的畅通，以致不能充满铸形而形成裂纹。铸件最小壁厚随材料、铸造方法和技术水平而不同

焊接结构设计除应注意正确选择焊缝形式以外，还应注意表6-5所示的焊接工艺性问题。

表6-5　焊接件的工艺性

焊接工艺原则	实　例	说　明
适应于焊接操作尽量减少焊缝数	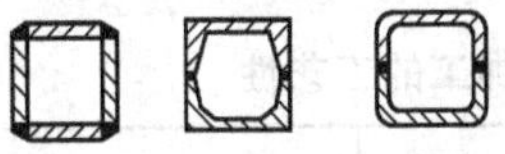 a)　b)　c)	原设计要求四块板焊接如图a所示，现改为图b所示的两块槽钢焊接和图c所示的两块弯成形的板料焊接。后面两种情况都可以减少焊缝数
焊缝受力合理性的原则	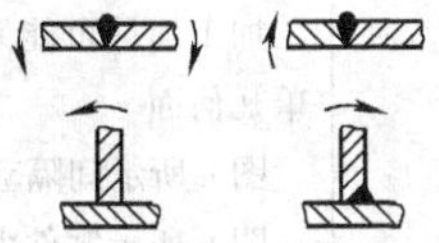 a)　b)	对于承受变载时的焊缝，设计时要考虑受力合理。例如受弯曲时，应当把焊缝底面强度较弱的一边放在受压的一边。图a所示受力方向合理，图b所示受力方向不合理
	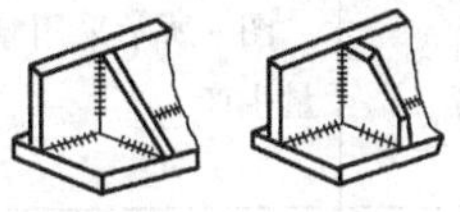 a)　b)	避免如图a所示焊缝互相交叉，改为图b所示较妥。加强肋的数目不宜过多，否则发生变形，甚至发生断裂
	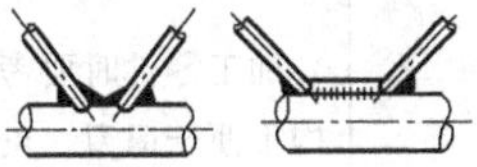 a)　b)	图示为由管子焊成的框架的接头部分，其中图a所示的焊缝聚集在一起，改成为图b所示连成一条焊缝就较妥
	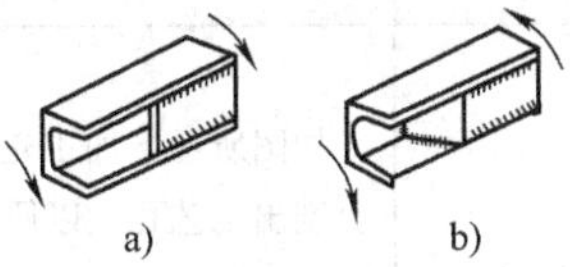 a)　b)	受扭转时采用封闭截面（见图b）的扭转刚度比开口截面（见图a）的扭转刚度高

（续）

焊接工艺原则	实　例	说　明
焊缝受力合理性的原则	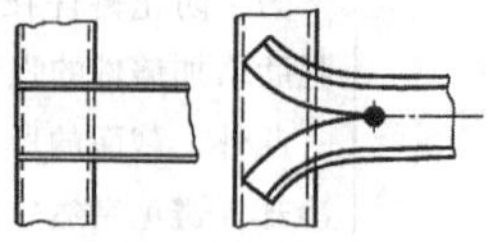 a)　b)	铝合金件焊缝通常比钢件焊缝弱。图a所示为两条铝合金槽钢相互垂直焊住。如将其一槽钢一端沿中心线锯开一口，并将其劈开成人字形（图b），然后与另一槽钢焊住，则其结构受力就比较合理
防止焊缝被切削的原则	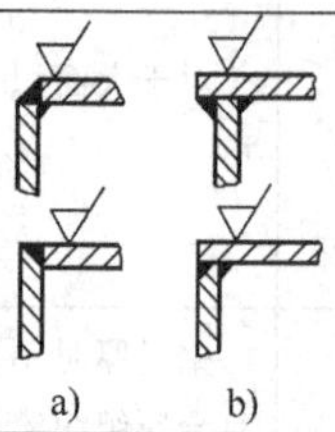 a)　b)	设计焊缝时要注意焊缝的布置，不要让焊缝被切削，以免影响焊缝的强度。图a所示顶面加工时焊缝将被切割，此时焊缝宜改为图b所示
使焊缝处于方便焊接的位置	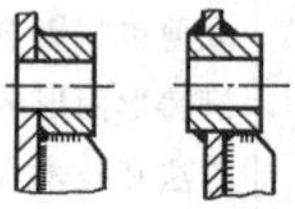 a)　b)	对焊接的轴承支座，精加工通常是在焊接以后进行，图b所示结构比图a所示结构便于焊接，而且强度好

二、机械切削加工的工艺性

结构设计应设法降低机械切削加工的难度，提高加工效率，降低成本。表6-6列举了为提高机械切削加工的工艺性，在结构设计中应遵循的原则。

表6-6　机械加工的工艺性

加工工艺性原则	实　例	说　明
零件结构力求简单的原则	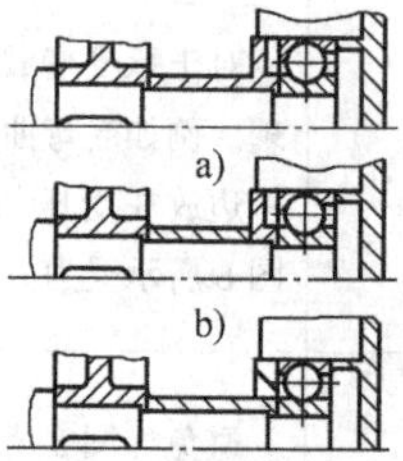 a)　b)　c)	加工面尽可能采用平面、圆柱面或圆锥面等简单几何面 图a所示间隔套筒由圆钢车成，比较费料费工 图b所示零件由一段管料和盘状结构组合而成，比例合理 图c所示采用管料与冲压件组成，适用于大批量生产
便于加工的原则	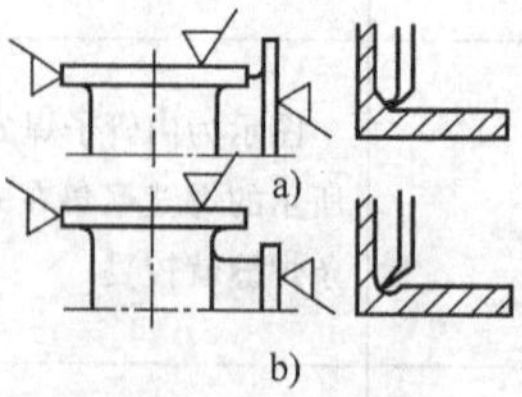 a)　b)	加工零件时要考虑刀具能自由退出。图a的结构不便于退刀。正确的结构参看图b
	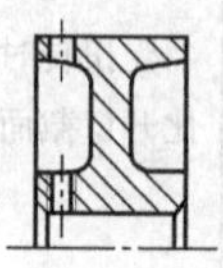	如图所示，加工轮毂上的螺纹孔时，需在轮缘上制出工艺孔，以便刀具进入

（续）

加工工艺性原则	实　例	说　明
便于加工的原则	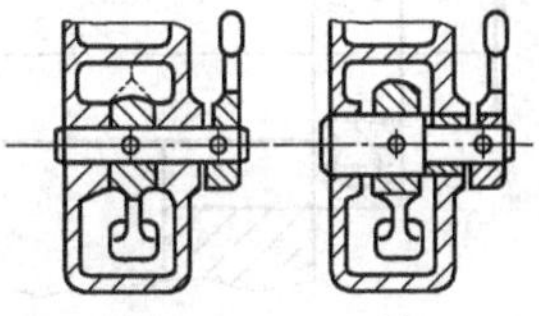 a)　b)	图 a 所示需在不敞开的内表面加工，图 b 所示结构可避免内表面加工
	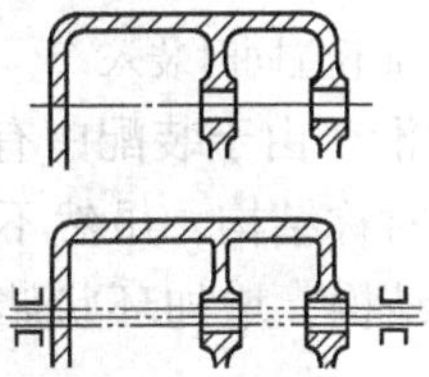	图 a 所示加工比较麻烦。如两孔相距较长，用悬臂镗刀加工会影响孔的精度。如用图 b 所示于左边壳体开一工艺孔，则能保证镗刀的刚度及镗孔的精度
便于装卡的原则	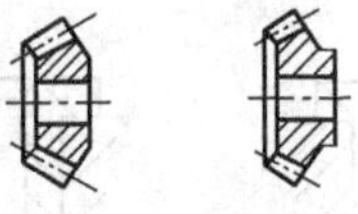 a)　b)	图 a 所示锥齿轮加工时不易夹住，如改为图 b 所示右边有凸台，则便于装夹
提高切削效率的原则	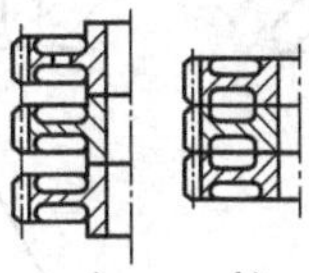 a)　b)	图 a 所示由几个齿轮叠装在一起，切削时由于刚度小而产生振动，影响了表面粗糙度。如采用图 b 所示结构，则增强了刚度，可保证轮齿的精度
	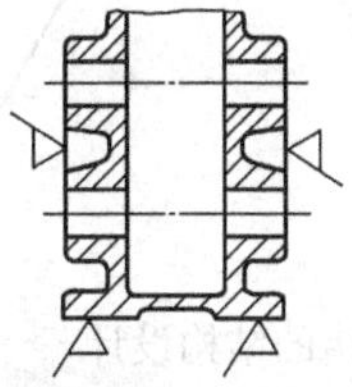	同一轴线的箱体轴承孔的直径尽可能相同，以便一次进给镗孔。孔的左右两侧端面应分别置于同一平面上，以减少调刀进给次数

三、装配工艺性

1. 紧配合面不宜过长

紧配合工作面如果过长会增加装配难度。如图 6-47b 所示的轴系结构中，与齿轮和滚动轴承配合的轴段过长，装配难度大，装配过程容易擦伤配合表面。改为图 6-47a 所示结构，既可以降低加工难度，又可以降低装配难度。

2. 多个紧配合面不宜同时装入

图 6-65a 所示结构，两个滚动轴承同时装入，很难对正，装配难度较大。改为图 6-65b 所示结构，降低了装配难度。

3. 减少装配差错

图 6-66a 所示的滑动轴承右侧有一个与箱体连通的注油孔，如果装配中将滑动轴承的方

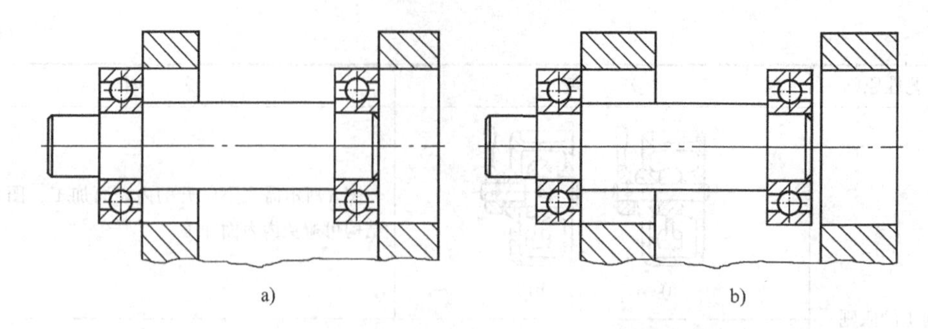

图6-65　多个紧配合面不宜同时装入

向装错，会使滑动轴承和与之配合的轴得不到润滑。由于装配中有方向要求，增加了装配的工作量和难度。改为图6-66b结构，则零件成为对称结构，虽然不会发生装配错误，但是总有一个孔实际不起作用。若改为图6-66c所示的结构，增加环状储油区，则使所有的油孔都能发挥作用。

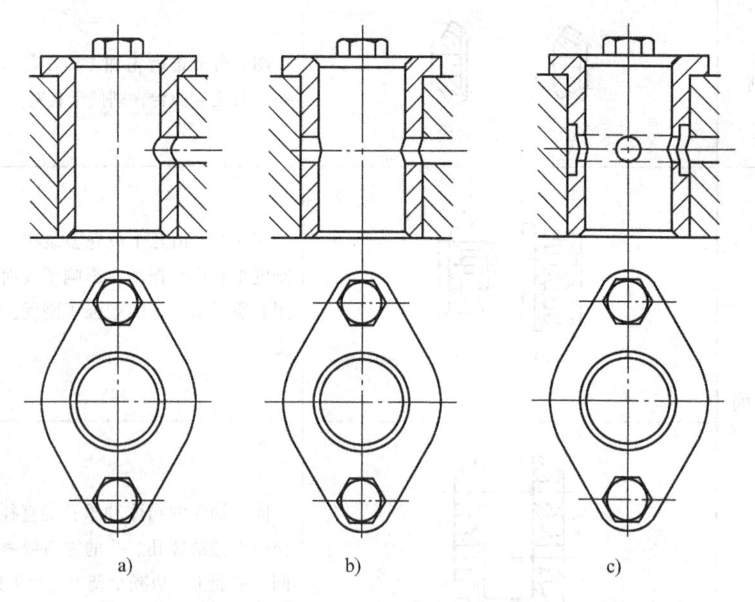

图6-66　减少装配差错的结构设计

不同的零件应有容易辨别的明显差别，否则装配中容易造成错误。

如图6-67a所示两个零件外形相同，材料不同，装配中很难区别。为了在装配中容易分辨，应采用图6-67b的设计，使相似的零件有明显的差异。

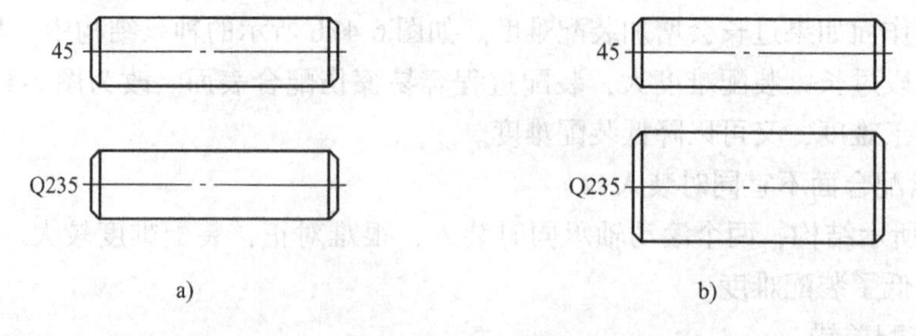

图6-67　相似零件具有明显差别

4. 复杂结构允许分块集中装配

如果所有的结构必须在同一场地上装配，必然会延长装配时间。如果结构允许各部分分别装配后再进行部件组装，则会提高装配效率，有利于大批量生产的进行。

在图 6-26 ~ 图 6-28 所示结构中，由于在小锥齿轮轴系中采用了套杯结构，这就允许将套杯内的结构进行集中装配，然后再将装配好的部件进行组装。

四、调整、维修、拆卸工艺性

1. 不同工作参数的调整应互相独立

在同一结构中，可能存在多个参数需要通过调整确定其最终值。如果这些参数的调整过程互相嵌套，则会增加调整的难度和工作量。

在如图 6-28 所示的锥齿轮轴系中，需要调整轴系的轴向间隙，同时需要调整锥顶位置，使两锥齿轮的锥顶重合。小锥齿轮轴系可以通过端盖与套杯之间的垫片调整轴承间隙，通过套杯与箱体之间的垫片调整锥顶位置。大锥齿轮轴系可以通过两端的垫片厚度之和调整轴向间隙，通过两端垫片厚度之差调整锥顶位置。

2. 易损零件应便于拆卸

结构中有些零件的寿命远低于设备的工作寿命。在工作中需要多次更换失效的零件，结构设计应为这些零件的方便更换创造条件。

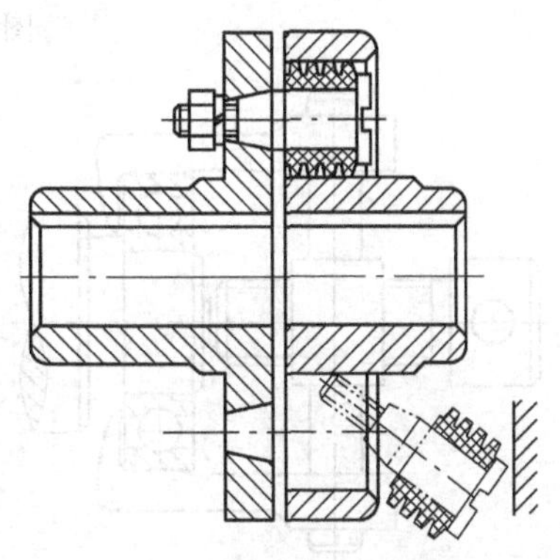

图 6-68 弹性套柱销联轴器

如图 6-68 所示的弹性套柱销联轴器中的弹性套是易损零件，结构设计应保证在更换弹性套时不必同时拆卸和移动更多的零件，应为弹性套及相关零件的拆下和装入留有必要的空间。

3. 装配关系应互相独立

机械设计中有很多参数需要依靠调整实现，当进行维修时，要破坏某些经过调整的装配关系，维修后需要重新调整这些参数，这就增加了维修工作的难度和工作量。结构设计中应使这些结构各部分的装配关系互相独立，减少维修工作中必须对已有装配关系的破坏程度，使维修更容易。

图 6-69a 所示轴承座结构的装配关系不独立，更换轴承时不但需要破坏轴承盖与轴承座的装配关系，而且还要破坏轴承座与机体的装配关系。图 6-69b 所示的结构中，轴承座与机体的装配关系和轴承盖与轴承座的装配关系互相独立，更换轴承时不需要破坏轴承座与机体的装配关系，而轴承盖与轴承座之间有止口定位，装配后不需要调整，使维修中更换易损件更方便。

4. 为需要拆卸的紧配合设置辅助拆卸结构

对于需要反复拆、装的紧配合结构，应为拆卸工艺和拆卸工具设置必要的结构，预留必要的操作空间。

图 6-70 表示了为拆卸滚动轴承的工具的操作，应在定位端面留有操作空间。图 6-71 表示圆锥面过盈连接的辅助拆卸结构，可以在拆卸时通过油孔向内径环槽内加入高压油，有助于拆卸。

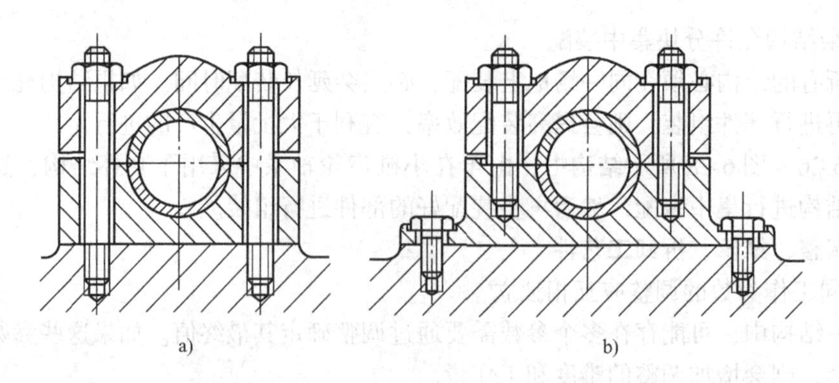

图6-69　装配关系独立的结构设计

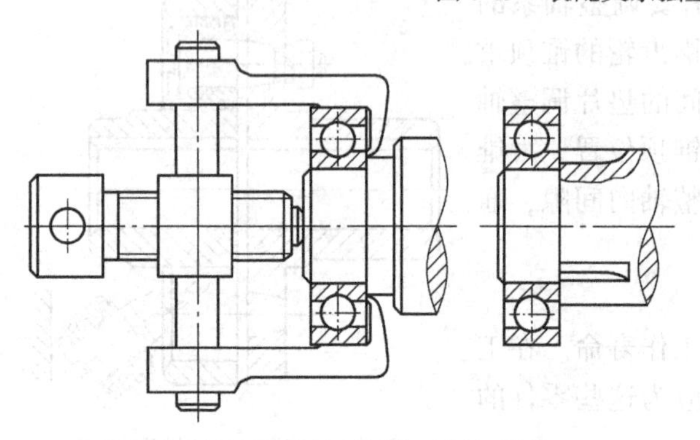

图6-70　滚动轴承的辅助拆卸结构

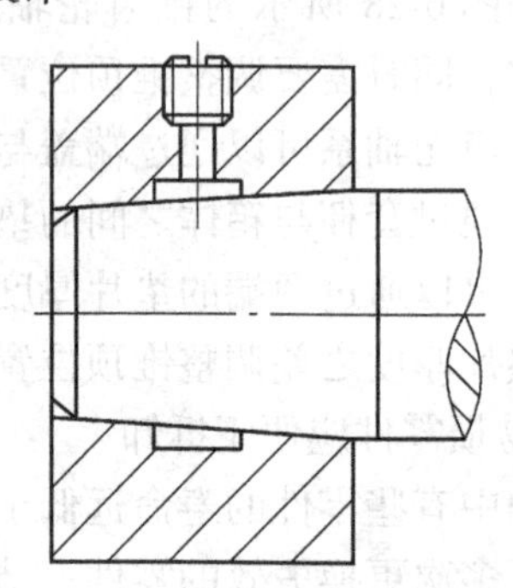

图6-71　圆锥面辅助拆卸结构

第六节　材料的选择

一、材料选择应注意的主要问题

对于从事机械设计与制造的工程技术人员，在材料工程方面的基本要求是能够掌握各种工程材料的特性，正确选择和使用材料，并能初步分析在机器及零件使用过程中出现的各种有关材料的问题。

有些工程技术人员把机械零件材料的选择看成为简单且不太重要的工作，常常采用参考相同零件或类似零件的用材方案。这虽然可以利用已有的设计和使用经验，而且不失为选材时的一个参考信息，但毕竟没有把选材建立在更全面的科学分析和严格的科学试验的基础上。这也是造成很多机器重大事故的根源之一。

针对具体的应用条件选择合适的机械零件材料时，需要考虑的主要问题有三：①所选材料的特性和在承载或温度或其他环境因素变化条件下的行为，能否满足零件在工作时所遇到的各种情况下的要求，包括使用寿命方面的要求，这是材料的工作能力，常常表现为承载能力的问题；②所选材料是否容易加工，是否适合所设计零件可能的加工条件，这是材料的加工工艺性能问题；③用所选材料制成的零件，其材料费和由材料引出的加工费是否较低而在零件成本中占的百分数比较合理，这是材料的经济性问题。

（一）材料的工作能力问题

可以认为，这是材料的使用性能方面的问题，是选材时考虑的主要依据。不同零件所要求的材料使用性能是不一样的，有的零件要求高强度，有的零件要求适当的刚度，也有的零件要求高的耐磨性，还有的零件对美观的要求较高。因此，选材时首要的任务就是准确地判断零件所要求的主要使用性能。零件工作情况、工作条件的分析首先是断定零件在工作中所承受载荷的类型、大小、方向，以及随时间的变化，包括冲击性载荷与振动载荷等；其次是摸清由载荷引起的零件内力反应、变形和应力，以及它们的分布与集中情况等。在此基础上，分析零件可能的失效形式，并从防止失效出发，明确对材料使用性能的要求。此外，零件的工作环境因素，如温度和介质的性质（如盐雾）和对材料的特殊性能，如绝缘性、导电性、磁性、导热性、热膨胀特性等的要求，也是选择零件材料时的重要使用性能依据。

目前使用的钢、铁等金属材料，其力学性能是各向相同的，对于一部机器中的不同零件，或一个零件的不同部分，其受力情况、工作条件和环境影响，有时不见得相同。因此，一般说来，选择材料应考虑不同零件、零件的不同部分的使用性能要求，争取做到各零件、零件的各个部分的材料都能充分发挥其承载潜力。这也是本章第二节阐述的等强度设计概念，在选择零件材料时应该考虑。但是，这样的设计，也可以通过材料的热处理或表面处理、零件的结构形式和尺寸的调整来接近乃至达到；还可以从受力情况的改变来实现。很多时候，要从设计的全局如结构的布局、标准件的使用、材料品种的简化等角度来衡量，而取得最佳选择方案。这说明，对材料的使用性能的要求，是一定要坚持的，但实现这一要求却有相当大的灵活性。

（二）材料的工艺性能问题

通常，选择零件的材料时，对材料的工艺性能要求要比使用性能要求处于次要地位，但也是一个重要的考虑因素，它关系到零件的制造是否可能、难易和经济。工艺性能要求是多方面的：机械加工性能，锻、铸、焊制造性能，其他成形性能，热处理、表面处理等性能，都包括在内。例如，为了提高生产效率而采用自动机床实行大量生产时，零件材料的切削性能成为选材时考虑的主要问题。材料的工艺性能对零件制造的工艺路线也有很大影响。例如设计一个直径不是很大也不是很小的筒状零件最好选用管材，这时无需考虑材料的铸造性能，但要求切削加工性能要好，热处理时变形要小。

金属零件的工艺路线大体分为三类：

1. 力学性能要求不高的一般零件

毛坯→正火或退火→机械加工→零件。

毛坯一般用铸铁或碳钢。如果采用型材直接加工成零件，则因材料出厂前已经过退火及正火，就不必再经过热处理了。这类零件由于对力学性能要求不高，一般用比较普通的材料，其加工性能都很好。

2. 力学性能要求较高的一般零件

毛坯→正火或退火→粗加工→最后热处理（淬火、回火或渗碳处理等）→精加工。

预先热处理中的正火（低、中碳钢）或退火（中、高碳钢）的主要作用是消除组织缺陷和改善机械加工性能，例如各种合金钢、高强度合金制造的齿轮轴等均采用这种工艺。

3. 要求较高的精密零件

这类零件除了要求有较高的使用性能外，还要求有相当高的尺寸精度和较低的表面粗糙度值。由于加工工艺一般比较复杂，性能与尺寸要求很高，零件所用材料的工艺性能应充分保证。

此外，选择材料时，根据毛坯制造工艺要考虑材料的锻造性能、铸造性能、焊接性能等，例如需要焊接的零件要选用低碳钢。

以上以金属材料为例的注意事项，对塑料等材料的选用也是基本适用的。

（三）材料的经济性问题

材料的经济性不仅是指材料本身价格应便宜，更重要的是采用所选用的材料来制造零件时，有助于使产品的总成本降至最低，同时所选材料应符合国家资源状况和供应情况等等。

二、典型零件的材料选用

以下列举一些典型机械中的零件材料选用资料，供设计参考。

（一）金属零件

1. 轴类零件的材料选用

传统上轴类零件是按照强度设计来选材的，要求保证轴的承载能力、抗疲劳能力及耐磨性等方面。表6-7可作为轴类零件选材时的参考。

表6-7　轴类零件的材料选用

<table>
<tr><th>载荷情况</th><th>选用举例</th><th colspan="2">材料及热处理要求</th></tr>
<tr><td>载荷不大，主要考虑刚度和耐磨性的轴</td><td>一些工作应力较低，对强度和韧性要求不高的传动轴和主轴</td><td colspan="2">中碳钢，例如45钢，对有较高耐磨性要求的轴表面，淬火硬度应高到52HRC以上</td></tr>
<tr><td>主要承受弯曲变载荷的轴</td><td>卷扬机轴等</td><td rowspan="4">45，40Cr
40MnB，
30CrMnSi，
35CrMo，
40CrNiMo等</td><td rowspan="3">轴的表面应力大，心部应力小，因此不需要选用淬透性很高的钢</td></tr>
<tr><td>主要承受扭转变载荷的轴</td><td>变速箱传动轴等</td></tr>
<tr><td>承受弯扭组合载荷的轴</td><td>发动机曲轴、汽轮机主轴、机床主轴等</td></tr>
<tr><td>同时承受弯曲（或扭转）及拉压变载荷的轴</td><td>船舶推进器轴、锻锤杆等</td><td>轴的截面应力分布均匀，心部受力也大，选用的钢应具有较高的淬透性</td></tr>
</table>

2. 齿轮类零件材料的选用

以润滑条件较好的闭式齿轮传动为例，轮齿主要根据接触强度或弯曲疲劳强度要求选材，其特点是要求很高的齿面硬度及强度，以防止疲劳断裂和表面损伤；同时要有足够的心部强度及韧性。因此在要求较低时，齿轮材料只进行表面淬火回火强化；要求高时，则应采用表面化学处理（渗碳、渗氮等）强化，还可以利用各种金属或抗磨材料喷涂技术。一般齿轮类选材可参考表6-8。

3. 汽车发动机主要零件的材料选用

一辆汽车有上千种零件，汽车发动机只是一个重要部件。不同的生产厂用材不同。目前多根据使用经验选材。但需要指出，应该根据零件的具体工作条件及实际失效形式，通过大量的计算和试验才能选出合适的材料。由于材料科学正在不断发展，因此也存在一个材料再次更新的问题。表6-9所示的发动机零件材料选用，也可以作其他类似零件选材的参考。

4. 铸造零件的材料选用

铸造零件常用的材料有铸铁、铸钢、青铜、铸铝、铸镁等。

表 6-8 齿轮的工作条件、材料及选材举例

齿轮圆周速度/ $(\mathrm{m \cdot s^{-1}})$	齿面接触应力/MPa	冲击	材料	选用举例
中速 6～10	<1000	大 中 小	18CrMnTi、20Cr 20Cr、40Cr、42SiMn 40Cr	普通机床变速箱齿轮 普通机床进给箱齿轮 切齿机床、铣床、车床、磨床、钻床的齿轮，螺纹机床分度机构的变速齿轮 调整机构的变速齿轮
	<700	大 小 微	20Cr 40Cr、45 45	
	<400	大 中 微	40Cr、42SiMn 45 45	
低速 1～6	<1000	大 中 微	20Cr、40Cr 45 45	低速不重要的齿轮，包括分度运动的所有齿轮，如大型、重型、中型机床，如车床、牛头刨床、磨床大部分齿轮，一般大模数大尺寸齿轮
	<700	大 中 微	20Cr、40Cr 45、45Cr 45	
低速 1～6	<400	大 中 微	40Cr、45 45、50Mn2 45	低速不重要的齿轮，包括分度运动的所有齿轮，如大型、重型、中型机床，如车床、牛头刨床、磨床大部分齿轮、一般大模数大尺寸齿轮

表 6-9 汽车发动机零件的材料选用

零 件	主要失效形式	使用性能要求	材料种类及牌号	热处理及其他
缸体、缸盖	产生裂纹、磨损、翘曲变形	刚度、强度、尺寸稳定性	灰铸铁 HT200、ZL104 淬火后时效	不处理或去除内应力退火
缸套、排气门座	过量磨损	耐磨、耐热	合金铸铁	铸造状态
曲轴	过量磨损、断裂	刚度、强度、冲击、耐磨、疲劳抗力	球墨铸铁 QT600-3、40MnB	表面淬火、圆角滚压、渗氮
活塞销	磨损、变形、断裂	强度、冲击、耐磨	渗碳钢 20、20Cr、18CrMnTi、12Cr2Ni4	渗碳、淬火、回火
连杆、连杆螺栓	过量变形、断裂	强度、疲劳抗力、冲击韧性	调质钢 45、40Cr、40MnB	调质、探伤
各种轴承、轴瓦	磨损、剥落、烧蚀、破裂	耐磨、疲劳抗力	轴承钢和轴承合金	不热处理（外购）
排气门	起槽、剥落、烧蚀、破裂	耐热、耐磨	耐热钢 4Cr3Si2、6Mn20Al5MoVNb	淬火、回火

（续）

零　件	主要失效形式	使用性能要求	材料种类及牌号	热处理及其他
汽门弹簧	变形、断裂	疲劳抗力	弹簧钢65Mn、5CrVA	淬火、中温回火
活塞	烧蚀、变形、断裂	耐热强度	有色金属高硅铝合金ZL108、ZL110	淬火、时效

铸铁铸造性好，容易做成复杂形状的零件，成本低，它的强度虽较低，但应用范围很广。它的抗压强度比抗拉强度高得多（约4:1），适用于受压缩的零件。铸铁性脆，不适宜于做受冲击载荷的零件，但其减震性比钢好，可用来做机器的机座或机架。球墨铸铁比一般铸铁强度高约一倍，与普通钢强度接近，耐磨性也较高，可用于受冲击载荷的较高强度零件。可锻铸铁的强度也接近于普通钢，抗冲击能力也比普通铸铁高而接近普通钢，且能焊接。

灰铸铁铸件的抗拉强度见表6-10，球墨铸铁的力学性能见表6-11，可锻铸铁的力学性能见表6-12和表6-13。

铸钢主要用于制造承受重载的大型零件。由于内部组织不如轧制或锻造钢件，其强度略低。

表6-10　灰铸铁铸件抗拉强度（GB/T 9439—1988）

牌　号	铸件壁厚/mm		最小抗拉强度 σ_b/MPa
	大于	至	
HT100	2.5	10	130
	10	20	100
	20	30	90
	30	50	80
HT150	2.5	10	175
	10	20	145
	20	30	130
	30	50	120
HT200	2.5	10	220
	10	20	195
	20	30	170
	30	50	160
HT250	4.0	10	270
	10	20	240
	20	30	220
	30	50	200
HT300	10	20	290
	20	30	250
	30	50	230
HT350	10	20	340
	20	30	290
	30	50	260

表 6-11 按硬度划分的球墨铸铁牌号及其力学性能（GB/T 1348—1988）

牌号	硬度（HBS）	主要金相组织	供参考		
			抗拉强度 σ_b/MPa	屈服强度 $\sigma_{0.2}$/MPa	伸长率 δ（%）
			最小值		
QT-H330	280～360	贝氏体或回火马氏体	900	600	2
QT-H300	245～335	珠光体或回火组织	800	480	2
QT-H265	225～305	珠光体	700	420	2
QT-H230	190～270	珠光体+铁素体	600	370	3
QT-H200	170～230	铁素体+珠光体	500	320	7
QT-H185	160～210	铁素体	450	310	10
QT-H155	130～180	铁素体	400	250	15
QT-H150	130～180	铁素体	400	250	15

注：每一批量铸件必须检验硬度，检验硬度值的同时，必须进行金相组织检验。

表 6-12 黑心可锻铸铁和珠光体可锻铸铁的力学性能（GB/T 9440—1988）

牌号		试样直径 d/mm	抗拉强度 σ_b/MPa, 屈服强度 $\sigma_{0.2}$/MPa		伸长率 δ（%）（$L_0=3d$）	硬度（HBS）
A	B		不小于			
KTH300-06	—	12 或 15	300	—	6	不大于 150
	KTH330-08		330	—	8	
KTH350-10	—		350	200	10	
	KTH370-12		370	—	12	
KTZ450-06	—		450	270	6	150～200
KTZ550-04	—		550	340	4	180～230
KTZ650-02	—		650	430	2	210～260
KTZ700-02	—		700	530	2	240～290

注：1. 试样直径 12mm 只适用于铸件主要壁厚小于 10mm 的铸件。
2. 牌号 KTH300-06 适用于气密性零件。
3. 牌号 B 系列为过渡牌号。

表 6-13 白心可锻铸铁的力学性能（GB/T 9440—1988）

牌号	试样直径 d/mm	抗拉强度 σ_b/MPa 屈服强度 $\sigma_{0.2}$/MPa		伸长率 δ（%）（$L_0=3d$）	硬度（HBS）
		不小于			不大于
KTB350-04	9	340	—	5	230
	12	350	—	4	
	15	360	—	3	

（续）

牌号	试样直径 d/mm	抗拉强度 σ_b/MPa	屈服强度 $\sigma_{0.2}$/MPa	伸长率 δ（%）（$L_0=3d$）	硬度（HBS）
		不小于			不大于
KTB380-12	9 12 15	320 380 400	170 200 210	15 12 8	200
KTB400-05	9 12 15	360 400 420	200 220 230	8 5 4	220
KTB450-07	9 12 15	400 450 480	230 260 280	10 7 4	220

注：白心可锻铸铁试样直径应尽可能与铸件的主要壁厚相近。

铸钢主要用于制造承受重载的大型零件。由于内部组织不如轧制或锻造钢件，其强度略低于普通锻钢，但其抗弯强度约为灰铸铁的2倍，抗压强度相当，抗扭强度约高50%，其减震性和减摩性均较灰铸铁略差。

一般工程用国产铸钢有5种牌号，其力学性能如表6-14所示。

表6-14　一般工程用铸造碳钢的力学性能（GB/T 11352—1989）

牌　　号	最　小　值					
	屈服强度 σ_s 或 $\sigma_{0.2}$/MPa	抗拉强度 σ_b/MPa	伸长率 δ（%）	根据合同选择		
				断面收缩率 ψ（%）	冲击性能	
					A_{KV}/J	a_K/（J·cm^{-2}）
ZG200-400	200	400	25	40	30	60
ZG230-450	230	450	22	32	25	45
ZG270-500	270	500	18	25	22	35
ZG310-570	310	570	15	21	15	30
ZG340-640	340	640	10	18	10	20

注：1. 表中 A_K——冲击吸收功（V型）；a_K——冲击韧度（U型）。

2. 表中所列的各牌号性能，适应于厚度为100mm以下的铸件。当铸件厚度超过100mm时，表中规定的 $\sigma_{0.2}$ 屈服强度仅供设计使用。

不锈耐酸铸钢可用于石油、化工、原子能工业中的流体机械的零件，如泵壳、阀、叶轮、水轮机转轮或叶片、螺旋桨、离心铸件等。

铸造铜合金的种类很多，其主要特性和应用举例如表6-15所示。

表6-15　铸造铜合金的主要特性和应用举例

序号	合金牌号	主要特性	应用举例
1	ZCuSn3Zn8Pb6Ni1	耐磨性较好，易加工，铸造性能好，气密性较好，耐腐蚀，可在流动海水下工作	在各种液体燃料以及海水、淡水和蒸汽（225℃）中工作的零件，压力不大于2.5MPa的阀门和管配件

（续）

序号	合金牌号	主要特性	应用举例
2	ZCuSn3Zn11Pb4	铸造性能好，易加工、耐腐蚀	海水、淡水、蒸汽中，压力不大于2.5MPa的管配件
3	ZCuSn5Pb5Zn5	耐磨性和耐蚀性好，易加工，铸造性能和气密性较好	在较高负荷、中等滑动速度下工作的耐磨、耐腐蚀零件，如轴瓦、衬套、缸套、活塞、离合器、泵件压盖以及蜗轮等
4	ZCuSn10Pb1	硬度高，耐磨性好，不易产生咬死现象，有较好的铸造性能和切削加工性能，在大气和淡水中有良好的耐蚀性	可用于高负荷（20MPa以下）和高滑动速度（8m/s）下工作的耐磨零件，如连杆、衬套、轴瓦、齿轮、蜗轮等
5	ZCuSn10Pb5	耐腐蚀，特别对稀硫酸、盐酸和脂肪酸	结构材料，耐蚀、耐酸的配件以及破碎机衬套、轴瓦
6	ZCuSn10Zn2	耐蚀性、耐磨性和切削加工性能好，铸造性能好，铸件致密性较高，气密性较好	在中等及较高负荷和小滑动速度下工作的重要管配件，以及阀、旋塞、泵体、齿轮、叶轮和蜗轮等
7	ZCuPb10Sn10	润滑性能、耐磨性能和耐蚀性能好，适合用作双金属铸造材料	表面压力高，又存在侧压力的滑动轴承，如轧辊、车辆用轴承、负荷峰值60MPa的受冲击的零件，以及最高峰值达100MPa的内燃机双金属轴瓦，以及活塞销套、摩擦片等
8	ZCuPb15Sn8	在缺乏润滑剂和用水质润滑剂条件下，滑动性和自润滑性能好，易切削，铸造性能差，对稀硫酸耐蚀性能好	表面压力高，又有侧压力的轴承，可用来制造冷轧机的铜冷却管，耐冲击负荷达50MPa的零件，内燃机的双金属轴瓦，主要用于最大负荷达70MPa的活塞销套，耐酸配件
9	ZCuPb17Sn4Zn4	耐磨性和自润滑性能好，易切削，铸造性能差	一般耐磨件，高滑动速度的轴承等
10	ZCuPb20Sn5	有较高的滑动性能，在缺乏润滑介质和以水为介质时有特别好的自润滑性能，适用于双金属铸造材料，耐硫酸腐蚀，易切削，铸造性能差	高滑动速度的轴承，及破碎机、水泵、冷轧机轴承，负荷达40MPa的零件，抗腐蚀零件，双金属轴承，负荷达70MPa的活塞销套
11	ZCuPb30	有良好的自润滑性，易切削，铸造性能差，易产生密度偏析	要求高滑动速度的双金属轴瓦、减磨零件等

（续）

序号	合金牌号	主要特性	应用举例
12	ZCuAl8Mn13Fe3	具有很高的强度和硬度，良好的耐磨性能和铸造性能，合金致密性高，耐蚀性好，作为耐磨件工作温度不大于400℃，可以焊接，不易钎焊	适用于制造重型机械用轴套，以及要求强度高、耐磨、耐压零件，如衬套、法兰、阀体、泵体等
13	ZCuAl8Mn13Fe3Ni2	有很高的力学性能，在大气、淡水和海水中均有良好的耐蚀性，腐蚀疲劳强度高，铸造性能好，合金组织致密，气密性好，可以焊接，不易钎焊	要求强度高耐腐蚀的重要铸件，如船舶螺旋桨、高压阀体、泵体、以及耐压、耐磨零件，如蜗轮、齿轮、法兰、衬套等
14	ZCuAl9Mn2	有高的力学性能，在大气、淡水和海水中耐蚀性好，铸造性能好，组织致密，气密性高，耐磨性好，可以焊接，不易钎焊	耐蚀、耐磨零件、形状简单的大型铸件，如衬套、齿轮、蜗轮，以及在250℃以下工作的管配件和要求气密性高的铸件，如增压器内气封
15	ZCuAl9Fe4Ni4Mn2	有很高的力学性能，在大气、淡水、海水中均有优良的耐蚀性，腐蚀疲劳强度高，耐磨性良好，在400℃以下具有耐热性，可以热处理，焊接性能好，不易钎焊，铸造性能尚好	要求强度高、耐蚀性好的重要铸件，是制造船舶螺旋桨的主要材料之一，也可用作耐磨和400℃以下工作的零件，如轴承、齿轮、蜗轮、螺母、法兰、阀体、导向套管
16	ZCuAl10Fe3	具有高的力学性能，耐磨性和耐蚀性能好，可以焊接，不易钎焊，大型铸件自700℃空冷可以防止变脆	要求强度高、耐磨、耐蚀的重型铸件，如轴套、螺母、蜗轮以及250℃以下工作的管配件
17	ZCuAl10Fe3Mn2	具有高的力学性能和耐磨性，可热处理，高温下耐蚀性和抗氧化性能好，在大气、淡水和海水中耐蚀性好，可以焊接，不易钎焊，大型铸件自700℃空冷可以防止变脆	要求强度高、耐磨、耐蚀的零件，如齿轮、轴承、衬套、管嘴以及耐热管配件等
18	ZCuZn38	具有优良的铸造性能和较高的力学性能，切削加工性能好，可以焊接，耐蚀性较好，有应力腐蚀开裂倾向	一般结构件和耐蚀零件，如法兰、阀座、支架、手柄和螺母等

（续）

序号	合金牌号	主要特性	应用举例
19	ZCuZn25Al6Fe3Mn3	有很高的力学性能，铸造性能良好，耐蚀性较好，有应力腐蚀开裂倾向，可以焊接	适用高强、耐磨零件，如桥梁支承板、螺母、螺杆、耐磨板、滑块和蜗轮等
20	ZCuZn26Al4Fe3Mn3	有很高的力学性能，铸造性能良好，在空气、淡水和海水中耐蚀性较好，可以焊接	要求强度高、耐蚀零件
21	ZCuZn31Al2	铸造性能良好，在空气、淡水、海水中耐蚀性较好，易切削，可以焊接	适用于压力铸造，如电动机、仪表等的压铸件，以及造船和机械制造业的耐蚀零件
22	ZCuZn35Al2Mn2Fe1	具有高的力学性能和良好的铸造性能，在大气、淡水、海水中有较好的耐蚀性，切削性能好，可以焊接	管路配件和要求不高的耐磨件
23	ZCuZn38Mn2Pb2	有较高的力学性能和耐蚀性，耐磨性较好，切削性能良好	一般用途的结构件，船舶、仪表等使用的外形简单的铸件，如套筒、衬套、轴瓦、滑块等
24	ZCuZn40Mn2	有较高的力学性能和耐蚀性，铸造性能好，受热时组织稳定	在空气、淡水、海水、蒸汽（小于300℃）和各种液体燃料中工作的零件和阀体、阀杆、泵、管接头，以及需要浇注巴氏合金和镀锡零件等
25	ZCuZn40Mn3Fe1	有高的力学性能，良好的铸造性能和切削加工性能，在空气、淡水、海水中耐蚀性较好，有应力腐蚀开裂倾向	耐海水腐蚀的零件，以及300℃以下工作的管配件，制造船舶螺旋桨等大型铸件
26	ZCuZn33Pb2	结构材料，给水温度为90℃时抗氧化性能好，电导率约为10～14MS/m	煤气和给水设备的壳体，机器制造业、电子技术、精密仪器和光学仪器的部分构件和配件
27	ZCuZn40Pb2	有好的铸造性能和耐磨性，切削加工性能好，耐蚀性较好，在海水中有应力腐蚀倾向	一般用途的耐磨、耐蚀零件，如轴套、齿轮等
28	ZCuZn16Si4	具有较高的力学性能和良好的耐蚀性，铸造性能好，流动性高，铸件组织致密，气密性好	接触海水工作的管配件以及水泵、叶轮、旋塞和在空气、淡水、油、燃料，以及工作压力在4.5MPa和250℃以下蒸汽中工作的铸件

铸铝合金种类很多，其强度略低于各类锻铝合金，多用于民用小型机械支架等件，也可用于飞机结构和航空发动机中支座零件。

铸镁合金强度低于锻铝合金，质量轻，可用于飞机结构上的挂架。

铸造轴承合金有锡基、铅基、铂基和铝基四类，铜基的抗拉强度高、硬度高。这种合金的选用常根据滑动轴承的设计而定。

5. 铝合金

铝合金具有以下特点：

1）密度小、比强度高，采用各种强化手段后，可以达到与低合金高强钢相近的强度。

2）导电性好，仅次于银、铜和金。其资源丰富，成本较低。其磁化率极低，接近于非铁材料，可用于制造电动机的壳体等。

3）加工性能好，塑性也好，可以冷成形。

铝合金的牌号、元素及应用举例如表6-16所示。

表6-16　铝合金的牌号、元素及应用举例

类别	牌号	含元素	应用举例
防锈铝合金	5A05	Mg、Mn、Al	中载零件、铆钉、焊接件、油箱、油管
	LF11①	Mg、Mn、V、Al	中载零件、铆钉、焊接件、油箱、油管
	3A21	Mn、Al	管道、容器、铆钉及轻载零件及制品
硬铝合金	2A01	Cu、Mg、Al	中等强度、工作温度不超过100℃的铆钉
	2A11	Cu、Mg、Mn、Al	中等强度构件和零件，如骨架、螺旋桨叶片、铆钉
	2A12	Cu、Mg、Mn、Al	高强度的构件及在150℃以下工作的零件，如骨架、梁、铆钉
超硬铝合金	7A04	Cu、Mg、Mn、Zn、Cr、Al	主要受力构件及高载荷零件，如飞机大梁、加强框、起落架
	LC6①	Cu、Mg、Mn、Zn、Cr、Al	应用同上。强度及硬度均比以上所列的高
锻铝合金	2A50	Cu、Mg、Mn、Si、Al	形状复杂的中等强度的锻件及模锻件
	2A70	Cu、Mg、Ti、Ni、Fe、Al	高温下工作的复杂锻件及结构件、内燃机活塞
	2A14	Cu、Mg、Mn、Si、Al	高载荷锻件和模锻件

① LF11、LC6系旧标准的牌号。

（二）非金属材料

塑料零件和金属零件的设计基本相同，要做到合理选材，应注意的问题也一样。塑料的品种很多，而且还在继续发展，对各种可供选用的工程塑料的特性：力学性能、物理及化学等性能，以及零件的工作条件和工作环境的温度与湿度对以上特性的影响，尤应有充分的了解。用于制造零件的塑料的特性和应用如表6-17～表6-20所示。

表6-17　一般结构零件用塑料的特性和应用

品　种	特　性	应　用　举　例
低压聚乙烯	具有良好的韧性、化学稳定性、耐水性及自润滑性等，但耐热性差，在沸水中变软，有冷流性及应力开裂倾向性	在常温下或水及酸、碱等腐蚀性介质中工作的结构构件，如机床导轨、滚子框底、阀、衬、套等
聚丙烯	比低压聚乙烯有较高的耐热性、强度与刚性，优良的耐腐蚀性、耐油性，几乎不吸水	可做机械零件，如法兰、管道、接头、泵叶轮和鼓风机叶轮等。由于有优越的耐疲劳性，可以代替金属铰链，例如连盖的聚丙烯仪表盒子，可以一次注射成型

（续）

品　　种	特　　性	应 用 举 例
改性聚苯乙烯	用丁苯改性聚苯乙烯，可克服其脆性，用有机玻璃改性的，有良好的透明度，耐油、耐水性均好。用丙烯脂改性的（AS），有良好的抗冲击性、刚性、耐腐蚀性和耐油性	能制造各种仪表外壳，纺织用纱管和电信零件等，可制作透明罩壳，如汽车各类灯罩和电气零件等，广泛用于耐油耐化学药品的机械零件和仪器表面装置、仪表框架、罩壳以及电池盒等
ABS 塑料	冲击韧度好，吸水性低，表面易镀饰金属 变换组成的配比，可以得到不同的韧性和耐热性，但耐热性差	可用于制造小型泵叶轮、蓄水池槽、仪表外壳、水表外壳等，泡沫塑料夹层板可做小轿车车身

表 6-18　一般耐磨传动零件用塑料的特性和应用

品　　种	特　　性	应 用 举 例
聚酰胺（尼龙）	强度高，冲击性能好，耐磨、耐疲劳、耐油，但吸水性大，影响尺寸稳定，并使一些力学性能下降	可用于制造轴承、密封圈、凸轮、联轴器等，如用尼龙 1010 制造电机车的轴瓦、矿山机械的蜗轮、高压碗状密封圈可耐压 1216MPa。尼龙 6、尼龙 66 可做汽车万向节轴承。15% 石墨填充尼龙 1010 可做风扇轴承
MC 尼龙	强度高，抗拉强度可达 90MPa 以上，减摩耐磨性优于其他尼龙，适用于大型铸件	大型轴承、齿轮、蜗轮及其他受力件，如矿机大轮套、汽车起重吊的蜗轮。增强的 MC 尼龙可做钻床的升降螺母
聚甲醛	抗拉强度优于一般尼龙，耐疲劳、耐蠕变，摩擦因数低，耐磨性好，与尼龙相比吸水性低，尺寸稳定性好，但成型收缩大（大约 2.5% 左右）	各种轴承及齿轮，汽车钢板弹簧衬套，磨床液筒衬套等
聚碳酸酯	具有突出的抗蠕变及冲击性能，脆化温度为 -100℃，成型精度很高，透明，耐热性高于有机玻璃	仪表中的小模数齿轮、水泵叶轮等。用玻璃纤维增强可制成 450mm 的机床齿条，还可制做各种灯罩
线型聚酯（对苯二甲酸乙二醇酯）	强度较高，吸水性极低，尺寸稳定性好，增强聚酯的性能相当于一般热固性塑料，但冲击性能和耐热性稍差些	未增强的聚酯可代替聚甲醛、尼龙，增强的聚酯可代替玻璃纤维填充的酚醛、环氧、不饱和聚酯等热固性塑料，且可注射成型

表 6-19　减摩自润滑零件用塑料的特性和应用

品　　种	特　　性	应用举例
聚四氟乙烯	摩擦因数最低，几乎不吸水，耐腐蚀性突出，必须用冷压烧结法成型，工艺较复杂	各种无油润滑活塞环、密封圈等，如输送酚的离心泵端面密封圈。使用温度为 230 ~ 250℃
填充的聚四氟乙烯	用玻璃纤维粉末、石墨、二硫化钼、氧化钨等填充，承载能力、刚性和 pv 极限值都有提高	高温条件下或在腐蚀介质中工作的干摩擦零件，如活塞环、密封圈、轴承等
聚四氟乙烯填充的聚甲醛	用聚四氟乙烯末或纤维填充的聚甲醛，能显著降低摩擦因数，提高耐磨性和 pv 极限值	要求 pv 值较高的干摩擦轴承、机械动密封圈及常温下工作的无油润滑活塞环等

表 6-20 耐高温零件用塑料的特性和应用

品种	特性	应用举例
聚砜	有较高的热变形温度及高温抗蠕变性能。能在150℃下长期工作，耐寒性可与聚碳酸酯比美，也可以做摩擦零件	高温下工作的传动零件，例如汽车分速器盖，电表上的接触器齿轮等
聚苯醚	强度高，其耐热性已达到一般热固性塑料的水平，耐热160℃以上，成型收缩率低于聚碳酸酯，能承受蒸汽消毒	高温工作的精密齿轮、轴承等摩擦零件、传动零件，还可以做外科医疗器械以代替不锈钢
氟塑料	氟塑料既耐腐蚀又耐高温，例如聚氟乙烯可长期在250℃下工作	在高温环境中工作的工件，化工设备零件
聚酰亚胺	能在260℃下长期工作，间歇使用温度达480℃，耐磨性良好，但在蒸汽持续作用下会破坏	用聚四氟乙烯或其纤维填充的聚酰亚胺，可以用作高温环境中工作的无油润滑活塞环，轴承及密封圈等。聚酰亚胺还可制作高温电动机、电器零件

（三）复合材料

复合材料是由两种或两种以上性质不同的材料，通过某种工艺手段复合而成的材料，所用的各种材料在复合成材料的综合性能上起协同的作用。

在复合的原材料中，纤维型材料（或其织成物）对复合材料的综合性能起到了重要的作用，是复合材料中的增强材料。目前采用的纤维有玻璃纤维、碳纤维、芳香族聚酰胺纤维、碳化硅纤维、石棉纤维、陶瓷纤维、硼纤维、晶须、金属丝，以及采用两种或两种以上纤维的混杂纤维。其中，金属丝纤维的采用不多。

在复合材料中，纤维是高强度、高模量性能的负载体，但需要有一种模量较低的基体把纤维牢固地粘结起来。树脂就是很好的基体固化剂。树脂的种类很多。为了增强纤维与树脂的粘结力，可加偶联剂，也称表面处理剂。

用复合材料制作机械零件产品，要通过工艺手段把材料包封到与零件结构造型相同的模具上——成型，固化定型后脱模，就得到所制作的零件。成型的工艺手段有手糊、喷射、模压、注射、纤维缠绕、拉拔、树脂传递、弹性体储存等法。

由复合材料的复合和制成零件的过程可知：①利用纤维增强，能够较好地通过布置纤维达到零件的不同部分有不同的强度，以适应各个部分的材料强度需要，从而使零件的各个部分都发挥其强度的潜力。这是一种通过安排不同部分有不同强度以适应需要的零件等强度设计方法。实质上是人工制成一种按需要而各向异性的材料以“按照敌情布置兵力”，因而可以节省材料资源。这是钢、铁等各向同性的传统材料做不到的。可以说，复合材料的出现，使人们可以按照零件的结构形式和承载（受力）情况去人工制造一种材料，以满足设计的要求，这就大大扩大了设计的构思范围和提高了人类利用自然资源的能力。②使用复合材料，不单是选用，还要设计，因此，把选用材料和设计材料结合起来了。③使用复合材料，不是选定了已有的材料去加工零件，而是把制造材料和制造零件结合在一起。以上三点是复合材料带来的材料、设计和制造的新关系和新设计思路。

复合材料有以下优点：

1）比强度和比模量高。比强度和比模量分别指材料的强度和模量与材料的密度之比。比强度越高，同一零件的质量越轻；比模量越高，同一零件的刚度越大。高强度碳纤维与环氧树脂复合的材料比强度可达913kN·m/kg；高模量碳纤维与环氧树脂复合，比模量可达116MN·m/kg，这些性能都远远超过一般钢材和铝合金，分别为钢的7.25和4.3倍。

2）韧性和抗冲击性高。

3）化学稳定性高。耐酸、碱、盐、酯以及其他一些腐蚀性溶液。

4）减摩、耐磨，自润滑性好。也可制成摩擦材料（如石棉纤维与塑料复合时）。

5）耐热性高。以纤维增强的金属基或陶瓷基的复合材料，其耐热性远比钢、铝合金为高。

6）导热性好。

7）导电性好。也可用作绝缘材料（如玻璃纤维增强塑料），不受电磁作用，不反射无线电波，透过微波性能好。

8）其他如耐烧蚀性、耐辐照性、耐蠕变性，以及特殊的光、电、磁性能等。

总之，复合材料的物理、化学、力学、电、热等性能，都有较大的“人工创作”范围与潜力。

因此，时至今日，复合材料已被广泛用于航空、宇航、火箭、导弹、原子能、机械、建筑、汽车、造船、石油、化工、轻工、纺织等工业部门。

以下是复合材料应用之例，供选用和设计这种材料时参考。

1. 在一般机械中的应用

泵：玻璃纤维环氧树脂泵，酚醛石棉泵，酚醛纤维增强聚丙烯等玻璃钢泵。

阀：聚乙烯醇缩丁醛改性酚醛玻璃钢阀，纤维增强聚丙烯阀。

风机：聚酯玻璃钢风机叶片，环氧树脂玻璃钢风机，环氧玻璃钢和聚氯乙烯-玻璃钢复合材料通风机机壳和叶轮。

燃气轮机：碳纤维增强塑料燃气轮机叶片。

压气机：Kevler-49混杂纤维增强塑料。

纺织机械：碳纤维增强塑料剑杆、综线架，玻璃纤维增强塑料空气滑阀，碳纤维增强复合材料连杆、推杆、杠杆，碳纤维树脂复合材料辊轴等。

农业机械：纤维增强复合材料收割机平台，碳纤维环氧树脂或酚醛树脂复合材料滑动轴承等。

轴承：碳纤维增强塑料轴承，碳纤维增强铅-锡合金大型轴承。

密封件：碳纤维增强聚四氯乙烯机械密封件，碳-碳复合材料高温密封件。

齿轮：碳纤维增强塑料照相机齿轮。

2. 在汽车机械中的应用

汽车前端板、可翻前端、活动车顶、车身、发动机罩、提升门、驾驶室、后尾板、后扰流板、保险杠、支架、悬架、能量衰减器、片弹簧、车轮、车架与车架横梁等。热塑性玻璃钢用于汽车零部件的更多。箱体、底盘、悬梁、片弹簧、车架、扭杆、悬梁定位臂、发动机连杆、汽车推杆、气缸体、飞轮、车身、立柱、保险杠等。热塑性玻璃钢用于汽车零部件的更多。表6-21所示为热塑性玻璃钢在汽车中应用的一些实例。

表 6-21 热塑性玻璃钢在汽车中的应用实例

热塑性塑料	增强材料	增强材料质量分数（%）	零部件	质量（约数）/kg
聚丙烯	玻纤	30	挡泥板	4
聚丙烯	玻纤	30	软管弯头	0.15
聚丙烯	玻纤	20	风扇罩	1.77
聚丙烯	玻纤	30	保暖箱零件	6
聚丙烯	云母粉	20	保暖箱	—
聚丙烯	石棉	40	保暖箱	—
尼龙	玻璃微珠加玻纤	—	保险盒	0.18
尼龙	玻璃微珠加玻纤	60	进气导管	1.11
尼龙	玻纤	30	进气管	0.80
聚苯醚	玻纤	20	管配件	0.05
SAN	玻纤	20	上下托架	1.93
ABS	玻纤	20	灯罩	0.45

3. 在航空机械中的应用

最初用于军用飞机，现已推广到民用飞机，多数用于飞机结构的大小构件。表 6-22 所示为美国军用飞机应用复合材料之例。

4. 在宇航（航天）机械中的应用

实例很多，如碳纤维酚醛树脂复合材料的火箭喷嘴，酚醛树脂和环氧树脂做成蜂窝结构的火箭鼻锥（外用碳纤维缠绕），碳纤维增强塑料缠绕成形的火箭燃烧室，用 Kevlar-49 纤维增强塑料缠绕而成的火箭发动机外壳，碳纤维复合材料的导弹级间段，用碳-碳复合材料为烧蚀材料的宇宙飞行器舱，碳-碳复合材料的航天飞机的机翼等。

表 6-22 美国军用飞机复合材料构件

飞机名称	构　件	复合材料	质量减轻（%）
C-5A 运输机	前缘缝翼	硼纤-环氧树脂	21
A-4 攻击机	襟翼	硼纤-环氧树脂	22
F-4 战斗机	水平安定面	石墨纤维-环氧树脂	30
	方向舵	硼纤-环氧树脂	35.6
F-5 战斗机	中机身蒙皮	石墨纤维-环氧树脂	26
	水平安定面	石墨纤维-环氧树脂	19.6
	垂直尾翼	石墨纤维-环氧树脂	30.8
	减速板	石墨纤维-环氧树脂	23
	翼尖前缘	石墨纤维-环氧树脂	40
F-111 战斗机	水平安定面	硼纤-环氧树脂	20.4
	机翼后缘盖板	硼纤-环氧树脂	16
F-14 战斗机	水平安定面	硼纤-环氧树脂	26.4

（续）

飞机名称	构　件	复合材料	质量减轻（%）
F-15 战斗机	垂直尾翼	硼纤-环氧树脂	22
	方向舵	石墨纤维-环氧树脂	25
	减速板	石墨纤维-环氧树脂	33
F-16 战斗机	垂直尾翼	石墨纤维-环氧树脂	30
	方向舵	石墨纤维-环氧树脂	30
	进气道斜板	石墨纤维-环氧树脂	30
	前机身及机翼蒙皮	石墨纤维-环氧树脂	30
F-18 战斗机	前机身及机翼蒙皮	石墨纤维-环氧树脂	除前机身外，重 453.6kg
B-1 轰炸机	机身大梁、水平安定面、垂直尾翼、前缘缝翼、襟翼进气道斜板、舱门等	石墨纤维或硼纤或芳纶-14 纤维等增强环氧树脂	整个复合材料超过 1360kg
L-1011 运输机	机身大梁、副翼、垂尾、方向舵、前缘缝翼等	石墨纤维或 Kevlar-49 纤维增强环氧树脂	共重 1134kg

习　题

6-1　机械结构件一般应具有哪些功能？试举例说明之。

6-2　何谓零件的相关？何谓直接相关和间接相关？相关零件在机械结构设计中应如何处理？

6-3　结构件通常具有哪些结构要素？在结构设计中应如何区别对待？

6-4　机械结构方案设计中一般应遵循哪些基本原则？

6-5　举例说明何谓直接安全技术，何谓间接安全技术。

6-6　机械结构设计中常用的设计原理有哪些？

6-7　在机械结构设计中有哪些措施可以使零件降低工作时的应力，并减少受力变形？

6-8　举例说明何谓载荷分流、载荷均化和载荷抵消。

6-9　比较弹性强化、塑性强化、预紧的概念和区别。

6-10　如何通过结构设计来提高零件的接触强度和接触刚度？

6-11　隔板和肋板的作用是什么？布置隔板和肋板应遵循哪些原则？

第七章 机械产品设计中的几个主要技术问题

第一节 机械疲劳设计

零件在循环应力或循环应变作用下，由于某点或某些点产生了局部的永久结构变化，从而在一定的循环次数以后形成裂纹或发生断裂的过程称为疲劳。据统计，疲劳失效占到机器零件失效的50%～90%。转轴、曲轴、连杆、齿轮、弹簧、涡轮机叶片、轧机机架等许多典型的机械零件和结构都是在循环交变应力下工作的，疲劳破坏是这些零件的主要失效形式。在设计这一类机器零件时，应该采用疲劳强度设计方法。

一、疲劳破坏的机制和特点

1. 疲劳破坏机制

疲劳破坏一般可分为三个阶段（见图7-1）：

1）第Ⅰ阶段疲劳裂纹萌生。由局部塑性应变集中引起，有三种常见的裂纹萌生方式：滑移带开裂；晶界和孪晶界开裂；夹杂物或第二相与基体的界面开裂。

2）第Ⅱ阶段疲劳裂纹的扩展。

3）第Ⅲ阶段失稳断裂。损伤逐渐积累到临界值时，即发生瞬间的断裂破坏。疲劳破坏的断口如图7-2所示。

关于疲劳破坏机制，目前研究的重点是把宏观和微观方面的研究结合起来。在宏观方面，主要是研究裂纹前端的弹塑性应力应变，从而建立起严格的能描述断裂过程规律的理论基础。在微观方面，主要是分析研究裂纹前端应变区内的组织结构，位错运动和分布，空穴形成以及它们的作用等，从而建立起物理模型或判据式来描述断裂过程和规律。

在微观和宏观方面对疲劳的研究集中在疲劳裂纹的萌生和扩展两个方面。

2. 疲劳破坏的特点

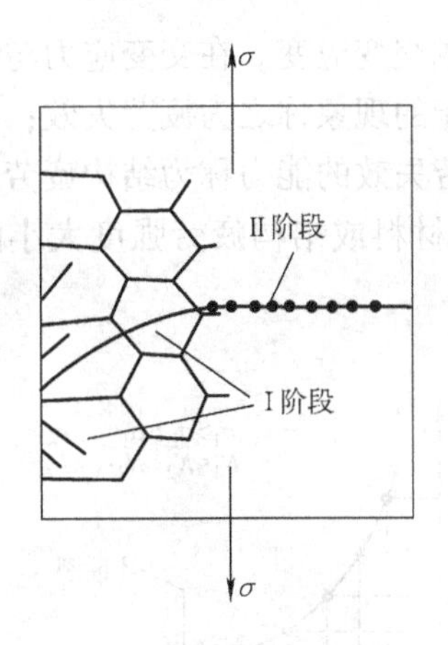

图 7-1　裂纹萌生方式

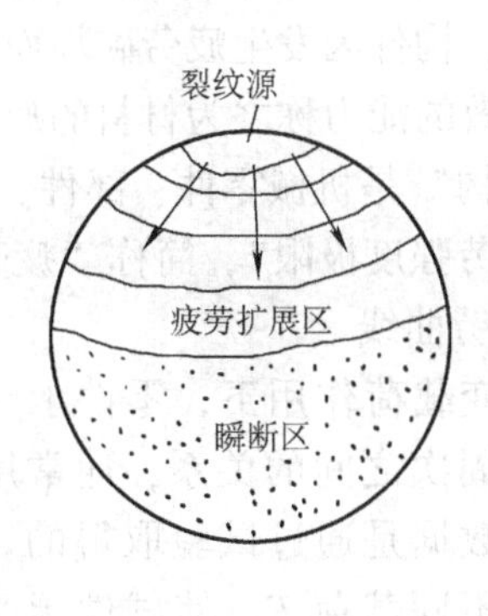

图 7-2　疲劳断口

疲劳破坏具有以下特点：

1）疲劳破坏是在循环应力或循环应变作用下的破坏，疲劳条件下的破断应力低于材料的抗拉强度 σ_b，而且可能低于屈服强度 σ_s。

2）疲劳破坏必须经历一定的载荷循环次数。

3）零件在整个疲劳过程中不发生宏观塑性变形，其断裂方式类似于脆性断裂。

4）疲劳断口上明显地分为两个区域。

二、载荷类型

掌握载荷的变化情况，是研究疲劳强度的先决条件。根据载荷幅值随时间的变化呈现有规则和无规则，可将载荷分为周期载荷和随机载荷。周期载荷按照交变应力的特征，可分为对称循环、脉动循环、不对称循环。按照交变应力的特征（应力比 r），可分为

$$\left.\begin{array}{ll}\text{循环特性} & r=\dfrac{\sigma_{\min}}{\sigma_{\max}}\\ \text{对称循环} & r=-1\\ \text{脉动循环} & r=0\\ \text{不对称循环} & -1<r<+1\ \ (r\neq 0)\end{array}\right\}\qquad(7\text{-}1)$$

每个工作周期载荷的变化历程称为载荷谱。测定汽车后桥上的载荷谱可看出：不同路面时汽车所承受的载荷不同，这类载荷不仅载荷幅值变化，频率也变化，但这种载荷的变化是符合统计规律的，称为随机载荷。图 7-3 所示为汽车在不平的路面上行驶时后桥上的载荷谱。

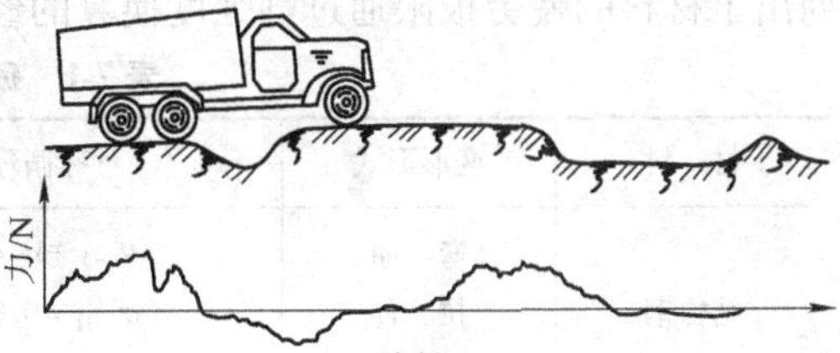

图 7-3　汽车在不平的路面上行驶时后桥的载荷谱

三、疲劳应力与疲劳强度、疲劳曲线、疲劳极限

1. 疲劳应力与疲劳强度

众所周知，所谓应力，是指零件上某一特定截面上某指定点的内力分布，即内力集度；与此相应地，强度则是指零件受载荷作用时抵抗失效的能力，通常用最大应力（最大应变）表示。

对于疲劳问题，由于构件受到载荷值随时间变化的交变载荷作用，使零件的材料内部产

生随时间变化的内力分布或变形分布，称之为交变应力或交变应变。在交变应力与交变应变的作用下，构件因发生疲劳破坏而使其丧失正常工作性能的现象称之为疲劳失效；而试件抵抗疲劳失效的能力称之为材料的疲劳强度。结构抵抗疲劳失效的能力称为结构疲劳强度。这里的“结构”是机械零件、部件、或整机的统称。衡量材料或结构疲劳强度大小的指标之一是“疲劳强度极限”，简称“疲劳极限”。

2. 疲劳曲线

在交变载荷作用下，零件承受的交变应力和断裂循环周次之间的关系，通常用疲劳曲线来描述，这些数据是通过试验取得的。在一组标准试件上施加不同载荷 F，使试件承受应力比 r 为某值，最大应力为 σ_{max} 的交变应力作用，将试样运转直到疲劳破坏为止，并记录循环次数 N，在该循环次数下试件发生破坏时的应力 σ_{max} 称为疲劳强度，用 S_f 表示。将所加的 σ_{max} 和对应的断裂循环周次 N_i 取对数，绘成图便得到如图 7-4 所示的疲劳曲线，即 S-N 曲线（S 代表疲劳强度、通常用应力 σ 表示：N 代表循环次数）。由图可见，S-N 曲线上具有一明显的水平段，与此水平段相应的最大应力 σ_{max} 称为试件的疲劳极限 σ_r。此水平段意味着在与它相应的应力水平下，试件可以承受无限多次循环而不破坏。因此，可以把疲劳极限定义为疲劳寿命无穷大时的中值疲劳强度。结构钢的 S-N 曲线的转折点一般都在 $N=10^7$ 次以前，因此，一般认为，结构钢的试件只要经过 10^7 次循环不破坏，就可以承受无限多次循环而永不破坏。

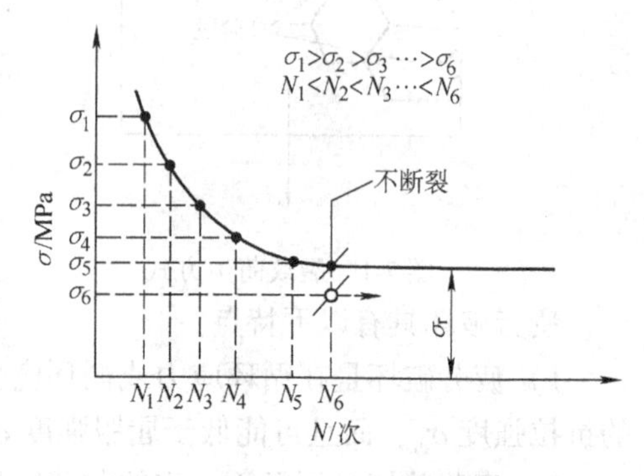

图 7-4　疲劳曲线

在 S-N 曲线上的非水平段与某循环次数 N 对应的最大应力 σ_{max} 称为该循环次数下的条件疲劳极限。材料的疲劳极限随加载方式和应力比而异。一般均以对称循环下的疲劳极限作为材料的基本疲劳极限，其中又以对称弯曲疲劳极限 σ_{-1} 表征材料的基本疲劳性能。

3. 疲劳极限的经验公式

当材料的疲劳极限没有给出时，只能根据材料的静强度力学性能来近似计算。表 7-1 中列出了材料的疲劳极限通过静强度换算的经验公式。

表 7-1　疲劳极限与静强度

材　料	变形形式	对称循环下疲劳极限	脉动循环下疲劳极限
结构钢	弯　曲 拉　伸 扭　转	$\sigma_{-1}=0.27\ (\sigma_s+\sigma_b)$ $\sigma_{-1l}=0.23\ (\sigma_s+\sigma_b)$ $\tau_{-1}=0.15\ (\sigma_s+\sigma_b)$	$\sigma_0=1.33\sigma_{-1}$ $\sigma_{0l}=1.42\sigma_{-1l}$ $\tau_0=1.50\tau_{-1}$
铸　铁	弯　曲 拉　伸 扭　转	$\sigma_{-1}=0.45\sigma_b$ $\sigma_{-1l}=0.40\sigma_b$ $\tau_{-1}=0.36\sigma_b$	$\sigma_0=1.33\sigma_{-1}$ $\sigma_{0l}=1.42\sigma_{-1l}$ $\tau_0=1.35\tau_{-1}$
铝合金	弯　曲 拉　伸	$\sigma_{-1}=\sigma_{-1l}=$ $0.167\sigma_b+75\text{MPa}$	$\sigma_0=\sigma_{0l}=$ $1.5\sigma_{-1l}$
青　铜	弯　曲	$\sigma_{-1}=0.21\sigma_b$	

4. 疲劳极限图（疲劳图）

在各种循环应力下进行试验，可以测得一系列疲劳极限 σ_r，选取一定坐标绘出的曲线称为疲劳曲线图。常用的疲劳曲线图有两种，即海夫图和史密斯图。这里重点介绍海夫图。

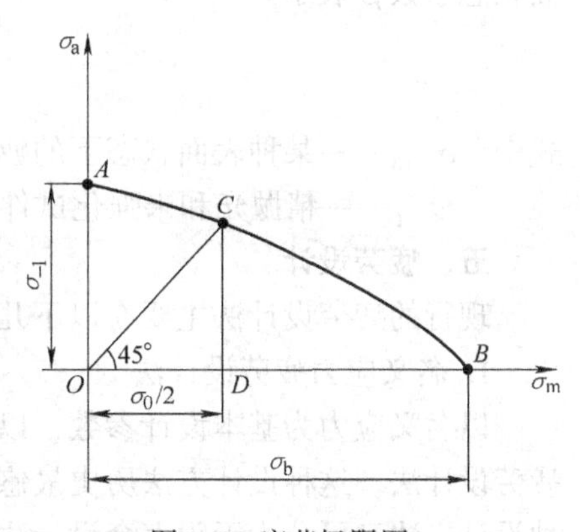

图 7-5　疲劳极限图

海夫图（见图 7-5）是以平均应力 σ_m 为横坐标，以应力幅 σ_a 为纵坐标，根据实验得出的疲劳极限数据画出曲线 *ACB*，在曲线 *ACB* 内的任意点表示不产生疲劳破坏的点。在这条曲线以外的点，表示经一定的应力循环数后要产生疲劳破坏的点。图中 *A* 点表示对称循环交变应力下产生疲劳破坏的临界点，该点的纵坐标值，表示对称循环交变应力的疲劳极限 σ_{-1}。*B* 点为静强度破坏点，其横坐标值为强度极限 σ_b。由原点 *O* 作与横坐标轴成45°角的线，并与曲线 *ACB* 相交于 *C* 点，则 $OD = DC$，因 $\sigma_{max} = \sigma_a + \sigma_m$，所以有 $OD = DC = \dfrac{\sigma_0}{2}$，这里 σ_0 为脉动循环交变应力的疲劳极限。

四、影响疲劳强度的因素

1. 应力集中的影响

在零件几何形状突然变化处（如孔、圆角、键槽等处），局部应力远大于名义应力，这种现象称为应力集中。最大局部应力与名义应力的比值 α 称为理论应力集中系数。用理论应力集中系数不能直接判断局部应力使疲劳强度降低多少，因为在不同材料中有不同的表现。常用有效应力集中系数 k 来表示疲劳强度的真正降低程度。即

$$k_\sigma = \frac{\sigma_{-1}}{\sigma_{-1k}} \tag{7-2}$$

式中　σ_{-1}、σ_{-1k}——分别为无应力集中试件和有应力集中试件的疲劳极限。

有效应力集中系数总是低于理论应力集中系数 a_σ。各种材料对应力集中的感受程度可用敏感系数 q 表示

$$\text{弯曲或拉压}\qquad q_\sigma = \frac{k_\sigma - 1}{a_\sigma - 1}$$

$$\text{扭转}\qquad q_\tau = \frac{k_\tau - 1}{a_\tau - 1} \tag{7-3}$$

2. 尺寸效应

当其他条件相同时，零件截面尺寸愈大，其疲劳极限也愈低。这是由于尺寸大时，材料晶粒粗，出现缺陷的概率高和表面冷作硬化层相对薄等原因所致。

截面绝对尺寸对零件疲劳强度的影响可用尺寸系数 ε 表示。ε 定义为直径为 d 的试件疲劳极限 σ_{-1d} 与直径为 d_0 =（6～10）mm 的标准试件的疲劳极限 σ_{-1} 的比值。即

$$\varepsilon_\sigma = \frac{\sigma_{-1d}}{\sigma_{-1}} \tag{7-4}$$

3. 表面状态的影响

表面强化可提高疲劳强度，而表面粗糙会降低疲劳强度。表面状态对疲劳的影响可用表

面状态系数β表示。

$$\beta=\frac{\sigma_{-1\beta}}{\sigma_{-1}} \tag{7-5}$$

式中　$\sigma_{-1\beta}$——某种表面状态下的疲劳极限；

σ_{-1}——精抛光和未强化试件的疲劳极限。

五、疲劳设计

现行的疲劳设计法主要有以下几种：

1. 名义应力疲劳设计法

以名义应力为基本设计参数，以S-N曲线为主要设计依据的疲劳设计方法称为名义应力疲劳设计法。这种设计方法历史最悠久，也称为常规疲劳设计法。根据设计寿命的不同，这种设计方法又可分为无限寿命设计法与有限寿命设计法：

（1）无限寿命设计法　要求零件在无限长的使用期限内不破坏，主要的设计依据是疲劳极限，也就是S-N曲线的水平部分。

（2）有限寿命设计法　要求零件在一定的使用期限内不破坏，其主要设计依据是S-N曲线的斜线部分。这种设计方法常称为安全寿命设计法。

2. 局部应力应变分析法

局部应力应变分析法是在低周疲劳的基础上发展起来的一种疲劳寿命估算方法，其基本设计参数为应变集中处的局部应变和局部应力。

3. 损伤容限设计法

损伤容限设计法是在断裂力学的基础上发展起来的一种疲劳设计方法。其设计思想以承认材料内有初始缺陷为前提，并把这种初始缺陷看作裂纹，根据材料在使用载荷下的裂纹扩展性质，估算其剩余寿命。这种方法的思路是，零件内具有裂纹是不可避免也并不可怕，只要正确估算其剩余寿命，采取适当的断裂控制措施，确保零件在使用期限内能够安全使用，则这样的裂纹是允许存在的。

4. 疲劳可靠性设计

疲劳可靠性设计是概率统计方法和疲劳设计方法相结合的产物，因此也称为概率疲劳设计。这种设计方法考虑了载荷、材料疲劳性能和其他疲劳设计数据分散性，可以把破坏概率限制在一定的范围之内，因此其设计精度比其他疲劳设计方法为高。从原则上来说，前述三种疲劳设计方法都可以应用概率统计的方法进行疲劳可靠性设计，但目前用得最多和最成熟的是无限寿命设计法。

疲劳强度设计一般可分为两个阶段：

1）疲劳计算。根据材料的疲劳数据和零件的使用条件，对零件的尺寸进行计算，或在静强度设计的基础上，对零件的疲劳强度进行校核。

2）疲劳试验。疲劳计算只能对零件的疲劳强度或寿命进行粗略估算，精确确定零件的疲劳寿命还主要是靠疲劳试验的方法。

（1）无限寿命设计

1）在恒幅对称循环下，按下述强度条件确定零件尺寸或验算疲劳强度

$$\frac{k_\sigma}{\varepsilon_\sigma\beta}\sigma_a\leqslant\frac{\sigma_{-1}}{n_\sigma} \tag{7-6}$$

式中 σ_a——零件危险截面处名义应力；

n_σ——安全系数。

2）在恒幅非对称循环下，当应力比 r 保持不变时，强度条件为

$$\frac{k_\sigma}{\varepsilon_\sigma \beta}\sigma_a + \Psi_\sigma \sigma_m \leqslant \frac{\sigma_{-1}}{n_\sigma} \tag{7-7}$$

式中 σ_a——应力幅；

σ_m——平均应力；

Ψ_σ——不对称循环系数；

$$\Psi_\sigma = \frac{2\sigma_{-1} - \sigma_0}{\sigma_0}$$

σ_0——脉动循环疲劳极限。

3）在非对称循环下，平均应力 σ_m 保持不变，应用时要满足以下两式

$$\frac{k_\sigma}{\varepsilon_\sigma \beta}\sigma_a \leqslant \frac{\sigma_{-1} - \Psi_\sigma \sigma_m}{n_a} \tag{7-8}$$

$$\sigma_m + \sigma_a \leqslant \frac{\dfrac{\sigma_{-1}\varepsilon_\sigma \beta}{k_\sigma} + \sigma_m\left(1 - \dfrac{\Psi_\sigma \varepsilon_\sigma \beta}{k_\sigma}\right)}{n_a} \tag{7-9}$$

式中 n_a——应力幅安全系数。

对于切应力，可仿照以上各式并以 τ 代换 σ 即可。

（2）安全寿命设计

对于变幅应力，按一定的累积损伤理论进行寿命估算，对小于疲劳极限 σ_{-1} 的应力，可认为对疲劳强度无影响，计算时可不予考虑。按线性损伤理论有

$$\sum \frac{n_i}{N_i} = 1 \tag{7-10}$$

式中 n_i——零件应力为 σ_i 时循环次数；

N_i——零件应力为 σ_i 时失效循环次数（即疲劳寿命）。

设零件安全寿命为 Z 年，寿命安全系数为 n_N，则

$$Z = \frac{1}{n_N \sum \left(\dfrac{n_i}{N_i}\right)} \tag{7-11}$$

六、低周疲劳的概念

在循环加载过程中，当应力水平很高，应力峰值 σ_{max} 接近或高于屈服强度而进入塑性区时，每一应力循环有少量塑性变形，呈现 σ-ε 滞后回线，以至循环次数很低时就产生疲劳破坏，此时断裂寿命的变化对循环应力的高低已不敏感。这种现象通常发生在寿命低于 10^3 次的范围里，应力和应变的线性关系丧失，用应力很难描述实际寿命的变化，因而改用应变来描述。用 $\Delta\varepsilon$ 为纵坐标，用破坏时的循环次数 N_f 为横坐标绘制低周疲劳曲线。因其控制因素是塑性应变幅，故称之为应变疲劳。

对于通常承受高应力水平的交变载荷的结构，如压力容器、汽轮机壳体、炮筒、飞机的起落架等，应当考虑低周疲劳的问题。

图7-6为一些材料的低周疲劳 $\Delta\varepsilon$-N 曲线，与 S-N 曲线不同，这里的各条曲线的斜率很陡，对于大多数材料，疲劳塑性指数 $c=-0.5\sim-0.7$。在曼森—柯芬（Manson-Coffin）定律的基础上，近年来的研究结果认为：用总应变范围可以在更宽广的范围内（由低周到高周）描述材料的疲劳性能，在此条件下，Morrow等人指出总应变幅 $\Delta\varepsilon_T$ 由弹性应变幅 $\Delta\varepsilon_e$ 和塑性应变幅 $\Delta\varepsilon_p$ 组成。即

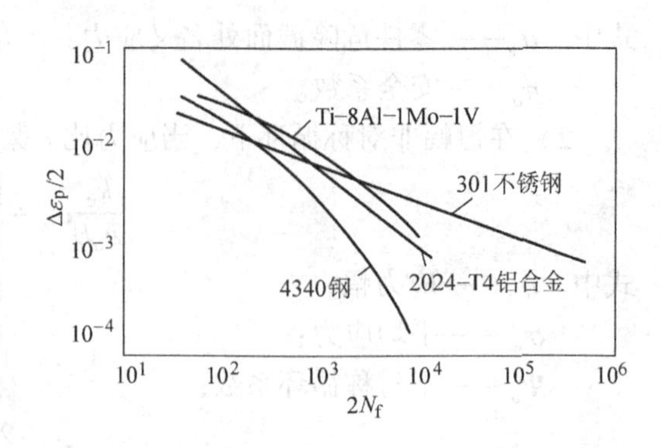

图7-6　一些材料的低周疲劳 $\Delta\varepsilon_p$-N_f 曲线

$$\Delta\varepsilon_T=\Delta\varepsilon_e+\Delta\varepsilon_p$$

从实验得到弹性应变幅为

$$\frac{\Delta\varepsilon_e}{2}=\frac{\sigma_a}{E}=\frac{\sigma_f'}{E}(2N_f)^b \tag{7-12}$$

式中　E——零件材料的弹性模量；

σ_a——应力幅；

σ_f'——疲劳强度系数，其值为 $2N_f=1$ 时应力轴上的截距，且 $\sigma_f'\approx\sigma_f$（σ_f 为单调拉伸断裂强度）；

b——疲劳强度指数；碳　钢 $b=-0.1$

铝合金 $b=-0.15$

钛合金 $b=-0.08$

根据Manson-Coffin关系得到塑性应变幅

$$\frac{\Delta\varepsilon_p}{2}=\varepsilon_f'(2N_f)^c \tag{7-13}$$

式中　ε_f'——疲劳塑性系数，其值为 $N_f=1$ 时在应变轴上的截距，$\varepsilon_f'=(0.35\sim1)\varepsilon_f$（$\varepsilon_f$ 为单调拉伸断裂真应变）；

$2N_f$——失效前应变反向次数（断裂时的全逆转循环数）；

c——疲劳塑性指数。一般 $c=-0.5\sim-0.7$。

总应变幅

$$\frac{\Delta\varepsilon_T}{2}=\frac{\Delta\varepsilon_e}{2}+\frac{\Delta\varepsilon_p}{2}=\frac{\sigma_f'}{E}(2N_f)^b+\varepsilon_f'(2N_f)^c \tag{7-14}$$

根据式（7-14）可得图7-7对称循环全应变幅与循环次数曲线（对数坐标）。

由图7-7可看出：直线①是塑性应变幅与循环次数的关系曲线，直线②是弹性应变幅与循环次数的关系曲线，两直线交于 P 点，P 是低、高周疲劳的分界点，$2N_t$ 为过渡寿命。如图7-8所示，当 $2N_f<2N_t$ 时为低周疲劳，塑性应变幅 $\Delta\varepsilon_p$ 起主导作用，高塑性材料表现出高的低周疲劳断裂抗力，所以在满足强度的要求下宜采用高塑性材料。当 $2N_f>2N_t$ 时为高周疲劳，高强度材料表现出高的高周疲劳断裂抗力，且弹性应变幅 $\Delta\varepsilon_e$ 起主导作用，宜采用高强度材料，$2N_t$ 一般为 3×10^3 次。

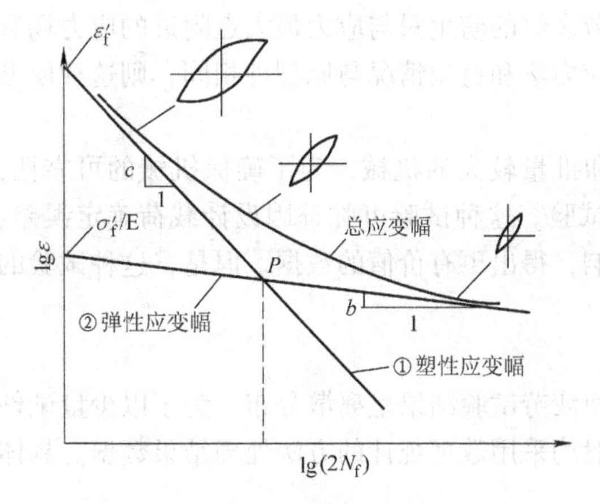

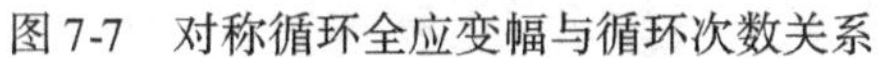
图 7-7 对称循环全应变幅与循环次数关系

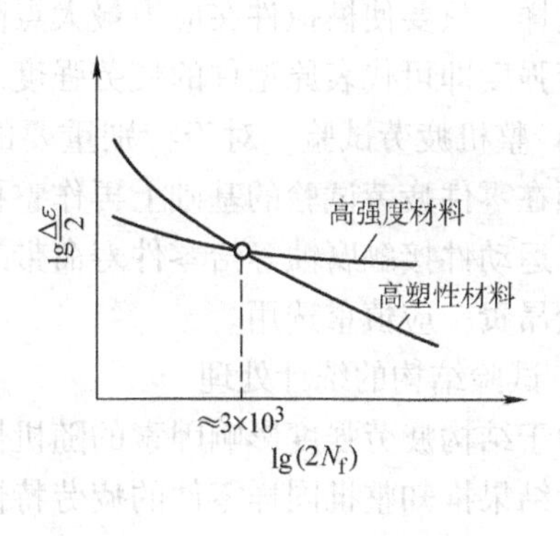

图 7-8 不同性质材料的低周和高周疲劳破坏抗力示意图

七、结构疲劳试验简介

影响零件疲劳强度的因素不仅与材料成分、组织结构、热处理和冷加工规范、试验温度等有关，而且与试件（或零件）尺寸、应力状态、应力集中、试件表面状况、表面粗糙度、试验介质、与其他零件的相互配合等有关。由于上述影响因素的随机性，致使测出的疲劳特性（疲劳极限、S-N 曲线和疲劳寿命）呈离散性分布，更增加了零件疲劳强度的复杂程度。

为了提高零件的使用寿命，不仅要进行结构疲劳强度设计，还要对重要机械的零件、部件直至整机作结构疲劳试验。

1. 结构疲劳试验的基本类型与特点

一般机械零件的疲劳试验分为零件疲劳试验、模拟疲劳试验和整机疲劳试验三类。

（1）零件疲劳试验　零件疲劳试验是验证零件结构疲劳设计质量能否满足使用强度要求的有效手段，同时也可利用所得数据充实和修正疲劳设计理论。

零件的疲劳强度设计所用数据多数是由标准试件疲劳试验取得的，在大多数情况下，实际零件的残余应力分布、截面各处力学性能的变化梯度、不同淬火冷却速度形成的金相组织、表面加工状况和几何应力集中等都与标准试件大不相同。因此，在整机实物试验之前，应该对重要承力零、部件直接作疲劳试验。

零、部件疲劳试验，能暴露出结构上存在的薄弱环节、应力集中源，并可检查关键零件使用寿命。在进行零件疲劳试验时，重点应解决试验规范、加载方案和加载参数的选择等问题。

（2）模拟试验　大型机械零件的实物疲劳试验，往往因加载设备和场地条件等限制而无法进行。为此，常采用几何相似模拟或局部应力场模拟试验的方法。

1）几何相似模拟试验。几何相似模拟试验对试件的要求是：模拟件的化学成分、热处理和力学性能要与原型件相同；试件与原型件几何形状相似。此种模拟试验，由于尺寸效应的影响往往不能代表原型件的实际影响，因而现在较少采用。

2）局部应力场模拟疲劳试验。局部应力场模拟是以疲劳破坏的局部性为依据。在循环载荷作用下，首先在结构局部高应力区产生滑移，然后在滑移带中形成微观裂纹。当微观裂纹刚产生时，因裂纹附近的塑性变形很小，不会引起载荷的重新分配，在距离微观裂纹较远的部位，应力场基本保持原来状态。因此，疲劳裂纹的萌生只与应力最大点附近的应力场有关。这样，只要使模拟件在应力最大点附近的应力场和材质情况与原型件相同，则这种模型的疲劳强度即可代表原型件的疲劳强度。

3）整机疲劳试验。对于特别重要的机械和批量较大的机械，为了确保机械的可靠性，还必须在零件疲劳试验的基础上再作整机疲劳试验。这种试验可弥补因设计载荷确定误差、环境、运动件接触腐蚀等给零件寿命带来的影响，得出更有价值的数据。但是，这种试验的费用较昂贵，应慎重选用。

2. 试验结构的统计处理

由于结构疲劳强度影响因素的随机性，致使疲劳试验结果呈离散分布。为了以少量试件的试验结果推知整批同样零件的疲劳特性，一般均采用数理统计的方法处理结果数据。具体方法可参阅有关资料。

八、研究现状与发展趋势

国内外许多机械产品已广泛应用疲劳设计和疲劳强度试验。疲劳设计已由过去的名义应力设计发展到局部应力应变设计及预测疲劳寿命的阶段，在断裂力学研究的基础上又发展了损伤容限设计并在部分产品中应用。

目前存在的问题是缺乏疲劳设计的基础数据，更未建立疲劳设计规范。特殊工况下的疲劳问题和模拟实物工况的整机疲劳试验的研究尚处于探索阶段。

今后国内外将着重研究损伤积累、随机疲劳、环境与介质对疲劳性能的影响、疲劳寿命预测方法、复合应力下的多轴疲劳、弹塑性断裂准则、裂纹扩展、微裂纹与门槛值等。

第二节　摩擦学设计

两物体接触表面发生切向相对运动时便产生摩擦现象。由于摩擦的存在，使整个系统的运动过程和动态特性受到了干扰，消耗了一部分能量。在固体运动件中，摩擦作用会带来磨损。为综合考虑机械系统中运动表面、能量和材料的消耗问题。把研究关于作相对运动的相互作用表面的科学技术（包括摩擦、润滑、磨损和冲蚀）定名为“摩擦学”（Tribology）。它主要研究相互作用表面间的物理、化学、机械作用；摩擦、磨损和润滑的测量及计算方法；阻摩材料及减摩材料；极端条件下的摩擦与磨损以及润滑方面的理论。

一、摩擦

摩擦的定义是：抵抗两物体接触表面在外力作用下发生切向相对运动的现象。

1. 滑动摩擦

（1）滑动摩擦机理　有关滑动摩擦机理问题至今尚没有统一的理论，目前有以下几种理论：

1）机械理论。机械理论认为摩擦的起因是由于两摩擦表面上的凹凸不平而造成的机械咬合。两接触表面作相对运动时，沿着凹凸处反复地起落，或者把凸峰破坏，从而形成摩擦阻力。从机械理论出发，可得出表面比较光滑时，摩擦相对较小的结论。这在一般情况下是正确的。但无法解释某些情况下，十分光滑的表面间相对滑动时，摩擦因数很大的现象。

2）分子理论。分子理论认为产生摩擦的主要原因是由于在两物体摩擦表面间分子力的作用。故平面越光滑，摩擦阻力应越大，由此推论，摩擦力的大小应与接触面积成比例。但这与实验结果不一致。

3）机械—分子理论。机械—分子理论认为，摩擦过程既要克服分子相互作用力，又要克服机械作用的阻力，摩擦力是接触点上因分子吸引力和机械作用所产生的切向阻力的总和。

4）粘着理论　粘着理论认为摩擦具有变形过程和粘着过程的双重本质。当两表面接触时，在载荷作用下，某些接触点的单位压力很大，这些点将牢固地粘着，使两表面形成一体，称为粘着或冷焊，这一表面相对另一表面滑动时粘着点被剪断，这种剪断力就是摩擦力。另外，粘着理论认为当接触面粗糙且微凸体比较尖锐时，或者表面充分润滑且抗剪强度低时，会产生所谓的“犁沟效应”，它是按接触表面作相对滑动时，其中较硬金属上的微凸体嵌入较软的金属，使后者塑性流动而“犁出”沟槽的现象。

（2）滑动摩擦因数　在干摩擦情况下，滑动摩擦因数μ由三种情况下的系数组成。

由表面不平度考虑，摩擦力就是克服双方接触表面微凸体间的啮合作用，在刚性情况下，摩擦力是指能把一个表面的微凸体抬高到超过另一表面的微凸体的力。如果锥形微凸体的平均倾斜角是θ，则

$$\mu_\tau = \tan\theta \tag{7-15}$$

式中　μ_τ——与表面粗糙度有关的摩擦因数。

由犁沟效应看，是一方硬而尖的微凸体压入软的对方表层，在滑动时把对方软金属推挤到两侧或出现切屑，软金属表面形成犁沟，这样可以设想摩擦力就是软金属压入硬度和犁沟截面积的乘积，由此可得

$$\mu_p = \frac{\tan\theta}{\pi} \tag{7-16}$$

式中　μ_p——与犁沟效应有关的摩擦因数

由粘着效应看，摩擦力能够剪开由于微凸体间发生冷焊而形成的粘着状态。此时

$$\mu_a = \frac{\tau_c}{H} \tag{7-17}$$

式中　μ_a——与粘着效应有关的摩擦因数；

τ_c——粘着部位的平均切应力；

H——对软材料的压入硬度。

在干摩擦情况下，滑动摩擦系统的摩擦因数应为

$$\mu = \mu_\tau f_\tau + \mu_p f_p + \mu_a f_a \tag{7-18}$$

式中　f_τ、f_p、f_a——表面粗糙度、犁沟及粘着三种作用所占的百分数。

$$f_\tau + f_p + f_a + f_c = 1 \tag{7-19}$$

式中　f_c——接触面上弹性变形部分所占百分数。

由式（7-18）计算的μ值约为0.2，而实测值通常为0.3～1.2，其差别太大。后来把粘着部分的效应用滑移线场理论作进一步分析，得到

$$\mu_a = \frac{1}{\left(1 + \frac{\pi}{2} - 2\theta\right)} \tag{7-20}$$

这样计算出的μ_a值为0.4～1.0，与实测值较为接近。

由以上讨论可以看到，滑动摩擦因数主要与微凸体的高度、变形和粘着状况有关。当表

面粗糙度、双方的化学成分相差较大时，摩擦因数较低，磨损率也较低。环境介质也有影响，如摩擦副双方都是硬钢，在大气介质中μ值为0.6，而在真空中μ值要高得多。石墨的配对件在湿空气中μ值约为0.1，但在干燥空气中可高达0.5以上。

在润滑条件下，滑动摩擦因数与油膜厚度有关，当油膜厚度$\geqslant 3-4\delta$（δ为两摩擦表面的综合表面粗糙度）时，油膜将两接触表面分开，摩擦因数很小；当油膜厚度减薄到使配对材料某些微凸体开始接触，出现了边界润滑状态时，摩擦因数增加；当油膜减薄到比表面微凸体高度还小时，就产生了干摩擦，摩擦因数显著增加。

2. 滚动摩擦

（1）滚动摩擦机理　滚动摩擦机理较为复杂。滚动时不发生滑动摩擦时的“犁沟”和粘着接点的剪切现象。一般认为滚动摩擦主要来自四个方面：①微观滑移；②弹性滞后；③塑性变形；④粘着效应。

1）微观滑移。比较重要的微观滑移理论有：①雷诺滑移。雷诺用硬金属圆柱体在橡胶平面上滚动，观察到由于自由滚动时压力在各个物体上引起的表面切向位移不等，导致界面上产生微量滑移并有相应的摩擦能量损失。同样机理可推广于圆柱体在金属表面上滚动的情形。②海斯考特滑移。1921年，海斯考特提出了一种滑移理论，实验依据是用球在槽中滚动，由于球在接触线上各点对旋转轴线的距离相差很大，于是产生切向牵引力和微观滑移。③卡脱滑移。两圆柱体发生相对滚动时，如果在滚动方向上有一个切向力，计算此时发生微观滑移的面积，结果显示粘着区域位于接触面积的前沿。这与静态问题不同，后者的粘着区域位于接触面积的中心。

实验证明，微观滑移只占滚动摩擦很小的部分。

2）弹性滞后。当钢球沿橡胶类的弹性体滚动时，使它前面的橡胶发生变形，因而对橡胶做功。橡胶的弹性恢复会对钢球的后部做功，从而推动钢球向前滚动。因为任何材料都不是完全弹性的，故相比之下，橡胶对钢球做的功总是小于钢球对橡胶所做的功，总会损耗一些能量，即为变形过程中橡胶分子相互摩擦造成的滚动摩擦损失。有时称之为内摩擦。

材料的弹性滞后损失，在粘弹性材料中比在金属中显著。在粘弹性材料中，滚动摩擦因数与松弛时间有关。低速滚动时，粘弹性材料在接触的后沿部分恢复得足够快，因而维持了一个比较对称的压力分布，于是滚动阻力很小。反之，在高速滚动时，材料恢复得不够快，在后沿甚至来不及保持接触。速度越高压力分布的不对称性越高，这已经实验证明。

3）塑性变形。当钢球在平面上滚动时，会使钢球的附近和钢球的前面的金属发生塑性变形，从而在金属表面上产生一条永久性凹槽。不难证明，使金属发生塑性变形所需的力几乎正好等于所测得的滚动摩擦力。因此，滚动摩擦力基本上是塑性变形力的量度。

4）粘着效应。滚动时接触表面的相对运动是法向运动，而不是滑动时的切向运动。粘着力主要是弱的范德华力，而强的短程力，例如金属键合力，仅可能在微观接触的微观滑动区域中产生。如果发生粘着，将在滚动接触的后沿分离，这种分离是拉断而不是剪断。通常，滚动摩擦中粘着引起的摩擦阻力只占滚动摩擦阻力很小的一部分。

总之，在高应力强度下，滚动摩擦阻力主要由表面下的塑性变形产生；而在低应力强度下，滚动摩擦阻力由材料本身的滞后损耗产生。

（2）滚动摩擦力的计算　滚动摩擦力与接触面摩擦因数和正压力有关。滚动摩擦因数一般由实验获得，计算时可查阅有关工程设计手册。

二、磨损

1. 磨损的机理

磨损是工作表面发生摩擦时零件表层材料不断损失的过程。由于相接触的两表面材料间的机械及分子的相互作用，当接触表面有相对位移时，使表层微观体积受到破坏，即产生磨损。磨损导致配合间隙过大，降低机械的效率和可靠性，使零件丧失正确的几何形状而报废。因此，在设计时考虑如何避免或减轻磨损，保证机械的正常工作和达到设计寿命，具有很大的意义。

耐磨性是考核机械产品工作能力的主要依据之一。

关于磨损机理，大量研究表明：磨损过程中材料的流失机制最基本的是粘着、微切屑、疲劳、腐蚀和微动磨损等形式。这些基本机制单独或综合的作用，结果形成磨损表面的各种损伤形式，如擦伤、犁沟、点蚀、剥层、微动咬蚀及气蚀鱼鳞坑等。

（1）粘着磨损机制　摩擦副表面微凸体接触时，由于凸起端部接触面积很小，因而接触应力很大，使微凸体端部材料发生塑变而形成粘着点，即冷焊。当摩擦面发生相对运动时，粘着点在剪力作用下变形以致断裂而形成磨屑，或者使材料从一个表面迁移到另一个表面。

（2）磨粒磨损机制　摩擦副中一个表面硬的凸起部分和另一表面接触，或者在两个摩擦面之间存在着硬的颗粒，当摩擦副产生相对运动时，使某一表面材料产生位移而造成磨损。

（3）表面疲劳磨损机制　表面疲劳磨损是材料表面在循环应力作用下局部发生塑变，通过损伤积累最后导致开裂的过程。对于疲劳磨损的过程，可以认为是由于两个互相接触的物体具有粗糙度，摩擦时两物体相互作用是离散的，接触发生在表面凸起部位，各接触区的总和组成实际接触面积，因而在实际接触面积上产生了相应的应力和变形，结果使材料表层某些部位受到多次交变载荷循环，使材料受到积累损伤而破坏。

（4）腐蚀磨损　摩擦副接触面与环境介质发生化学反应而形成反应膜，这些反应产物和表面的结合性能较差，在摩擦过程中破裂脱离，导致表层材料流失，此即腐蚀磨损机制。

（5）微动磨损　承载的两个相互接触的表面在受到相对往复切向振动时，由于振动或循环应力的作用而产生所谓“滑移”而导致表面损伤。

微动磨损的初期损伤是在两个摩擦面的实际接触点上产生粘着和焊合。此时这对摩擦副表面会相互发生电化学腐蚀作用产生腐蚀产物，产物在微振作用下变成磨屑。这些能起磨粒作用的磨屑又在高的应力作用下通过微振使表面发生磨损，随之这些磨损就会引发疲劳，最后导致断裂。

2. 磨损的基本规律

为了在设计中对产品在磨损期内的磨损量及磨损速度进行计算及预测，必须掌握磨损过程的基本规律。

一般情况下，零件的磨损规律可以用磨损量与载荷、相对速度、材料表层性态、润滑状态以及工作时间 t 的函数关系来表示。在给定的材料组合及润滑条件下，函数关系可写成

$$U = kf\ (p,\ v,\ t) \tag{7-21}$$

式中　k——由摩擦副材料及润滑状态确定的磨损系数；

p——摩擦面的单位压力；

v——摩擦面的相对滑动速度。

由于影响磨损过程的随机因素十分复杂，目前，难以用精确的函数关系来描述磨损的随机过程。因此，往往利用在规定的工作条件及选定的材料组合下，以一定磨损形式的经验数据为依据来建立这种关系。虽然人们期望得到磨损过程的一般规律，但是，掌握了只包含某些磨损条件的简单函数关系，仍可解决一些产品的计算和预测问题。

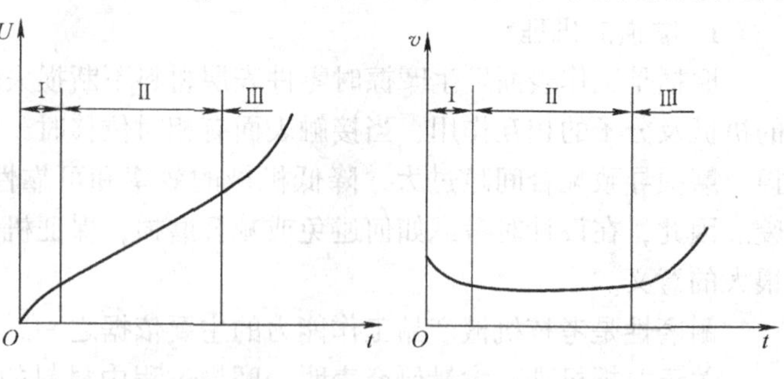

图 7-9　典型磨损曲线

U—磨损量　v—磨损速度　t—时间

磨损是一种多阶段的损伤过程，磨损量与时间的关系可以用磨损曲线来表示。典型磨损曲线如图 7-9 所示，其中 v-t 曲线称为磨损的浴盆曲线（v 为磨损速度）。由图可知，磨损过程可分为三个阶段。在磨合磨损阶段Ⅰ，初始的工艺轮廓逐渐磨损为使用轮廓，磨损速度单调减小为 v = 常数。进入稳定磨损阶段Ⅱ，如果影响磨损的外部条件不变，则磨损将稳定地以 v = 常数的速度进行，磨损量与时间呈线性关系。由于随机因素的影响，磨损速度可能偏离平均速度，但这不影响总的磨损与时间的线性关系。经过较长的时间之后，磨损速度明显加快，进入了剧烈的磨损阶段Ⅲ。第Ⅲ阶段的出现通常与磨损形式的改变有关。例如摩擦表面上有磨料滞留而形成磨料磨损。此时零件配合表面间表面润滑状况极大恶化，温度升高，产生振动、冲击和噪声，使零件迅速报废。

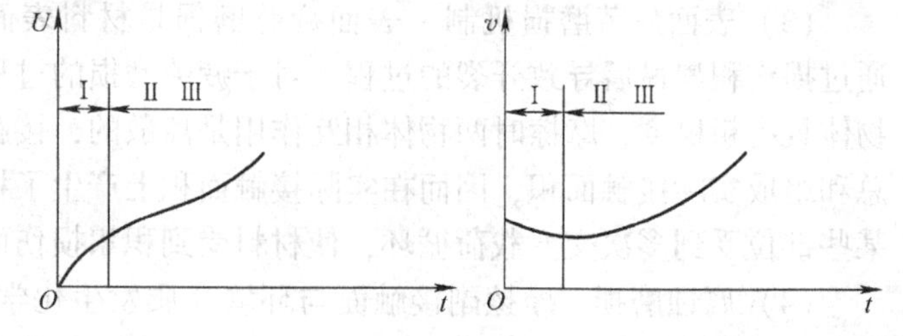

图 7-10　不正常磨损曲线

在正常工作情况下，零件经短期磨合后即进入稳定磨损阶段，有时，由于引起磨损的最不利因素组合在一起（压强过大，速度过高，润滑不良等），使磨损速度 v 保持单调增加的趋向。这种情况下，磨损曲线为单调增长的曲线，分不出第Ⅱ阶段与第Ⅲ阶段（图 7-10）。零件经过很短的磨合后立即转入剧烈磨损阶段，并很快报废。这是不正常的磨损过程，可能是由于设计上的错误或工况的恶化所致。

对于磨损过程而言，磨合期应当尽可能缩短。所以，当机器工作时，磨损与时间的线性关系是典型的磨损过程，可表示为

$$U = kt = vt \tag{7-22}$$

式中，磨损速度 v = 常数。

若考虑磨合期的磨损，则

$$U = U_1 + vt \tag{7-23}$$

式中，U_1 为磨合期的磨损。

在设计中考虑磨损影响时，一般只有稳定磨损阶段Ⅱ才具有规律性，至于第Ⅰ与第Ⅲ阶段，只需知道可能出现的条件就行了。

3. 磨损的计算

对磨损寿命进行设计和计算，目的是增强机器抗磨损的能力并在某些指定的工况下使其按可接受的磨损率进行运转。然而，磨损计算非常复杂。虽有些计算各类磨损和各种零件磨损的方法，但是，目前都还不够完善。近年也曾提出过一些计算磨损的普遍适用的方法，但要达到实用阶段还需做很多工作。

（1）磨损计算的特点

1）载荷在摩擦副中所引起的磨损体积不是一个常数，它随压力、摩擦副表面粗糙度和表面膜性质等情况而变化。

2）两固体的实际接触表面是不连续的，其局部体积产生塑性变形。因此，经典力学中广泛采用的关于变形体为各向同性体的假设不适用。

3）参加摩擦过程的材料性能常与原始材料的性能差别较大，摩擦过程会使材料的性能发生改变。

4）磨损形式随着摩擦条件的变化而变化，而摩擦过程的摩擦条件也是变化的。

5）磨损是摩擦条件和材料特性综合的函数（即系统特性），因 而磨损计算实质上是评价这一破坏过程的特性。

磨损有其本身的特点，也就不能采用一般的刚体体积强度计算方法，计算磨损的前提是要掌握磨损规律，即磨损速度与摩擦条件（单位压力、滑动速度、介质温度等）和零件材料特性的关系。而要掌握磨损规律则有赖于对实际接触面积、磨损机理、磨屑形成过程等各种参数对磨损的影响等问题的了解。

（2）磨损的表示法　为了说明材料磨损程度和耐磨性能，需要用定量方法表征磨损现象。通常采用下述的几种指标：

1）磨损量。它是表示磨损过程结果的量。常用尺寸、体积或质量的减少量来表达。即线磨损量 h（单位为 mm 或 μm）、体积磨损量 V（单位为 mm^3 或 μm^3）和质量磨损量 G（单位为 g 或 mg）。磨损量是评定材料耐磨性能、控制产品质量和研究摩擦磨损机理的重要指标之一。

2）磨损率。它是指磨损量对产生磨损的行程或时间之比。可用三种方式表示：单位滑动距离的材料磨损量；单位时间的材料磨损量；每转或每一往复行程的材料磨损量。

3）耐磨性。耐磨性表示材料抵抗磨损的性能。它以规定的摩擦条件下的磨损率的倒数来表示，即耐磨性

$$\varepsilon = \frac{dt}{dG} 或 \frac{dL}{dG}$$

式中　G——磨损量；

L——滑动距离；

t——磨损时间。

4）相对耐磨性。在相同条件下，两种材料（通常以其中一种材料或试样作为标准材料或标准试样）的耐磨性之比值，即为相对耐磨性

$$\varepsilon_r = \frac{\varepsilon_b}{\varepsilon_s}$$

式中　ε_b、ε_s——被试验材料与标准材料的耐磨性。

（3）磨料磨损计算方法　磨料磨损的简化模型如图 7-11 所示。其中一表面是由一系列

硬圆锥形粗糙微凸体组成，并假定这些微凸体圆锥形大小相同且具有相同的半角 θ。而另一表面是由较软而平坦的材料构成。

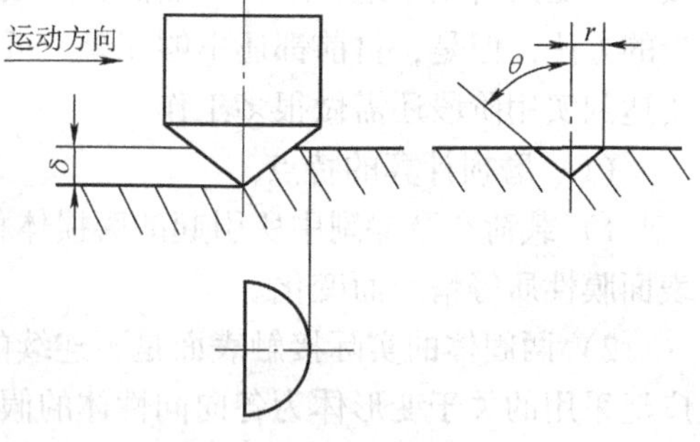

图 7-11　圆锥形硬微凸体的磨料磨损计算模型

当一单独粗糙微凸体在软表面上划过一单位距离时，微凸体峰使软材料移去的体积应为 $r\delta$。由于 $\delta = r\cot\theta$，因此，一个粗糙微凸体在单位移动距离内移去的材料体积等于 $r^2\cot\theta$。

假定材料在法向载荷下屈服，于是每个粗糙微凸体支承载荷应为 $\pi r^2\sigma_s/2$（σ_s 为软材料屈服强度），而全部载荷为

$$F = \frac{n\pi r^2\sigma_s}{2} \tag{7-24}$$

式中　n——粗糙微凸体接触的总个数。

单位移动距离的材料总转移（磨损）体积应为 $V = nr^2\cot\theta$，消去 n 得

$$V = \frac{2F\cot\theta}{\pi\sigma_s} \tag{7-25}$$

式（7-25）是以最简单的模型为基础而导出的，没有考虑粗糙微凸体高度分布不同的状态及材料在滑动方向的前方产生堆积会改变接触条件等因素的影响。材料的弹性模量对磨损体积也有影响，但在简化模型中均未考虑。由于屈服极限与压痕硬度有关，因此，可用硬度 H 代替软材料的屈服极限 σ_s，以 $K_a = 2\cot\theta/\pi$ 代入，则式（7-25）可变为

$$V = \frac{K_a F}{H} \tag{7-26}$$

式中　H——较软材料的硬度；

K_a——磨料磨损系数，不同的磨料 K_a 值不相同。

由式（7-25）和式（7-26）可知，磨料磨损的磨损量与载荷 F 成正比，与软材料屈服强度或硬度成反比。式（7-26）可作为定性分析磨料磨损时的参考。

上述分析适用于二体磨料磨损。对于三体磨损，式（7-26）仍可采用。只是系数 K_a 值要低一些，因为在三体磨料磨损情况下，很多磨料是作滚动而不是作滑动。

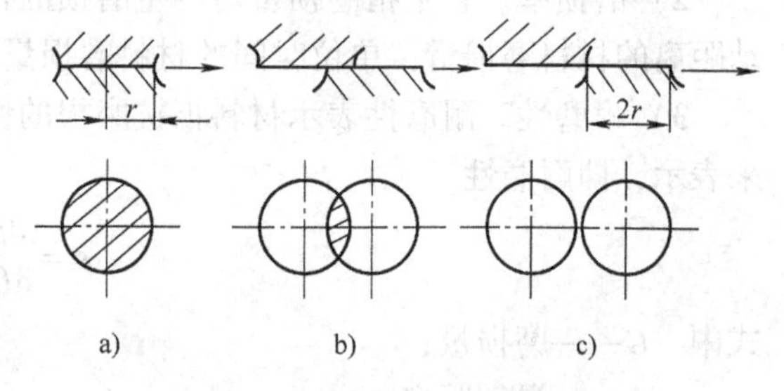

图 7-12　粘着磨损计算模型
a）全粘着　b）部分粘着　c）全脱离

（4）粘着磨损计算方法　假定表面微凸体粘接点是相同的球形，其半径为 r，每个粘接点的面积为 πr^2，而每个粘接点所支承的载荷应为 $\sigma_s\pi r^2$（σ_s 为材料的屈服强度）。当滑动距离为 $2r$ 时，表面能完全擦过每个粘接点，见图 7-12。假定粘着磨损磨屑呈半球形状，每个磨屑体积应为 $2\pi r^3/3$。则单位滑动距离磨损体积 V 为

$$V = \sum \frac{\frac{2}{3}\pi r^3}{2r} = \frac{1}{3}\pi r^2 n \tag{7-27}$$

式中　n——全部接触点数目。

因为每个粘接点所支承的载荷为$\sigma_s \pi r^2$，故总载荷F为

$$F = \sigma_s \pi r^2 n$$

或

$$n \pi r^2 = F/\sigma_s$$

故得

$$V = \frac{F}{3\sigma_s} \tag{7-28}$$

式（7-28）是在假定所有粘接点都磨去一个磨屑的条件下求得的。但事实并非如此。若只有全部接触点的K部分产生磨屑，则上式可写成

$$V = K\frac{F}{3\sigma_s} \tag{7-29}$$

式（7-29）即为阿查德（Archard）方程。

式中　K——一个微凸体峰接触时产生磨屑的概率，可由不同材料配对和不同的摩擦条件求某些工作条件下的K值，参见表7-2。

表7-2　某些工作条件下的K值

介　质	摩擦条件	摩擦副材料	K
空气	室温、清净表面	铜对铜	10^{-2}
		低碳钢对低碳钢	10^{-2}
		不锈钢对不锈钢	10^{-2}
		铜对低碳钢	10^{-3}
	清洁表面	所有的金属	$10^{-3} \sim 10^{-4}$
	润滑不良面	所有的金属	$10^{-4} \sim 10^{-5}$
	润滑良好面	所有的金属	$10^{-5} \sim 10^{-7}$
	磨料磨损	钢	10^{-1}
		黄铜	10^{-2}
		各种金属	10^{-2}

式（7-29）表明：材料的磨损量与载荷及滑动距离成正比，而与材料屈服强度成反比（或者与软材料的硬度成反比）。显然，该公式没有精确考虑摩擦副材料的特性、表面膜状态、润滑条件差异等因素，因而尚不能用于确切的定量计算，只能作定性分析磨损时的参考。

考虑到材料表面存在着污染膜的影响，罗氏（Rowe）对式（7-29）进行修正得

$$V = K_m \beta \frac{F}{\sigma_s} \tag{7-30}$$

式中　K_m——与金属材料有关的特性系数；

β——润滑剂特性系数，代表表面膜破坏量，润滑条件好时，β值较小。

（5）IBM磨损计算方法简介　以上所列出的计算磨损的公式是想用分析法来表示磨损与摩擦条件（如载荷）及材料特性（如硬度）之间的关系。但由于磨损过程复杂，而这些计算公式又都大大简化了摩擦发生的条件。因而，其计算结果与实际磨损有较大的差别。这些计算结果只能作为分析磨损时的参考。

1962年，美国国际商业机器公司（IBM）实验室的学者，采用理论和实验相结合的方

法，研究并提出能直接用于设计机械零件时计算磨损的方法，即IBM磨损计算方法。IBM法的特点是将磨损划分为零磨损和可测磨损两类。零磨损是指不超过原始表面粗糙度高度的磨损；可测磨损是指磨损厚度超过原始表面粗糙度的高度。通过引入行程（Pass）的概念，建立了保证零磨损条件下的行程次数与最大切应力的关系，并且对可测磨损的计算给出了两种适用的模型。有关详细内容请参阅相关文献。

4. 影响材料耐磨性的因素

磨损是多因素在摩擦表面相互作用的过程，因此当其工况条件和摩擦副的材质及加工处理不同时，磨损形式和磨损程度就不同。为了减少和控制磨损，需要深入研究影响磨损的各种因素。

（1）磨损工况的影响　磨损工况条件是指摩擦系统中接触面上的作用载荷、相对运动速度、环境介质及温度等。一般来说，随着载荷的增加，磨损量成比例增加。但对硬材料，在低速时磨损量增加的趋势不明显，高速时则明显增大。

滑动速度的影响与材料性质有关，对软材料，滑动速度高或低，其磨损量均大，中等速度时磨损量较小。

环境介质主要涉及表面膜形成速率及腐蚀速率问题。

温度可改变材料的性能，改变摩擦表面污染膜的形态和改变润滑剂的性能，通常温度愈高，材料的耐磨性愈差。

（2）材料的组织结构与性能的影响

1）粘着磨损。在干摩擦情况下，配对材料相同时，磨损率都较大。硬度差别大的材料配对时，相对来说磨损率可降低。采用表面热处理改变原材料的表面状况，通常可有效地减轻粘着磨损。

2）磨粒磨损。金属材料硬度愈高，耐磨性愈好。

3）疲劳磨损。材料的弹性模量显著地影响材料的疲劳磨损。一般说来，随着材料弹性模量增加，磨损程度也要增加。对于脆性材料，则随着弹性模量增加，磨损减少。材料的强度性质、硬度均影响材料的磨损。

5. 磨损的系统分析

影响磨损的因素很多，一个零件常常可能承受多种外界因素的复合作用，因此磨损过程及其结果的分析是一个复杂的问题。

可以把磨损现象作为一个工程系统来分析，即使有一个参数有少量的变化，也会引起摩擦、磨损的变化。如提高环境温度或者由于摩擦表面温度提高，都会使磨损率发生变化。不锈钢由于表面不易形成氧化物保护层，故在低温时耐磨性差，当温度上升，耐磨性反而有所改善。而普通钢则由于温度上升硬度下降，耐磨性明显降低。在磨损过程中，正常润滑条件受到破坏就会出现严重磨损。

当一对摩擦副摩擦时，往往希望磨损主要限于其中一个零件，以便于修复、更换和降低成本。

6. 减少磨损的途径

减少磨损的主要办法是：改善设计，提高加工和装配质量，采用性能良好的润滑系统，选用适应不同要求的材料和对材料进行表面处理。近年来研究已经证实，表面处理工艺对控制和减少磨损起着非常有效的作用。

第三节　可靠性设计

一、可靠性设计概述

1. 可靠性设计的基本概念

常规设计法为保证机械的正常工作，避免发生因强度、刚度不足或其他原因引起的失效，设计时必须留有足够的强度储备。一般用安全系数表示这种储备的程度。这仅仅是人们对许多未知的或难以控制的因素的估计以及对产品安全的期望，通常是凭工程经验确定的，缺少严格的数学基础。

机械可靠性设计是引入概率论与数理统计的理论而对常规设计方法进行发展和深化而形成的一种新的现代设计方法。它对常规设计方法的发展和深化体现在：

1）可靠性设计法认为作用在零部件上的应力（广义的）和零部件的强度（广义的）都不是定值，而是随机变量，具有明显的离散性质，在数学上必须用分布函数来描述。

2）由于应力和强度都是随机变量，所以必须用概率统计的方法求解。

3）可靠性设计法认为零部件及系统都存在一定的失效可能性，即失效率，但不能超过设计指标所规定的允许值。因此，它可以定量地回答产品在工作中的失效概率和可靠度，从而克服了常规设计法的不足。

2. 可靠性学科的研究内容

可靠性学科主要有以下几方面研究内容：

（1）可靠性数学　由于产品的可靠性指标是以寿命特征为主要研究对象，它是一种随机现象，因而其主要工具是概率论。而可靠性设计方法最后都归结为统计推断问题，因而又涉及到数理统计、随机过程和运筹学等学科领域。

（2）可靠性物理　主要研究失效模式及其机理、分析和检测的方法等。对各类元器件从分析失效现象入手，建立失效模式；鉴别失效原因及机理，研究各类元器件寿命试验、筛选试验等检测方法。

（3）可靠性工程　主要是应用可靠性理论、对产品（元器件、设备或系统）进行可靠性分析、预测、试验、评价、设计、控制和维修。

可靠性工程追求的是系统的安全可靠和经济效益，这就要求必须系统地、综合地、长远地来考虑各方面的影响。其中包括：收集故障数据、分析产品发生故障的原因、找出薄弱环节等，为提高产品可靠性提供依据。

3. 可靠性设计的意义

（1）可靠性指标是产品的重要质量指标　产品质量主要用性能和有效性来衡量，后者又包含可靠性和维修性两个方面。性能是产品所具有的各类技术指标，是质量的保证。而性能的发挥则依赖于可靠性，产品只有可靠并能达到所规定的寿命，性能才有实用价值。因此，产品的可靠性和性能都是产品最重要的质量指标。

（2）可靠性设计可对产品质量进行动态研究　任何一个产品在完成功能的同时都处于各种环境因素之中。这些因素的积累会引起产品质量指标的改变，从而低于其初始性能。而可靠性设计正是研究了产品质量随时间变化的过程，即产品从设计到研制、制造、使用、维修直到报废的整个寿命周期的全过程，并能给出各阶段可靠性的定量指标，这就为使用、维护产品提供了定量的依据。

(3) 可靠性设计是保证复杂技术任务得以完成的重要手段　由于产品的复杂化和工作环境的严酷，对产品的可靠性要求越来越高。除航天、原子能等部门外，可靠性技术已经推广应用到许多工业部门。一项复杂任务或一个大的系统都要求具有极高的可靠性与安全性，它们涉及的元件以百万计，任何元件的故障都会影响到整个系统或装置的可靠性，并将带来严重的影响和巨大的损失。因此，对于机器系统中的关键零部件都应进行可靠性设计。对于容易出现疲劳失效的重要零部件和结构，还应进行疲劳可靠性设计。

二、可靠性的定义、指标及设计中常用分布密度系数

（一）可靠性定义

GB/T3187—1994《可靠性、维修性术语》将可靠性定义为：“产品在规定的条件下和规定的时间区间内完成规定功能的能力”。对于这样一个十分重要的质量指标问题，还必须数量化，即用一系列定量指标（可靠性尺度）表示可靠程度。

（二）可靠性指标

可靠性指标（特征量）是用来表示产品总体可靠性高低的各种可靠性数量指标。其真值是理论上的数值，实际上是未知的。根据样本的观测数据，经过一定的统计计算可以得到真值的估计值。在规定的使用条件下，根据各单元的可靠性特征量的观测值和其他估计值，可以算出复杂产品的特征量的预测值。

常用可靠性指标有：

1. 可靠度

产品在规定的条件下和规定的时间内完成规定功能的概率称为可靠度，并以 $R(t)$ 表示。

可靠度是时间的函数，并用概率加以度量，故 $0 \leqslant R(t) \leqslant 1$。这个概率是在一定的置信度下的条件概率。

产品的可靠与不可靠是互逆事件，因此

$$\begin{aligned} R(t) + F(t) &= 1 \\ R(t) &= 1 - F(t) = 1 - P_f \end{aligned} \tag{7-31}$$

式中　$F(t)$——不可靠度；

P_f——失效概率。

或者

$$R(t) = \int_t^{\infty} f(t)\,dt \tag{7-32}$$

式中　$f(t)$——失效概率密度函数。

若产品规定寿命为 t，在规定条件下产品实际寿命为 T，则

$$\begin{aligned} P(T>t) &= R(t) \\ P(T<t) &= 1 - R(t) = P_f \end{aligned} \tag{7-33}$$

2. 失效率

工作到某时刻尚未失效的产品，在该时刻后单位时间内发生失效的概率称为失效率，以 $\lambda(t)$ 表示。

如图7-13所示，设有 N 个产品工作到时刻 t 时，累计失效数为 $n(t)$，若在 $(t, t+$

Δt）时间内又有 Δn（t）个产品失效，则该产品的平均失效率的观测值为

$$\lambda(t) = \frac{n(t+\Delta t) - n(t)}{[N-n(t)]\Delta t} = \frac{\Delta n(t)}{[N-n(t)]\Delta t} \tag{7-34}$$

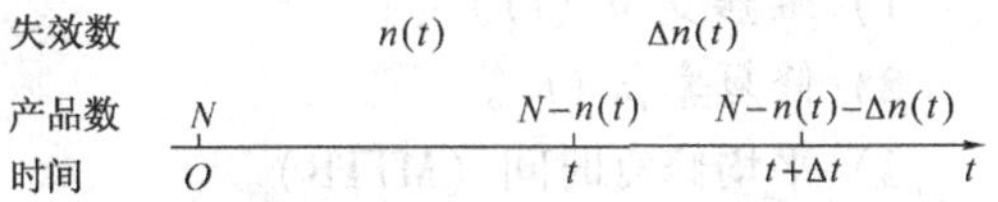

失效数　$n(t)$　$\Delta n(t)$
产品数　N　$N-n(t)$　$N-n(t)-\Delta n(t)$
时间　O　t　$t+\Delta t$　t

图 7-13　λ（t）图

即在某时刻后单位时间内失效的产品数与工作到该时刻尚未失效的产品数之比。因此，失效率是一个衡量产品在单位时间内失效次数的数量指标，描述了产品在单位时间内失效的可能性，它与失效概率密度函数 f（t）不同。f（t）仅反映了在工作期内产品失效的分布状况，而 λ（t）则反映了该时刻后产品失效速度随时间的变化状况，这就更容易用以区分产品的失效阶段。

当产品的失效寿命为指数分布时，$\lambda(t)=\lambda=$ 常数。当为其他分布时，$\lambda(t)$是时间的函数。

失效率常用单位 $1/10^3$h，也可表示为××%/h。对可靠度高失效率很小的产品采用“菲特”（Fit）作为基本单位，1Fit $=10^{-9}$/h。

根据 λ（t）的定义可得

$$\lambda(t) = \frac{f(t)}{R(t)} \tag{7-35}$$

例 7-1　设有 $N=100$ 个产品，从 $t=0$ 开始运行，在 50h 内无失效，在 50h 至 51h 内发生一个失效，在 51h 至 52h 内发生 3 个失效，求该批产品在 50h 及 51h 的失效率。

解　$N=100$，n（50）$=0$，n（50+1）$=1$，n（51+1）$=4$，$\Delta t=1$

所以，由式（7-34）得

$$\lambda(51) = \frac{n(51+1) - n(51)}{[N-n(51)]\times 1} = \frac{4-1}{100-1}/\text{h} = 3.03\%/\text{h}$$

$$\lambda(50) = \frac{n(50+1) - n(50)}{[N-n(50)]\times 1} = \frac{1-0}{100-0}/\text{h} = 1\%/\text{h}$$

3. 平均寿命

产品寿命（无故障工作时间）的平均值称为平均寿命（MTTF）。

对于不可修复的产品，寿命系指全部样品失效前的平均工作时间。

$$\text{MTTF} = \frac{1}{N}\Sigma t_i \tag{7-36}$$

对于可以修复的产品，平均无故障工作时间（MTBF）是指一个或多个产品在它使用寿命期内或某个观察期间累积工作时间与故障次数之比。即

$$\text{MTBF} = \frac{1}{\sum_{i=1}^{N} n_i} \sum_{i=1}^{N} \sum_{j=1}^{K} t_{ij} \tag{7-37}$$

可推导得

$$\text{MTTF} = \int_0^{\infty} R(t)\,\mathrm{d}t \tag{7-38}$$

4. 维修度

维修性是“规定条件下使用的产品，在规定时间内按规定的程序和方法进行维修，保持或恢复到能完成规定功能的能力”。当以概率来表示和度量这种能力时，即为维修度。

常用维修性尺度有以下几种：

1）维修度 $M(t)$。

2）修复率 $\mu(t)$。

3）平均修复时间（MTTR）。

4）有效度 $A(t)$。

5）最大维修时间 t_{Mmax}。

6）设备修理时间 ERT。

只用一个维修性指标不可能说明设备或系统的维修性，而需要根据具体情况加以综合应用。

5. 有效度

瞬时有效度是“产品在某时刻具有或维持其规定功能的概率”。当时间趋于无限时，瞬时有效度的极限值称为稳态有效度。在某个规定时间区间内，有效度的平均值称为平均有效度。有效度 $A(t)$ 的观测值可表示为

$$A(t) = \frac{U}{U+D} \tag{7-39}$$

式中 U——产品能工作的时间；

D——产品不能工作的时间。

有效度习惯上称为可用率。有效性是可靠性与维修性的综合，因而是广义的可靠性。

6. 可靠寿命

与规定可靠度相对应的时间称为可靠寿命。

（三）常用分布密度函数

在可靠性设计中，一般讨论正态分布、对数正态分布、威布尔分布、极值分布、指数分布、伽玛分布等，这里只介绍在零件和系统可靠性分析中最常用的正态分布和指数分布。

1. 正态分布

正态分布常用于描述零部件的强度或应力分布。设随机变量 X 服从正态分布，则正态分布概率密度函数为

$$f(x) = \frac{1}{\sigma\sqrt{2\pi}}\exp\left[-\frac{1}{2}\left(\frac{x-\mu}{\sigma}\right)^2\right] \quad -\infty < x < +\infty \tag{7-40}$$

累积分布函数为

$$F(x) = P(X \leqslant x) = \frac{1}{\sigma\sqrt{2\pi}}\int_{-\infty}^{x}\exp\left[-\frac{(x-\mu)^2}{2\sigma^2}\right]\mathrm{d}x \tag{7-41}$$

式中 x——随机变量 X 的取值；

μ——$E(X)$ 即正态分布总体的均值；

σ^2——$\mathrm{Var}(X)$ 即方差，σ 为标准离差。

如果 X 表示零件强度，$x=x_{\mathrm{P}}$ 表示零件的工作应力，则式(7-37)就是零件的失效概率 P_{F}，相应的可靠度为

$$R = P(X > x) = 1 - F(x) = \frac{1}{\sigma\sqrt{2\pi}}\int_{x}^{\infty}\exp\left[-\frac{(x-\mu)^2}{2\sigma^2}\right]\mathrm{d}x \tag{7-42}$$

在式(7-40)、式(7-41)中，若 $\mu=0$，$\sigma=1$，则称为标准正态分布，其概率密度函数和累积分布函数分别用 $\phi(x)$、$\Phi(x)$ 表示

$$\phi(x) = \frac{1}{\sqrt{2\pi}} e^{-\frac{x^2}{2}} \tag{7-43}$$

$$\Phi(x) = \frac{1}{\sqrt{2\pi}} \int_{-\infty}^{x} e^{-\frac{x^2}{2}} dx \tag{7-44}$$

任意一个正态分布都可以变换成标准正态分布的形式。

例 7-2　有 1000 个零件,已知其失效为正态分布,均值为 500h,标准差为 40h。求:(1) t = 400h 时,其可靠度、失效概率为多少?(2)经过多少小时后,会有 20% 的零件失效?

解　(1)零件寿命服从 $N(500,40^2)$,由 $Z=\frac{t-\mu}{\sigma}$ 可得

$$\begin{aligned} R(400) &= P\left(Z > \frac{t-\mu}{\sigma}\right) = P\left(Z > \frac{400-500}{40}\right) \\ &= P(Z > -2.5) = 1 - P(Z \leqslant -2.5) \\ &= 1 - \Phi(-2.5) = 1 - 0.0062 = 0.9938 \end{aligned}$$

失效概率　$F(400) = 1 - R(400) = 0.0062$

(2) 当 $F(t) = 20\%$ 时,有 $R(t) = 80\% = 1 - \Phi(z)$

则　$$\Phi(z) = 20\%$$

由标准正态分布表查得　$Z = -0.84$

再由　$Z = \frac{t-\mu}{\sigma}$　可得　$t = \mu + Z\sigma = 500\text{h} - 0.84 \times 40\text{h} = 466.4\text{h}$

2. 指数分布

指数分布常用于描述复杂部件、机器以及系统在随机失效期的故障率。指数分布的密度函数为

$$f(t) = \lambda e^{-\lambda t} \quad 0 < \lambda < +\infty \quad 0 \leqslant t < +\infty \tag{7-45}$$

累积分布函数(失效分布函数)为

$$F(t) = \int_0^t \lambda e^{-\lambda t} dt = 1 - e^{-\lambda t} \tag{7-46}$$

可靠度函数为

$$P(t) = 1 - F(t) = e^{-\lambda t} \tag{7-47}$$

当 $t = 1/\lambda = \theta$ 时,相应的可靠度 $R(t) = e^{-1} = 0.368$,说明同一批相同的产品经 $t = \theta$ 时间后,发生故障的产品占 63.2%,而保持工作能力的只有 36.8%。θ 又称为特征寿命。

三、机械零部件的可靠性设计

(一)应力—强度干涉理论

可靠性设计法的基本思想是按零件的失效概率值来衡量零件的可靠性。使用的数学工具是不同分布的干涉理论。

如图 7-14 所示,$p(S)$ 为零件强度的分布密度函数,$f(s)$ 为零件截面应力的分布密度函数[⊖]。两条曲线出现相互重叠的情况,这种现象称为"干涉"。显然,零件失效的概率 P_F 是和 $S < s$ 的概率等价,即

⊖ 由于正态分布函数中已用 σ 表示标准离差,因此不宜再用来表示应力,而且若用 σ 表示应力也只表示正应力,而未包括切应力 τ 在内。此处用 STRESS 的头字母 s 表示应力较为合适。

$$P_F = P(S < s) \tag{7-48}$$

现将图 7-14 中的干涉区放大,如图 7-15 所示。设给定工作应力 s,则应力 s 落在小区间 ds 内的概率为

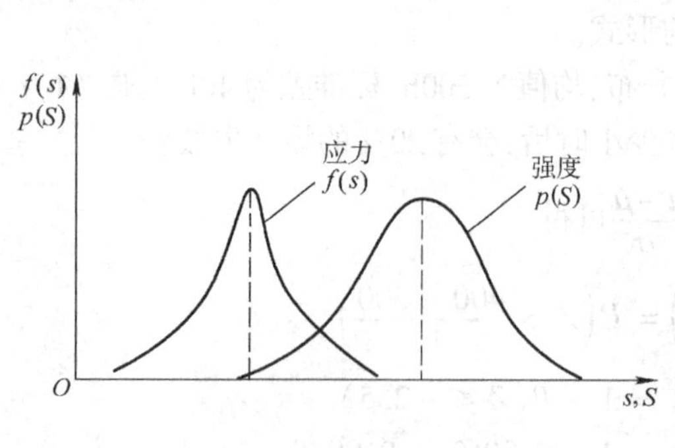

图 7-14　应力—强度干涉

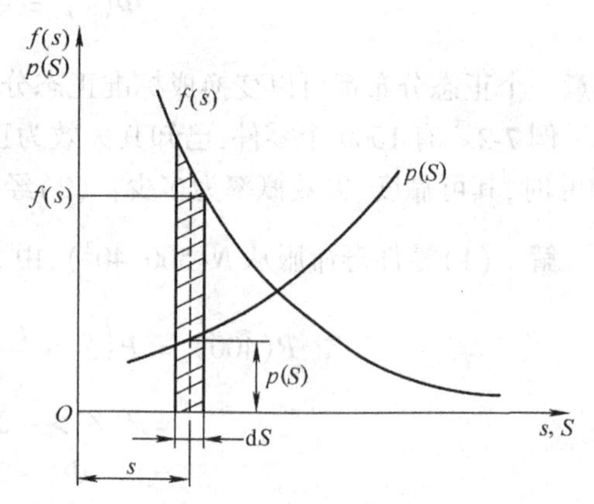

图 7-15　干涉区放大图

$$P\left(s - \frac{ds}{2} \leqslant s \leqslant s + \frac{ds}{2}\right) = f(s)\,ds \tag{7-49}$$

强度 S 小于应力 s 的概率为

$$\int_{-\infty}^{s} p(S)\,dS \tag{7-50}$$

考虑 $f(s)\,ds$ 与 $\int_{-\infty}^{s} p(S)\,dS$ 是两个独立的随机事件,根据概率乘法定理可知,它们同时发生的概率等于两个事件单独发生的概率的乘积,即

$$f(s)\,ds \int_{-\infty}^{s} p(S)\,dS \tag{7-51}$$

这个概率就是应力在 ds 小区间内所发生的失效概率。显然,对整个应力分布,零件的失效概率为

$$P_F = P(S < s) = \int_{-\infty}^{\infty} f(s)\left[\int_{-\infty}^{s} p(S)\right] ds \tag{7-52}$$

$$\int_{-\infty}^{s} p(S)\,dS + \int_{s}^{\infty} p(S)\,dS = 1$$

因此零件的可靠度 R 为

$$R = 1 - P_F = P(S \geqslant s) = \int_{-\infty}^{\infty} f(s)\left[\int_{s}^{\infty} p(S)\,dS\right] ds \tag{7-53}$$

反之,失效概率也可以根据应力 s 大于强度 S 的概率来计算。依照上述步骤,可得相应的表达式

$$P_F = P(s > S) = \int_{-\infty}^{\infty} p(S)\left[\int_{s}^{\infty} f(s)\,ds\right] dS \tag{7-54}$$

$$R = 1 - P_F = P(S \leqslant s) = \int_{-\infty}^{\infty} p(S)\left[\int_{-\infty}^{S} f(S)\,ds\right] dS \tag{7-55}$$

（二）应力、强度均为正态分布时的可靠度计算

设强度 S 及应力 s 均为正态分布随机变量，则概率密度函数分别为

$$p(S)=\frac{1}{\sigma_S\sqrt{2\pi}}\exp\left[-\frac{(S-\mu_S)^2}{2\sigma_S^2}\right](-\infty<S<\infty) \tag{7-56}$$

$$f(s)=\frac{1}{\sigma_s\sqrt{2\pi}}\exp\left[-\frac{(s-\mu_s)^2}{2\sigma_s^2}\right](-\infty<s<\infty) \tag{7-57}$$

式中 μ_S、μ_s 及 σ_S、σ_s 分别为 S 及 s 的均值及标准离差。

令 $z=S-s$，由概率论可知，z 的概率密度函数为

$$h(z)=\frac{1}{\sigma_z\sqrt{2\pi}}\exp\left[-\frac{1}{2}\left(\frac{z-\mu_z}{\sigma_z}\right)^2\right](-\infty<z<\infty) \tag{7-58}$$

由式(7-58)可知，$h(z)$ 亦为正态分布，如图 7-16 所示。其

均值：$\mu_z=\mu_S-\mu_s$

标准离差：
$$\sigma_z=[\sigma_S^2+\sigma_s^2]^{\frac{1}{2}} \tag{7-59}$$

$z<0$ 的概率就是零件失效概率，即

$$P_F=P(z<0)=\int_{-\infty}^{0}h(z)\mathrm{d}z=$$

$$\int_{-\infty}^{0}\frac{1}{\sigma_z\sqrt{2\pi}}\exp\left[-\frac{(z-\mu_z)^2}{2\sigma_z^2}\right]\mathrm{d}z \tag{7-60}$$

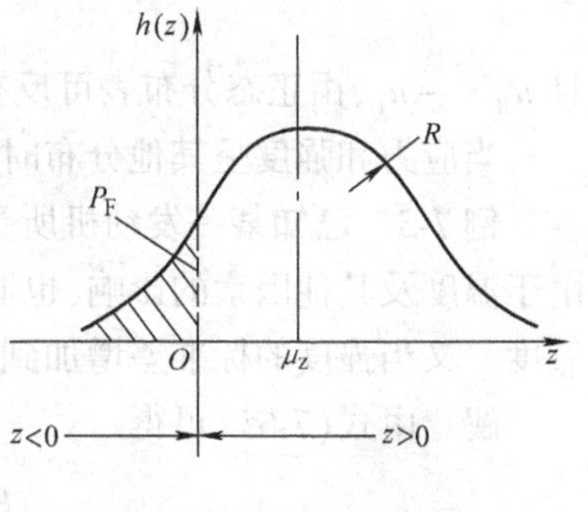

图 7-16　$h(z)$ 的分布

为了便于查用正态分布表，现将上式变换为标准正态分布。令标准正态变量 $u=\frac{z-\mu_z}{\sigma_z}$，则 $\mathrm{d}z=\sigma_z\mathrm{d}u$。当 $z=0$ 时，$u=u_p=-\frac{\mu_z}{\sigma_z}$；当 $z=-\infty$ 时，$u=-\infty$，代入式(7-60)可得

$$P_F=\frac{1}{\sqrt{2\pi}}\int_{-\infty}^{u_p}e^{-\frac{u^2}{2}}\mathrm{d}u=\frac{1}{\sqrt{2\pi}}\int_{-\infty}^{-\frac{\mu_z}{\sigma_z}}e^{-\frac{u^2}{2}}\mathrm{d}u=\Phi(u_p) \tag{7-61}$$

式(7-61)中的积分上限为

$$u_p=-\frac{\mu_z}{\sigma_z}=-\frac{\mu_S-\mu_s}{\sqrt{\sigma_S^2+\sigma_s^2}} \tag{7-62}$$

式(7-62)反映了强度随机变量 S、应力随机变量 s 和概率之间的关系，称为联结方程。它是可靠性设计的基本公式。u_P 称为联结系数。

式(7-61)为标准正态分布，故根据式(7-62)计算出 u_P 值查正态分布表，可以求得失效概率 P_F。

零件的可靠度为

$$R=1-P_F=1-\Phi(u_P)=\int_{-\infty}^{\infty}\frac{1}{\sqrt{2\pi}}e^{-\frac{u^2}{2}}\mathrm{d}u-\int_{-\infty}^{u_p}\frac{1}{\sqrt{2\pi}}e^{-\frac{u^2}{2}}\mathrm{d}u$$

$$= \int_{u_P}^{\infty} \frac{1}{\sqrt{2\pi}} e^{-\frac{u^2}{2}} du = \int_{-\frac{\mu_z}{\sigma_z}}^{\infty} \frac{1}{\sqrt{2\pi}} e^{-\frac{u^2}{2}} du \tag{7-63}$$

由于正态分布为对称分布，因此，上式可变换为

$$R = \int_{-\infty}^{\frac{\mu_z}{\sigma_z}} \frac{1}{\sqrt{2\pi}} e^{-\frac{u^2}{2}} du = \Phi(u_R) \tag{7-64}$$

$$u_R = \frac{\mu_S - \mu_s}{\sqrt{\sigma_S^2 + \sigma_s^2}} \tag{7-65}$$

式中 u_R——可靠度系数。由于标准正态累积分布函数 $\Phi(u)$ 是连续单调函数，有反函数 $\Phi^{-1}(\cdot)$ 存在，若已知 P_F 或 R，则有

$$\left.\begin{aligned} u_P &= \Phi^{-1}(P_F) \\ u_R &= \Phi^{-1}(R) \end{aligned}\right\} \tag{7-66}$$

且 $u_R = -u_P$，由正态分布表可反查出相应的 u_P 或 u_R 值。

当应力和强度呈其他分布时，可作类似处理，获得相应的联结方程。

例 7-3 已知某一发动机所受的应力服从正态分布 $s \sim N(55000\text{MPa}, 4000^2\text{MPa}^2)$，其强度由于温度及其他因素的影响，也服从正态分布 $S \sim N(82000\text{MPa}, 8000^2\text{MPa}^2)$，求该发动机的可靠度。又当强度的标准差增加到15000MPa时，可靠度是多大？

解 由式(7-65)可得

$$u_R = \frac{\mu_S - \mu_s}{\sqrt{\sigma_S^2 + \sigma_s^2}} = \frac{82000 - 55000}{\sqrt{8000^2 + 4000^2}} = 3.02$$

查标准正态分布表，当 $u_R = 3.02$ 时，$R = 0.9993$。

若 $\sigma_S = 15000\text{MPa}$ 时

$$u_R = \frac{\mu_S - \mu_s}{\sqrt{\sigma_S^2 + \sigma_s^2}} = \frac{82000 - 55000}{\sqrt{15000^2 + 4000^2}} = 1.74$$

查标准正态分布表，当 $u_R = 1.74$ 时，$R = 0.95907$。

（三）机械零部件强度的可靠性设计方法

可靠性设计的基本原理和方法，就是将合成的应力分布与合成的强度分布在概率的意义下结合起来，成为设计计算的一种重要判据。前面的联结方程就是应力和强度都符合正态分布时，概率计算的基本公式，它具有重要的工程应用价值。

在进行可靠性设计时，往往先规定目标可靠度。这时，可按标准正态分布表查出联结系数 u_P 或 u_R，再利用联结方程求得所需要的设计参数，如尺寸、性能等。通过这种计算，可实现将可靠度直接设计到零部件中。反之，若已知零部件的设计参数和强度、应力分布，则可计算零部件的可靠度。这些都是利用联结方程实现的。

在进行零部件强度的可靠性设计时，需作如下假设：

1）假设零部件的设计参量，如载荷、尺寸、环境因素、应力集中等都是随机变量，它们分别遵循某一种概率分布，并可通过计算求出其合成的应力分布。

2）假设零部件的强度取决于材料的力学性能、尺寸系数、表面质量系数和表面强化等

因素，并可求得合成的强度分布。

3）在没有确知某一随机变量服从何种分布时，首先应当假设它为正态分布。这样做可以简化计算，而且在多数情况下偏于安全。

（四）安全系数与可靠度的关系

利用应力—强度干涉理论，可以将常规设计方法中的安全系数与可靠度联系起来，从而建立起对安全系数评价的新概念。

假定设计参数的误差分布都符合正态分布规律，研究在此条件下安全系数与可靠度的关系。这种研究方法原则上也可以推广到其他分布的情况。

考虑到强度与应力均呈分布状态，则安全系数可定义为强度均值与应力均值之比。即

$$\bar{n}=\frac{\bar{S}}{\bar{s}} \tag{7-67}$$

由随机变量代数，可得安全系数的标准离差为

$$\sigma_{n}=\frac{1}{\bar{s}}\left[\frac{\bar{S}^{2}\sigma_{s}^{2}+\bar{s}^{2}\sigma_{S}^{2}}{\bar{s}^{2}+\sigma_{s}^{2}}\right]^{1/2} \tag{7-68}$$

将式（7-68）代入联结方程

$$u_{R}=\frac{\bar{S}-\bar{s}}{\left[\sigma_{S}^{2}+\sigma_{s}^{2}\right]^{1/2}} \tag{7-69}$$

可得

$$\bar{n}=\frac{\bar{S}}{\bar{S}-u_{R}\left(\sigma_{S}^{2}+\sigma_{s}^{2}\right)^{1/2}}=1+\frac{u_{R}\left(\sigma_{S}^{2}+\sigma_{s}^{2}\right)^{1/2}}{\bar{s}} \tag{7-70}$$

式（7-70）只能说明安全系数与可靠度之间的一种定量关系，为了搞清它们之间的定性关系，还需引入代表强度分布与应力分布的离散程度的变异系数。将式（7-69）的分子、分母同除以$\bar{s}$，得

$$u_{R}=\frac{\frac{\bar{S}}{\bar{s}}-1}{\left[\frac{\sigma_{S}^{2}}{\bar{S}^{2}}+\frac{\sigma_{s}^{2}}{\bar{s}^{2}}\right]^{1/2}}=\frac{\bar{n}-1}{\left[\bar{n}^{2}C_{S}^{2}+C_{s}^{2}\right]^{1/2}} \tag{7-71}$$

式中 C_{S}——强度分布的变异系数；$C_{s}=\frac{\sigma_{S}}{\bar{S}}$，一般可取 $C_{S}=0.04\sim0.08$，甚至更高。

C_{s}——应力分布的变异系数。$C_{s}=\frac{\sigma_{s}}{\bar{s}}$，根据机械的类型和具体使用条件、环境而定，一般可取 $C_{s}=0.04\sim0.08$。在没有把握时，可以取得稍大些。

由式（7-71）经整理后可得

$$\bar{n}=\frac{1+\left[1-\left(u_{R}^{2}C_{S}^{2}-1\right)\left(u_{R}^{2}C_{s}^{2}-1\right)\right]^{1/2}}{1-u_{R}^{2}C_{S}^{2}} \tag{7-72}$$

由式（7-72）可知，u_{R}（R）与$\bar{n}$之间的关系，取决于变异系数 C_{S} 与 C_{s}。显然，只有在 C_{S} 与 C_{s} 值较小时，安全系数$\bar{n}$才具有实际意义；相反，当强度分布与应力分布的离散程度较大时，安全系数$\bar{n}$即使选择得符合使用经验的规范，仍不能保证零件的安全与可靠。

例 7-4 零件可靠性安全系数 $\bar{n}=1.5$，经过初步计算工作应力服从正态分布 N（160，14）MPa，试求可靠度为 0.99 的设计强度。

解 查正态分布表，当 $R=0.99$ 时的 $u_{R}=2.33$，可靠度为 0.99 的工作应力 $s_{0.99}$ 为

$$s_{0.99} = 160 + 2.33 \times 14\text{MPa} = 192.6\text{MPa}$$

由 $$\bar{n} = \frac{\bar{S}}{\bar{s}} = \frac{S_{0.99}}{s_{0.99}}$$ 得

$$S_{0.99} = \bar{n}s_{0.99} = 1.5 \times 192.6\text{MPa} = 288.9\text{MPa}$$

四、系统的可靠度

系统是一个能够完成规定功能的综合体，由若干独立的单元组成。机械系统的特点是其组成单元零部件之间在结构上紧密联系，因而具有功能相关及失效相关的特征。但为简化计算，可近似地将零件失效作为互不相关事件处理。对于由若干独立运行的机械设备组成的复杂机械系统（例如自动线）以及由工作原理不同的部件组成的机械设备，可以认为子系统或单元的失效是独立的。总之，机械系统中各单元的失效是相关事件或是独立事件，应当对研究对象作具体分析。

为了保证系统具有所需的可靠性水平，在机械系统设计阶段，必须对系统进行可靠性分析。主要有以下两类问题：

1）已知系统可靠性模型和组成单元可靠性数据，计算或预测系统的可靠性。

2）按规定的系统可靠性指标，对所组成的子系统、部件、元件进行可靠性分配。

1. 机械系统的失效特征

机械系统的失效特征可近似用图7-17所示的“浴盆曲线”描述。阶段Ⅰ称为初始磨合或早期失效阶段。第Ⅱ阶段称为随机失效阶段，它可代表实际使用寿命。第Ⅲ阶段称为耗损失效阶段。加强维护，尽可能避免偶然因素的影响，即可延长系统使用阶段的时间。对于阶段Ⅱ这个正常使用期，由于偶然原因而发生的失效事件，可用指数分布来描述。

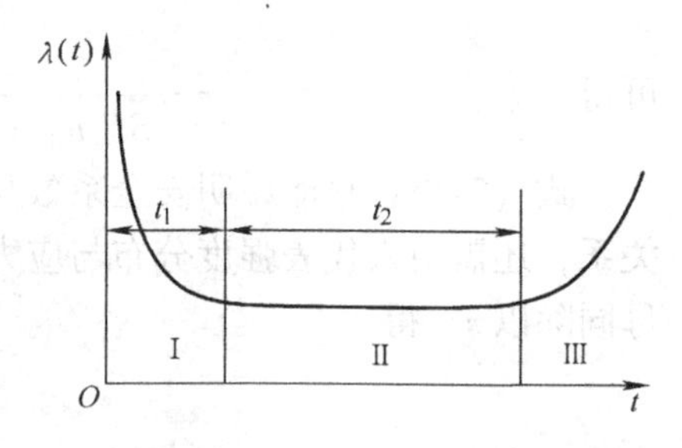

图7-17　系统失效的“浴盆曲线”

2. 系统可靠度计算

(1) 串联系统的可靠度　在组成系统的单元中，只要有一个失效，系统就不能完成规定的功能，这种系统称为串联系统。设各单元的失效率为独立事件，可靠度分别为R_1、R_2，…，R_n，则系统可靠度为

$$R_s(t) = \prod_{i=1}^{n} R_i(t) \tag{7-73}$$

当系统及各单元的寿命服从指数分布时，则失效率$\lambda_s(t) = \lambda_s$为常数

$$R_s(t) = \exp[-\sum_{i=1}^{n} \lambda_i] \tag{7-74}$$

即 $\lambda_s = \lambda_1 + \lambda_2 + \cdots \lambda_n$

(2) 并联系统的可靠度　只有组成系统的全部单元失效，整个系统才失效的系统称为并联系统。并联系统的失效概率为

$$F_s(t) = [1-R_1(t)][1-R_2(t)]\cdots[1-R_h(t)]$$

系统可靠度

$$R_s(t) = 1 - \prod_{i=1}^{n}[1 - R_i(t)]$$

（3）串并联系统　由串联系统及并联系统组合而成的系统称为串并联系统。它的可靠度计算方法是先将并联单元系统转化为一个等效的串联系统，然后再按串联系统计算。

3. 系统的可靠度分配

系统可靠度分配的目的是在规定的条件下，合理确定系统中各单元的可靠度，以满足系统的可靠度要求。进行可靠度分配时，应考虑单元在系统中的重要程度、单元结构的复杂程度、单元制造的费用及技术复杂程度、单元修理的难易程度以及单元的工作周期和工作环境等因素。

由于可靠度指标涉及产品的质量、体积及成本等因素，因此，可靠度分配应该采用优化方法，建立可靠度分配的费用目标函数及约束条件，通过求优化解，以获得费用最低或效益最大时各单元的最优可靠度；有的系统是以系统的可靠度尽可能大作为目标函数，而以其他指标为约束条件。可靠度分配的动态规划法是一种最常用的方法，需要时可参阅有关文献。

考虑到机械系统的结构复杂性以及功能相关和失效相关等特征，目前，对机械系统的可靠度计算及分配方法，一般应用简化处理的近似方法。常用的可靠度分配法有：等分配法、阿林斯分配法、代数分配法（AGREE 法）、“努力最小算法”分配法等。下面对阿林斯分配法作一个介绍。

阿林斯分配法是考虑重要度的一种分配法，设有几个单元组成的串联系统，它们都服从指数分布。阿林斯法的步骤如下：

1）根据过去积累的或观察、估计的数据，确定单元失效率 λ_i。

2）根据分配前的系统失效率 λ_s，确定各单元的重要度分配因子 ω_i。

$$\omega_i = \frac{\lambda_i}{\lambda_s} = \frac{\lambda_i}{\sum_{i=1}^{n} \lambda_i} \tag{7-75}$$

3）根据给定的系统失效率 λ_s^*，计算分配给各单元的失效率 λ_i^*

$$\lambda_i^* = \omega_i \lambda_s^* \tag{7-76}$$

4）计算分配给单元的可靠度 R_i^*

$$R_i^* = R_S^{*\,\omega_i}$$

式中　R_S^*——系统要求的可靠度。

5）检验分配结果。

例 7-5　飞行员救生电台有发射机、收信机、信标机、低频放电器四个子系统组成串联系统。预计失效率分别为 0.003，0.002，0.002，0.001（1/h），取工作时间为 40h，要求系统的可靠度为 0.96，按相对失效率分配，求各子系统的失效率。

解　由题知各子系统预计失效率为

$$\lambda_1 = 0.003/\text{h} \quad \lambda_2 = 0.002/\text{h} \quad \lambda_3 = 0.002/\text{h} \quad \lambda_4 = 0.001/\text{h}$$

按式（7-75）计算权系数 ω_i 可得

$$\omega_1 = \frac{\lambda_i}{\sum_{i=1}^{4} \lambda_i} = \frac{0.003}{0.003 + 0.002 + 0.002 + 0.001} = \frac{0.003}{0.008} = 0.375$$

$$\omega_2 = \frac{0.002}{0.008} = 0.25$$

$$\omega_3 = \frac{0.002}{0.008} = 0.25$$

$$\omega_4 = \frac{0.001}{0.008} = 0.125$$

计算各子系统的分配失效率 λ_i

由
$$R_S(40) = e^{-\lambda_s \cdot 40} = 0.96$$

得
$$\lambda_s = 0.00102/\mathrm{h}$$

代入式（7-76）得

$$\lambda_1 = \omega_1\lambda_s = 0.375 \times 0.00102/\mathrm{h} = 0.0003825/\mathrm{h}$$
$$\lambda_2 = \omega_2\lambda_s = 0.25 \times 0.00102/\mathrm{h} = 0.000255/\mathrm{h}$$
$$\lambda_3 = \omega_3\lambda_s = 0.25 \times 0.00102/\mathrm{h} = 0.000255/\mathrm{h}$$
$$\lambda_4 = \omega_4\lambda_s = 0.125 \times 0.00102/\mathrm{h} = 0.0001275/\mathrm{h}$$

4. 系统的可靠性模型选择

选择系统可靠性模型的原则如下：

1）大型系统或分系统一般都采用串联模型，以便于可靠性预测和分配。

2）元件可靠性是系统可靠性的基础，尤其对大型元件组合系统，必须首先尽力提高元件的可靠性。

3）对于简单并联模型而言，储备单元超过一定数量时，可靠度的提高速度大为减缓。

4）若需要储备时，在级别低的部位采用储备比级别高的部位更为有效。

5）采用储备模型在一定程度上可提高系统的可靠性，但还需综合考虑质量、费用等因素。

第四节　机械的热效应设计

温度对机械系统零、部件的工作性能带来很大影响，因而在机械设计中必须考虑温度因素，这就涉及到热传导、热弹变形、热应力和热塑变形等诸方面。

传热学是一门研究热量传递过程规律的科学，热传导理论是温度场计算的基础，是热变形及热应力分析与计算的前提。

一、热传导

1. 热传导的基本方式

温差是很多机器工作时都存在的，因此传热过程也出现于与温度有关的各类机械中。动力机械、冶金机械、齿轮传动、机械加工等都有热传导带来的各类技术问题，如热弹变形、热应力、蠕变等。因此机械设计工作者具有一定的传热学知识是极为重要的。

传热过程按其物理本质不同通常分为三种基本方式，即传导、对流、辐射。

实际上很少存在单一的传热方式，一切传热都有其共性，并服从一般的计算公式。其共性是：只有存在温度差时才可能发生传热过程，通常温差愈大，传热过程也愈强烈。但还存在阻碍传热的因素，如距离、导热能力等。热阻越大，传热量越小，温度差与热阻的对比关系决定了传热量的大小

$$Q=\frac{\Delta t}{R_{\mathrm{t}}} \tag{7-77}$$

式中　Q——单位时间的传热量，称热流；

Δt——温度差；

R_{t}——热阻。

机械设计人员主要研究在不同条件下热量和热阻的具体内容和数值，从而能计算出热量的大小，更合理地改善和控制传热过程。

2. 温度场及温度梯度

温度场就是某一瞬间空间所有各点的温度分布。可分为稳态和非稳态两类。在非稳态温度场中，温度随时间而变。如三维非稳态温度场，温度 T 就是空间坐标 x、y、z 和时间 t 的函数，记作 T（x、y、z、t）。而在稳态温度场中，各点温度不随时间变化，温度仅是地点的函数，记作 T（x、y、z）。机器运转达到热平衡前温度场是非稳态的，在达到热平衡后就成了稳态的。

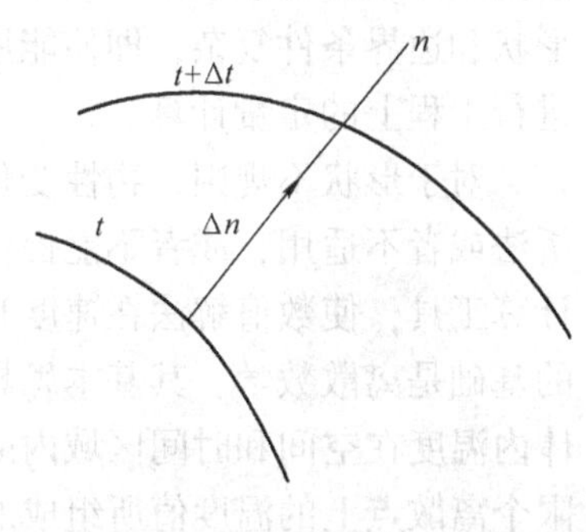

图 7-18　温度场

在三维温度场中，把温度值相同的点相连而构成的面称作等温面，等温面上任意点的法线方向就是该点的热流方向，该方向具有最显著的温度变化。如图 7-18 所示，相邻两等温面的温度差 Δt 和沿法线方向两等温面之间距离 Δn 之比值的极限叫做温度梯度（单位为℃/m），记作 grad$t$

$$\mathrm{grad}t=\lim_{\Delta n\to 0}\frac{\Delta t}{\Delta n}=\frac{\partial t}{\partial n} \tag{7-78}$$

温度梯度的数值等于在和等温面垂直的单位距离上温度改变的数量，它表示温度变化的强度，在同一等温线图中，等温线密集区温度梯度较大，而等温线稀疏区温度梯度较小。

3. 导热系数

固体导热时热流密度与温度梯度成正比

$$q=\frac{Q}{A}=-\lambda\frac{\partial t}{\partial x} \tag{7-79}$$

式中　Q——沿 x 方向单位时间传热量（W）；

A——与热流垂直的传热面积（m^2）；

q——单位时间内通过单位面积所传递的热量，称热流密度（$\mathrm{W/m^2}$）；

$\partial t/\partial x$——沿 x 方向的温度梯度（℃/m）；

λ——导热系数（W/（m/℃））。

导热系数是衡量物质导热能力的一个指标，其数值上等于厚度为 1m，表面积为 $1\mathrm{m}^2$ 的平壁两侧维持 1℃温差时，每小时通过该平壁的热量。这个数值愈大，说明物质的导热性能愈好。

不同材料有不同的导热系数。即使同一材料，在不同温度时导热系数也不见得一样。一般说，金属的导热系数最大，大部分纯金属导热系数随温度的升高而下降；合金的导热系数远低于其各金属成分的导热系数，且常随温度的升高而增加；液体的导热系数一般随温度的升高而下降，但水却是例外。气体的导热系数随温度的升高而增加，但水蒸汽又例外。各种材料在不同温度时的 λ 值是通过实验获得的。

在工程计算中，往往把导热系数 λ 取作所处温度范围内的平均值，并把它当做常数。导热系数可在有关手册中查得。

4. 求解温度场

为最终求解机械零部件在温度环境下的强度、寿命及使用性能，就必须求解温度场，得出零部件的温度分布，从而解出热弹变形与热应力。

求解温度场的方法一般分为两类，一是精确解法，即理论分析法，一是近似解法。精确解法只能求解有限数量的简单导热问题，对于工程技术中许多实际问题，由于导热体的几何形状和边界条件复杂，即使能用解析法解，其解答也非常复杂，很难算出具体数值，不适合进行工程上的定量计算。

对于形状不规则、物性变化、复杂边界等导体的导热问题，精确解法无能为力，近似分析法或者不适用，或者不能提供所需要的精度，因而发展了数值解法。由于以电子计算机为计算工具，使数值解法在速度和精度方面都有很大提高，其精度可与精确解媲美。数值解法的基础是离散数学，其基本思想是用空间和时间区域内有限个离散点上的温度值去逼近导热体内温度在空间和时间区域内的连续分布，从而将求解温度分布的偏微分方程转化为求解有限个离散点上的温度值所组成的代数联立方程，并把这个代数方程组的解作为原导热边值问题的数值形式的近似解。

数值解法主要有有限差分法和有限单元法。

5. 机械设计实例

1）精密车床的齿轮在啮合过程中，由于体积温度和热变形等影响，产生噪声并影响使用寿命及工件精度。采用齿轮修形是全面改善齿轮传动装置性能指标的经济而有效的办法。修形曲线主要取决于轮齿的综合弹性变形，其中很重要的一个因素是轮齿的体积温度及热弹变形，用有限元法可以完成直齿三维边界非线性本体温度场的计算。

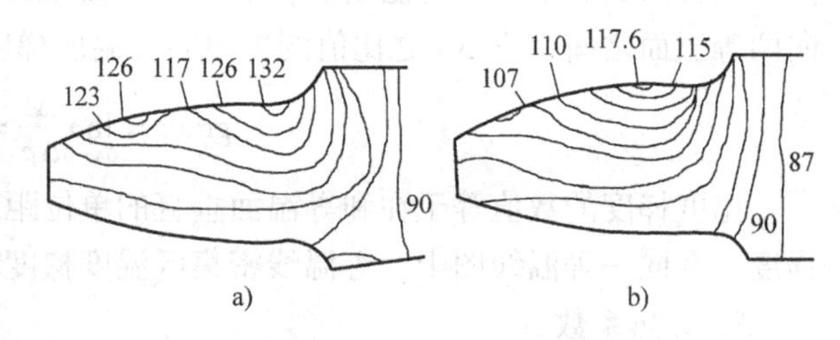

图 7-19 轮齿修形前后的温度分布

a）修形前 b）修形后

齿轮的本体温度场计算视为稳态热交换问题，用有限元计算齿轮本体温度场无需考虑整个齿轮，而只需取单个轮齿为计算区。

对全部单元热平衡方程进行组集得总体热平衡方程，求解出主动轮齿本体温度分布规律。本体温度在轮齿内部及齿廓表面有一定差异，齿面最高温度位于啮合面根部，在转速升高时尤为明显。图 7-19a 所示为修形前温度分布，图 9-19b 所示为修形后的温度分布。

2）机械加工中工具的耐用度、工件的表面质量及加工精度都与温度场有关，如在电火花加工中，必须对电极温度场进行具体分析，才能合理地选择电极材料；在车削或磨削加工时，必须进行车刀热伸长计算分析、车刀温度场的计算、磨削温度场计算等。

二、热膨胀（热弹变形）

机械系统中所用的材料在受热时要发生膨胀，因此设计时必须考虑到发热较多所造成的后果。当环境温度变化显著或摩擦发热时，设计中都需把热膨胀的物理影响控制在允许范围内，以便机器正常工作。

1. 线膨胀系数

对于固体线膨胀系数（单位为1°/C）可定义为

$$\alpha_1 = \frac{\Delta l}{l \Delta t_m} \tag{7-80}$$

式中　Δl——温度上升 Δt_m 时零件的伸长；

l——零件长度；

Δt_m——温升值，$\Delta t_m = t - t_0$；

t_0——初始温度；

t——最终温度。

线膨胀系数定义了固体（各向同性体或正交各向异性体）温度每上升1℃时沿某一坐标轴的膨胀。而体积膨胀系数则定义了温度每上升1℃时的体积的相应变化。对各向同性的固体，其值为线膨胀系数的3倍。

线膨胀系数取决于材料和温度。不同的材料有不同的线膨胀系数值；通常温度上升，线膨胀系数增大。一般所给出的线膨胀系数是一定温度范围内的平均值。

部分材料的线膨胀系数如图7-20所示。

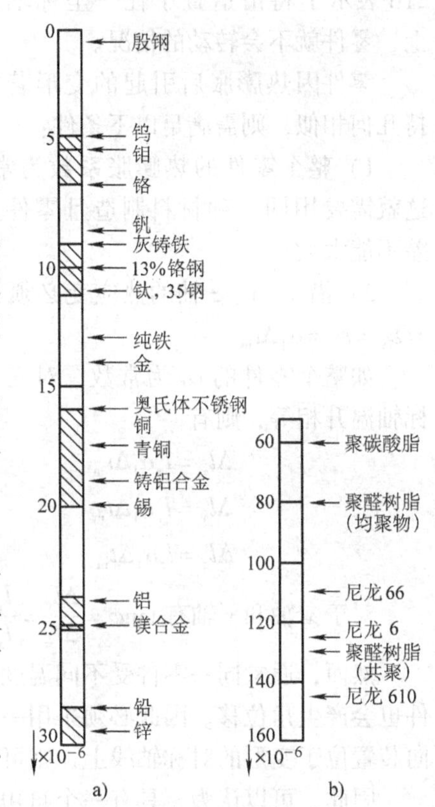

图7-20　部分材料从0～100℃的线膨胀系数

a）金属材料 α_1 值　b）工程塑料 α_1 值

由图中可看出，碳钢与奥氏体不锈钢，灰铸铁与青铜、铝等的组合，它们之间的线膨胀系数相差很大，设计中应特别留心用它们制成的零件的相对膨胀，否则可能会引起严重问题。

低熔点金属如铝、镁、铅等比高熔点金属如钨、铜、铬等有更大的线膨胀系数。

镍合金的线膨胀系数取决于镍含量。镍的质量分数为32%～40%时线膨胀系数值很小。36% Ni-64% Fe合金线膨胀系数最低。

工程塑料的线膨胀系数比金属材料高得多。

2. 零件的膨胀

要计算零件的长度变化，必须知道零件的温度分布。

在稳定膨胀中，决定零件的物理参数可由以下基本方程表示

$$\Delta l = \alpha_1 l \Delta t_m$$

因此线胀量 Δl 取决于线胀系数 α_1、零件长度 l，整个长度上温度变化的平均值 $\Delta t_m = \frac{1}{l}\int_0^l \Delta t(x)\,\mathrm{d}x$。

计算出的 Δl 值直接影响到设计，因每个零件必须精确定位并只允许有对其发挥正常功能所必需的几个自由度。

图7-21所示为稳定均匀温度分布下的膨胀。其中图7-21a表示固定于一个无自由度的点上的物体，它可以沿各轴自由膨胀。图7-21b表示一平板有绕 z 轴转动的一个自由度。图7-21c所示附加的滑动支点限制了惟一的自由度。如果平板在均匀温升下发生膨胀，平板应绕

z 轴转动，但由于滑动支点不是位于膨胀引起长度变化的 x、y 方向上，而滑道只允许平移，所以会发生卡死现象。图 7-21d 表示了将滑道置于任一坐标轴方向上，零件就不会转动的情况。

零件因热膨胀后引起的变形若需保持几何相似，则需满足以下条件：

1）整个零件的热膨胀系数为常数，这就需要用同一种材料制造且零件上温差不能太大。

2）沿 x、y、z 轴的热应变必须为 $\varepsilon_x = \varepsilon_y = \varepsilon_z = \alpha_1 \Delta t_m$

如整个零件的 α_1 为常数，对三个坐标轴温升相等，则有

$$\Delta l_x = l_x \alpha_1 \Delta t_m$$

$$\Delta l_y = l_y \alpha_1 \Delta t_m$$

$$\Delta l_z = l_z \alpha_1 \Delta t_m$$

对于 x 轴和 y 轴有 $\tan\varphi = \dfrac{\Delta l_y}{\Delta l_x} = \dfrac{l_y}{l_x}$

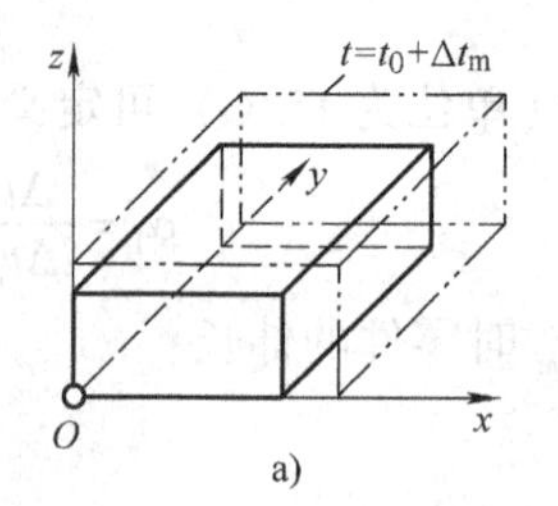

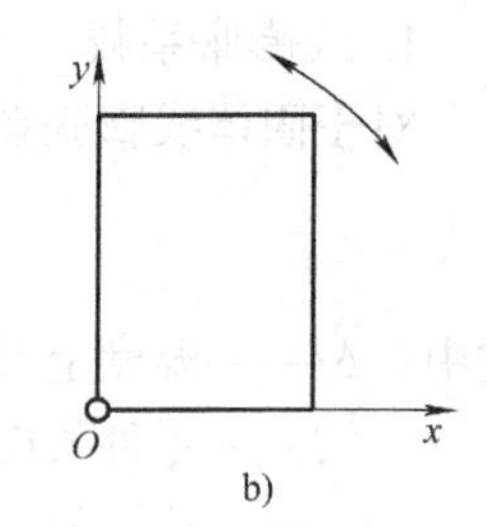

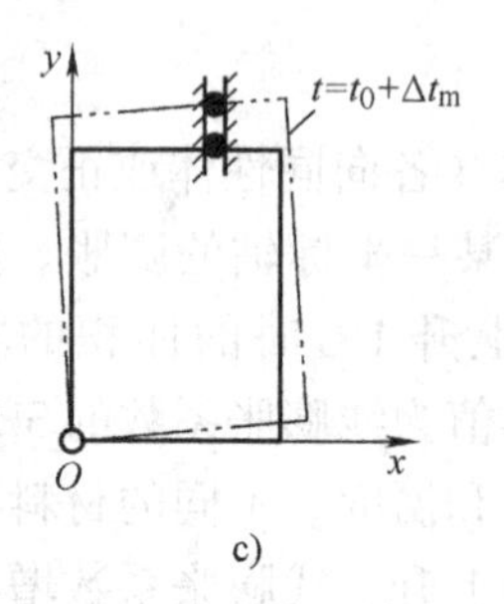

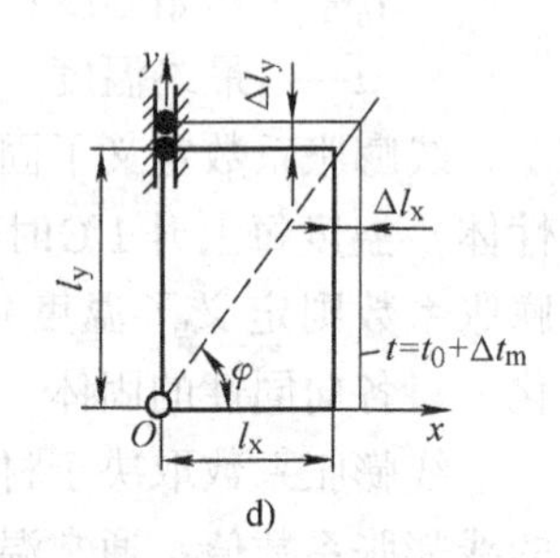

图 7-21 均匀温度分布下的膨胀

然而，通常同一零件受不同温度的作用，即使温度沿 x 轴是线性变化这种简单情况，零件也会产生角位移。因此必须采用一个既可滑动又可转动的支点，如图 7-22a 所示。又如导向装置位于变形的对称轴线上，则可用只有一个自由度的导槽，如图 7-22b 所示。

因此，可以认为，具有一个自由度的允许热膨胀的导向装置必须位于通过固定点的线上，该线还必须是变形状态的对称轴。

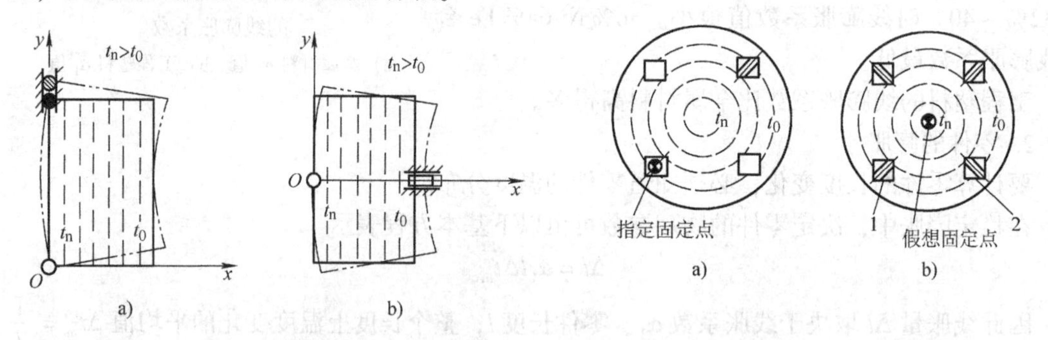

图 7-22 简单温度场下的热膨胀

图 7-23 中心向外下降温度场的热膨胀

图 7-23 所示为一个装置的平面视图，其温度由中心向周围下降，它有四个支承。在图 7-23a 中，一个支承为固定点，如果要求装置不转动或卡住，则导向装置只能位于温度场的对称线上，即相对应的支点上。图 7-23b 所示为没有确定固定点时沿对称线设置导向装置的一种方法，各导向装置的中线交叉点确定了一个假想的固定点，通过此点装置可沿任一方向膨胀，在这种情况下导向装置 1 和 2 可以省去。

图 7-24 是一个内套筒装在外套筒里的情况，此时要求保持公共圆心位置不变。图 7-24a 表示导向装置不允许膨胀，机座的椭圆变形会引起导向装置卡死。而图 7-24b 所示则允许膨胀，导向装置沿对称线设置，机座椭圆形不会发生卡死。

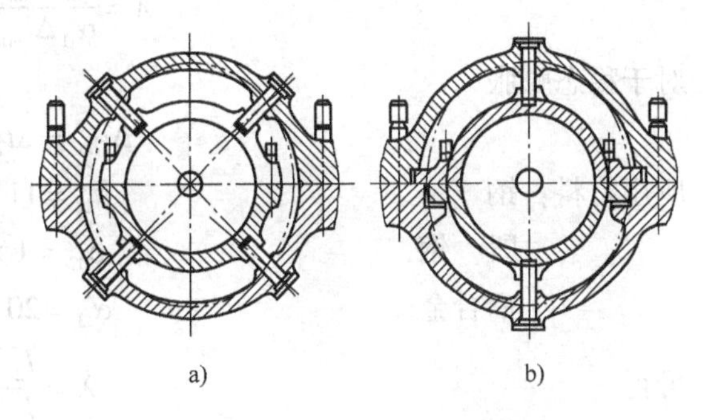

图 7-24　内外套的热膨胀

图 7-25 所示为奥氏体钢的高温蒸汽输入管 2，它固定在铁素体钢的外套筒 1 内，同时伸进一铁素体钢的内套筒 3 中。由于这两种钢的热膨胀系数差别大，零件的温度也相差很大，因此必须特别注意其相对膨胀。图 7-25 所示的结构可保证输入管能独立地作径向和轴向运动。

3. 零件的相对膨胀

设计时要考虑两个以上零件的相对膨胀，尤其是在承受共同载荷作用或需要保持一定间隙的情况下更是如此。此外，如果再考虑温度随时间变化，则设计者将面临一个非常复杂的问题。两零件之间的相对膨胀为

$$\delta = \alpha_{l1} l_1 \Delta t_{m1} - \alpha_{l2} l_2 \Delta t_{m2}$$

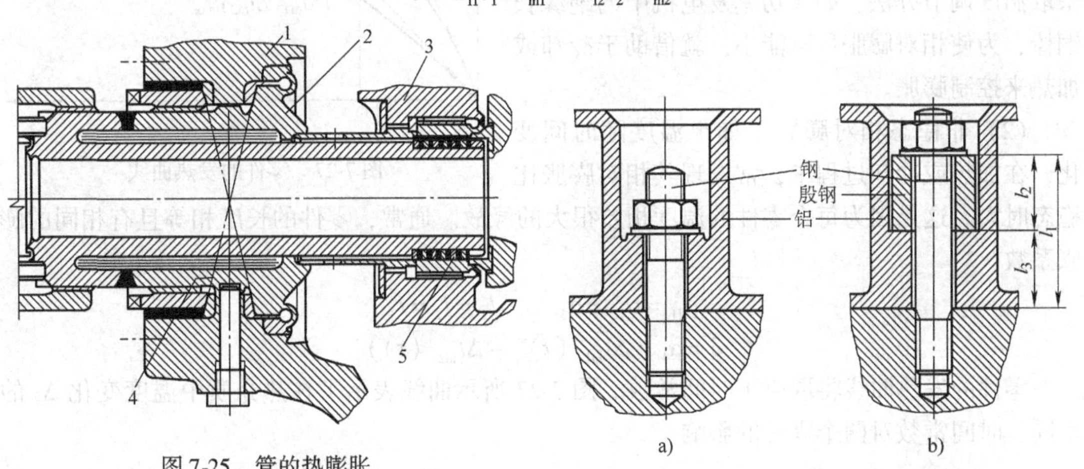

图 7-25　管的热膨胀

1—外套筒　2—汽输入管　3—内套筒

4—滑动面　5—密封材料

图 7-26　螺柱联接的热膨胀

（1）稳态相对膨胀　如果温度不随时间变化，且线胀系数相同，则为了将相对膨胀减至最小，只需尽量使温度相等或者选择有不同膨胀系数的材料。通常两者都是必需的。

图 7-26 所示为钢螺柱与铝合金凸缘相结合的情形。由于铝有较大的热膨胀系数，温度上升将引起螺栓载荷增加而可能导致联接破坏。

如果采用有适当线膨胀系数的零件，则相对膨胀可完全避免

$$\delta = \alpha_{l1} l_1 \Delta t_{m1} - \alpha_{l2} l_2 \Delta t_{m2} - \alpha_{l3} l_3 \Delta t_{m3} = 0 \tag{7-81}$$

$$l_1 = l_2 + l_3 \quad \lambda = \frac{l_2}{l_3}$$

套筒和凸缘的相对长度为

$$\lambda = \frac{\alpha_{l3}\Delta t_{m3} - \alpha_{l1}\Delta t_{m1}}{\alpha_{l1}\Delta t_{m1} - \alpha_{l2}\Delta t_{m2}} \tag{7-82}$$

对于稳态膨胀

$$\Delta t_{m1} = \Delta t_{m2} = \Delta t_{m3}$$

所用材料：钢　　$\alpha_{l1} = 11 \times 10^{-6}$

　　　　　殷　钢　　$\alpha_{l2} = 1 \times 10^{-6}$

　　　　　铝合金　　$\alpha_{l3} = 20 \times 10^{-6}$

可得

$$\lambda = \frac{l_2}{l_3} = 0.9$$

因此在螺柱和凸缘间加入膨胀系数很小的殷钢加以补偿，即可避免螺栓破坏。

内燃机活塞的膨胀是一个更复杂的问题，有温度分布不同，又有活塞和缸体的膨胀系数不同，为保证活塞和缸体间的最优配合，可采用多种解决方式。

另外，如果材料选择受到限制，设计者必须采取温度调节办法，如大功率发电机中的绝缘长铜棒，为使相对膨胀尽可能小，就借助于冷却或加热来控制膨胀。

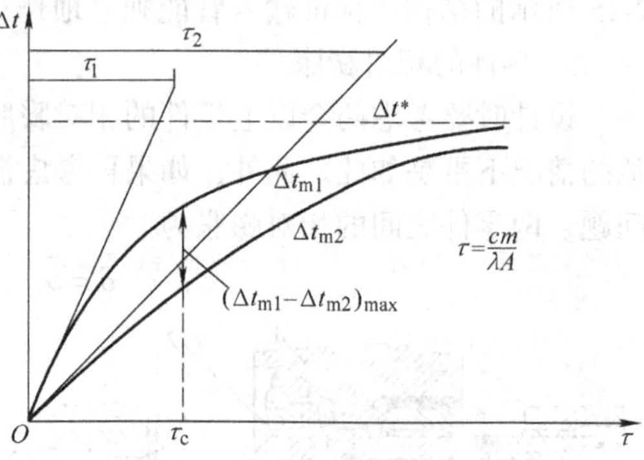

图 7-27　零件的发热曲线

（2）非稳态相对膨胀　如果温度随时间变化，在加热或冷却过程中，常发现其相对膨胀比稳态时大。这是因为每个零件的温度相差很大的缘故。通常，零件的长度相等且有相同的膨胀系数。

$$\alpha_{l1} = \alpha_{l2} = \alpha_{l3} \qquad l_1 = l_2 = l_3$$

$$\delta = \alpha_1\left(\Delta t_{m1}(\tau) - \Delta t_{m2}(\tau)\right)$$

零件的发热曲线将取决于时间常数。图 7-27 所示曲线表示了在热介质中温度变化 Δt 的不同，时间常数对两个零件的影响

$$\Delta t_m = \Delta t\left(1 - e^{-\frac{\tau}{T}}\right)$$

式中　τ——时间；

　　　T——时间常数。

$$T = \frac{cm}{\lambda A}$$

式中　c——零件的比热容；

　　　m——零件的质量；

　　　λ——零件受热面的导热系数；

　　　A——零件的受热面积。

尽管做了简化，它仍为一种基本方法。

对于有两个不同的时间常数的曲线，在给定的临界时间 τ_c 可得最大的温度差值，即得到最大的相对膨胀，这时必须用间隙补偿膨胀。

如果两个零件的时间常数取得相同，就会出现相同的温度曲线，此时没有相对膨胀。这种目标通常不能达到。但为了使时间常数大致相等，设计者可用关系式

$$T = c\rho \frac{V}{A}\frac{1}{\lambda} \tag{7-83}$$

式中 V——零件的体积；

ρ——零件的密度。

改变 V 与 A 的比值，或调整热传导系数 λ，可达到调整时间常数 T 的目的。

图 7-28 中给出了几个简单而具有代表性物体的 V/A 值。

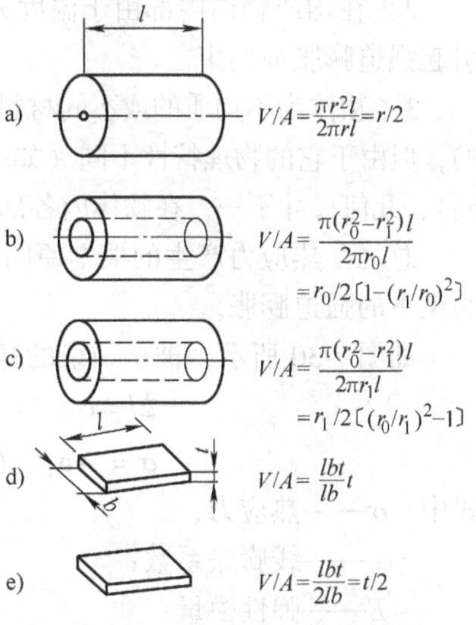

a) $V/A=\frac{\pi r^2 l}{2\pi r l}=r/2$

b) $V/A=\frac{\pi(r_0^2-r_1^2)l}{2\pi r_0 l}=r_0/2[1-(r_1/r_0)^2]$

c) $V/A=\frac{\pi(r_0^2-r_1^2)l}{2\pi r_1 l}=r_1/2[(r_0/r_1)^2-1]$

d) $V/A=\frac{lbt}{lb}t$

e) $V/A=\frac{lbt}{2lb}=t/2$

图 7-28 几种物体的$\frac{V}{A}$值

a）实心轴 b）空心轴（从外面加热） c）空心轴（从内部加热） d）板（单面加热） e）板（双面加热）

图 7-29 表示了阀杆和导向套之间要有适当的间隙，以使温度发生变化时，阀杆也能在套筒中安全而平稳地运动。

图 7-29a 表示阀杆与套筒的间隙在受热时的减小。图 7-29b 表示套筒在轴向固定，但在径向却能自由膨胀，而且它们的 V/A 值使阀杆与套筒有大致相等的时间常数，结果间隙在任何温度下都大致均匀并保持较小值。阀杆的表面和套筒的内表面被泄出的蒸汽加热，因而有

$$(V/A)_{sp} = \frac{r}{2} \tag{7-84}$$

由

$$(V/A)_{sl} = (r_0^2 - r_i^2)/2r_i \tag{7-85}$$

$$r_i = r \text{ 及 } (V/A)_{sp} = (V/A)_{sl}$$

得

$$\frac{r}{2} = \frac{r_0^2 - r^2}{2r}$$

$$r_0 = r\sqrt{2}$$

还有一些方法均可用来解决由于相对膨胀的增大而导致间隙减小的设计问题。这样就减少了在热环境中机器发生故障的机会。

三、热应力

任何物体经受温度变化时，由于它和不能自由相对伸缩的其他物体之间或物体内部各部分之间相互约束产生的应力称为热应力。当物体经受温度变化时，如果它是自由膨胀或收缩，则不产生热应力，否则便产生热应力。

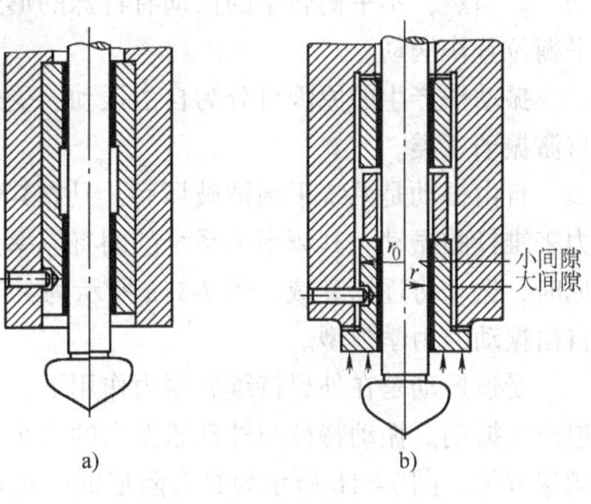

图 7-29 阀的热膨胀

物体的强迫膨胀或约束可能由下述几个原因引起：

1）由于外加约束而使物体不能完全自由膨胀或收缩。

2）在均质物体内部由于温度分布不均匀，从而使各部分之间因膨胀不同而互相牵制，引起强迫膨胀或约束。

3）物体为不均质的或不同材料的结构，即使温度分布是均匀的，但由于它的物理特性不同（如线膨胀系数 α_1 和弹性模量 E 不同），几何尺寸不一，在物体内各部分间引起强迫膨胀或约束。

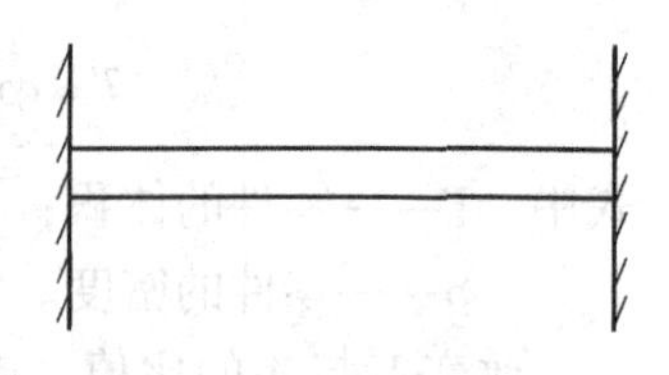

图 7-30　全约束杆导致的热应力

总之，热应力产生的根本原因是由于温度变化引起各物体在约束下的强迫膨胀。

如图 7-30 所示，被全约束的杆其膨胀值应为

$$\Delta l = \alpha_1 l\ (t - t_0)$$
$$\sigma = -\alpha_1 E\ (t - t_0) \qquad (7\text{-}86)$$

式中　σ——热应力；

α_1——线膨胀系数；

E——弹性模量；

l——杆的长度；

t——受热后的温度；

t_0——受热前的温度。

由于热应力的求解仍然是一个“应力场”问题，因此，仍可用解析法及数值法解。

第五节　机械的抗振性设计与低噪声设计

一、抗振性设计

1. 概述

很多机械及其安装基础，都可看作为一个弹性系统，在一定条件下，它可在平衡位置作往复循环性的机械振动。例如机床运转时引起的振动、汽车行驶所产生的振动、不平衡转子所引起的振动等。当然，不平衡转子的振动有特殊的形式——绕平衡位置作涡动。

振动按产生的原因可分为自由振动、受迫振动和自激振动三类。

自由振动是系统平衡被破坏后，只靠其弹性恢复力来维持的振动。其频率为系统的固有频率。当有阻尼时，振动将逐渐衰减。图 7-31a 所示为具有阻尼的自由振动的力学模型。

受迫振动是在外界持续激振力作用下，使系统被迫产生振动。振动特性与外部激振力的大小、方向和频率有关。图 7-31b 所示为具有阻尼的受迫振动的力学模型。

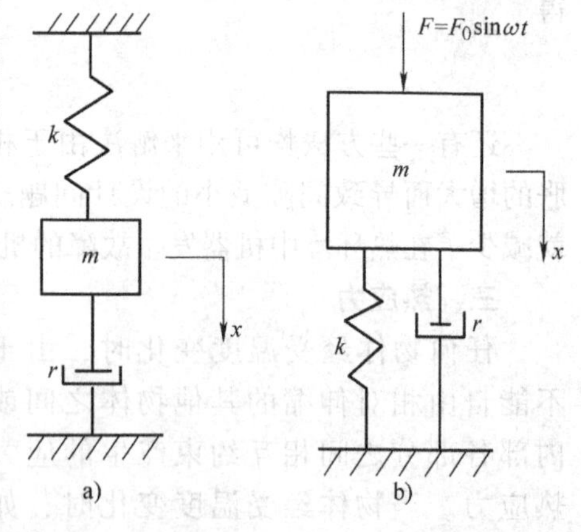

图 7-31　具有阻尼的振动力学模型

a）自由振动　b）受迫振动

自激振动是由系统自身产生并控制的交变力所激发引起的一种周期性的振动。其频率一般来说是接近于系统的固有频率。例如刀具切削工件时，由于表面背吃刀量的变化，会引起切削力的变化。切削力的变化通过机床弹性系统又会进一步改变背吃刀量。上述变化表现出一种周期性振动，就是自激振动。

振动在大多数情况下是有害的，它使机械产生附加动载荷、降低精度、引起噪声、缩短寿命，影响机器的工作性能。所以，减振和抗振的问题是机械设计中所应考虑的重要问题。这里着重介绍在设计中如何提高机器的动刚度来提高机器结构的抗振性能。

2. 动刚度的基本概念及其影响因素

动刚度是指机器结构在振动状况下，激振力幅值与振幅之比。若以公式表示，则

$$K_D = \frac{F_0}{B} \tag{7-87}$$

式中　K_D——机器结构的动刚度；

F_0——激振力的幅值；

B——在激振力方向的振幅。

动刚度在数值上等于机械结构产生单位振幅所需的激振力幅。在抗振性设计中常用“动刚度”来衡量机械结构的抗振能力。动刚度愈大，机械结构在激振力作用下的振动量愈小，其抗振性能愈强。因此，在设计中考虑提高机械结构的动刚度是很重要的。

以受简谐激振力（$F_0\sin\omega t$）并具有粘性阻尼的单自由度系统受迫振动为例来说明动刚度，其振幅 B 的表达式为

$$B = \frac{F_0}{k}\frac{1}{\sqrt{(1-z^2)^2+(2\xi z)^2}} \tag{7-88}$$

式中　k——系统弹簧的静刚度；

z——频率比，其值为 ω/p。其中，ω 为激振力的频率，p 为系统的固有圆频率，$p=\sqrt{\frac{k}{m}}$，m 为系统的质量；

ξ——阻尼比，$\xi=r/2mp$。r 为系统的粘性阻尼系数。

因而其动刚度 k_D 为

$$k_D = \frac{F_0}{B} = k\sqrt{(1-z^2)^2+(2\xi z)^2} \tag{7-89}$$

由式（7-89）中可见，动刚度 k_D 不仅与系统的静刚度 k 有关，而且与它的质量 m、粘性阻尼系数 r 及激振力的频率 ω 有关。

图 7-32 表示了在这种情况下，动静刚度幅值比 k_D/k 与频率比 z 的曲线关系。该曲线称为动刚度幅频特性曲线。

在不同的频率比范围内，各参数对动刚度的影响是不同的。可大致分为三个区：准静态区、共振区和惯性区。

(1) 准静态区（$z<0.7$）　在此区域内 z 较小，因而可忽略式（7-89）中的 $2\xi z$，得

$$k_D \approx k(1-z^2) \tag{7-90}$$

若 $z\leqslant 0.3$，则取 $k_D\approx k$。因而，在准静态区内，动态和静态差别不大。不同的 ξ 值的曲线段很接近。若 $\omega=0$，即系统只受到静载荷的作用，则 $k_D=k$。阻尼基本不起作用。若提高动刚

度 k_D，就需要提高静刚度 k，或降低频率比 z，即减少激振力的频率 ω 或提高固有圆频率 p。

（2）惯性区（$z>1.3$）　在此区域内 z 较大，因而可将式（7-89）中的 $1-z^2$ 当作 z^2，同时忽略 $2\xi z$，因此有

$$k_D \approx kz^2 = m\omega^2 \tag{7-91}$$

故在惯性区内，若提高动刚度 k_D，则需提高激振力的频率 ω 和增加系统的质量 m。它和静刚度 k 及阻尼比 ξ 几乎无关。因此，动刚度主要和质量有关，故此区称为惯性区。

（3）共振区（$0.7 \leqslant z \leqslant 1.3$）　在此区域内，$z \approx 1$，激振力的频率 ω 等于或接近于固有圆频率 p，因而会发生共振。故称为共振区，则

$$k_D \approx 2\xi k \tag{7-92}$$

因此，提高动刚度 k_D，就得适当增加系统的阻尼，或加大激振力频率 ω 和固有圆频率 p 的差别。

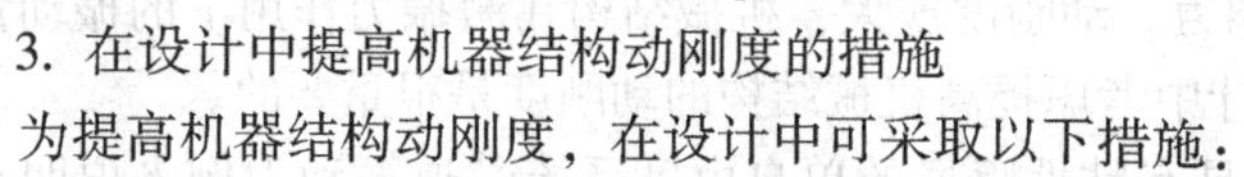

图 7-32　受迫振动的动刚度幅频特性曲线

Ⅰ—准静态区　Ⅱ—共振区　Ⅲ—惯性区

3. 在设计中提高机器结构动刚度的措施

为提高机器结构动刚度，在设计中可采取以下措施：

（1）提高机器结构的静刚度　从式（7-89）看出，提高静刚度有利于改善机器结构动刚度。在准静态区和共振区特别明显。提高静刚度可从以下几方面着手：

1）采用能提高静刚度的截面形状。例如采用封闭箱形截面，以提高抗扭刚度。增加受最大弯矩截面的高度，以提高抗弯刚度。在相同截面积情况下，增加截面的轮廓尺寸，以提高惯性矩。

2）合理布置加强肋和隔板，可以显著提高静刚度。

3）尽量避免在载荷作用区开孔或减小开孔尺寸，以减少对静刚度的削弱。

4）加强联接部位的局部刚度，并防止局部刚度的突然变化，这也有助于提高机器结构的整体刚度。

为了改善机器的抗振性，有时也可以采用降低刚度的措施，以避开其共振频率。例如在高速旋转机械中采用“柔性转子”。

（2）改善系统的固有圆频率　式（7-89）表明，系统的固有圆频率对动刚度有重要影响。在准静态区，应设法提高固有圆频率。在共振区，应使固有圆频率远离激振的频率。在惯性区，则应设法降低固有圆频率。

固有圆频率与静刚度及系统质量有关。改善固有圆频率除变化结构静刚度外，还可以改变质量。处于准静态区的机器结构应设法减轻质量，减薄壁厚，采用肋和隔板代替实体。处于惯性区的机器结构，则应考虑增加质量。

（3）改善机器结构的阻尼特性　增加阻尼对提高动刚度有很大作用，特别是对于在共振区的机器结构，加大阻尼可以明显地减少振幅。

机器结构的阻尼由接合面间的摩擦阻尼和材料的内摩擦阻尼构成，应从这两方面改善阻尼特性。

图 7-33 表示了增加接合面间阻尼的减振焊接接头。在 D 处不焊，并允许振动时能有微小相对滑移。由于它们之间的摩擦而增加了结构阻尼。宽度 D 愈大，阻尼效果愈好。

增加接合面间的压力，也有利于增加阻尼。例如滚动轴承的预紧就起此作用。

在材料主体上附加具有高阻尼的材料，也有利于增加内摩擦阻尼。如铸件内腔保留芯砂以加大阻尼。

图 7-34 表示在车轮轮缘上粘接一层高内摩擦阻尼材料。当振动时，阻尼会产生交变的变形，消耗能量，提高内摩擦阻尼。

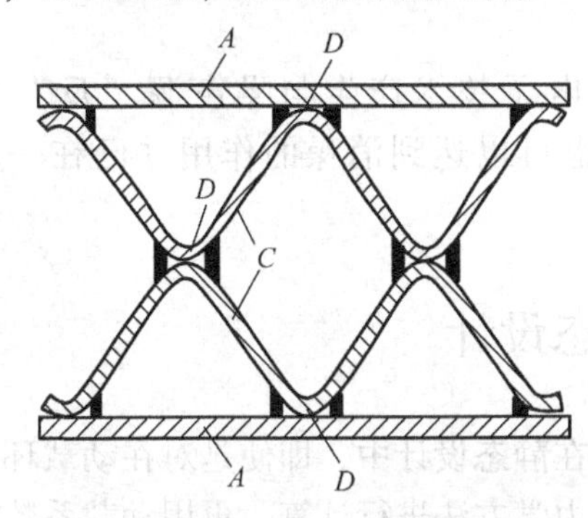

图 7-33 增加接合面间阻尼的减振焊接接头

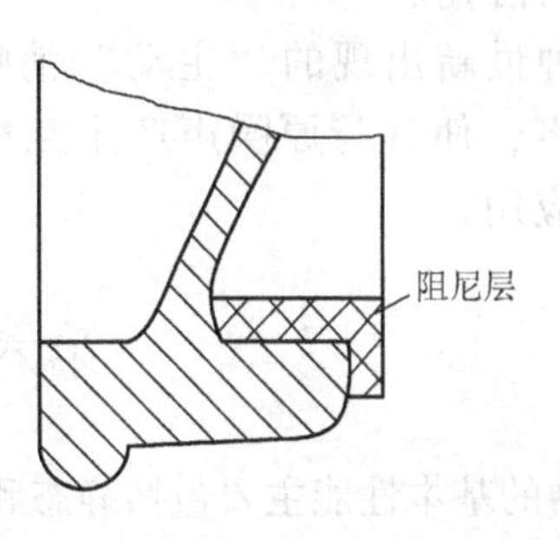

图 7-34 有阻尼层的车轮轮缘

二、降低噪声设计

1. 概述

机械振动将引起噪声。过大的噪声影响人的身心健康，严重时会引起人体各种疾病。噪声引起人的疲劳，从而导致事故发生。噪声已成为全世界的公害。降低噪声、保护环境已是机器质量的评价指标之一。降低噪声的根本途径在于控制噪声源。其本质就是减少机器振动。

噪声大小通常采用声压级 L_p（单位为 dB）来衡量。它是声压的相对比较值，其公式为

$$L_p = 20\lg \frac{p}{p_0} \tag{7-93}$$

式中 p——噪声的声压（Pa）；

p_0——参考基准声压，也就是人耳刚能听到的声压，叫做听阈声压，$p_0 = 0.00002\text{Pa}$。

为保护听力，噪声一般不应超过 75 ~ 90dB。一般机床噪声容许值为85dB，精密机床为75dB，小型驱动电动机为 50 ~ 80dB，汽油发动机为 80dB。

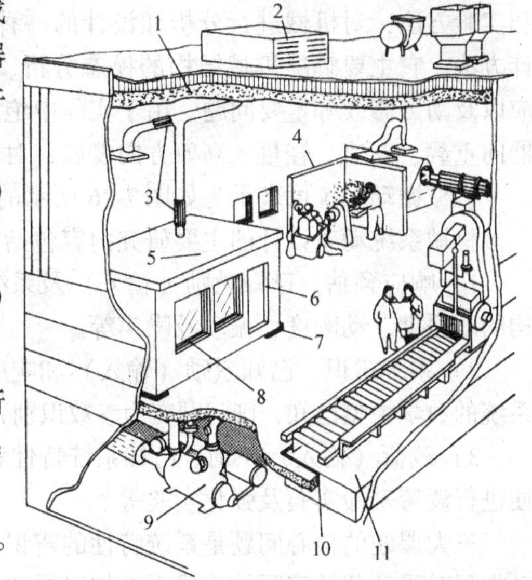

图 7-35 综合控制噪声的措施

1—吸声材料层 2—进气口消声器 3—柔性管 4—吸声屏障 5—控制室 6—密封门 7—隔振垫 8—双层密封窗 9—具有噪声的设备置于地下 10—隔声联接 11—重型的振动设备安置于分离的基础上

2. 减小噪声的措施

减小机器噪声的本质在于控制机器的振动。

可从降低激振力和提高机器抗振性两方面采取措施。

降低激振力可以采取以下措施：减少或避免运动部件的冲击和碰撞；提高运动部件的平衡精度；用连续运动代替间歇运动；减小运动件的质量和速度。

提高机器的抗振性能关键在于提高机器结构的动刚度。

还可以在噪声传播途径中采取隔声、吸声、消声等措施，以降低噪声。常用的隔声方法是利用隔声罩、隔声板、隔声门防止噪声外传。常用的吸声方法是在噪声源周围安装由吸声材料制成的装置。还可以采用消声器消声。图7-35所示为用多种方式综合控制噪声的措施。

一种最新出现的“主动”消噪技术，是利用电子技术产生与噪声源“反”相的主动噪声，使其与原噪声产生互相抵消的作用，也可以达到消噪的作用并已在一些场合得到应用。

第六节　机械动态设计

机器的基本性能主要包括静态和动态两个方面。在静态设计中，即使是对在动载环境下工作的机器，常把动载荷的幅值看成是静载荷，按静力学方法进行计算，再用动载系数加以修正。但如果机器的振动、冲击和噪声是设计中必须解决的主要问题时，只进行静态设计就不能满足设计要求，还必须进行动态分析和设计。机械动态设计是根据一定的动载工况，根据对设计对象提出的功能要求及设计准则，按照结构动力的分析方法和实验方法，对机械进行分析和设计的一种现代设计方法。它主要解决机械结构的模态分析、动力响应以及动力修改等重要问题。由于实际中绝大多数机械系统都受到动载荷的作用，且随着机器向重载、高速、轻量、高效方向发展，对机械进行动态设计已变得越来越重要。

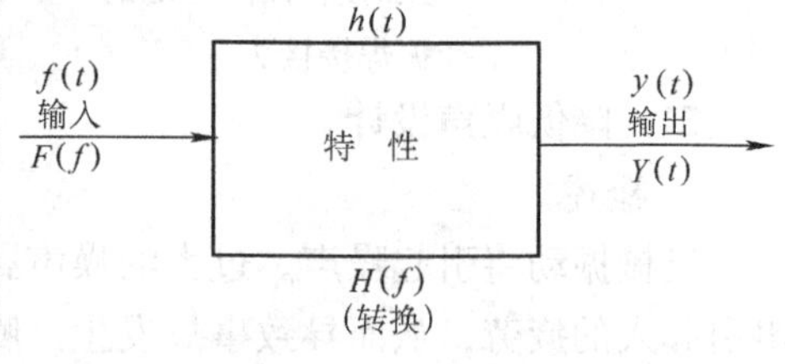

图7-36　动态系统模型框图

机械振动系统可表示为如图7-36所示的框图。

机械系统动态设计的主要研究内容包括以下三大课题：

1）响应预估。已知激励（输入）及系统特性，研究其响应（输出）。用于确定机械结构的动强度、动刚度、振动及噪声等。

2）系统辨识。已知激励（输入）和响应，研究系统特性（即建立系统的数学模型，若系统的数学模型已知，则问题变为参数识别）。用来获取机械结构中的共振频率及有害振型。

3）载荷（输入）识别。已知系统特性和响应，研究输入。用以实现工作环境模拟，以便进行疲劳寿命实验及强化实验等。

三大课题的核心问题是系统特性的辨识，即根据系统的基本力学定理，用运动方程或振动方程对受动载的实际结构或系统加以描述，进而求得动态性能参数。解决这一核心问题的基本方法就是所谓的模态分析法。

一、机械动态设计的模态分析法

1. 结构的模态和模态分析

机械结构可以看成多自由度的振动系统，模态是振动系统特性的一种表征，指结构在其自由振动时所具有的若干阶固有频率的基本振型。它们是由机械的结构和材料特性所决定的，是结构本身所固有的动特性，与外载条件等无关，而结构在任意的初始条件和外载作用下所产生的振动，都可以由结构按这些基本振型之振动的线性组合而得到。

模态参数是表示模态特征的一组数值。多自由度系统振动时，同时存在多阶模态，每阶振动模态可用一组模态参数来确定，一般包括固有频率、固有振型、模态质量、模态刚度和阻尼比等，其中最重要的是前两项。

所谓模态分析，是指建立振动系统的运动方程并确定其模态参数的过程。其关键是进行动力学建模。对于复杂机械系统和结构，常用的建模方法主要有：传递矩阵建模法、有限元建模法、试验模态分析建模法和混合建模法。

2. 模态分析原理

（1）动力学模型　运用模态分析法，必须将振动系统离散成若干个质量集中的子结构，子结构之间由等效弹簧和等效阻尼器联接起来，表示子结构之间的联接刚度和阻尼，构成一个动力学模型。

振动系统的动力学方程为

$$[\boldsymbol{m}]\{\ddot{\boldsymbol{x}}\}+[\boldsymbol{c}]\{\dot{\boldsymbol{x}}\}+[\boldsymbol{k}]\{\boldsymbol{x}\}=\{\boldsymbol{p}\} \tag{7-94}$$

式中　$[\boldsymbol{m}]$——质量矩阵；

$[\boldsymbol{k}]$——刚度矩阵；

$[\boldsymbol{c}]$——阻尼矩阵；

$[\boldsymbol{p}]$——激振力。

（2）固有频率和主振型　固有频率和主振型是振动系统的自然属性，通过无阻尼的自由振动来求解，从数学上说就是求解特征值和特征向量。

对于无阻尼自由振动　式（7-94）可写为

$$[\boldsymbol{m}][\ddot{\boldsymbol{x}}]+[\boldsymbol{k}]\{\boldsymbol{x}\}=\{\boldsymbol{0}\} \tag{7-95}$$

已知系统自由振动可以分解为一系列简谐振动的叠加，所以其解的形式为

$$\{x\}=\{A\}\mathrm{e}^{i\omega_n t} \tag{7-96}$$

代入方程（7-95），消去 $\mathrm{e}^{i\omega_n t}$，整理得

$$([k]-\omega_n^2[m])\{A\}=\{0\} \tag{7-97}$$

$\{A\}$ 为非零解的条件，是式（7-96）的系数行列式，应满足

$$\det([k]-\omega_n^2[m])=0 \tag{7-98}$$

式中　$\{A\}$——系统的振幅列阵，即特征向量；

ω_n——系统的固有频率，也就是特征值。

通过式（7-98）可求解 n 个根 ω_{n1}^2，ω_{n2}^2，…，ω_{nn}^2，利用固有频率 ω_{ni}^2（$1\leqslant i\leqslant n$），将其代入式（7-97）可解出 $\{A\}$。对振动系统以 ω_0^2 频率振动时的主振型为

$$\{\boldsymbol{A}^{(r)}\}=\{\boldsymbol{A}_1^{(r)}\boldsymbol{A}_2^{(r)}\cdots\boldsymbol{A}_m^{(r)}\}^{r} \tag{7-99}$$

每一阶固有频率有一阶对应的主振型，整个几阶固有频率所对应的全部主振型集合起来便是系统的主振型。即

$$[\boldsymbol{A}]=[\{\boldsymbol{A}^{(1)}\}\{\boldsymbol{A}^{(2)}\}\cdots\{\boldsymbol{A}^{(n)}\}] \tag{7-100}$$

式（7-98）的求解实际上是一个广义特征值问题，可以通过坐标变换转化为标准特征值

问题求解，也可直接用广义雅可比法、逆迭代法、子空间迭代法等求解。

1）运动方程的解耦。弹性系统动力学运动方程组，通常都是内部互相耦合的，可通过坐标变换来解耦，使方程组中每个方程都成为独立的单自由度形式的运动方程式，坐标转换关系为

$$\{\boldsymbol{x}\} = [\boldsymbol{\Phi}]\{\boldsymbol{q}\} \tag{7-101}$$

式中　$[\boldsymbol{\Phi}]$——坐标转换矩阵，恰当选择 $[\boldsymbol{\Phi}]$ 使新坐标 $\{\boldsymbol{q}\}$ 具有解耦性质。此时，式（7-94）的广义特征值方程即转化为标准特征值方程。

2）主振型的共轭性。任选振动系统的两阶固有频率 ω_{or} 和 ω_{oS} 以及对应的主振型 $\{\boldsymbol{A}^{(r)}\}$ 和 $\{\boldsymbol{A}^{(s)}\}$，可以证明

$$\{\boldsymbol{A}^{(s)}\}^{T}[\boldsymbol{m}]\{\boldsymbol{A}^{(r)}\}=0 \tag{7-102}$$

$$\{\boldsymbol{A}^{(s)}\}^{T}[\boldsymbol{k}]\{\boldsymbol{A}^{(r)}\}=0 \tag{7-103}$$

式（7-102）和式（7-103）称为主振型关于质量矩阵和刚度矩阵的共轭性，也就是主振型某种意义上对 $[m]$ 和 $[k]$ 的正交性。

3）模态坐标和模态参数。因为主振型对 $[\boldsymbol{m}]$ 和 $[\boldsymbol{k}]$ 都具有共轭性，因此以主振型组成的矩阵作为变换矩阵，对原方程进行坐标转换，便可使质量矩阵 $[\boldsymbol{m}]$ 和刚度矩阵 $[k]$ 对角化而解耦，这是可以证明的

$$[\boldsymbol{\Phi}] = [\boldsymbol{A}] \tag{7-104}$$

新坐标下的运动方程为

$$[\boldsymbol{\Phi}]^{T}[\boldsymbol{m}][\boldsymbol{\Phi}]\{\ddot{\boldsymbol{q}}\} + [\boldsymbol{\Phi}]^{T}[\boldsymbol{K}][\boldsymbol{\Phi}]\{\boldsymbol{q}\} = [\boldsymbol{\Phi}]^{T}\{\boldsymbol{p}\} \tag{7-105}$$

可写成

$$[\boldsymbol{M}]\{\ddot{\boldsymbol{q}}\} + [\boldsymbol{K}]\{\boldsymbol{q}\} = \{\boldsymbol{Q}\} \tag{7-106}$$

式中

$$[\boldsymbol{M}] = [\boldsymbol{\Phi}]^{T}[\boldsymbol{m}][\boldsymbol{\Phi}] \tag{7-107}$$

$$[\boldsymbol{K}] = [\boldsymbol{\Phi}]^{T}[\boldsymbol{k}][\boldsymbol{\Phi}] \tag{7-108}$$

$$\{\boldsymbol{Q}\} = [\boldsymbol{\Phi}]^{T}\{\boldsymbol{p}\} \tag{7-109}$$

$[\boldsymbol{M}]$ 与 $[\boldsymbol{K}]$ 矩阵中非对角元素符合共轭性，数值为零，对角元素不为零，构成对角阵，即可表示为

$$\{\boldsymbol{A}^{r}\}^{T}[\boldsymbol{m}]\{\boldsymbol{A}^{(s)}\} = \begin{cases}0, & (r\neq s)\ (\text{非对角元素})\\ M_{r}, & (r=s)\ (\text{对角元素})\end{cases} \tag{7-110}$$

第 r 个对角元素值为

$$M_{r} = \{\boldsymbol{A}^{(r)}\}^{T}[\boldsymbol{m}]\{\boldsymbol{A}^{(r)}\} = \sum_{j=1}^{n}\sum_{h=1}^{n} m_{jh}A_{j}^{r}A_{h}^{(r)} \tag{7-111}$$

$$(r=1,\ 2\cdots n)$$

$$K_{r} = \{\boldsymbol{A}^{(r)}\}^{T}[\boldsymbol{k}]\{\boldsymbol{A}^{(r)}\} = \sum_{j=1}^{n}\sum_{h=1}^{n} k_{jh}A_{j}^{(r)}A_{h}^{(r)} \tag{7-112}$$

$$(r=1,\ 2\cdots n)$$

完全解决了耦合的运动方程（7-105）称为模态方程，式中参数为模态参数：

$\{\boldsymbol{q}\}$ ——模态坐标；

$[\boldsymbol{M}]$ ——模态质量矩阵；

$\{\boldsymbol{\Phi}\}$ ——模态矩阵；

$[\boldsymbol{K}]$ ——模态刚度矩阵；

$\{\boldsymbol{Q}\}$ ——模态激振力。

3. 模态分析的目的和意义

对机械结构进行模态分析，可获得机械动态特性和工作载荷下的响应（动变形和动应力）等方面的可靠数据，并能了解结构之间的关系和整个系统的动力特性，从而给机械的动态设计、改型提供科学的依据。当然也可对现有机械的承载能力、动态特性等的鉴定和改进提供可靠的方法。这就是对机械进行模态分析的主要作用和目的。

模态分析的意义在于：

1）利用模态分析法可以把求解多自由度耦合的复杂系统，变成求解对角化的单自由度独立系统的叠加来处理。

2）对机械动态性能起主要影响的只是低频段有限的几阶模态。使用模态截尾方法减少分析的自由度数，只对感兴趣的频段和部位进行研究，简化了问题的求解和分析。

3）利用模态综合技术，可以由子结构推知组合系统的动态特性。

4）理论模态和实验模态分析都实现了计算机计算和数据分析处理。

所有这一切，使模态分析方法成为机械动态分析与设计的一种必要手段。

例 7-6　如图 7-37a 所示的三自由度系统，已知 $m_1=m_2=m_3=m$，$k_1=k_4=2k$，$k_2=k_3=k$。(1) 计算系统的固有频率和主振型；(2) 利用 (1) 的结果，求模态矩阵 $[\Phi]$ 及与它对应的模态质量矩阵 $[M]$、模态刚度矩阵 $[k]$。

解　(1) 系统的质量矩阵和刚度矩阵为

$$[m]=\begin{bmatrix}m_1&0&0\\0&m_2&0\\0&0&m_3\end{bmatrix}=m\begin{bmatrix}1&0&0\\0&1&0\\0&0&1\end{bmatrix}\tag{a}$$

$$[k]=\begin{bmatrix}k_1+k_2&-k_2&0\\-k_2&k_2+k_3&-k_3\\0&-k_3&k_3+k_4\end{bmatrix}=k\begin{bmatrix}3&-1&0\\-1&2&-1\\0&-1&3\end{bmatrix}\tag{b}$$

按式 (7-97) 得系统的特征值问题

$$\left(\begin{bmatrix}3k&-k&0\\-k&2k&-k\\0&-k&3k\end{bmatrix}-\omega_n^2\begin{bmatrix}m&0&0\\0&m&0\\0&0&m\end{bmatrix}\right)\{A\}=\{0\}$$

$$\begin{bmatrix}3k-\omega_n^2m&-k&0\\-k&2k-\omega_n^2m&-k\\0&-k&3k-\omega_n^2m\end{bmatrix}\{A\}=\{0\}$$

$$\begin{bmatrix}(3h-\omega_n^2)&-h&0\\-h&(2h-\omega_n^2)&-h\\0&-h&(3h-\omega_n^2)\end{bmatrix}\begin{Bmatrix}A_1\\A_2\\A_3\end{Bmatrix}=\begin{Bmatrix}0\\0\\0\end{Bmatrix}\tag{c}$$

式中　$h=k/m$，令式 (c) 的系数行列式等于零，展开得特征方程

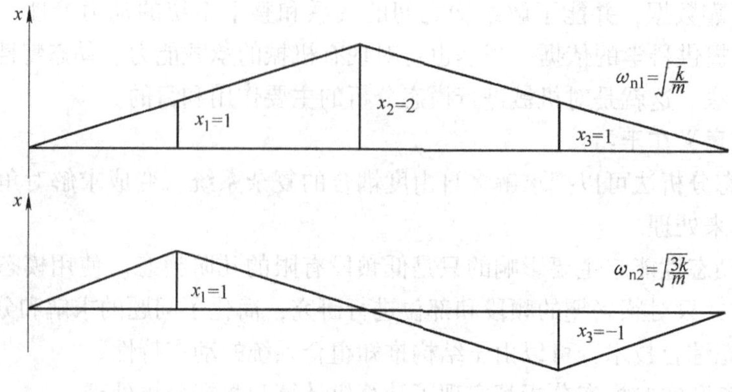

a)

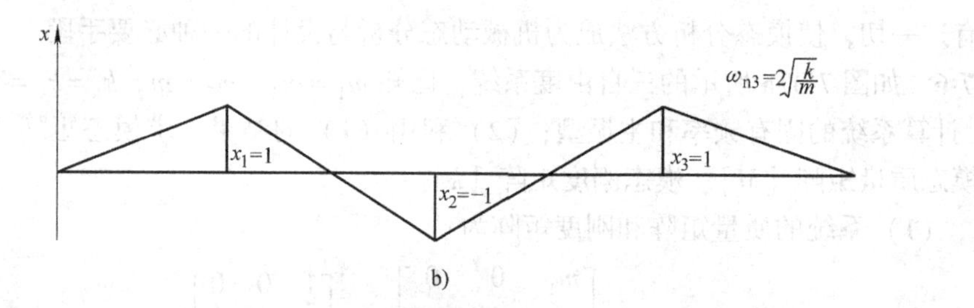

b)

图 7-37　例 7-6 图

$$(\omega_n^2)^3 - 8h(\omega_n^2)^2 + 19h(\omega_n^2) - 12h^3 = 0 \tag{d}$$

求解式（d）得系统的固有频率

$$\omega_{n1} = \sqrt{\frac{k}{m}},\quad \omega_{n2} = \sqrt{\frac{3k}{m}},\quad \omega_{n3} = 2\sqrt{\frac{k}{m}}$$

按式 $\sum_{i=1}^{n}\lambda_i = \lambda_1 + \lambda_2 + \cdots\cdots + \lambda_n = D_{11} + D_{22} + \cdots\cdots + D_{nn} = tr.[D]$

$\prod_i \lambda_i = \lambda_1 \cdot \lambda_2 \cdots\cdots \lambda_n = \det.[D]$ 校核

$$[D] = [m]^{-1}[k] = \frac{k}{m}\begin{bmatrix} 3 & -1 & 0 \\ -1 & 2 & -1 \\ 0 & -1 & 3 \end{bmatrix} = h\begin{bmatrix} 3 & -1 & 0 \\ -1 & 2 & -1 \\ 0 & -1 & 3 \end{bmatrix} \tag{e}$$

$$\omega_{n1}^2 + \omega_{n2}^2 + \omega_{n3}^2 = h + 3h + 4h = 8h = tr.[D]$$

$$\omega_{n1}^2 \cdot \omega_{n2}^2 \cdot \omega_{n3}^2 = h \cdot 3h \cdot 4h = 12h^3 = \det.[D]$$

将 $\omega_{n1}^2 = k/m = h$ 代入式（c）并展开得

$$\left.\begin{aligned} 2hA_1^{(1)} - hA_2^{(1)} = 0 \\ -hA_1^{(1)} + hA_2^{(1)} - hA_3^{(1)} = 0 \\ -hA_2^{(1)} + 2hA_3^{(1)} = 0 \end{aligned}\right\} \tag{f}$$

令 $A_1^{(1)}=1$，求解式（f）中任意两式得一阶主振型

$$A_1^{(1)}=1, A_2^{(1)}=2, A_3^{(1)}=1$$

同样，将 ω_{n2}^2 及 ω_{n3}^2 代入式（c），分别令 $A_1^{(2)}=1$ 及 $A_1^{(3)}=1$ 算得

$$2\text{ 阶主振型：}A_1^{(2)}=1,\quad A_2^{(2)}=0,\quad A_3^{(2)}=-1$$

$$3\text{ 阶主振型：}A_1^{(3)}=1,\quad A_2^{(3)}=-1,\quad A_3^{(3)}=1$$

按伴随矩阵法也算得相同的结果，$[H]=[k]-\omega_n^2[m]$ 的伴随矩阵为

$$[H]^a=[H^c]^T=m\begin{bmatrix}(2h-\omega_n^2)(3h-\omega_n^2)-h^2 & h(3h-\omega_n^2) & h^2\\ h(3h-\omega_n^2) & (h-\omega_n^2)^2 & h(3h-\omega_n^2)\\ h^2 & h(3h-\omega_n^2) & (2h-\omega_n^2)(3h-\omega_n^2)-h^2\end{bmatrix}$$

取第 3 列并除以 mh^2 作为主振型，分别以 ω_{n1}^2，ω_{n2}^2，ω_{n3}^2 代入，得

$$\{A^{(1)}\}=\begin{Bmatrix}1\\2\\1\end{Bmatrix},\quad \{A^{(2)}\}=\begin{Bmatrix}1\\0\\-1\end{Bmatrix},\quad \{A^{(3)}\}=\begin{Bmatrix}1\\-1\\1\end{Bmatrix}$$

主振型的示意图如图 7-37b 所示。

（2）利用（1）中求得的各阶主振型 $\{A^{(1)}\}$、$\{A^{(2)}\}$、$\{A^{(3)}\}$，按式（7-104）的定义可得模态矩阵 $[\Phi]$ 为

$$[\Phi]=[\{A^{(1)}\}\quad\{A^{(2)}\}\quad\{A^{(3)}\}]=\begin{bmatrix}1&1&1\\2&0&-1\\1&-1&1\end{bmatrix}$$

由式（7-107）得模态质量矩阵为

$$[M]=[\Phi]^T[m][\Phi]=\begin{bmatrix}1&2&1\\1&0&-1\\1&-1&1\end{bmatrix}\begin{bmatrix}m&0&0\\0&m&0\\0&0&m\end{bmatrix}\begin{bmatrix}1&1&1\\2&0&-1\\1&-1&1\end{bmatrix}$$

$$=\begin{bmatrix}6m&0&0\\0&2m&0\\0&0&3m\end{bmatrix}=\begin{bmatrix}M_1&0&0\\0&M_2&0\\0&0&M_3\end{bmatrix}$$

模态刚度矩阵为

$$[K]=[\Phi]^T[k][\Phi]=\begin{bmatrix}1&2&1\\1&0&-1\\1&-1&1\end{bmatrix}\begin{bmatrix}3&-1&0\\-1&2&-1\\0&-1&3\end{bmatrix}\begin{bmatrix}1&1&1\\2&0&-1\\1&-1&1\end{bmatrix}k$$

$$=\begin{bmatrix}6k&0&0\\0&2k&0\\0&0&3k\end{bmatrix}=\begin{bmatrix}K_1&0&0\\0&K_2&0\\0&0&K_3\end{bmatrix}$$

二、动态响应分析

机械结构在给定动载荷激励下的动态响应是了解和评价其动态性能优劣的一个重要指标，它可以为进一步改进机械结构的动态性能提供必要的先验知识，指明改进方向。在模态分析的基础上，即可对结构作给定动载荷激励下的动态响应求解。常用的求解结构动态响应

的方法有振型叠加法和逐步积分法。

1. 无阻尼情况

模态方程组的第 r 个方程为

$$M_r\ddot{q}_r + K_r q_r = Q_r \quad (r=1, 2, \cdots n) \tag{7-113}$$

式中

$$Q_r = \{A^{(r)}\}^T \{p\} = \{A^{(r)}\}^T \{P\} e^{i\omega t} \tag{7-114}$$

因为是简谐振动，所以

$$q_r = \bar{q}_r e^{i\omega t}$$

$$\ddot{q}_r = -\omega^2 \bar{q}_r e^{i\omega t} = -\omega^2 q_r$$

$$\frac{K_r}{M_r} = \omega_{nr}^2$$

代入式（7-113）得

$$(\omega_{nr}^2 - \omega^2)\ q_r = \frac{\{A^{(r)}\}^T \{P\}}{M^r} e^{i\omega t} \quad r=1, 2, \cdots, n \tag{7-115}$$

因此得解

$$q_r = \frac{\{A^{(r)}\}^T \{P\}}{M^r\ (\omega_{nr}^2 - \omega^2)} e^{i\omega t} \tag{7-116}$$

根据坐标转换关系有

$$\{x\} = [\Phi]\ \{q\} = \sum_{r=1}^{n} q_r \{A^{(r)}\}$$

又因 $\{x\}$ 本身是简谐函数，有

$$\{x\} = \{X\}\ e^{i\omega t}$$

上两式的 $\{x\}$ 相等，得到

$$\{X\} = \sum_{r=1}^{n} q_r \{A^r\}\ e^{-i\omega t}$$

将式（7-116）代入，得到

$$\{X\} = \sum_{r=1}^{n} \frac{\{A^{(r)}\}^T \{P\} \{A^{(r)}\}}{K_r\ (1-\lambda_r^2)} \tag{7-117}$$

式中 $\lambda = \omega/\omega_{nr}$；

$K_r = M_r\omega_{nr}^2$；

ω——激振频率。

单纯用振幅大小还不能反映系统的抗振能力，因为它没有消除激振力大小的因素，在单位激振力作用下系统的振幅越小，说明抗振能力越大，这就是动柔度的概念。它是动刚度的倒数。

当 j 点激振，h 点拾振时，所反映的是系统交叉模态动柔度。表示为

$$R_{hj} = \frac{X_h}{P_j} = \sum_{r=1}^{n} \frac{A_j^{(r)} A_h^{(r)}}{K_r(1-\lambda_\tau^2)} = \sum_{r=1}^{n} (f_{hj})_r W_r \tag{7-118}$$

式中

$$(f_{hj})_r \frac{A_j^{(r)} A_h^{(r)}}{K_r}$$

$$W_r = \frac{1}{1-\lambda_r^2}$$

(f_{hj}) 值是反映系统柔度大小的主要因素，是第 r 阶模态柔度，是评价动态性能的重要参数。W_r 是动态放大因子，与外界激振频率有密切关系。

2. 比例阻尼

比例阻尼是指阻尼矩阵正比于质量矩阵或刚度矩阵，或者正比于它们两者的线性组合。即

$$[\boldsymbol{C}] = \alpha [\boldsymbol{m}] + \beta [\boldsymbol{k}]$$

式中的 α 和 β 都是比例系数。

有阻尼受迫振动的模态方程为

$$[\boldsymbol{M}]\{\ddot{\boldsymbol{q}}\} + [\boldsymbol{C}]\{\dot{\boldsymbol{q}}\} + [\boldsymbol{K}]\{\boldsymbol{q}\} = \{\boldsymbol{Q}\} \tag{7-119}$$

模态阻尼 $[\boldsymbol{C}]$ 是对角阵。

$$[\boldsymbol{C}] = [\boldsymbol{\Phi}]^T [\boldsymbol{C}] [\boldsymbol{\Phi}]^T = [\boldsymbol{\Phi}]^T (\alpha [\boldsymbol{m}] + \beta [\boldsymbol{k}]) [\boldsymbol{\Phi}] = \alpha [\boldsymbol{M}] + \beta [\boldsymbol{K}] \tag{7-120}$$

设模态阻尼比为

$$\zeta_r = \frac{C_r}{2\omega_{nr} M_r} \tag{7-121}$$

所以

$$C_r = 2\zeta_r M_r \omega_{nr} \tag{7-122}$$

第 r 阶模态方程为

$$M_r \ddot{q}_r + 2\zeta_r M_r \omega_{nr} \dot{q}_r + K_r q_r = Q_r \tag{7-123}$$

其解为

$$q_r = \frac{\{A^{(r)}\}^T \{P\} e^{i\omega t}}{M^r(\omega_{nr}^2 - \omega^2 + 2i\xi_r \omega_{nr}\omega)} \quad r = 1, 2, \cdots, n \tag{7-124}$$

系统振幅为

$$\{X\} = \sum_{r=1}^{n} \frac{\{A^{(r)}\}^T \{P\} \{A^{(r)}\}}{K_r(1-\lambda_r^2 + 2i\xi_r \lambda_r)} \tag{7-125}$$

3. 一般阻尼

此时阻尼系数矩阵无法用实模态矩阵来解耦，只能用复模态理论来分析。复模态时为复特征值 v_r 与 $\bar{v}_r$ 共轭复数，其对应的复数特征向量为 $\{\boldsymbol{\Phi}^{(r)}\}$、$\{\overline{\boldsymbol{\Phi}}^{(r)}\}$，共轭复数的特征向量具有正交性，因此以 $[\boldsymbol{\Phi}]$ 与 $[\overline{\boldsymbol{\Phi}}]$ 复数模态矩阵作为坐标转换矩阵，而得到解耦的复数模态方程，从而求得解。

三、机械结构动力修改和动态性能控制

在模态分析的基础上，就可以对结构进行动力修改或动态性能控制。结构动力修改有正反两类问题，即已知结构变化求动态特性变化叫做动力修改正问题，简称再分析；已知动态性能变化求结构变化量是动力修改的反问题，简称再设计。

1. 结构动力修改的准则

通常遇到的许多结构动力修改问题，是要求把结构的振动强度或柔度限制在一定的范围内。有效的修改过程是先找出结构的薄弱环节，修改薄弱环节的局部结构，使整机的动特性

满足要求。目前确定结构薄弱环节并以此为依据进行结构修改的方法有能量平衡法和灵敏度分析法两种。

（1）能量平衡法　系统中某子结构 S 在第 r 阶模态中的最大惯性能、最大弹性能和每振动周期耗散的最大阻尼能为

最大惯性能　$I_{sr}=\frac{1}{2}\omega_{or}^2\ \{\boldsymbol{A}^{(r)}\}_s^T\ [\boldsymbol{m}_s]\ \{\boldsymbol{A}^{(r)}\}_s$

最大弹性能　$V_{sr}=\frac{1}{2}\ \{\boldsymbol{A}^{(r)}\}_s^T\ [\boldsymbol{K}_s]\ \{\boldsymbol{A}^{(r)}\}_s$

最大阻尼能　$D_{sr}=\pi\omega_{or}\ \{\boldsymbol{A}^{(r)}\}_s^T\ [\boldsymbol{C}_s]\ \{\boldsymbol{A}^{(r)}\}_s$

如果系统由 N 个子结构组成，则各子结构的振动能量之和为系统的总能量。系统各子结构以 r 阶模态振动时，系统的各种能量为

最大惯性能　$I_r=\sum_{s=1}^{N}I_{sr}$

最大弹性能　$V_r=\sum_{s=1}^{N}V_{sr}$

最大阻尼能　$D_r=\sum_{s=1}^{N}D_{sr}$

由此可求出各子结构的能量分布率

惯性能分布率　$\alpha_{sr}=\frac{I_{sr}}{I_r}$

弹性能分布率　$\beta_{sr}=\frac{V_{sr}}{V_r}$

阻尼能分布率　$\gamma_{sr}=\frac{D_{sr}}{D_s}$

从各能量分布率可以看出系统振动时各类能量在整个系统中的分布情况。惯性能分布率体现了各子结构的质量分配情况，弹性能分布率体现了各子结构的刚度分配情况。对惯性能分布率高的子结构应减轻其质量，弹性能分布率高的子结构应提高其刚度，使系统惯性能和弹性能分布趋于均衡，即使系统的质量和刚度接近最佳分配。

（2）灵敏度分析法　可以证明，固有频率对质量的相对灵敏度正比于该质量单元的动能；固有频率对刚度的相对灵敏度正比于该刚度单元最大的弹性变形能。即

$$\frac{m_p\partial\ \omega_i}{\omega_i\partial\ m_p}=-\frac{1}{\omega_i^2}I_{ip} \tag{7-126}$$

$$\frac{k_q\partial\ \omega_i}{\omega_i\partial\ k_q}=\frac{1}{\omega_i^2}V_{qi} \tag{7-127}$$

这说明用固有频率灵敏度判断结构的薄弱环节和浪费环节与能量平衡原理是等效的，并且用灵敏度分析法比较简单。

2. 动态性能的控制

控制动态性能的目的是确保抗振能力达到一定的水平。抗振能力的提高首先是要避开共振，这只要使机械固有频率远离激振频率就可以了。当调整固有频率有困难时，可采用减振措施。

另外就是控制动态响应的大小。这是一个综合指标，对它起主导作用的是机械的各阶模态柔度和模态阻尼比，而这些又取决于结构的质量和刚度。提高动态性能就是限制动柔度。具体要求是，各阶模态柔度 $(f_{hj})_r$ 要小，各阶阻尼比 ζ_r 要大。

其中模态柔度的大小与弹性变形能有关。弹性势能为

$$V = \int_0^z kx\mathrm{d}x = \frac{1}{2}kx^2 \tag{7-128}$$

$$V_{\mathrm{Amax}} = \frac{1}{2}\ \{\boldsymbol{A}^{(r)}\}^{\mathrm{T}}\ [\boldsymbol{k}]\ \{\boldsymbol{A}^{(r)}\} = \frac{1}{2}K_r \tag{7-129}$$

$$K_r = 2V_{\mathrm{Amax}}$$

第 r 阶模态柔度可写成为

$$(f_{hj})_r = \frac{A_h^{(r)}A_j^{(r)}}{2V_{\mathrm{Amax}}} \tag{7-130}$$

由式（7-114），当 $W_r = 1$ 为静柔度 $(f_{hj})_z$

$$(f_{hj})_z = \left(\frac{X_h}{P_j}\right)_z$$

因各阶模态柔度之和等于静柔度，这就要求静模态柔度要小，同时各阶模态柔度应该均匀以至相等。过大的模态柔度称为危险模态。对危险模态中各子结构的能量分布要进行分析，找出造成危险模态的根源来。

四、机械动态优化

机械动态优化，是以结构的截面、质量、刚度、阻尼系数、系统尺寸等为设计变量。在动态下选择设计变量，使系统在工作时间历程中始终满足动态性能等约束条件，并使某种目标函数达到最优值。优化的目标可以是动态性能如最大动态响应极小化，也可以是结构质量、尺寸等。动态优化的特点是，要用时间函数的状态变量（广义位移和速度坐标）$z(t) = [z_1(t) \cdots z_n(t)]^{\mathrm{T}}$ 来描述系统的动特性，这样就要进行时间离散，它是难度较大的非线性规划问题。

目前还只能对简单的结构和自由度不多的系统进行动力优化设计。对于复杂结构的动力优化设计，尚有许多问题需要研究解决。但随着计算机存储容量的加大和计算速度的提高，计算技术的发展和动力优化方法的完善及其应用软件的开发，实现复杂机械结构的动力优化设计是完全可能的。

优化设计方法很多，对于动力优化设计而言，目前主要采用数学规划法和准则法两种。前者有严格的数学理论基础。但随着设计变量的增多，其迭代次数将急剧增加，所以适合于比较简单的动力优化问题。而后者是按照一定的优化准则进行寻优，它着眼于设计变量与约束条件关系的分析，并不直接计算目标函数值，因而适用于比较复杂的优化问题。

动力优化设计常见的数学模型为：

求一组设计变量 $\boldsymbol{X} = (x_1、x_2、\cdots、x_n)^{\mathrm{T}}$，使广义特征值问题

$$[\boldsymbol{K}(x)]\ \{\boldsymbol{A}^{(i)}\} = \lambda_i\ [\boldsymbol{M}(x)]\ \{\boldsymbol{A}^{(i)}\} \tag{7-131}$$

具有 $\lambda_i = \tilde{\lambda}_i$ 或 $\lambda_i = \tilde{\lambda}_i$ 和 $\{\boldsymbol{A}^{(i)}\} = \{\tilde{\boldsymbol{A}}^{(i)}\}$

存在　$h_j(x) \leqslant 0$　　$j = 1, 2, \cdots, m$

或　存在　　$h_j(x) \leqslant 0$ 和 $\tilde{\lambda}_{il} \leqslant \lambda_i \leqslant \tilde{\lambda}_{iu}$

或存在 $h_j(x) \leqslant 0$ $\tilde{\lambda}_{il} \leqslant \lambda_i \leqslant \tilde{\lambda}_{iu}$ 和 $\{A^{(i)}\} = \{\tilde{A}^{(i)}\}$

式中 λ——频率比；

$\tilde{\lambda}$——给定值；

$h_j(x)$——几何约束或性能约束。

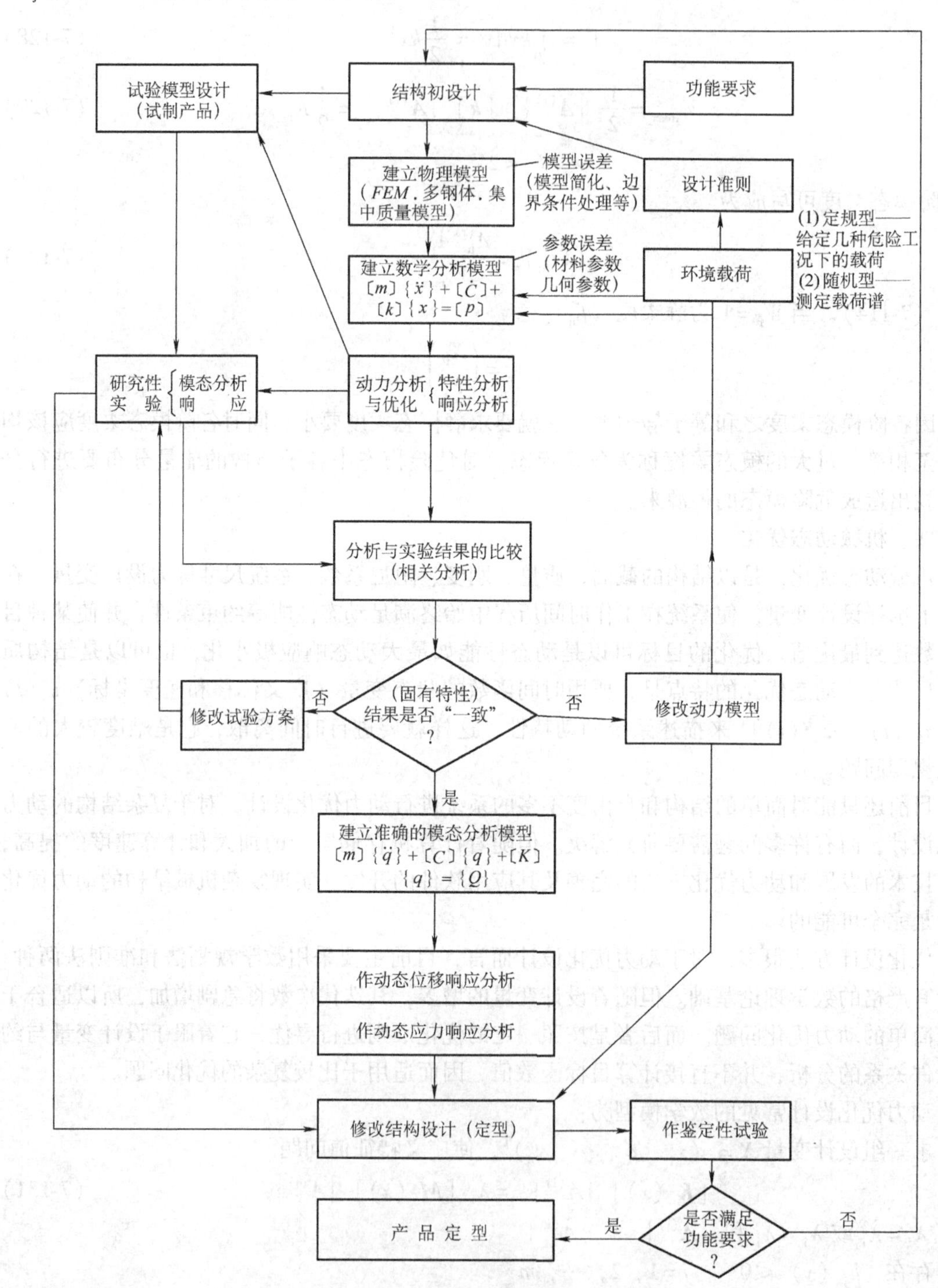

图7-38 机械动态设计与模态分析框图

五、机械动态设计过程

机械动态设计大致由以下几部分组成：①确定设计准则；②建立数学模型；③进行动力学分析和优化设计；④进行机械模态分析试验与响应试验；⑤根据以上结果修改设计。

机械结构动态设计的全过程如图 7-38 所示。

第七节 人机学设计

一、概述

人要在各种环境中使用工具、操纵机器。人和机器及其周围的环境就构成了一个系统。人机工程学就是从系统论的观点来研究人（操作者和使用者）——机器（包括人操作和使用的机器工具、设备及工程系统）——环境（人操作和机器工作的环境）所组成系统的三要素及其相互关系。它以人为主体，从人的生理和心理特征考虑，使系统中的三要素相互协调，以便促进人的身心健康，提高人的工作效能。

人机学设计就是从人—机—环境系统的角度出发，进行机械设计，使机械设计能适应和满足环境的需要，最终设计出保证人的安全、符合人的生理和心理特征、促进人的身心健康、提高人工作效能的机械。以液压挖掘机的人机学设计为例，其内容包括：从人的角度出发，考虑人在驾驶室中的作业位置，进行作业空间的设计；从人的视觉、听觉、触觉等感觉器官接受功能的角度出发，进行驾驶室内的仪表系统的设计；从人的头脑和神经处理信息功能的角度出发，进行控制系统的设计；从人的四肢的功能及其力学性能的角度出发，进行操纵杆、踏板等驾驶系统的设计；从环境因素出发，考虑减少污染、降低噪声、适应环境保护等要求，进行有关环境要求的设计。

图 7-39 所示为德马克公司生产的液压挖掘机驾驶室示意图。它的驾驶空间宽阔，座位舒适，并设有助手座；仪表板斜立，观察玻璃面积大，便于观察、接受信息；踏板和操纵杆布置合理，靠近手足，便于控制；室内还采用了橡胶层护墙，以降低噪声。这是一个很好的人机学设计。因此，从人机工程学角度进行机械设计要考虑五方面问题：①人和机械都要占据一定的工作空间；②人作为传感器，接受机械发出的信息；③人作为控制器，处理和发出信息，操纵和控制机械；④人作为机械的动力能源，操作和管理机械，以完成其机械功能；⑤人和机械要在一定的环境下工作，要满足环境诸方面的要求。

这些问题不仅要在机械设计中予以考虑，而且要贯彻在整个产品寿命周期，包括设计、制造、使用、维护、回收、再处理过程，以求得到符合人机学要求的机械产品。

二、人体力学与机械设计

在人—机—环境系统中，人体的一切活动，尤其是对于机器和工具的控制和操作，都是通过人体的运动系统来实现的。运动系统由骨骼、关节和肌肉组成。运动的实质是肌肉收缩牵动骨骼绕关节的运动。这正是人体力学所涉及的问题。

1. 关于肌肉的若干生理特征

肌肉约占体重 40%，它由肌纤维组成。肌肉的两端形成肌腱，粘附在骨骼上。肌肉的一个重要特性是能收缩，它是由肌纤维集束收缩形成的。其最大收缩量可达原长 1/2。人体就是靠肌肉收缩产生力而使其运动来做功的。从力学分析，可把人体的运动系统作为杠杆系统。外力与肌肉力之间的力平衡符合力学原理。图 7-40 表示了手臂受力时肌肉收缩的力学

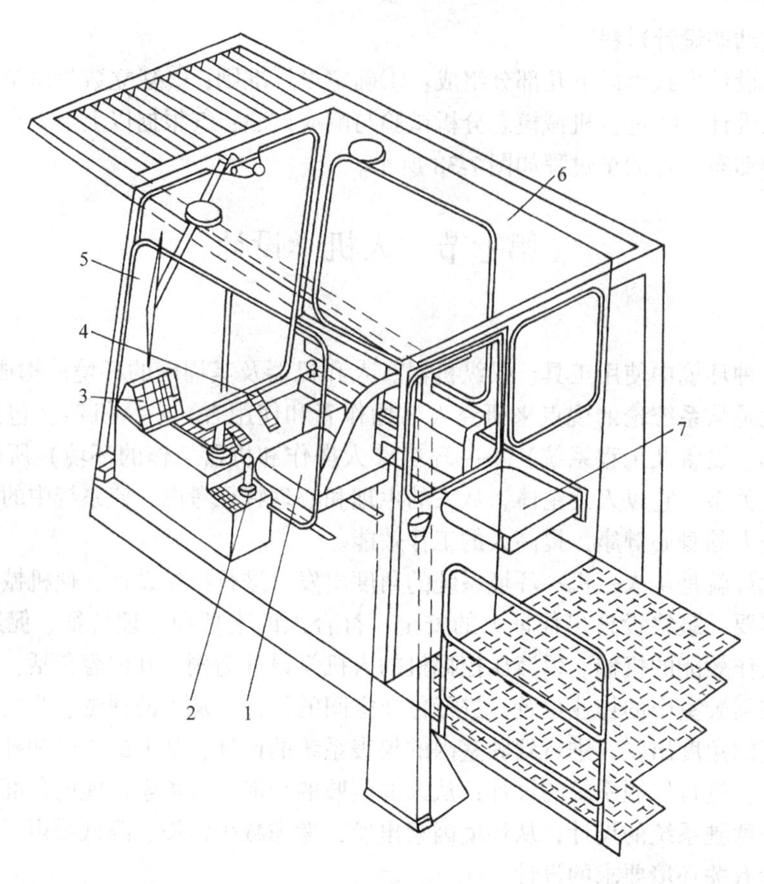

图7-39 液压挖掘机驾驶室

1—驾驶座 2—操纵杆 3—仪表板 4—踏板 5—观察玻璃 6—橡胶层护墙 7—助手座

分析。

肌纤维收缩是由神经控制的。当人脑控制的中枢神经引起肌肉中的运动神经元冲动时，它相当于运动指令，使相连接的肌纤维进行收缩，同时伴有生物电活动产生，引起肌纤维电位变化，称为肌电。肌肉收缩引起的肌力愈大，肌电活动愈强。

肌肉在收缩形成肌力的过程中，消耗肌肉中的生物化学能源。它是高能量的磷酸化合物，在肌肉收缩过程中，产生化学反应，化合物则由高能状态转化为低能状态，从而施放能量使肌肉做功。低能状态化合物还可再转化为高能状态，以便不断在肌肉收缩中起作用。但要补充能源。能源来自于从血液中不断输送的氧、葡萄糖等供能物质和蛋白质、脂肪的共同作用。因此，在肌肉施力过程中，供血和供氧是人体运动、正常做功的关键。

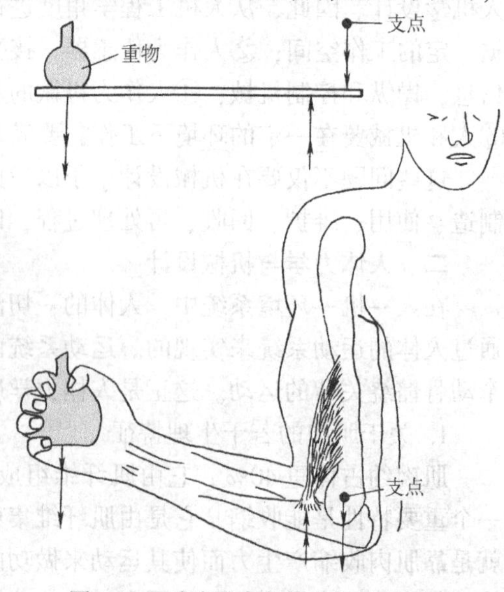

图7-40 手臂受力的简化杠杆力系

在人体运动过程中，肌肉施力产生两种效应：①动态肌肉效应（Dynamic Muscular Effect）；②静态肌肉效应（Static Muscular Effect）。

图7-41所示的操纵手轮运动，是典型的动态施力；而提起重物，使之持续保持一定姿势，就是静态施力。它们的基本区别在于对血液流动的影响。动态施力时，肌肉有节奏地收缩和舒张，相当于一个血流泵。收缩时，血液被压出，带走了代谢废料。舒张时，又使新鲜血液进入肌肉，以获得足够的糖和氧。因而，动态施力可以持续时间较长而不易疲劳。静态施力则使肌肉长期处于紧张的收缩状态，它压迫血管，阻碍血液流动。实验指出：静态施力时，在肌肉中的血流量仅为动态施力的1/10～1/20。它不但影响能源的补充，还阻碍废料的排出。静态施力愈大，肌肉内部压力愈大，血流量愈小，则肌肉越易疲劳。

图7-42表示了动态施力和静态施力对肌肉供血的影响。

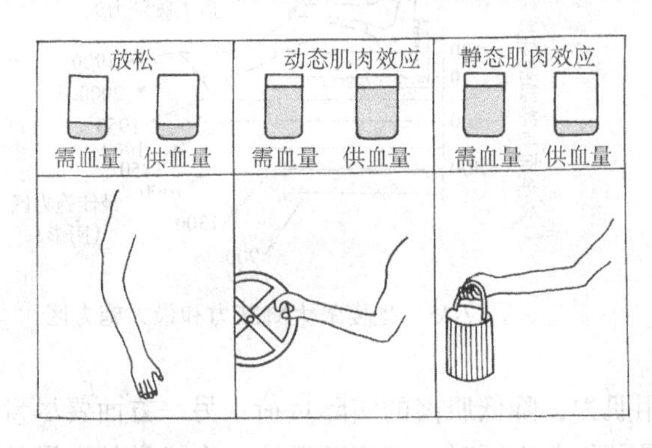

图7-41　动态肌肉效应与静态肌肉效应

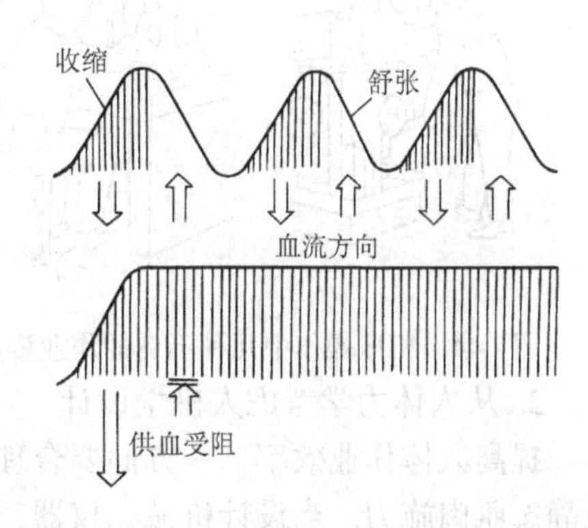

图7-42　动态和静态施力对肌肉供血的影响

几乎所有的操作，都会有不同部分的肌肉处于静态受力，如弯腰、抬臂、长期固定某种姿势进行操作或移动重物等。图7-43所示为几种典型静态肌肉施力的作业。

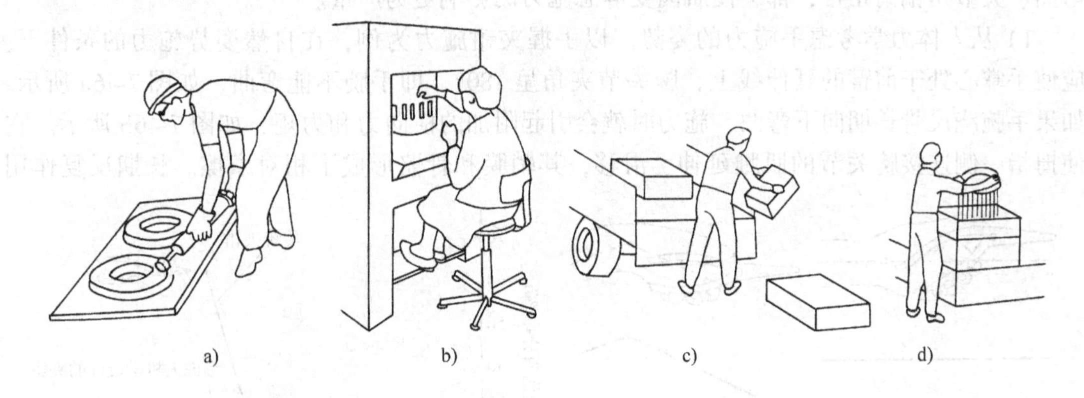

图7-43　动态施力实例

a）清砂作业中腰背严重弯曲　b）装夹零件时抬手过高　c）弯腰搬运重物　d）抬臂筛砂

静态肌肉施力使能耗增加、心率加快，加速了肌肉疲劳进程。当处于不良姿势时，则会使肌肉长期受着静态施力的影响，因而造成肌肉、关节和椎间盘等受静态负荷处产生永久性病变。图7-44所示为机床操作中几种不良的作业姿势，长期工作后会引起操作者腰部、肩部及手臂的疼痛和病变。

肌肉施力能力大小和疲劳还与人体各部分所参与收缩的肌肉活动方式有关。人体各部分肌肉所能产生的最大肌力是不同的，施力过程中，肌肉愈强壮，所参与收缩的肌纤维愈多，产生的肌力愈大，肌纤维愈接近于初始原长时，肌肉收缩所能产生的肌力愈大。但肌力愈大，愈接近于施力极限，则越易疲劳。为减轻疲劳，则应使肌肉的实际负荷小于该肌肉所能产生的最大负荷的15% ~20%为宜。图7-45表示了坐姿最大脚踏力和最佳施力区。人体力学实验证明：当膝关节角在140°~160°范围内，施力方向与水平线夹角呈20°左右时，脚踏力最大。

图7-44　机床操作中几种不良的作业姿势

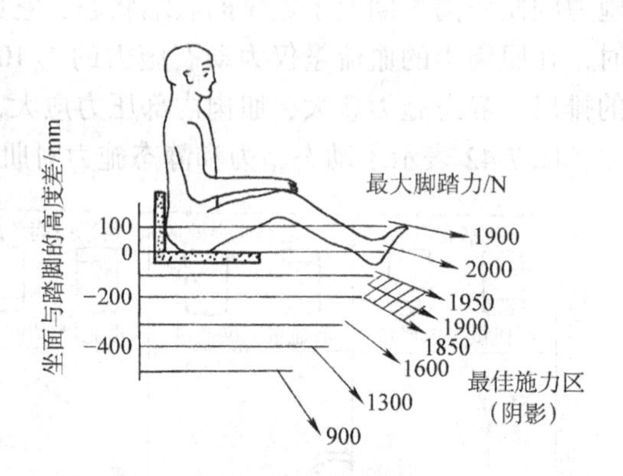

图7-45　坐姿最大脚踏力和最大施力区

2. 从人体力学考虑人机学设计

提高人体作业效率，一方面要合理使用肌力，降低肌肉的实际负荷；另一方面要尽量避免静态肌肉施力。当设计机械、仪器、工具及作业空间时，都应遵循这一人机学基本设计原则。

（1）避免造成静态施力的不自然姿势　以非自然姿势施力，如四肢延伸过度、脊椎过分弯曲、关节角偏离正常，都会使肌肉受静态施力的影响更为严重。

1）从人体力学考虑手施力的姿势。以手握夹钳施力为例，在自然姿势施力的条件下，应使手掌心处于前臂的延伸线上，腕关节夹角呈180°，即手腕不能弯曲，如图7-46a所示。如果手腕绕尺骨长期向下弯曲，施力时就会引起附加的横向力和力矩，如图7-46b所示。它使拇指一侧连接腕关节的肌腱延伸、滑移，其鞘膜和骨骼形成了相对摩擦。长期反复作用

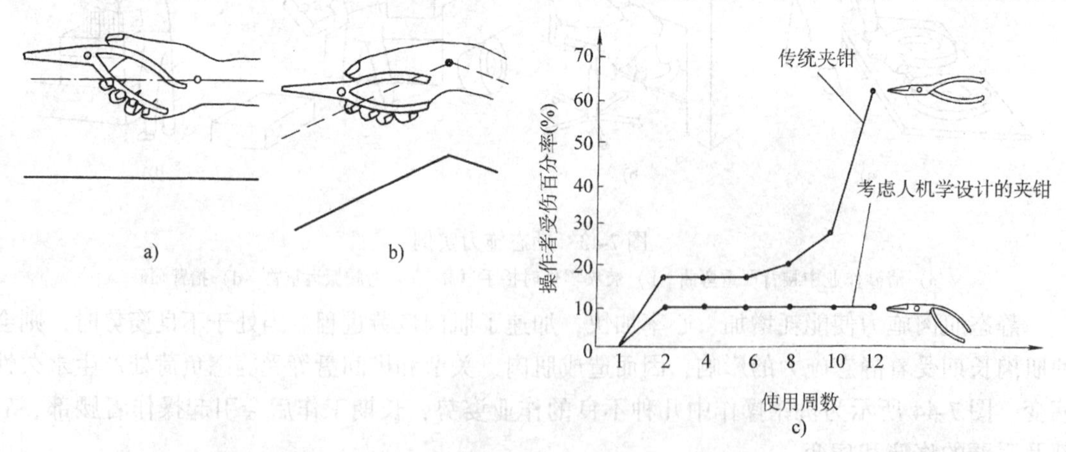

图7-46　夹钳手柄设计

下，会加速疲劳，甚至发生累积损伤性病变（Cumulative trauma disorders；CTDs）。经研究统计揭示，40 名工人长期以折屈的手腕施力，在 12 周后，就有 25 人出现了不同程度的 CTDs 症状，图 7-46c。

因此，机械中手持部位的设计很重要。图 7-47 表示了两种手柄的使用状况。在倾斜施力时，图 7-47a 所示的枪式手柄就明显优于图 7-47b 所示的直式手柄。因为它使施力的手腕保持了较自然的姿势。

但要保持手腕的自然姿势，还和施力位置有关。如图 7-48a 所示，尽管都使用枪式手柄，但由于施力位置不同，对手腕的影响也就不同。图 7-48b 所示使用直柄工具时也是如此。即使不用手柄施力，设计者也应使设计对象尽量符合手腕的自然姿势。图 7-49 所示为容器的设计。图 7-49a 的容器形状和布置不利于手腕的自然姿势，图 7-49b 和图 7-49c 所示改变了容器的形状及布置，比较符合人机学的设计原则。

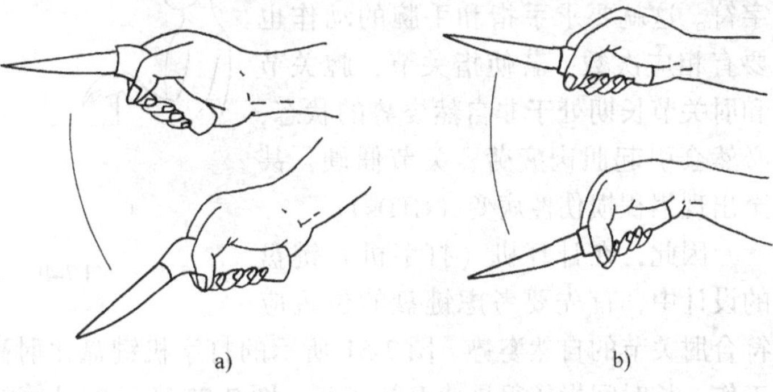

图 7-47　枪式柄与直式手柄的施力对比

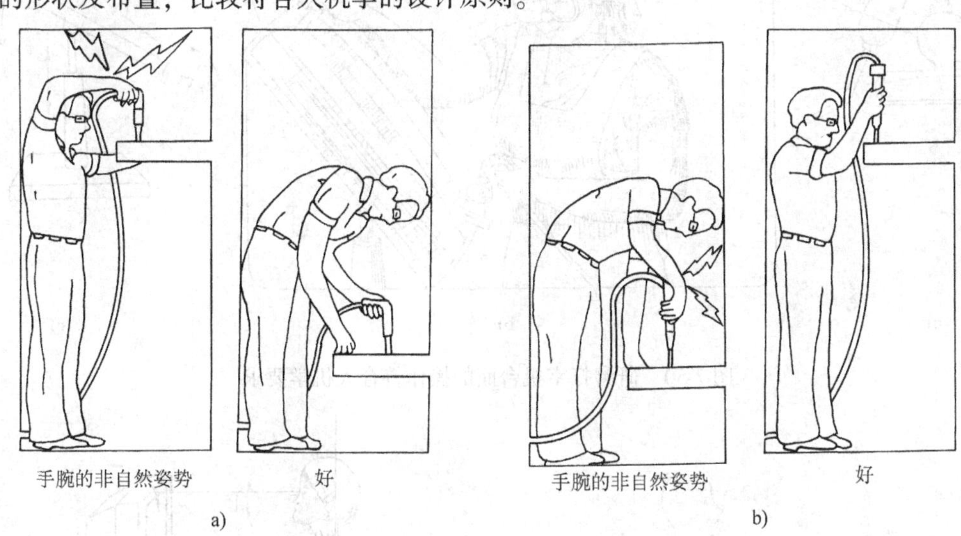

图 7-48　不同施力位置对手腕的影响

a）使用枪式手柄　b）使用直柄工具

所以，在机械设计中，要使操作者手腕施力符合人机学要求，除手柄设计外，还应考虑施力位置和整体的结构形状。

图 7-50 所示为操作者使用研磨机磨平打字机台面的情况，研磨机的手柄斜角呈 60°，适宜手以自然姿势施力（图 7-50a）。所使用的研磨工作台可自由升降和倾斜，以适应操作者手握的要求（图 7-50b）。为使人体施力能尽量保持自然姿势，还设计了一种手腕支撑器，以配合手柄的使用。图 7-50c 所示为该手腕支撑器的结构，它的高低、倾斜度及水平转角都可调，以支撑手腕和前臂进行操作，但限制了手腕的过度弯曲，从人机学设计角度进行分析，

这是比较合理的。

计算机键盘的设计，从人体力学考虑，也是很有讲究的。键盘上的字符超过了100个，分布在约为150mm×450mm的范围内。经过统计，熟练的程序员在6h的工作时间内，平均要敲击90000个以上的字符。这就要求手指和手腕的动作也要有相应次数，若使指关节、腕关节和肘关节长期处于非自然姿势的状态，必然会引起肌肉疲劳、关节僵硬，甚至出现累积损伤性病变（CTDs）。

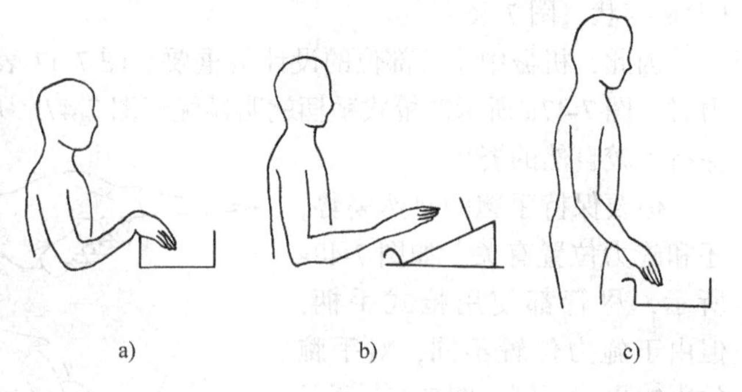

图7-49　从人机学要求进行容器设计

因此，在计算机（打字机）键盘的设计中，首先要考虑键盘的位置应符合肘关节的自然姿势。图7-51所示的打字机键盘比肘高，因而前臂必须抬高，才能便于工作，长时间操作很易使上肢疲劳。图7-52所示的计算机键盘的位置，很适合肘关节的自

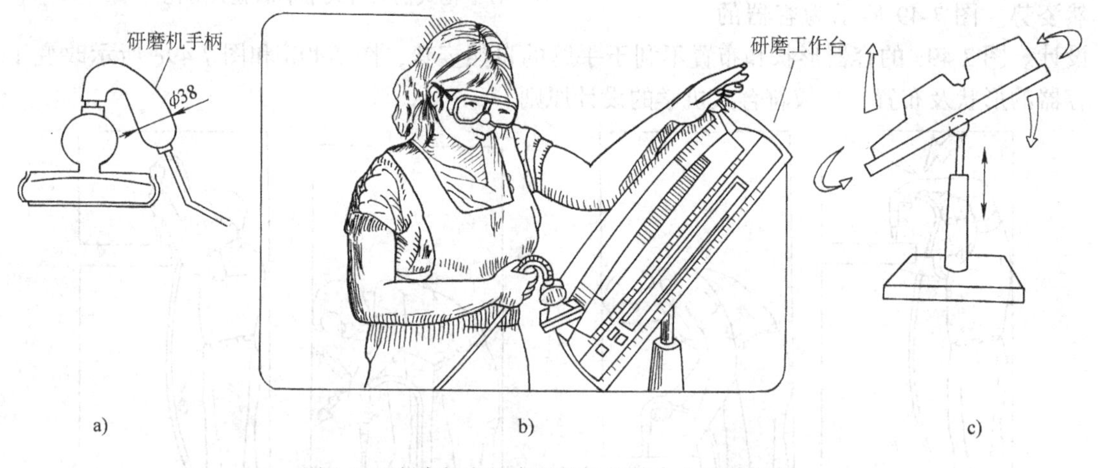

图7-50　研磨打字机台面的操作符合人机学要求

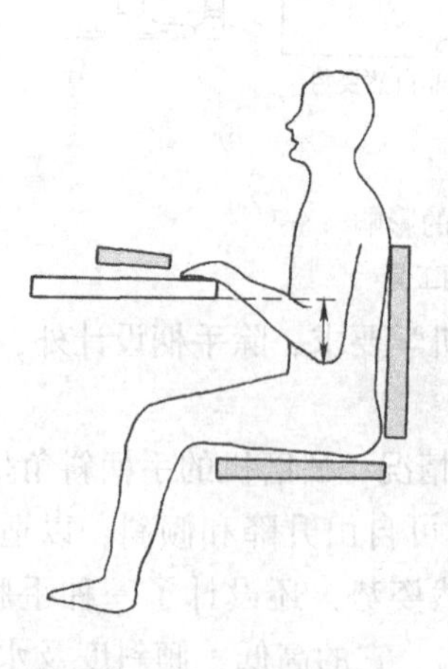

图7-51　键盘高于肘关节

图7-52　计算机键盘位置和肘关节持平

然姿势，使人操作舒适和方便，还附有前臂的支撑板，更减轻了前臂的疲劳，这是很符合人机学设计原则的。

更重要的是键盘形状和字符键布局的设计。

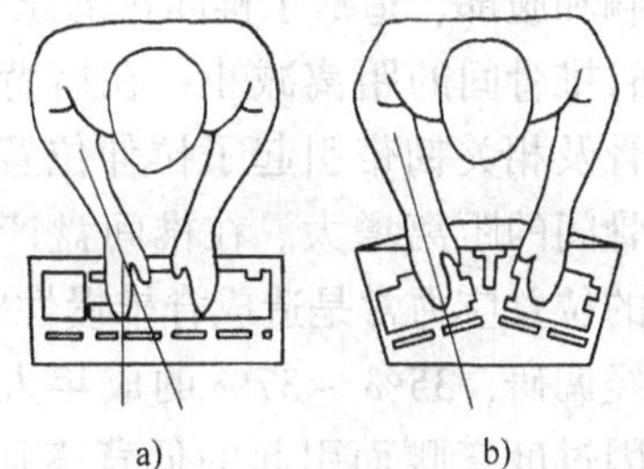

图 7-53　两种键盘对比

图 7-53 所示是两种不同键盘的结构。图 7-53a 所示的为常用键盘，由于布局紧凑，键距较小，长期操作会使腕关节受到不自然的偏转。图 7-53b 所示为改进设计的键盘，分为左右两部分，以适应两手腕的自然姿势。

图 7-54 所示是从人机学角度考虑的新型键盘设计。图 7-54a 所示的键盘不但分为两部分，而且还具有适应手臂的倾斜坡度，以减轻前臂的疲劳。图 7-54b 所示的键盘两侧不但具有倾斜坡度，而且两侧的键盘块呈中凹形状，以适应五个手指的协同敲打，中指最长，拇指及小指最短，中凹形状恰好适应了手指的长短，从而减轻了指关节及手指肌腱的疲劳。图 7-54c 所示为一种专用特殊键盘，只有八个字符键。由于小指较短，最外的字符键布置偏低。键盘的下部设置了柔软的支撑垫，以支撑手掌和手腕。肌电测试表明，这种键盘在很大程度上，降低了手腕的紧张和疲劳，如图 7-54d 所示。

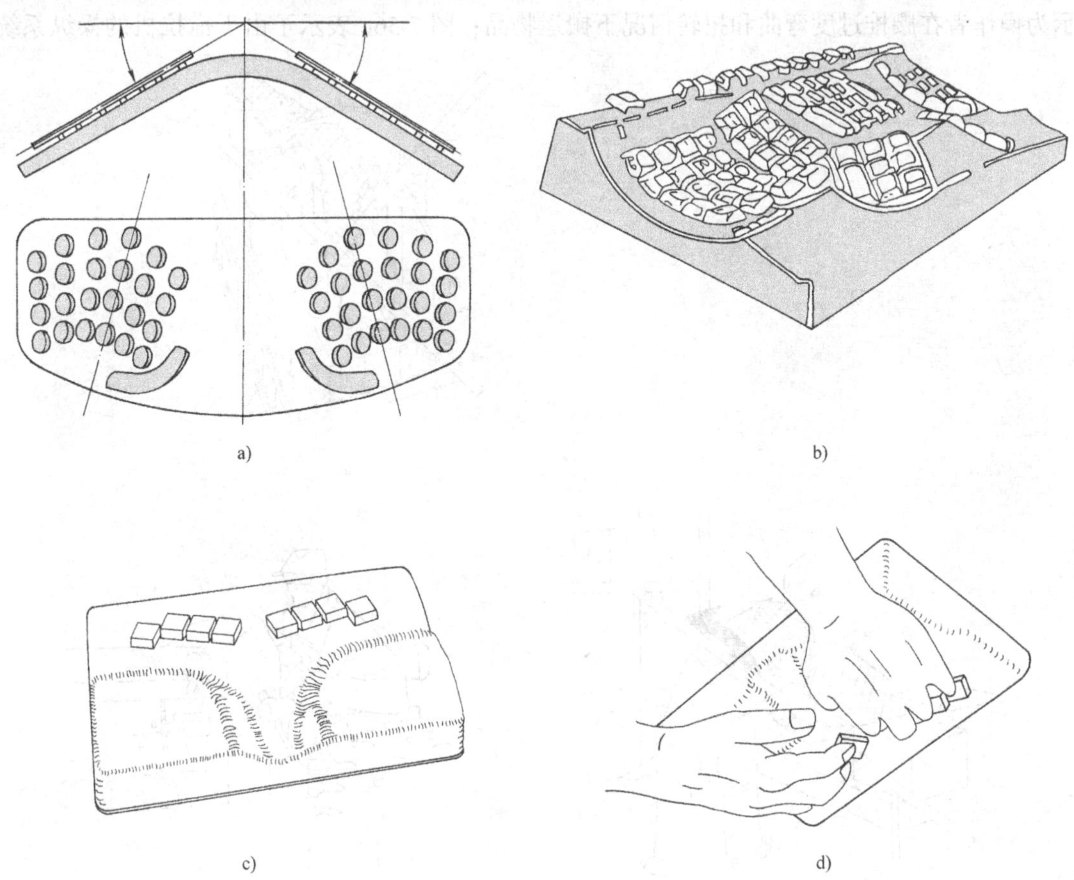

图 7-54　符合人机学要求的新型键盘

2）从人体力学考虑身体躯干的施力姿势。使身体躯干长期处于非自然姿势也是设计中应注意的问题，过度弯腰就是其中之一。图7-55表示了弯腰过程中脊椎分布的曲线，在前胸和腹部，造成了椎间盘的压缩位置应力，脊椎骨间的距离减小；在后背，沿着脊椎骨及相关韧带引起了拉伸位置应力，脊椎骨间的距离增大。在椎间盘产生的不均匀的位置应力常是造成脊椎慢性疾病的根源。经调研，35%～37%的成年人中，都患有因过度弯腰而引起的低背疼痛（Low back pain）腰椎病，尤以45～59岁年龄段的人群中最为严重。在发展中国家的劳动者中更为普遍。因此，人机学设计更应关注此问题，以减轻非自然姿势作业对于人体脊椎疾病的影响。

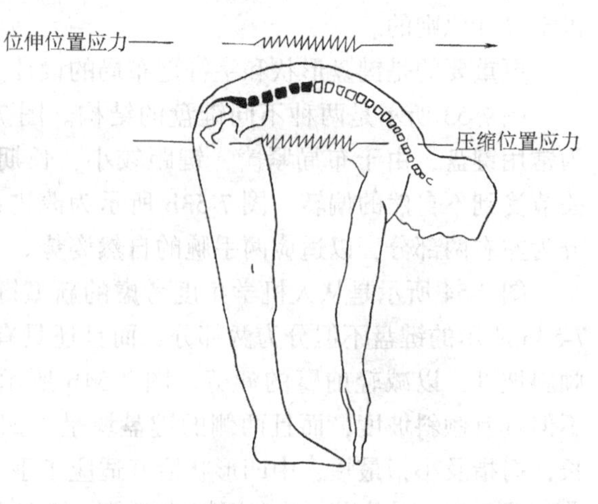

图7-55　弯腰引起脊椎的位置应力

图7-56表示了几种在过度弯腰情况下进行作业的情况：图7-56a所示为操作者在腰椎过度弯曲情况下进行拾取零件；图7-56b所示为操作者在腰椎过度弯曲和扭转情况下搬运物品；图7-56c表示了由于拖拉机的操纵系统

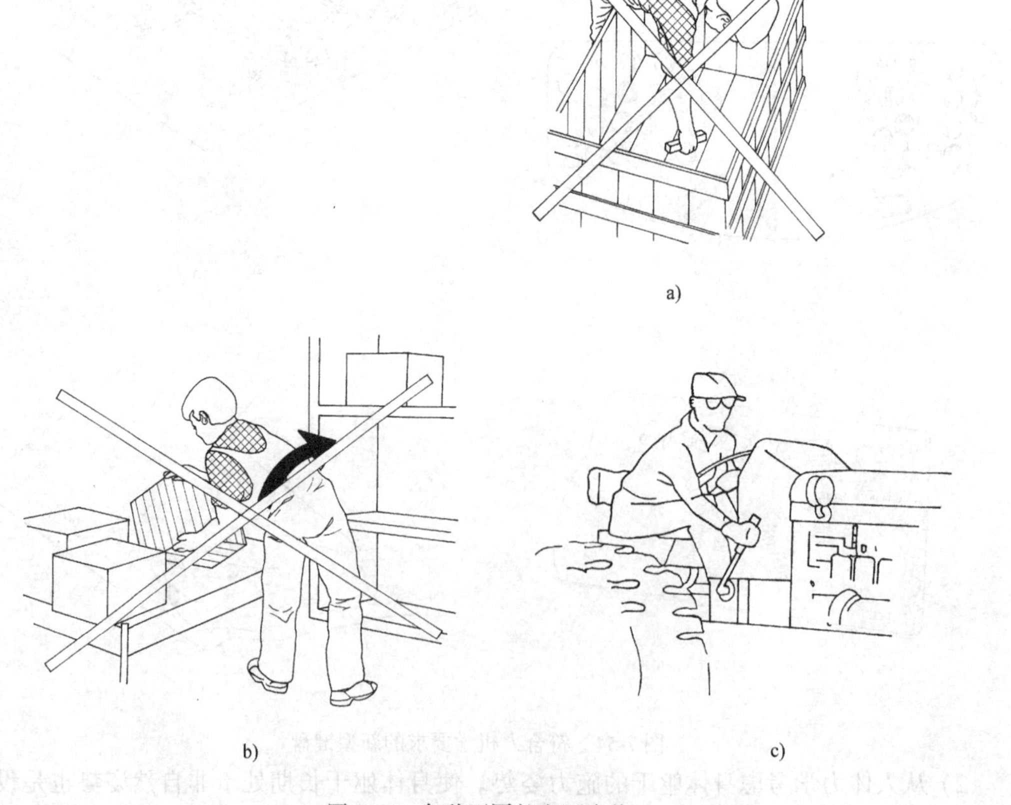

图7-56　各种不同的弯腰姿势

布置不当，使得驾驶员身体被操纵盘阻挡，只能过分弯腰控制操纵杆。这些情况都应在设计中予以避免。

从人机学设计考虑，应在机械结构方面采取措施，以避免身体躯干的非自然姿势。图 7-57 所示为工作台改进设计前后的对比。图 7-57a 所示的工作台由于没有考虑脚站立的位置，身体躯干离工作对象较远，则必须前倾弯腰才能工作。图 7-57b 所示为工作台的改进设计。工作台下部留有供脚伸进的空间，避免了弯腰的非自然姿势。

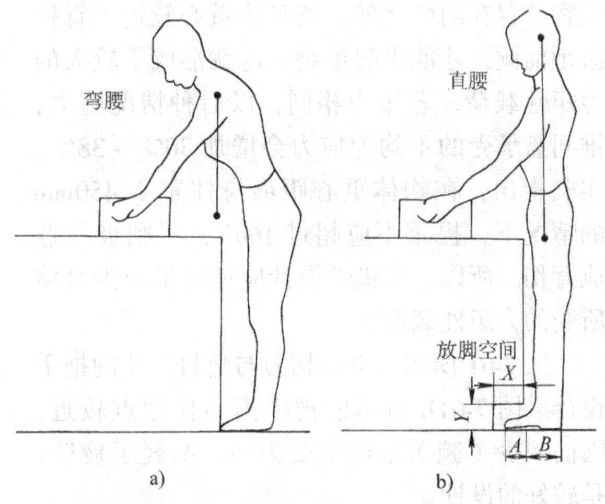

图 7-57　改进工作台设计以避免弯腰

又如过度弯腰会导致椎间盘压力增大。图 7-58 所示为两种不同绘图仪的设计。图 7-58a 所示的绘图仪板面过低且

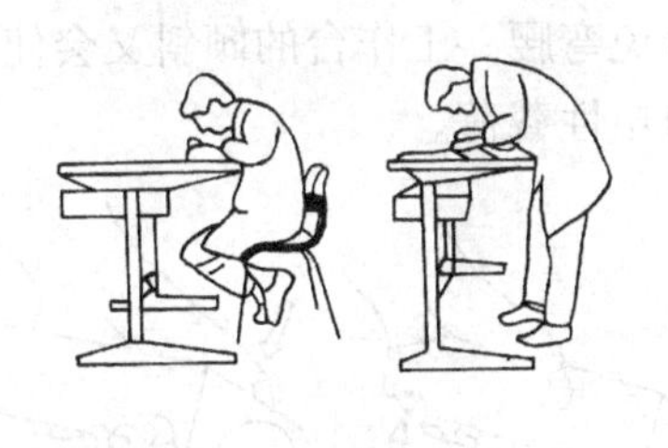

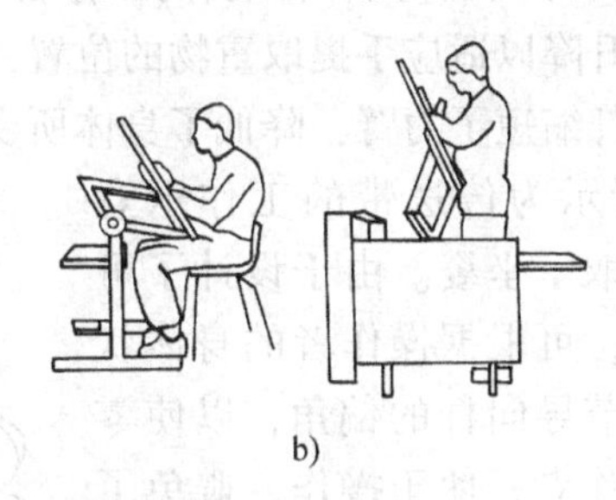

图 7-58　两种绘图仪对比

不能倾斜，使绘图员的头部倾角与腰部弯曲都要超过工作舒适的范围。而图 7-58b 所示为可调节连杆式绘图仪。操作者的坐姿及立姿操作都使腰背处于比较直立的位置，躯体弯曲角度范围限制在 7°~9°，头部倾角小于 30°，降低了颈椎与腰椎的静态施力。

(2) 尽量避免使身体各部位承受力矩性载荷　力矩性载荷对人体是极为有害的。不但对四肢关节如此，而且对身体躯干及脊椎各关节的损伤影响很大。人的关节比较能承受均衡的压力，但承受力矩性载荷时，在肌肉和关节点则呈现为不均匀的拉、压应力，则连接的肌腱必须发出更大的静力，才能保持平衡。减少力矩性载荷的关键在于缩短力臂，即受力点与关节支点的距离。图 7-59 所示即为重物贴近身体而缩短了力臂的情况。应当指出，在静态施力的过程中，即使载荷不大，若力臂过长，同样会形成较大的力矩。因而极易造成对人体的伤害。

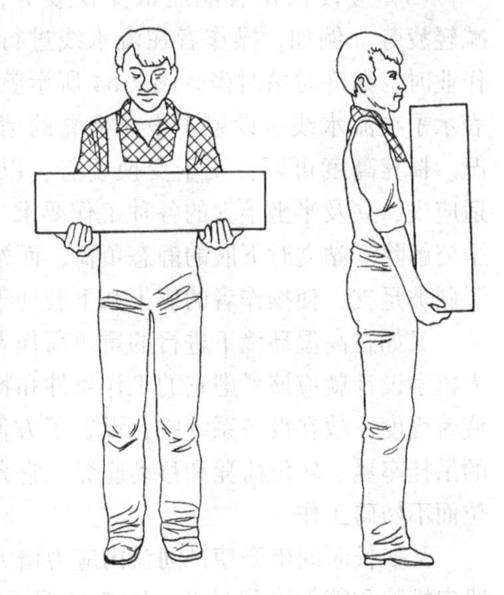

图 7-59　重物靠近身体使力臂缩短

图 7-60 表示了人在下蹲情况下提升重物的不同情况。图 7-60a 所示的提升状况为物体在

两膝之间，距离身体躯干重心较近，对脊椎所形成的力矩性载荷较小。而图7-60b所表示的重物放置在两膝之前，离身体重心较远，脊椎必须前倾，才能提起重物，这就形成了较大的力矩性载荷。若重力相同，以后种情况施力，椎间盘承受的不均匀应力会增加30%～38%。实验指出，在物体重心距离身体重心450mm的情况下，提重不应超过160N，否则极易造成背伤。所以，人机学设计应该尽量减少身体所受的力矩性载荷。

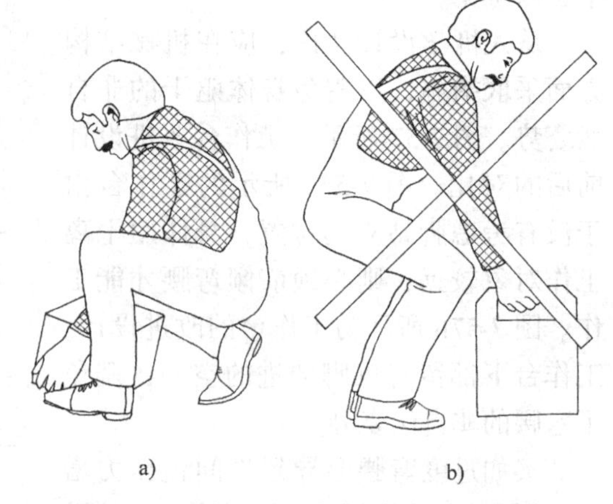

图7-60　下蹲提重的位置对力矩性载荷的影响

图7-61所示为电动切刀与建材灰斗的把手设计。图7-61b所示的把手离力作用点较近，因而减少了腕关节的承受力矩，减轻了疲劳，是较好的设计。

图7-62表示了可升降和可倾斜的工作台设计。工作台的升降以适应手提取重物的位置，避免弯腰。工作台的倾斜又会使重物尽量靠近身体，这二者都缩短了力臂，降低了身体所受力矩性载荷。

图7-63所示为传送带的工作示意图。操作者采取了坐姿。由于设计了可调节的导向杆，可根据操作者的身体状况和尺度，调节导向杆的偏角，以使零件尽量靠近操作者，便于操作，避免了身体前倾，减少了力矩性载荷。

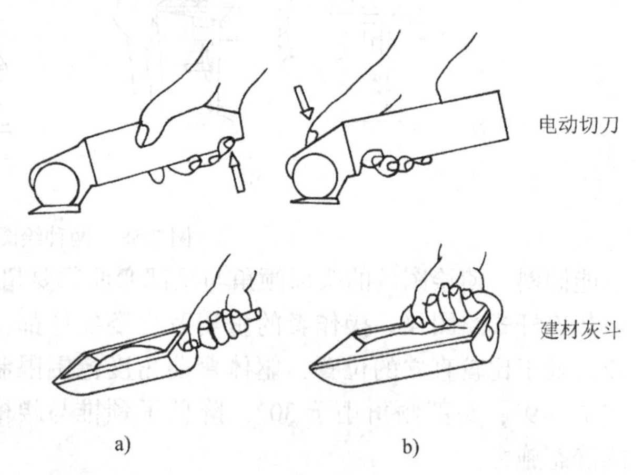

图7-61　把手设计比较

（3）应使操作者能经常变换姿势，减轻疲劳　例如，操作者在流水线进行作业时，允许时站时坐。图7-64所示就表示了在流水线边设置了坐立椅凳的情况。椅凳高度可调，便于变换姿势，以适应坐、立及半坐半立的各种工作要求。坐姿解除了站立时下肢的静态负荷，而站姿又可放松坐姿时的背部肌肉的紧张。凳下还安置了斜坡足支，使操作者的躯干和下肢处于较舒适的位置。

又如在高温环境下进行的重负荷作业，要求经常以站、弯、蹲的姿势工作，极易疲劳。人机学设计就应该考虑它的工作条件和特点，允许操作者变换姿势，尽量减少静态重负荷和疲劳程度，故在设备系统中，设置了方便操作者的凳椅。图7-65所示即为方便操作而设计的吊挂座凳、转位椅凳和移动座凳。它允许操作者可以变换站坐姿势进行工作，椅凳可以移位而不妨碍工作。

又如长时间坐姿使椎间盘内应力增大；直腰坐又会使背部肌肉紧张。而卧姿则会使全身肌肉松弛和能耗降到最低。图7-66所示为一种坐卧多用椅的设计。它既可坐，又可半卧，还可全躺。无论采用何种姿势，多用椅始终处于平衡状态。

（4）尽量减少肌肉担负的实际载荷

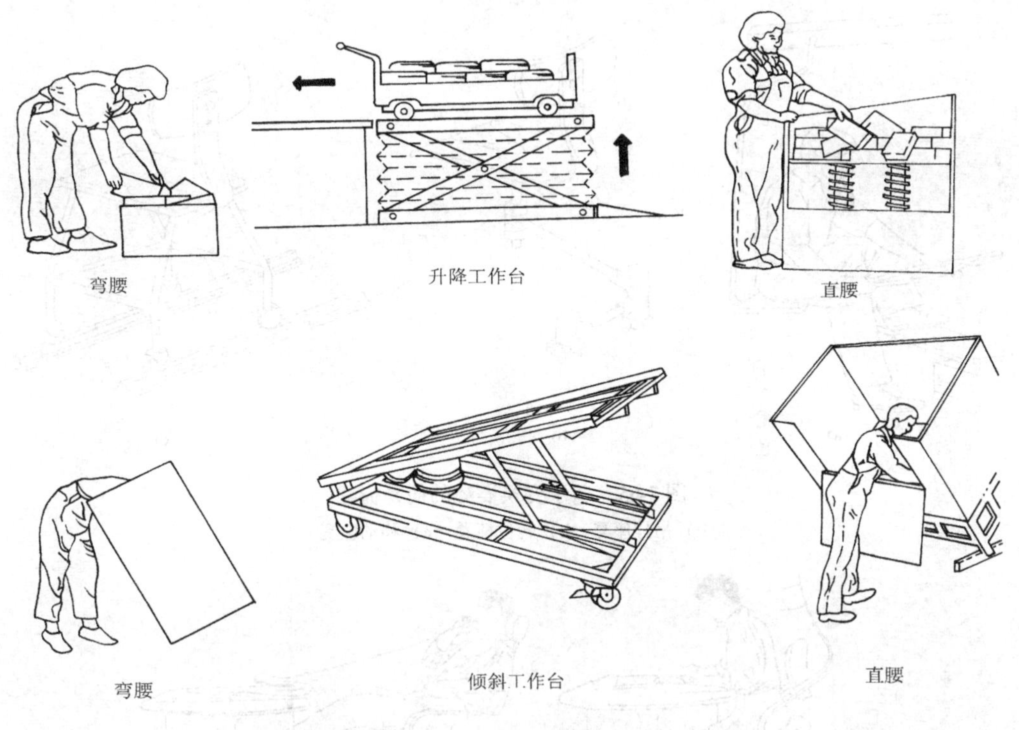

图 7-62　可升降和可倾斜工作台的设计和应用

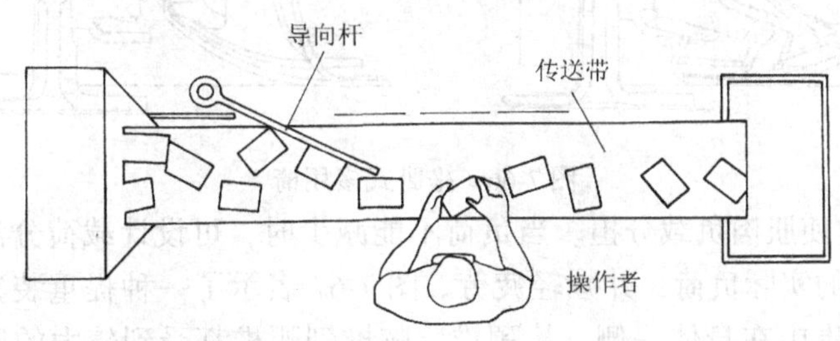

图 7-63　传送带导向杆的应用

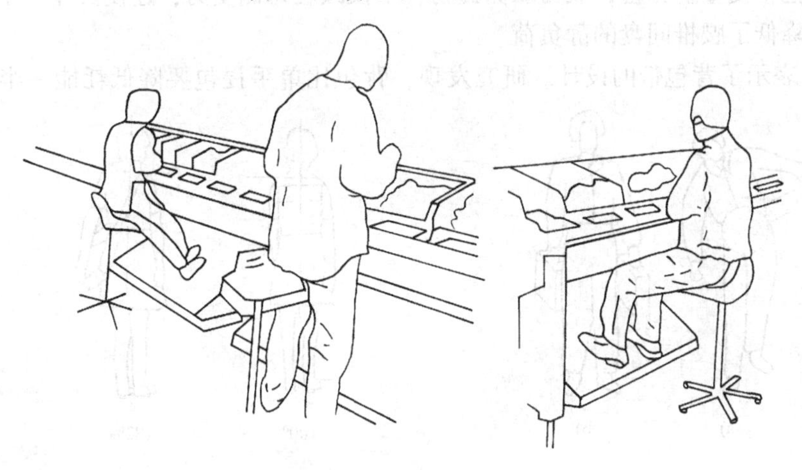

图 7-64　流水线旁设置坐立椅凳

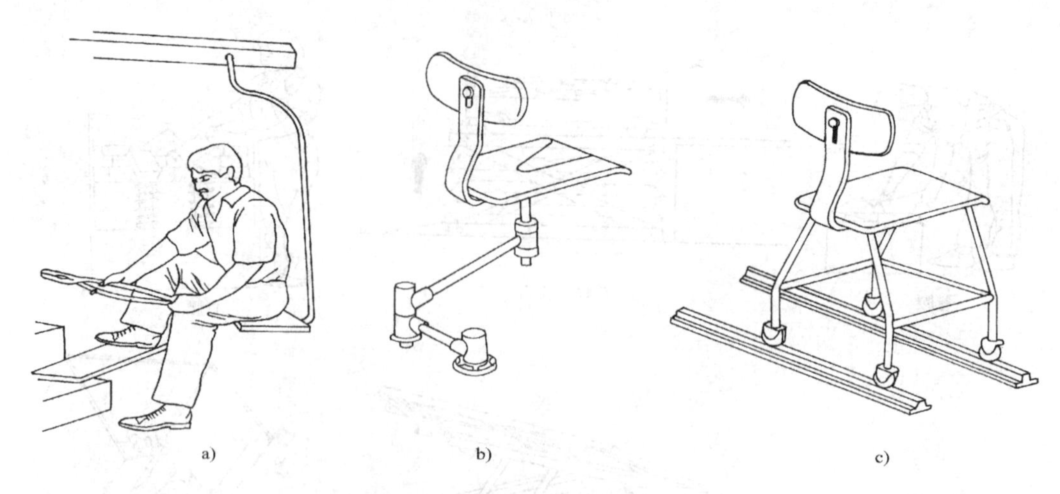

图 7-65　适于变换姿势的简易椅凳
a）吊挂座凳　b）转位椅凳　c）移动座凳

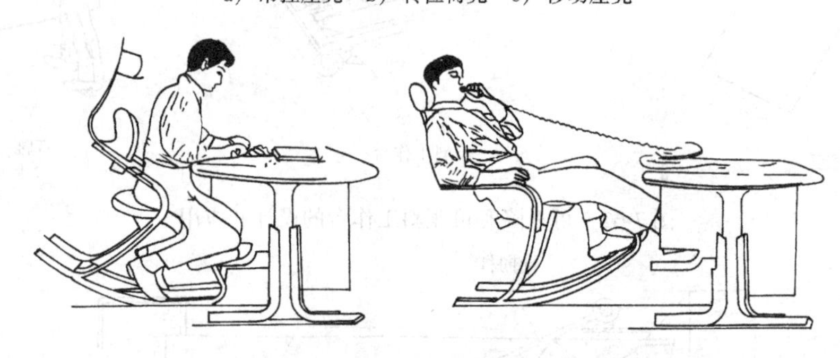

图 7-66　坐卧式多用椅

1）设计应考虑使肌肉负载分担。当负荷不能减少时，可设计载荷分流到不同部位的肌肉上，以减低肌肉的实际负荷，并减轻疲劳。图 7-67 表示了一种提重装置的把手设计。单侧提物使很大负载集中在身体一侧，从颈椎、胸椎到腰椎都受到较大的侧弯静载，极易疲劳。若设计把手使重物分担，成为双侧提物，不仅减轻每侧受力，还使身体处于比较稳定的直立状态，降低了腰椎间盘的静负荷。

图 7-68 表示了背包带的设计。研究发现，背包比单手提包要降低耗能一半多。其原因

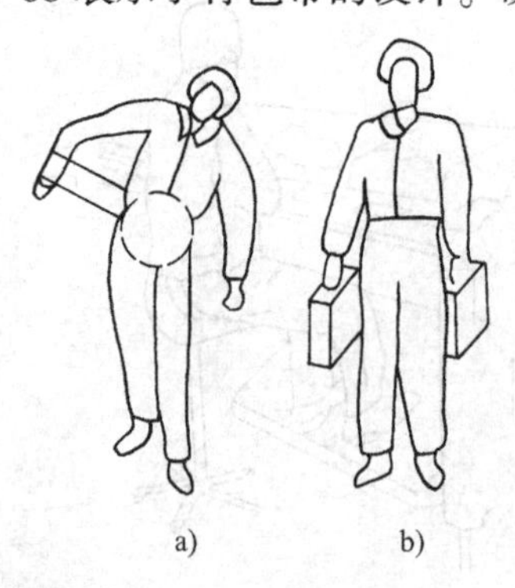

图 7-67　双手提物和单侧提物
a）不好　b）好

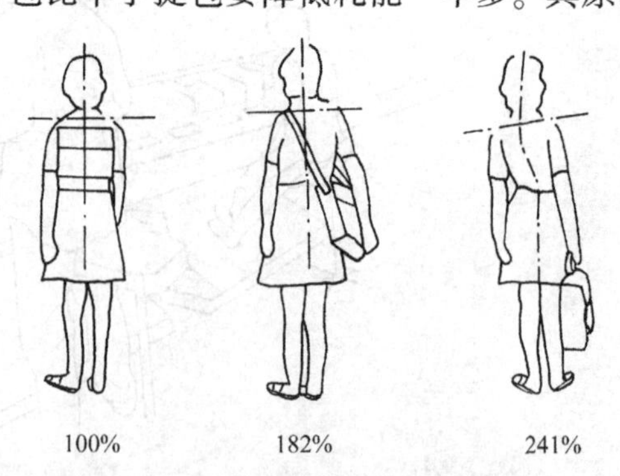

图 7-68　三种携带背包的方式下，静态施力对耗能的影响

是降低了各部分肌肉的实际静态负荷，也避免了身体的侧弯受力。实践证明：背比单手提能承受更大的重力，还不易疲劳。

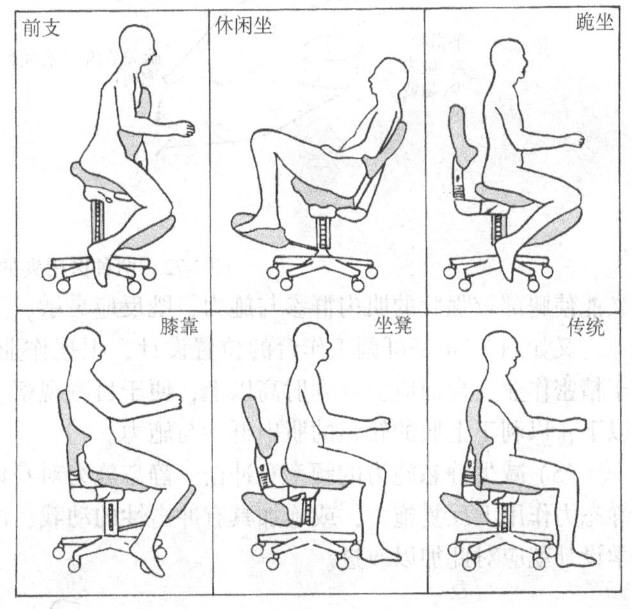

图 7-69　可分把载荷的多姿座椅

图 7-69 所示为一种符合载荷分担的坐椅，它可以作为靠背坐椅、无背坐凳、靠腿坐椅、前支坐椅、休闲坐椅，可以用后背、前胸、小腿、臀部及脚掌来承受载荷，提供了变换姿势和分担载荷的可能性。

图 7-70 所示为多功能坐凳的实际应用，为了降低脊椎负担，它带有膝垫支承，使部分载荷由小腿承受，工作时更为舒适。

在各种作业中，手最常用。因此，手持工具的设计也应注意载荷分担。例如，图 7-71a 所示的涂漆工具手柄，操作者要用手掌和拇指将其围住，主要靠拇指施力夹紧，因而拇指一侧的尺骨动脉被压。同时，拇指肌腱也会因过分伸长施力而易疲劳。但其他四指没有参与施力，而掌心是不能施力的，它受很大压力时还会影响血液流动。图 7-71b 所示为改进的手柄，拇指前方设立指挡，食指和拇指间的坚韧组织顶靠着指挡，便于施力。同时，其余三指也参与了施力，因而分担了掌心的载荷，减轻了拇指的疲劳。由于加长了手柄，也缓和了对手掌的压力。

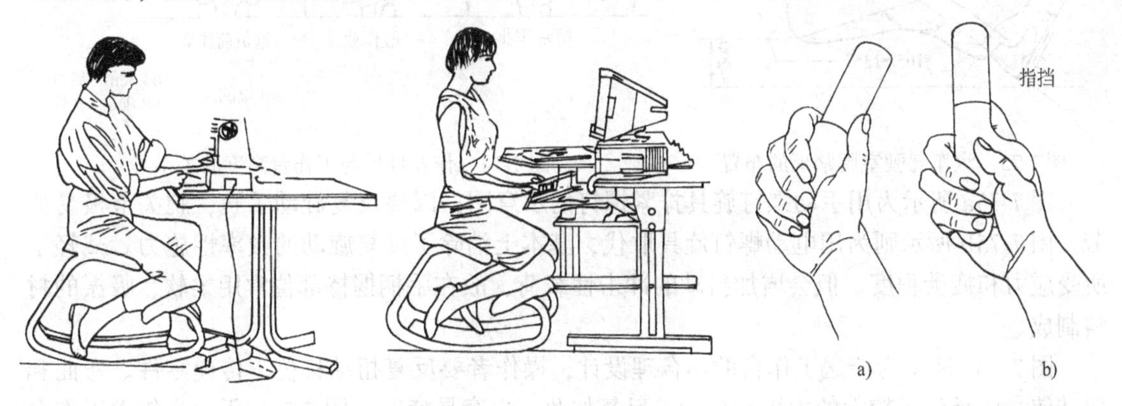

图 7-70　带膝垫的多功能坐凳

图 7-71　涂漆工具手柄

图 7-72 所示为医用夹设计改进前后的对比。图 7-72a 为原设计的医用夹，只是拇指和中指捏住并用食指顶住施力，受压大，易疲劳，且稳定性较差。图 7-72b 所示为改进后的医用夹，五个手指全参与施力，捏持的稳定性提高了，载荷也被分担，疲劳得到改善。

2）设计应尽量使产生强大肌力的肌肉参与施力，以降低肌肉的实际负荷与肌肉所能产生最大力的比值，减轻疲劳。图 7-73 表示了汽车驾驶员的座椅与踏板的布置设计。座椅靠背的形状与倾角的选取应尽量使腰背肌肉处于放松状态，并便于腿部发力。踏板的位置设计

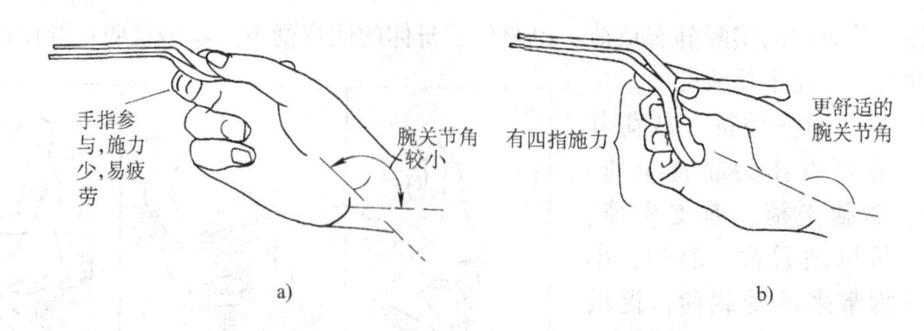

图 7-72 两种医用夹的对比

又能使腿部较强壮的肌肉群参与施力，既反应灵敏，又不易疲劳。

又如图 7-74 是可调工作台的位置设计，根据作业位置和身高，可调节台面的高度。对于精密作业，台面应上升到肘高以上，便于目测观察。而进行重负荷作业，则台面降到肘部以下，以利于上肢的较强的肌肉群参与施力。

(5) 减少静态施力的频率和冲击 静态施力对身体疲劳具有不利影响。而在一定频率的静态力作用下反复施力，或施加具有冲击性的动载，即使载荷较小，影响则更为严重。人机学设计就应对此加以改进。

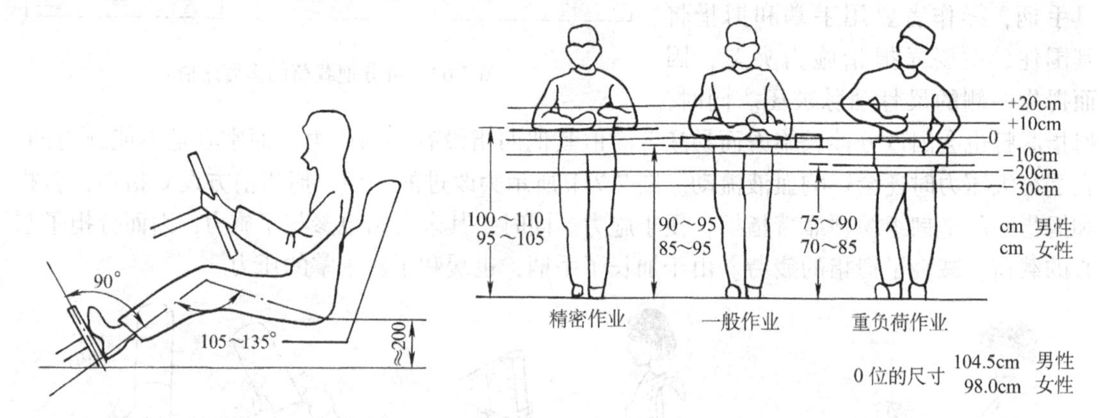

图 7-73 汽车驾驶室脚踏板的布置　　图 7-74 作业性质与工作台高度的关系

图 7-75a 所示为用手动螺钉旋具拧紧螺钉的示意图，因要反复旋动手腕，腕关节极易疲劳。图 7-75b 所示则为用电动螺钉旋具取代，基本上消除了反复旋动的频率性施力。减轻了所受应力和疲劳程度。但会增加抖动的冲击性载荷，故在手柄握持部位常用柔软、吸振的材料制成。

图 7-76a 所示为传送工作台的不合理设计，操作者要反复扭动移位，传递零件。弯曲和扭转使身体承受了较大的力矩性载荷，反复如此，更容易疲劳。图 7-76b 所示为传送工作台的改进设计。传送要求没有变化，工作面积也无改变，但由于更改了工作台的布置，用滚子工作台取代了滑板工作台，并且还设置了传送导向板，不但降低了静态施力，而且避免了身体的反复扭动，减少了频率性质的载荷作用。实验指出，人体在重复性的静态载荷作用下，其重复周期少于 30s 时，即使力很小，也会引起累积损伤性病变（CTDs）。

(6) 设计新结构，降低肌肉的静态载荷 从人体力学出发，设计机械结构，以减轻人体的载荷负担，是人机学设计的重要任务。图 7-77 所示为机动扳手的附加装置设计，在扳手体的手柄部位用弹性缆吊挂，直接抵消了工具的重力，使人手主要施加推力，减轻了力矩性

图 7-75　两种螺钉旋具的施力情况

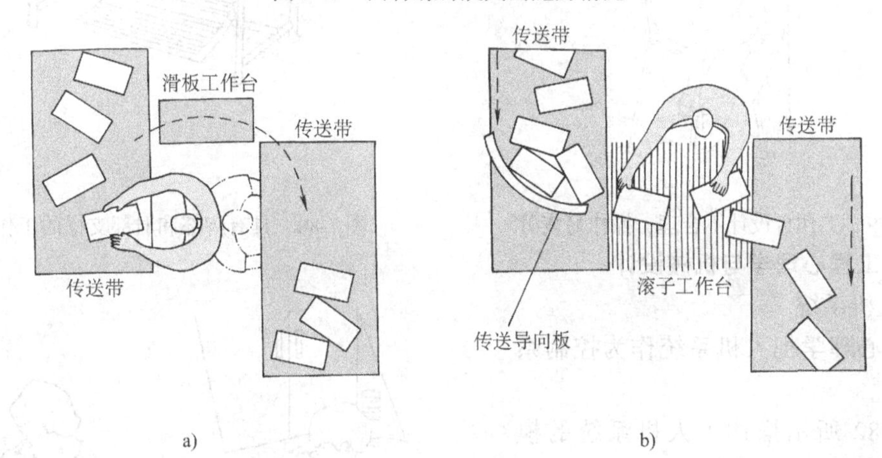

图 7-76　两种传送工作台的布置对比

载荷对手臂的影响，改善了工作条件。更重要的是，靠近机动扳手头部，设置了抗扭杆，可沿工作台导轨滑动并限位，在工作中产生的扭转载荷，主要由抗扭杆承受，降低了在起动和关机时对身体上肢的扭转冲击。当工作对象质量较大时，还可从人机学的观点，设计平衡吊挂装置，以减少垂直载荷对人体的影响，如图 7-78 所示。

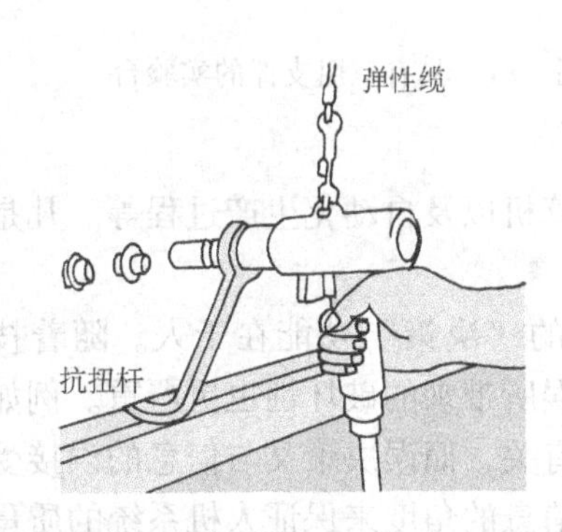

图 7-77　机动扳手及其附加装置

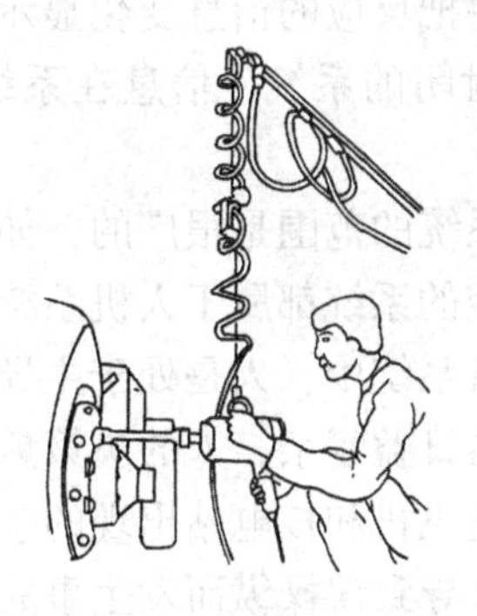

图 7-78　平衡吊挂装置

图 7-79 所示为一种工作台的不合理设计。上肢工作时举抬过高，易引起附加的静态应力。较低的前臂又压在工作台的边缘上，使血液流动受到阻碍，甚至引起压疼。并且下肢又没有支承，工作时下肢很易疲劳。图 7-80 所示为从人机学角度改进的具有肘部和腿部支撑的工作台。图 7-81 所示为科研实验台的设计。当科研工作者进行观察时，双臂紧压台面，

长时间站立，极易疲劳（图7-81a)。图7-81b所示则为新设计的实验台，该实验台具有倾斜的前臂支承，因而减少了手臂悬垂的疲劳。

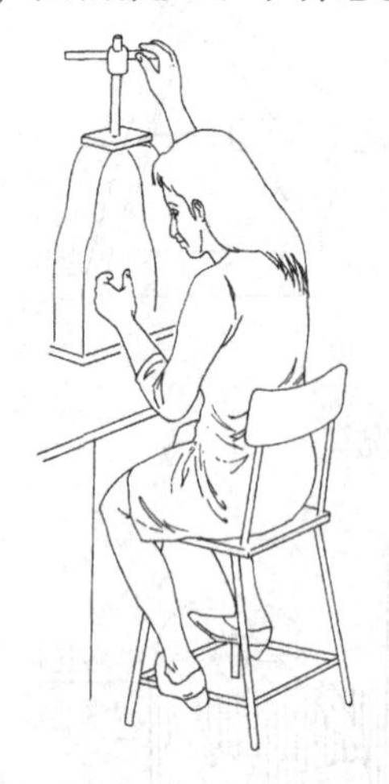

图7-79　工作台设计不合理，操作易疲劳

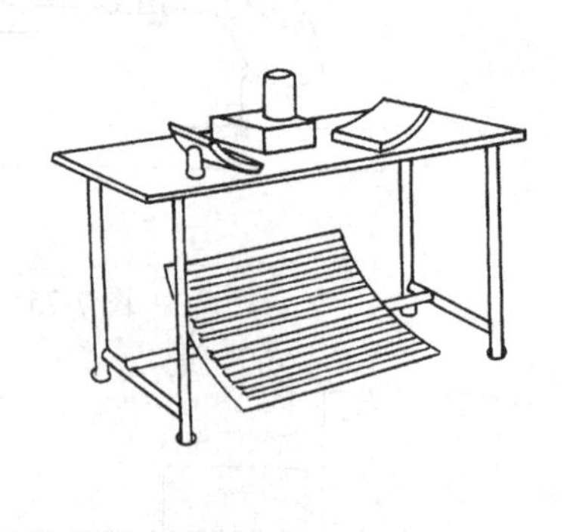

图7-80　具有脚部和肘部支撑的工作台

三、工程心理学与机械设计

1. 人机系统

工程心理学把人机系统作为控制系统来研究。

图7-82所示描述了人机系统的模型，它表示出人和机器的相互作用过程。由图可知，机器生产过程情况由显示仪显示出来，人首先通过感官感知显示仪上的信息，然后由头脑进行分析处理并作出相应决策，再通过四肢操纵控制器，以便对生产过程进行调整，最后机器作出反应，并把反应的信息变化显示出来。这是一个封闭的系统，信息在系统中循环。

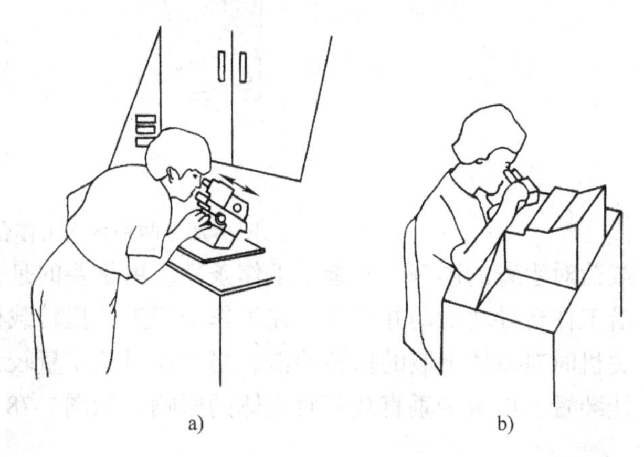

图7-81　具有双肘支撑的实验台

人机系统的范围是很广的，如驾驶汽车、使用计算机以及自动化生产过程等。凡是有人操纵、监控的系统都属于人机系统的范畴。

在人机系统中，人是处于主导地位的，因为系统的“决策”功能在于人。随着技术的发展，机器日益复杂，人的决策愈加重要，而决策错误所带来的破坏性也更严重。例如前几年，超音速飞机和核电站出现的事故就与人的误决策有关，而误决策又与信息的误接受密切相连，最后导致误操纵而发生事故。因此，从人传递信息的角度来保证人机系统的质量及相互间的协调性是十分重要的。

衡量人机系统的质量及协调性，常用以下三种指标：

(1) 反应时间周期 T　人机系统是多环节组成的封闭回路。信息在回路绕行一周所需的时间称为反应时间周期 T。T 用下式表示

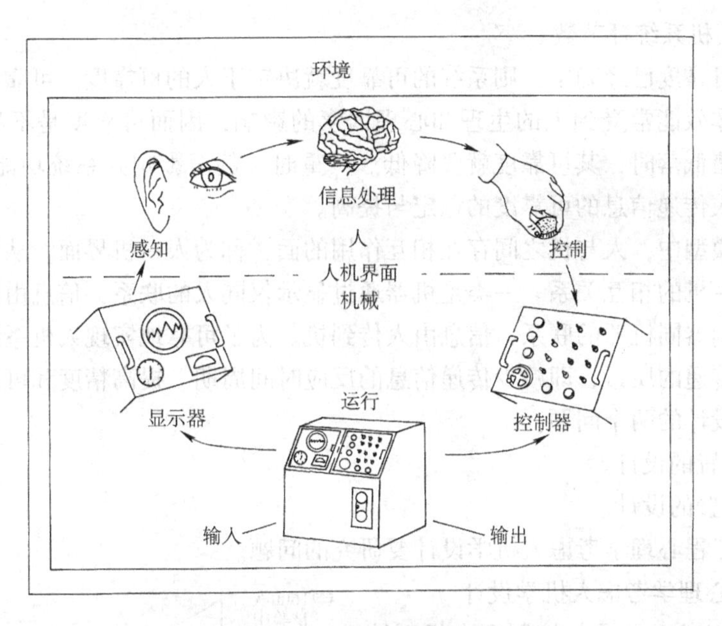

图 7-82　人机系统模型

$$T = \sum_{i=1}^{n} t_i \tag{7-132}$$

式中　t_i——信息在一个环节停留的时间；

n——人机系统环节数。

把信息在人体中停留时间称为人的反应时间。它是从接受信息、经过分析和决策到发出信息、进行操纵控制的时间。只有人的反应时间小于环节中被调节和控制的信息的变化时间时，人才能起调节和控制作用。一般情况下，人的反应时间较长（约 200 ~ 400ms），因而，机械设计中考虑减少人的反应时间，使人机系统协调，就是十分重要的。

（2）精度 P_s　人机系统精度系指人机系统传递信息的准确性。它和每个环节的精度有关。若精度以概率表示，则人机系统精度 P_s 为

$$P_s = \prod_{i=1}^{n} P_i \tag{7-133}$$

式中　P_i——系统中一个环节的精度；

n——人机系统环节数。

在系统中，人是精度较低的环节，因而提高人传递信息的精度更为重要。例如机器精度很高，显示仪的刻度极为精细，但细到使人不易辨认，反而降低了人传递信息的精度，系统的精度也受到了影响。若设计的显示仪的刻度线条分明，便于人接受信息，即使显示精度稍低，但人传递信息却更为准确，最终则提高了系统精度。

（3）可靠度 K_s　人机系统可靠度是指在一定时间内，系统实现规定功能的概率。它与人及机器的可靠度有关。其表达式为

$$K_s = \prod_{i=1}^{n} K_i \tag{7-134}$$

式中　K_i——系统中一个环节的可靠度；

n——人机系统环节数。

若机器的可靠度已经确定，则系统的可靠度就决定于人的可靠度。可靠度与人的工作效能有关，而工作效能常受到人的生理和心理因素的影响，因而可靠度是不稳定的。当人疲劳、厌烦或情绪低落时，其可靠度就要降低。严重时，甚至影响到系统功能的实现。因此，设计应有利于人传递信息的可靠度的稳定与提高。

人机系统模型中，人与机之间存在相互作用的面，称为人—机界面。从界面上看到，系统中有两类人—机的相互关系。一类是机器通过显示仪同人的联系，信息由机传到人。另一类是人通过控制器同机器的联系，信息由人传到机。为了可靠地实现人机系统的功能，保证信息在系统中传递的质量，即减少传递信息的反应时间周期、提高精度和可靠度，必须认真考虑人机界面设计的两个问题：

1）显示装置的设计。

2）控制装置的设计。

这就是从工程心理学考虑人机学设计要研究的问题。

2. 从工程心理学考虑人机学设计

(1) 设计应考虑显示与控制在人机系统中的协调性　信息在人机系统中往复循环，如果这个循环中的任何一个环节有缺陷，信息就会滞留或中断。因此，人机系统中的显示仪，人的效能以及控制器与机器的配合，都应该协调一致，以利于信息的传递。这里有三方面的问题：

1）显示、控制的协调与配合。显示、控制和人有密切联系。它们之间的相互协调对于提高操作速度、缩短反应时间、保证信息传递质量具有重要作用。

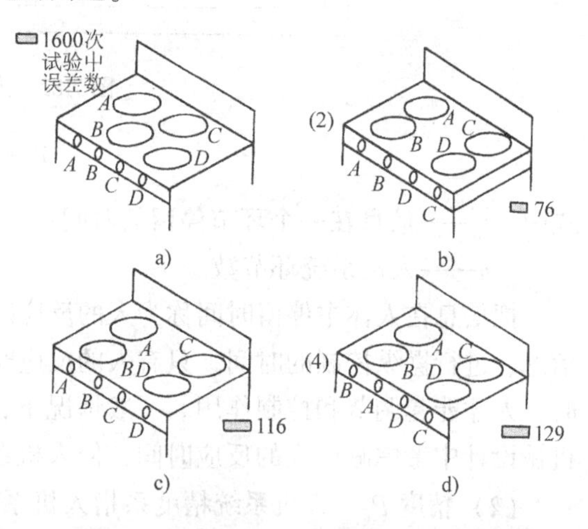

图 7-83　不同的显示控制安装位置配合试验

显示、控制的协调与配合，主要有两种方式。第一种是在空间位置上配合一致，显示仪安排要与控制器布置相互对应。如图 7-83 所示的炉灶及其开关，灶眼的火焰表示显示，立面的开关为控制器，其中有四种配置方式，经过 1600 次试验表明，当显示与控制在空间的位置上比较匹配时（如按图 7-83a 的方式配置），没有发生控制错误。

第二种是运动上的配合一致，即要求控制器的运动方向能和显示仪的指针运动方向相协调。这种协调符合人的心理状态。图 7-84 表示了显示与控制在运动上的协调性。

2）控制与机器运动的协调与配合。人机学设计应尽量使控制器与机器在运动方向上相互协调。这使得控制器的操作和它的功能具有逻辑上的联系，有利于缩短反应时间，提高作业效率。从本质上理解，机器的运动反应了信息显示。因此，这也

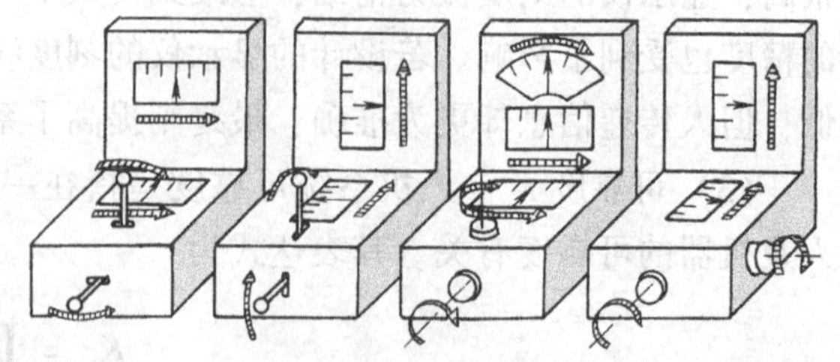

图 7-84　显示与控制在运动上的协调性

是显示与控制的协调。例如驾驶盘顺时针旋转，汽车向右拐弯；控制杆向上运动，起重机吊起重物。图7-85所示为控制系统与机器运动协调性设计改进前后的对比。图7-85a所示为叉车的控制对象（货叉及重物）布置在控制系统及操作者的背后，操作者需要反复回身，进行检查和控制。图7-85b所示为叉车的控制对象与控制系统都布置在操作者的前方，机器运动和控制对象的方向一致，生产效率大为提高，还减轻了颈部和脊椎的疲劳。

a)　　b)

图7-85　两种叉车的货叉布置对比

3）显示与控制和人的习惯模式相协调。习惯模式是人的一种条件反射，长期积累的信息储存在头脑中，就会形成一种习惯模式。因此，当人机界面上的显示、控制和人的习惯模式一致时，则会提高信息传递的质量与速度。例如，人们按惯例估计显示仪的读数应是顺时针、或从下向上、或从左向右表示增加，否则就可能引起误认读。

图7-86表示了控制杆向上、向前及向右移动时，机器处于开动或增加运动参数的状况，这也符合人的习惯模式。

（2）显示与控制的设计要符合人体的生理和心理特征　人从显示仪接受信息有三个“通道”，即视觉、听觉和触觉，其中以视觉显示最多。接受的信息经过头脑的分析处理，最后作出决策，输出信息给四肢，操纵控制器。

但是，人传递信息的通道有一定的容量，当接受的信息量过多或过于复杂时，信息从感官到大脑传递过程中，则会漏掉和减少。当人的心理状态不佳、情绪不好或处于疲劳状况下，也会减少信息通道容量。这就影响了信息流在人机系统中顺利地传递，因此显示与控制设计要考虑人的生理和心理特征。这里包括三方面问题。

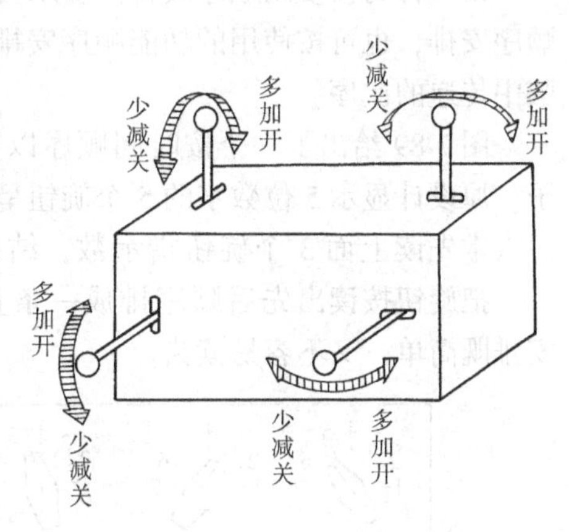

图7-86　控制器的操纵与人的习惯模式

1）人机界面的信息传递，在保证足够的精度与可靠度情况下，应力求简单，并有一定的规律性。

例如数字显示的仪表只表示出某个变量的具体值，信息最少，简洁明了，人的读数错误也最少。而表盘指针显示的仪表不仅表示出某个变量的具体值，而且还表示出变化范围及变化过程，提供的信息量增多，出现错读的可能性也就多了。图7-87给出了两种里程表的对比。试验表明，直读式的数字显示无论在精度和速度上都优于指针式的模拟显示。指针愈多，表盘愈复杂，则出现的误差愈大，速度愈慢。所以，一般情况下提供数码信息应采用数字显示。当显示除了提供数码信息之外，还要提供变量变化情况、进行预测，则指针式的模拟显示就有其优越性。

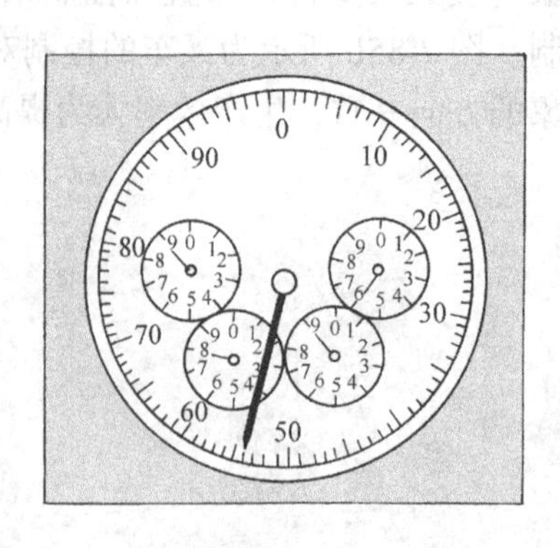

图 7-87　两种里程表的对比

有时显示具体数字意义不大，只要求显示机器状况的定性信息，如安全状态、冷热情况等，则可选用移动指针式显示仪表，但不标出定量读数，而用界限范围的标志表示，这样给出的信息量体现了少而精的原则，如图 7-88 所示。

2）显示与控制的安排应有利于信息在人体内的传递，便于人迅速而准确地观察和操纵。

常见的安排方式有以下几种：

第一种为按使用顺序安排。显示与控制可以按使用的时间顺序安排，也可按使用的功能顺序安排，这样符合信息在人头脑中传递的次序。

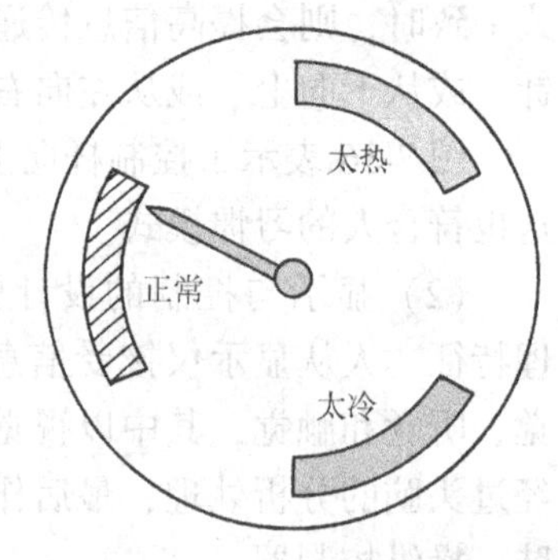

图 7-88　显示定性信息的仪表

图 7-89 给出了一个按时间顺序以不同方式安排仪表的例子。原设计显示 5 位数字的 5 个旋钮呈 W 形安排（图 7-89a），但人常先读上面 3 个旋钮指示数，结果造成误认读。改进之后，把旋钮按读出先后顺序排成一条直线（图 7-89b），这种安排既简单，又不容易读错。

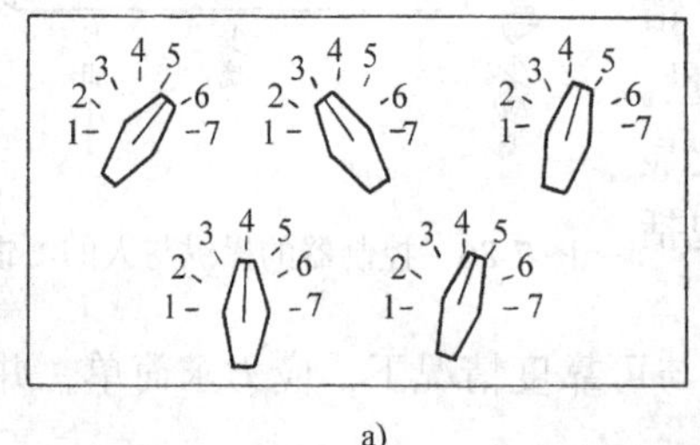

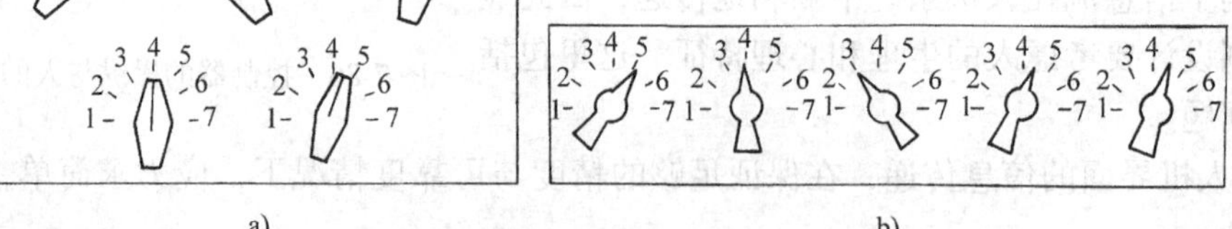

a)　　b)

图 7-89　各种旋钮的排列方式（每种定位读数均为 54345）

还可将显示仪表按机器各部分功能的实现过程及运行过程编组成运行图，用图表的形式把来自机器各部分功能实现的信息显示出来。图 7-90 所示为生产过程的信号显示板。这种显示设备，有助于人了解在显示范围内机器系统的各有关方面及其运行过程，这与人对于机器的认识是一致的，因而有助于信息在人体中的传递。

第二种为按使用频率安排，也就是把使用最多的显示仪与控制器置于人最易看到和触到的地方。例如汽车驾驶室内显示仪表就常按使用频率安排。

第三种为按使用重要性安排。有些很重要但并不常用的显示仪与控制器也应放在对人方便的部位，以加强人的警觉。例如某些报警信号及紧急控制器虽不常用，但一旦使用，则必须迅速而准确，以利于信息的传递。如汽车的制动板就是放在脚边的。

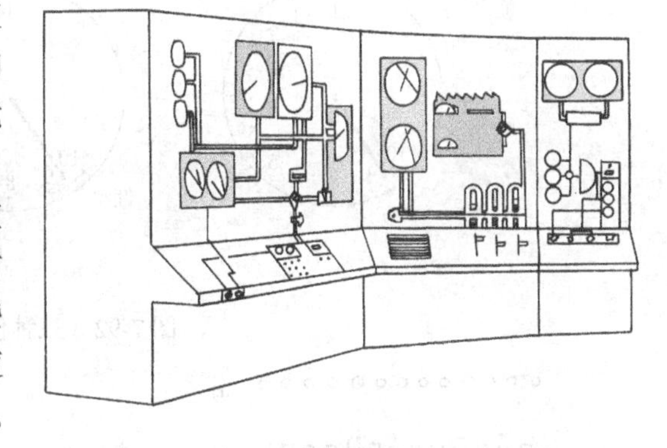

图 7-90　表现生产流程的图式控制盘

3）有助于形成良好的心理状况，以促进人的警觉。良好的心理状况，可以促进人的警觉和注意力集中，这对于信息在人体内传递的速度、精度和可靠度有密切关系。而单调、重复常使人厌烦，对人的心理状况有不良影响，加速人的疲劳。因此，在显示与控制的设计中，应尽量使之美观、匀称、多样化，在要求人警觉处，应给以特殊标志。

图 7-91 所示为各种控制器的不同形状，控制的功能不同，形状也不同，人机学中称此为形状编码。这样做，减少了单调和重复，以使人更易辨认和避免误操作。

图 7-92 给出了三种仪表盘，第一种仪表（图 7-92a）在机器处于危险情况时，无任何标志。第二种仪表（图 7-92b）在指针指向危险读数时，相应位置则以粗红线表示，这就加强了人的警觉。第三种仪表（图 7-92c）在指针指向危险读数时，具有闪烁的报警红楔，明显的亮度和色彩变幻给人以视觉上的强烈刺激和知觉上的警醒。经过试验，具有报警红楔的表盘，明显地减少了认读误差和操作时间。显示的不良设计常会给视觉系统的辨认带来困难，造成对正常心理行为的干扰，降低了信息传递的速度，甚至造成信息的误认读和误传递。图 7-93 所示的几种表盘设计就应该避免。其中图 7-93a 所示用点代线，不易认清；图 7-93b 所示划线粗细一致，接受的信息缺乏变化，不易警觉和记忆；图 7-93c 所示的细长划线，间隔过密，视觉判别易失误；图 7-93d 所示用不均匀的间隔，数字歪斜且布置不整齐，认读速度减慢。

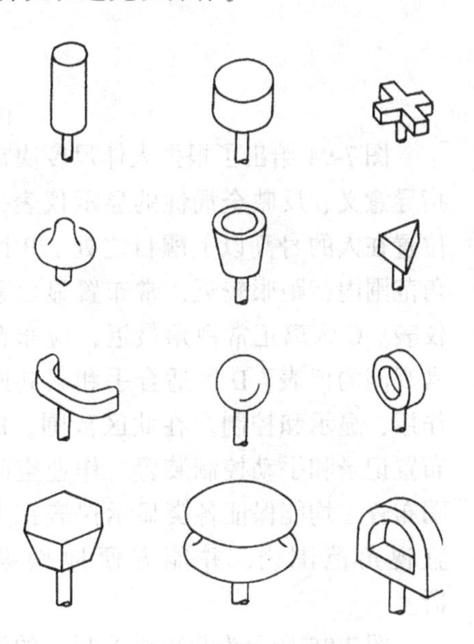

图 7-91　容易区别的控制器形状

（3）从人体尺度考虑显示与控制的设计　显示仪与控制器在人的面前如何安排，这就要求考虑到人体尺度。根据人体测量学所测得的有关数据，其中包括手臂长度、手掌大小、手的活动范围、坐姿和立姿的人体高度、眼睛的位置、眼睛的视角大小及其活动范围等，来布置显示仪及控制器，使人有一个合理的作业空间，能方便地看到所有显示仪及接触到所有的控制器。

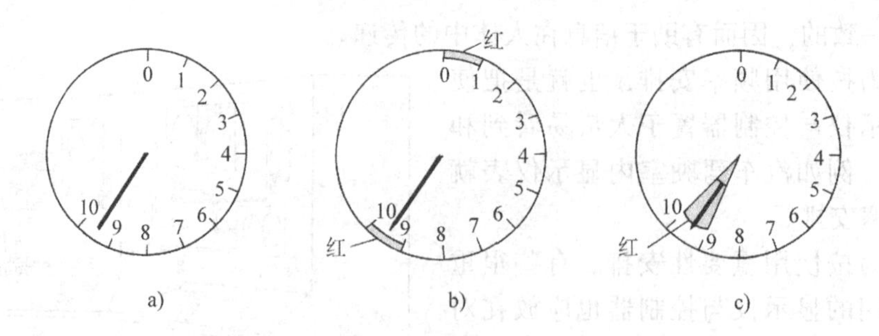

图 7-92　三种仪表盘的对比

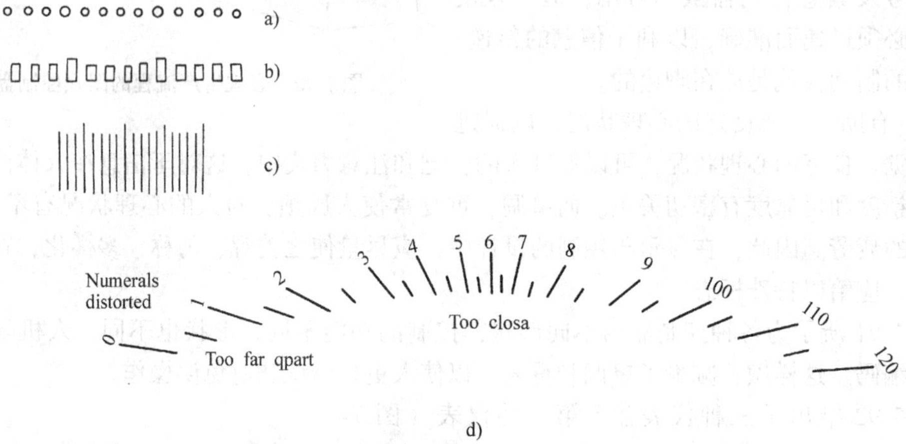

a)

b)

c)

Numerals distorted

Too far qpart

Too closa

d)

图 7-93　显示的不良设计

图 7-94 给出了根据人体尺度决定的显示控制台的布置。其中 A 区可布置对生产过程有指导意义、反映全局性的显示仪表，它的位置在人的身高以上醒目之处。B 区在视角范围内，距眼较近，常布置显示警醒的仪表。C 区离正常视角最近，应布置需经常观测的仪表。D 区适合手和眼共同发挥作用，显示和控制多在此区范围。E 区可布置记录和手动控制装置。作业空间按此图布置，均能保证各类显示仪表在人的适宜视角范围内，并能方便地操纵控制器。

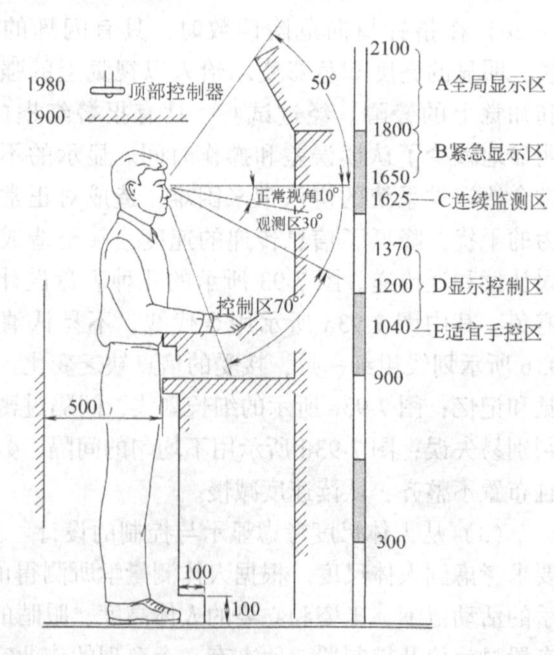

图 7-94　考虑人体尺度布置显示与控制的作业空间

图 7-95 所示为起重机控制台的设计比较。图 7-95a 所示为原设计的控制台，由于台面长度超过了人体尺度范围，给操作者的观察和控制都带来困难，也增加了人体的疲劳。图 7-95b 所示则是改进的控制台，使操作者能够观察到所有必要的空间，并可以同时进行控制。

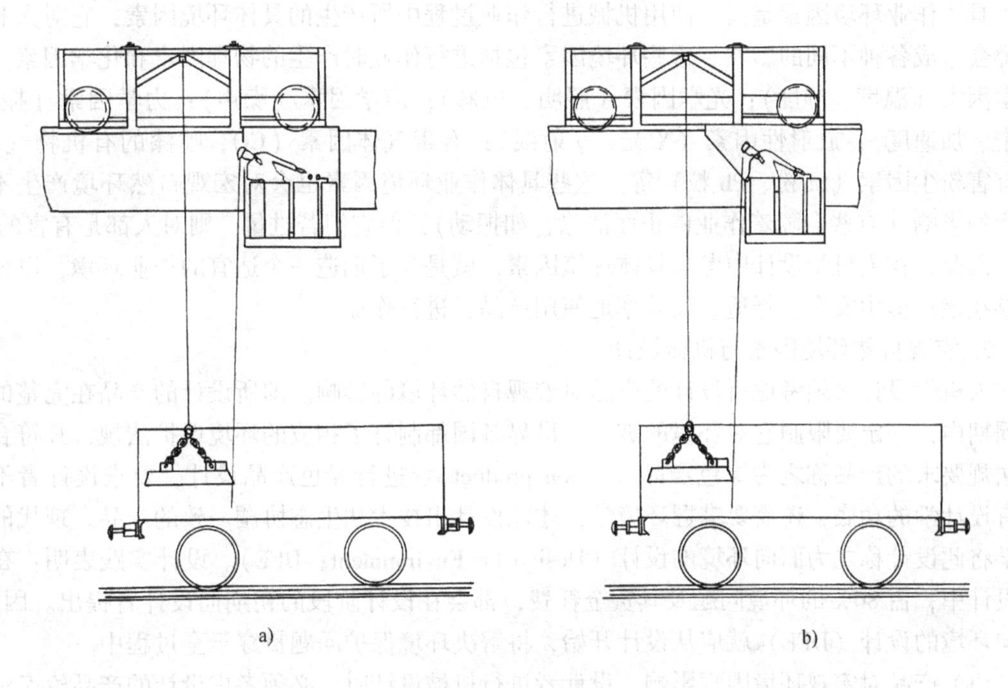

图 7-95 起重机控制台与人体尺度

四、环境因素与机械设计

1. 环境因素简述

环境因素在人—机—环境系统的研究中十分重要。我们设计的机械产品从制造到回收，以至再利用的全部寿命周期中，都对环境产生着不同的影响。同样，环境也影响着机械产品寿命周期的全过程。人是在环境中和机械发生关系的，环境始终都对人起着作用。人机学设计的一个重要任务就是从人出发，考虑环境因素的影响，设计出适宜于人的机械。

环境因素包括宏观自然环境因素和具体作业环境因素两个方面，它们之间既有区别，又相互关联。

宏观自然环境因素属于环境学的范畴。环境学将自然环境分为宇宙环境、地质环境及人类环境等。人机学所涉及到的宏观自然环境因素是指和人生存及发展密切相关的人类环境因素。在人类环境中，具有种类繁多、千变万化的生态资源（动物、植物）和非生态资源（固态、液态、气态）。这些资源构成了丰富多彩的宏观自然环境因素。它是自然界影响人的各种因素的总和。这些宏观自然环境因素和人随时随地进行着物质、能量及信息的交换及转移，保持着生态系统的平衡。例如，大气就是人类环境中的重要因素。大气中的氧和二氧化碳通过人和动、植物进行交换，保证了人及各种生物的基本生存条件。

20 世纪下半叶以来，和人相关的各种宏观自然环境因素受到了日益加剧的污染和破坏，造成了自然环境的衰退，干扰了环境中生态系统的平衡，严重影响了人类的生存和发展。来自 95 个国家的报告证实：人类已经耗尽了 2/3 的自然资源，其中 35% 的红树林已不复存在，50% 淡水资源已被耗尽。所以，人机学设计一定要考虑宏观自然环境因素问题。应使所设计的产品对宏观自然环境的不利影响受到限制，避免宏观自然环境因素品质的降低，限制以至消除对宏观自然环境的污染和破坏，促进环境保护，才能保证可持续发展。

具体作业环境因素是指人使用机械进行作业过程中所产生的具体环境因素，它对人和机械都会造成各种不同的影响。这些环境因素包括进行作业时产生的物理因素和化学因素。如热学因素（温度、湿度）；光学因素（照明、色彩）；声学因素（噪声）；力学因素（振动、冲击、加速度）；放射性因素（X光、γ射线）；有毒气体因素（CO、喷漆的有机物气体）及有害粉尘因素（Si粉、Pb粒）等。这些具体作业环境因素也会对宏观自然环境产生不同程度的影响（有些会随着作业停止而消除，如振动），但它们若过量，则对人都是有害的。

因此，在人机学设计中考虑具体环境因素，就是为了创造一个适宜的作业环境，以便人能够在该环境中安全、舒适、高效率地使用产品，进行作业。

2. 宏观自然环境因素与机械设计

人机学设计必须考虑所设计的产品对宏观自然环境的影响。即所设计的产品在完整的寿命周期内，一定要限制它对环境的破坏。世界各国都制订了相应的环境保护法规，凡符合环保法规要求的产品称之为绿色产品（Green product）。进行绿色产品设计，要求设计者不只具有设计学的功底，还需要掌握环境学，才能设计出技术和生态协调一致的产品。现代的设计学将此设计称之为面向环境的设计（Design for Environment；DFE）。设计实践表明：在产品设计中，占80%的环境问题及其资金耗费，都会在设计阶段的初期向设计者提出。因此，面向环境的设计（DFE）就应从设计开始，将解决环境保护问题贯穿于全过程中。

（1）产品对宏观环境因素影响　设计者进行机械设计时，必须考虑设计的产品给宏观环境因素带来的影响。主要有2个方面：

1）对宏观环境因素的污染。如产品在制造和使用过程中，不合理使用化石燃料，因而释放出过量的CO_2，导致地面、海洋和大气层的气温升高，造成了全球的温室效应；以及不合理使用某些化学制剂，因而释放出过量的氟化物气体，导致大气臭氧层的减薄，使过多的紫外线辐射到人类环境中。这些都对地球气候变化产生全局性的影响。另外，还有很多严重的局部影响。如产品在制造和使用中，不合理使用化石燃料，释放出有害物质，如CO、SO_2及其他有毒化合物等，导致局部地区出现酸雨，影响了某些生物的生存，造成了空气资源、水资源及其他非生态资源和生态资源（如森林）的污染。这些污染严重地恶化了我们的生态环境。

2）对宏观环境资源的过度消耗。产品制造和使用的过程，也是消耗自然界的生态资源（如树木）和非生态资源的过程，包括固态资源（如金属和非金属资源、燃料资源）、液态资源（如水资源、石油资源）及气态资源（如氧气、天然气资源）等。在一些设计中，这些自然资源作为产品的原材料和能源正在被不当使用、过度消耗和浪费，若再不注意，则会导致资源及物种的减少，生态平衡失调，对人类的生存及发展带来灾难性的影响。

（2）在产品完整的寿命周期内考虑宏观环境因素问题　前面指出，设计领域必须在整个产品寿命周期内关注面向环境的一切问题，而不是仅在产品制成后的使用阶段中予以关心。这是因为，自从设计者交出设计文件和图样后，产品就开始其漫长的寿命周期进程。它要从自然界获得原始的资源及能源，经过原材料的采集、提炼、制备，零件的热加工、冷加工、装配，制成品的调试、包装，形成了设计产品后还要运输、分配，才能到用户中去，经过用户使用、维护及多次维修后，产品才会报废并处理，这构成了完整的寿命周期。在寿命周期中的每一环节，都和环境因素密切相关，都要消耗环境资源和造成环境污染。例如包装产品，需要耗费自然界中的有机化学材料，也是造成白色污染的来源。运输要消耗石油资源，排出的尾气会污染大气层。维修同样要消耗能源，排放废料。图 7-96 表示了产品在完整的寿命周期内对环境的影响。

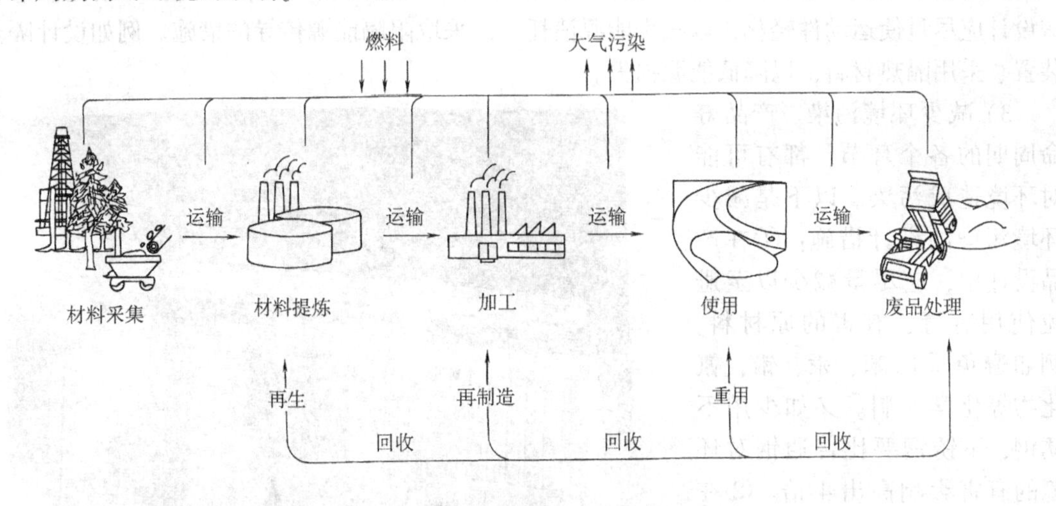

图 7-96　产品寿命周期示意图

因此，人机学设计要考虑宏观自然环境问题就必须面向产品完整的寿命周期进行设计。产品寿命周期的全过程就是不断地消耗环境资源，最终将资源转化为废品，并回归于环境的过程。延长产品寿命周期，增加产品以至其零件和材料的使用时间，则有利于减少对环境因素的消耗和污染。因此，在产品寿命周期内，应该强调重用、回收和再生，以延长产品寿命周期，而不仅是废品作为垃圾的处理。目前，许多国家都极为重视此问题。例如德国在 1995 年就规定产品包装材料的平均回收率必须达到 80%。因此，设计者也应该在考虑产品寿命周期各环节的设计时，加强对产品回收、重用等环节的分析和设计，这对宏观自然环境保护是极为重要的。

（3）机械设计应考虑对宏观自然环境因素的影响

1）降低原材料消耗。降低原材料消耗是在整个产品寿命周期内必须关注的问题。解决此问题可以采取以下设计措施：①减少稀有原材料的选用。如在我国，应尽量少用含镍的钢材。②减轻产品的设计自重。③利用材料的相容性与互换性，减少选用原材料的种类。④简化结构，避免冗余，减少零件的数量。例如施乐公司由于考虑了面向环境的设计，其生产的新型复印机的零件数量，就从几千个减少到 245 个。⑤设计新型结构，节约自然资源。例如设计节水笼头，使之不用时即停水，以减少水资源的浪费。⑥减少加工工序，简化工艺流程，减少原材料的选用和浪费。例如克莱斯勒公司生产的新型轿车，其仪表板就采用了保持光泽的材料，以代替涂装工序，不仅减少了油漆材料，还取消了相应的工具、工装和工作间，这都有利于降低原材料消耗。⑦尽量利用集中包装和集中运输的方式，以减少包装、运输等环节的材料消耗。

2）提高能源应用效率。制造和使用产品，不可能不消耗能源，即使应用人力，人也要向自然界索取能源。因此，提高能源应用效率是保护环境重要途径之一：①采用高效能源，例如应用天然气代替燃料化石。②采用‘零损失’能源，取代传统的化石能源。例如用水电代替火电，利用风能代替燃煤，利用太阳能代替其他化石能源。目前，太阳能在各种领域的应用范围正日益扩大。图 7-97 所示为德国制造的太阳能时钟，能源由 58 块太阳能电池板组成，它所供给的能量相当于4000个石英钟的能耗。③设计能源切断机构，以降低能源损失。例如烘干器和电热水器，当不需要加热（人离开和水到达沸点）时，机构立即断电。④机械设计应尽量使运动件轻化，以减少能源消耗。⑤采取阻隔能源传导的措施。例如设计隔热装置、采用隔热材料，以降低能源损失。

3）减少环境污染。产品寿命周期的各个环节，都有可能对环境造成污染。以下是减少环境污染的设计措施：①在产品设计中，应尽量减少以至避免使用有毒、有害的原材料。例如避免采用苯、汞、铅、氰化物等化学原料。又如少用不锈钢，不锈钢要比普通钢对环境的有害影响高出4倍。②在产品生产、运输和使用过程中，尽量减少可污染环境的废料（如废气、废液、废渣）的排放。③在机械设计中，必须将废品处置、垃圾处理及有害物的降解等装置作为配套产品不可或缺的一部分，同时进行规划和设计。

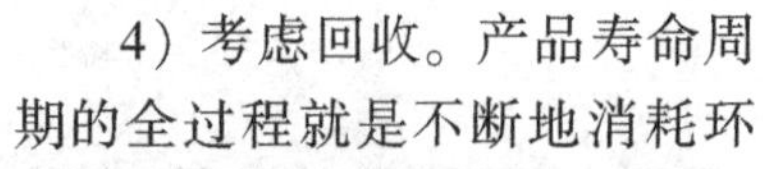

图7-97　太阳能时钟

4）考虑回收。产品寿命周期的全过程就是不断地消耗环境资源，最终将资源转化为废品，并回归于环境的过程。延长产品寿命周期，增加产品及其零件和材料的使用时间，则有利于减少对环境资源的消耗和污染。因此，在产品寿命周期的终端，应该着重考虑回收（Recycling），而不仅是将废品作为垃圾进行处理。回收可以是产品整体或零部件或材料的回收，如图7-98所示。

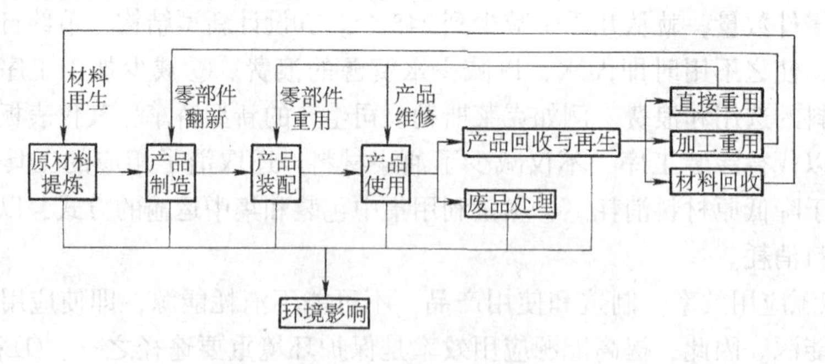

图7-98　回收阶段示意图

回收使自然资源得到最大限度的利用，并使直接排放到自然界的废弃物大为减少。其中材料的回收可以在产品寿命周期的各个环节实现，这对环境保护是很有意义的。机械设计应考虑以下的回收问题：

首先，应在设计阶段就确定产品的回收目标。由于产品在回收前，其功能、性能和形态可能会有较大变化，如引起腐蚀、变形、松动、老化等，故应在设计初期，就预测其重用后的价值、回收过程中对环境的污染、回收的工艺性及经济性等，综合考虑后决定是产品整体回收，或是零部件重用或改用，还是原材料再生，并落实到设计中去。美国的汽车行业由于在设计阶段就考虑了回收，致使汽车年产量75%的部分都能得到重用，一些不能用于汽车中的发动机甚至改用于农业机械中，极大地改善了环境条件。

图7-99　自行车零件构成的坐凳

其次，设计应考虑零部件的重用（改用）。零部件能够重用（改用）的关键在于应毫无损伤地拆下可用零部件和保证可用零部件的功能及性能。为此，首先应在设计阶段，考虑好可用零部件的可靠性和结构工艺性，以便能更好地发挥重用的作用。

图7-99所示为美国设计的坐凳。它全由可用的自行车零件构成，内胎编织成坐垫，凳腿由钢圈组合而成，为增加和地接触面积，用4个飞轮作为支脚，并用轮盘装饰，整旧如新，市场效果很好。

更重要的是必须考虑好重用零部件的可拆卸性，这是零部件重用的前提。例如，应在设计中采用容易分离的联接结构，设置辅助的拆卸手柄及拆卸工艺孔、避免不可拆联接等。例如，使用快换接头就是便于零件拆卸的典型实例。

图7-100所示为易拆卸的管接头，只要顺时针摆动，就能使矩形环倾斜，而不再压住手柄，于是小轴可从两管箍拔出，两管箍即可分离。这种管接头工作可靠，有足够刚性，并且不用工具就可拆卸。

要使拆卸方便，还应在重用零部件附近设计出足够的空间，并有足够亮度，以便于观察和操作。

还应该尽量设计多功能的可重用零部件，以减少重用零部件及其联接的种类和数量，尽量使其标准化、规格化、模块化；尽量防止重用零部件的污染、腐蚀、老化。这些设计措施都是为了减少拆卸时间、费用和能耗，使零部件的重用更加方便。图7-101所示为各种利于拆卸的结构对比。

最后，设计应结合回收，综合考虑选择材料。先要考虑材料能否回收。许多金属、部分塑料是可以回收的，但一些材料（如玻璃纤维）则不能回收。另外，使用后的材料可能被腐蚀、污染，引起蠕变，其性能会有变化，故选择材料不但要考虑使用阶段要求，还应着眼于回收重用阶段要求。例如，必须避免在回收过程产生二次污染；必须考虑材料回收后其原有

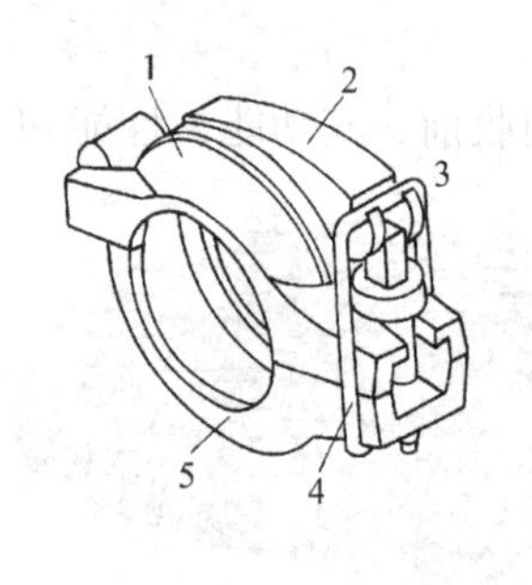

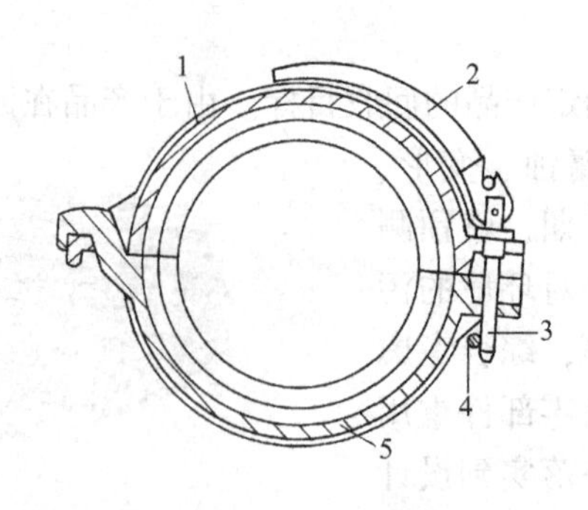

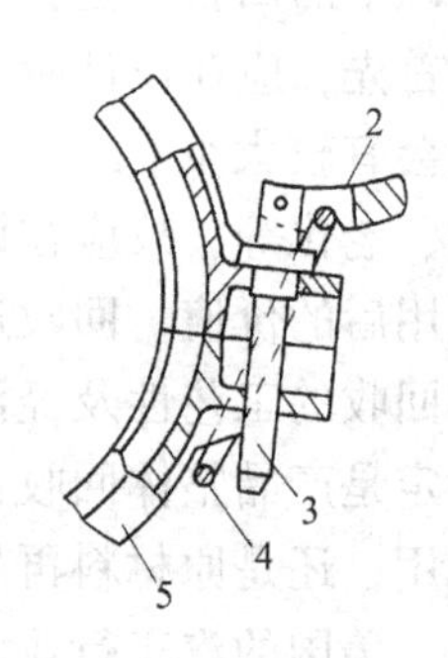

图 7-100　快换接头

1、5—半圆箍　2—手柄　3—小轴　4—矩形环

措施	差	好
采用易拆卸的连接		可拆弹性挡环
减少紧固件的数量		
规格化		
容易接近		盒盖整体移开
减少配合长度		
设置拆卸工艺孔及沟槽		
避免拆卸方向各异		同向拆卸

图 7-101　可拆卸的结构对比

性能的保持性；必须尽量减少回收材料的品种，提高材料回收率（可回收材料量与材料总量比），避免回收有毒材料、粘接剂材料（造成污染）和表面有涂覆的材料（不易分离）。还要尽量采用相容性好的材料，即使不同材料的组合体不能拆卸，也可以一并再生。更要综合考

虑材料回收的工艺性和经济性。这样就可以充分利用材料资源，保护生态环境，形成有效使用自然资源的良性循环。图7-102所示为用聚对苯二甲酸乙二醇脂（PET）制成的水瓶，它是聚氯乙烯（PVC）的换代塑料，其特点是质量轻，可挤压，挤压后为原体积的1/5，制成2L的水瓶，可节约37%的材料，对运输、储存、回收极其有利。

图7-102 采用PET材料有利于回收

3. 具体作业环境因素与机械设计

人机学设计还必须考虑人及所设计的产品和具体作业环境之间的相互影响。一些不利影响常对宏观自然环境形成干扰，尽管它是局部的（常表现在作业环境附近）和暂时的（常表现在作业进行中），但也破坏了宏观自然环境。更为严重的是，会对人的安全和健康造成损害。

（1）具体作业环境因素指标 经过人机学对各种具体作业环境的实验研究，拟订了一系列环境因素指标。当人和产品在规定的环境因素指标的限制范围内进行工作时，该具体作业环境是适宜的。现将一些指标简要列举如下：

1）噪声。断续的105dB的噪声可造成耳聋。94dB的连续噪声也可造成耳聋。长时间在80dB的噪声条件下工作会引起疲劳。

2）机械振动。30～50Hz的冲击振动可对人体造成损害，会使软组织、关节、骨骼甚至神经受到损害。

3）运动。人处于2r/min的旋转作业环境中，会影响到内耳神经，大于5r/min的旋转作业环境则严重影响人的安全。

4）温度。舒适的作业环境温度为17.2～23.9℃，人能持续工作1h的作业环境温度为49℃，超过50～60℃，则会损伤人体的细胞组织。

5）照明。适宜的照明方式为间接照明，直接照明则应防止眩光对视觉的影响。一般舒适作业环境的最低照度为1080lx（勒克斯），若进行精密机械工作，则最低照度为5380lx（勒克斯）。

6）射线。三种射线会对人体造成损害，它们是电离子射线（α、β、γ和X射线）；非电离子射线（无线电波、微波、红外线）和过量的可见光（7种光）。人在放射性环境下工作，每年的照射量不允许超过5000mrem（毫生物伦琴当量）。若在短时超过200000mrem，则会危及生命。

人机学设计还依据这些环境因素的限制指标，将作业环境分为四种类型：

第一类，最舒适区。各项环境因素指标最佳，使人在作业中很舒适，效率高。如严格保证环保要求的高精度的实验环境。

第二类，舒适区。各项环境因素指标符合要求，在作业中对人的健康无损害，在一定时间内工作不疲劳，达到效率要求。如具有环保要求的加工装配作业环境。

第三类不舒适区。一些环境因素指标达不到要求，长期工作会使人疲劳，甚至影响健康。如强噪声、高温环境。

第四类，不能忍受区。所有环境因素指标严重偏离，若无防护或隔离，则无法工作，甚至影响生命。如宇宙空间环境。

人机学设计希望给人创造一种舒适区的工作环境，若不能完全达到，则应在机械设计中采取措施，限制超量的环境因素指标，使人能完成作业而不受到伤害和影响健康。

(2) 机械设计应考虑对具体作业环境因素的影响　为使设计的产品符合人机学要求，应在设计初始就在方案、布局、性能、参数、选材及结构诸方面考虑环境因素的影响。

1) 考虑机械对环境的影响。例如，机械在工作中会产生过热，则要在和人接触的部位选用隔热材料。又如，一些医学设备在放射线环境工作时，则要为操作者设计防护装置。再如，一些高精度仪器要求在强光照明情况下工作，则应将其光源四散分布，形成均匀的弥散状态，以避免直接照射和眩光。以下是几个人机学设计的实例。

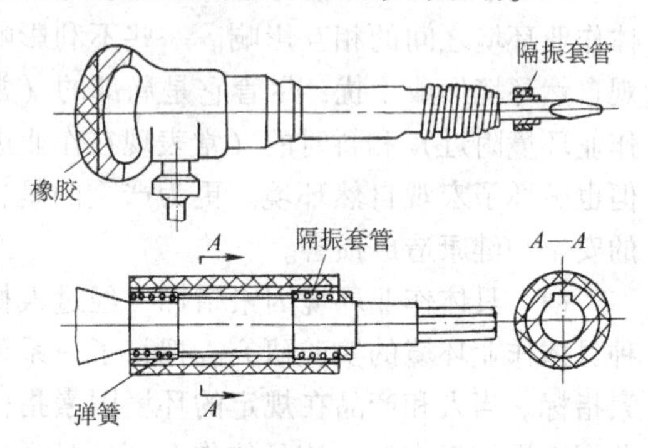

图 7-103　减振的风铲

图 7-103 所示是从人机学角度设计的风铲，其振动频率为 20 ~ 50Hz，振幅达 2.7mm，设计时，考虑了人体的共振频率，选用 4mm 厚的减振橡胶贴在了手持部位，并且用橡胶套管与弹簧构成了减振机构，弹簧能减弱纵向振动，橡胶套管则减轻了横向振动。

图 7-104 所示为大型汽车驾驶员座椅的设计。在靠背、臀部及大腿接触处设置了 10 块气垫，每块气垫均装有压力传感器，它可以自动调节压力，使之均衡，并可衰减地面不平引起的振动。

图 7-105 所示为汽车驾驶台的面板，其仪表盘外壳设计了遮挡部分，避免了眩光的照射，提高了认读的准确度。

图 7-106 所示为汽车内热气自动排除装置。夏季，汽车长时间停车，使车内温度过高，

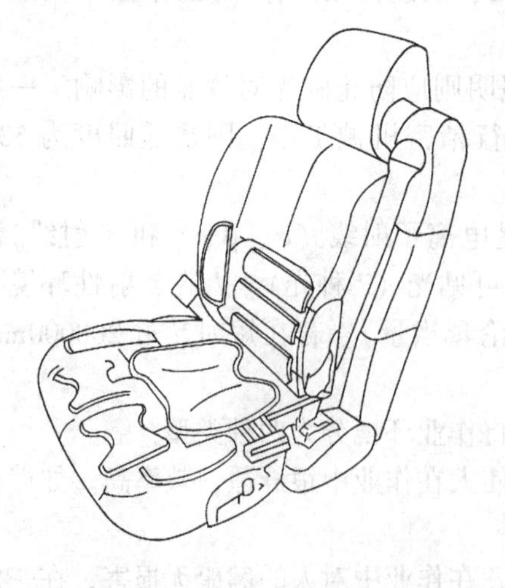
图 7-104　减振座椅

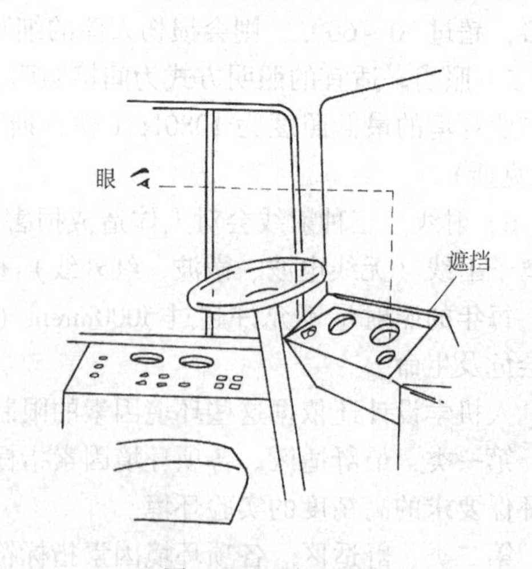

图 7-105　眩光遮挡

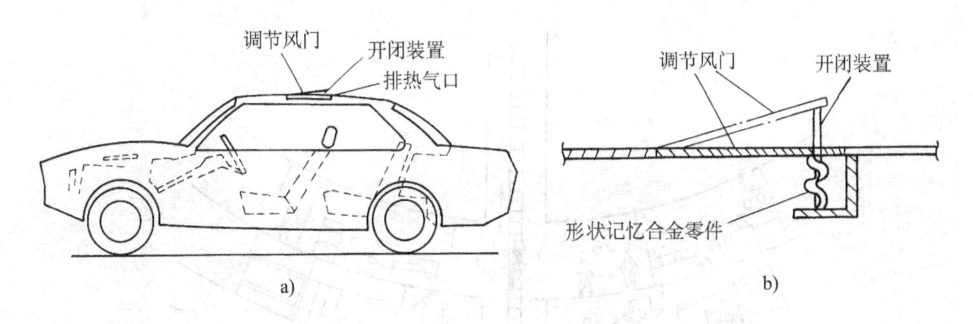

图 7-106　车内垫气排除装置

因而设置了温度传感器。当温度超过设定值，形状记忆合金伸长，推开风门，排出热气；若温度降低，形状记忆合金缩短，关闭风门。这种装置也可应用在卡车和建筑机械的驾驶室内。

2）考虑环境对机械的影响。不同的宏观自然环境因素，也会影响到机械设计和人。例如，在高原缺氧环境下工作，人的视觉削弱比听觉更快。为判断缺氧的危险状况，报警显示信息就常用听觉信息通道（报警铃）而不用视觉信息通道（信号灯）传递到人。又如，在太空环境下工作，人对哥氏（Coriolis）加速度引起的哥氏力就比较敏感。图 7-107 表示出空间站内哥氏力的方向，它会使宇航员感到不适应，甚至影响到神经调节，因而必须考虑增加阻尼、设置平衡和抵消其影响的装置设计。

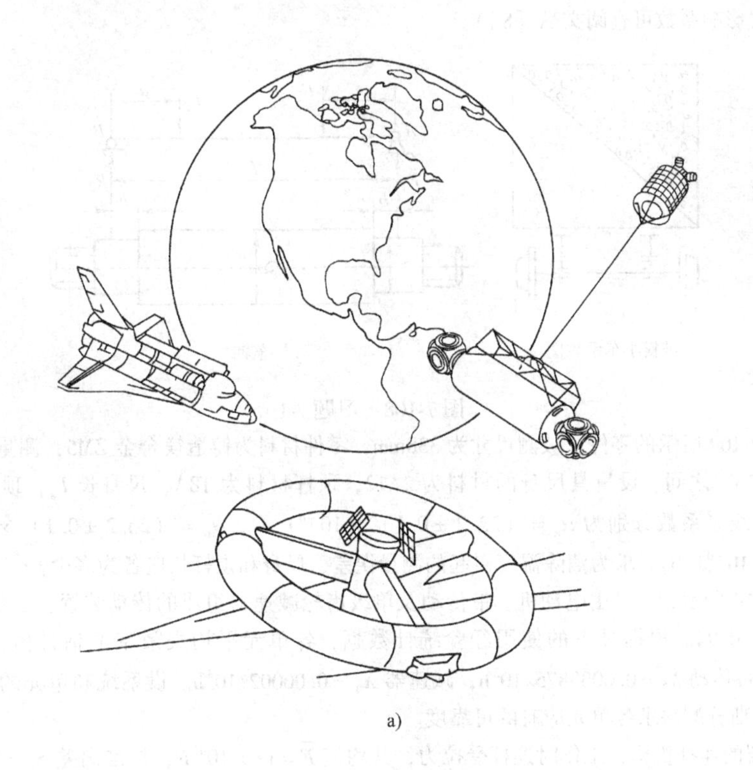

图 7-107　空间站示意图

a）空间站在太空

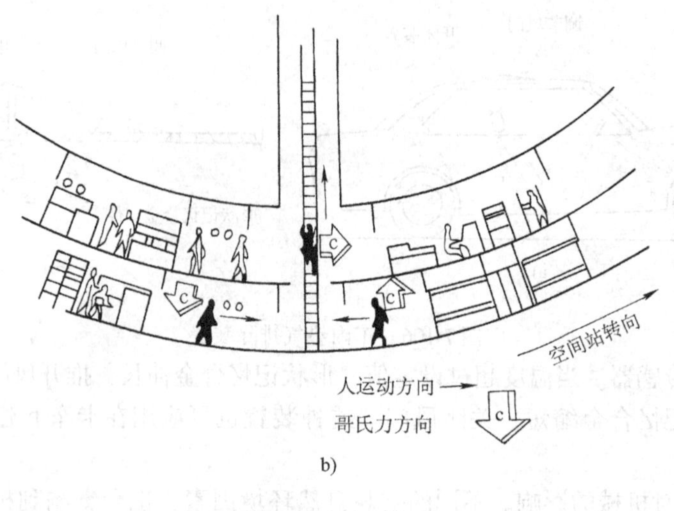

图 7-107　（续）
b）空间站内部

习　题

7-1　图 7-108 所示为进料小车车轴，已知 $F_1 = 13000$ N，$F_2 = 6500$ N，$a = 100$ mm，$b = 37.5$mm，$L = 760$mm，$d = 40$mm，$D = 50$mm，$r = 3$mm，疲劳强度许用安全系数［n］$= 1.3 \sim 1.75$。试校核该轴的疲劳强度（提示：有关影响系数可查阅文献［8］）。

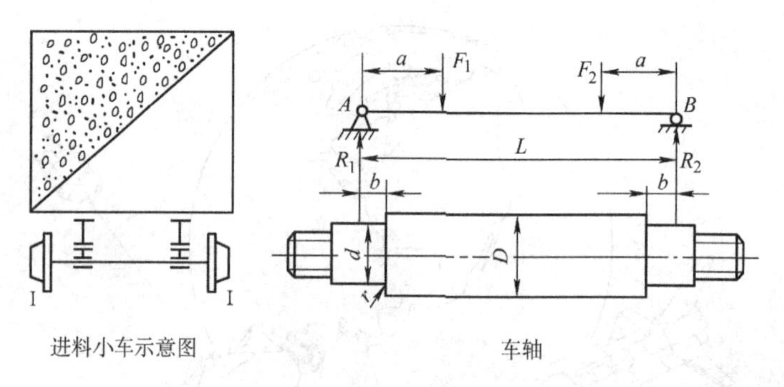

图 7-108　习题 7-1

7-2　如图 7-109 所示的零件，被测尺寸为 338mm，零件材料为铸造镁合金 ZM5，测量环境的温度变化由冬到夏在 5 ~ 35℃之间。设量具尺身的材料为 2A12，顶杆材料为 T8A，尺身长 L_a，顶杆长 L_c，工件长 L_b，三者的材料线胀系数分别为 $\alpha_a =（22.2 \pm 0.1）\times 10^{-6}$1/℃，$\alpha_b =（26.2 \pm 0.1）\times 10^{-6}$1/℃，$\alpha_c =（11.0 \pm 0.1）\times 10^{-6}$1/℃。求为消除温度引起的测量误差，尺身和顶杆长应各为多少？

7-3　图 7-110 所示为一个由电动机、带传动及单级齿轮减速器组成的传动装置，工作时间 1000h，要求可靠度不低于 0.94。根据过去的使用经验统计数据，各单元平均失效率的估计值为：电动机 $\lambda_1 = 0.00003/10^3$h；带传动 $\lambda_2 = 0.0003875/10^3$h；减速器 $\lambda_3 = 0.00002/10^3$h。设系统和单元的失效均服从指数分布，试用阿林斯分配法求各单元应有的可靠度。

7-4　某机器的连杆机构，工作时连杆受拉力，其均值 $\overline{F} = 12 \times 10^4$ N，标准离差 $S_F = 12 \times 10^3$ N。连杆材料为 Q235 钢，其抗拉强度极限均值 $\overline{\sigma}_b = 238$ N/mm²，标准离差 $S_{\overline{\sigma}_b} = 19.04$ N/mm²。已知应力、强度均服从正态分布，连杆截面为矩形。若要求连杆具有 0.999 的可靠度，试计算连杆的截面尺寸。

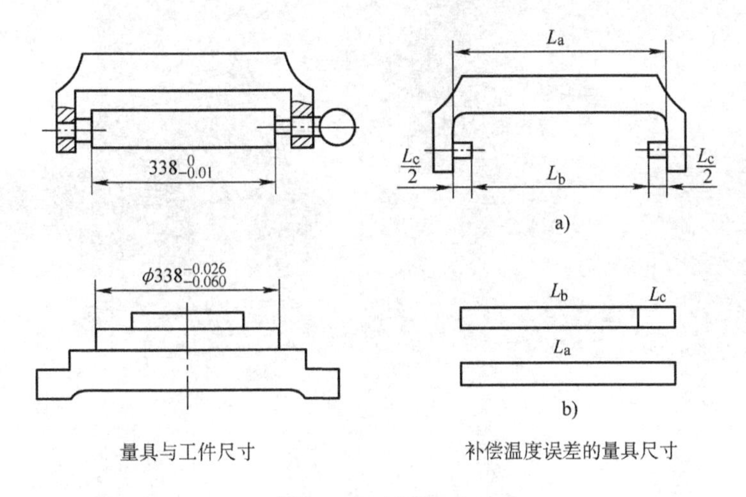

图 7-109　习题 7-2

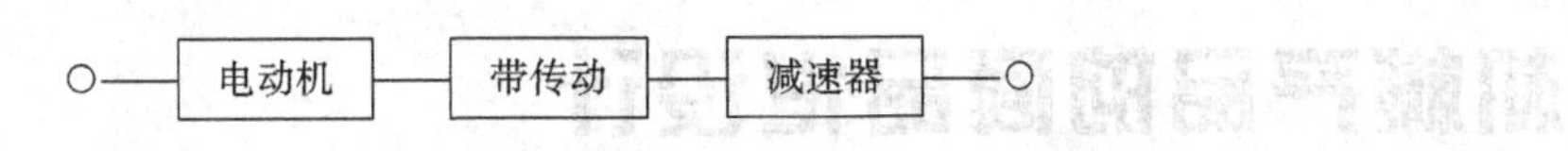

图 7-110　习题 7-3

第八章 机械产品的商品化设计

第一节　产品的市场竞争力和商品化设计

为市场而生产的产品就是商品。

设计的目的是满足人类不断增长的需求。而人们需求的满足主要是通过企业不断提供的产品来实现的。

以往人们对产品传统的理解是指具有实体性产品，这是一种狭义的理解。广义而言，产品应是为满足人们需求而设计生产的具有一定用途的物质和非物质形态服务的综合，它应包括三方面的内容：

产品实体——提供给消费者的效用和利益。

产品形式——产品质量、品种、花色、款式、规格及商品包装等。

产品延伸——产品附加部分，如维修、咨询服务、交货安排等。

要更新对产品的认识，牢固树立为市场而生产的产品即商品的观念。机械产品以商品的面貌进入市场，要经受市场剧烈竞争的考验，因为商品本身就体现着竞争的性质。

美国市场专家利维特曾断言：“未来竞争的关键，不在于工厂能生产什么产品，而在于其产品所提供的附加价值。”

由此看来，一个仅在技术上成功的产品不一定在市场上能获得成功；一个产品只有在市场竞争中获得成功，才能给企业和社会以真正的效益。

一、企业的商品化总体战略

竞争是商品经济的客观规律，也是促进技术进步的动力。机械设计要提出创新构思并使之迅速转变为有竞争力的产品，要在市场竞争中具有强大的竞争能力和生命力，企业必须要有商品竞争的总体战略。它包括销售、经营和设计三个方面。销售方面要做好市场调查、广告宣传和售后服务。这对产品的开发方向起决定作用，可激发潜在的市场需求，打下良好的市场竞争基础。经营方面要提高产品的制造质量，树立良好的企业信誉，以保持质量上的优势，为产品竞争做出有力的质量保证。而设计是为了提高产品的品质和降低产品的成本。要努力建立产品的“差异性”特质。即要使产品与同类产品相比有差异而具有优势，关键的问题还在于设计。

要克服企业只重视技术而忽视设计，或只重视广告宣传而忽视产品设计导致的市场竞争中的危机，只有依靠工业设计的战略不断开发市场需要的具有独创性设计的新产品来立足国内市场，才能使中国的民族工业更加强盛。现在我国已正式加入了世界贸易组织，中国的大门已经向世界敞开了，中国市场已经成为世界市场的一部分。民族工业别无选择地被“逼”上了国际市场。我国企业面临着要尽快适应市场机制，国内产品与进口产品的价格竞争上已经不再有任何优势。企业仅靠仿造模仿进口产品的道路已走到尽头。价格将仅仅反映产品品种档次的差异，已经不再成为影响消费者选购何种商品的首要因素。企业通过设计开发市场。企业是否具有独立创新开发新产品的能力将成为体现企业市场竞争能力的重要条件。

检验设计的惟一标准是市场。今天国际市场的竞争主要是一场设计的竞争，开发出节约原材料、能源、人力以及功能合理、外观新颖、符合当代人们生活方式的产品的工业设计是竞争的关键。因此设计必须面向市场的商品竞争。

二、产品竞争力三要素

产品竞争力受许多因素影响，从产品本身的品质来看主要有三个因素起着根本的作用。

首先是产品功能原理的新颖性，这是竞争力的核心要素。其次是产品技术性能的先进性，优良的技术性能是产品竞争力的基础要素。为适应市场需求，迎合顾客心理，提高产品的吸引力，还必须具备产品竞争力的心理要素。

影响产品竞争力的前两因素，功能原理设计和实用化设计已在前面阐述。本章就第三个要素即作为进入市场前的最后加工的商品化设计问题进行讨论。为使机械产品设计适应商品竞争，设计中必须重视采取商品化设计措施。这些措施主要是要注重外观设计，降低产品成本，提高适用性和缩短设计周期，使设计更符合环保要求达到绿色产品设计的社会效益等。

设计的产品进入商品市场，首先给人以直觉印象的就是其外观造型和色调。先入为主是用户的普遍心理。在市场竞争中，商品的外观一旦被看得“入眼”，就可能通过“预选”而有资格参加“决赛”。因此，产品的形态、结构、尺寸等要独具特色，追求科学技术与形态塑造的完美统一，这就是产品的艺术造型设计。

要使设计的产品胜于其他，获得较高的市场占有率，就要力求做到“价廉、物美”。价廉必须降低成本；物美必须保证质量和优越的性能，就要运用“价值工程原理”进行价值优化设计。

产品的通用性是现代产品不可忽视的问题。为缩短设计周期，使设计的产品以高速度、高质量、多品种去参与竞争，产品的结构件和组合件要实现三化，即标准化、系列化、模块化。

适用性是争取用户的重要手段。它可拓宽面向、更新产品，以满足市场的不同需求。产品性能的适用性变化要考虑多功能的组合来满足不同用户的不同需求。

绿色设计具有丰富的内涵，是产品的商品化设计的重要组成部分。它以可拆卸、回收等设计技术来满足机械产品的原材料合理化和使部件重新利用的要求。绿色产品消除或减轻环境污染以满足特定的环境保护要求。

全面而优良的商品化设计，将使产品在市场上充满活力。以适用、美观、价廉、减少污染的市场风格而形成强大的引力。这正是设计工作者在市场经营机制中为竞争的优势而设计所追求的目标。

第二节 机械产品的艺术造型——商品化设计措施之一

艺术造型设计来自工业设计（Industrial Design，简称ID）范畴。就是运用科技、经济、文化艺术等知识和手段给工业产品创意性的“包装”，给予工业产品的功能以特定的艺术表现，创造有实用价值的产品的立体形象并使之富有美感的效果。

在迈向21世纪进程中，面对市场的激烈竞争，一些基本技术问题得到了社会性解决，谁也不可能在基本技术上占有更大优势时，工业设计的地位就显得格外重要。

从发展历史看，工业设计是欧洲产业革命后逐渐形成的。远在1919年，首先在德国创办包豪斯（Bauhaus）工业学校起，逐步形成欧洲机电产品造型艺术化运动中心。随着工业化的进展，这个运动的中心从欧洲移到美国，1929年纽约成立工业产品造型设计部，1944年成立美国造型设计协会（SID）。第二次世界大战后，东欧的一些工业发展国家，诸如波兰、捷克、罗马尼亚、瑞士等和亚洲的日本等国的工业设计运动也蓬勃发展起来。尤其是日本，通过学习、模仿和吸收欧美的理论与实践，逐渐发展自己的独立体系，20世纪70年代，日本许多产品造型设计一跃居世界首位。前苏联从20世纪60年代以来对工业设计也相当重视，1962年成立全苏技术美学研究所后，又成立全苏工业设计研究所。

国际工业设计学会联合会（ICSID）于1957年成立至今，已有近50个国家和地区参加，相应地在国际上还成立了这方面的工业产权的国际保护组织及其他专门机构。

我国对产品造型艺术的注意已有几千年历史，有些造型至今仍有借鉴的价值。但是对于现代机电产品造型设计仍处于开始阶段。近年来相继成立了一些专门研究及设计机构，一些高等院校设置工业造型设计专业，以培养工业设计的专业人才。随着四化建设的进程，产品艺术造型设计必将进一步发展。

一、机械产品造型设计的概念

机械产品造型设计是以机械产品为主要对象，着重对于造型有关的功能、结构、材料、工艺、美学基础、宜人性以及市场关系等诸方面进行综合的创造性设计活动。

它不是单纯地对机械产品进行“美化”设计，而是包括充分表现产品功能的形态构成设计，实现形态的结构方法和工艺设计以及达到人、机、环境协调统一的人机关系设计，最终使产品造型美观，形式新颖，具备现代工业美感，达到扩大产品销路，提高市场竞争能力，从而推动产品设计持续发展。

造型设计是产品设计的重要内容之一，对其价值有着直接的作用，通过艺术造型，将工程技术问题和形态的艺术表现融为一体，追求产品在外形设计、表面材料的选择和工艺以及色彩格调等方面均达到适用、经济、美观的外观质量。

比如一台电视机，它不是仅由各种零件所堆砌成的方盒子。它不仅具有接受电视节目的物质功能，而且形体和比例要美，装饰要大方而精巧，色彩要适度。一台机械设备也如此，不仅应具有实际用途，科学而合理的结构，优良的功能，而且要有低廉的造价及美观的外形，同时应使用安全、方便、牢固和高效率。

目前，国内外市场上产品美观实用的外形和布局是产品竞争的主要手段之一。

如20世纪70年代前，国际汽车市场由美国垄断，当时日本的技术设备也多从美国引进。因日本采取“吸收性战略”，很注重引进过程中的分析和消化，善于取别人之长并努力搞出富有自身特色、独具风格的产品，终于于20世纪70年代后期使日本汽车以优异的功能、优美的外观、低廉的价格占领国际市场，并取得显著经济效益。由此启示人们：要改变过去不重视外形设计，形成造型陈旧、表面粗糙、简陋、色调单调乏味的外观质量致使用户很不满意的现象。

二、造型设计的基本原则

实用、经济、美观是造型设计的三项基本原则。它是根据造型设计的规律总结出来的科学原则。

实用、经济、美观三者的结合与统一，是设计工作的内涵，又是矛盾的统一这一普遍法则在设计工作上的体现。三者互相关联，相互制约，三个原则缺一不可。其基本关系应该是在实用的前提下，讲究美观，实用与美观必须以经济因素为制约条件。

“实用”是指造型设计必须有良好的使用功能。表现为产品性能达到高效率、方便、安全、易保养、人机协调等特点，以满足人民生活或生产实际应用。在此总要求下，针对不同产品，除实用外，还要考虑到有利于人们身心健康，不造成环境污染，并符合广大群众健康的审美观及习俗爱好等。此外，如俗话所说“百货中百客”，要以产品众多的样式来满足丰富多样的需求。例如自行车产品，我国论产量居世界第一，但品种少，系列不齐全，加上制造质量差，导致不能占领世界市场。国外恰相反，有从小到大的各种轮径，并有不同尺寸的车架；不仅有陆用，还有水陆两用、小型折叠等，以品种多、系列全且多功能并且制造质量好而取得市场优势。因此，对产品要做广泛的实用化分析，以设计出更多具有实际价值、适用面更宽的产品。

“经济”即用价值工程理论指导产品造型，使材料和工艺恰如其分地运用，构成产品的“经济”品质。

在造型活动中，运用价值分析方法力求降低成本，对产品按标准化、系列化、通用化的要求进行设计，以求得材料使用、空间安排、体块的组织达到紧凑、简洁、精确，力争以最少的财力、物力、人力和时间而取得最好的经济效益。

“美观”即造型美，是产品整体各种美感的综合体现。美观既包括匠意的美（造型、纹饰、色彩），也包括材料的美和加工制作工艺的美。我国先秦古籍《考工记》中总结的“材美工巧”便体现了这一原则。应注重当代人的审美思潮，强调审美的积极作用，以健康清新的形与色助人向上，使之产生高尚的情操。

实用、经济、美观三者密切相关。实用是第一位的，美观处于从属地位，经济是约束条件。只有将三者有机结合，使其在设计和生产中协调一致，才能使产品在各方面表现出富有创造性的设计思想。要掌握好产品造型设计的三原则，就要求设计工作者知识广博些。应具备市场学、商业心理学等方面的基本理论知识，掌握市场动态和信息反馈；了解生产工艺的全过程和成本核算；不断提高自己艺术素质和文学修养，以提高造型设计中的艺术创造力和表现力。

三、造型设计的要素

机械产品造型设计，是运用艺术的形式和手段去发挥和体现产品的功能特点及其科学性和先进性。它是现代科学技术与艺术有机结合的产物。因此，实现产品的艺术造型必须以先进科技的功能为基础，依据一定的物质条件去构成具有美的形象要求。必须应用技术美学原理去表现产品的艺术性和精神功能。这些就是造型设计基本要素。

1. 功能基础

这里所说的功能是指产品特定的技术功能。功能将决定产品形体的整体布局和外形轮廓。造型要充分体现功能的科学性、使用的合理性及具有易于制造及修理的特点。

一般机械产品的使用要求主要有功能特点、工作精度、可靠性及宜人性等。功能特点、工作精度和可靠性已为大家所熟知。至于宜人性，则是指产品的功能特点适宜人操作使用的程度。产品使用操作的舒适、安全、省力和高效率等一系列问题都将反映出产品的设计是否合理，造型是否适当。产品功能的发挥不仅取决于它的性能，还与外观形象、人体工程学及工程心理学等因素有关。

2. 物质技术基础

物质技术基础是实现产品功能的保证。机械产品的物质技术基础主要指的是结构、材料、工艺、配件的选择。生产过程的管理以及采用合理的经济性制约条件等，也可看作是物质技术条件。

产品的结构方式是体现功能的具体手段，是实现功能的核心因素。在考虑结构的同时，应考虑实现它的用材与加工工艺方式。例如是采用铸、锻成形，还是采用板材、型材经铆、焊成形；或是采用注、挤塑料成型等等。不同的结构形式、选材与加工工艺，会使产品具有不同的形态。其他诸如生产管理好坏、经济上的合理性以及配件的选用等，都会直接影响产品的外观质量和造型艺术效果。

3. 艺术形象

机械产品除具有供人们使用的功能条件外，还要求审美性，使产品的形象具有优美的形态，给人以美的享受。因此，当机械产品在进行造型设计的时候，必须做到在实现功能的前提下，在选用材料、配件、工艺等物质技术条件的同时，充分地运用美学原则和艺术处理手法，塑造出具有时代特征的优美产品形象。

随着时代发展，人们的审美观是变化的。产品的造型设计必须时刻了解和掌握科学技术、文化艺术发展的趋向，预测人们的审美需求。要寻求正确的审美观，灵活、巧妙地运用美学法则，深入地研究形态构成、线型组织、色彩配置等造型基本理论、规律和方法，才能真正设计出具有一定特色的产品形象。

功能基础、物质技术基础及艺术形象，三个要素应有机结合在一起。功能基础体现了产品的实用性，是造型设计的主要因素，它起着主导性和决定性作用；物质技术基础体现了产品的技术性，是实现功能的基础；而艺术形象则体现了产品的艺术性。造型设计只是手段。若单纯强调功能，忽视艺术形象探讨，则不能满足人们对产品的时代审美要求，也不能使产品具有功能全面、有现代感的新型造型。材料、结构、工艺均为功能服务，但也不是被动与消极因素。艺术形象虽是一种表现形式，但又能动地影响着功能、材料和技术发展。三者之间作用相辅相成。

显而易见，产品造型设计既是物质的产品设计，又是精神的艺术创造。

四、机械产品造型设计的美学法则

机械产品造型欲求良好的艺术效果，必须按美学法则来进行设计。美学法则，也称为形式法则，它反映了客观事物美的形成因素之间的必然联系和规律，是一种综合艺术工作的理论基础。

主要有下述几点美学法则。

1. 统一与变化

统一，是指把构成产品整体外观的几个部分通过它们的内在联系有机地组合在一起，即造型设计中各局部之间具有呼应、连结秩序和规律性，造成一致或具有同一趋势的感觉。

变化，是指造型设计中呈现出的种种矛盾对立因素的处理，可以使统一的造型更加丰富，产生生动活泼的美感。

机械产品的完美造型应做到在整体上协调统一，又有多样的或独特的变化。若缺乏变化，就会显得单调、平淡、艺术感染力不强；若离开统一，就会失去整体和谐，显得支离破碎、杂乱无章。要在统一中赋予变化，在变化中求得统一。

应注意将产品各组成部分在“形”“色”“质”各方面给以统一整体效果，以达到和谐一致，而形式上有些差异、多样化，使造型产生新异感、运动感，从而获得生动新颖的造型效果。

图 8-1 所示为计算机终端设备，其中包括显示屏、键盘和打印机等部分。造型设计为寻求整体统一，采用相似的形体结构。在色彩、线型风格等方面做了统一化处理，使各部分组合产生协调统一之感。但因各部分功能不同，形态造型上略有变化，从而给产品带来多样和新奇艺术效果。

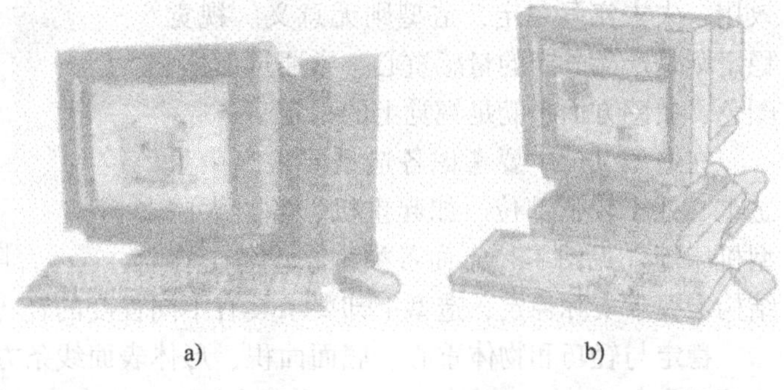

a) b)

图 8-1 计算机终端设备

a）机箱竖置 b）机箱横置

统一与变化法则是基本法则，而且是“基本统一，稍有变化”，这样就能获得良好的美学效果。

2. 对比与调和

对比是产品各部分形态差异性的表现，通过形态间的对比可突现出产品造型的重点，从而获得强烈的视觉效果。

调和是指产品各部分形态间差异较小，表现为形态间相互渗透的和谐艺术特征。

对比与调和是反映和说明事物同类性质和特性之间差异或相似的程度。运用差异和相似之间的矛盾来追求产品形态的完美。在造型设计中，对比指造型性质相同，而对其存在的差异性的强调，如各因素比较大小、虚实、亮暗、重轻等以达到彼此作用、相互依托，从而使得形体活泼、生动，个性鲜明，增强造型感染力；而调和是寻求同一因素中不同程度的共性，使之彼此接近产生协调和谐的关系，它包括表现方法的一致、形体的相通、线面的共调、色彩的和谐等。

图 8-2 某分析仪的对比调和

机械产品的造型设计可在线型、材质、色彩、形体及方向等方面构成对比与调和之关系。

如机械、仪表等工业设备造型设计应以调和为主，在调和的前提下采用对比方法，突出需注意的部位，以增强形体的生动、醒目的感觉（如图8-2所示）。

3. 稳定与轻巧

稳定与轻巧是构成产品外形美的因素之一，是人们在长期克服与利用重力的过程中形成的一套与重力有联系的审美观念。

稳定，是指在重心靠下或下部具有较大体积的原则下，使产品的形体保持一种稳定状态的感觉。而轻巧，是指在稳定的外观上赋予活泼的处理方法，使形体呈现出生动、轻盈的感觉。

稳定包括两个方面：实际稳定和视觉稳定。实际稳定是指产品实际重心符合稳定条件所达到的稳定。它直接关系到造型的功能效用，失去实际稳定，造型则无意义。视觉稳定则是产品外观的量感重心，常通过形体、颜色、质感方面来满足视觉上的稳定。

图8-3　数控铣床的稳定造型

在造型设计中要考虑各造型要素产生量感重心处于较低部位。如起重机、各类大中型机床等（见图8-3）。而各类中小设备，在结构上要求实际稳定，造型上却要求具有不同程度的轻巧感。

稳定与轻巧和物体重心、底面面积、形体表面线条方向、体量结构、色彩分布和材料质地等因素有关。

机械产品造型的稳定与轻巧，随产品功能的不同而有所侧重。但稳定感是一般产品的基本要求。有轻巧感的产品造型一般是既稳定又轻巧（见图8-4）。

4. 对称与均衡

凡是具有形式美感的形体，都具有对称与均衡的特性。对称与均衡是大自然中普遍存在的一种平衡稳定的形态。对称是在轴线或支点的相对端面布置同形、同量的形象而取得较好的视觉平衡，形成美的秩序，给人以静态、条理美。机械产品的造型设计多采用对称手法，以增加产品的稳定感。如汽车、飞机等具有动态的产品，采用对称造型，可增加人们心理上的安全感。大型机械设备采用对称或近似对称造型形成协调美（见图8-5）。

均衡，是对称在形式上的发展，是形体在假设中心线或支点两侧成量感的平衡。在产品造型中，完全对称的形态是少见的。一般由于功能与结构的影响，或是考虑丰富造型的形象变化，要求突出对称格式。但要处理好体量虚实、构件和配件的安排、色彩组合等设计，以使产品保持均衡的效果。机床的侧面多采用均衡形式，如图8-6所示。

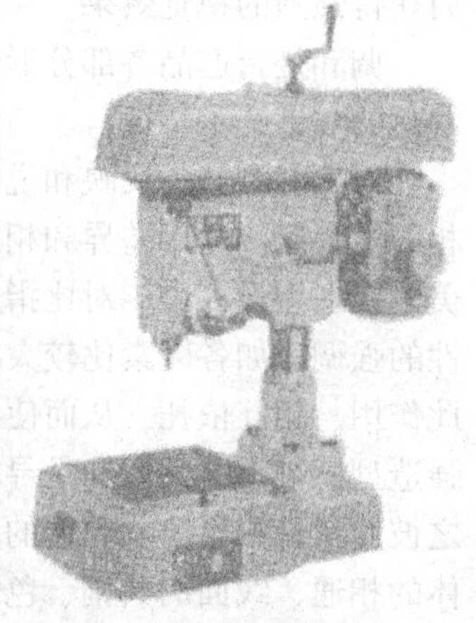

图8-4　台钻的轻巧造型

5. 比例与尺度

比例与尺度是一种用数字方式表达产品造型美的艺术语言，任何一个好的设计都必须具备合理、协调的比例与尺度。产品形体的比例与尺度直接关系到其外在形式美。良好的比例和正确的尺度是造型形式美的最重要手段之一。比例是指造型局部与整体之间匀称的关系，即形体各部分之间的量变关系。比如整体与某一局部的构件长、宽、高之间的大小关系，整体与局部或局部之间的尺寸关系。它是用几何语言对产品造型美的描绘。比例的确定可采用数比关系法、经验目测法等。而尺度指的是产品与人的某些特定肢体标准之间的比例关系。人体的体量大小，是衡量尺度的标志。尺度是解决与人的合适度问题。产品与人相称的统一尺度，是使产品宜人的重要方面，受材料、结构、工艺条件和功能制约。造型比例具有不同特征，它绝不是某种数学或几何上的纯比例。

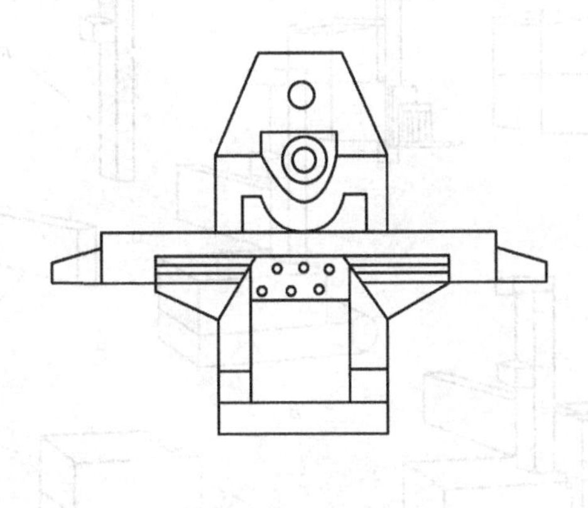

图 8-5　卧铣对称造型

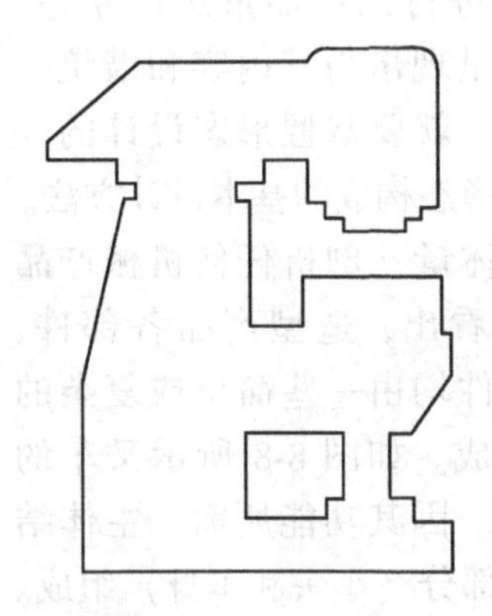

图 8-6　均衡的造型

产品供人使用，其造型都要有较合理的尺度。一般而言，尺度比较固定，比例可根据尺度进行形式上适当调整。造型设计中，一般先设计确定尺度，然后再推敲比例关系。

以上是五点主要的美学原则。

此外，还要注意节奏与韵律、主从与重点、比拟与联想等附加的美学规律。

在造型中，按美的韵律和视觉习惯来设计和组织物象，常用“形”“色”做有条理、有规律、有反复变化的配列。如图 8-7 所示的现代车床造型，由于构件排列特别强调了重复出现的横向线条，像小提琴奏出清新旋律；主轴箱上装饰横线，几处深色圆型物的跳跃出现等，产生相同交错与相重而律动之美感。

机械产品的标准化、系列化、组合化，在符合基本模数的单元构件上重复等，都使产品具有一种有规律的重复和延续，从而产生节奏和韵律感。

造型设计要有主从。要从整体出发，以简练手法求得产品重点突出，以形成视觉中心和高潮，从而加强艺术表现力。例如大型台式收音机，设计主从分明，富有韵律，显得醒目大方。

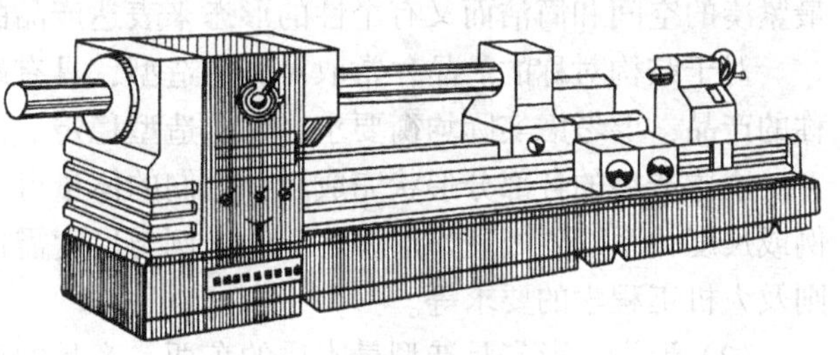

图 8-7　现代车床造型

此外，造型设计中运用比拟与联想手法，如采用模仿、概括、抽象自然形态的造型等，都可赋予产品以不同的感情色彩，丰富造型产品的美学内容。

研究造型的美学法则是为了提高美的创造能力，培养人们对形式变化的敏感性，以创造出更多更美的产品。

五、机械产品的造型手段

影响机械产品造型的因素很多，只有调动一切造型手段才能创造出较为完美的产品形象。这里对产品造型设计不作详细论述，只从下述几方面给予简介。

1. 形态构成

产品造型设计是一种有目的的视觉形象的创造活动，是为实现功能目的而进行的产品形态的塑造。要使产品呈现出与其内容和谐统一的形态美，就要掌握形态设计的一般原理和形态构成的基本设计方法。

(1) 体量　剖析任何机械产品都可明确看出，造型产品各部件、组件和零件均由一些简单或复杂的几何体组成。如图8-8所示叉车的形态分解。因其功能所需，主体结构由两大部分（车头和车身）组成。而车头又可分为叉头和操作室两部分；车身又可分为立柱、平衡块和车座三个部分；各部分均由一些几何体组成。

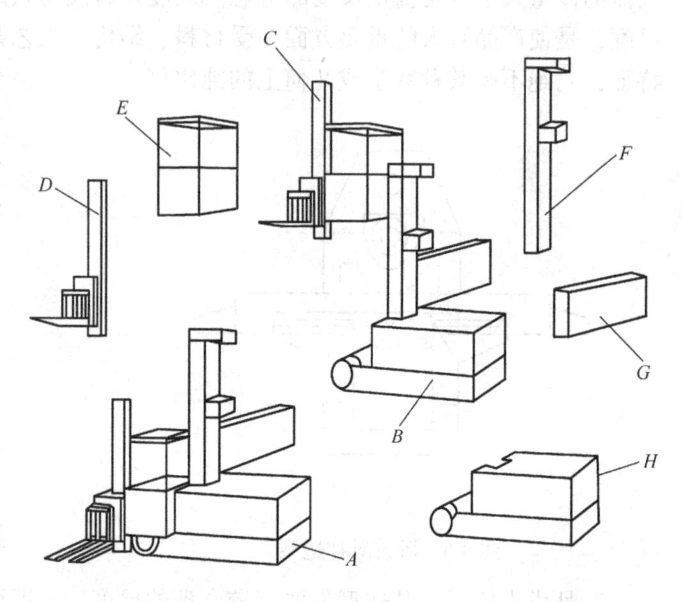

图8-8　叉车的形态分解

由此研究和掌握几何体形体的组成、演变与组合，对主体几何造型具有重要意义。

造型设计要进行总体布局。只要基本布局一定，造型产品就有了基本轮廓。为此先要确定基本体量关系。体量分布与组合不同，将构成不同造型方案并直接影响产品的基本形状和风格。

产品的物质功能是形成产品体量大小的根本依据。体量组合要避免单调、杂乱，力求用最紧凑的空间和简洁而又有个性的形态来表达产品的功能和结构的特征。

对于结构对称的产品，常取对称的造型，具有端正、庄重、稳定的性格；对于结构不对称的产品，要考虑实际均衡要求，以求造型稳定。

主体造型的各部分形状完成后，它们的体量可大可小，如何适当组合，完全取决于其比例或尺度关系。要处理好形体之间的比例与尺度需遵循的美学原则、图形之间比例关系的法则及人机工程学的要求等。

(2) 形态　形态是造型最本质的东西。产品的形态美是产品艺术造型设计的核心，具有一定的美学规律。构成产品外观的线、面、体等形态要素具有不同的形状。形状的变化与统一，将使造型产品形成简洁的外观。形态构成可采用多体组合、单体切割和多体过渡三种基本形式，如图8-9所示。

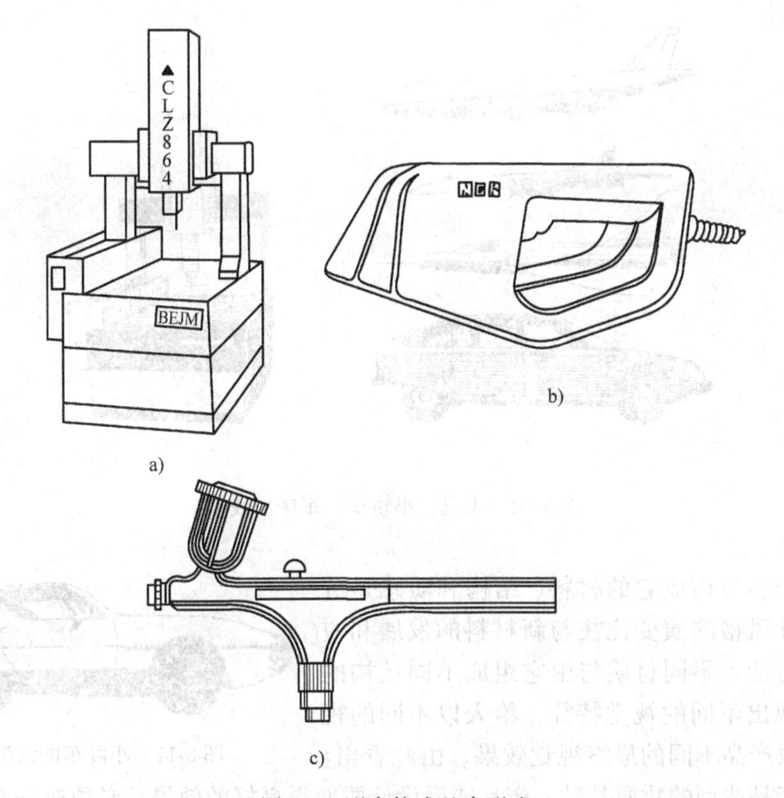

图 8-9　形态构成基本形式
a）多体组合（三坐标测量仪）　b）单体切割（手握激光器）　c）多体过渡（喷头）

为达到形态统一，可采用两种方法：一是“以次衬主”，即将所有次要部分去陪衬某一主要部分。一是“相互协调”，即同一产品各组成部分在形状和细部上保持相互协调。如电子计算机造型采用同一种基本形体（矩形体）或采用变化不明显的几个形体组合形成较协调之效果。

（3）线型　造型产品均由无数简单的几何面体所组成。它们结合后的结构线、形体的边界线和造型立面上各零、部件的轮廓线等均构成形体的线型。

线型是造型产品外形合理美观的一种独特的艺术表现，其处理好坏将直接影响造型质量和外观艺术效果。

线型有视向线及实在线两类。视向线是指造型产品的轮廓线，以视向变化而不同；实在线是指装饰线、分割线、压条线等。线型选择应与产品物质功能相适应。如小轿车、飞机等多选流线型（图 8-10a），以保证其运行阻力为最小；而机器设备多选直线型（图 8-10b），以考虑机体的稳定与操作的方便。此外，应考虑各种线型的性格、特征，使之与人的心理需求相适应。

线型组织过程中，必须突出某一方向的线型，以产生线型的“主调”，使产品具备鲜明的性格特征。而线型“主调”，主要根据造型产品的功能和其上的运动部件主要运动方向而定。如普通机床，其线型组织的“主调”应是水平、垂直两方向的线型。而小轿车采用水平线和斜线的组合，以水平方向的线型为“主调”（图 8-11），使汽车外形给人以生动活泼安全之感，强调了汽车前驱的运动趋势。

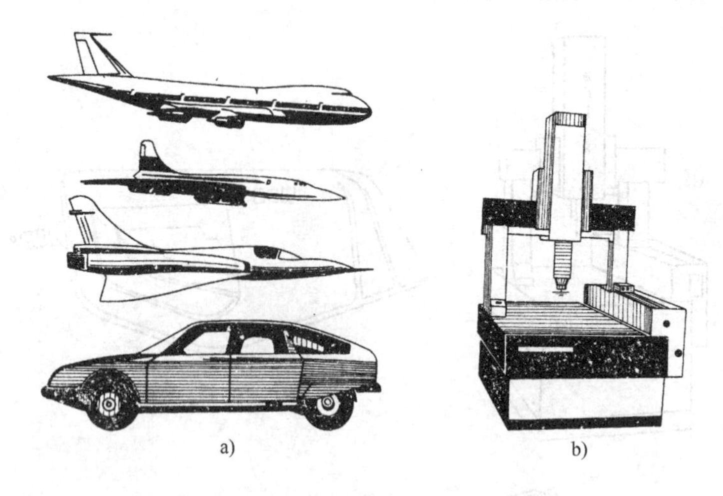

图 8-10　飞机、小轿车、车床的线型

2. 材质工艺

产品的美感与构成它的材料、结构和质感是分不开的。设计风格的演变往往与新材料的发展和应用是同步进行的。不同材质与由它组成不同结构的产品却会呈现出不同的视觉特征，给人以不同的视觉感受，导致产品不同的最终视觉效果。由此看出：材料是机械产品造型的物质基础。产品造型设计要取得良好的效果，必须充分发挥材料的性能特点。各种材料特有性质、外表特征以及与其相适应的制造工艺，是造型设计中合理科学地选用材料的基础。要体现材料本身所特有的合理的美学因素，以发挥其质地美。工艺是造型得以实现的手段，也是保证造型质量的关键。优良的材料、先进的结构和美观的外形设计，若没有一定的工艺手段来制造，也是纸上谈兵。造型与工艺有着密切的联系，在一定程度上工艺水平决定了产品外观质量水平。机械产品的造型通过多种材料、多种专业和多种设备、多种工艺而完成，因而必然会反映材料、设备、加工工艺特征，包含着多种美感因素。如车削纹理的连续旋转感；铣削纹理均匀、有节奏感；磨削纹理的精细致密感。不同工艺产生不同质感，表现为理性美的工艺痕迹。又如铸造件机箱具有直圆特点，而焊接型材结合积木连接的机箱一般是棱角分明，二者外形显然不同。而有些机械产品的部分表面造型牵扯的工艺面更广，常用表面装饰工艺，技术要求高。如切割加工、电镀、静电喷塑、精饰氧化、塑料烫金胶接等。各种工艺都有其自身的工艺美。

图 8-11　小卧车的线型主调

材质美与工艺美的有机结合，为造型设计提供了变化无穷的造型手段。

近年来，人们对产品设计的审美更趋向于返璞归真，重视各种材料（金属、塑料及各种新型复合材料）自身的特点和美感因素。这种美感因素来源于对材料的合理利用。所谓合理利用，就是指对产品设计的材料选择更符合产品使用功能的要求，加工方便、经济可行，能充分发挥材料自身的特定美感。这种材质的自然美，使产品显得单纯朴素，经济美观，而且更具个性特色。它适应了现代化工业在材料、工艺诸方面的条件以及功能第一的设计审美观和社会心理的需求，越来越被人们所赏识，已经成为功能美学设计的发展趋势。

3. 色彩

色彩是构成产品形态美的重要组成部分。色彩能给人的感官以鲜明的刺激，并能引起人们感情的变化。产品造型的魅力、产品的性格以及所包含的视觉传达方面的各类信息，很多都是通过色彩来表现的。

优美的色彩设计能提高产品的外观质量和增强产品在市场上的竞争能力。产品的色彩设计是指在综合产品各种因素的基础上给产品制定一个合适的色彩配置方案，以使产品具有更完美的造型效果，有助于使用者产生良好的工作情绪，从而达到提高工效降低疲劳的目的。

色彩有三要素，即色相、明度、纯度。它们是研究色彩的基础。

色相就是色彩的名称，是区别色与色的相名。严格说来是依波长来划分的色光的相貌。在诸色相中，红、橙、黄、绿、青、蓝、紫是七个具有基本感觉的标准色相。

明度即指色彩的明暗程度。每一种色彩都具有自身的明暗程度。其中白色明度最高，黑色明度最低。

在颜料的色中，若加入白色，其明度可以提高；反之，加入黑色，明度降低。用一个色彩，逐渐加入白色量或逐渐加入黑色量，可做成一个有序色列，称作色彩的“明度推移”，在机械产品的视觉设计中很有用途。

而纯度是指色彩的饱和程度（即色光的波长单一程度）。标准色纯度最高，混合色纯度低。产品表面结构会影响表面色彩的纯度感觉。表面愈平滑，色彩纯度高；表面愈粗糙，色彩纯度低。

为取得设计色彩的美感，不仅要考虑色彩的单项、综合等对比，还要考虑色彩关系中的调和。色彩的调和主要是缩小两色彩的差异性，中和对立性，增强共同性。调和方法很多，一般可用色彩要素同一调和、近似调和、次序调和等。此外要考虑色彩和生理、心理的调和。不同色彩其感情象征意义不同。如红色是兴奋与欢乐的象征；黄色给人以光明、纯净、希望之感；绿色最能表现活力，具有柔和平静的特征，给人以稳定安全感。

机械产品的色彩设计关键在于色调设计。色调即是一组色彩配置总的倾向。它依据产品处境、使用条件及地区、民族的习俗爱好、时代的发展和人的审美观而确定。要考虑色调与产品物质功能要求的统一。使用功能不同，其色彩面饰要求不同。例如卧式车床，为耐油污和便于保护，一般用色宜深沉。但机床的显示装置部分色彩则要求明显醒目，隐蔽部分色调要安静、沉着，而警示部分色调则要鲜艳夺目以引人注意。色调设计同时要考虑与工业及地理环境相协调，使之成为环境中一个有机组成部分。

色彩设计中还要注意发挥工艺理化性能，以使色彩充分利用各种材质纹理和机加工的有色金属效果，而组成具有机械产品特征的色彩意境。如产品某些部位车、铣、刨、磨的机械加工效果或通过电镀、氧化、抛光等理化工艺手段，产生一种超金银的亚光、旋转光等色彩效果，对总体色彩起到调节、点缀、对比作用，从而使其效果更佳。

为求得产品整体色调协调统一，除确定主色调外，要注意色彩配合的主次，掌握配色的一些技巧。应尽量避免色相、明度、纯度及色块面积完全对等或过于接近，以避免形成均势而相竞争造成主次不分。色彩也要避免过于繁乱，一般常用两套色或单色，最多不宜超过三套色。

此外，色调设计要富于创造性。要依据时代的变化、发展，创造出更具时代气息的色彩风格。

现代科学技术的进步将使产品的色彩配置更加自由灵活。但把使用者的需求放在首位，综合考虑产品的功能、技术、市场、社会效益和流行趋势等因素，依然是色彩配置的最基本原则。

4. 装饰设计

表面装饰是产品获得美好外观的基本手段，也是造型设计中不可缺少的一部分。产品的表面装饰具有吸引顾客、宣传产品功能的作用，使产品更具有竞争能力。

产品表面装饰是指对其表面进行艺术性的工艺处理或增加各种精美的附加件。

表面装饰必须符合美的形式法则，装饰的题材、风格等要服从产品功能，且要突出重点，主题和重点应放在最醒目和视线最好的部位上。装饰的比例要协调，大小要合度；装饰要简洁精炼，恰如其分。将造型有关美学因素如色彩配制、线型变化、材料质感、图案纹样等能动地恰到好处地对产品进行装饰美化。

装饰手法多种多样。有合理利用材料表面的质感和肌理装饰；有强烈实用性的色彩装饰和图案纹装饰，线的装饰等等。

装饰的目的是“露优藏拙”。在各种造型元素中，线型的表情是最丰富、最有表现力的，所以线型装饰要给予适当注意。线型装饰有明线装饰、暗线装饰和色带装饰等。明线装饰即采用与主体造型不同材料、色质的立体装饰线固定在被装饰外表面上起装饰作用；暗线装饰为在造型主体的自身作出凸线或凹线，其材质、色彩与主体完全一致，利用凸凹光彩造成亮、暗分明起装饰分割作用。有时可把加工误差或需掩饰的缺陷通过阴影掩藏起来，收到藏拙效果。

此外，还有标牌、文字、商标装饰等，应具有“即时达意”传达商品内容的功能，以适应“货架竞争”的需要。这是适应商品高度集中、市场激烈竞争的必备条件。不要小看这些占据产品一角的部分，它们也是构成造型产品完整不可分割的部分，装饰得好，往往起到画龙点睛的作用。

对于商标设计，要给予突出的重视。商标是商品的标记，即作为产品的规格和特点的标志，在商品流通中是不可缺少的。搞好商标设计对促进生产、活跃市场、发展对外贸易等都有一定现实意义。

商标作为图形符号，基本上由三部分组成，即“形象”“名称”及“视觉识别”标志。现代商标设计趋向于两个方面，即表现形式符号化和艺术效果广告化。

商标设计应具有显著特征，易于识别，要符合商标法。一般应遵循下列原则：

首先，商标设计要简明醒目，具有强烈的视觉传达性，且具有明确的象征意义。设计时要把握事物的性格、特点、目的及商品的性质、用途，以通过一定的形象恰如其分地表现，使形象与所表达的内容之间具有某种联想。

其次，要避免与其他商品产生类同，必须独具一格、新颖别致，以增强识别力。

商标设计作为非功能设计，起着美化产品平衡视觉，增强产品艺术感染力之作用，应具有生动、优美的艺术形象。商标作为艺术品的“小品”，虽属面积小，但应讲究组织秩序，图案的格式要高度概括、集中、简化，其名称要响亮，易念易记，以便足以引人注目，起到宣传商品的作用。

5. 造型设计的表现技法

造型设计的表现技法是勾画产品造型的预想性图形，以便于设计方案的讨论、研究和确定，是设计工作者开展造型设计过程中不可缺少的手段，它能顺利、有效地反映设计思想，为更加完美、形象的造型设计服务。

机械产品造型设计中常用的表现技法包括设计草图、设计效果图和产品模型等几种。

设计草图是造型设计人员将构思出来的产品结构、总体形象、肌理等内容速记而成的图形。设计草图应该将产品造型的局部结构、装配关系、操作方式、形体过渡等设计的主要内容详细地表现出来。因构思特点往往是多种想法，故着眼于多种多样表达。一般用于评价的正式设计草图以3~5幅为宜。在众多方案中择优，形成成熟而接近设计方案的草图。它简要、方便、用时少，可为造型设计方案的确立提供素材。

设计效果图也称产品设计预想图，要求其比例明确，结构关系清晰，表达主体形象完整。设计效果图是通过透视原理在平面上直观、逼真地表示所设计之产品的立体形象图，是工程制图与艺术绘图相结合的技术图样，主要从造型美观的角度来表现产品，有表达外观为主的效果图，也有表达内部为主的效果图。

由于设计效果图是在平面上反映的一种立体图形，所以常常只能反映某个角度的形象，而诸如结构上的凸凹、衔接立体贯穿与线型过渡等，很难在平面上表达清楚，因此带有一定的局限性。为弥补此缺点，可采用产品模型表达，它能更真实地、多角度地反映产品的三维空间立体形象。

因模型制作较困难，花费也高，故要求制作模型前构思要基本成熟，以免造成过多的浪费。模型要根据不同要求，在省工、省料、省花费的条件下力求越逼真越好。

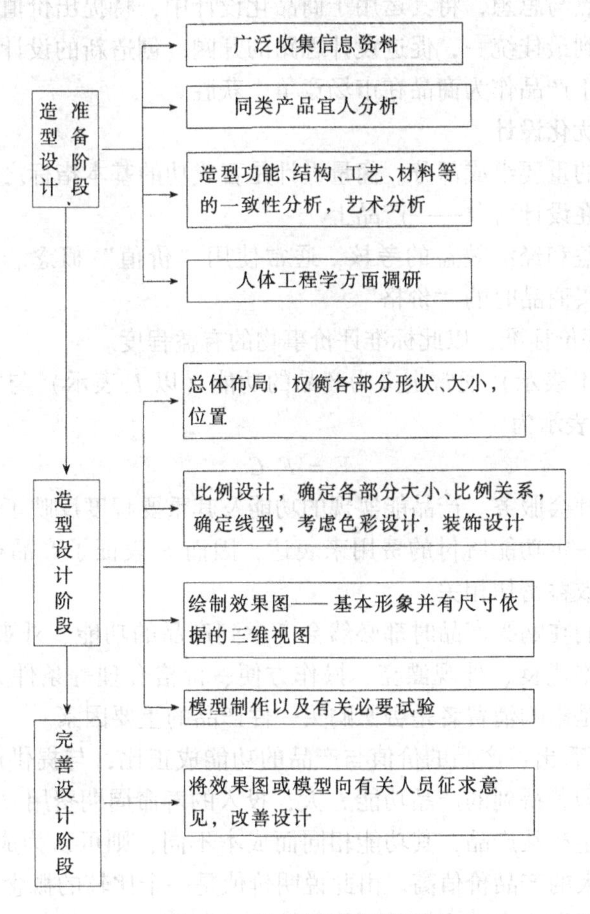

图8-12 造型设计程序框图

六、机械产品造型设计的程序

造型设计不仅创造美观的外形，而且要促进产品功能更有效地发挥。造型设计过程也就是创造性设计过程，它应在多种构思方案下评价、择优而获得最佳的产品造型。

由于机械产品种类多，其大小、用途和复杂程度差异很大，所以各种产品的造型设计程序不尽相同。一般而言，造型设计分为三大阶段：准备阶段、设计阶段和完善阶段。各阶段具体工作内容如图8-12所示。

第三节　价值优化设计——商品化设计措施之二

价值工程（Value Engineering，简称VE）起源于美国，于1947年由工程师麦尔斯（L. D. Miles）创始。麦尔斯认为：用户购买产品时要求的不是产品本身，而是产品所具有的满足某种需求的功能。不仅要求功能满足需要，而且要求购买和使用功能时费用最低，简言之，要求产品“物美价廉”。这即是用户选择产品时的价值观念。

价值工程是一种使产品达到物美价廉的有效的现代设计技术，是一种在对产品进行功能分析的基础上进行的有组织集体创造活动，研究如何以最低的寿命周期费用去可靠地实现用户所要求的必要功能，并提高产品的价值以取得较好的经济效益。

依价值工程的观点与思想，将其运用于商品化设计中，特提出价值优化设计，以使产品的功能与目标成本达到最佳统一，促进设计思路的开阔，创造新的设计原理及结构，使产品达到物美价廉，有助于产品作为商品在市场竞争中获胜。

一、价值和价值优化设计

设计是生产活动的重要组成部分。衡量设计是否成功的基本指标之一是社会效益和经济效益。它们主要体现在设计对象——产品上。

对产品的社会效益和经济效益的考核，通常使用“价值”概念。这里所说的“价值”完全不同于用金钱购买商品时的“价格”。

“价值”是一种评价标准，以此标准评价事物的有益程度。

产品的价值（以 V 表示）通常定义为产品的功能（以 F 表示）与实现该功能所耗成本（以 C 表示）。用公式表示为

$$V = F/C \tag{8-1}$$

产品以其功能为社会服务。产品能实现的功能及其重要程度反映了其社会效益。此处 F 可以通过用户为获得一定功能所付的费用来表达，因而 F 表征了产品社会效益的大小并与产品可能获得的经济效益密切相关。

市场流通中，人们在购买产品时都必然会考虑到产品的功能、外观造型、价格等问题。产品的功能强大、性格优良、外观漂亮、操作方便、价格合理等条件无疑会提高产品的价值。产品价值的高低是影响消费者是否愿购买一件产品的重要因素。

从式（8-1）中可看出：产品的价值与产品的功能成正比，与提供产品的相应功能所需费用或成本成反比，即若得到的产品功能 F 大，投入的寿命周期费用 C 少，则产品的价值 V 就高。若有两个工厂生产某产品，其功能相同而成本不同，则可认为成本低的产品价值高。若成本相同，则功能大的产品价值高。由此说明价值是一个比较的概念，其意义表示对于付出这样多的耗费而取得那么多的成果是否值得的一种衡量。

V 值的大小可作为衡量功能与成本关系的标准。当 $V=1$ 时，表示以最低的费用实现了产品要求的必要功能，两者的比例合适；当 $V<1$ 时表示实现产品的必要功能付出了较高或过高的成本，两者的比例不合适，应予改进。

提高产品价值是用户的要求也是企业追求的目标。但企业不能单纯追求提高产品功能，更不能片面地追求降低生产成本，而应在产品设计和改进中认真地分析提高产品价值的方法，探索一切可以提高产品价值的途径，以满足用户的实际需要，同时提高企业的技术经济效益。

从上述公式不难推断出在产品设计中要提高产品的价值可从下述几方面入手：

1）$\uparrow V=F\uparrow/C\downarrow$，表示通过改进产品设计，提高产品功能同时降低成本，使产品的价值得到较大的提高。如电子技术从电子管到晶体管再到集成电路的变化，个人电脑从486、586发展到奔腾Ⅲ、奔腾Ⅳ，都是产品功能上升成本下降的实例。

2）$\uparrow V=F\uparrow/C\rightarrow$，表示在保持产品成本不变的情况下，由改进设计来提高产品功能，从而提高产品的价值。如有些老产品在对其外观重新设计后，产品的审美功能大大提高，而产品成本却没有什么变化。比如可储存300张唱片的SONY数字音响即如此。

3）$\uparrow V=F\rightarrow/C\downarrow$，表示保证产品功能不变的条件下，通过改进设计或采用新工艺、新材料或改进实现功能的手段等，使成本有所降低，从而使产品的价值得到提高。

4）$\uparrow V=F\uparrow\uparrow/C\uparrow$，表示在成本略有增加的情况下改进设计使产品功能大幅度提高。例如一个产品在由单功能变为多功能后，成本虽有所提高，但功能却成倍或几倍地增加，使产品价值提高。

5）$\uparrow V=F\downarrow/C\downarrow\downarrow$，表示在不影响产品主要功能前提下，改进设计略降低某些次要功能或减少某些无关功能，以求得产品成本大大降低达到提高产品的价值。

另外，成套化产品如成套设备设计，使之配套成一体，可提高系统功能，从而降低成本，提高产品价值。

近年来，在扩展产品体系时，采用以基型产品为主体，向着成套设备的目标扩展多种专业类型产品的结构、参数和总体的设计，即成套化设计，它是“机、电、气、液、光结构”一体化的设计，具有很高的使用价值。

由此看出，价值 V 是产品功能与成本、社会效益与经济效益的综合反映。现代企业之间的激烈竞争，归根结底是产品的竞争。产品的价值越高，用户越欢迎，企业所创造的社会效益和经济效益也越高，企业也才有可能在竞争中立于不败之地。

必须指出，产品的价值在很大程度上取决于产品的设计。因产品的功能水平是由设计决定的，而制造和使用仅影响其功能的发挥；设计人员的每一决策实际上都是对产品价值提出一种选择。此外，产品的设计质量高低与其维修费用消耗关系极大，因此必须慎重对待。如何加强产品的商品化设计，最大限度地满足用户要求，以利于拓宽销售市场增大批量，降低成本，使产品的商品化设计水平提高，是设计人员所追求的目标，也就是进行价值优化设计的目标。

综上所述可知，价值优化设计的研究应从两方面入手。一方面进行功能分析，保证产品必要功能，去除多余功能，调整过剩功能，提高产品性能；另一方面要进行成本分析，注意改善产品的经济性，考虑最大限度地降低产品成本，以提高产品价值，使产品真正成为物美价廉的商品。

二、价值优化中的功能分析

什么是功能分析呢？众所周知，任何产品都具备其特定的功能。而机械产品的各个组成部分也有其各自的特定功能。功能分析的目的是研究功能本身的内容及其各功能之间的相互关系。简言之，功能分析就是把所要求的功能进行抽象的描述、分类、整理并加以系统化，以便从中找出提高功能值的途径。

1. 功能的分类

“价值工程”认为功能是机械产品所具有的能满足用户某种需要的特性。如车床的功能是完成“车削加工”，手表的功能是“指示时间”，齿轮啮合传动的功能是传递运动和扭矩等。

为设计产品或对产品改进而研究分析其功能必须以用户需要为依据。产品功能的重要程度不同，作用也不同，需对功能进行分类以便区别对待。

在价值工程中，一般功能可按下述三方面来分类：

（1）按功能重要程度分类　分为基本功能和辅助功能。

基本功能即是机械产品及其零部件要达到使用目的不可缺少的重要功能，也是该产品及其零部件得以存在的基础。如手表，若不能准确地指示时间，则其基本功能就不存在，用户根本不会购买，作为手表也就失去了存在的价值。所以设计产品时必须抓住其基本功能，将费用主要花费在它上面。

辅助功能是为实现基本功能而存在的其他功能，属次要的附带功能，它对产品功能起着更加完善的作用。如手表除指示时间的基本功能外，可有指示日期的辅助功能。

辅助功能是由设计人员附加上去的二次功能，可随方案不同而加以改变。有时在辅助功能中常包含不必要的功能，通过功能分析，改进设计方案可消除之。

（2）按满足用户要求性质分类　分为使用功能和外观功能。

使用功能指产品在实际使用中直接影响使用的功能，它通过产品的基本功能和辅助功能来实现，包括可靠性、安全性及可维修性等。

外观功能指反映产品美学的功能。一般多靠人的器官感觉和思维去判断，如造型、色彩、包装等。

对多数产品则要求同时具备两种功能。但根据产品性质不同而侧重不同。

例如对普通自行车，其基本功能是代替行走、方向控制、承重及具有制动报警装置（包括闸、灯、铃），辅助功能是停靠稳妥、搬运方便及兼负其他物品；而自行车的使用功能是骑行要轻快，感觉要舒适，维修要方便；外观功能则应是造型大方，装饰新颖，色泽美观。

（3）按功能相互关系分类　分为目的功能（上位功能）和手段功能（下位功能）。

目的功能是主功能，总功能；手段功能从属于目的功能，为实现目的功能起手段作用，是分功能、子功能。如卧式车床，车削加工是目的功能。为实现这一总功能，完成车削加工，车削还必须具备工件的装卸、工件的旋转、刀具的装卸和刀具的送进等手段功能。这些同属车削工件所必需的分功能。

对产品功能定义和分类后可把隐藏的功能全部揭示以便于抓住本质，从而根据用户需要确定产品的必要功能，消除不必要的多余功能。对于新产品，为创造出实现所需功能的新方案，就须对老产品进行适当的功能分析，了解其关系以便开阔设计思路，设计出实现功能的新原理、新结构，达到创新产品之目的。

2. 功能整理

产品及其零部件经过逐个功能定义后彼此是分散的，它们之间的联系很难看出。为实现对产品的功能分析思考，必须把经过定义的功能加以整理使之系统化，最后绘成功能系统图。

功能系统图是功能实现方式的展示，也是分析功能必要程度的依据。它从实现产品总功能出发，通过寻找功能实现手段的方法，找出下位功能并依次递推地追究直至找出末端功能为止。其一般形式如图 8-13 所示。

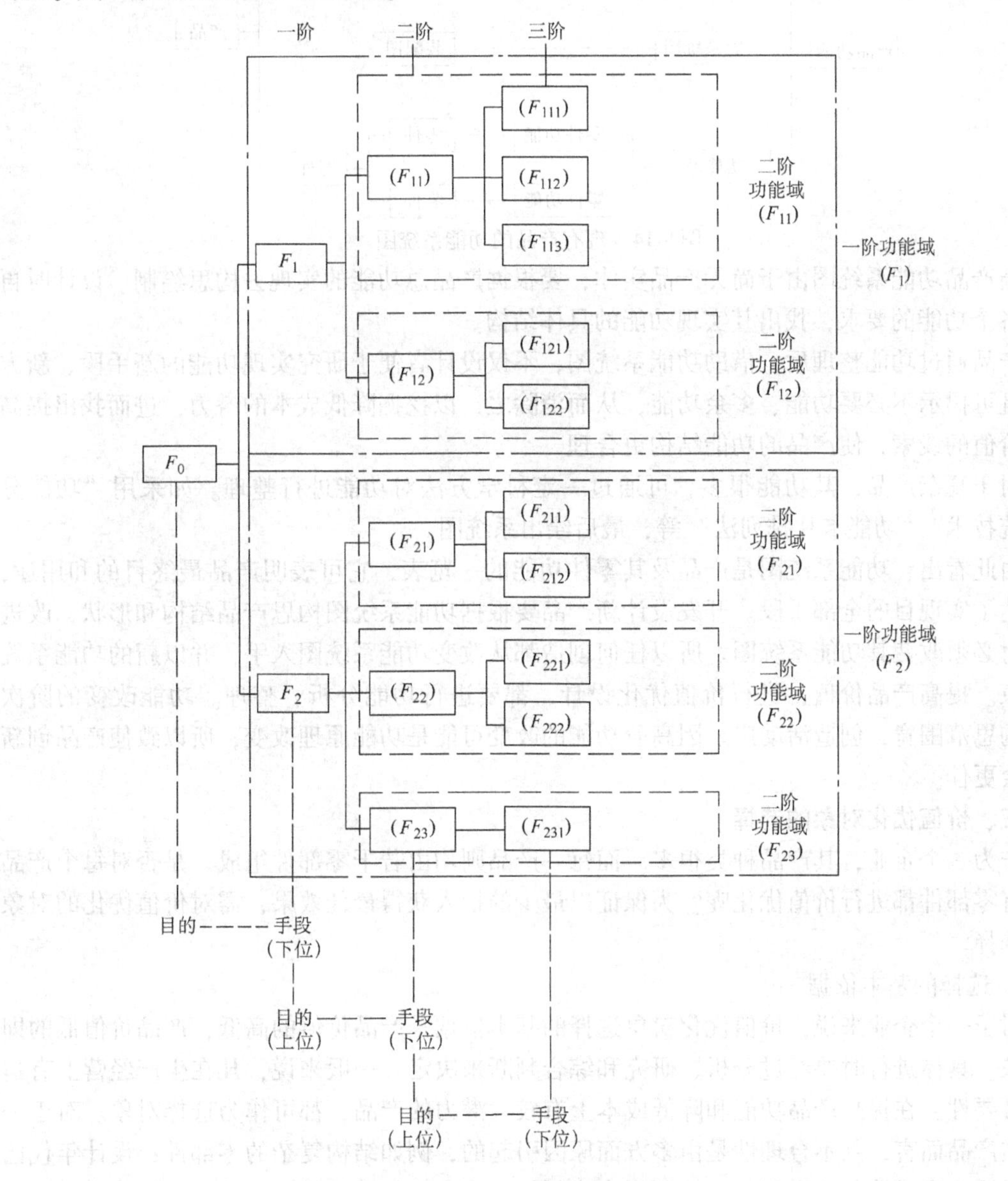

图 8-13　功能系统图形式

在功能系统图中，凡能独立完成某种功能并自成一个系统的功能区域（如图中点划线所围区域），可视为由一组关系密切的功能组成的一个功能群，称为功能域。

这里需指出，对现有产品和拟开发的新产品，它们的功能系统图在形式上是有所区别的。

现有产品的功能系统图是根据现有产品结构实体及对它们下的定义，并按照“目的—手段”之关系整理、绘制的，如图8-14所示，图中以箭头为界，右侧是产品结构，左侧是功能系统图。

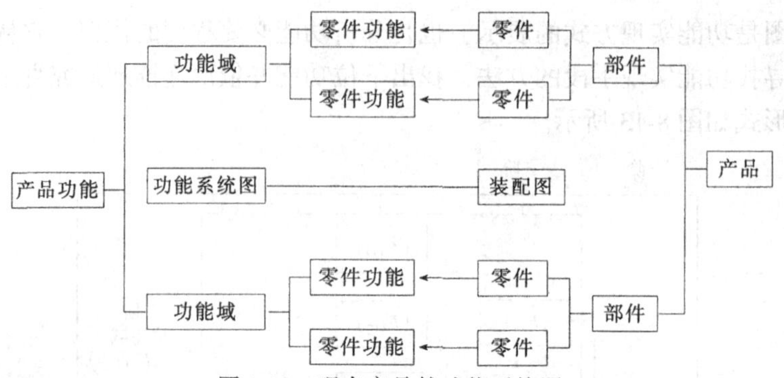

图8-14　现有产品的功能系统图

新产品功能系统图由于尚无产品实体，要根据产品总功能的实现去构思绘制。设计时再根据各个功能的要求，找出其实现功能的具体结构。

产品通过功能整理后，借助功能系统图，不仅设计者便于研究实现功能的新手段、新方法，且可揭示不必要功能、多余功能，从而消除之，以挖掘降低成本的潜力，进而找出提高产品价值的线索，使产品的功能结构更合理。

对于复杂产品，其功能很多，可通过一定科学方法对功能进行整理。如采用“功能分析系统技术”“功能卡片排列法”等，最后绘出系统图。

由此看出，功能系统图是产品及其零件功能的一览表，它可表明产品最终目的和用途，也表达了实现目的全部手段。开发设计新产品要根据功能系统图构思产品结构和形状，改进产品时必须改变其功能系统图。所以任何创造都从改变功能系统图入手，并以新的功能系统图结束。提高产品价值，进行价值优化设计，都要进行功能分析、整理。功能改变的阶次高，构思范围宽，创造活动广。因高阶功能的改变可能是功能原理改变，所以致使产品创新效果会更佳。

三、价值优化对象的选择

作为一个企业，其产品种类很多。而每一产品则均由若干零部件组成。是否对每个产品或所有零部件都进行价值优化呢？为保证以最少的投入获得最佳效果，需对价值优化的对象加以选择。

1. 选择的基本依据

对于一个企业来说，价值优化对象选择的基本依据是产品价值的高低，产品价值低的即为对象。具体进行时要经过分析、研究和综合判断来决定。一般来说，凡在生产经营上有迫切的必要性，在提高产品功能和降低成本上有较大潜力的产品，都可作为选择对象。对于一个具体产品而言，其不合理性是由多方面原因引起的，例如结构复杂的零部件；设计年代已久，需要改进或简化的零部件；体积很大或材料利用率低的零部件；设计中问题较多，及出现废品率高的零部件等。以这些零部件作为重点分析研究的对象，以便在保证产品使用的前提下，通过改进产品设计和工艺，降低原材料消耗和废品率，以改进、简化结构，减少零部件数目，缩小体积，降低加工难度和节省工时等达到产品价值优化之目的。

2. 选择方法

选择方法很多，这里仅介绍常用的两种：

(1) 功能系数分析法　这种方法是寻找功能与所占成本份额不相适应的零部件作为重点改进对象。

1) 功能系数。它表征该零件对产品功能的影响，反映了该零件在产品中的重要程度。功能系数愈大，该零件对产品功能影响愈大、愈重要。

表8-1所示为功能系数的求法。设有零件A、B、C等8种。首先根据在产品中的重要性对比，分别为各种零件评分。例如A较B重要，取A/B为1，否则为0。则零件A的总评分

$$P_A = \sum \left(\frac{A}{B}, \frac{A}{C}, \cdots, \frac{A}{N}\right)$$

同理，可求得P_B，P_C…。零件A的功能系数F_A定义为

$$F_A = P_A \Big/ \sum_{i=A}^{N} P_i$$

同理，可求得F_B，F_C…。

如表8-1所示，$F_D = 0.250$最大，即该产品中零件D最重要。

显然，各功能系数之和应为1，即$\sum F_i = 1.0$

2) 成本系数。它表征该零件所占总成本的份额。若第i种零件成本为C_i，产品总成本为$C_{总}$，则成本系数K_i定义为

$$K_i = C_i / C_{总}$$

3) 功值系数。零件的功值系数定义为该零件功能系数F_i与成本系数K_i之比，若以G_i表示第i种零件的功值系数，则

$$G_i = F_i / K_i$$

若$G_i = 1$，则表示该零件功能价值与成本份额相当。

若$G_i > 1$，则表示该零件占成本份额低，亦即其他部分成本偏高，须对这些部分采取措施。

若$G_i < 1$，则表示该零件成本过高，与功能价值不相适应，应予改进。

表8-1　功能系数的求法

零件名称	一对一比较								评分 P_i	功能系数 F_i
	A	B	C	D	E	F	G	H		
A	X	1	1	0	1	1	1	1	6	0.214
B	0	X	1	0	1	1	1	1	5	0.170
C	0	0	X	0	1	1	1	0	3	0.107
D	1	1	1	X	1	1	1	1	7	0.250
E	0	0	0	0	X	0	1	0	1	0.036
F	0	0	0	0	1	X	1	0	2	0.073
G	0	0	0	0	0	0	X	0	0	0
H	0	0	1	0	1	1	1	X	4	0.143
									$\sum P_i = 28$	$\sum F_i = 1.0$

因此，功值系数法解决了零件功能与成本之间的可比性问题。从中分析，可知产品中每个零件的成本与该零件的重要性是否相称，若二者出现较大差异，则说明该零件的成本应分析改进、调整，以不影响其功能的充分实现为原则而降低成本。

(2)“*ABC*”分析法　“*ABC*”分析法又称比重分析法。利用此种方法可以选出占成本比重大的零部件作为成本分析对象。

运用此法分析时，首先要按产品的零部件列出各自所占总成本的份额，然后按所占成本份额的大小进行排列，最后将一产品的全部零部件分 *A*、*B*、*C* 三类：

取占零部件总数的10%，但其成本约占产品总成本的60%～70%的零件属 *A* 类；

取占零部件总数的20%，但其成本约占产品总成本的20%的零件属 *B* 类；

取占零部件总数的70%，其成本仅占产品总成本的10%～20%的零件属 *C* 类。

用此分类找出对产品影响最大的 *A* 类产品为分析重点，作为降低成本的主要对象。

若产品零部件数量较多，难以全部排列分类时，可先按部件分类，然后再以部件为单位对零件进行分类。另一种办法是将零部件先按一定的成本幅度进行归并，例如可将成本为90～100元的零部件全部归为一档，再按档进行分类。

此法的优点是能抓住重点，有利于集中突破重点，但仅从成本单一因素考虑欠全面。虽在一般情况下成本高的零件功能往往比较重要，但由于成本分配不合理，实际中也有零件功能较重要而成本分配却不足的现象。在这种情况下，便会忽略对这部分零部件的研究。

四、产品功能的价值计算

通过功能定义和功能系统图可定性地分析功能的必要程度及功能实现的方法。为了指示产品改进的部位和方向，找出降低现状成本的具体对象，还必须对产品的总体功能及功能域进行定量的价值计算。

要对功能的价值进行定量计算，必须把功能（*F*）数量化（即用货币表示功能值多少钱），称为功能值，然后除以该功能的现状成本（生产产品实际花费的工厂成本）。

产品的功能价值可表示为

$$V_0 = F_0/C_0$$

式中　F_0——功能值；

C_0——现状成本值。

产品功能价值的大小反映产品物美价廉的程度。就整个产品而言，价值 V_0 的最大值是1。一般均小于1。价值优化的奋斗目标就是使产品的现状成本达到其功能值的水平。若 V_0 小于1越甚则越发应改善。

前已述及，在多数情况下，争取产品的价值等于1并不需对产品进行全面改造，只需对价值低的功能域重点进行完善即可。那么为找出重点改进的功能域，就要计算各功能域的价值。它依旧按照功能系统图，考虑功能重要度及功能值的分配等因素，求出各功能域的功能值及现状成本后再进行价值计算。

求功能值实质是将功能货币化。它不同于一般产品的成本估算。因它只是一种概念，而不是产品实体。要求价值优化分析人员必须想像出采用什么方式和实物，来实现所要求的功能并估算一个最低费用。从这点上说，功能值的确定起着一个制定目标的重要作用。

具体求功能值可用理论成本标准法、实际成本标准法、功能重要度评价法或以市场上各产品的实际价格范围作参考标准等等。

确定功能域或末端功能值的大小是把产品的总功能值如何向功能域和末端功能进行分配的问题。一般是按照功能分配系数来分配的。

如一阶功能域的功能值以公式表示为

$$F_i = F_0 f_i^0$$

式中　F_i——一阶第 i 个功能域的功能值（$i=1, 2, \cdots$）；

f_i^0——一阶第 i 个功能域的功能值分配系数，$\Sigma f_i^0 = 1$。

这里功能值分配系数由功能重要度系数和功能实现难度系数两因素来考虑。

功能重要度系数 f 值在功能分析后确定。一般来说，绝对必要的功能其 f 值大些，次要的或不必要的功能其 f 值相应取小些。

而功能实现的难易程度对功能值分配有较大的影响。有些重要功能，实现并不难；而有些不重要功能，实现起来却费用很高。单纯按功能重要程度分配产品功能值可能出现片面性。为此引入功能难易程度系数 α 以进行修正。

由此功能值分配系数 $f_i^0 = f_i \alpha_i$。

α 取值不宜过大且为经验数据，它的选择依具体条件具体分析。

五、降低成本的途径和措施

从价值优化观点除对产品作功能分析求出功能值外，还必须对产品的成本进行分析，以确定产品和功能域的现状成本，寻求设计上降低成本的方法，为改进产品设计创造条件。

产品的成本结构如图 8-15a 所示。产品的性质不同，其各成本所占比例不同。产品的总成本是生产成本与使用成本之和。随着对产品性能要求的提高，生产成本会增加而使用成本将降低，如图 8-15b 所示，其中有一总成本最低点。设计时应根据要求寻找性能适宜、总成本较低的价值优化方案。

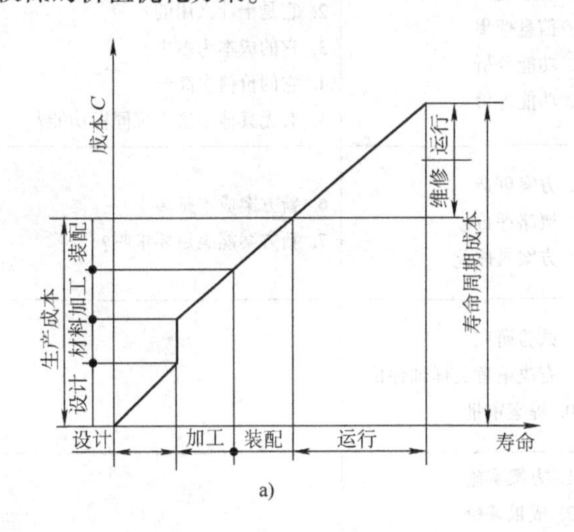

a)

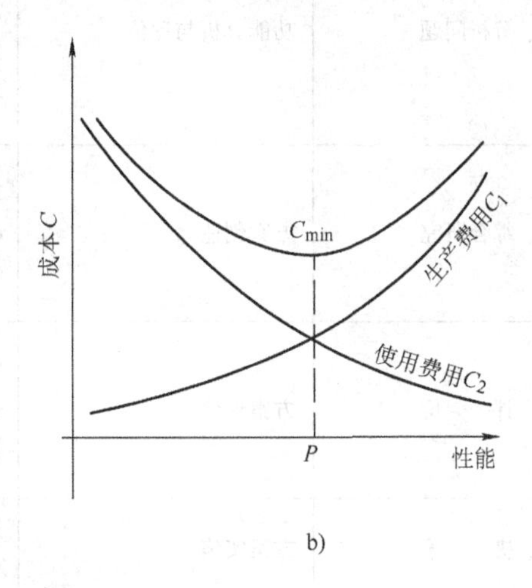

b)

图 8-15　产品成本结构图

对于单一产品，其现状成本只要把全年实际的总成本除以全年产量即可。多品种生产情况下，一般按各产品的实际消耗额直接计入产品现状成本。而间接消耗费用要考虑在各产品间合理分摊来处理。

产品中各功能域或末端功能的现状成本要依据功能系统图，分清零、部件与哪几个功能域有关，以把众多的零部件成本正确地分配折算到相应的功能域或末端的功能成本中去。按功能系统图从一阶功能到末端功能逐级直接进行分配即可。

从产品成本结构图知，降低产品成本可从几方面努力。不论是生产成本、运行成本和维修成本，它们都与设计密切相关。尤其是生产成本，它的70%以上是取决于设计阶段的。如何在设计中降低产品成本则是首要环节。要通过不同设计方案的价值分析，比较选择，力求使设计方案能以最低的成本获得最佳的产品。

产品的材料成本在其生产成本中占相当大的比例。在材料上，选用合理廉价或代用材料、新型材料并考虑材料的重复利用等；对于功能与总体尺寸无关的产品，要注意应用紧缩设计法，即在设计中贯彻紧凑原则，使产品体积小，质量轻。这不仅可降低材料成本，还能显著减少储存费用和运输费用。

在结构设计上应尽量减小零、构件尺寸，尽量减少零件的数目，设计便于加工的结构、减少加工工序的结构和降低公差与技术要求的结构，并尽可能采用大批量生产的外购件、标准件或模块式组合结构。

设计人员要及时了解有关产品制造的最新知识、新技术和新工艺等，要尽可能发挥电子计算机在设计中的作用，使设计与加工成一体化系统，从而可节约更多的设计时间，提高产品的生产率而降低产品的成本。

六、价值优化工作的程序

价值优化工作的程序如表8-2所示。

表8-2　价值优化工作程序和步骤

一般决策过程	工作程序和步骤		提　问
一、分析问题	功能分析与评价	1. 对象选择 2. 信息搜集 3. 功能分析 4. 功能评价	1. 价值优化的对象是什么? 2. 它是干什么用的? 3. 它的成本为多少? 4. 它的价值多高? 5. 有无其他方法实现同样功能?
二、综合研究	方案创造	5. 方案创造 6. 概略评价 7. 方案具体化	6. 新方案成本是多少? 7. 新方案能满足要求吗?
三、评　价	方案评价	8. 试验研究 9. 有决策意义详细评价 10. 提案审批	
四、决　策	方案实施	11. 方案实施 12. 成果评价	

价值优化的工作程序是一种系统分析法。它的分析对象非常广泛，各行各业均可应用。推行价值优化是保证产品质量、降低成本、提高经济效益的重要途径。

在激烈竞争的市场经济形势下，我国机械工业许多新产品急待研制，许多老产品急需更新改造，价值优化作为商品化设计的组成部分，能促进开阔设计思路，创新设计原理和结构，使功能与成本达到最佳统一，是设计产品达到物美价廉的有效手段之一。

七、价值优化实例——Z3125 型移动式万能摇臂钻床的价值分析

1. 概述

Z3125 型万能摇臂钻床是一种小型孔加工设备，能在该摇臂的回转范围内加工垂直孔、水平孔及各种斜孔。产品外形如图 8-16 所示。

该钻床原是 20 世纪 70 年代中期全国联合设计的摇臂钻床系列产品，具有结构新颖、通用性强和外观好等特点，产品销路广阔，但存在价格上的竞争。

由于是属新设计的产品，故功能上有以下几点尚需改进：

1）减小水平移动摇臂时所需施加的力，并提高夹紧的可靠性。

2）增加摇臂手动微进给机构，以适应加工斜孔、水平孔时找正位置的要求。

3）提高绕十字头水平轴线旋转的灵活性。

4）降低噪声。

该产品与同类型老产品 Z32 摇臂钻相比，其成本仍高出 1800 余元。

经分析，在满足功能改进要求的前提下，暂把产品的功能值定为 4000 元，最终应把达到 Z32 摇臂钻床的成本水平作为奋斗目标。

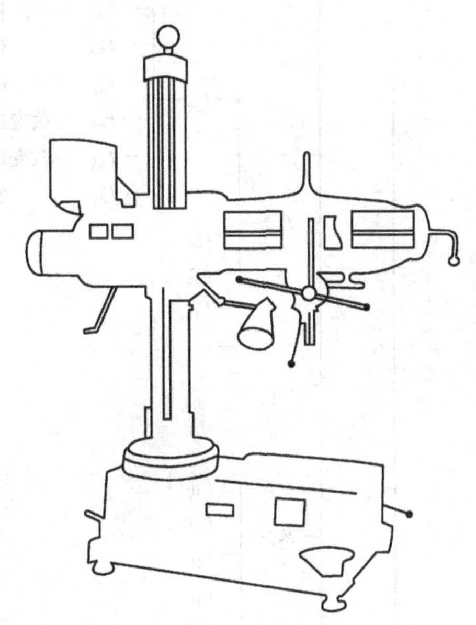

图 8-16　Z3125 型移动式万能摇臂钻床外形图

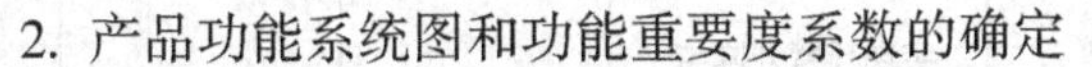

2. 产品功能系统图和功能重要度系数的确定

（1）功能系统图的确定　具体方法是从产品总体功能“提供万向孔加工”开始，通过逐阶往下寻找手段功能来完成。绘出功能系统图如图 8-17 所示。

（2）功能重要度系数的确定　功能重要度系数是以功能域为单位逐阶计算确定的。功能域的重要系数可由四位有经验的产品设计师通过直接打分的方法确定。从一阶功能域做起，依次至下一阶功能域。

图 8-18 所示汇总了功能重要度系数的分配结果。图中的功能重要度系数值将作为以后分配功能值的基础。

3. 功能域和现状成本的确定

功能域和末端功能的现状成本应等于各功能域或末端功能所包含的全部零件的现状成本。每个零件都应有自己的归属，应划入相应的功能域或末端功能之内。凡没有归属的零件只能视为属于不必要的功能应予取消。

因所有零件的现状成本应该是已知的，故只要分清哪个零件是为哪个功能域或末端功能服务的，其功能域或末端功能的现状成本就不难计算了。对多功能零件成本经分摊后，根据零件的归属关系按功能域和末端功能汇总，如图 8-19 各阶 *C* 栏所列，即为最后计算出的各阶功能的现状成本。

4. 功能域和末端功能价值的计算与成本降低额的预计

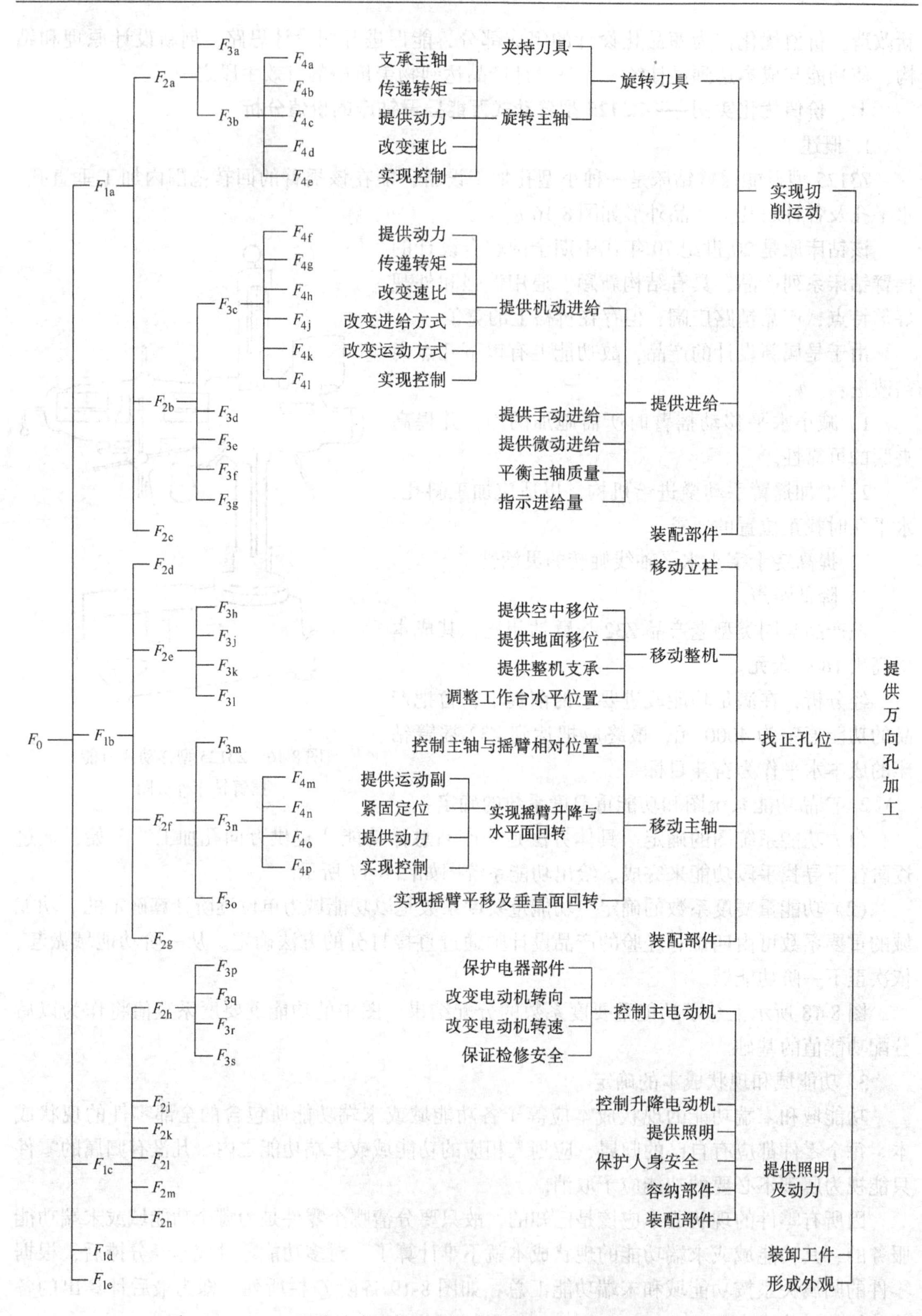

图 8-17 Z3125 型移动式万能摇臂钻床功能整理汇总图——功能系统图

末端功能编号	评价者				末端功能重要度系数
	甲	乙	丙	丁	f
1					0.0057
2					0.0448
3					0.0527
4					0.0312
5					0.0468
6					0.0195
7					0.019
8					0.031
9					0.018
10					0.02
11					0.031
12					0.015
13					0.021
14					0.018
15					0.011
16					0.006
17					0.03
18					0.019
19					0.0042
20					0.0265
21					0.11
22					0.11
23					0.19
24					0.119
25					0.02
26					0.01
27					0.005
28					0.115
29	0.02	0.02	0.03	0.015	0.02
30					0.008
31					0.008
32					0.008
33					0.004
34					0.024
35					0.009
36					0.010
37					0.009
38					0.01
39	0.09	0.10	0.09	0.08	0.09
40	0.03	0.01	0.02	0.02	0.02
合计					1.006

图 8-18 Z3125 型移动式万能摇臂钻床各末端功能重要度系数汇总表

将各个功能域和末端功能的功能值除以其现状成本，便可求得其价值，如图8-19所示各阶的V栏。从现状成本中减去其功能值便可得出其预计成本降低额，如图8-19所示的（$C—F$）栏。

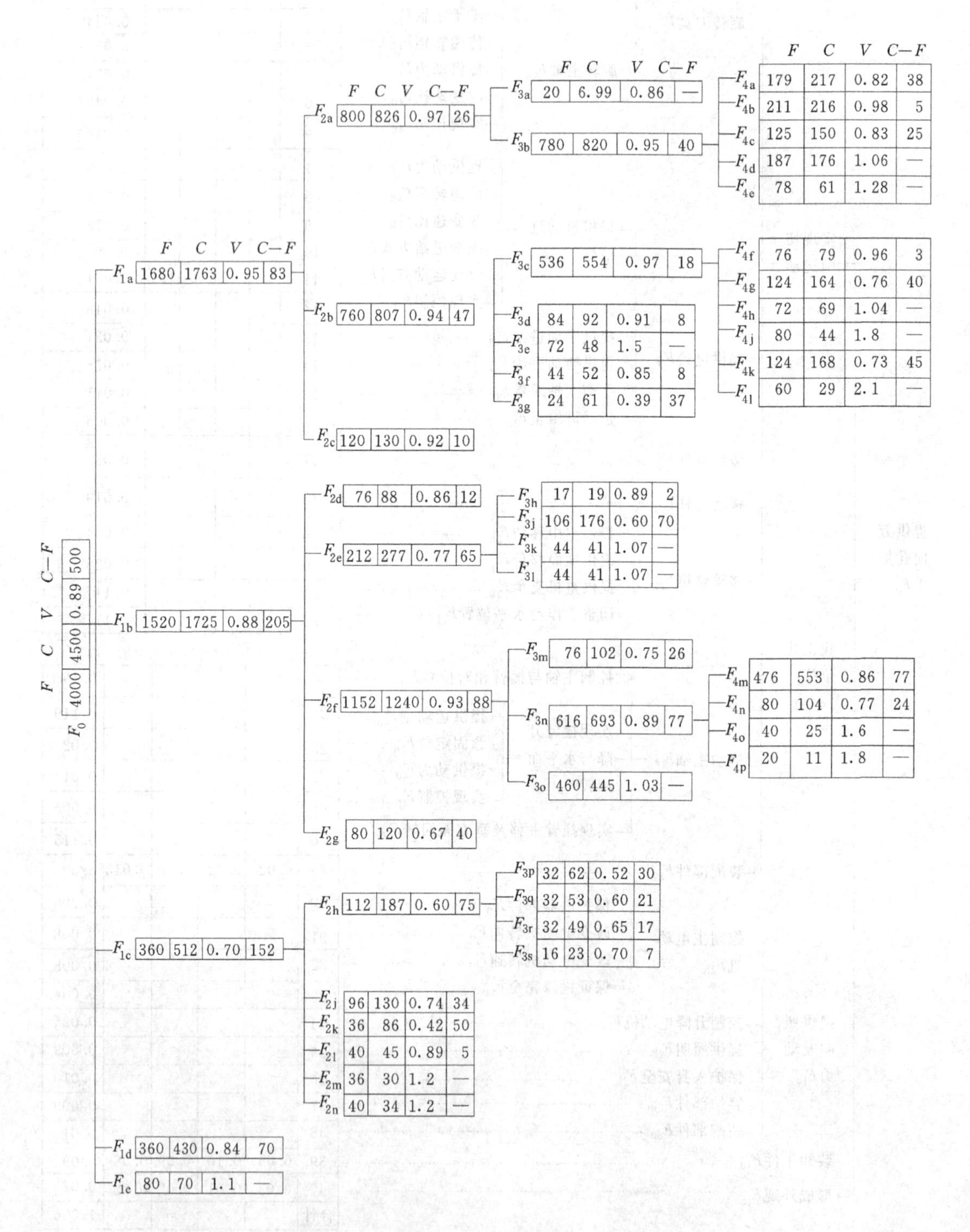

图8-19 功能域和末端功能的功能值、现状成本、价值和成本降低幅度

检查图中各阶功能域的价值远小于1者并不太多，这说明该产品不属于大部分都需改进的类型。需改进的有两个部分；一部分是降低成本潜力较大的，另一部分是功能需提高的。

5. 改善措施与改进效果

（1）降低成本的改善措施　确定对象主要是根据价值偏离1的程度及（$C—F$）值的大小。价值远小于1且（$C—F$）值较大者为重点改善对象。采取改进设计等措施，提高其价值以达到整机成本不超过4000元的目标。

如“转移整机”（F_{2e}）功能域现状成本为277元，而功能值仅为212元，它的四个下位（末端）功能域的价值分别为$F_{3h}=0.89$，$F_{3j}=0.60$，$F_{3k}=1.07$，和$F_{3l}=1.07$，说明前两个末端功能成本过高，尤其是F_{3j}（“提供地面移位”）应把其作为改善对象。

从设计来说，原功能F_{3j}设计的结构有四滚轮，四个千斤顶。支撑整机进行工作主要是依靠四个千斤顶；保证机床在地面上移动的是靠四个滚轮。若从四个滚轮中去掉一个，不仅不影响使用反而使移动更方便。进一步将原设计的滚轮支承结构改为滑动轴承，如图8-20所示，从而可省去滚动轴承及相应零件，使F_{3j}功能域现状成本降低80多元，从而使价值得到提高。

类似措施在本案例中有十余项，不再列举。

（2）提高功能的改善措施　应提高功能的改善对象主要是根据用户要求确定。同时价值大于1的功能域或末端功能中，也存在功能需提高的情况，故也是确定对象的依据。

本案例根据用户提出的改进要求，对“实现摇臂平移及垂直面回转”这一末端功能进行分析。根据原结构，摇臂在垂直面内是连同主轴箱、电动机座、电动机一起回转的，使得回转过于沉重，且不易对准孔位。

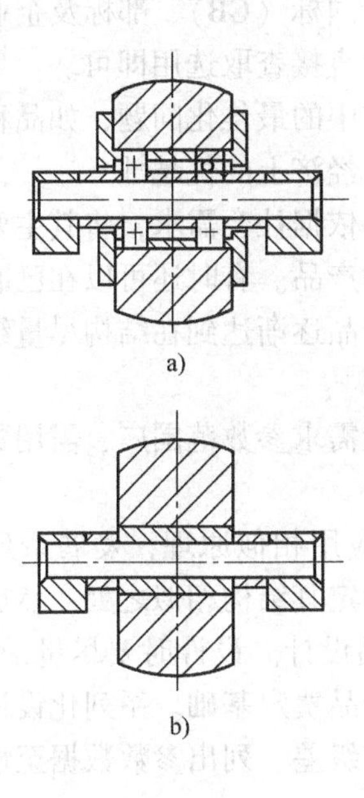

图8-20　滚轮改进示意图

a）改进前　b）改进后

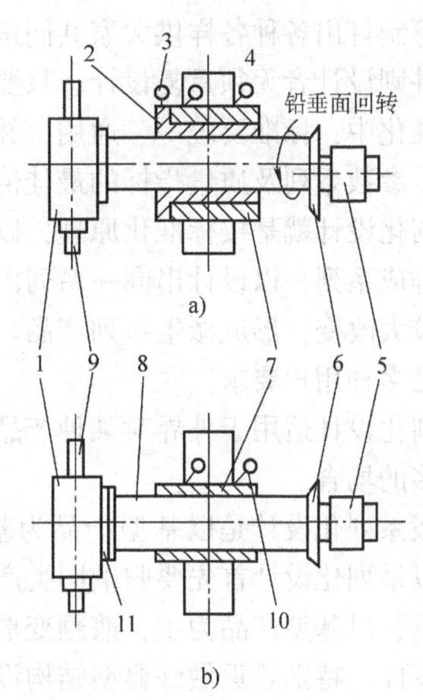

图8-21　横梁改进示意图

a）改进前　b）改进后

1—主轴箱　2—大套　3、10—水平移动锁紧　4—回转锁紧　5—主电动机　6—电动机座　7—十字套　8—摇臂　9—主轴　11—T形槽盘

改善措施：采取在主轴箱和摇臂之间加一圆盘，需回转摇臂时只需转动主轴箱即可。摇臂水平位移可直接以十字套作支承，省去大套（质量54.4kg，成本96.2元）且将原来的回转锁紧机构改用于水平移动锁紧（图8-21），由此功能提高而成本降低了120元。

其他改进措施不再列举。

(3) 改进后的综合效果　采取以上两方面措施后，从成本降低中减去因改善功能而增加的费用，使每台机床净成本降低额为485元，接近目标降低额。

此案例重点放在改进设计上，尚未及考虑加工、包装等方面存在的潜力，若能进行全面分析，会收到更好效果。

第四节　产品的标准化、系列化和模块化设计——商品化设计措施之三

当前，科技飞速发展使产品日趋复杂和多样化，产品设计和更新的节奏大大加快。产品作为商品，要在国内外工业产品市场上具有强大的生命力，就必须在最短时间内不断设计制造出质高、价廉、新颖的创新产品。要使设计产品尽快投产上市与销售，以在竞争中争取主动，处于有利地位，产品的标准化、系列化和模块化设计是现代机械设计争取时间、加快速度的重要手段。

在不同类型、不同规格的各种产品中，有相当多的零部件是相同的，将这些零部件标准化，并按尺寸不同作出系列化，无疑很重要。

所谓**零件的标准化**，就是通过对零件尺寸、结构要素、材料性能及检验、设计方法和制图要求等制订出各种各样供大家共同遵守的标准，如现行国标（GB）、部标及企业标准。有了标准件则设计者无须重复设计，只要从有关手册标准中直接查取选用即可。

标准化中，标准要统一、通用，并要考虑标准化工作中的最佳化问题，如品种规格的最佳数目、参数系列及质量指标的最佳值等，使标准体现出经济上的优越性。

系列化设计就是按标准化原理，以基型产品为基础，依据社会需求，将其主要参数及形式变化排成系列，以设计出同一系列内各种形式、规格的产品。有时还可以在已有系列基础上进行较大改变，形成派生系列产品。其目的是使同类产品逐渐达到在结构尽量统一的基础上来满足多种用户要求。

系列化设计适用于外界对某种产品的实际需求和潜在需求参数范围广、需用数量大和结构形式多的场合。

一般系列化设计是以基型产品为基础，统一规划，应用相似原理，发展系列内其他产品。所以系列化设计首先要归纳同类产品的共同规律，确定其结构相似之处，然后，从整个系列出发，以基型产品为主，兼顾变形产品进行基型产品设计。设计时要尽量采用标准化、通用化零件，特别着重做好典型结构设计，为发展系列产品奠定基础。系列化设计应根据使用要求、合理分档，经过基型设计、确定相似种类、确定级差、列出参数数据至最后确定结构尺寸等步骤。

系列化产品的设计要点如下：

1) 选择需求量最大、技术参数适中、复杂程度一般的产品作为基型产品，并对它进行优化设计。

2）将基型产品的主要性能参数，按照不同的数段（即：0.1～1.0；1.0～10；10～100等）和标准优先数系传播，得到公比为$\phi=\sqrt[r]{10}$的数系传播。其中r的标准值为5，10，20，40，标记为$R5$，$R10$，$R20$，$R40$。

3）参数的数系根据外界需求的发展，逐步由$R5$到$R10$增多，或者采用$R5$～$R40$复合的优先数列。要兼顾常用参数变化和少用特殊参数的需求。

4）依据主要参数的传播和变化，产品结构形式亦作相应的改变，经整理、圆整、补充、排列以形成多样化的结构序列。

5）将基型产品的基本数据，通过相似换算，扩展到各个变型产品上，并画出结构扩展图，性能曲线图作为产品型谱供选用。

模块化设计是近年来发达国家普遍采用的一种先进设计方法，它是在市场调研基础上，通过对产品功能分析，划分基本模块、通用模块或专用模块，以模块为基础而进行设计。通过模块更换或加减来构成不同品种、不同规格的产品，以最大限度地满足市场对产品品种的需求。如用模块组合原理将不同功能的夹具、机床模块组合成为组合夹具、组合机床，即是模块化的简单实例。模块化绝不是积木化，不是简单积木的堆积，它体现出同样功能的情况下价格低、设计周期短。

机械产品中的所谓模块，就是一组具有同一功能和结合要素，但性能和结构不同却能互换的单元，这些单元称为功能模块。由功能模块系实现产品的总功能，要保证功能模块的互换性、可组合性，力求以少数模块组成尽可能多的产品。模块的划分必须强调功能的独立性，要注意研究分析模块的相关特性，确定合理的界面、正确的连接方式、定位方式及合适的精度。要不断提高模块的标准化、通用化、规格化的程度。此外，考虑同一模块要在多种产品中应用，要使之在所有产品中都达到外形协调匀称；模块化设计必须注意构成产品综合造型效果及要处理好模块在结构上的冗余或欠缺问题。

用模块化设计原理把几种基本功能模块组成使用较广、产量较多的基型产品设计后，再按模块化原理和相似原理进行变型设计、适应性设计、系列设计，即可构成具有高度通用化、模块化的变型产品、系列产品。

从零件标准化到产品系列尺寸的扩充，发展至零部件结构的模块化，可大大提高互换性要求，不仅是连接尺寸的互换，也是使用功能等效性互换。特别是对产品，从整体到局部作系统分解，寻求最小功能独立单元的最佳结构，通过选择具有不同分功能的模块，评价其组合的可能性和合理性，进而合理地组合。这不是几个零件的组合，而是以简单结构功能模块满足更多复杂的总功能及某些特殊功能的组合，可以说这也是创造。

产品的标准化、系列化、模块化设计在商品化设计中具有独特的意义。主要体现在以下几点：

1）缩短产品设计和制造周期，从而缩短了供货期限，有利于市场争取客户。由于采用标准零件及标准结构和通用模块，使设计工作简化，产品工艺流程和工艺装备定型，使制造周期缩短。

2）有利于新产品开发和产品更新换代，使企业对市场的快速应变能力增强。由于设计工作简化，设计人员可集中更多精力用于关键零部件的创新设计工作及尽快将最新科技应用于标准、系列、模块化的设计中，尽快转化为生产力。

3）有利于提高产品质量，降低成本，提高产品的市场竞争力，便于安排专门工厂采用先进技术大规模集中生产标准零部件和模块，从而有利于合理使用材料、应用成组技术及CAD系统，保证产品质量和降低成本。

4）可减少技术过失的重复出现，增大互换，便于维修管理，因此产品的“标准化、系列化、模块化”设计程度高低是评价产品优劣的指标之一。

当前，科学不断深入发展，出现了学科交叉及相互渗透。巧妙地探索和利用事物间的内在联系，用科学知识通过待定方向的重新组合与联络，可产生更多新的方案和新的创新设计。所以进一步推行标准化、系列化、模块化设计，可大大缩短设计周期和生产周期，以最快的速度、最经济的手段而达到创新最优产品。这对于提高产品设计的商品化竞争能力显然具有特殊重要的意义。

第五节　产品性能适用性变化——商品化设计措施之四

在市场商品日益丰富、人们生活水平普遍提高的今天，人们对产品的需求有不同要求，往往更为重视产品的特色、质量，如要求功能齐备、质量上乘、式样新颖等。在经济发展的同一时期，不同类型的人对产品价值也会有不同的要求，在购买行为上显示出极强的个性特点和明显的需求差异性。因此，要求企业必须认真分析人们需求的共同特点及需求的个性特征，据此进行产品的开发与设计，增强产品性能的适用性变化。

产品性能适用性变化是争取用户的重要手段。一个成功的产品若仅以单一的品种规格面市，无疑将会失去很多有特殊要求的顾客。因顾客的使用要求、爱好和购买力千差万别，为适应更广的顾客需求，在产品基本功能不作重大改变情况下，可对产品作三种适用性变化。

1. 适用性改变

产品应用在不同国家、地区或民族，因消费使用受到文化、社会、个人和心理因素的影响，从而形成不同人口环境、经济环境、自然环境和技术环境等的宏观市场营销环境的变化，其使用条件上有很大差别，诸如电压、气温、道路、习惯等等，产品设计时应先考虑这些变化，以市场消费的不同需求为导向作出相应的改变，达到扩大市场需求量的目的，挖掘新用户、增加用户数量的潜力。

2. 开发新用途

为产品开辟新的用途，可扩大需求量，并使产品销路久畅不衰。考虑一机多用，具备多功能。同一产品有时常可在原先未曾打算使用处发现新用途。如自行车，过去只考虑作为一般交通工具。现已开发旅游车、山地车、竞技车、水陆两用车、小型折叠车等许多新用途的车型，扩大了市场。再如，小功率手扶拖拉机、小型液压挖掘机，很受偏远地区、山区农民欢迎，它不仅能干农活，而且可作其他作业的动力使用，有时也常用作运输工具。许多事例表明，新用途的发现往往归功于顾客。凡士林最初问世时只作机器润滑油用，以后经使用才发现它还可用作润肤脂、发胶、药膏等等。

产品用途不断开发、扩展，不仅提高产品适用性及市场占有率，而且可提高企业在市场上的信誉及地位。

3. 增添附加功能，拓宽使用面

在基本功能上增添附加功能，使产品的功能完善、周全，以此拓宽使用面。如台式喷香风扇，它是在微风电扇的基础上加上了香水，不仅使人凉爽舒适，还可净化空气，若再加定时、报时、收音、照明等功能，就大大增强了市场吸引力，收到竞争取胜的效果。

又如德国生产的一种自行车，其表面喷涂的颜色可以随光线的强弱而变化，黑色的车在阴天中变成白色，行驶中的汽车在很远的地方就能发现，可以减少交通事故，大受消费者的欢迎。

此外，适用性变化还可表现在以下诸方面：①操作适用性，即简化产品的操作程序，减少操作按钮开关，使不同文化程度的用户均可方便使用；②精简适用性，即同一产品可有简装耐用和精制珍品的不同品种，以满足不同消费者的愿望；③尺度适用性，即改进产品结构尺寸以适应不同人体尺度的要求，满足用户的舒适和珍爱的心理要求等。

第六节 绿色产品设计——商品化设计措施之五

一、绿色产品设计的基本概念

1. 绿色产品

绿色产品是绿色设计的最终体现，是产品绿色程度的载体，是机械产品商品化的重要内容。因此，首先必须弄清楚什么样的产品是绿色产品。绿色产品就是在其生命周期全程中，符合特定的环境保护要求，对生态环境无害或危害极少，资源利用率最高，能源消耗最低的产品。

2. 绿色设计

绿色设计 GD（Green Design）也称为生态设计 ED（Ecological Design）、环境设计 DFE（Design for Environment）、生命周期设计 LCD（Life Cycle Design）或环境意识设计 ECD（Environmental Conscious Design）等。绿色设计是在产品整个生命周期内，着重考虑产品环境属性（可拆卸性、可回收性、可维护性、可重复利用性等），并将其作为设计目标，在满足环境目标要求的同时，保证产品应有的功能、使用寿命、质量等。

传统设计是绿色设计的基础。因为，任何产品都首先必须具有所要求的功能、质量、寿命和经济性，否则绿色程度再高的产品也是没有实际意义的。绿色设计是对传统设计的补充和完善，传统设计只有在原有设计目标的基础上将环境属性也作为产品的设计目标之一，才能使所设计的产品满足绿色性能要求，具有市场竞争力。绿色设计和传统设计在设计依据、设计人员、设计工艺和技术、设计目的等方面都存在着极大的不同。

绿色设计与传统设计的根本区别在于，绿色设计要求设计人员在设计构思阶段，就要把降低能耗、易于拆卸、再生利用和保护生态环境与保证产品的性能、质量、寿命、成本的要求列为同等的设计目标，并保证在生产过程中能够顺利实施。

3. 绿色设计的特点

由绿色设计的定义可以看出，绿色设计的主要特点包括以下几个方面：

（1）扩大了产品的生命周期　传统的产品生命周期是从“产品的生产到投入使用”为止，有时也称为“从摇篮到坟墓”的过程；而绿色设计将产品的生命周期延伸到了“产品使用结束后的回收重用及处理处置”，也即“从摇篮到再现”的过程。

（2）绿色设计是并行闭环设计　传统设计是串行设计过程，其生命周期是指从设计、制造直至废弃的各个阶段，而产品废弃后如何处理处置则很少被考虑，因而是一个开环过程；而绿色设计的生命周期除传统生命周期各阶段外，还包括产品废弃后的拆卸回收、处理处置，实现了产品生命周期阶段的闭路循环，而且这些过程在设计时必须被并行考虑，因而绿色设计是并行闭环设计。

(3) 绿色设计有利于保护环境，维护生态系统平衡　设计过程中分析和考虑产品的环境需求是绿色设计区别于传统设计的主要特征之一，因而绿色设计可从源头上减少废弃物的产生。

(4) 绿色设计可以防止地球上矿物资源的枯竭　由于绿色设计使构成产品的零部件材料可以得到充分有效地利用，在产品的整个生命周期中能耗最小，因而减少了材料资源及能源的需求，保护了地球的矿物资源，使其可合理持续利用。

(5) 绿色设计的结果是减少了废弃物数量及其处理的棘手问题　绿色设计将废弃物的产生消灭在萌芽状态，可使其数量降低到最低限度，大大缓减了垃圾处理的矛盾。

4. 绿色设计研究的主要内容

绿色设计研究的主要内容包括：绿色设计的材料选择与管理，产品的可拆卸性设计，产品的可回收性设计，绿色产品的成本分析，绿色产品设计数据库等。

二、绿色设计方法

1. 绿色设计过程

绿色设计过程一般需要经历以下几个阶段：需求分析、提出明确的设计要求、概念设计、初步设计、详细设计和设计实施。

图8-22所示则表示了绿色设计的过程模型。

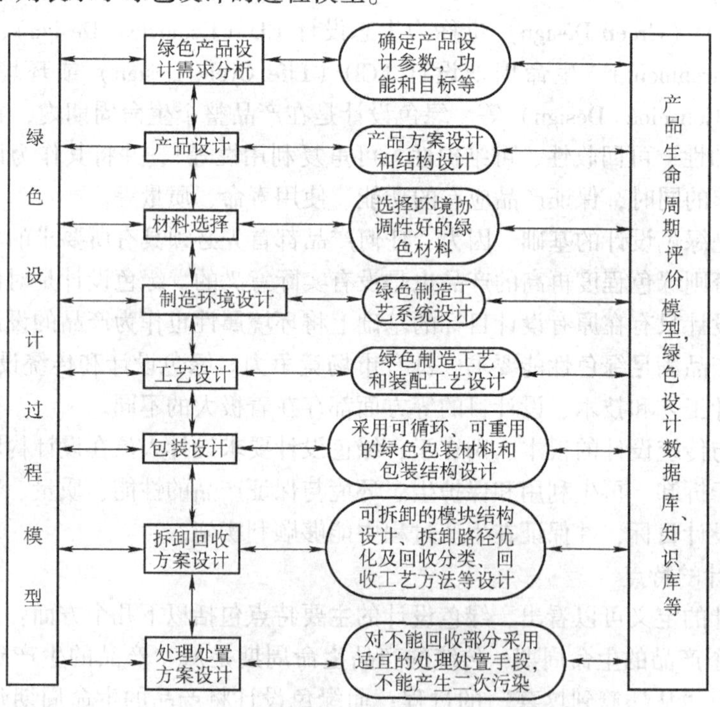

图8-22　绿色设计的过程模型

2. 绿色设计方法

为了满足绿色产品的基本性能要求、环境属性要求等，绿色设计是多种现代设计方法的集成。

(1) 系统论设计思想与方法　其核心是把绿色设计对象以及有关的设计问题视为系统，然后用系统论和系统分析概念和方法加以处理和解决。所谓系统的方法，即从系统的观点出发，始终着重于从整体与部分之间，整体对象与外部环境之间的相互联系、相互作用、相互制约的关系中综合地、精确地考察对象，以达到最佳处理问题的一种方法。系统论的设计思想主要表现在解决设计问题的指导思想和原则上，就是要从整体上、全局上、相互联系上来研究设计对象及有关问题，从而达到设计总体目标的最优和实现这个目标的过程和方式的最优。绿色设计就是要在技术与艺术、功能与形式、环境与经济、环境与社会等联系之中寻求一种适宜的平衡和优化。片面地研究某一侧面并加以过分地强调都必然导致对产品最终绿色程度的影响。因此，系统的绿色设计要求产品的设计、生产、管理、经济性、维护性、包装运输、回收处理、安全性等方面均应从系统的高度加以具体分析，确定其各自的地位，在有序和协调的状态下，使产品达到整体“绿色化”。

(2) 模块化设计　模块化设计是产品结构设计的一种有效方法，也是绿色设计中确定产品结构方案的常用方法。模块化设计就是在对一定范围内的不同功能或相同功能不同性能、不同规格的产品进行功能分析的基础上，划分并设计出一系列功能模块，通过模块的选择和组合可以构成不同的产品，以满足市场的不同需求。利用模块化设计可以很好地解决产品品种、规格与设计制造周期和生产成本之间的矛盾。模块化设计也为产品快速更新换代，提高产品质量，方便维修，有利于产品废弃后的拆卸回收，增强产品的竞争力提供了条件。

(3) 长寿命设计　长寿命设计的目的是确保产品能够长期、安全地使用。长寿命设计的关键是要使得工作应力小于零件的疲劳强度极限。一般方法是先用静强度设计出零件的尺寸，然后再进行疲劳强度校核。只要校核通过，则可认为零件具有长寿命。如果疲劳校核通不过，则应重新确定零件的形状和尺寸。

3. 绿色设计的步骤

绿色设计的主要步骤，包括搜集绿色设计信息、建立绿色设计小组、绿色产品方案设计、绿色设计决策及建立企业联盟。

(1) 搜集绿色设计信息　绿色设计信息是关于绿色产品的科技水平、材料、法规、市场需求及其竞争力方面的信息，只有通过搜集绿色信息，企业才能掌握绿色商机。绿色信息的搜集要兼顾内部及外在因素的评价与分析。内部因素包括：绿色市场趋势、减废技术、环保政策、环保法规、绿色制造的成本等。外在因素则包括：驱动环境的绿色消费者、绿色供应商、竞争对象、政府、技术发展等。这些信息的搜集与分析，是为了拟定以环保为导向的企业设计策略与发展方向。

(2) 建立绿色设计小组　绿色设计的主要任务就是在通过成立绿色工作小组 GTW (Green Team Work) 或类似机构、组织，来观察企业目前的绿色设计表现，决定未来企业的绿色设计需求，评价现有绿色设计与未来设计需求的目标差距，推动绿色设计改善及掌握最新的绿色设计信息。绿色设计小组可根据企业的规模成立专门的部门或工作小组，负责推动绿色设计业务的开展。

(3) 绿色产品方案设计　根据搜集的绿色信息提出各种具体可行的绿色概念方案。概念方案可以是一个或多个。对概念方案的评估是在设计、制造、包装、运输、消费、废弃、处理等综合流程中，以废弃物的减量化、最小化、资源化作为设计的目标，并根据每一方案的技术可行性与市场配合性作整合性的评估，最后确定出具体可行的最终设计方案。

（4）绿色设计决策　企业把环境保护纳入其决策要素之中，在产品设计过程中，对最终可行的设计方案，进行产品生命周期分析。

（5）建立企业联盟　绿色产品的发展无论在范围还是在种类方面均取得了长足的发展，由于单个企业活动难以跨越产品生命周期全程，且单个企业活动又极为有限，因而企业联盟在绿色设计中具有十分重要的作用。

绿色设计的实施可以分三步进行：

1）在现有产品基础上进行再设计（Redesign）。

2）完全改变现有产品结构。

3）全新的绿色产品概念。

4. 绿色设计准则

绿色设计准则就是在传统产品设计中通常依据的技术准则、经济性准则和人机工程准则的基础上纳入环境准则，并将环境准则置于优先考虑的地位，如图8-23所示。

（1）与材料有关的准则　产品的绿色属性与材料有着密切的关系，因此必须仔细而慎重地选择和使用材料。与材料有关的准则包括以下几个方面：

1）少用短缺或稀有的原材料，多用废料、余料或回收材料作为原材料。

2）尽量减少产品中的材料种类，以利于产品废弃后的有效回收。

3）尽量采用相容性好的材料，不采用难于回收或无法回收的材料。

4）尽量少用或不用有毒有害的原材料。

5）优先采用可再利用或再循环的材料。

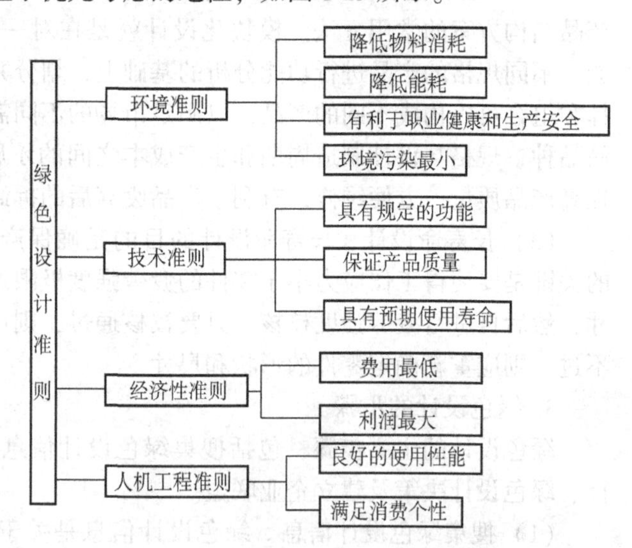

图8-23　绿色产品设计准则示意图

（2）与产品结构有关的准则　产品结构设计是否合理对材料的使用量、维护、淘汰废弃后的拆卸回收等有着重要影响。在设计时应遵循以下设计准则：

1）在结构设计中树立“小而精”的设计思想，在同一性能情况下，通过产品的小型化尽量节约资源的使用量。如采用轻质材料、去除多余的功能、避免过度包装等，减轻产品质量。

2）简化产品结构，提倡“简而美”的设计原则。如减少零部件数目，这样既便于装配、拆卸、重新组装，又便于维修及报废后的分类处理。

3）采用模块化设计，此时产品是由各种功能模块组成，既有利于产品的装配、拆卸，也便于废弃后的回收处理。

4）在保证产品耐用的基础上，赋予产品合理的使用寿命，同时考虑产品精神报废的因素，努力减少产品使用过程中的能量消耗。

5）在设计过程中注重产品的多品种及系列化，以满足不同层次的消费需求，避免大材小用、优品劣用。

6）简化拆卸过程。如结构设计时采用易于拆卸的连结方式，减少紧固件数量，尽量避免破坏性拆卸方式等。

7）尽可能简化产品包装，采用适度包装。

（3）与制造工艺有关的准则　制造工艺是否合理对加工过程中的能量消耗、材料消耗、废弃物产生的多少等有着直接的影响。绿色制造工艺技术是保证产品绿色属性的重要内容之一。与制造工艺有关的设计准则包括以下几个方面：

1）优化产品性能，改进工艺，提高产品合格率。

2）采用合理工艺，简化产品加工流程，减少加工工序，谋求生产过程的废料最少化，避免不安全因素。

3）减少产品生产和使用过程中的污染物排放。如减少切削液的使用或采用干切削加工技术。

4）在产品设计中，要考虑到产品废弃后的回收处理工艺方法，使产品报废后易于处理处置，且不会产生二次污染。

（4）绿色设计的管理准则　除上述准则之外，还必须对绿色设计过程进行有效的管理。绿色设计的管理准则包括以下几个方面：

1）规划绿色产品的发展目标，将产品的环境属性转为具体的设计目标，以保证在绿色设计阶段寻求最佳的解决办法。

2）绿色设计要求在产品设计阶段设计小组成员与管理人员之间进行广泛合作。管理人员应该为产品生命周期设计定义一种定量的方法，设计人员依据这种量化方法来设计产品性能参数、工艺路径和工艺参数，以便使产品环境性能和经济效益之间达到最佳协调，并由此确定合适的产品制造技术。

3）产品设计者应该考虑产品对环境产生的附加影响（例如，洗衣机使用时的水、电消耗问题）。

4）提高有关产品组成信息。如材料类型及其回收再生性能等，以便于产品废弃后的回收、重用等。

三、绿色设计的关键技术

1. 绿色材料的选择

（1）绿色设计对材料的要求　构成产品的材料应具有绿色特征。也就是说，在产品的整个寿命周期内，这类材料应有利于降低能耗，环境负担最轻。具体来说，就是低能耗、低成本和少污染；易加工且加工中无污染或污染最小；易回收、易处理、可重用和可降解。

（2）绿色材料的概念　绿色材料 GM（Green Material）又称环境协调材料 ECM（Environmental Conscious Materials）或生态材料（Ecomaterials），是指那些具有良好使用性能或功能，并对资源和能源消耗小，对生态与环境污染小，有利于人类健康，再生利用率高或可降解循环利用，在制备、使用、废弃直至再生循环利用的整个过程中，都与环境协调共存的一大类材料。绿色材料不仅包括直接具有净化环境、修复等功能的高新技术材料的开发，也包括对使用量大而面广的传统材料及其产品的改造，使其“环境化”。

（3）绿色材料的评价　判断材料是否是绿色材料，可以分为两类。一类是用于材料开发生产过程的评价，其过程程序比较复杂，如生命周期分析或评价 LCA（Life Cycle Assessment）等。另一类则是易懂、具体，最终能由消费判断材料环境属性的方法，其应具有普及性、广泛性，如“材料的再生循环利用度的评价、表示系统”等。下面就对常用的材料绿色程度的评价方法作一简要的介绍。

1）能量、资源和环境影响的综合评价方法——泛环境函数法。由于评价材料对环境的影响必须包括三个基本内容，即能量评价、资源评价和环境评价，因而必须要求发展一种综合型的评价方法，将三个评价内容统一于一体。采用泛环境函数分析方法即可达到此目的。

2）材料再生循环利用度的评价及表示系统。该系统是日本学者关西大学的中野加都之提出的一种面向消费者的普及型绿色材料评价系统，包括可以再生循环利用的原材料、再生循环利用及再生循环利用度等三部分组成。

3）绿色材料数据库的建立。这种数据库由材料的环境负荷数据库和材料性能数据库组成，以此为基础便构成了材料环境评价的综合知识数据库。

在这两个数据库中，材料性能数据是由材料强度数据等组成。材料环境负荷数据库，由将材料及其各个过程的能耗、大气污染物等环境负荷编目列表的材料环境表（EcoSheet）和将各种材料和物质的流程数据化了的材料流程表（Material Flow Sheet）构成。一次完成各领域材料的数据库是比较困难的，通常可采用先聚细，然后再扩展的分析方法，不断地完善和扩充，最终建立完整系统的材料评价和选择数据库。

（4）绿色材料的选择　材料选择需要考虑好多因素，如工程需要、制造性、性能、环境影响和费用，但所有这些必须与产品的可靠性、性能、维修性以及环境友好性同时考虑，协调一致，使产品整个生命周期的费用以及对环境的危害最小。

绿色材料是绿色设计的前提。尽管现在人们已开始意识到材料选择给环境带来的影响，但从防止污染、保护环境的角度来讲，现在的选材都是治标不治本的临时措施。只有选择绿色材料，才能从材料选择上根本解决产品与环境的协调性。图8-24表示了产品设计时可供选择的材料种类。

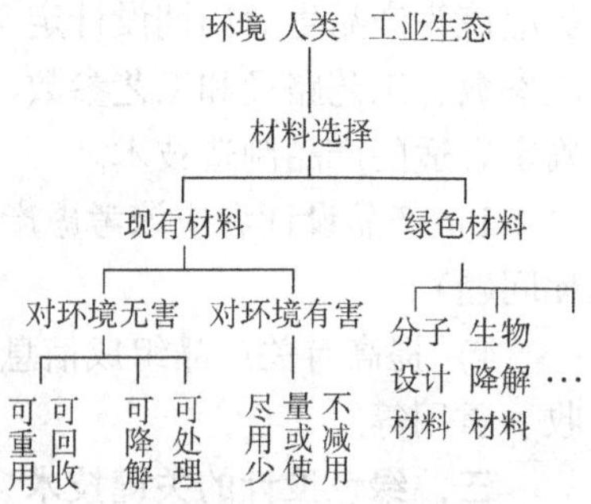

2. 拆卸设计

（1）拆卸设计及其特点　拆卸的定义就是从产品或部件上有规律地拆下可用的零部件的过程，同时保证不因拆卸过程而造成该零部件的损伤。

图8-24　设计时可以选择的材料种类

拆卸目的不同，相应的拆卸类型也不同。拆卸的目的有三个：一是产品零部件的重复利用；二是元器件回收；三是材料的回收。对应于拆卸的三种目的，拆卸也有三种类型，即破坏性拆卸、部分破坏性拆卸和非破坏性拆卸。

拆卸设计是实现产品具有良好拆卸性能的有效手段，它主要包括拆卸产品设计、拆卸工艺设计和拆卸系统设计三个方面。

（2）拆卸设计准则　拆卸性是产品的固有属性，单靠计算和分析是设计不出好的拆卸性能的，需要根据设计和使用、回收中的经验，拟定准则，用以指导设计。

拆卸性设计准则就是为了将产品的拆卸性要求及回收约束转化为具体的产品设计而确定的通用或专用设计准则。确定合理的拆卸性设计准则，以便设计人员遵循和采纳并严格按这些准则的要求进行设计和审核，以确保产品的拆卸性落实在产品设计中，并最终实现良好的拆卸性能要求。以下设计准则是根据产品设计经验及某些资料归纳、整理而成的一些设计准则，可供在设计过程中参考：

1）拆卸工作量最少准则。拆卸工作量最少包含两层意思：一是产品在满足功能要求和使用要求的前提下，尽可能简化产品结构和外形，减少零件材料种类；另一层含义是简化维护及拆卸回收工作，降低对维护、拆卸回收人员的技能要求。

为此：①明确所要拆卸的零部件。比如可重用的零部件，可再造加工的零部件等。②功能集成。将由多个零件完成的功能集中到一个零件上，减少零件数量。③在满足使用要求的前提下，尽量简化掉一些不必要的功能。④在零件合并时，一定要注意，合并后的零件结构要易于成形和制造，以免增加制造成本。⑤减少组成产品的材料种类，会使组成产品材料的相容性增大，对一些没有再利用价值的零部件可不必进一步拆卸，而作为整体回收，因而可大大简化拆卸工作。⑥材料相容性准则。材料之间的相容性好，意味着这些材料可以一起回收，能大大减少拆卸分类的工作量。⑦有害材料的集成准则。有些产品由于条件所限或功能要求，必须使用对环境或人身有影响的有毒或有害材料，因此结构设计时，在满足产品功能要求的前提下，尽量将这些材料组成的零部件集成在一起，便于以后的拆卸与分类处理。⑧拆卸目标零件易于接近准则。产品废弃淘汰后，价值高的零部件、可重复利用的零部件或有毒有害的零部件往往必须完好无损地拆下，这些零部件材料是拆卸工作的重点，设计时，产品结构应使这些零件易于接近，不必拆卸许多其他零件才能拆下这些零件。

2）与结构有关的准则。产品零部件之间的连接方式对拆卸性有重要影响。设计过程中要尽量采用简单的连接方式，尽量减少紧固件数量，统一紧固件类型，并使拆卸过程具有良好的可达性及简单的拆卸运动。

为此：①紧固件数量最少准则。拆卸部位的紧固件数量要尽可能少，使拆卸容易且省时省力。②紧固件类型统一准则。产品零部件的连接不仅紧固件数量要少，而且紧固件的类型要尽量统一，这样可减少拆卸工具种类，简化拆卸工作。③简单的拆卸运动。这是指完成拆卸只要作简单的动作即可。

3）易于拆卸准则。拆卸工程中，不仅拆卸动作要快，而且还要易于操作，这就要求在结构设计时，在要拆下的零件上预留可供抓取的表面，避免产品中有非刚性零件存在，将有毒有害物质密封在同一单元结构内，提高拆卸效益，防止环境污染。

为此：①易于接近排放。在产品设计时，要留有易于接近的排放点，使这些废液能方便并完全排出。②便于抓取准则。待拆卸的零部件必须在其表面设计预留便于抓取部位，以便准确、快速地取出目标零部件。③刚性零件准则。产品设计时，尽量不采用非刚性零件，因为这些零件的拆卸过程比较麻烦。④设计产品时，应优先选用标准化的设备、工具、元器件和零部件，并尽量减少其品种、规格。

4）易于分离准则。即在产品设计时，尽量避免零件表面的二次加工，如涂装、电镀、涂覆，同时避免零件及材料本身的损坏，也不能损坏回收机器（如切碎机等），并为拆卸回收提供便于识别的标志。

为此：①一次表面准则。即组成产品的零件，其表面最好是一次加工而成，尽量避免在其表面上再进行诸如电镀、涂覆、涂装等二次加工。因为二次加工后的附加材料往往很难分离，影响材料的回收质量。②便于识别分类准则。为了避免将不同材料混在一起，在设计时就必须考虑给出材料的明显识别标志，以便其后的分类回收。③减少零件变异性准则。在产品设计时，利用模块化设计原理，尽量采用标准零部件，减少产品零部件种类和结构的多样性，这无论对手工拆卸还是对自动拆卸都是非常重要的。

5）产品结构的可预估性准则。产品在使用过程中，由于存在污染、腐蚀、磨损等，且在一定的时间内需要进行维护或维修，这些因素均会使产品的结构产生不确定性，即产品的最终状态之间产生了较大的改变。为了使产品废弃淘汰时，减少其结构的不确定性，设计时应遵循以下准则：避免将易老化或易被腐蚀的材料与所需拆卸、回收的材料零件组合；要拆卸的零部件应防止被污染或腐蚀。

上述这些准则是以有利于拆卸回收为出发点，在设计过程中有时准则之间会产生矛盾或冲突，此时应根据产品的具体结构特点、功能、应用场合等综合考虑，从技术、经济和环境三方面进行全局优化和决策。

3. 回收设计

（1）回收设计的基本概念　回收设计是在进行产品设计时，充分考虑产品零部件及材料的回收可能性、回收价值大小、回收处理方法、回收处理结构工艺性等与可回收性有关的一系列问题，以达到零部件及材料资源和能源的充分有效利用，并在回收过程中对环境污染为最小的一种设计思想和方法，具有可使材料资源得到最大限度地利用、可减少环境污染、保护生态环境、利于持续发展战略的实施等特点。

主要内容包括：可回收材料及其标志、可回收工艺及方法、回收的经济性及可回收产品结构工艺性等几方面内容。

1）可回收材料及其标志。产品报废后，其零部件及材料能否回收，取决于其原有性能的保持性及材料本身的性能。其次，在产品设计时，要慎重考虑零部件材料的选择，尽可能选用绿色材料，增强材料与环境的协调性。

2）回收工艺及方法。在产品设计时，就必须考虑到零部件材料能否回收和如何回收等问题，并给出相应的标志及回收处理的工艺方法，以便于产品生产时进行标志及产品报废后用户进行合理处理。而设计人员应该了解和掌握不同回收处理工艺的原理和方法。

3）回收的经济性。是零部件材料能否有效回收的决定性因素。在产品设计中，就应该掌握回收的经济性及支持可回收材料的市场情况，以求最经济和最大限度地使用有限的资源，使产品具有良好的环境协调性。

4）回收零件的结构工艺性。如前所述，零部件材料回收的前提条件是能方便、经济、无损害地从产品中拆卸下来，因此，可回收零件的结构必须具有良好的拆卸性能，以保证回收的可能和便利。

（2）回收经济性分析

1）零部件的回收价值。产品在其使用寿命结束后，废旧产品中的有些零部件还具有一定的回收价值，这就是零件材料的回收价值与零件的重用价值。为了便于对回收价值进行评估，可根据产品的不同回收方式进行分析，如图8-25所示。

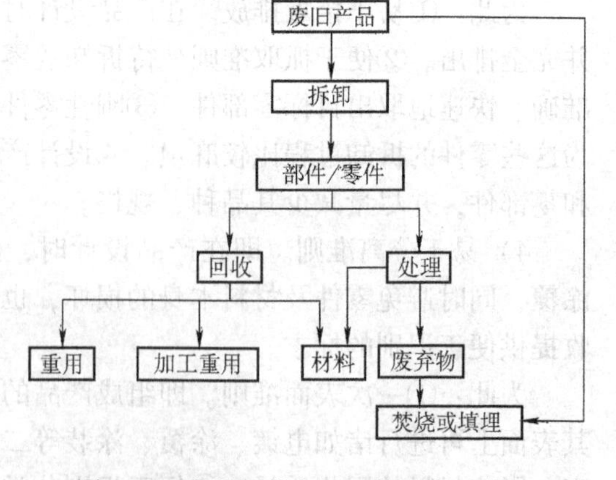

图8-25　产品回收与处理的一般过程

零件重用或材料回收反映了废旧产品回收所能取得的经济效益。然而，有些从废旧产品中回收后的零件和材料使用前需花费加工和处理费用，产品设计人员必须对这些问题进行全面考虑，以便能取得良好的经济效益。此外，设计人员也需重视那些不能回收而需付出处理费用的零部件。

2）回收效益与回收效率。废旧产品能否有效回收，取决于其回收效率与回收效益。

a. 产品的回收效益。通过对废旧产品零部件价值的分析，废旧产品的回收与处理所能取得的总效益为

$$V_{\text{toal}} = C_{\text{vsum}} - C_{\text{dsum}} - C_{\text{psum}} = \sum_{i=1}^{t} C_{\text{v}i} - \sum_{i=1}^{t+p} (S_{\text{w}} T)_i - \sum_{i=1}^{n-1} C_{\text{p}i}$$

式中 V_{toal}——总效益；

$C_{\text{v}i}$——零部件的回收价值；

C_{vsum}——总回收价值；

C_{dsum}——总拆卸费用；

C_{psum}——总处理费用；

n——产品零部件总数；

t——已回收的零件数；

p——需处理的零件数；

S_{w}——单位时间的拆卸费用；

T——零件的拆卸时间。

回收设计方法能提高零部件总回收价值，降低零部件的拆卸费用与处理费用。例如，若设计的零部件更可达、易拆卸，则单位时间内的回收价值就能得到提高，拆卸费用也就随之降低，其最终结果是更少的零部件需要处理，因此产品废弃物的处理费用也随着降低。

b. 产品的回收效率。废旧产品的拆卸是进一步回收的先决条件。而零件和零件材料回收或重用可以减少废旧产品处理费用，因此产品必须具有良好的拆卸性，才能提高废旧产品的回收效率。

根据零件的回收价值、拆卸时间与处理费用等参数，可得如下废旧产品的回收效率公式

$$I = (C_{\text{v}} - C_{\text{d}} - TS_{\text{w}}) / C_{\text{v}}$$

式中 I——回收效率；

C_{v}——零部件的回收价值；

C_{d}——废旧产品剩余部分的处理费用。

根据产品回收与拆卸的一般规则，价值高的零件应首先拆卸，随着产品的进一步拆卸，回收价值越来越低，而废旧产品的处理费用也在不断降低。由于剩余废弃物减少，使废旧产品更易于回收处理，同时回收效率也随之增大。

3）产品回收的基本原则。从废旧产品中不断地拆卸与回收零部件，其回收价值如图 8-26 所示。图中的极值点 S 是经济回收的极限点，在高价值零部件优先回收的前提下，该点表示拆卸的过程或步骤开始进入负价值拆卸。在这种情况下，就限制了产品的进一步拆卸与回收。因此，在废旧产品的回收过程中，主要有以下基本原则可供遵循：

a. 若零件的回收价值加上不回收该零件所需的处理费用大于拆卸费用，则回收该零件。

b. 若零件的回收价值小于拆卸费用，而两者之差又小于处理该零件的费用，则回收该

零件。

c. 若零件的回收价值小于拆卸费用，而两者之差又大于处理该零件的费用，则不回收该零件，除非为了获得剩余部分中其他更有价值的零件材料而必须拆卸。

d. 对所有不予回收的零件都需要进行处理。

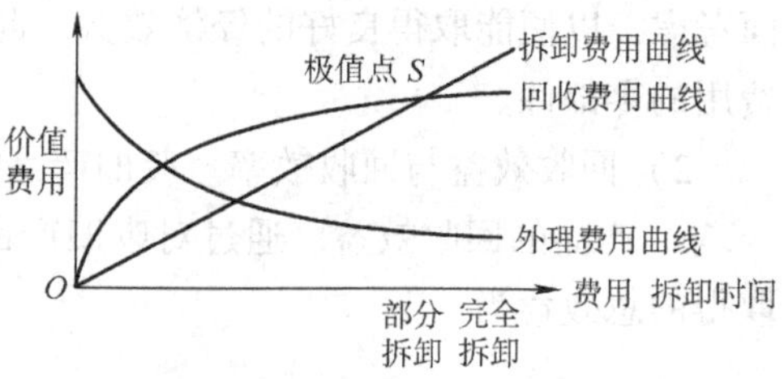

（3）回收设计准则

1）回收设计的基本要求。回收设计基本要求反映在三个方面：一是对产品设计过程的要求；二是对产品设计人员的要求；三是对生命周期过程管理的要求。

图8-26　废旧产品的回收价值

2）回收设计准则。在回收设计中，应遵循设计准则：设计的结构易于拆卸；尽可能地选取可整新（经工艺处理，功能和使用寿命与同类新零件相同）的零件；净化工艺；可重用零部件材料要易于识别分类；结构设计应有利于维修调整；限制材料种类，特别是塑料；采用系列化、模块化的产品结构；考虑零件的异化再使用方法；尽可能利用回收零部件或材料；考虑材料的相容性。

（4）回收设计策略与途径　回收达到所要求的目的，除了采用技术措施外，还应采取相应的策略，从各个途径为有效地回收和利用废旧产品资源创造良好的环境。

1）废旧产品的回收利用是一个庞大的社会化系统工程，必须依靠全社会的关心和支持，需要政府、企业、科研院所和宣传媒介的相互协作。

2）转变消费观念和消费方式。要求消费者改变消费观念和消费方式，积极使用再生产品及含有再生零部件的产品，并将废弃不用的产品送到相应的回收部门，对生活垃圾分类存放，以利于回收。

3）开发新型回收工艺技术和方法。有效回收也需要技术和方法的指导，而这些技术和方法需要不断地总结、探索与创新。

四、绿色设计评价

绿色设计的最终结果是否满足预期的需求和目标，是否还有改进的潜力，如何改进等，是绿色设计过程中所关心的问题。要对这些问题作出回答，则必须进行绿色设计评价。

1. 评价指标体系的制定原则

由于产品类型多种多样，不同类型的产品又有不同的设计要求和环境特征，因此制定系统、合理的评价指标体系是绿色设计评价首先要解决的问题。

绿色设计评价指标体系的制定必须遵循科学性与使用性、完整性与可操作性、不相容性与系统性、定性指标与定量指标、静态指标与动态指标相统一等原则。

2. 绿色设计的评价指标体系

绿色设计的评价指标体系除包含传统设计评价的指标外，还必须满足环境属性要求。其评价一般应从技术、经济和生态环境等方面进行，评价指标通常包括环境属性指标、资源属性指标、能源属性指标及经济属性指标四个方面。

（1）环境属性指标　环境属性指标是反映绿色设计不同于一般设计的重要特征之一。环境属性主要是指在产品的整个生命周期内与环境有关的指标，主要包括环境污染和生态环境破坏两方面的指标：

1）大气污染指标。

2）液体污染指标。

3）固体废物污染指标。

4）噪声污染指标。

（2）资源属性指标　这里所说的资源是广义的资源，它包括产品生命周期中使用的材料资源、设备资源、信息资源和人力资源，是绿色产品生产所需的最基本条件。其中最重要的是材料资源指标。

（3）能源属性指标　能源是人类赖以生存和发展的重要物质基础。随着生产的快速发展和人类生活水平的提高，能源的消耗量与日俱增，供需矛盾十分突出。缓解此矛盾的重要途径就是节约能源，力求能源的优化利用。节约和充分利用能源是绿色产品的又一大特性，从另一个侧面来说，能源利用率高，也就节约了资源，减少了环境污染。绿色产品的能源属性主要体现在以下几个方面：

1）能源类型。在产品生产及使用中所用能源的类型是否为清洁能源，如水力能、电能、太阳能、沼气能等。

2）再生能源使用比例。产品生产能源中再生能源使用的比例。

3）能源利用率。产品生产中的能源利用率。

4）使用能耗。产品使用过程中的能量消耗。

5）回收处理能耗。产品废弃后回收处置所用能量、产品生产能量消耗。

（4）经济性指标　绿色产品的经济性是面向产品的整个生命周期，与传统的经济性（成本）评价有着明显的不同。其评价模型也应反映产品生命周期的所有特征。

以往采用的经济性指标大都主要考虑产品的设计成本、生产成本以及运输费用、储存费用等附加成本，很少考虑因工业生产、经济活动所造成的环境污染而导致的社会费用，也很少或不考虑因有毒有害生产工艺对人体健康造成危害而导致的额外医疗费用及产品达到生命周期后的拆卸、回收、处理处置费用对产品总体经济性的影响，类似产品的经济性分析则必须考虑上述因素。

3. 绿色设计评价标准

绿色设计评价应按照有利于环境的一般原则评价和制定评价标准。

目前的绿色设计评价标准来自两方面：一方面是依据现行的环境保护标准、产品行业标准及某些地方性法规来制定相应的绿色设计评价标准，这种标准是绝对性标准；另一方面是根据市场的发展和用户的需求，以现有产品及相关技术确定参照产品，用新开发产品与参照产品的对比来评价产品的绿色程度，这种标准是相对性标准。为了解决评价标准的确定问题，需要引入参照产品的概念。

（1）参照产品概念的引入　一般来说，评价一个产品的环境负荷时，得到的可能是一个或一组“绝对”性的数据，往往不能仅仅根据一组“绝对”数据来判断评价结果是好还是不好，而应该用它与某些参照数据进行对比才能衡量出评价结果的好坏，这些参照数据就是评价标准。

绿色设计评价的第一步通常是选择一个或多个参照产品，为评价标准的确定和评价方法的实施奠定基础。参照产品一般分为功能参照和技术参照。功能参照为参照市场上现有的一种等效产品；技术参照代表新产品技术内容的一个产品集合。参照产品应被看作为不同目的参照的形象化。

（2）评价标准的制定　根据参照产品的概念，在绿色设计评价中可以用参照产品来制定评价标准。若新开发的产品是在原有产品的基础上形成的，评价的目的是为了比较所设计的新产品对原有产品在“绿色”程度方面的改善，那么在评价中，就可以将原有产品作为类似于功能参照的产品，以原有产品的各项指标进行综合比较，评价出新产品的“绿色程度”是否高于原有产品。若评价的目的是对产品的绿色程度进行环境标志认证或判断所设计产品的各项指标是否符合绿色产品的各项性能指标要求，就可以形成一个类似于技术参照的形象化产品。这个“产品”是一个标准的绿色产品，它的每一项指标都符合国家、行业环境标准及技术要求。

4. 绿色设计的LCA评价方法

（1）绿色设计的LCA评价原理　任何产品在其生命周期的每一阶段均会造成一定的环境影响，因此，产品与环境的关系不仅仅表现在制造活动中，而应着眼于产品本身。由于产品的环境性能在设计阶段已经决定，如图8-27所示，因此，绿色产品设计的最重要的环节就是研究开发对产品整个生命周期进行评价的方法和工具。生命周期评价方法LCA就是这样一种方法。

要进行LCA评价，首先要在设计过程中明确以下几方面的问题：

1）产品要消耗哪些资源，会造成什么样的影响。

2）其中最重要的影响是什么。

3）这些影响出现在产品生命周期哪些阶段。

4）造成这些影响最显著的因素是什么。

5）应从什么地方着手进行产品改进等。

通常，绿色设计LCA评价的步骤包括：设计中存在哪些问题、新产品的设计目标是什么、哪些部分可以进行改变及已经完成了哪些改进等。LCA方法既可用于现有产品的改进，也可用于新产品的开发。

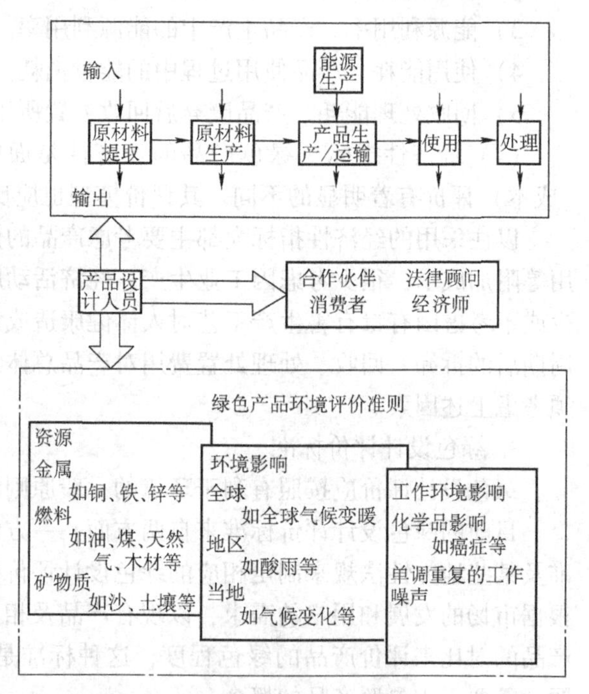

图8-27　绿色设计LCA评价

（2）电冰箱的LCA评价　例如，德国Gram公司在进行新型电冰箱设计时要求：电冰箱的容积为200L；生命周期为13年；当环境温度为25℃时，电冰箱内温度应为5℃。按此要求进行电冰箱功能结构设计，并对设计结果按LCA方法进行评价（面向冰箱的整个生命周期阶段），评价包括能源消耗、资源消耗和环境影响三个方面，其结果如图8-28所示。从能源消耗图可以看出，电冰箱使用阶段和材料生产阶段的能耗最大，这种趋势也反映在资源消耗及环境影响中。环境影响主要是制冷工质（CFC′s）的使用所造成的臭氧层破坏，目前是用R134a代替CFC′s。评价结果表明，在改变制冷工质和提高能源效率方面还有很大的潜力。

图 8-29 所示为对改进后的设计方案的评价结果，可以看出与图 8-28 的设计方案相比，已有了很大的改进。其中 PR^{a}_{w90} 是资源消耗的权重单位，它是用 1990 年的世界人均资源的消耗比值表示资源消耗；$PET^{b}_{wdk2000}$ 是环境影响权重单位，它是用相对于 2000 年的社会目标影响值来表示环境影响。这些改进主要反映在图 8-30 中。

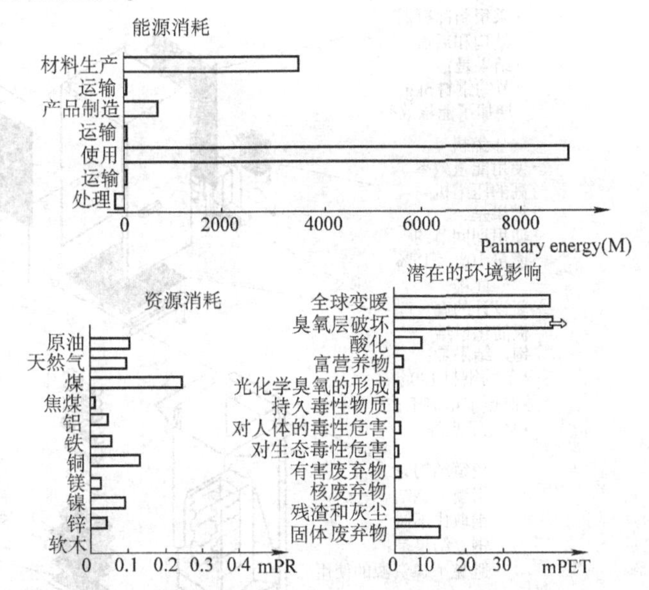

图 8-28 电冰箱 LCA 评价结果

根据 LCA 方法在绿色电冰箱设计评价方面的应用，Gram 公司制定了新型电冰箱的长期开发策略，其主要内容包括以下几个方面：

1）扩大 LCA 方法的应用范围。

2）提高电冰箱使用过程的能源效率。

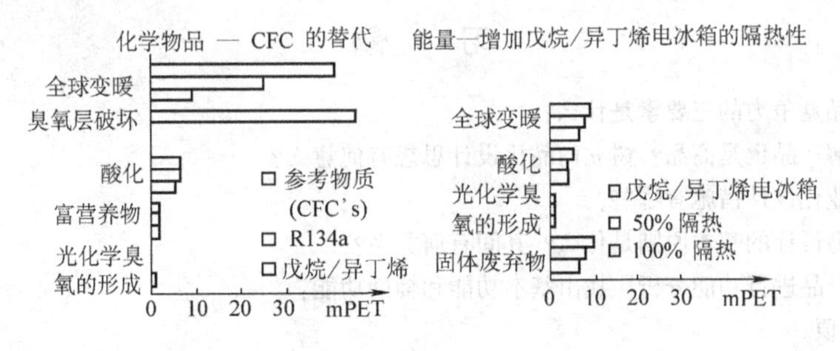

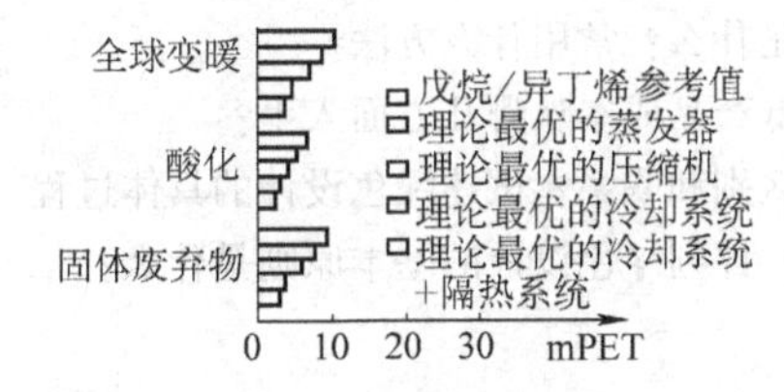

图 8-29 制冷工质和能源效率的改进评价

3）扩大使用回收材料，加强废弃淘汰电冰箱的材料回收。

4）减少稀有资源的消耗，如铜、镍等，若有可能则尽量不用这些材料。

5）用其他材料代替软 PVC 材料。

6）用更好性能的制冷工质代替 R134a。

Gram 公司认为 LCA 是绿色设计评价的一种重要工具，它的使用既可以减少电冰箱的生命周期成本，而且可以获得很好的社会效益。

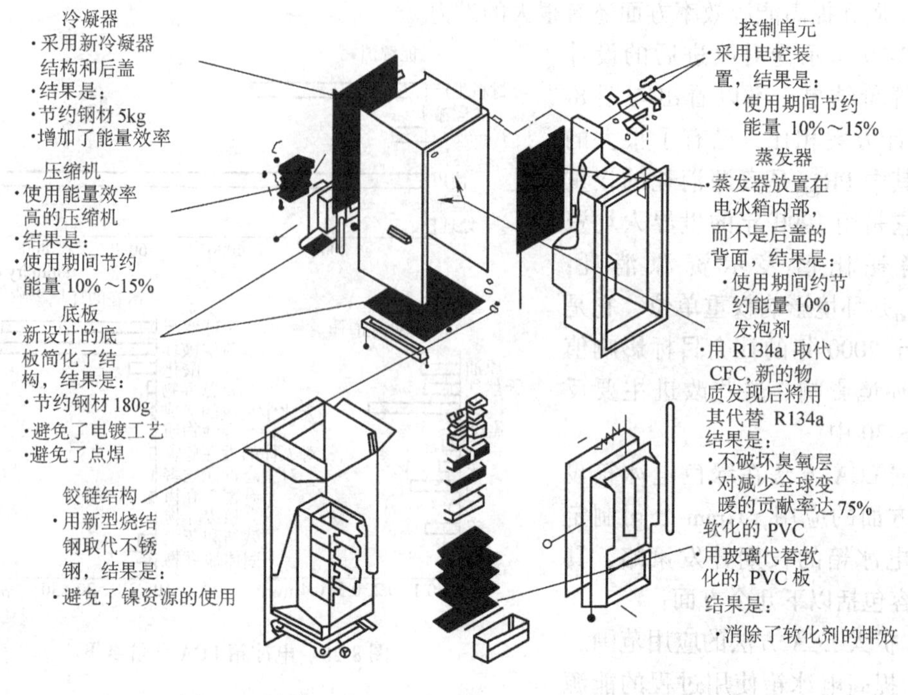

冷凝器
·采用新冷凝器结构和后盖
·结果是：
·节约钢材 5kg
·增加了能量效率
压缩机
·使用能量效率高的压缩机
·结果是：
·使用期间节约能量 10%～15%
底板
·新设计的底板简化了结构，结果是：
·节约钢材 180g
·避免了电镀工艺
·避免了点焊
铰链结构
·用新型烧结钢取代不锈钢，结果是：
·避免了镍资源的使用
控制单元
·采用电控装置，结果是：
·使用期间节约能量 10%～15%
蒸发器
·蒸发器放置在电冰箱内部，而不是后盖的背面，结果是：
·使用期间约节约能量 10%
发泡剂
·用 R134a 取代 CFC，新的物质发现后将用其代替 R134a
结果是：
·不破坏臭氧层
·对减少全球变暖的贡献率达 75%
软化的 PVC
·用玻璃代替软化的 PVC 板
结果是：
·消除了软化剂的排放

图 8-30　根据 LCA 的评价结果对电冰箱所进行的改进

习　题

8-1　影响产品竞争力的三要素是什么？

8-2　怎样理解产品也是商品？树立商品化设计思想有何意义？

8-3　产品商业化设计措施有哪些？

8-4　艺术造型设计的基本原则是什么？其间有何关系？

8-5　将下列产品进行功能分析，找出基本功能和辅助功能：

1）千斤顶。

2）金属切削机床。

8-6　价值工程对象选择的依据是什么？常用什么方法？

8-7　如何提高产品的价值？降低产品成本从哪几方面入手？

8-8　绿色设计与传统设计有何区别和联系？试述绿色设计的具体过程。

8-9　绿色设计有哪些关键技术？评判绿色设计的基本原则是什么？

第九章 设计试验

机械产品的设计过程是比较复杂的系统工程，一般要经过多个设计阶段，其中功能原理设计和实用化设计阶段尤为重要，许多技术关键问题都在此阶段解决。它除了要得到领导部门的指导外，还要借助供销部门的各种信息，通过各种理论分析和计算来确定设计参数的取值，同时对于新产品或重要产品还要与试验研究工作配合，进行必要的设计试验，如图 9-1 所示。所谓设计试验，是指用来验证产品在设计过程中其功能原理的可行性、设计参量的合理性以及力学性能的确实性而采用的一种设计方法。

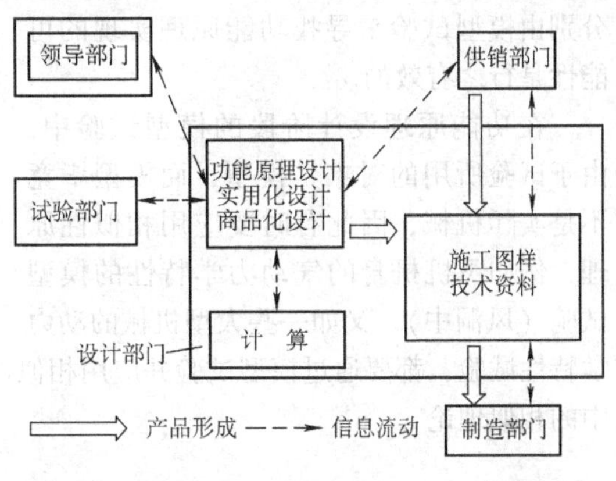

图 9-1 试验部门和设计部门的工作配合关系

例如，在功能原理设计阶段，在初步确定产品的功能原理之后，为了验证原理能否实现，了解各种功能原理有何不足和是否可取，就必须进行模型试验。在经过原理性设计试验已证实功能原理可能实现的前提下，对如何合理选择参数，也常要在计算分析基础上作出试验验证，以保证功能原理充分可行。再如，设计进入实用化设计阶段后，为了进一步改进样机，使其能批量试制，以便为整机全面性能测试做好准备，还必须进行样机试验。因此，设计试验已成为产品设计中一项十分重要的工作。

尽管设计过程中需要做的试验很多，但从本质上看可分为两大类。第一类是基础试验，即有关零件的材料、工艺和零件结构方面的试验，这类试验主要解决强度、寿命方面的问题，也包括取得可靠性数据以及选择合理的结构形式，例如试验不同的结构对应力集中的影响，不同的联接方式下的防松性能等。这类试验主要以零件或零件组为试验对象。第二类为功能和行为特性试验，即进行机械的工作原理和工作特性、机器工作时的振动、噪声、精度、稳定性等方面的试验。这类试验主要以整机或部件为试验对象。由于第一类试验在力学及机械设计课程中已有介绍，因此这里主要介绍第二类试验研究。

第一节　功能原理设计阶段的模型试验

原理性设计是在明确产品设计任务之后着手解决问题的第一步。在这个阶段中，为了验证所构思的功能原理解法是否能实现原定的功能目标，了解各种构思的功能原理有何不同和是否可取，就必须进行模型试验。一般来说，为了实现一个产品的功能原理，常常可以构思有多种解法。其中有的是可能实现的，有的则不一定能实现；也有的即使能实现，但还存在性能好坏的问题。这一点可以取卷棉花签机的功能原理设计为例，如图9-2所示。

图9-2所示四种卷棉花签机的功能原理构思，都能实现将棉花卷于木签上。图9-2a所示为用手转动木签，棉花置于带刺的平板表面。图9-2b所示为木签不动，棉花置于转动轴表面。图9-2c所示为木签由转动轴夹紧旋转，棉花在静止槽中卷紧。图9-2d所示为用手移动夹有木签的两板，棉花通过静止槽时被卷紧。

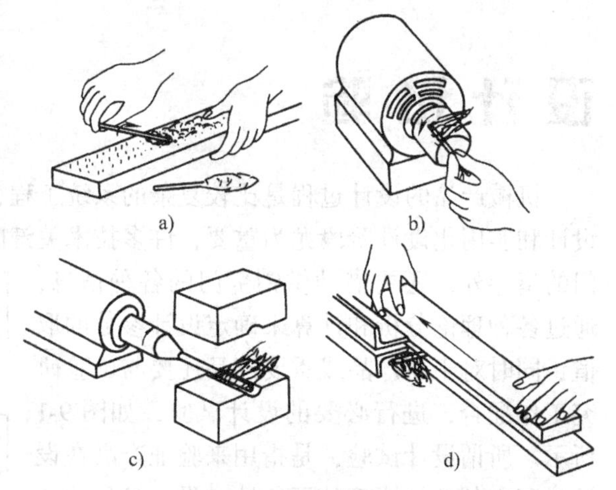

图9-2　卷棉花签机功能原理设计的模型试验

但这四种构思究竟是否都能实现，或者究竟哪一方案最佳，显然如图9-2所示，分别由模型试验来寻找功能原理实现的可能性是行之有效的。

在功能原理设计阶段的模型试验中，由于试验所用的对象是模型，而模型毕竟不是实际机械，因此有时要应用相似性原理，例如飞机机身的气动力学特性的模型试验（风洞中）。又如一些大型机械的动力学特性试验，都要通过模型试验并应用相似性原理来进行试验研究。下面简单介绍模型试验中的相似理论。

第二节　模型试验中的相似理论

模型试验是利用与原型相似的模型来探求实际产品工作规律性的一种试验研究方法。这种方法不仅在机械产品的功能原理设计阶段有广泛应用，其他如在动力机械中的传热问题、机床中的变形问题、机械中流体动力润滑滑动轴承设计等方面也被广泛采用。在这方面，相似理论有着极为重要的作用。

一、相似概念、相似比和相似模型

相似概念在几何学中早有应用。例如两个三角形相似（见图9-3），有如下性质：各对应线段成比例，各对应角相等，即

$$\frac{l''_1}{l'_1}=\frac{l''_2}{l'_2}=\frac{l''_3}{l'_3}=\frac{h''}{h'}=C \qquad (9\text{-}1)$$

式中 C——常数；

$\alpha_1''=\alpha_1' \quad \alpha_2''=\alpha_2' \quad \alpha_3''=\alpha_3'$

反之，两个三角形相似的必要且充分条件（此处称为相似条件）是

$$\frac{l_1''}{l_1'}=\frac{l_2''}{l_2'}=\frac{l_3''}{l_3'}=C \tag{9-2}$$

上述几何学相似概念可推广到一系列物理现象，表9-1所述即为常用之例。

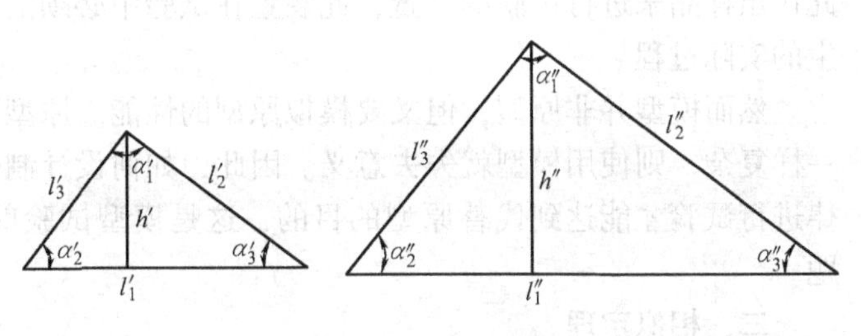

图9-3 相似三角形

但是，机械产品中的各种现象常常还伴有许多物理量的变化，因此对于这种含有多种物理量变化的现象，相似是指在相应时刻、相应参数之间的比例关系应保持为常数，即原型的各种变量为 X_i'，模型的同类变量为 X_i''，其相似性质可用如下数学形式表示

$$\frac{X_i''}{X_i'}=C_{xi} \quad 或 \quad X_i''=C_{xi}X_i' \quad i=1,2,3\cdots,n$$

其中 C_{xi}为同类参数比值，称为相似系数或相似比。

表9-1 各种相似现象

空间相似	$\frac{l_1''}{l_1'}=\frac{l_2''}{l_2'}=\frac{l_3''}{l_3'}=C_L$	
时间相似	$\frac{t_1''}{t_1'}=\frac{t_2''}{t_1'}=\frac{t_3''}{t_3'}=\frac{t''}{t'}=C_t$	
运动相似	$\frac{u_1''}{u_1'}=\frac{u_2''}{u_2'}=\frac{u_3''}{u_3'}=C_u$	
动力相似	$\frac{F_1''}{F_1'}=\frac{F_2''}{F_2'}=\frac{F_3''}{F_3'}=C_F$	
温度相似	$\frac{T_1''}{T_1'}=\frac{T_2''}{T_2'}=\frac{T_3''}{T_3'}=C_T$	

所谓相似模型，是指将原型的各种物理现象如长度、时间、力、速度等缩小或扩大并据此作出样品来进行试验的装置，此装置在试验中必须能比较容易、迅速、方便地再现原型发生的实际过程。

然而模型并非原型，但又要模拟原型的性能。原型可能很复杂，但如果模型与原型做成一样复杂，则使用模型就失去意义。因此，如何设计制作尽量简单的模型，按照什么样的规律进行试验才能达到代替原型的目的，这是模型试验前也就是模型设计时要解决的首要问题。

二、相似定理

在机械产品的模型设计中，有三个重要的相似定理，它是模型设计的理论基础。

（1）第一相似定理　彼此相似的现象必定具有数值相同的同名相似准则，且相应的相似指标等于1。以动力相似为例，在力学相似系统中，力 F、质量 m、长度 L 和时间 t 之间的关系在原型系统中为

$$F_1 = m_1 \frac{\mathrm{d}}{\mathrm{d}t}\left(\frac{\mathrm{d}L_1}{\mathrm{d}t_1}\right) \tag{9-3}$$

在与原型相似的模型系统中为

$$F_2 = m_2 \frac{\mathrm{d}}{\mathrm{d}t}\left(\frac{\mathrm{d}L_2}{\mathrm{d}t_2}\right) \tag{9-4}$$

如两系统相似，则相应的物理量之间的比值应保证为常数，即

$$C_{\mathrm{F}} = \frac{F_1}{F_2},\ C_{\mathrm{m}} = \frac{m_1}{m_2},\ C_{\mathrm{L}} = \frac{L_1}{L_2},\ C_{\mathrm{t}} = \frac{t_1}{t_2} \tag{9-5}$$

式中　C_{F}、C_{m}、C_{L}、C_{t}——相似比。

将式（9-3）、式（9-4）代入式（9-5）得

$$C_{\mathrm{F}} = \frac{m_1 \dfrac{\mathrm{d}}{\mathrm{d}t}\left(\dfrac{\mathrm{d}L_1}{\mathrm{d}t_2}\right)}{m_2 \dfrac{\mathrm{d}}{\mathrm{d}t}\left(\dfrac{\mathrm{d}L_2}{\mathrm{d}t_2}\right)} = \frac{m_1}{m_2}\left(\frac{L_1}{L_2}\right)\Big/\left(\frac{t_1}{t_2}\right)^2 = \frac{C_{\mathrm{m}}C_{\mathrm{L}}}{C_{\mathrm{t}}^2}$$

因此

$$\frac{C_{\mathrm{m}}C_{\mathrm{L}}}{C_{\mathrm{F}}C_{\mathrm{t}}^2} = 1 \tag{9-6}$$

式（9-6）称为相似比方程。其左端为相似指标，它代表各物理量所采用的相似比值之间的关系。两系统相似，则相似指标为1。

将式（9-5）代入式（9-6）又得各物理量之间的关系为

$$\frac{m_1L_1}{F_1t_1^2} = \frac{m_2L_2}{F_2t_2^2} \tag{9-7}$$

式（9-7）表示的这一无量纲组称为相似准则或相似判据，它对所有的相似系统都是相同的，它表示在原型系统和相似系统中，不同类物理量之间的乘积必须在数值上相等。将式（9-7）写成一般形式，并用 π 表示，有

$$\pi = \frac{mL}{Ft^2} = \mathrm{idem}$$

式中　π——相似准则的专用符号，并非圆周率，拉丁文“idem”表示同一数值。

（2）第二相似定理　有 n 个物理量所表征的物理系统，其中 k 个物理量的量纲是相互独

立的，则此 n 个物理量可表示为（$n-k$）个相似准则 π_1，π_2，…，π_{n-k} 的函数关系

$$f(\pi_1, \pi_2, \cdots, \pi_{n-k}) = 0$$

上式是设计模型试验并确定参数、参量的依据。其中相似准则的个数以及这些相似准则的确定，可从描述这一过程或现象的微分方程式导出，或从量纲分析中求出。

（3）第三相似定理　判断同一种类现象（过程）相似的必要和充分条件是单值条件相似和同名的决定性相似准则相等。单值条件是指从一群现象中根据某一现象的特性，能把它从一群现象中区分出来的那些条件。同时在实际模型试验中，选择对物理现象起决定作用的一二个相似准则相等，其余的略去不计，用模型和原型的试验结果来判断模型试验的近似程度。

第一相似定理和第二相似定理表明了相似现象的性质，但没有说明判断相似性质所需的条件。第三相似定理则补充了判断相似所需的必要和充分的条件。

三、模型设计时应遵循的条件

从相似理论的基本点出发，为了正确地模拟原型的现象，在模型设计时应遵循下述条件：

1）模型和原型应几何相似。要定出恰当的模型与原型的尺寸比例 C_L，要预计模型试验的误差和制造难度。

2）模型和原型的现象应属于同一类的性质，即可用同一物理关系式或微分方程式描述。

3）模型和原型的对应同名物理量应相似，要选定或推算出各对应的物理量的相似比值。

4）模型和原型的同名已定的相似准则在数值上应相等，也就是相似指标应等于 1。

5）模型和原型的初始条件与边界条件应相似。

6）模型材料应尽量与原型相同，且其物理性能和力学性能稳定；若由于工艺问题而选用其他材料时，在相似准则计算时应将材料的各项性能比值计入。相似准则的计算一般可用方程分析法或量纲分析法加以确定。

机械产品设计中常用的模型试验的相似准则如表 9-2 所示。

表 9-2　常用的相似准则

模型试验内容	相似准则	相似指标	模型试验内容	相似准则	相似指标
弯曲静刚度	$\pi = \frac{\delta EI}{FL^3}$	$\frac{C_\delta C_E C_I}{C_F C_L^3} = 1$	机械振动	$\pi = fL\sqrt{\frac{\rho}{E}}$ $\pi = \frac{EL^2}{F}$	$\frac{C_f^2 C_L^2 C_\rho}{C_E} = 1$
扭转静刚度	$\pi = \frac{GL^3\varphi}{M}$	$\frac{C_G C_L^2 C_\varphi}{C_F} = 1$			

注：δ——线变形量，单位为 mm；E——弹性模量，单位为 N/m^2；I——截面二次矩，单位为 mm^4；F——作用力，单位为 N；L——跨距，单位为 m；φ——角变形量，单位为（°）；G——切变模量，单位为 N/m^2；M——作用力矩，单位为 N·m；ρ——密度，单位为 kg/m^3；f——振动频率；单位为 1/s。

四、模型设计中几个应注意的问题

1. 模型材料的选择

选择模型材料时，既要满足相应的有关相似准则，同时应考虑以下条件：①为了加载和测量的方便，材料的弹性模量要小，以便能以较小作用力得到较大变形；②在规定的试验载荷范围内，材料的应力与应变呈线性关系；③材料的强度要高，蠕变量小。泊松比与原型材料接近，温度稳定性好；④材料的加工性好，制造方便，价格低廉，目前常用材料有有机玻璃、聚氯乙烯、环氧树脂等。

2. 模型尺寸确定

模型各部分尺寸将按几何相似系数确定。几何相似系数一般与单值相似条件相符，理论上，其大小可任意选取，也就是模型尺寸可任意选取。

3. 模型结构设计

机械产品的原型结构一般比较复杂，模型结构多是在原型结构上的简化，而这种简化既要考虑制造方便，又应在结构性能上与原型一致。因此，简化的合理程度是决定模型试验精度的关键，设计时要慎重考虑。如原型结构中尺寸较大的台阶、凸缘、床身和箱体等上的筋板等不应简化掉。如图9-4所示车床床身模型结构的简化，保留了主要部分底、壁、导轨等的结构和尺寸，把对结构性能影响较小的小沟槽、小直径孔等略去。在模型结构设计时，应尽量保持结构截面的惯性矩相等，以便模型与原型在力学特性参数上相似。

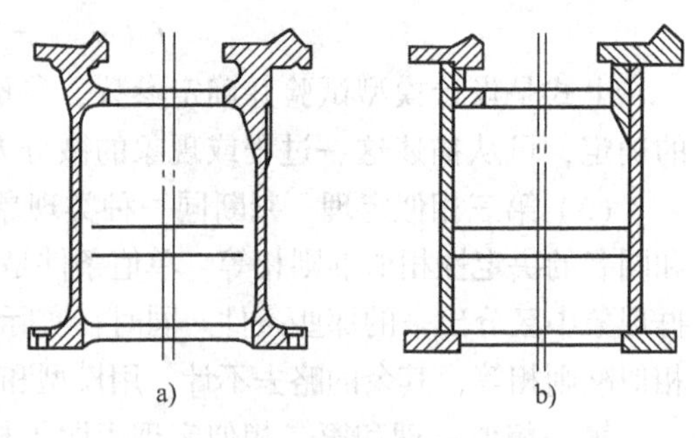

图9-4　车床床身模型结构简化
a）原型　b）模型

第三节　实用化设计阶段的样机试验

机械产品设计进入实用化设计阶段，也就是进入新产品正式投产前，一般必须先经历产品试制。这种试制又可分为样机试制和小批试制。对于单件或小批生产的机械产品，常常只进行样机试制。通过样机试验来验证产品样机以下技术状况：

1）产品是否有良好的功能原理。

2）产品的实际工作效果、效率及其技术性能指标。

3）样机的零件性能如强度、刚度、可靠性、寿命等。

尽可能避免因产品设计或工艺方法的不合理而造成浪费。这种试验同时能及时把试验中暴露出来的诸如质量、效率、成本等各种技术问题反馈到有关部门，以便及时修改技术文件和设计参数，改进前期设计中的不足，为正式转化为商品生产做必要的准备。因此，实用化设计阶段的样机试验是必不可少的重要环节。

所谓样机，是指完全按产品设计参数试制但尚未投入正式生产的一种机械产品，它随着产品的工作环境、工作性能和使用寿命的不同，各种样机试验的项目也不相同。目前对不少样机已制定了行业的、国家的试验规范。例如，对汽车而言，样机试验的项目有：定型前的驾驶性能、负载、油耗、道路适应性等。再如装载机样机试验的项目有：重心位置、操纵力、行走速度、空载运行阻力等。因此随着样机使用目的、使用条件的不同，各种样机具有不同的质量性能指标，不同的试验目的、内容和方法，因此常常应根据样机技术条件所规定的要求进行试验。目前样机试验的一般过程如图9-5所示。

下面以装载机样机试验为例，简要说明样机试验的大致过程。

装载机样机试验包括整机性能试验和工业性能试验两大部分。在样机试验之前，首先要做如下准备：提供不少于2台样机，列出样机设计任务书、使用说明书、成套设计图样、测试仪器、工具、附件明细表、检测量具、部件明细表、装载机原始调试数据以及主要零部件试验报告等。检查校对全部测试仪器、量具，试验场地应符合规定的标准。然后先进行样机外部检视，确定测试项目如质量、牵引力、爬坡角度、噪声等，明确各种测试项目所选用的测试方法和测量精度，如测试项目是牵引力，可使用拉力传感器，精度控制在被测对象的2%以内等。在上述准备工作完成之后，接着就可进入具体的试验阶段。

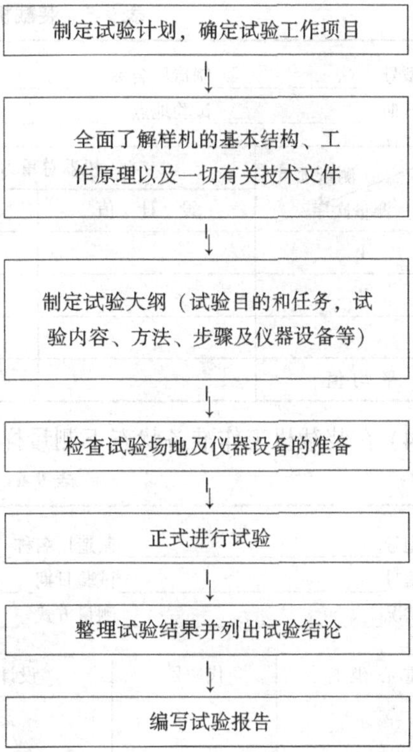

制定试验计划，确定试验工作项目
↓
全面了解样机的基本结构、工作原理以及一切有关技术文件
↓
制定试验大纲（试验目的和任务，试验内容、方法、步骤及仪器设备等）
↓
检查试验场地及仪器设备的准备
↓
正式进行试验
↓
整理试验结果并列出试验结论
↓
编写试验报告

图9-5　样机试验一般过程

1. 整机性能测试

1）测量装载机在静止状态下主要几何尺寸（见表9-3）。

2）测量装载机在工作状态下各主要作业参数（见表9-4）。

3）按装载机工作准备状态测量样机质量与接地比压计算（见表9-5），计算公式为

$$p=\frac{G}{2bL}$$

式中　p——接地比压（N/m^2）；

G——重力（N）；

b——履带宽度（m）；

L——履带接地长度（m）。

表9-3　装载机样机主要几何尺寸测量

样机型号__________ 制造厂名称__________ 出厂日期__________ 出厂编号__________
试验日期__________ 试验地点__________ 场地状况__________ 测量者__________

测　量　项　目	单　位	设　计　值	实　测　值
机器全长	mm		
机器全宽	mm		
机器全高	mm		
最小离地间隙	mm		
铲板倾角	(°)		
运输机尾部相对底盘最后伸出长度	mm		

表9-4　装载机样机主要作业参数测量

样机型号__________ 制造厂名称__________ 出厂日期__________ 出厂编号__________
试验日期__________ 试验地点__________ 场地状况__________ 测量者__________

测　量　项　目	单　位	设　计　值	实　测　值
铲板前缘对底板抬起高度	mm		
铲板前缘对底板下降深度	mm		
最大卸载高度	mm		
运输机最小卸载高度	mm		
运输机尾部左右摆角	(°)		

表9-5 装载机样机质量与接地比压的计算

样机型号________ 制造厂名称________ 出厂日期________ 出厂编号________
试验日期________ 试验地点________ 场地状况________ 测量者________

测量项目 / 测量次序	机器总重力/N		接地比压/ $(N \cdot m^{-2})$	
	设计值	实测值	设计值	实测值
1				
2				
3				
平均值				

4）在装载机工作准备状态下测量样机重心位置（见表9-6）。

表9-6 样机重心位置的测定

样机型号________ 制造厂名称________ 出厂日期________
出厂编号________ 试验日期________ 试验地点________
场地状况________ 测量方式________ 测量者________

重心坐标	代号	设计值/mm	测量值/mm
纵向	$\overline{X}$		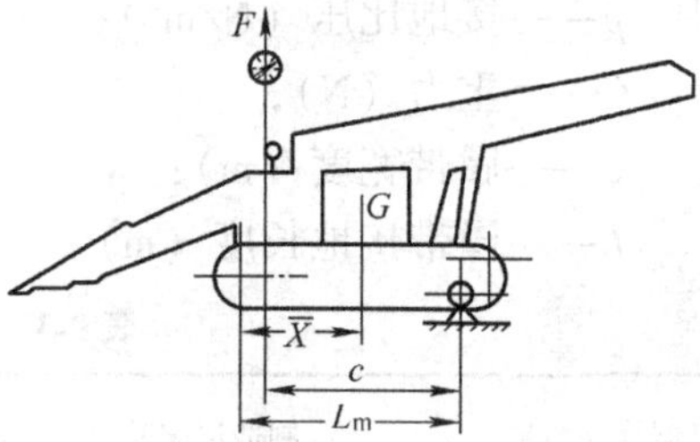 F G $\overline{X}$ c L_m
横向	$\overline{Y}$		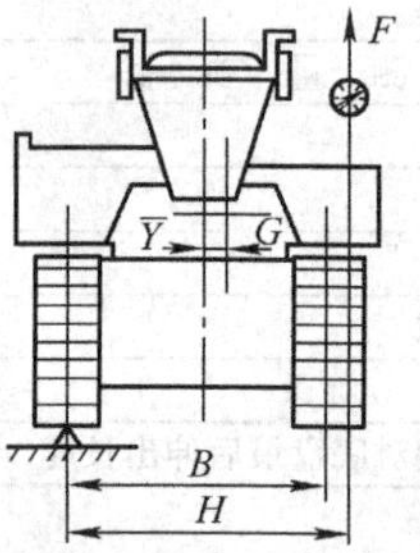 F $\overline{Y}$ G B H
高度	$\overline{h}$		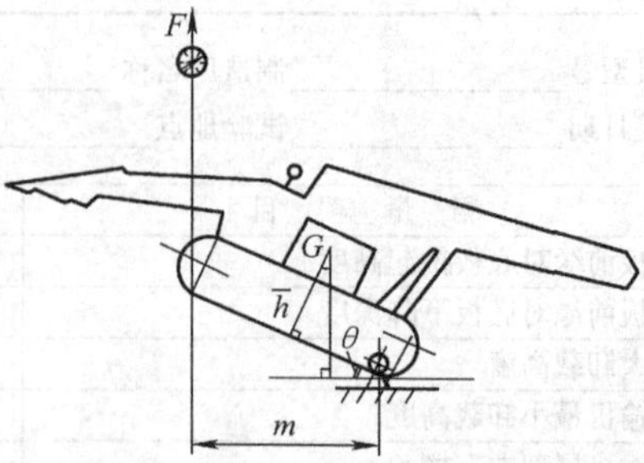 F G $\overline{h}$ θ m

$$\overline{X}=L_{m}-\frac{FC}{G}$$

$$\overline{Y}=\frac{FH}{G}-\frac{B}{2}$$

$$\overline{h}=\frac{L_{m}-\overline{X}}{\tan\theta}-\frac{F_{m}}{G\sin\theta}$$

5）在装载机工作状态下操纵装置的操纵力和行程的测定（见表9-7）。

表9-7 样机操纵装置的操纵力和行程的测定

样机型号＿＿＿＿＿＿＿＿ 制造厂名称＿＿＿＿＿＿＿＿ 出厂日期＿＿＿＿＿＿＿＿
出厂编号＿＿＿＿＿＿＿＿ 试验日期＿＿＿＿＿＿＿＿ 试验地点＿＿＿＿＿＿＿＿
场地状况＿＿＿＿＿＿＿＿ 测量方式＿＿＿＿＿＿＿＿ 测量者＿＿＿＿＿＿＿＿

测量项目 操纵装置	操纵力/N		全移动距离/mm	
	设计值	实测值	设计值	实测值

6）在装载机直线路面上经适当助跑后，按规定距离做前进、后退行走速度测定（见表9-8）。

表9-8 装载机样机行走速度的测定

样机型号＿＿＿＿＿＿＿＿ 制造厂名称＿＿＿＿＿＿＿＿ 出厂日期＿＿＿＿＿＿＿＿
出厂编号＿＿＿＿＿＿＿＿ 试验日期＿＿＿＿＿＿＿＿ 试验地点＿＿＿＿＿＿＿＿
操作者＿＿＿＿＿＿＿＿ 记录员＿＿＿＿＿＿＿＿ 填写日期＿＿＿＿＿＿＿＿ 测量者＿＿＿＿＿＿＿＿

档次	行走次序	测定距离/m	前进			后退		
			方向	时间/min	速度/（m·min^{-1}）	方向	时间/min	速度/（m·min^{-1}）
	1							
	2							
	3							
实测平均速度/（m·min^{-1}）								
设计速度/（m·min^{-1}）								

7）空载运行阻力的测定（见表9-9）。

8）在行走牵引试验场地进行转弯半径测量。

表 9-9 装载机样机空载运行阻力测定

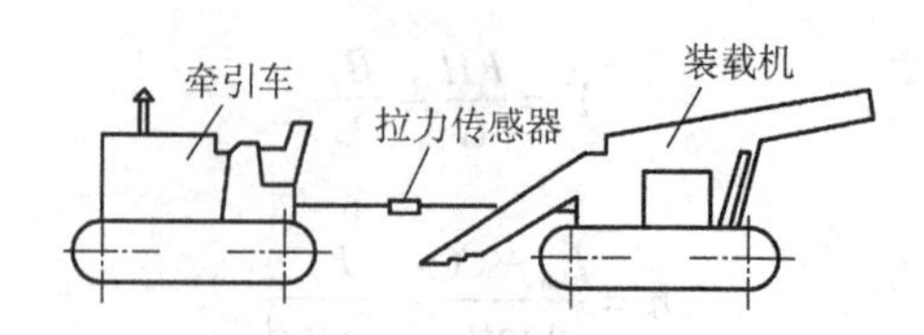

样机型号________制造厂名称________出厂日期________
出厂编号________牵引车名称________试验日期________试验地点________
操作者________记录员________填写日期________测量者________

行走次序	行走方向	行走速度/（m·min^{-1}）		行走阻力/N	
		往	返	往	返
1					
2					
3					

9）装载机在工作状态下进行牵引试验（见表 9-10）。

10）技术生产率测定。

11）扒爪每分钟扒取次数的测量。

12）工作液压缸压力和沉降量的测量。

13）噪声测定。

表 9-10 装载机样机牵引试验记录

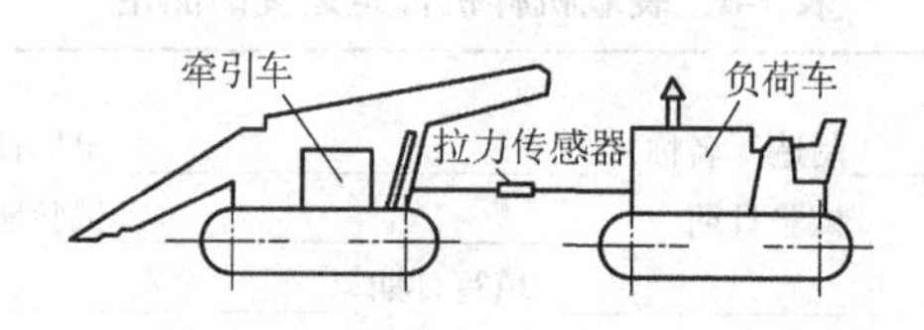

样机型号________制造厂名称________出厂日期________
出厂编号________负荷车名称型号________试验日期________试验地点________
操作者________记录员________填写日期________测量者________

牵引次序	牵引速度/（m·min^{-1}）	最大牵引力/N	牵引功率/W	牵引效率（%）
1				
2				
3				

2. 工业性试验

试验内容：装载机的使用可靠性，使用生产率及能量消耗，主要部件的性能稳定性，司机操纵舒适性，技术保养方便性，工作机构的灵敏性及整机的拆卸、运输、装配是否适合矿山井巷作业环境的要求等。

装载机经整机性能试验和工业性试验全部结束后，要对所用试验结果进行整理、分析，作出结论，形成正式试验资料。

从上述试验过程可看出，样机试验一般包括三方面的内容：首先是研究用什么方法、装置和规范来试验样机才能反映产品使用的性能、寿命和可靠性；其次是研究用怎样的试验方案来对产品进行试验，以评定产品是否合格；再次是把通过产品试验发现的质量等问题的信息进行反馈，并采取措施加以解决。

目前，随着现代测试技术的发展，样机的试验已开始十分重视可靠性试验和环境试验。

可靠性试验是指在规定的时间内和规定环境条件下，确定产品的性能。试验目的是验证产品的可靠性指标，如平均寿命、可靠度、失效率是否合格，并发现产品在设计和生产上的不足之处，以改进产品。试验的主要手段是对产品做寿命试验或称耐久性试验。寿命试验需花费较长的时间和较多的经费，并常常带有一定的破坏性。因而寿命试验只能从产品（样机）中抽取部分样品（样机）进行。

为了求得产品的可靠性指标，产品在出厂前必须进行试验，这种试验常在自然环境或人工模拟的条件下进行，称为环境试验。当然，理想的环境试验方法是把产品放在实际的工作环境下进行。但是，这种试验方法费时，而且要经过反复的比较才能取得正确的结果，所以实际上常用人工模拟的试验方法。环境试验常用的方法有以下几种：

1）低温试验。检查产品在低温条件下工作的可靠性，不应有妨碍产品（样机）正常工作的任何缺陷。

2）温度冲击试验。检查产品在温度冲击下的工作适应性和结构的承受能力，产品经试验后不应出现润滑油脂或工作油液溢出、漆膜起泡等。

3）耐潮及防腐试验。检查产品对潮湿空气影响的抵抗能力。试验后的产品的正常工作特性不受影响，无任何缺陷或故障。

4）防尘试验。检查产品在风沙、灰尘环境中，防尘结构的密封性和工作可靠性。经试验后，产品打开密封后内部应无尘损，并无妨碍产品正常工作的一切故障。

5）密封试验。检查产品防泄漏的能力，如气密试验、容器漏液试验等。产品经试验后应无防碍正常工作的一切故障。

6）振动试验。检查产品对反复振动的适应性。机械产品几乎都是由各种弹性构件连接而成的，当产品受到周期性的干扰后，各构件都会受激而振动，有些构件甚至会产生谐振。弹性构件产生振动后，构件承受了反复载荷，影响了构件的疲劳寿命，甚至会断裂。因此，经过振动试验的产品，在试验后不应出现各构件的连接部位松动、过度磨损、疲劳损坏及其他任何可能防碍正常工作的现象。

20世纪80年代随着机械系统动态仿真技术的出现，使传统的实物样机试验研究受到了很大影响，并开始在机械产品的样机试验中得到了应用。这一技术又称为虚拟样机技术。该技术主要通过在计算机上建立样机模型，对模型进行各种动态性能分析，然后改进样机设计方案，用数字化形式代替传统的实物样机试验。这不仅大幅度缩短了产品开发周期，同时也大大降低了产品开发费用和成本，明显提高了产品质量。

虚拟样机技术的核心是利用计算机辅助分析技术进行样机模型的运动学和动力学分析，以确定样机模型在任意时间的位置、速度和加速度时，同时通过求解代数方程组来确定样机各工况下所需的各项运动和动力参数，如装载机牵动力、操纵中心位置等，国际上已出现基于虚拟样机技术的商业软件即ADAMS软件。该软件的虚拟样机仿真分析步骤如图9-6所示。

由于样机种类繁多，应用虚拟样机分析软件进行机械产品运动学和动力学分析时，常常需要融合其他相关技术，如几何建模的CAD软件、有限元分析的FEA软件、模拟各种各样作用力的软件编程技术、控制系统的设计与分析软件、模型分析和优化分析等软件和技术。图9-7给出了虚拟样机技术的相关技术。

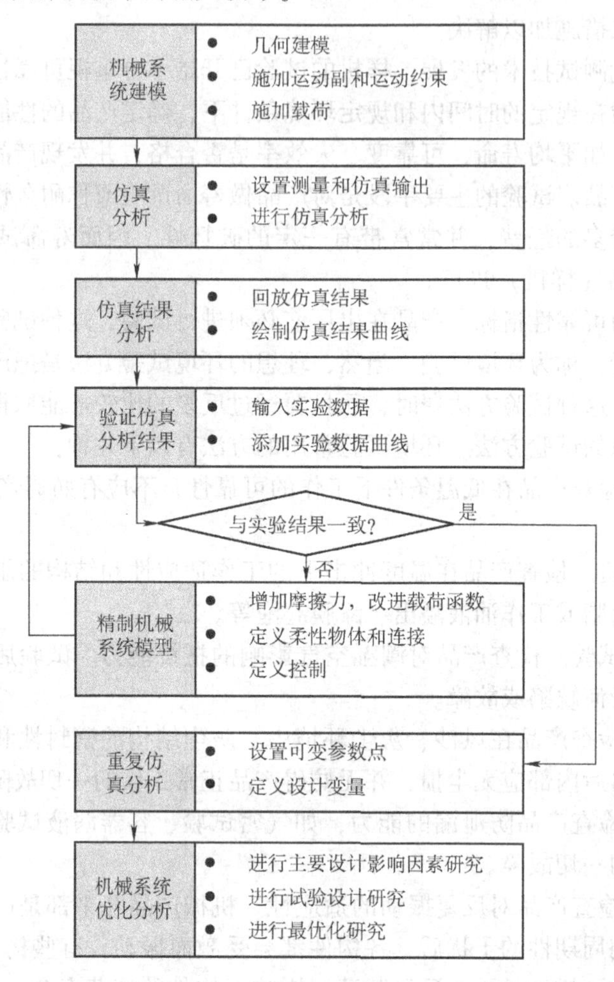

图9-6　虚拟样机仿真分析步骤

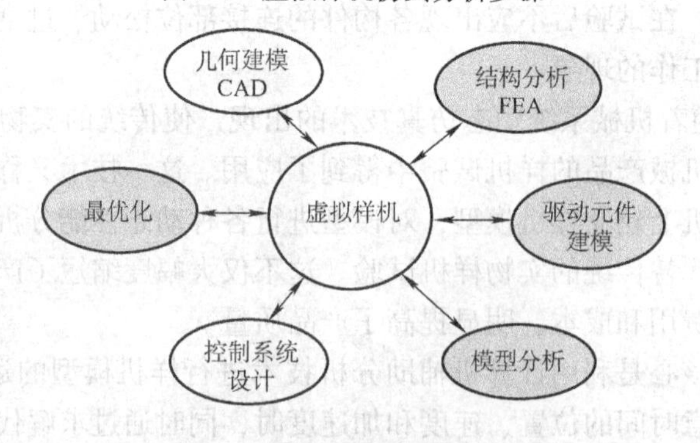

图9-7　虚拟样机及其相关技术

装载机虚拟样机实例如图 9-8 所示。

图 9-8　装载机虚拟样机

第四节　机械产品的综合性能检测试验

产品经过样机试验和改进设计之后，就要转入小批量或成批生产，因而全面评价产品的效果，检测产品的综合性能，为开发下一代产品提供反馈信息是至关重要的。

任何一种机械产品的性能指标都是多样的，但归纳起来可概括为产品的性能、寿命、可靠性、安全性和经济性等方面，因此对于一个转入成批生产的机械产品（样品）进行的综合性能检测试验也是围绕着这几方面进行的。

一、机械产品的综合检测项目

产品的性能是指产品所具有的特性和功能。不同的使用目的，不同的使用条件，要求产品具有不同性能。例如，汽车在高速公路上行驶，轮船在水中航行，电视机要显现图象，它们各自都具有截然不同的基本性能。即使同一类产品在不同的使用条件下，也常常必须具备不同的质量特性指标。因此，对产品的性能检测试验一般从下列几方面进行：

物质方面：物理、化学性能检测。

结构方面：拆装、维修、互换性检测。

操作方面：从操作方便、灵巧方面进行舒适性试验。

外观方面：造型、色泽、包装检验。

产品的寿命是指产品从出厂投入使用的时间算起到发生不可修复的故障为止的使用时间。产品不能在规定的条件下、规定的期限内履行一种或几种所需要的功能的事件就叫故障。对于不可修复的故障则叫失效。不同的产品，其寿命的概念可能不尽相同，可以是产品能正常使用的时间，也可以是能正常使用的次数。如滚动轴承的运转次数，机床、汽车以两次大修的间隔期限作为它们的使用寿命。但由于对于某一个产品，在它未发生故障（或失效）之前，无法确切地肯定它将在什么时刻发生故障，因此这里所指的寿命一般均指全部产品的寿命的平均值。为了获得产品的实际使用寿命是否在预定的设计寿命内，常常只有用寿命试验的方法才能实现。但任何寿命试验都需花费较长的时间和较多的经费，并常常带有一定的破坏性。

产品的可靠性是指在规定的保险期内、规定的条件下、规定的时间内，完成规定任务的可能性。衡量产品可靠性的指标有：平均寿命、可靠度、失效率。随着现代工业生产的发展，产品的可靠性愈来愈被人们重视，可靠性试验已被列为产品综合性能检测试验中十分重要的内容。这种试验是验证可靠性指标是否合格，其主要手段是对产品作耐久性试验。按寿命试验性质，耐久性试验可分为：

1）储存寿命试验。它是在规定的环境条件下，产品处于非工作状态的存放试验，目的是为了了解产品在特定条件下的可靠性。

2）工作寿命试验。它是在规定的正常工作条件下或近似正常工作条件下，产品处于工作状态的试验，如连续工作寿命试验、间断工作寿命试验。这种寿命试验比较接近产品工作的实际情况。

产品的安全性是指产品使用过程中保证安全的程度。产品对使用人员是否会造成伤害事故，影响人体的健康，或者产生公害，污染周围环境的可能性，是用户十分关心的。为此在产品投入批量生产之前还应作安全性检测，如机器噪声的测量，机床、汽车侧向稳定性试验等。

产品的经济性是个复杂问题，不仅要考虑产品的生产成本，还要考虑产品整个寿命周期所需的运转费、维护修理费等。因为改进产品设计，提高可靠性，改善保养性等，就会提高经济性。因此，对产品进行综合性能检测时应从工艺的合理性、制造成本和使用成本的高低等方面同时加以考虑。

随着现代产品的复杂性、重要性及经济性的不断提高，国家和用户对产品的综合性能如性能、寿命、可靠性、安全性、经济性等检测试验的要求也更加严格，甚至成为某种产品是否可取的关键。

近年来由于试验技术突飞猛进地发展，尤其是计算机技术、半导体器件及电子技术的发展，测试手段已日臻完善和现代化。

二、现代检测系统

现代检测系统的大体组成如图9-9所示。

随着电子技术的发展，测试系统的自动化和柔性化已成必然。由于计算机硬件技术的发展，也为测试仪器的自动化提供了可能。集计算机技术、通信技术和测量技术于一体的模块化仪器，也在世界范围内得到了认同和应用。虚拟仪器VI（Virtual Instrument）的出现，完全打破了传统仪器由厂家定义而用户无法改变的模式，利用通用仪器硬件平台，调出不同的测试软件模块，构成不同功能的仪器。不仅测量精度高，重复性好，测量速度高，而且也使复杂的开关矩阵和信号电缆减少，大大节省了测试费用。

由于不同领域中有不同的测量目的和要求，各种高质量变换器和传感器不断涌现，尤其是各种新型半导体变换器件的问世，使信号检出、变换的精度和灵敏度大为提高，因此有可能有效地去取得产品的部件或整机的结构研究与性能研究的各种信息。

为了力求使实际系统装置在投入使用前取得近于实际应用时的效果，常采用模拟的系统装置，结合实际的或模拟的环境和条件；或用实际的系统装置，结合模拟的环境和条件来进行研究、分析或试验。

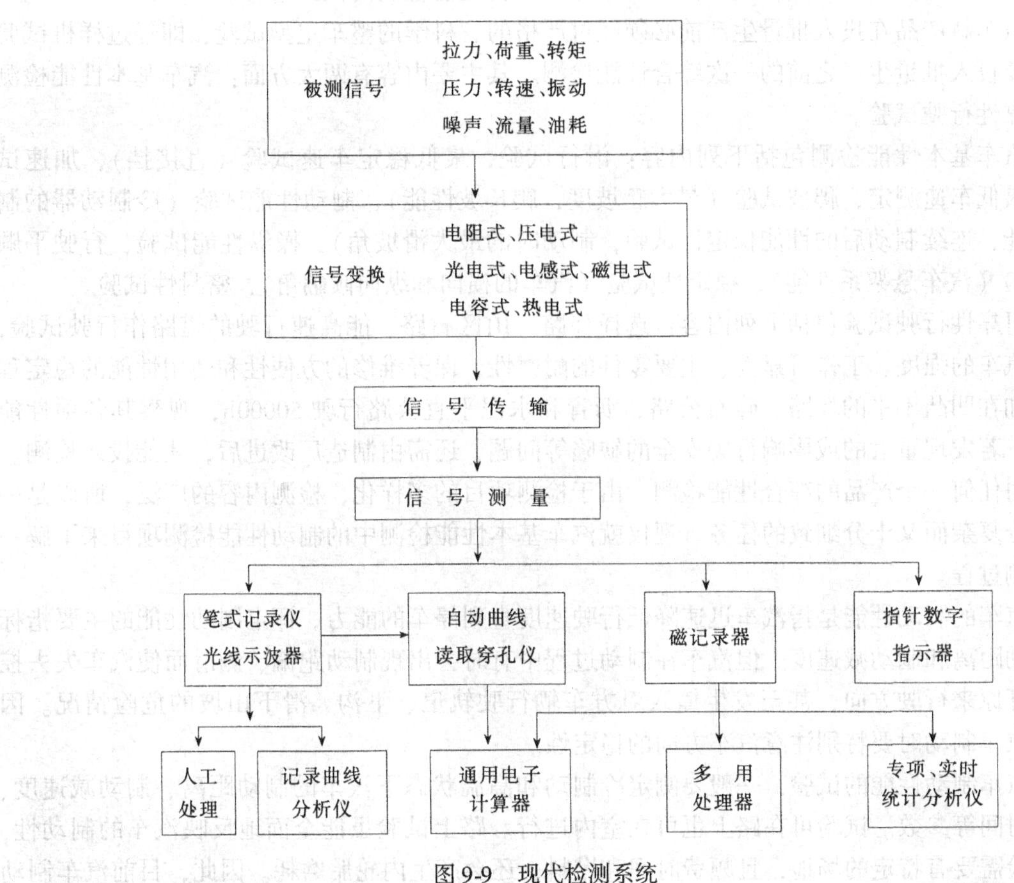

图 9-9 现代检测系统

系统模拟技术应用于以下几方面：

1）对系统或产品的某一部分，例如仪器的传感器、机床加工精度，与预先设计的有效精度来进行比较测定。

2）系统地估计产品的各部分或分系统之间的协调和干扰的影响程度，及其对整体性能的影响等。

3）比较各种设计方案，以取得最优设计。

4）在被测系统或装置发生故障后使之重演工作过程，以分析研究故障来源和得出对策。

5）进行假设检验。

6）训练操作人员进行分析、评价人-机联系的可控性和适应性。

三、综合性能检验过程

在整个测试方案设计中，系统仿真和环境模拟是主要考虑对象。但如何获得为数众多的有关位置参数、运动和动力参数以及掌握这些参数的变化及其内在联系，则更为重要。因此，为实现这一目的，除研制各种微型传感器和能进行各参数综合测试的试验装置外，借助电子计算机所具有程序控制、存储转换、快速运算、逻辑判断、二维和三维—彩色图象显示等功能而发展起来的计算机辅助自动测试系统（CAATS），已成为机械产品设计研究进一步发展和完善的最新趋向。

下面以载货汽车为例，进一步了解产品的综合性能检测的大致过程。

汽车新产品在投入批量生产前必须经过严格的、科学的整车定型试验，即经过样机试验之后要投入批量生产之前的一次综合性能检测。其主要内容有两大方面：汽车基本性能检测和可靠性行驶试验。

汽车基本性能检测包括下列内容：滑行试验，最低稳定车速试验（直接挡），加速试验，最低车速测定，爬坡试验（最大爬坡度，爬长坡性能），制动性能试验（冷制动器的制动性能，连续制动后的性能稳定性试验，制动时的最大滑坡角），操纵性能试验，行驶平顺性试验（汽车悬架系性能），稳定性试验（汽车的横向和纵向倾翻角），密封性试验。

可靠性行驶试验包括下列内容：选择环路、山区石路、能高速行驶的道路作行驶试验，考验汽车的强度、工作可靠性、主要零件的耐磨性、保养维修的方便性和使用性能的稳定程度。如在凹凸不平的坏路、碎石公路、沥青和水泥平直公路行驶50000h，观察其各项性能如何，若发现重大的或影响行驶安全的缺陷等问题，还需由制造厂改进后，才能投入检测。

对任何一个产品的综合性能检测，由于检测项目的多样化，检测内容的广泛，所以是一项十分复杂而又十分细致的任务。现仅就汽车基本性能检测中的制动性能检测项目来了解一个检测过程。

汽车的制动性能是指汽车迅速降低行驶速度直到停车的能力。评定制动性能的主要指标是制动距离和制动减速度。但汽车在制动过程中有时会出现制动跑偏、侧滑而使汽车失去控制离开原来行驶方向，甚至发生撞入对方车辆行驶轨道、下沟、滑下山坡的危险情况。因此，汽车制动时要特别注意汽车方向的稳定性。

汽车制动性能的试验，一般要测定冷制动和高温状态下汽车的制动距离、制动减速度、制动时间等参数。试验可在路上也可在室内进行。路上试验虽能全面地反映汽车的制动性，但试验需要有特定的场地，且颇费时间和燃料，还会产生内轮胎磨耗。因此，目前汽车制动性能试验一般在制动试验台上进行。图9-10所示为惯性式滚筒制动试验台。

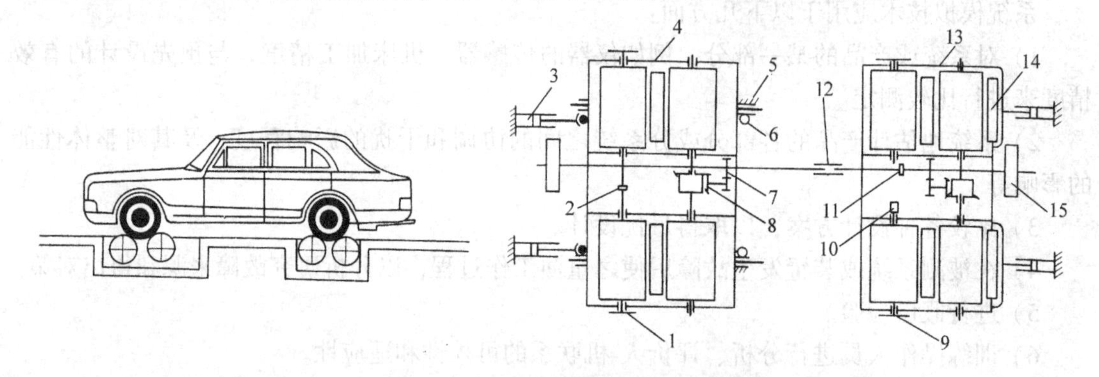

图9-10 双轴惯性式滚筒制动试验台简图

1、9—制动距离测试元件 2、11—电磁离合器 3—推拉液压缸 4—前滚筒组 5—导轨 6—夹紧液压缸 7—变速器 8—差速器 10—测速发电机 12—花键轴 13—后滚筒组 14—第三滚筒 15—飞轮

检测时，车辆驶上制动试验台，用液压缸调节好前后滚筒之间的距离后，由被检车辆的驱动轮驱动后滚筒并带动汽车前轮一起旋转。当车辆制动后，滚筒及飞轮在惯性作用下继续转动，其转动的圈数就相当于车轮的制动距离。这种试验台能进行加速、滑行、测功等检

测，它是一种多功能试验台架，可对整车的技术状况作出综合性检验。

综上所述，汽车制动性能检测过程如下：

1）明确被检测项目的检测目的。

2）测定汽车的脚制动性能，连续制动后的性能稳定性。

3）明确检测项目的检测条件。

4）在符合一般试验条件下还应考虑：汽车的载重应符合规定，载荷物应加以固定，轮胎应为新的或较新。制动器的传动系统不应有任何泄漏现象。

5）合理选择检测仪器。这些检测仪器有指示式减速仪、第五轮仪、自记式减速仪、制动喷印器、制动器温度传感器、制动踏板力计等。

6）制定正确的检测方法。主要针对以下两项试验：冷制动器的制动性能试验和连续制动后的性能稳定试验。

7）将检测记录填于检测表格，如表 9-11、表 9-12 所示。

表 9-11 样机冷制动器的制动性能试验记录表

汽车型号________底盘号码________发动机号码________

出厂日期____年____月____日 试验日期____年____月____日

天气________气温________℃ 试验地点________

气压______Pa 路面状况______风向______风速______m/s

承载质量______kg 轴荷分配：前______N 轮胎气压：前______Pa

乘车人数______人 中______N 中______Pa

总质量______kg 后______N 后______Pa

使用的制动液________里程表读数________km

试验员________驾驶员________

试验序号	行驶方向	初速度			测定的制动距离 L'/m	校正的制动距离 L/m	减速度/($m \cdot s^{-2}$)	管路压力/Pa	制动初始温度/℃	备注
		距离/m	时间/s	速度/($km \cdot h^{-1}$)						

制动距离的校正公式为

$$L = L'\left(\frac{v}{v'}\right)^2$$

式中 L——校正的制动距离（m）；

L'——测定的制动距离（m）；

v——规定的初速度（m/s）；

v'——测定的初速度（m/s）。

最后一次初速度为 30km/h 热停车试验的制动距离校正按下列公式计算

$$L = L'\left(\frac{v}{v'}\right)^2$$

式中 L——校正的制动距离（m）；

L'——测定的制动距离（m）；

v——规定的初速度（m/s）；

v'——测定的初速度（m/s）。

表 9-12　样机连续制动后的性能稳定性试验记录表

汽车型号________________底盘号码________________发动机号码________________

出厂日期________年________月________日　试验日期________年________月________日

天气________________气温________________℃　试验地点________________

气压__________Pa　路面状况__________风向__________风速__________m/s

承载质量__________kg　轴荷分配：前__________N　轮胎气压：前__________Pa

乘车人数________人　　　　中__________N　　　　中__________Pa

总质量__________kg　　　　后__________N　　　　后__________Pa

使用的制动液________________里程表读数________________km

试验员________________驾驶员________________

制动次数	制动时间间隔	制动的始末速度／(km·h⁻¹)		减速度／(m·s⁻²)	踏板力／N	管路压力／Pa	制动距离／m		蹄片温度／℃				备注
		始	末				测定	校正	前左	前右	后左	后右	

习　　题

9-1　何谓设计试验？设计试验按设计对象又分为哪几种？

9-2　功能原理设计为何要进行模型试验？试举例说明。

9-3　实用化设计为何要进行样机试验？试举例说明。

9-4　何谓相似比、相似模型？机械中常用的相似有哪些？

9-5　试举例说明相似比方程和相似指标、相似准则的建立。

9-6　试述相似三定理。

9-7　模型设计应遵循的条件是什么？模型设计中应注意哪些方面的问题？

9-8　机械产品的综合性能检测试验一般是如何进行的？试举例说明检测的大致过程。

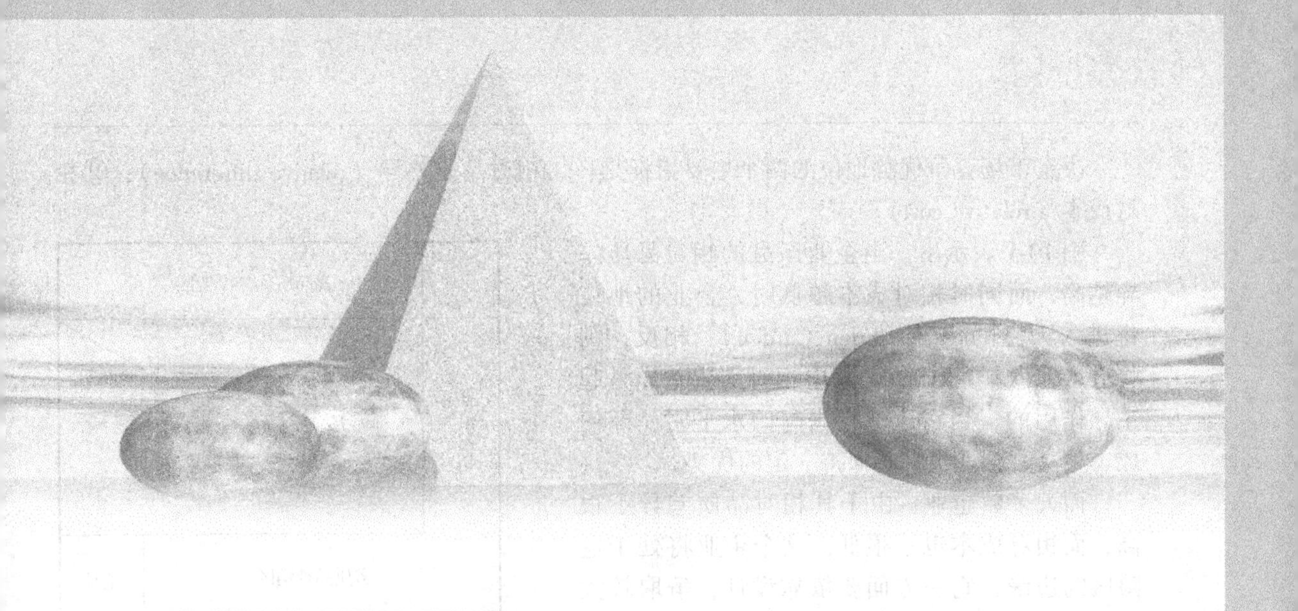

第十章

优势设计原理

当人们学习机械制图、机械原理、机械零件等课程，学会了如何设计一个连杆机构、一个行星齿轮机构、一对相互啮合传动的齿轮、流体动力润滑滑动轴承……他就学到了机械设计的基本知识，再通过一定时期的实践锻炼，他就具备了进行一般机器设计的能力，不过这时候他的能力还仅停留在“常规设计”（Routine Design）的水平上，也就是“按照已有的知识和规则，进行一般机器的设计”的水平。

从20世纪50年代起，由于世界市场竞争形势的推动，从美国开始，掀起了一股“创造性活动”的热潮，这个运动传播到日本、前苏联和欧洲各国，“常规设计”被创造性激活了，成了“创造性设计”。在这种“创造性设计”的热潮中，市场商品出现了空前繁荣的景象；新技术、新产品不断涌现，产品功能原理的创新、结构的创新、材料的创新、工艺的创新、外观的创新……令人眼花缭乱。但是市场的繁荣，并不能使所有的企业都能平安地生存，世界各地仍不断有企业破产、倒闭的报道，甚至连一些有名的大企业也面临过破产的威胁。人们发现，花样翻新的设计，在市场上的成功率也只有30%，有时甚至还不到20%。于是人们又把注意力放到企业的“经营管理”方面来，研究“经营管理学”和“市场营销学”，还兴起了一种新学科，叫做“工业工程学”，专门研究企业如何在竞争中保持生存地位问题。“经营管理学”“市场营销学”或“工业工程学”等等确实非常重要，而且是有效的企业竞争手段。但是人们发现，这些学科都是以企业有了某种有生命力的产品为前提，再从管理、经营的角度来改善企业竞争力的。如果没有好的产品，再好的管理也无济于事。或者说，好的管理应该促使企业有好的产品出现才行。于是在欧洲，提出了“企业文化”的思想，指出一个好的“企业文化”，要能保证企业的产品具有强大的竞争优势。在美国，则更明确地提出了“为竞争的优势而设计”的思想，明确地指出了“优势设计”（Advanced Design）的概念。显然，“优势设计”是以“常规设计”和“创新设计”为“基础”的更高一层的设计概念，它是更强调面向市场的设计技术。

图10-1表示了企业在竞争中争优势的竞争形势图。

决定市场竞争优势地位的两个主要指标是：①相对品质差异（relative difference）；②相对成本（relative cost）。

图10-1表示出，当企业产品的相对品质差异越高，而同时相对成本越低时，企业的地位将进入天堂的位置（Eden Garden）；相反，则将进入地狱（Inferno）。其中相对品质差异是起主导作用的，当它达到相当高的水平时，即使成本稍高，企业也将能保持一定的优势。

而大多数企业，由于其相对品质差异不很高，而相对成本也不很低，这个企业将处于危险区的边缘，它一方面要依靠设计，争取较大的竞争优势，另一方面它要随时提高警惕，也许有一天由于技术的落后或相对成本过高，企业将进入破产的悲惨境地。

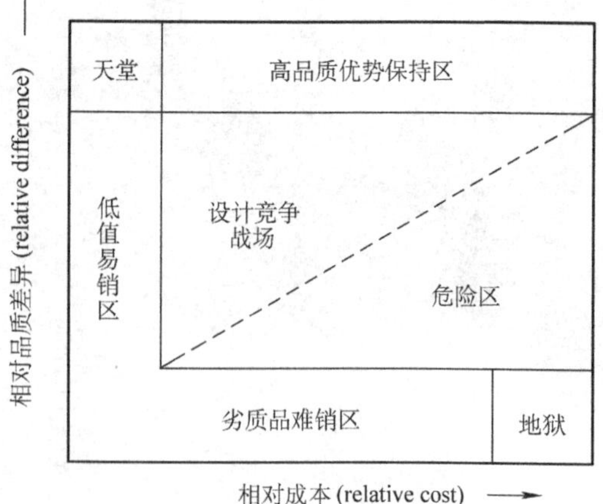

图10-1　企业面向市场的竞争形势图

这张图直截了当地说明了企业的竞争力最后将根本地依赖于产品优势的水平，也表明了产品的设计不能只是常规的设计，而是要通过创新争取优势——为竞争的优势而设计。

从设计人员的能力、经验和水平以及设计产品的最后成果的水平来评价，可以将设计分为四个等级：①正确设计；②成熟设计；③创新设计；④优势设计（如图10-2所示）

其中，正确设计和成熟设计两项可统称为“常规设计”。一个刚出校门的大学生，他在学校学到了很多先进的设计理论，掌握了先进的现代化设计工具和手段，他可以作出没有重大原则性错误的设计。但是他缺乏实践经验，他的设计也没有经过长期实用考验，因此往往会有一些没有考虑周到的细节性的缺陷和不足。这样的设计，我们可以称之为“正确设计”。“正确设计”的成果不能直接作为产品而投入大批量生产，必须经过小试、中试，多次改进，使之达到“成熟”的水平，才能投入批量生产。

当然，一个大学毕业生刚开始的设计实践，能达到没有原则性错误的“正确设计”的水平，已经是很不错的表现了。因为事实上，刚进入设计实践的大学生有时出现原则性错误的情况也并不少见。所以，“正确设计”并不是一个很低的水平。我们可以看到，社会上有很多产品的原始样机，存在原则性错误情况是常见的，只是经过多次修改，才进入到“正确设计”的层次。例如，在一些大饭店的顶层上建有旋转餐厅，这种旋转餐厅的驱动方案设计，就出现过“不正确设计”的情况。最初有人设计的驱动原理是用几个支承轮作为驱动轮（转盘下面设计有两圈支承轮，每圈有几十个支承轮），结果驱动效果不好，甚至不能正常驱动。从原理上看，其错误在于几十个支承轮中，如果作为驱动轮的轮数达不到一定的比例，那么驱动力就不足以克服运转阻力。这就是一种“不正确设计”。后来人们认识到原则性错误的所在，改用另外的方式驱动而不用支承轮驱动，问题就解决了。

有丰富的设计经验并在某些产品设计方面有过长期设计、制造实践的设计人员，他们有可能作出很成熟的设计。这种设计不仅在原理上是正确的，而且所制造的产品在运行时已经不存在明显的缺陷。例如，上述的旋转餐厅，虽然解决了驱动原理的问题，但是还存在抖动、噪声等问题，直到反复改进，才克服了这些缺点，达到成熟的水平。

“成熟设计”比起“正确设计”来，主要在于有较多的实践，从而克服了种种初始设计时想象不到的缺陷。但是，“成熟设计”的产品有可能从技术上看是落后的，产品是缺乏竞争力的。这种情况很多很多，这是一种经常出现的实际矛盾；一种产品，经过长期实践才达到成熟，但是由于所费的时间过长，结果产品本身落后了。应该尽快缩短成熟时间，以避免技术落后。

在中国的很多大中型企业中，有很多能做“成熟设计”的技术人才，他们在自己长期从事的老产品的设计上达到了非常成熟的地步，可惜的是他们企业的老产品在市场上缺乏竞争力。可见，“成熟设计”比起“正确设计”要高出一个层次，但毕竟只是反映了设计人员局部的、已有的经验，而不反映产品设计制造所采用的技术的水平，因此这两种设计都属于“常规设计”的范围。

“创新设计”是有很强生命力的。一个采用创新技术的产品，也许会成为有极强竞争力的产品。但是，“创新”并不一定能保证“正确”和“成熟”，有时甚至是“不正确”的。例如，有一种“蹬踏式”自行车的创新设计，曾被宣传为一种取代“回转式”脚蹬的重大革新。但是由于其原理上的错误，并不能实现其“更有效地驱动”的目的，反而造成骑行者的疲劳，因此不得不放弃这种创新尝试（图10-2）。

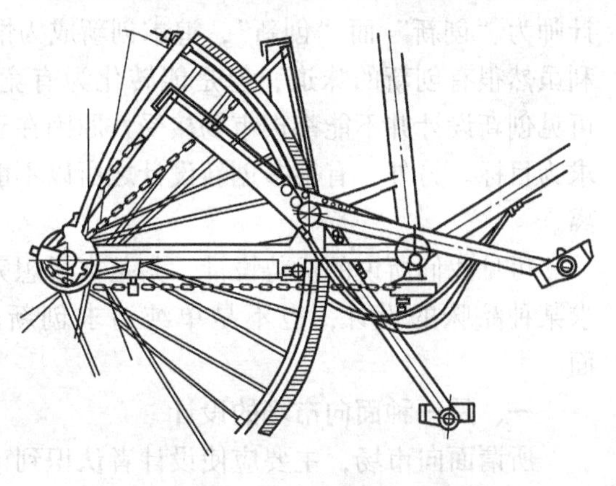

图10-2　一个失败的创新尝试

另外，有些很有前途的创新，往往由于技术上的不成熟而使其市场成功率仍然不高。

优势设计属于设计分级的最高层次，它必须以正确设计和成熟设计为基础，同时也必须以创新设计的思想来创建竞争优势。

图10-3表示了这四个等级的相互关系。可以看出，成熟设计约占正确设计的1/5，而创新设计则有可能是不正确或不成熟的；优势设计则必须是正确和成熟的，它所占比例则更小，约为正确设计的1/100。

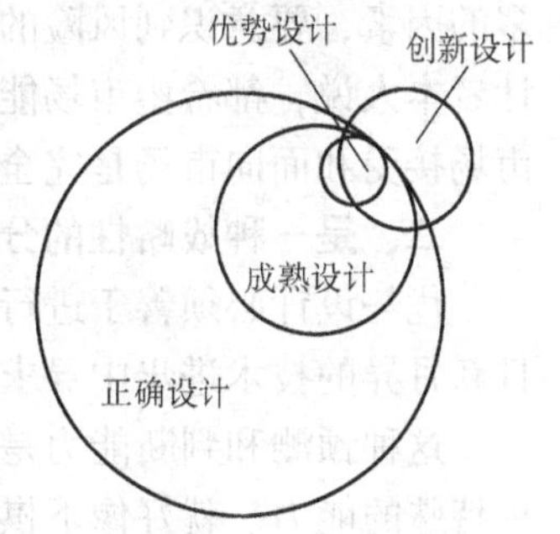

图10-3　设计的四个等级

第一节　优势设计的基本思想

自从有了市场，有了市场竞争，就开始有了优势设计思想。例如，19世纪初，美国福特汽车公司推出T型车，就是一种明确的优势设计，其结果使得T型车在美国以至欧洲独领风骚几十年。但是，正如人们直到最近才明确认识到设计的出发点是“需求”一样，人们也可能由于种种不同的原因，没有强烈地意识到面向市场的设计是大大不同于常规的“纯技术”的设计的。

优势设计区别于“常规设计”和“创新设计”，从基本思想上看，主要在于要强调它是一种面向市场争取竞争优势的设计。现实社会里，在千千万万从事设计活动的人们中，各人虽然也可能有一定的市场意识，但是他们的设计目的和面向有很大不同，有的人为个人爱好而设计，他们一辈子都在努力设计一种很特殊的“奇妙”机器，例如一种有很小前轮的折叠式自行车。但是，从市场的角度来看，设计者本人也许有希望市场接受的愿望，但实际上市场是由客观规律支配的，他们的设计即使从技术上取得成功，也不一定有很好的市场前景。也有的设计是为了体现某种“文化品味”和“科学水平”，他们的设计一味地追求体现所谓的某种“文化”意义（这在建筑设计方面是很好的很普遍的设计思想）。他们的成果也许成为某种纪念物，将来被博物馆收藏，但不能成为当前市场上受欢迎的商品。还有不少设计师为“创新”而“创新”，追求创新成为惟一的目标，每年有数万个专利被申请，这些专利虽然很有创新的味道，但是能转化为有竞争力产品的却不到20%，大多数被束之高阁。可见创新设计并不能都被市场接受，原因在于很多创新设计的动机并没有非常明确以市场需求为目标。另外，有很多创新设计之所以不能被市场接受，是可能在实用化方面还有很大距离。

可见我们所说的优势设计，其基本思想完全不同于上述以个人兴趣出发的设计，或为追求某种品味的设计，也不是单纯追求创新的设计。优势设计的基本思想在于以下几方面。

一、是一种面向市场的设计

所谓面向市场，主要应使设计者认识到市场的挑剔性，市场的严酷性，以及市场的多变性。设计者不但应该考虑到今天的市场，还要考虑到明天的市场。面向市场的设计和一般设计的最大区别主要在于一般性设计大多是纯技术性的设计，而面向市场的设计是要考虑多得多的因素，要意识到风险的存在。其实，前面所说的“常规设计”和“创造性设计”，从设计者本人说，都希望市场能接受他们的设计，只是他们缺乏对市场的深刻认识，不明白希望市场接受和面向市场是完全不同的。

二、是一种战略性的分析、预测、判断和决策

优势设计必须善于进行产品方向预测和技术方向分析，要能够从复杂多变的市场变化和日新月异的技术进步中寻求能在当前以及以后的市场上占主导地位的产品和技术方向。

这种预测和判断能力是非常重要的，比起单纯技术能力来，这种预测和判断能力属于一种特殊的能力。就好像下棋中的高手一样，会下围棋的人有千千万万，但只有极少的人才具有进入八段以上的水平。高手的水平主要在于面对一盘棋，能作出比别人更深更高的分析、判断和决策。或者说他能想到别人想不到的方面，能预测比别人更远的棋势发展，能作出比别人更高的战略性布局和决策。

三、是一种对自然法则深刻认识基础上的优势发现和发展战略

什么是自然法则？简言之，自然法则有：

1）最优秀的事物不知在什么时候、不知在什么地方出现，是一种随机的自然现象。主观选定苗子，采取特殊培养，不一定能经受得了竞争的考验。

2）一旦发现优势，必要的支持和培育，对于优势的发展是很重要的。

3）任何优势都是发展的、变化的，要不断地改善，必要时甚至要作根本性的改革，放弃过时的，选择新的优势。

四、是一种高层次的设计思维

比起常规设计和创造性设计来，优势设计在思维方面有更高、更深、更广的层次。

1. 要求有更全面的思维能力

从一个产品的构思开始就应该有全面的思维，也就是要能对这个产品将来在制造、使用、维护以至回收等各方面可能遇到的问题作出预见性的分析，以免这个产品在花了很大力量推上市场时，出现使用上的或维护上的问题，以至造成致命的损害。例如，某种加湿器在推上市场时由于它的功能原理上是新颖的，用超声波造雾，因此很吸引人，一开始在市场上非常畅销。但是人们发现，由于水中的水垢，使室内家具表面到处沉结白粉，很快就造成市场滑落。这从设计的方面看，就是因为在设计过程中缺乏全面的思维，或在全面思维中存在疏忽，或者说已经想到但认识不足，没有采取措施来防止的结果。

2. 要有更深入的思维

每当采用一种创新的原理或结构时，往往会引起人们很大的兴趣，甚至在市场上掀起高潮，但是在新的东西应用的同时，不仅会带来好的性能、好的效果，而且也可能会带来一些制造、装配、成本等方面的问题。另一方面，一种新的东西往往有很多细节会影响它的性能的发挥。人们在设计中，往往只做到一个粗糙的原型，而很多细节往往需要经过长期的改型才能完善，这些完善工作就是属于深入思维的问题。从同一个原型出发，谁能在细节完善方面走得更快、更深入，谁就可能在竞争中占更大的优势。

当人们刚推出一种新的原理时，人们很难想到这种新的原理，从物理学的角度或其他学科的角度将会引起什么样的附加效应。例如，在20世纪80年代中期，美国和德国有人在开发一种蹬踏式自行车，并且已经准备把它推上市场。他们的想法是蹬踏方式比起旋转式脚蹬来，可以避免上下死点附近的零功率区，可以使蹬踏全过程都能有饱满的功率输出。这一点似乎很有道理，而且人们在试骑样车时由于好奇心占上风，也觉得很好。但是在实际应用中，人们逐渐发现这种方式有很多原理上的缺陷，使得骑行者不但感觉不轻松，而且上坡很困难。原因在于上下蹬踏的方式使腰腿肌肉不能像旋转那样轮流休息，容易产生疲劳，同时也不能避免上下位置有零功率现象，因为肌肉发力有大约0.2s的滞后。此外，由于左右腿交换蹬踏的瞬间，不能像回旋脚蹬那样保持一定的连续，而必须间断，因此当坡度较大时，会因为这种不连续而造成上坡非常困难。

这里所说的要有更深入的思维，主要就是指对物理现象的深入思维。一个真正优秀的产品，它的原理如果在物理学上有缺陷而没有及早克服，那么，别人有可能抢先一步解决这个问题，而取得了优势。微软公司在竞争中经常处于优势的秘密之一就是他们公司的人们常常想得比别人要深得多。他们说："人们大大低估了人脑和人类潜能的力量"。

可以说，在竞争中，谁能想得更深并作出正确的判断，谁就能取得优势。

大多数的设计人员正像一般的棋手一样，他们能做很正确的技术设计，但当他们一涉及新问题时，就不能进行更深入的思维，结果往往在新产品设计时由于深入分析不够而造成后患，最后使产品的形象受损害。例如，在电动自行车开发的初期，人们普遍采用200~300W的普通直流电动机，这种电动机在运行时电流很大（达到10A以上），以致于容量有限的蓄电池难以承受，甚至很快损坏，最后这种电动自行车很快就被淘汰了。

要想有深层的思维，就要求设计人员具备较高的思想修养和知识水平，尤其对于物理概念要有较深的认识，善于以物理概念为基础对机械行为进行深层的思考。物理概念是一切机械功能的基础，只有立足于正确的物理概念之上，才能对机械行为作出正确的认识和判断。

在思想的深层次方面，我们可以以世界级的棋手来作比喻。一个世界级的九段棋手，其所以优于别的低段棋手，无非是他能想到别人所没有想到的，不仅对表面现象能看得清，而且能看到发展以后的变化，除此之外，他还能正确权衡利弊，作出合理的取舍，最后去夺取胜利。

在机械产品设计领域内，我们没有办法像棋手那样选拔人才，但是我们可以确信在所有设计人员中，在战略和战术思维方面，确实存在很大的差距，确实存在如同三、四段和八、九段之间的差别。说明这一点，对企业的领导人和从事具体设计工作的人员来说都是有利无害的。作为企业领导人，要善于发现高素质的人才。对于设计人员来说，要努力提高修养，使自己在思维能力方面不断有所提高。

第二节 优势分析

一个产品的优势从根本上来说，是由设计人员在设计阶段赋予的，即所谓“相对品质差异”和“相对成本差距”。但是在产品实现过程中的加工制造、生产管理等因素，对产品优势的形成也会产生重大的影响。

优势的最后实现则是由它在市场上的表现来决定的。一个产品在市场上能否实现它的优势，除了产品本身具有本质上的优势外，很大程度上还受营销手段的影响。

根据产品在市场上的表现，可以把优势的类型分为以下一些方面。

一、表面优势和本质优势

一个产品的本质优势指的是它的功能原理是否新颖，技术性能指标是否先进，以及制造质量是否上乘等与实用效果有关系的技术内容，它决定着一个产品的技术水平，也是“相对品质差异”的主要内容。所谓表面优势，则是指外观、色彩、附加功能以及宣传、广告等，它们是非本质的东西。在19世纪商品发展的初级阶段，商人们往往以表面优势掩饰本质的缺陷，也就是把内在质量较差的产品，通过表面掩饰和虚假宣传来达到推销的目的，这样的优势，从根本上来说是不可能长久的，它只可能得势于一时，当遇到其他本质较其优越的产品参与竞争时，它将很快被淘汰。

当然在现代产品竞争中，表面优势也不是一个可以等闲视之的因素。当两种产品的本质优势相差不明显时，表面优势往往会起到决定性的作用。

二、局部优势和全面优势

一个产品的总功能是由一些分功能组成的，或者说，是由一些功能单元组成的。各个产品之间相比较，所有的方面都具优势的情况虽然是可能的，但往往较难做到全面优势，而部分优势的情况则是常见的。

争取全面优势当然是最理想的目标，这是每个企业领导梦寐以求的目标。因为这样的情况如果出现，那么这个产品在竞争中就处于“天堂”的地位。但是这往往难以达到。实际的情况则常常是多种品牌的产品各有长短。例如，德国的《TEST》杂志经常把各国的同类产品进行抽样检测并向消费者公布，检测的指标往往有十几项，从纯技术的硬指标到操作方便等主观感觉都有。从检测的结果看，有些世界名牌产品，有几项指标甚至不如名不见经传的产品；相反，一些非名牌产品，其中有一两项甚至居于榜首。

这对于产品的设计者来说是值得借鉴的情况。在设计中，很难一下子就取得全面优势。那么怎么使自己的产品在一些主要方面取得局部优势也是一种重要的策略。

设计者应该考虑自己的产品首先要取得哪几项优势，才能保证在市场上取得一席之地。

选择得正确与否，将决定其竞争中的命运。

综上所述说明两个方面的问题：一是局部优势可以满足某些特殊的需求，因此它有可能占领特殊的市场领域，这方面有时是全面优势的产品难以全面覆盖的；二是局部优势有时会随时间、地点及形势的变化而成为失去竞争力的劣势。这是一种潜在的风险。如果在设计时考虑到这一点，而事先采取了相应的措施，那么就可以避免风险。

三、绝对优势和相对优势

人们总是想要使自己的产品达到绝对优势的地位，以便独霸天下。但是客观事物的规律却总是不能尽如人意，无论是人类社会的哪一方面，似乎总是不会有绝对优势的事物存在。

当一个新技术研究成功以后，也许可以使你的产品在“相对技术差距”上达到大大超过别人的水平，这是每一个企业、每一个设计人员应该努力争取的局面，这样就可以使你的产品在这一时刻处于“绝对”优势的地位。

但是，一个新技术的出现，还有一个成熟和发展的过程，在这个过程中，别人就可能赶上，甚至超过你的水平。因此，首先开发成功新技术的企业，并不一定占据了“绝对”优势，现实生活中有大量事实证明，一个企业开发成功了一项新技术，但占领市场、取得市场最大份额的却是另一个采用改进了的同类技术的企业。这说明大多数技术优势是很容易让人超过去的。

另外，当你开发成一项新技术的同时，有可能别人也在开发另一项新技术，你的新技术刚刚推向市场，还没有取得效益，别人的新技术已经成功并即将推向市场，使你的新技术中途夭折。这种情况是经常发生的。例如在字球式打字原理出现之后不久，又有菊花瓣式的字盘打字原理出现了，开发这项技术的公司认为这项新技术将风靡世界，占领整个打字机市场。然而就在这时，针式打字原理问世了。不用说，菊花瓣式字盘打字原理已经建成的全套生产线只能全部报废，在摇篮中就夭折了。这种情况说明，绝对领先的新技术也许在技术上是绝对的优势，但这种优势在发展着的技术洪流中可能只有很短暂的生命，要想得到长时间技术上绝对优势的地位是很不容易的。

因此企业领导和设计人员应该更注重把注意力放在相对优势的建立方面，才可能是更明智的。也就是说，要更加着力于把自己开发的新技术作为一种针对某一方面特殊要求的技术来对待，而不要企图满足全面的要求。

总而言之，在激烈的竞争面前，每个人都要牢牢记住，任何优势都是相对的，或者是应用领域方面的相对优势，或者是时间上的相对优势，绝对优势的情况是很难长久存在的。甚至就技术先进的大企业对相对落后的小企业而言，也有可能在某一方面被小企业占了优势。

正因为优势总是相对的，因此才给一些企业以机会，可以说，机会面前人人平等，不要因一时的优越而以为可以永远优先，也不要因为暂时落后而失去参加竞争的勇气，市场这个舞台将永远给一切奋斗者提供机会去演出有声有色的活剧。如果市场始终被几个“绝对”的霸主所霸占，那么整个世界市场将变得死气沉沉、万马齐喑，这是完全不可能的。

四、营销优势和实质优势

市场是一个非常活跃的舞台，有很多时候，一个产品能否占有市场，似乎并不取决于“相对品质差异”和“相对成本差异”的优劣，有些产品经过某些“企业家”的出神入化的营销手段，也可以占领市场于一时，甚至可以风靡全国乃至全世界。例如，在20世纪80年代初，有一位著名的企业家通过把造纸厂的常规产品改为各种“小”民用产品（餐巾纸、卫生纸、手巾纸……)，很快就把这家造纸厂扭亏为盈，并且还同时救活了好几家同样处境的造纸厂。但是这种营销手段由于没有技术和成本方面的实质性优势作后盾，它在市场上的优势只是很短暂的，因此当别人纷纷效法的时候，他们在市场上就没有任何优势可言了，其后果当然也是可想而知的。

因此我们应该把“相对品质差异”和“相对成本差距”看作为实质性的优势，使它和“营销手段”结合起来，而不要对立起来。

只注意实质优势而不懂得“营销优势”的企业家，是一个“纯技术头脑”的书呆子。孙子兵法曰，“兵者，诡道也。”也就是说，要懂得市场情况的变化万端，以采取相应的营销策略来适应市场，使自己有一定实质优势的产品能在市场上实现自己的价值。

只会搞“营销手段”而不在“实质优势”上下工夫的企业家，是一个“空对空”的企业家，没有“实质优势”作后盾的营销活动，不能维持长久、稳定的营销优势。

纵观世界各国成功的企业家，无论是日本的松下公司还是中国的联想集团，他们都有自己的技术特长以及有以自己的技术特长为基础的优势产品。可以说，没有一个成功的企业是没有自己的技术优势的。德国人说：“无法找到市场空白，拿不出无以伦比的产品，没有耐心（为成功等待5到10年不是不寻常的）是最容易带来失败的无能。”

总结上述各种类型的优势，其中最根本的技术性的“实质优势”，也是本书所要讨论的主要内容。

第三节　优势设计的物理学基础

一个产品的技术性的“实质优势”，必然以技术创新为基础，同时还要有思维方法和工作方法的基础。因此，我们从优势设计的物理学基础和优势设计的哲学基础两个方面来讨论。

机械产品的主要特征是实现动作功能（包括传递运动和力）和工艺功能，这两种功能都是物理学行为。过去只把机械看作是力学行为（包括运动学和动力学），这样的看法导致人们只从“机械学”的角度来研究机器，这种观点可以叫做“狭义物理效应”观点，它局限了人们的思路，阻滞了机器的发展。实际上，要产生动作功能与工艺功能，所有的物理效应都可以利用，甚至连化学效应也可以利用，这样，我们所说的物理效应是一种“广义物理效应”。从“狭义物理效应”出发来研究机器，造成创新的空间很有限；而从“广义物理效应”出发来研究机器，可以说存在着十分广阔的创新空间。所以说，要进行优势设计，首先就应该认识“广义物理学”概念在现代机械设计中的作用。

在机械设计中应用广义物理学思想主要可以在以下一些方面。

一、用广义物理效应实现机械动作功能

传统的机械设计中，为获得机械动作，只有一条思路，就是用各种机构来实现运动的传递和转换。例如，在原子能反应堆控制棒的驱动功能原理方面，就反映出广义物理效应逐渐进入传统机构的情况。

控制棒是用来控制反应堆中反应速度的关键部件，也是反应堆中惟一能运动的部件，它要求能够快速、准确、可靠地执行控制指令，精确度要求达到0.1mm。按人们常规的传统机械的设计思路，只能是用齿轮、齿条、链传动、钢索牵引等等方法来实现这种驱动。但是

由于反应堆内高温（300℃）、高压（12MPa）的环境，使这些传统的传动方式难以适应，因此只能设法采用非传统的传动方式。

常用的方法之一是电磁钩爪式驱动机构（图 10-4）。这种驱动方式的动作原理是用两套抓钩 15、21 分别交替作握持、放开和提升（或放下）动作，抓钩作用于驱动杆（1）的沟槽内，可保证握持可靠。提升（或放下）的动力则来自密封套外的电磁线圈 4、8、9 对衔铁 14、16、20 的吸引力。衔铁的作用是控制抓钩的开、合和上、下运动。

这样一套驱动机构，可以在高温、高压的密封套之外对内部的驱动棒实现驱动控制，显然这是一套非常规的动作原理，运用了电磁效应和机械（抓钩）作用的配合实现驱动功能。

这套装置虽然很巧妙，但也有不可靠之处。例如，抓钩的咬合或退出往往受摩擦力的影响而出现不可靠的情况，以致造成对驱动棒的失控、卡死甚至“弹棒”。很多核电站事故都是由于这类驱动控制系统失灵而引起的。

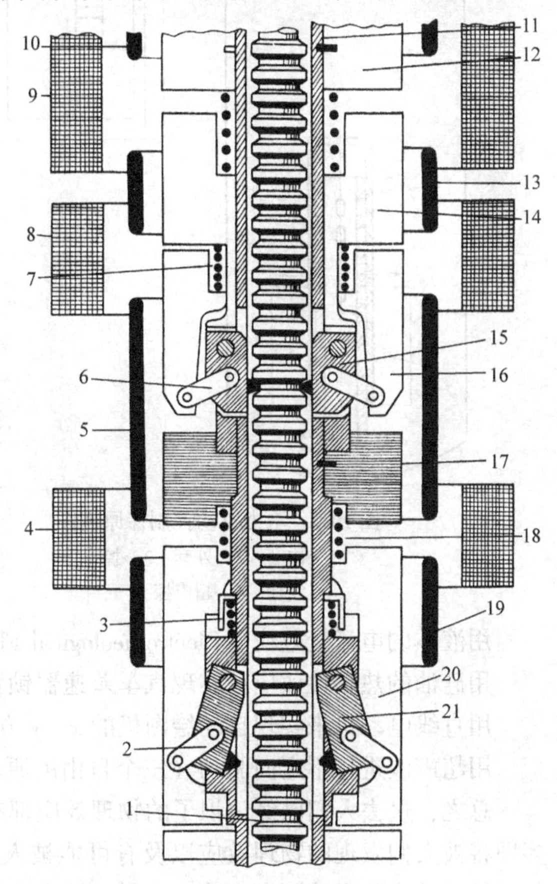

图 10-4 电磁钩爪式控制棒驱动机构

1—驱动杆 2—固定锁闩连杆 3—锁闩复原弹簧 4—固定抓钩线圈 5、10、13、19—磁通环 6—活动锁闩连杆 7—活动衔铁复原弹簧 8—活动抓钩线圈 9—提升线圈 11—导管 12—提升磁极 14—提升衔铁 15—活动锁闩 16—活动抓钩衔铁 17—固定抓钩磁极 18—固定衔铁复原弹簧 20—固定抓钩衔铁 21—固定抓钩

20 世纪 80 年代清华大学核能研究所发明一种利用水力驱动控制棒的新的驱动原理（图 10-5），它巧妙地利用了水力学的物理效应，利用浮子式流量计（图 10-6）中浮子高度受流量大小影响的原理来驱动控制棒，这是功能原理方面的一个重大的创新。

如图 10-4 所示，将控制棒 3 做成套状，和外套 2 联成一体，外套侧面有长圆孔，利用反应堆中的工作介质——水，从中心内套 1 中流出来驱动控制棒升降，外套相当于浮子流量计（图 10-6）中的浮子 1，内套相当于倒锥管 2。这种驱动原理不但比钩爪式驱动方式更可靠，也比流体静压驱动的控制原理可靠，同时，驱动装置的总高度还可降低 1/3。经多年使用证明，这种驱动方式确实非常可靠。

用物理效应产生机械动作的最早应用是液压、气动原理，但是更广泛地应用则应该从近一二十年谈起。人们已经在不同情况下应用了广义物理效应来驱动机器。例如：

用压电晶体或磁致伸缩的物理效应实现微米级（1μm 以下）的驱动；

用热胀冷缩的物理效应，实现体内微型液体泵的驱动；

用液体的压粘效应，实现牵引传动（Traction）的无齿传动功能；

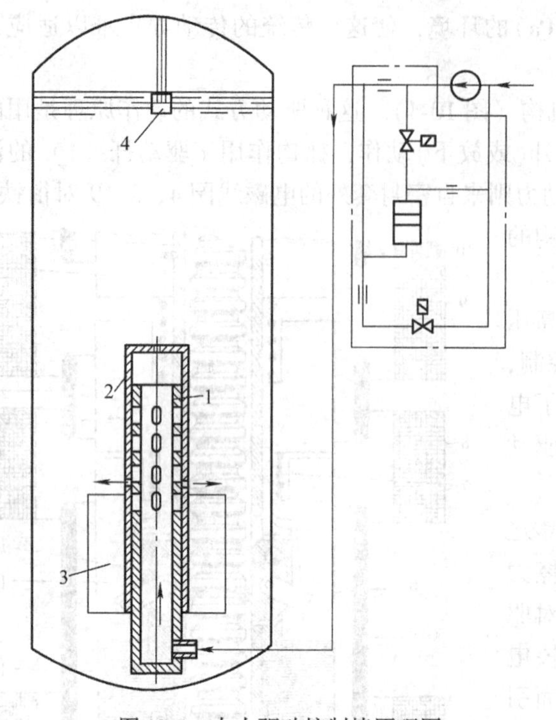

图 10-5 水力驱动控制棒原理图
1—内套 2—外套 3—控制棒 4—超声探头

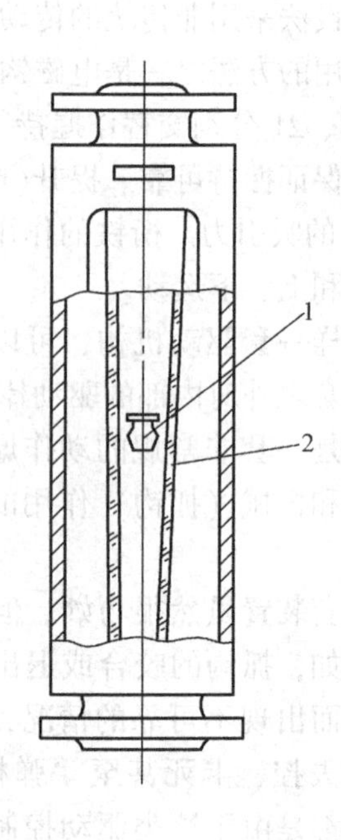

图 10-6 浮子式流量计
1—浮子 2—倒锥管

用液体的电流变效应(Electrorheological Fluid Effect),实现液压控制功能;

用硅油的热粘性效应,实现汽车差速器锁紧功能;

用直线电动机来实现自动绘图机的 x、y 方向驱动功能;

用超声波进行不定向驱动(三个自由度原动机)。

总之,过去人们已经认识了的物理效应都有可能用来作为机械动作的驱动原理,还有很多即将被人们发现的物理效应以及有可能被人们“制造”出来的物理效应,有可能被用来作为机械动作的驱动原理。从上面列举的多种实例可以看出,在不同场合下利用不同的物理效应来驱动机械运动,有时可能比纯机械的方式要有效得多。

二、用广义物理效应实现机械工艺功能

传统的机械工艺功能,常常用机构驱动一个工作头对工作对象进行直接的工艺(加工)作用。而工作头对工作对象的加工原理也是纯机械的方式,如切削、锻压、冲剪等。在轻工部门(如食品机械、纺织机械等),过去也都是以纯机械的加工方式为主,也就是仅用纯力学的物理效应。

实际上,加工工艺功能比动作功能更易于采用广义物理效应。例如:

在机械加工工艺中,过去以切削加工为主要工艺功能原理,现在电火花加工工艺功能原理,可以加工出各种通孔或不通孔及异形孔;

线切割加工工艺功能原理,可以用一根金属丝通过电火花切开金属块;

激光加工工艺功能原理,用激光束聚焦,使能量集中,用来切割金属或布(多层布),目前已可切割 10mm 以上的钢板;

水流切割工艺功能原理，将高压水通过小孔射出，能量甚大，也可以用来切割木材、布（多层布）、石料以至铁板。

在其他部门，加工工艺用物理效应的实例更多。例如：

织布工艺中的喷水织机，用喷水水滴作工作头，代替机械织梭，引导纬线穿引，不仅工作可靠，而且大大降低了噪声，并杜绝了由于“飞梭”造成的人身安全事故；

在纺织工艺中，有一种“气流纺”，直接用气流实现由棉花纺成细纱的工艺过程。

最近出现的一种“快速成型技术”中，采用激光对液态树脂进行逐层扫描，使树脂固化形成精确的模型，用来作设计的精确样品或铸造用的模型，比起过去用手工翻砂造型快速精确很多。

清洗工艺历来是用清洗溶液（汽油、酒精等）用手工对零件进行清洗。用超声波这种物理效应，可以不必再用手工洗刷而很容易地将零件或假牙、饰物等清洗干净。采用激光还可以清除金属件表面的锈污，而且能使表面在一定时间内不易再生锈。

家庭烹调工艺中的加热功能，历来是用明火对锅加热，现在可以将食物直接放在碗盘中，用微波对食物加热，或用电磁炉进行加热。

总而言之，用各种物理效应对物体的作用来代替用机械工作头对物体的直接作用，是工艺功能中有宽广前景的新途径，其前景不可限量。

三、用广义物理效应解决关键技术功能

一个产品的“实质优势”，从纯技术的角度看，主要由核心技术中的关键技术体现。或者说，一个产品是否具有一个或一些较别人高明的关键技术，是这个产品是否具有“实质优势”的根本，也是本章所讨论的优势设计的核心内容。因此，虽然在本书第三章已经初步讨论过关键技术的概念，这里还有必要进一步讨论用广义物理效应解决关键技术功能的问题。

关键技术有“软”和“硬”两种。软的关键技术是体现在产品的总体设计思想方面，而并不一定在具体的技术内容上有很多尖端技术。例如，在20世纪70年代，前苏联的米格25战斗机飞行性能非常优越，美国始终弄不清它有什么尖端的关键技术，后来一名飞行员架机叛逃到日本，美国才得以看到米格25的技术秘密。原来它并没有任何太多单项技术比美国强，而是在整体优化方面设计得好，才使它的整体性能指标非常优越，这就是“软关键技术”。这对于设计师来说是非常值得借鉴的设计思想：就是好的产品并不一定所有的组成都是最优秀的技术，应该是有所取，有所不取，保证总体性能在某些方面有突出的优点，就可以建立优势，这种通过“软关键技术”建立的产品优势，是优势设计的一个重要方面，可以把它看作“总体优势”的一种体现。

“硬关键技术”则要求对产品的核心技术或重点技术进行研究，使之超过常规水平及同类水平。例如，20世纪80年代，英国罗尔斯·罗伊斯公司研制的斯贝发动机是性能最优越的航空发动机，它能经受得住各种严格考验而不会损坏，其使用安全性和寿命居世界第一。这种靠硬关键技术建立起来的优势，是更强有力的优势，是设计师和工程师们更应努力追求的目标。

关键技术功能往往是在极为特殊的地方出现的特殊技术问题，当人们没有意识到有必要去解决这些问题的时候，机器的性能往往较差，当人们意识到要提高机器性能必须解决这些问题时，人们往往发现这些问题很多不是纯机械的措施所能解决的，而必须求助于一些物理效应参与解决问题。

关键技术问题大多数是机器中出现的技术矛盾。例如，在汽车安全带控制器中就存在这样的技术矛盾——强度和灵敏度之间的矛盾。

汽车安全带的主要功能是要求在正常情况下安全带能自由拉出，而当汽车出现紧急制动或撞车事故而发生突然冲击时不但不能被拉出，反而要求安全带被紧紧锁住，并且要承受很大的冲击性拉力。这就要求控制安全带的棘轮棘爪在遇到冲击（安全带突然产生的冲击性拉力或汽车车体的突发性惯性力）时能迅速发生反应，就是使棘爪从打开状态进入啮合状态，不让安全带拉出。安全带和棘轮棘爪承受冲击力是强度问题，它要求棘轮棘爪有足够的结构尺寸；而迅速反应是灵敏度问题，它要求构件尽量小巧玲珑，尺寸越大的构件反应越不灵敏。这是一对技术矛盾，也可以说是其中的关键技术，它的解决要采取特殊的技术措施。

图10-7所示为一种汽车安全带控制机构的具体实例，其中带轮和大棘轮1是一体的，小棘轮3则和大棘轮1用轴相连一起转动。惯性盘4空套在轴上，可以相对小棘轮自由转动。

为了对“冲击”产生反应，利用了惯性效应，即利用惯性盘4的惯性力来牵引内棘爪6。当安全带受到“冲击”突然拉动时，带轮突然加速转动，而此时由于惯性盘的静惯性，使它和小棘轮3错位，带动内棘爪6向外甩出，通过导引盘2内侧的内棘齿推动导引盘转动，牵引大棘爪5和大棘轮啮合，把带轮锁住。这是“带感式”的动作原理。

另一种“动感式”的原理则是利用一个敏感元件——小铜柱10（其下底面积很小），当车体受到冲击，铜柱歪斜，推动一个棘爪9使之和小棘轮3啮合，最后也通过导引盘2使大棘爪5和大棘轮啮合，把带轮锁住。

这两种原理虽然作用方式不同，但都是利用了一种物理效应——物质的惯性效应。

当然，上述两种敏感控制中小棘轮棘爪3、6、9的结构尺寸都必须很小才能保证反应灵敏。但是结构小巧的小棘轮棘爪不足以承受大的冲击力，因此必须利用小棘轮棘爪的动作牵动大棘爪5进入啮合，才能实现对大棘轮1的作用，承受巨大的冲击拉力。

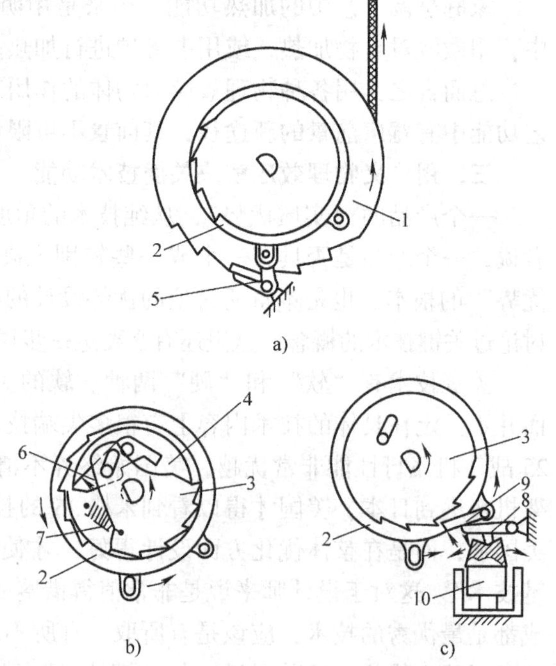

图10-7　汽车安全带的“带感式”和“动感式”作用原理

1—大棘轮　2—导引盘　3—小棘轮　4—惯性盘　5—大棘爪　6—内棘爪　7—拉簧　8—顶杆　9—小棘爪　10—铜柱

这里巧妙地利用了惯性效应和以小牵大的机械作用的组合，这样就解决了承载和敏感之间的这一对技术矛盾。

显然，惯性效应是基础，以小牵大是“诀窍”（Know How），两者的巧妙结合，解决了这个关键技术问题。单纯利用机械作用来解决关键技术问题的实例有很多，但是有些场合单纯的机械作用常常不如同时采用广义物理效应（例如电子传感器等）为好。实际上，有很多实例是仅用广义物理效应就能解决关键技术。当然，如果采用电子传感器来作敏感器件，肯定也是可以的。但是最后还要有承受大拉力的机械结构。由此可见，在机电一体化技术装置中，还是离不开机械结构的。

在汽车安全带这个实例里，是一种纯机械的装置，只要设计和制作得好，可能比电子装置要简单可靠得多。因此，不能笼统地说机械电子比纯机械的好，一定要看具体情况而定。

又例如，在小孔磨床中，由于磨头的直径非常小（ϕ5mm 以下），为了保证足够的圆周线速度，要求磨头转速达到每分钟几万转。在这样的条件下，传统的滚动轴承已经难以保证功能的实现，即使勉强能用也难以维持几小时的寿命。如果用流体动力润滑滑动轴承，发热问题将非常严重，精度也不能保证。这就是高转速和支承阻力（引起发热）之间的矛盾。或者说，对于勉强能短期运行的高精度滚动轴承来说，存在着高转速和运行寿命之间的矛盾。如果仍在纯机械的方面寻找解决问题的办法，那将是很困难的。但是如果从广义物理效应方面来寻找解决办法，那就有很多办法。如采用流体静力、动力或动静力润滑滑动轴承，借流体压力效应将轴“浮”起来。近期发展的磁悬浮轴承（图 10-8），已达到可实用的水平。

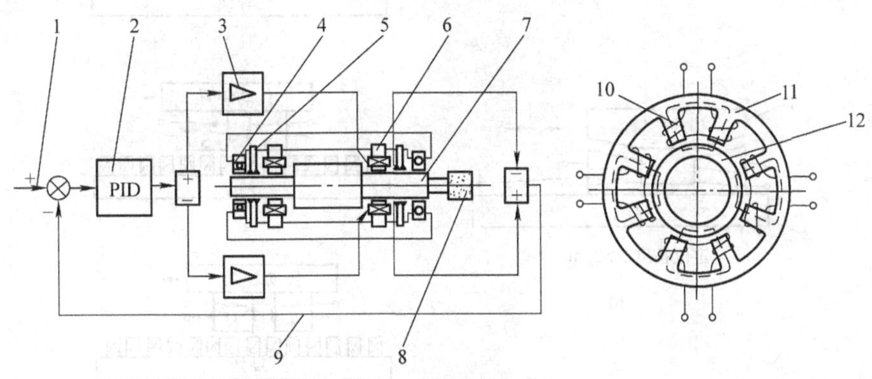

图 10-8　磁悬浮轴承

1—基准信号　2—位置控制器　3—功率放大器　4—辅助轴承　5—位置传感器　6—电磁轴承　7—主轴　8—砂轮　9—传感器信号　10—绕组　11—定子　12—转子

再如，在精密传动中，导轨的阻力会影响运动精度，当工作台需要每次进给 0.01mm 以下时，传统的滑动导轨根本不能实现，它会产生一种爬行现象。即它的阻尼会使先给的几步一直不反应，当积累到一定步数后，它又会一次全反应出来，好像“爬行”一样。当用滚动导轨时爬行现象会得到很大改善，但仍不能避免。也就是当精度要求进一步提高时，微小的爬行仍将影响精度。这就是精度要求和系统阻尼之间的技术矛盾。解决的办法只有从广义物理效应方面去找出路。首先可采用气浮导轨，采用微孔材料作导轨。用气流将工作台托起，使阻尼大大减小。现在采用磁悬浮和磁驱动结合的技术（图 10-9），比气浮更好地解决了精度和阻尼之间的矛盾。

所谓关键技术，实际上就是指当前那些传统的常规技术难以解决的技术问题。所谓常规技术，更多的是指那些纯机械的技术。因此从某种意义上说，关键技术更大程度上要依靠非机械性技术来解决。这就是这里要把广义物理效应和关键技术功能联系起来的原因。

同时，对于优势设计来说，解决关键技术是建立优势的重要内容，因此，广义物理效应的应用对于建立设计优势的关系就更显而易见了。

在为解决关键技术问题而采用广义物理效应时，有一个现象是特别应该指出的，就是关

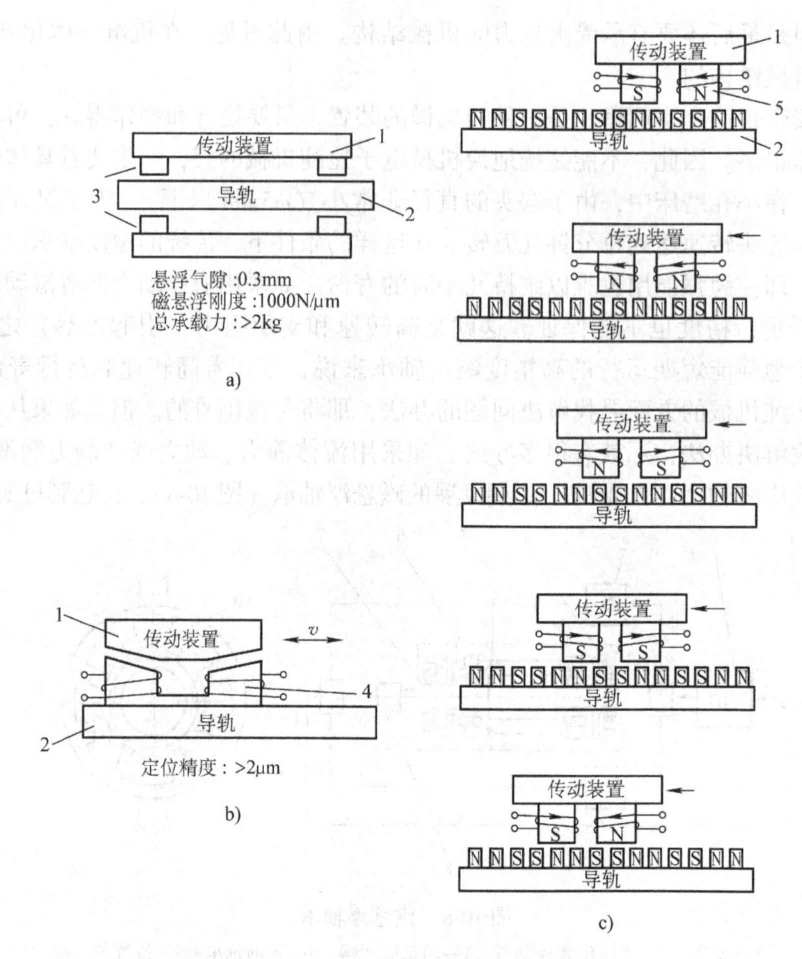

图 10-9 磁悬浮、磁定位和磁驱动

a）磁悬浮 b）磁定位 c）磁驱动

1—传动装置 2—导轨 3—悬浮电磁铁 4—定位电磁铁 5—驱动电磁铁

于“微观物理效应”的问题。在很多关键技术问题中，产生技术矛盾的本身就可能是一种微观的物理现象，而解决的办法也可能是要从微观的角度来分析和解决这种微观问题。

例如，在精密机械手表中，为了保证走时准确，需要保证其中的齿轮有较高的加工精度。不仅如此，加工出来的高精度齿轮还要经过“抛光”的工艺处理。这就涉及表面的微观现象问题了。“抛光”工艺是一种奇妙的“工艺”，它是把一些齿轮和抛光用的金刚砂放在一个容器里，正转多少转，再反转多少转，才能达到预期的效果。如果工艺没掌握好，只作正转或只作反转，或时间没有掌握好，就不能得到合适的效果。“抛光”工艺本身是一种物理效应，而这种物理效应又受到“正”“反”转及其转动次数的影响，其中的奥妙恐怕只能从微观的角度来理解。

又例如，在打字机打字功能发展的历史上，自出现计算机并要求采用电动打字以提高打印速度以后，原来的纯机械式打字功能原理由于受惯性作用的约束而难以提高打字速度，于是出现了机械动作的惯性作用和提高速度之间的矛盾。一开始人们只从纯机械的角度来解决这个技术矛盾，于是出现了字球式打字功能原理和菊花瓣式字盘打字的功能原理。这两种纯机械式的打字功能原理在提高打字速度方面的潜力是很有限的。随后出现了针式打印功能原理。这种原理引进了电磁对打印针的控制，基本还是纯机械的，但它却是作为一种纯机械向广义物理效应过渡的类型。因为它打破了字头打印方式的局限，而采用了点阵方式，这就为随后的喷墨打印和激光打印开辟了成功的途径。喷墨打印和激光打印则是典型的广义物理效应的应用。而作为喷墨打印和激光打印的关键技术则都是“微观物理效应”。前者的喷墨功能是在毛细管的端部设置一微型的电热元件，能快速加热产生气泡（因此也叫气泡喷墨原理），其加热和冷却的速度要求能跟上连续喷墨的速度。激光打印的电子成像技术则要求感光鼓的表面形成有感光效应的微结构层（图 10-10），不但能布上静电，而且能对光敏感而失电，形成静电图像。其表面的微观结构分为三层，最外面是绝缘保护层，中间是感光层（一般是有机光导体），底层是导电层（如铝基底），受光照射的静电从底层跑掉。显然这是典型的“微观物理效应”。

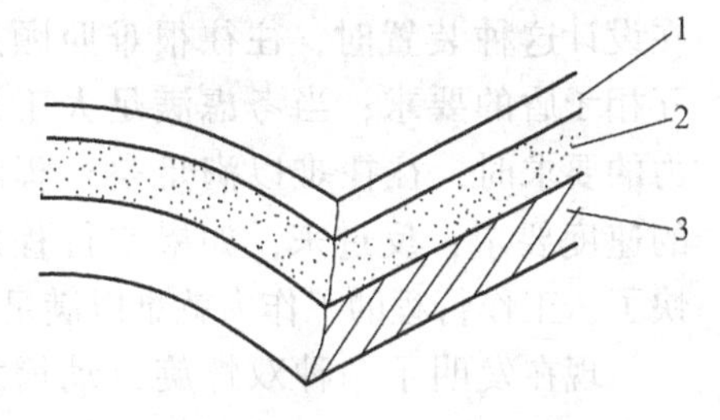

图 10-10　感光鼓的表层
1—绝缘透光层　2—感光层　3—基底导电层

在机械关键技术中，有不少涉及摩擦磨损的问题，无论是减磨（摩）还是增磨（摩），都涉及到摩擦学机理的问题。在摩擦学机理方面，无论是在润滑油中加添加剂还是对摩擦表面作加工处理（如磨、刮、研等），都会对摩擦效果产生不同的影响；而这些效果也都属微观的物理效应，其效果的差别，有时会是十分巨大的。例如用错一种润滑油会使零件很快磨损或因发热“烧轴”，而用了合适的润滑油，会使工作寿命延长十倍以上。凡是稍有这方面常识的人，一定会在使用新机器之前，十分谨慎地注意这方面的使用规程。近年来出现的“纳米”材料的应用，更是“微观物理效应”的典型效果。

还有一些关键技术问题本身就是由微观物理效应引起的。例如在大型水力涡轮机的叶轮上常常会产生一种“气蚀”现象，这是由于水流流过叶轮表面时产生局部“真空泡”又很快闭合，在闭合的瞬间，局部产生巨大的水击压力，致使叶轮表面的金属被一小块一小块地剥落。要防止这种现象，单从加强金属的表面强度是不能达到目的的，最可靠的方法是在叶轮表面加工出一些“花纹”，控制表面水流的状态，不使出现“真空泡”，从根本上防止了“气蚀”现象的产生。

由于微观物理效应不是“机械学”中的机构或零件的运动学和动力学问题，人们大都对此不很了解，因此没有实际工作经验的“机械学”专家们也往往不很注意这些问题，以致常常无法解决某些机械中的不正常现象。而一些性能良好的现代机械却常常是研究这些产品的公司在这方面下了很大工夫，作了很好的处理，有了不少 Know How，才获得了“无与伦比”的性能，并得到了市场的优势。

四、用广义物理学观点进行新机构、新结构、新材料、新工艺的研究

（1）机构学的研究　机构学的研究已经有了 200 年的历史，人们往往以为再也难以找到实质意义上的“新机构”了。当然，经典的机构学确实已经被研究得相当完善了，以至于有人说，近 100 年来再也没有出现过六大基本机构以外的“新机构”

现实情况确实如此，真正意义上的“基本机构”确实没有出现。但是新颖的机构（也许不能叫做“基本机构”）还是有所产生和应用的。

例如，有一种“并联六杆机构”（图 10-11），它由六杆组成一个空间机构，六杆的长度都可独立变化，由此控制上面的平台实现空间六个自由度的运动。由于它相当于由六个三角形组成的六面体，所以整体的刚度很好。现在已经在飞机驾驶舱的模拟训练器上作为模拟飞行姿势的驱动机构而得到很好的应用。最近日本某公司把这种机构倒过来控制机床的动力头，实现加工中心主轴在空间的六自由度运动，可以更好地实现对空间曲面型体的加工。

又如，在常用机械中，经常有空行程和工作行程组合的情况，工作行程要求产生很大的工作力，而空行程则往往没有负载，但要求动作尽量快。在设计这种装置时，往往很难照顾这互相矛盾的要求；当考虑满足大工作力的要求时，往往难以满足空行程时的速度要求；反过来，如果空行程加快了，工作行程的工作力就难以满足。

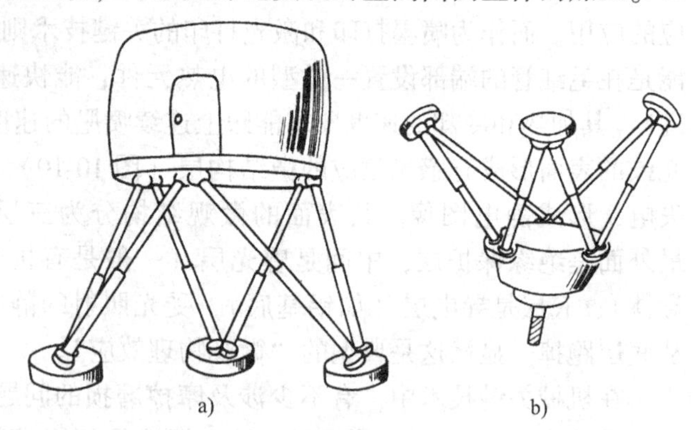

图 10-11　并联六杆机构
a）航空模拟器　b）空间六自由度铣削头

现在发明了一种双螺旋自动增力机构（图 10-12），它能很好地解决上述矛盾，既能加快空行程，又能使工作行程的工作力足够大。它由一个细牙小螺杆 4 通过双螺旋套 3 和一个粗牙大螺母 2 串联组合而成，它们之间有一个自动离合器 5。工作开始时，离合器合上，件 3、4 就结合成一体，细牙螺旋不起作用，驱动力矩由小螺杆 4 输入，双螺旋套 3 驱动粗牙螺旋工作，大螺母 2 带着被压物体 1 快速上升，趋近上顶板，这是快速空程运动。当被压物体 1 接触上顶板并产生压力后，大螺母 2 和双螺旋套 3 运动受阻，不能再相互转动，但驱动力矩继续由小螺杆 4 输入，离合器在此驱动力矩的作用下自动打开，细牙螺旋开始起作用，实现自动增力的功能。由于细牙螺旋产生的轴向推力比粗牙螺旋产生的轴向推力要大得多，所以就对工作对象施加很大的压力，这就是实现了自动增力效果的工作行程。当退回时，由于细牙螺旋的阻力矩较小，所以细牙螺旋先动，离合器重新合上，粗牙螺旋接着工作，实现快速空程退回。所谓增力，就是指细牙螺纹所能产生的轴向推力比粗牙螺旋所能产生的轴向推力大十倍左右（约与螺距成反比）。

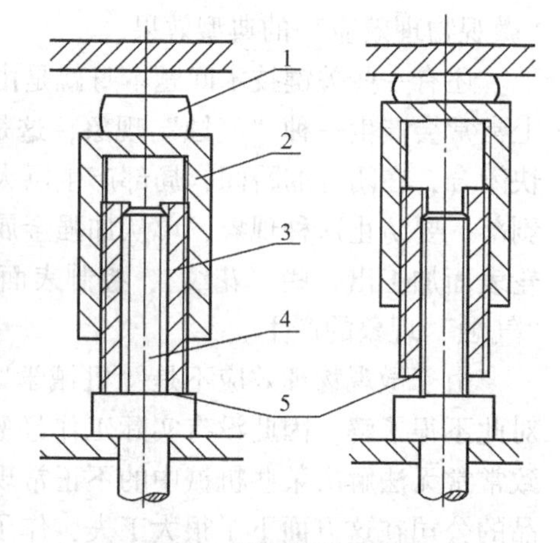

图 10-12　双螺旋增力机构
1—被压物体　2—大螺母　3—双螺旋套
4—小螺杆　5—离合器

其中所说的离合器，实际上是一种简单的端面离合器，即利用件 4、3 的两个端面（平面的或是锥面的，根据需要选用）受到压力后产生的摩擦阻力矩来实现离合作用。

这种双螺旋自动增力机构可以实现快速空程运动和增力加压相结合的自动切换功能，可应用于多种场合，是一种很有应用前景的新机构。如用于自动增力假手和捆币机机构中，效果非常理想。

上述两种新型机构，从根本上来说，虽是从原有“基本机构”中的连杆机构和螺旋机构发展而来的，但它们又不完全是原有的机构，因此可以作为一种“准基本机构”来归类。它们的出现，可以说明在“机构学”领域里，也不是不可能有所发展和突破的。本书第四章中也举出了一些类似的实例。

我们不应该在这个领域里故步自封，也许在“机构学”领域里还有一些很有意义的新机构会被不断发明。

(2) 机械结构体的设计　以往已经在构件截面上作过很多形式的设计，例如实心体、空心体、工字型，Π 字型、十字型、T 字形的截面，所有这些截面的结构体，都有一个共同的特点，就是材料是整体一致的。

实际上，所有的结构件都由功能表面和承载体两部分组成，功能表面是指和其他结构件相结合的相互连结或相互运动的表面，这个表面往往有特殊的硬度和粗糙度要求，而承载体则往往是构件的次要形体，它只是作为受力的部分，有时，它需要承受很大的载荷，但是有很多时候它虽然截面很大，但受力不一定很大。

功能表面的特殊要求和受力承载体的特殊要求往往不一致，以往由于制造工艺的落后，多采用整体结构、实心结构。如果有可能将一个构件的这两部分用不同的材料组合而成，则将是较为合理的结构。

为了使结构体的功能表面和承载体各自具有不同的材质和特性，现在已经发展了一些特殊的技术，可以使结构的这两部分各得其所。

例如，有一种新型的双金属滑动轴承（见图 10-13），它由薄钢板滚压成开口的钢环，可以压入构件的孔中，成为滑动轴承。钢板的内表面为了更符合作为滑动轴承的特殊要求，被镀上了一层带微孔的粉末冶金材料。这种滑动轴承由于很薄，好像只是将构件孔的表面作了改性处理，使之和构件本体的材料特性有很大区别，更适合作滑动轴承用。有时，为了更加减小内表面的滑动因数，还在内表面上覆盖一层聚四氟乙烯。

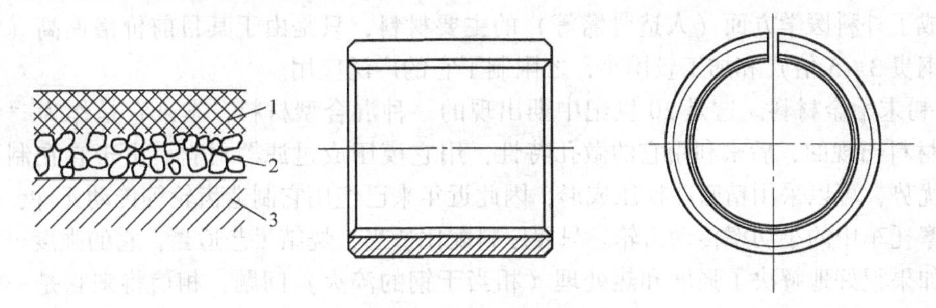

图 10-13　双金属滑动轴承
1—四氟乙烯表层　2—铜基多孔粉末　3—钢背

类似的功能表面处理方法很多，例如渗碳、渗氮、离子喷镀、粘结、贴附等，使功能表面具有较理想的物理特性而不必使构件整体都采用高级的材料。

对于构件本体，最理想的是要能够减轻质量而不降低强度或刚度。目前已经有的处理方法有三种：①通过结构优化设计，使构件在承载情况下其内部应力分布尽量接近均匀和剖面上各点等强，以充分节约材料。当然，这种方法得到的结果有时从制造工艺来看可能不很合理，需要经过权衡来调整。②采用高强度轻金属材料，如钛合金。这在一些特殊机械中已较多采用，如人工假肢及机器人等。目前由于这种材料价格昂贵，加工难度大，故尚难以普遍采用。③采用复合材料。利用高强度纤维（碳纤维、玻璃纤维等）和树脂类粘结剂组成复合材料。由于这种材料可能组成各向异性的组织，因此特别有利于各种大型构件，如飞机机翼、机身等。另外，由于其采用粘合工艺，可以组成夹层蜂窝结构的形式（图10-14），以最大限度地利用材料、减轻质量、提高承载能力。这种夹层蜂窝构造目前尚未见在机械零件中采用，但并不是没有可能。因为动物的骨骼也是中心疏松的结构形式。一旦制造工艺能实现，在机械零件的结构中，也应该可以采用类似的结构。

(3) 新材料的开发　材料是组成机械结构体的原料，人类在利用材料方面经历了悠久的发展历史，它的进步甚至成了人类文明进步的标志。最古老而实用的材料是石头和木材，人类从石器时代开始，就会利用自然界取之不尽的石头和木材来制作工具与器皿。随后出现的则是铜和铁的冶炼及应用，直到近代铜和铁始终是机械构件的主要原材料。进入21世纪以后，对机器的工作要求越来越高，当然对其构件的要求也越来越高，总的要求是强度要高，质量要轻，当然在一些特殊的场合还有一些特殊的要求，如特殊的硬度要求，易加工性要求（易切削、易拉伸、易铸造等）及热处理要求（淬透性、热稳定性）等。

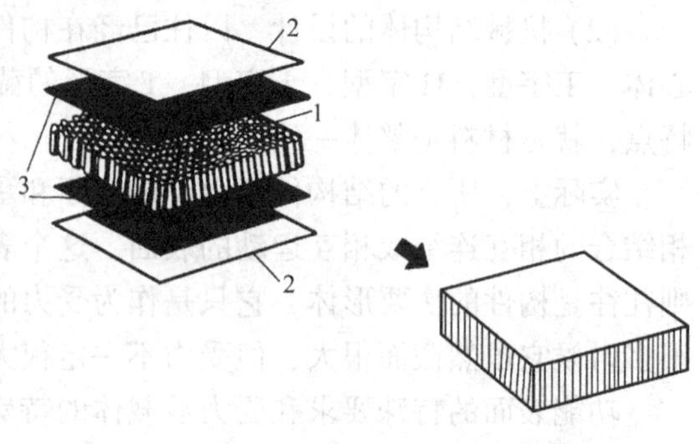

图10-14　蜂窝结构

1—蜂窝芯　2—面板　3—胶

铝是20世纪的新材料，它以质轻而占领了质量方面的优势，在出现了高强度的合金铝之后，铝才进入了机械构件材料的行列，随着合金铝的进一步研究发展，它的力学性能进一步提高，有可能在许多机械零件中代替钢铁。

现代高科技背景下的材料已经出现了下列几方面的新发展趋势：

1）特别高强度的轻质金属材料。以钛合金为代表，它不仅成了航空航天工业的主要材料，也成了外科医学方面（人造骨骼等）的主要材料，只是由于其目前价格偏高（约比高级合金钢贵3~5倍）和加工较困难，才限制了它的广泛应用。

2）粉末冶金材料。这是20世纪中期出现的一种混合型材料，本来它是作为“含油轴承”的材料出现的，后来利用它的微孔特性，用它模压成过滤器材料。由于它在制造工艺方面的优势，可以采用精密冷模压成形，因此近年来已经用它制造齿轮等传动元件，例如复印机、摩托车中的小功率传动齿轮。只要原料配比适当，烧结工艺适当，它的强度可以适当提高。如果很好地解决了强度和热处理（相当于钢的淬火）问题，相信将来它是一种很好的机械零件常用材料。

3）高强度高分子复合材料。所谓复合材料，是指采用碳纤维、玻璃纤维等纤维材料，用环氧树脂等树脂作粘结剂，一层覆一层粘合而成的材料。如前面已介绍过的那样，可以做成各向异性的材料以适应其工作时受力的要求。

这种材料可以直接利用模具进行缠绕涂胶，并直接做为构件，然后通过加热固化而成。它可以不用进一步的机械加工就直接应用，因此各国正大力研究其工艺和应用。目前正在航空、航天方面广泛采用，在民用产品方面，也正在轻型车辆和船舶的外壳方面采用，将来在工艺进一步发展之后，有可能更广泛地在一般机械零件上采用。

目前已经可以制造出夹芯蜂窝状结构和板材。如果将来解决了和金属件的组合，令其功能表面为金属件，而承载体为复合材料，也许会产生一种全新的机械零件结构，其构件体为又轻又强的复合材料，而功能表面为高硬度的金属。这样的组合材料零件将是很有实用价值的。

4）各种高分子有机材料。以尼龙、聚碳酸酯和聚甲醛为代表的高分子有机材料，已经可以部分代替金属件而进入机械零件材料的行列，用来制造各种轻型的齿轮等传动件，还可以大量用于制作手柄、手轮等操作件。

高分子材料目前主要缺点还是承载能力差（是钢的1/5左右）、热稳定性能差、易变形、易老化，因此还难以代替钢材。但是由于它的成形技术十分简单（模压成形），因此特别适宜于用来制造大批量的轻载零件。例如在仪器仪表和录音机、录象机中就已经被广泛应用。

已经有报道，正在研究开发一些具有更高强度的高分子材料，如果获得成功，那么它的应用将会更加广泛，也许能更多地替代金属零件。它的主要好处是制造工艺要比金属材料简单得多。

在高科技充分发达的今天，可以预料，在材料工程领域里很快会有很多新材料出现，谁要想使自己的产品具有优势，在某些材料上采用先进的新材料，对产品的性能优势会有很大的好处。

(4) 新工艺的研究　新工艺是一种非常活跃的因素，对于产品的优势也可以起到很重要的作用。

过去的加工工艺主要以切削加工为代表，它已发展到相当高精的地步，并已被数控技术武装起来，实现了高难度的自动加工，而且可以达到很高的加工精度和很小的表面粗糙度值。

但是切削加工也有其天然的弱点，那就是生产效率低以及难以实现很复杂的形体加工。

已经出现了一些新的加工工艺：

1）电火花加工。这是一种也可被称做电腐蚀的加工方法，它的主要优点是可以实现复杂型腔的加工。例如各种塑料压铸模的型腔加工。只要用石墨或纯铜作出一个阳模，然后就利用它在任何坚硬的金属材料上加工出相同的模腔。而用各种切削的方法来加工模腔将是非常困难的。

2）线切割加工。这也是用电火花对金属进行切割，但是不用阳模，而是用一条镍丝（$\phi0.2$mm左右）。用这种方法也可以实现很多复杂形状的外形切割，不过只能实现二维形状的切割。

上述两种加工方法总称电加工，现在都用数控来控制，而且已经出现了一种被广为采用的势头。这种加工方法虽然比较昂贵，但由于可以直接对硬材料进行加工，而且可以加工出相当复杂的型腔，因此总费用也许是合算的。

3）激光加工。用激光束来切割物料。这种加工方法可以对任何材料（金属或非金属）进行切割，比起线切割来它可以在更大面积上进行切割，特别有利于下料，当然它的精度和粗糙度要差一点。

4）高压喷射水刀加工。用30MPa水压从小孔中喷出水流，由于很高的集中能量，也可以实现对材料的切割。例如用来对布料（多层，约50mm厚）进行裁剪，也可对木板和金属薄板进行切割。

5）精密冲压加工。可以用冲模对钢板（厚6mm以内）直接冲制出像齿轮这样的零件来，精度可以达到8级左右。

精密冷锻、冷挤压、冷镦等都是用大吨位压力机和高硬度精密模具实现对材料的直接成形加工。

6)数控冲床。这是用数控控制冲头(简单形状),在钢板上连续冲剪,实现大面积形状的落料或成形的加工机床,可以免除制作大冲模,尤其适合于单件或小批量生产。

上述新机构、新结构、新材料、新工艺的发展,在这里仅提出一些已有应用的例子,在科技日新月异发展的今天,更多的新技术正在出现,它们将为设计者的产品设计提供更广阔的背景素材。

最近在纳米技术领域所进行的研究表明,利用单层碳片做成的单层纳米碳管具有规则的结构,这种极细微的管子可以制造超强材料。

总之,一个优秀的设计师必须随时关心作为设计背景素材的新技术的新发展,并尽快地在自己的产品设计中加以利用,这样可以使自己的产品在性能上很快会具有某种优势。

第四节　优势设计的哲学基础

设计是一种以人为主体的创造活动。它既不是一种按确定的方法、步骤可以取得确定结果的纯工业化操作,也不是一种无拘无束、海阔天空的自由创作。它要求有严格的目标,也就是要使成果成为有竞争力的产品。这就要求从事这种创作活动的人们不仅要有基本的技术知识,还要懂得能指挥这种创造活动的哲学思想。没有哲学思想指导的设计者可能永远只是一个“设计操作员”,而不可能成为一个优秀的设计大师。面对21世纪的激烈竞争,我们不仅需要大量的一般熟练的设计人员,更需要培养大量能为企业设计出进入世界市场的有竞争力的产品的优秀设计大师。

一、设计问题永远没有一个“惟一正确的解答”(have no unique answers)

对于一个设计问题来说,可以有很多解答,我们只能要求找到当前最有竞争优势的解答。而且今天的“好”的设计,随着技术的进步或者社会、环境的改变,可能明天会成为“坏”的设计。哲学思想认为,真理永远是相对的,“绝对真理”是不存在的。

二、设计需要创造性但不是一般的创造性

设计中所要求的创造性,既不能像画家“写意”性的创作追求,使读者赏心悦目;也不能像作家那样虚构情节,使读者感情共鸣。设计所要求的创造性是新颖性、科学性、先进性和实用性的结合。

有人说设计是艺术和技术的结合(见图10-15),既要有艺术家的灵感,又要有科学家的精确性。现在看来,只有这两者结合还不够,还需要加上“战略家”对竞争形势的洞察力和判断力,使所设计的产品具有市场竞争的优势。最后,是否能成功,经验永远是非常重要的因素。只有通过无数次的设计实践,才能积累起将艺术、技术和战术巧妙结合的经验,要想不经过大量实践就掌握设计的精髓完全是空想。

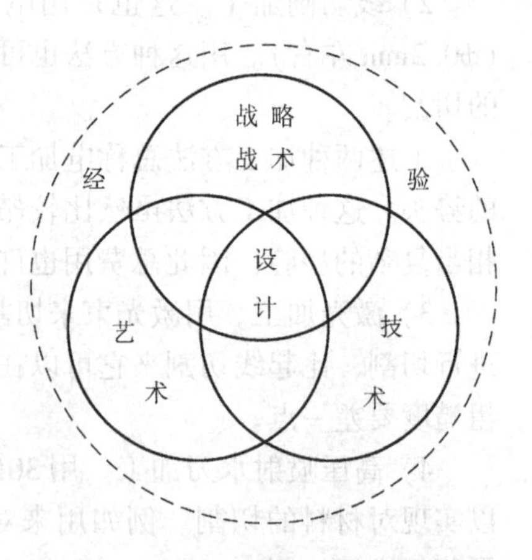

图10-15　设计是艺术、技术和战略战术的结合

15世纪意大利文艺复兴时代,伟大的艺术家、工程师达·芬奇(Leonando Vinci)用他的飞天幻想和灵感,设计了一架直升机模型(图10-16),巧妙地构思了一个螺旋形旋翼,但由

于飞行理论基础和科学的精确性不足，他最终没能让这架直升机飞起来。

当前国内外每年申请的发明专利数以几十万计，其中80%以上都不能成为有竞争力的产品，其原因主要在于这些发明在技术上也许是可行的，但在市场竞争中也许是不受欢迎的、没有竞争力的产品，这样的“发明”对发展人类的技术构思是有一定作用的，但从实用性来看，可以说等于一种“空想”。

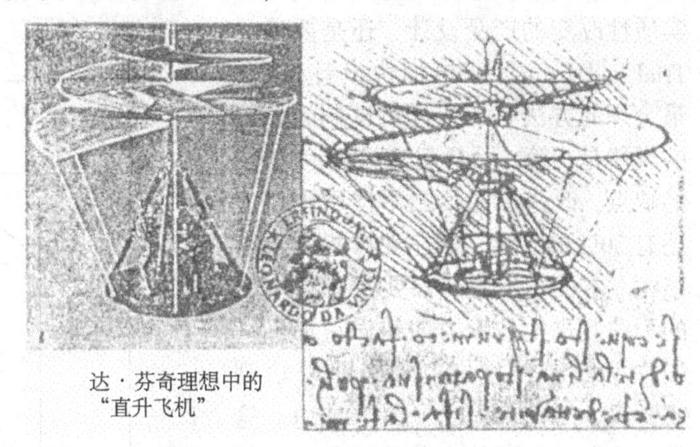

图10-16　达·芬奇的直升飞机构思

哲学思想认为：矛盾有多样性和特殊性，由它决定了事物的多样性和特殊性，只有对事物的特殊性有所了解，才能把握事物的发展。

设计作为一种创造活动，它的特殊性在于它是一种需要经受科学性和市场竞争严格考验的“创造”。

三、设计需要反复试验，不断摸索（Trial and Error）

哲学思想认为：人对客观世界的认识是逐步深入的，不可能一次穷尽。

作为发明创造的设计，比起对已有事物的认识更要困难一些，更需要逐步实践，才能逐步完善。实际上存在两类完善过程。

第一类完善过程，是指对一种新原理、新结构从构思到实现，就需要不断地Trial and Error。所谓“一次成功”，是一种幼稚的空想。甚至在构思的初期就要通过徒手画（Sketch）在纸面上画多少次示意图，才能使自己的构思达到自己认为合理的程度，然后在进行模型试验中，肯定也需要进一步改进，也许只是局部的改进，也许要根本推翻原来的构思重辟蹊径才行。

第二类完善过程，是指从功能原理成功，到实用化成功，最后进行商品化的过程。这三个阶段不可能在一个“流程”中完成。图1-3所示的设计过程只是表示一个“流程”。第一个“流程”也许只能完成功能原理的设计，随后才能进入“实用化设计”的第二个“流程”。第二个“流程”在具体步骤及其内容方面也许要作些改动。例如第一步可以省略，因为对需求的认识可以不必重新开始，但是也许需要加深认识。“实用化设计”流程中又要进行“目标界定”“问题求解”。这时界定的也许是一个总体布置问题，随后的“分析和优选”也许需要进行有限元分析或作样机试验，最后的“表达”，则不能再是示意图或说明书，而是需要详细设计的图样、计算书和样机。第三个“流程”则是“商品化设计”，它同样可以省略第一步，而第二步“目标界定”的内容则可能是一个形体造型布局的问题，它同样要经过求解、分析和选优，最后作出一种价廉物美的“商品”推上市场。近年来外国各大汽车公司竞相推出的“21世纪概念车”，就主要是一种商品化设计的产物。

有的国家或企业把“实用化设计”和“商品化设计”叫做第一阶段（Phase One）和第二阶段（Phase Two），意思是在原理性设计成功之后必须经过这两个阶段才能进入市场，这是一种很实际的考虑。

最近，一些国家推行“并行设计”（Concurrent Design）的思想，目的是加快设计周期。这种思想是竞争形势推动的。但是并非任何产品的设计都可以用并行设计来实施，只有非常成熟的产品，仅作微小改动（非实质性变化）的产品是可以采用并行设计方法的。凡是有实质性改变的产品设计，还是要通过Trial and Error，要想加快设计进程，最合理的方法是加快样机试制。一般的规律是：第一个样机也许还有50%的缺点，改进后的第二个样机则可能还有30%的不足，第三轮样机则还有15%左右的不满意，只要没有根本性的无法改进的技术方向错误，那么一般在第四轮样机试制时，即可达到90%以上的完善程度（图10-17）。这是一个必须走过的艰苦的过程，任何想要“一次成功”的想法或做法，都只能是“欲速则不达”。

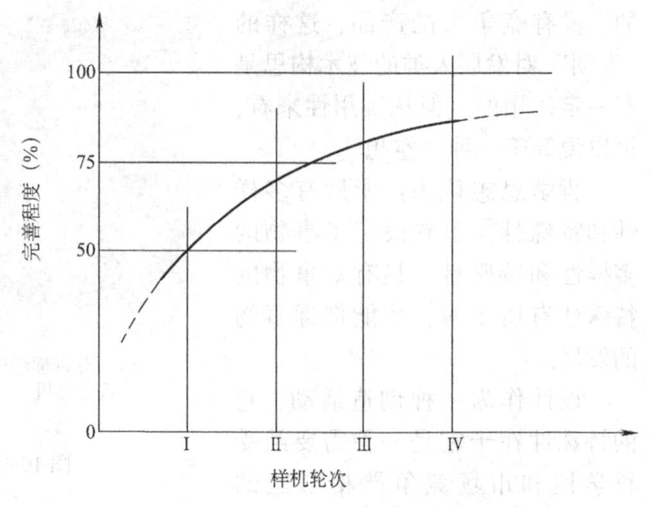

图10-17　不同轮次样机的完善程度

四、市场是检验设计的惟一标准

考察一项装置的设计是否成功，惟一的标准是通过使用来检验。这就是哲学中的著名命题：“实践是检验真理的惟一标准”。本书讨论的是那些为投入市场竞争的产品设计，故情况更要复杂得多。什么是考察这样的设计的标准呢？有人想用通过鉴定的方式来证明产品设计的成功，有人想通过获取各种展览会的奖项来证明其成功。实质上真正的检验是市场。

市场的检验是彻底的、全面的，设计上的任何一种缺陷都将在市场上暴露无遗。

市场的检验是公正的，消费者不会牺牲自己的利益而说昧心的假话。

市场的检验是严酷的，产品的任何缺陷和不足都有可能被市场拒绝，以至造成企业的破产。

然而，市场有时是可能被人为地颠倒了是非的。虚夸的广告、伪劣的商品以及种种不公正的竞争伎俩都有可能使造假者得逞于一时，但是市场从根本上来说是不可能被长期蒙蔽的。在一些国家里，消费者协会甚至组织公正的技术检测来对同类产品作全面比较并公布给消费者（例如德国的《Test》杂志），越是市场经济完善的社会，在市场检验方面越公正。因此只有老老实实地提高产品的质量和从技术上提高产品的竞争力，才有可能通过市场的考验。

当然市场也是宽容的、公正的，任何一家的产品也不可能独占市场，只要产品好，总会在市场上得到自己应得的一个份额。但是在一些狭窄的领域里，竞争可能是你死我活的，这种竞争没有冠亚军，只有成功和失败。

整个世界已经逐渐形成统一的世界市场，今后的产品竞争没有安全岛可以自我保护，设有避风港可以躲开竞争，只有决心参与竞争，才能锻炼出产品自己真正强大的生命力，达到求存和进一步发展。

五、成功是必然性和偶然性的结合

哲学思想认为：世界上任何事物的发生都有其必然的内部原因，也有偶然的外部条件，完全必然的或完全偶然的情况是不可能的。

一个企业，决定设计一种产品，是否一定能获得成功呢？

也许这个企业有很多有利条件：成熟的经验，强大的技术队伍，优良的技术水平……这些内部实力使它有成功的很大可能。但是，并不一定由于具备如此强大的实力就一定会成功。也许由于它所选择的产品方向不当，或所选择的技术方向不当，甚至由于别的企业发生了新的突破，使得这个企业花费了大量的人力物力开发的新产品一夜之间就告失败。

因此任何企业在开发新产品时，一定要预计到这种偶然性，一定不能单打一，仅仅开发一种产品。一个有远见的企业，总是要随时随地预测发展趋势，不断开发新产品，有时甚至要同时有二三十种技术储备。因为谁也不能肯定，这二三十种产品中，哪一种产品明天会得到市场的欢迎。因此有远见的企业，为开发新产品投入3%甚至更多的销售额用来作为研究开发的资金，是完全可以理解的。

目前世界上很多实力强大的企业，他们有强大的技术力量在从事研究开发。但是谁也不能肯定，明天在世界市场上出现的某种有竞争力的新产品，一定是由这些大企业推出的。无论是大企业还是新兴的小企业，在必然性和偶然性面前人人平等，谁也不可能注定成功，谁也不会注定失败。实力强大的企业在偶然性面前，应该如履薄冰、如临深渊，兢兢业业充满信心地去迎接市场经济的考验。

暂时弱小的企业，在偶然性面前应该看到希望，加强内部素质的培养，争取成功的可能，幸运之门也许正向他们敞开着。

第五节 优势决策

设计决策是一项至关重要的工作。当人们提出了几种可行的功能原理和总体方案之后，就面临择其优者而用的问题。决策之前，似乎几个方案都不错。一但决策选定其一并付诸实施，那就可能决定了企业经营的前途和命运。

因此可以说，优势设计是否成功，最后取决于优势决策。

一种属于新开发的产品，同时有多家公司从事开发，多家公司都会提出几种可能的原理方案进行比较。例如，目前正在发展的电动自行车，虽然已有多年的开发历史，但目前尚有以下几种方案在竞争：一是轴驱动（即电动轮毂驱动方式），一是摩擦驱动（即用摩擦轮直接压在轮胎上驱动），一是中轴驱动（即将电动机减速器装在中轴侧上方，通过链条驱动后轮）。另外，在驱动电动机中还有高速有刷电动机和无刷低速电动机的比较，还有最新出现的“开关磁阻式”电动机作驱动电动机等等。一个公司必须在这些驱动方式中决定一种作为本公司的主要技术方向。显然，事实上每个公司的决策往往是各不相同的，但发展的结果往往是只有一二种类型能取得竞争的优势，而其他类型将被无情地陶汰。因此可以说，在方向性问题上的正确决策，对于一个企业来说是至关重要的。

人类所从事的各种活动，无论是生活、生产还是军事、政治、经济等各种活动中，几乎处处都有决策问题；一件事从开始到结束过程中的每一阶段也几乎步步都有决策的问题。人们都很清楚，一个决策的正确与否，都将决定以后事情发展的前途和命运。

为了正确解决决策问题，曾经有人提出种种决策理论，有古代的占卜、星相术，到现代的“决策论”“博弈论”。有时为了避免错误决策，还提出了种种工作方法，例如群众路线、专家论证、计算机决策软件等。实际上，不论是唯心的占卜还是科学的“决策论”，都不能保证绝对正确的决策，有时甚至得到的是完全错误的决策。

世界上不存在一种决策方法能够作出百分之百正确的决策来。原因在于世界上的事物发展有其偶然性和不可知性存在。

一、三类事物

世界上的事物大体上可以分为三类。第一类是简单事物，它的发展和结果都很简单，因此决策也比较容易。例如，从清华大学到北京火车站有 n 条路可走，需要决定选哪条路最合理。这样的问题，只要作一些调查，作一些必要的分析，就可以作出完全正确的决策。第三类问题是复杂的问题，它的发展和结果有很多变化和偶然性，因此决策就比较困难。最典型的例子是下棋，从布局开始就要预测结局，而棋局的发展又不能只受棋手本人的支配，也要受对手的下法的支配，因此，发展的趋势千变万化。在整个棋局的发展中，有几个阶段的棋步是战略性的决策，不同的着法对于棋局的发展将有不同的结果。下棋的决策是难以用“决策论”来指导的。在国际象棋机器人“深蓝”对国际象棋大师卡斯帕罗夫的比赛中，“深蓝”的决策是依靠计算机飞速地对各种可能的棋步的发展做十步或二十步以内的棋势预测并作出对比评价而定的，它并没有什么公式或理论计算方法可以得到绝对可靠的结果。因此如果由于其预测步数的不足或评价准则的不合理，它也不会万无一失，因此它也多次输给了卡斯帕罗夫。下棋的复杂性在于其变化太多，在下棋过程中，决定全局的棋着的点数较多，要在每一点上都不失误就较困难。而对手的棋着又难以预料，这就使得决策更增加了困难。实际事物中的第三类事物有时比下棋还要复杂，因为对有些事物的性质可能不熟悉，竞争者也不只一个，因此决策就相当困难。

属于第三类的典型事物很多，例如战争中重大战略方针的决策，企业产品选择和产品技术方向的选择，企业领导班子中核心人物（如总经理）的选择，科学研究中研究方向和路线的选择等等。

对应于第一类和第三类事物，它们之间存在的大量事物属于第二类，即既不很简单，也不很复杂的大量事物，这在生活中是大多数。当然，其中有些偏向第一类，有些偏向第三类。典型的第二类事物例如一条铁路路线的选定，它不是一件简单的事情，要考虑沿线的地理环境和沿途的经济发展前景，还要考虑投资和技术条件。但这件事也不很复杂，因为这件事的发展前景不存在成功与失败的极端后果。一般说来，只存在好一些、差一些的后果（当然，有时也会出现完全失败的后果，那就是说它有第三类事物的部分特点）。另外，选择路线的比较因素也有限，一般来说，不存在太多的偶然性和发展过程中的不可知性。因此，只要作好调查研究和认真地进行分析比较，一般都能作出较正确的决策。

综上所述，可以将区分第几类事物的条件归纳为以下三点：

1）事物发展的后果是否有成或败的极端性。

2）可供选择的方法和路线是否较多。

3）影响事物发展的因素是否有较多的偶然性、不确定性和不可知性。

从哲学的观点看，世界上一切事物的发展中惟一可以确定的东西就是“不确定性”，这就造成了决策问题的复杂性。那些采取不科学态度或草率态度对待决策问题的人，也许会碰巧做对一件事，但是在更多的问题上就难保不会尝到失败的苦果。

对于第一类事物，一般来说较易实施，即只要作出必要的安排就可以完成任务。例如加工一批零件（工艺和精度都无太高要求），只要安排一批有相当技术的工人，加上有一定技术和管理能力的领导，并有设备和工具的保证，就肯定能完成。

对于第三类事物，一般来说有三件事是影响其能否实现的主要因素，即负责人、执行人和外界条件。

二、优势决策的三大影响因素

优势决策的主角是决策负责人，这是决定事物成败的关键。

古代的帝王，亲自决策的情况是有的，但是他们更多地是听取大臣的意见进行决策。例如刘备请诸葛亮处理军国大事就是一例。有些帝王，则相信巫师占卜，这种现象在现在社会也不少见。

凡是有为的帝王，一般说来较多地亲自作重大决策并通过艰苦奋斗取得成功，最后才得以建立他们自己的王朝。

依靠大臣（或现代的智囊团）作决策也是明智之举，因为任何帝王不可能事事精通。

今天的大公司的董事会，往往依靠聘用总经理来负责重大决策。一个好的总经理人才和他的一个正确的决策往往能使一个濒临破产的公司扭亏为盈。

依靠巫师占卜决策，是一种唯心的方法。但是按概率的规律，凡是二决一的决策，成功的机率总有50%，因此有时也会获得成功，并使帝王更增加了对巫师的迷信。凡是有多种选择的决策，巫师成功的几率就很低了。如对于下棋，要让巫师对每一步棋作出决策，如果他不会下棋，就无能为力了。

一些人当处于某种权力地位时，往往有一种自我感觉，以为有了权力就能作决策，而且要别人相信他的决策是正确的。这是一种错觉。权力和地位并不能保证使人作出正确的决策。

依靠专家进行决策，也不是100%可靠的。很多情况证明，这一部分专家和另一部分专家的意见往往是完全相反的。

走群众路线进行决策，在某些和群众有密切关系的问题上是很有效的决策方法，因为只有亲身参与的群众，才有最切实际的真知，才有可能提出正确的决策建议。但是有些问题涉及未知的因素太多，即使走群众路线也不一定能得到可靠的正确决策。

由此可见，不同情况下，决策人的决策成功率是不同的。或者说，对于不同的问题，同一个决策人的决策成功率也是不同的。

在德国的设计学著作中，提出了一种列表式的决策方法，即对几个不同的设计原理提出十多项评价准则（例如：实现功能的好坏、性能好坏、指标高低、是否易于制造、成本高低、节能性、环保性等），请多位专家按10分制逐项评分，最后加权统计后得出对多项设计的总评价值，用这个评价值来决定设计方案的优劣。

显然，这种方法有一定的客观性，既体现了专家评论，又有一定的群众路线。但是实践的结果发现，当被评价的问题较新颖，很多专家没有实际经验，或有些专家对这方面的问题不熟悉时，他们各自的评价值会有很大的差别。用这种方法请两批专家分别作评价时，评价的结果也出现很大的不同。因此这种评价方法也只适用于较简单问题的决策。

所有上述专家决策或群众路线，表面上看是把决策者本人应承担的风险转移到专家或群众身上，但是实际上决策负责人仍应该承担决策的风险责任。因此，应该把专家决策或群众路线只看成是一种方法（或称路线），一切责任仍应由决策负责人来承担。

决策负责人是决策的惟一负责人，他应对整个决策负全责。董事会委托总经理，董事会对选人负责，总经理对决策负责。总经理作决策时只对事业负责，不应受任何别的制约。

最典型的决策负责人是下棋的棋手。下棋时不应由别人指挥他，因为棋手本人必须全局在胸，别人不了解他的思维，不能代替他作任何棋步的决策。

反过来看，如果选错了决策负责人，那就可能会不断作出错误的决策，造成难以挽回的损失。

因此，决策负责人是最重要的因素，尽管有种种方法（例如专家咨询、群众路线等）可以协助决策，但都不能代替决策负责人的作用。

优势决策的第二个重要因素是决策执行人。

在许多场合，决策负责人和决策执行人是同一人，例如下棋的棋手。但在一些较复杂的事件中，决策负责人和决策执行人是不可能由一人兼任的。例如，三国中的刘备是主人公，他选用诸葛亮作决策负责人，诸葛亮的决策，又必须通过关羽、张飞、赵云等大将去执行。关、张、赵云一般来说很好地完成了执行人的任务；但是马谡是一个只会纸上谈兵的人，几乎把诸葛亮送到司马懿手里。

对于设计来说，当设计决策作出后（如选定了一种产品或产品的技术方向后），随后就要通过具体的实用化设计和商品化设计来实现决策的目标。因此，负责原理性实验研究和随后的实用化、商品化实施的人，是非常重要的角色。

一些公司，决策时选定了同样的产品和同样的技术方向，但并不是每一个公司都能做出同样水平的产品来，这就是所谓选择人才和培养队伍的重要性了。

在知识经济理论中，提出了Know How（知道怎样做）和Know Who（知道谁能做）的问题，这就是所谓“诀窍”和“能手”的问题。这两个问题是不能靠信息的传递来解决的。一个正确的决策如果不能有自己企业特有的Know How和掌握Know How的人才来执行决策，那么企业仍然拿不出“无与伦比”的产品去参加竞争并取得竞争优势的。

目前人们都强调“信息”的重要性，以为什么问题只要靠“信息”就都能解决，他们却不知道“信息”仅能解决“Know What”（知道是什么）和“Know Why”（知道为什么）的问题，却不能解决Know How和Know Who的问题。一个企业如果全部用网络化和信息化武装起来，却惟独不懂得Know How和Know Who的重要性，那么这个企业将不可能作出并实现任何正确的决策。

决策执行人实际上也必须面对很多问题的决策，不过这些都是低一层次的决策问题。当然，这些低一层次的决策问题中有些可能对于总的决策有至关重要的关系。为了和总决策不产生矛盾，决策执行人和决策负责人之间必须要有密切的相互配合和协调的关系。

决策负责人必须要了解和关心低一层次的重要决策，如果属于自己不十分熟悉的问题，也必须放手让决策执行人有独立决策的可能。

决策执行人在作低一层次的决策时，为了不和总决策产生矛盾或不协调，也必须和决策负责人随时沟通并取得同意。

决策执行人往往就是低一层次的决策负责人。他们所处的地位同样可能对总决策的成败起决定性的作用。因此，总决策负责人应很好地选择并考核各层次的决策执行人，以免由于某一层次的决策出了问题而导致总决策的全盘失败。

决策执行人在执行决策或进行低一层次的决策时，有可能发现原决策的缺点或偏差，并有可能提出合理的修正建议，这是任何决策都可能出现的问题。这时决策执行人应以对事业负责的态度提出修正建议，总决策负责人也应重视执行人的建议，认真检查并考虑采用执行人的建议，以纠正原决策的不足。

优势决策的第三个重要因素是外界条件。

一个正确的决策，除了需要有决策执行人去实施外，还有一个重要的因素是外界条件的保证。

哲学思想认为，一个事物的发生和发展，内因和外因都非常重要，内因是事物成功的基础，外因则是事物成功的保证。一个鸡蛋能否孵化成小鸡，首先取决于内部是否有受精卵，这是内因。但是光有内因还是不能成功，还必须有必要的、合适的温度和时间保证。有了合适的温度，经过适当的时间，鸡蛋才能孵化成小鸡。放在冰箱里的鸡蛋或者放在烈日下的鸡蛋是绝对不会孵化成小鸡的。

对于一个企业来说，有了正确的决策和好的执行人就是有了好的内因。但是，光有正确的决策和执行人才还是不一定能实现一个有竞争力的产品的开发的。要保证竞争产品开发成功的主要外部条件是充足的研究资金，必要的试制、实验、小试和中试条件，以及鼓励创新的企业文化和良好的人际环境。当然，领导人的良好素质是最重要的内因。

中国有句古话说："谋事在人，成事在天"，这句话说得非常合乎哲理。一切决策，尽管可能非常周到，但是在执行中必须有天时、地利、人和的保证。如果机遇不合适，再好的决策也难以成功。

三、优势决策的要点

所谓优势决策，是指为使企业的产品设计取得竞争优势，而在一些重要问题上必须做的决策。

正如前面所述，优势决策没有任何计算公式或程序，难以用计算来保证。但也不是完全不可知，重要的是要懂得在哪些环节要进行决策，怎样保证决策的成功率较高。

首先要讨论优势决策的重要环节。

1. 决策负责人的选定

一般来说，决策负责人应该是企业的第一把手。这在很多创业成功的企业中，往往自然就是这样。例如海尔的张瑞敏。但是情况不是那么简单，有很多企业，它的第一把手可能是上级委任的，或是不太熟悉业务的，甚至是完全不懂企业经营的。在这样的情况下，就应该特别强调，企业的第一把手可以担任决策批准人，而不应担任决策负责人。

决策负责人的基本条件应该是：

1）对决策的问题力求有深入和广泛的了解。如果面对的是从未有人做过的新事物，也应该有较丰富的相关知识。

2）有强烈的钻研精神，善于对有关问题作细致的调查、观察，深入的分析、研究和比较。

3）具有实际的操作经验和能力。

这样的条件似乎是难以达到的，但必须这样要求。例如，一个九段围棋棋手就符合这样的要求，当八段和九段棋手比赛时，他们的差别仅在毫厘之间，而当九段和三段比赛时，他们的差别就很大了。当年毛泽东同志领导土地革命的武装斗争时，就是一个英明的决策者，当时王明、博古和共产国际顾问李德则完全不具备决策负责人的条件。即使身居领导岗位，也不能领导当时的革命斗争取得胜利。

在产品设计的决策中，也同样必须符合上述条件。在电动自行车的驱动器的技术方向决策中，可以说是五花八门，其中有的选用谐波传动，有的选用摩擦传动，还有想用变频电动机，这些传动显然效率极低，他们显然在这方面是门外汉，其决策实施以后，后果是可想而知的。

2. 决策执行人的选定

决策执行人实际上也是下一层次问题的决策负责人，因此决策执行人的基本条件应该和决策负责人的条件没有太多区别。在一些情况下，两者是合一的。如下棋，决策负责人同时就是决策执行人。

但是决策负责人和决策执行人在一些较复杂的事件中必须是分开的。决策负责人不可能事事亲自执行，这就要选择称职的决策执行人。对于这样的决策执行人，还必须要有另一些重要品质。

1）必须了解决策负责人的决策动机，并和自己的判断相一致。如果执行人不同意决策负责人的决策，那么就很难全心全意地去执行决策。

2）决策执行人必须能在实际情况出现变化或发现始料不及的情况时，有能力和全力采取补救措施和行动，保证总决策的正确执行。

3）决策执行人能随时判断总决策执行中的发展态势，一旦出现不利情况，甚至必须考虑总决策是否要作修正时，应该敢于提出建议，必要时应暂停执行，与决策负责人统一思想后再继续执行。

浙江宁波的亚洲第一的悬索大桥在施工中出现桥体断裂事故，其技术人员中的很多执行人已经早已发现设计中出现的某处结构件过薄的问题，但他们都没有坚决地提出修改，多次失去了避免失误的机会。这是一个很典型的决策执行人没有发挥好应有职责的教训。

很多企业在实施新产品开发、试制中，即使产品选择和技术方向选择是正确的，也可能由于试制执行人不得力，使得产品制造质量不高或制造成本过高，以至于失去市场竞争力，这样的事例不在少数。

以上两点是关于人选的工作要点。以下是工作进程中的工作要点。

3. 方向性问题的决策

在一个产品的设计过程中，人们往往有一种习惯，即大方向由领导决定，设计人员只管做具体的技术性设计就可以。其实在设计工作中，在许多环节上都有方向性问题需要决策。这些方向性问题，有些是大方向问题，有些是一些小方向问题，但对于产品的竞争力来说，无论问题大小，都有可能对产品的命运起影响作用，因此都必须给以重视。产品的方向性问题有三大类：

1）产品方向问题，这是指选什么产品

产品类别——选什么种类的产品
产品定向——针对某一方面的市场需求
产品特点——产品还需要哪些特殊的要求

所谓产品定向，也叫做产品定位，也就是指要选定产品销售市场的特定的方向和范围。

2）技术方向问题，这是指所遇到的技术问题中采用何种技术。技术方向也称作技术路线，在这个方向上还可以分为：

核心技术的技术方向
辅助技术的技术方向
关键技术的技术方向

所谓核心技术，是指完成核心功能所采用的技术。如电动自行车中的驱动技术，是用低速无刷电动机，还是用高速有刷电动机，或是用变频电动机。

所谓辅助技术，是指多种辅助功能所采用的技术。如电动自行车的控制技术、充电技术等等。

所谓关键技术，是指为提高产品性能所采用的某种非常规技术，一般是属于特殊工艺、特殊材料，有时也有通过设计而实现的特殊结构或特殊元器件。

选用不同的技术方向将影响产品的性能和品质，尤其是会影响未来的发展前景，因此必须慎重考虑和决策。

3）非技术性问题，这是指那些与政治、文化、社会、法律等技术性不太强的方面的问题。这些问题也是决策的重要问题。例如目前关于环保和节能，关于可持续发展，关于生命和健康，以及老年人社会等问题。

对于方向性问题的决策，目前流行一种"可行性分析"，这相对于过去不作任何分析就作盲目决策来说，可以说是一种明显的进步，这也是参考国外的一种决策理论所做的安排。但是可行性分析不等于竞争优势分析。顾名思义，"可行性"只是指可以实现，而不侧重于是否有优势。因此人们在按"可行性分析"作决策时，心中想的往往只是技术可行，而没有太多顾及将来是否在市场上有竞争优势。这样所作的分析和决策往往在技术上成功了，而在市场上失败了。因此，对于要进入市场的产品的决策来说，一定要在"可行性分析"之后加上"优势分析"，才能做到有成功的把握。此外，现在有人提出一种"不可行性分析"来作为反保，也是一种可取的措施。

另外，我国的"可行性分析"往往不是决策负责人亲自做的，而是由下属撰写，或请人代写的。所以这种"可行性分析"一旦出了问题，往往找不到负责人。主持决策的人可以把责任推给撰写报告的下属，而下属则根本没有承担责任的义务，于是责任就落空了。

四、方向性问题决策的思维要点

方向性问题的决策，归根结底是要预测在未来（近期或远期）市场上有竞争优势的产品方向及技术方向。因此决策的要点主要有四点：

1）要用一个市场分析专家和顾客心理专家的眼光，分析市场和顾客对产品和技术的多种可能反应，作出相对准确的判断。

2）要用一个技术专家的眼光，了解和分析产品需求和各种已有技术的优缺点。

更重要的是要用一个预测技术发展的行家的眼光，预测今后一段时期内产品前景和何种技术可能达到并可能占据优势地位。

3）要用一个总经理的眼光对本企业的经济实力、技术条件、技术水平和员工素质作出切实的评价，判断是否适应所选择的产品和技术方向。

4）要用一个军事统帅的眼光，做好队伍组织、计划安排、条件保证和问题处理等运筹和指挥的工作。

一个产品或技术在这个企业可能成功，在那个企业可能不成功，原因在于企业的素质和水平不尽相同。

当然，这四点是相当全面的要求，一个人往往难以达到如此全面的水平。但作为一个决策负责人，必须通过咨询、学习、调查、研究，加上全身心的投入，最后使自己在这四个方面都能达到专家的水平，才能承担起决策负责人的责任。任何一方面的疏忽和草率都将造成难以挽回的失误，决策负责人也将难以推卸责任。

在这里，没有用实例来说明各种决策问题的内容，有关的实例已在本书其他部分中予以引用和说明，在此仅是提纲挈领地作出原则性的说明。

五、决策的本质是正确处理事物的不确定性

美国前财政部长鲁宾对事物的不确定性有一段精辟的论述。他每天都面临无数选择，随时要做重大决策。他应宾州大学之邀，发表演讲公开他的决策思考逻辑。他每次面临决策选择时，自己遵循的四个原则是：

1）天下惟一确定的事就是不确定性。

2）每个决定都是权衡几率的结果。

3）面对不确定性，必须果断并采取行动。

4）决策过程的品质往往比决策的结果还要重要。

他相信，天地之间没有绝对，人的所有决定只是基于每个结果与其成本、效益的不同机率而来，惟有认识这一点，才能有好的决策。鲁宾讲了个故事，他说他在高盛投资公司任职时，另一家公司的证券交易员跟他交换情报，分析说，基于一连串情况将会发生，他已下单大笔买进一家股票，鲁宾说他同意那个人的分析，也看不出那些假设的情况有不发生的可能，因此也大笔买了那家股票。结果，发生了一件完全料想不到的事，使假设的那一连串情况没有发生。鲁宾说，他使公司遭受重大财务损失，幸而仍在可接受的范围；而那个人却由于损失金额太大，丢掉了工作。他对这件事的反思是：应以健康心态尊重不确定性，并把决策专注在权衡机率上，对任何结论都应永远不满意，这将促使你找更多信息，挑战传统思考，从而继续改进决策的判断。

这个例子是对“事物的不确定性”的很好的旁证，也说明了人们在作决策时，面对不确定性，人人有同等的机会，但由于各人的素质和悟性不同，决策的结果也将有很大差别。

第六节 创造性问题的研究

“创新是一个民族进步的灵魂”。在激烈的世界性经济竞争中，产品在市场上的竞争力，很大程度取决于企业的创新能力，很多大企业都把创新精神作为企业文化的核心，鼓励全体员工投入创新活动。

设计本身就是创造。创意阶段需要创新，而构思阶段即功能原理设计阶段更需要创新。

一个设计人员是否有较高的创造性素质，在很大程度上决定了他在工作中的创造性效果。研究证明：有很高智商的人不一定有很高的创造性，而只有一般智商的人却也常常表现出很高的创造才能。一个设计人员的创造性素质首先在于他有没有强烈的创造意识（欲望）。但创造意识只是一种主观愿望，他还必须要有创造性的知识基础、思维方法和对创造性机理的认识和理解。最后，也就是最重要的，他还必须要有从事创造实践的积极性。坚持实践，才有可能获得成功。

20世纪50年代，第二次世界大战结束后，出现了风靡世界的创造性运动，首先在美国掀起，然后扩展到日本、欧洲各国以及前苏联。在人类历史上，创造性活动始终是人类的一种天性，她始终在科学和技术领域内促进科学和技术日新月异地发展。但是在世界各地，在过去的封建统治者那里，创造性活动始终受到这样那样的非难甚至打击，现在出现的这样的世界性的创造性运动，可以说在历史上是空前的，它的产生，是有着深刻的历史、经济和政治背景的。

1957 年 10 月 4 日，前苏联第一颗人造卫星上天，是对创造性运动的一个有力的推动。苏联卫星上天，在美国朝野引起极大的震动；在此之前，美国人始终认为，美国在科学和技术方面领先世界至少 20 年，天下无敌手；现在苏联卫星领先上了天，美国各界纷纷责难美国政府。为此，美国政府作了深刻的检讨并采取了一系列的措施，其中一项就是发布了“国防教育法”，提出了广泛开展群众性创造性运动的意见。从此，美国各地，包括大专院校、科研院所、三军的科研机构等，纷纷开展各种各样的创造性研究和教育活动，包括举办各种学习班，开展各种创造性竞赛，群众参与之广达到空前的规模，至今各种国际性的创造性竞赛仍在不断举办。20 世纪 50 年代开始的这一创造性运动，有人形容达到了“爆发性繁荣”的程度。作为这项运动的直接影响是 20 世纪 70 年代开始出现的市场产品的繁荣，品种多样，花样翻新。

随着创造性运动的发展，关于创造性机理的各种研究也随之开展起来。最先引起科学界兴趣的是如何挑选和培养有特殊创造才能的人才，各国都开展了对“神童”的培养，希望通过“智商”的测试，选拔出“神童”来，并从中培养出出类拔萃的“创造精英”人才。经过多年的培养和跟踪研究，各国科学界都得出了相同的结论：“神童不神，早熟是真”。于是，人们又把注意力回到如何发掘和激发广大群众的创造才能方面来，出现了一系列有意义的研究成果。

一、创造性机理

在 20 世纪前半期，“创造才能”还被一种神秘感所笼罩，有一种“天才疯狂学说”把普通人比作只按正常轨道运行的行星；把天才比作流星，不知何时在何处出现，神秘莫测。

20 世纪 60 年代前后，人们才逐渐树立起一种较为符合实际的观点，认识到“创造力是每个正常人都具有的能力，不是个别天才人物所独有的神秘之物”。

人的创造才能正是区别于其他动物的本能，其物质基础存在于人脑的结构之中，人脑在劳动和创造实践中得到了进化。一般高等动物的脑子都有一些“剩余”空间，而人脑有大得多的“剩余”空间。这种“超剩余性”允许人脑存储、转移、改造和重新组合更大量的信息。这就形成了人人都具备的一些创造性思维能力，诸如逻辑推理、联想、侧向思维、形象思维和直觉……

创造的成功还受知识、经验、才能、心理素质以及机遇等因素的影响。一个人做 100 件事，上述 5 种因素都适合的也许只有几件。一百个人各自做同一件事，成功的几率也受上述五种因素的影响。

人们从事创造性工作，成功的可能决不像解一道数学难题那样，只要努力，大家都可以得到同样的结果。有人把求解功能原理这样的创造性活动比作在茫茫大海中寻找一座宝岛，最后的成功者只能属于那些最有事业心、自信心、毅力、机敏和勇于进取的人们。这些因素再加上好奇心强、富于想象、洞察力强、合作精神好、幽默乐观、不怕失败等，形成一个人的创造性“心理素质”。图 10-18 表示了人的创造性本能和影响成功的因素。图 10-19 表明了创造性形成的机理：心理素质是核心；知识、经验、能力是基础；灵活的思维不断探索方向；实践是成功之路；如果在前进的道路上遇到了成功的机会，就有可能抓住机会取得成功。

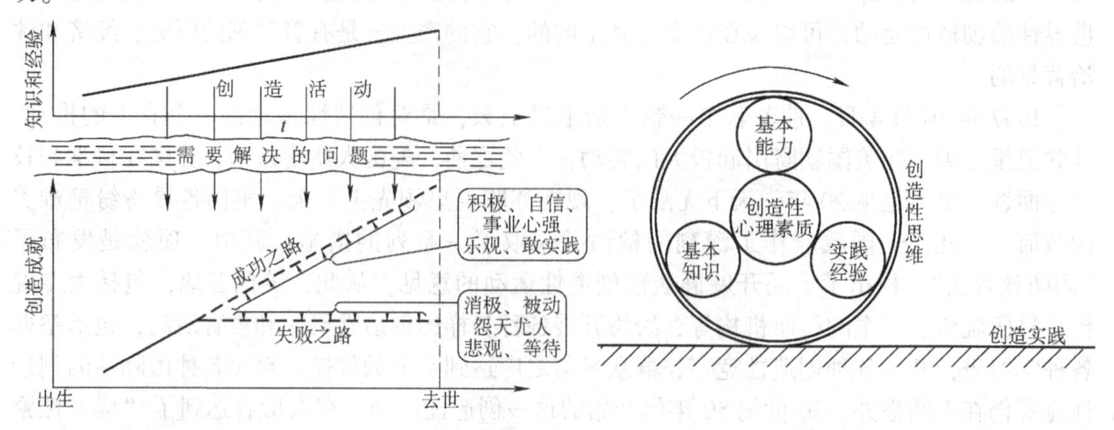

图 10-18　人的创造性本能　　　　图 10-19　创造性形成的机理模型

二、创造性知识基础

从事创造性活动是否需要知识，这似乎是不成问题的问题。然而，在实际生活中，却有大量的事实证明：做出创造性成果的人往往不是经过高等学校培养出来的高材生。有人曾举出大量历史上的大科学家、大军事家、大文豪的实例来予以说明。可见，这个问题是很多人都难以说清楚的世界性难题。到底创造性活动是否需要知识基础？当然，答案应该是肯定的：今天的时代已经不像爱迪生时代，科学技术的发展已经达到相当高的水平，离开了对当代科学技术知识的了解和掌握，是难以做出当前水平的创新成果来的。

但是，今后出现的创造性成果，也还可能不是出于高等学校的高材生之手，原因在于，没有受过高等教育的人，只要他有强烈的创造欲望，并且努力去钻研有关的科学技术知识，像比尔·盖茨（Bill Gates）一样，即使没有读完大学，也不等于他不能掌握和运用有关的现代科学技术知识。因此可以说，创造之门对所有人来说，都是敞开的。

问题在于经常遇到一些痴迷于发明“永动机”这类东西的人。这些人，应该从沉迷中清醒过来，重视基本科学知识的学习，把自己的精力放到有用的发明创造中去。

对于正在从事各种发明创造的人们来说，“知识就是力量”永远是宝贵的座右铭。

一个好的设计师应该具有很广的知识面和较坚实的知识基础。为了扩大人们在求解过程中搜索的眼界，人们编制了一些知识库供参考。最具典型的是德国学者洛特（Roth）编制的“设计目录”，他在其中列举了各种已知的物理效应、技术结构……有些德国学者还提出一种系统化（Systematic）思想，他们力图把各种技术问题的解法分类排序系统地编排成表格，以供设计人员查阅。这些都属于知识系统化的工作。

对于设计人员来说，最宝贵的还是在不断参加设计和制造实践中积累起来的知识和经验。特别是那些失败的经验。

三、情绪智商（Emotional Intelligence Quotient）

这是美国哈佛大学心理系教授丹尼尔·戈尔曼于1995年提出的概念。他认为，一个人的成功，一般智商只占20%的作用，而情绪智商则占80%的作用。这可以很好解释那些智商高而没有成就，而智商一般却可能有很高成就的现象。

所谓情绪智商，是指一种做人的涵养，一种性格的素质，一种精神力量，具体表现在处理事物时能自动自发，能控制情绪，有远大目光，有自我认识，待人接物有较好的人际技巧等等。

四、创造性思维规律

创造性的障碍首先是心理上的，其次是思维习惯上的。人们往往害怕进入一个陌生的领域；担心在那些看起来是可笑的想法上进行研究；常常会产生一种习惯心理："会不会失败?"；承受不起哪怕是很小的一次失败，总希望一次就能成功。这些都属于一种有害的"心理惯性"。克服这种心理惯性是发挥创造性的首要问题。

思维习惯上的墨守成规也是创造性发挥的重大障碍。为此，有必要介绍什么是创造性思维以及其方式和规律是什么?

人进行创造性活动时，有四种基本的思维方式：

1）动作思维——这是一种边动作边思考的思维方式，可以说这是一种最原始的思维方式，但也是最有效的思维方式。要认识一台机器的结构特点，不亲手拆装一次是不可能有深刻认识的。所谓"不亲口尝一尝，就不知道梨子的滋味"，就是指的这种思维。

2）形象思维——这是相对于抽象思维而言的一种思维方式，按爱因斯坦的说法，就是通过一种"智力图象"进行思维。当人在构思一种机器时，脑子里应该有尽量具体的实体形象，尤其在分析机器的工作过程时，应该在头脑中出现机器的运动过程，对于关键部位，脑子中应该出现特写式的局部放大图像。

3）逻辑思维——这是中国学生较为擅长的思维方式，也就是推理性的思维方式。这种思维方式适宜于作相关事物的关系的分析，对于产生不相关事物的跳跃式思维就不太有效。但是，逻辑思维毕竟是科学思维的基础，也是创造性思维的基础。

4）直觉思维——这是创造性思维的主要方式，是一种非逻辑的思维方式，许多获得创造性成果的人，总结成功的经验时，都认为创造性"思想火花"的产生，是一种非逻辑的现象。而按常规推理获得的"思想"，往往只是已有的、常规的和一般性的想法，很难得到创新的"思想"。

下面对一些重要的创造性思维活动及方式作一些重点介绍。

1. 直觉和灵感

直觉（Intuition）是创造性思维的一种重要形式，几乎没有任何一种创造性活动能离开直觉思维活动。直觉和灵感并不是唯心的东西，它的基础是平时积累的"思维元素"和"经验"，直觉和灵感不过是它们的升华。由于直觉往往出现在无意识的思维过程中（如散步时、睡梦中），而不是在集中注意力思维的时候，因此常常给人们一种神秘感。

爱因斯坦说："我相信直觉和灵感"。他还画了一个模式图来描绘直觉产生的机理。他认为直觉起源于创造性的想象，通过反复的想象和构思并激发起潜意识，然后就可能在某种环境条件下升华为直觉或灵感（见图 10-20）。

2. 潜意识

有些思维学家（如弗洛伊德 Freude）认为，在人脑的思维活动中，存在着无意识的思维。所谓"无意识"和"下意识"的行为，就和这种思维活动有关。这些思维学家强调"下意识"的重要性并称之为"潜意识"。他们把它看得比有意识的思考更重要。在他们看来，创造性思维活动过程可以分为四个意识阶段，即有意识活动（准备）阶段→无意识活动（潜伏、酝酿）阶段→过渡（产生灵感）阶段→有意识活动（发展、完善）阶段。

其中第二、三阶段就是潜意识活动的过程。

3. 形象思维和思维实验

形象思维是指头脑里产生实物形象的思维方式，这种形象是介于实物和抽象概念之间的一种图形，爱因斯坦认为直觉思维必须借助于这种智力图像，只有这种形象思维才能使人对空间状况和变化过程进行思维。

思维实验则是指在头脑里对所构思的过程进行模拟性的实验。爱因斯坦在发现相对论的过程中就做过这样的思维实验。上面提到的“智力图像”正是人们进行思维实验时的好工具。

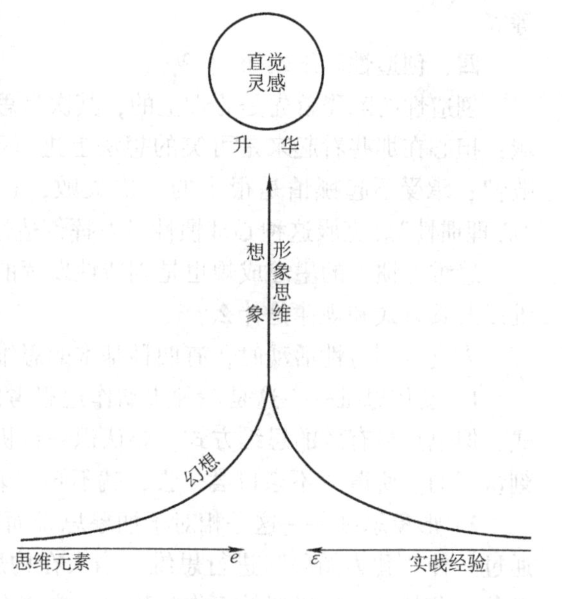

图 10-20 爱因斯坦描述直觉产生的机理

4. 视觉思维和感觉思维

这是一种强化认识、强化联想和诱发灵感的重要手段，都属于动作思维的范畴。

视觉的重要性在于它能从形象上修正人们的主观臆测，从形象上启发人的想象力，从而进一步引发人的灵感。建筑学强调视觉思维，机械设计强调手画草图 Sketch 和模型试验，因为它们可以从形象思维的基础上，通过视觉和感觉得到更真切的思维判断。

5. 想象力

发明创造需要有丰富的想象力。虽然，并不是所有想象得到的东西都能做得到，但是想象不到的东西肯定是不会做到的。

人的实践可以启发想象力。在实践中，经常会出现很多原来不曾想象到的现象，它补充了人们想象力的不足。有很多发明创造往往是人们在某种实践中受到意外的启发，而发明了另一种东西。

脱离科学性的想象或离当前科技发展水平过远的想象力是不能实现的或者说是今天难以实现的，这是人们在选择发明创造的目标时应该注意的。

6. 敏感和洞察力

创造性思维的一个重要能力是要善于抓住一闪即逝的思想火花。一个好的构思，它的基本点在开始时是不成熟的，大多数人往往会把它轻易放过，只有思想敏感的人才会抓住它，看出其与众不同的特点并发展成为一个很好的解法。“机会只偏爱那些有准备的头脑”。丰富的知识和敏锐的洞察力才能使人们不至放过那些偶然出现、一瞬即逝的机遇。

7. 联想、侧向思维、转移经验

创造性思维要求“发散”，尽可能把思维的触角伸到很多陌生的领域，以探索那些尚未被发现的、更有前途的解法原理。这类思维方法中最典型的要算“仿生法”。但这只是发散思维的一个方面，还应向更广的方向去联想。

五、创造性技法

早在20世纪40年代，美国人奥斯本（A · Osboin）就进行了创造性技法的研究，并提出了著名的“智暴法”（Brainstorming）。到了20世纪50年代，美国掀起创造性运动，于是以“智暴法”为首的各种创造性技法适逢其时，成为各种学习班、训练班的重要内容。在这些创造性活动中，在美国及日本各地，又有人提出了其他各种创造性技法，诸如“综摄法（Synectics）”“635法”“阵列法”“Delphi法”“ABC法”等等多达几十种，中国也有人提出“八卦法”等。

“智暴法”的具体做法是组织一个小型的座谈会（10~15人），有一人为会议组织者，事先通知与会者座谈的主题，会议开始前先约法三章：

1）不要对别人的想法作出讥笑、贬低等不尊敬的表示。

2）会议组织者不对任何意见作出评论和总结，会议只有记录。

3）允许和鼓励发表修正意见以及在别人意见启发下的新想法。

“智暴法”的原则很清楚：一是排除各种可能出现的心理障碍，鼓励与会者大胆提出各种想法，甚至看起来好像是很幼稚、很荒唐的想法；二是鼓励互相启发、产生联想，使思想尽量发散。

其他各种方法基本上是在同样的原则上采用不同的方式，以便与会者更加放松，更容易产生新想法。例如让与会者分隔而坐，不开口而用纸条传递，等等。在产生联想方面，则还有一些特殊的方法，例如“综摄法”要求人们从风马牛不相及的事物上去寻找联想，以期找到从来还没有人提出过的想法来。

如何评价这些方法的有效性和作用呢？

有一位日本发明家说：“有些人看来，所谓发明等这类工作，如果能充分利用所谓的‘智暴法’或别的什么启发方法的话，就一定会很快完成。然而，真正的情况绝不是这样，‘发明’就像向世界纪录挑战的奥运会选手一样，需要一定的素质和才能。素质好又有才能的话，经过实际工作的磨炼便可能得到成功。”因此，对于一个设计工作者来说，最重要的是要加强创造性素质的修养和实际创造活动的锻炼，同时不断提高自己的知识、经验和能力。

综上所述，创造力有5个要素，即知识、经验、能力、心理素质和机遇，此外，创造力的发挥，还需要3个推动力，即创造性欲望、创造性思维和创造性实践。

如果一个人只具备很好的5个创造力要素，而缺乏3个推动力的话，还是难以作出创造性成果来的。

六、发明问题求解原理（TRIZ）

TRIZ是俄文“发明问题求解原理”的词头。前苏联机械工程师、发明家G·S·Altshuller，接受前苏联政府的任务，研究世界范围的专利，为前苏联的技术发展提供战略上的参考，自20世纪40年代以后，他组织研究人员花费1500人·年的时间，分析了世界各国40万件专利（现在已达250万件），总结出了发明问题的求解原理。

TRIZ的主要内容和思想有以下几点：

1）TRIZ的核心思想是产品的核心技术的进化（Evolution）观点，也就是产品的核心技术不是一次完善的，而是不断改进、逐步达到完善的。

2）解决产品中的技术矛盾（包括技术性和物理性的）是产品进化的推动力（见本书第三章第六节介绍的“技术矛盾分析法”）。

3）“物—场法”（见本书第三章第五节介绍的“Substance—Field法”）是求解问题的重要

方法之一。

4）效应的对照（见本书第三章第六节“物理效应引入法”）也是求解问题的重要方法之一。

在研究各种不同工程领域里的专利的过程中，Altshuller 分析并精选出40条发明原理性实例，运用这些原理，可以作为“解决问题的思路”，来分解或消除工程中的技术矛盾。所述“40条发明原理”附在“附录C”中。

七、大发明和小发明

日本人把从无到有的发明叫做“大发明”，即：

0 ⟶原创性原型　　大发明

实际上，关于发明有3种类型：

1）原理性的发明。即功能原理上是原创性的发明。例如用石英电子技术代替纯机械表。

2）已有技术的组合。即利用已有技术，组合成一种新的技术。例如“本茨”当年发明的汽车原型，就是把已有的内燃机和带轮装到三轮车上，并没有任何具体的新技术。

3）原有产品的改进。即对原有产品作实质性的改进，使其具有新的特性。例如汽车纯机械转向机构改成液压助力或电助力转向。

总之，看一个发明的大小，应该从几个方面来作综合评价：

1）原创性（新颖性，是否原理性突破）。

2）科学性（技术含量的高低）。

3）实用性（应用、推广的可能性）。

4）经济、社会效益（创造经济效益或社会效益的程度）。

八、创造力的5个要素和3个推动力

综上所述可知，决定一个人的创造力有5个要素，即知识，经验，能力，心理素质和机遇。

每个人都有可能具备上述5要素，但是每个人在5个要素方面的水平肯定不尽相同。因此，同一个班级的学生，将来的创造性成就肯定是千差万别的。这里，特别要强调对机遇的理解与认识：

1）一件事要取得成功，需要客观和主观各方面条件的配合，对于每一个人、每一件事来说，主客观条件都合适的情况是很难得的，所谓“天时、地利、人和”，就是这个意思。人们可以想办法改变自身的不利条件，创造机遇，但不可勉强。一些靠虚报、假冒、抄袭、走后门得来的成绩，迟早会受到惩罚的。

2）一个人做十件事，不见得件件都碰上好的机遇，所谓“不如意事常八九”，就是这个意思。一个人一辈子能遇上好机遇的机会也不可能很多，没有遇上好机遇也不必怨天尤人，一旦遇上好机遇，就千万要珍惜，要以千年难遇的态度来对待，千万不要失之交臂。

3）做好准备，迎接机遇。当机遇到来之际，千千万万的人们都想抓住机遇，但是只有极少数有充分准备的人才能取得成功，这就是所谓“机遇往往偏爱有准备的头脑”。因此人们要有耐心，随时作好知识、经验、能力和心理方面的准备，一旦机遇到来，就有可能抓住机会取得成功。所谓“预则立，不预则废”，就是这个意思。

4）中国人有“树挪死，人挪活”的说法，这是说有些地方可能很难得到机遇，那么换个方向也许就另有一片天空。杨振宁先生对来考他的博士的学生说：“你们冲着我做过的领域来，可能就很难再作出什么成果来了，因为这个领域已经被我挖掘过了。”杨先生这句非常中肯的话，反映出大师非同常人的思想境界。

要发挥人的创造性，除了要求具备上述5个要素之外，还需要有3个推动力，这就是创造性欲望、创造性思维和创造性实践。

有了创造性5要素好像是有了一辆性能很好的越野车，但是这辆车没有自动操纵的功能，因此只能被作为阵列品，被人观赏，被称赞为“好车好车”。面对光芒四射的目标，却永远不能到达光辉灿烂的目的地。

要把创造性付诸行动，必须要有3个推动力。往往可以见到许多这样的人，他们自认为很聪明，很能干，甚至自认为是天才。而且这样的人中，有些也确实很聪明能干。但是他们中很多人一辈子没有作出一件成功的创造性成果来。其原因也许是多方面的。不过有一种可能是他们没有强烈的创造欲望，对事业抱观望态度；或是不熟悉创造性思维方法，闭门造车，因循守旧，故步自封；或者没有创造性实践的积极性，高谈阔论，浅尝辄止。他们不知道，真正的成功者，只属于那些有强烈创造欲望，投身创造性事业，百折不回的实践者。

习　题

10-1　试对市场上几种竞争力较强的洗衣机（或别种家用电器）作竞争优势分析，说明其具体的竞争优势所在。

10-2　试评中国人的创造性。

附　录

附录 A　机械设计过程框图

机械设计过程框图如图 A-1 所示。

附录 B　质量功能配置（QFD）和质量屋（House of quality）

在设计的初始阶段，明确顾客的需求，并将其转化为设计的使用要求、技术特性和技术指标，是首先要解决的重要问题。质量功能配置（QFD，Quality Function Deployment）和质量屋（House of quality）方法，可以帮助你更好地做好这件工作。

在讨论这个问题之前，需要建立一些基本认识：

1）所提需求要有特征，以便在评价时能区别他们。例如，你提出你想寻找的理想形象代言人的一个特征是身高在 1 ~ 2m 之间，这等于是没有特征，很多人都能满足这一要求；又如另一个特征是“有头发”，这也不能算是一个好的特征，因为几乎所有人都有“有头发”这一特征。

2）所提出的需求是可以定量测定的。这是非常重要的一点。

3）各个需求之间是正交的，也就是相互间不能有互相重叠的内容。这一点较难做到，但可以通过细化的定义来做到。

4）保证需求是有普遍意义的。一个没有普遍意义的需求，表现在相应的技术特性有可能是目前难以实现的。例如，要求能在低空中自由飞翔，这个要求也许将来是可能的，但在目前不是普遍能实现的。

5）所提需求是外在特征。例如，你要求汽车能在 5s 内从 0 加速到 100km/h（这属于外在

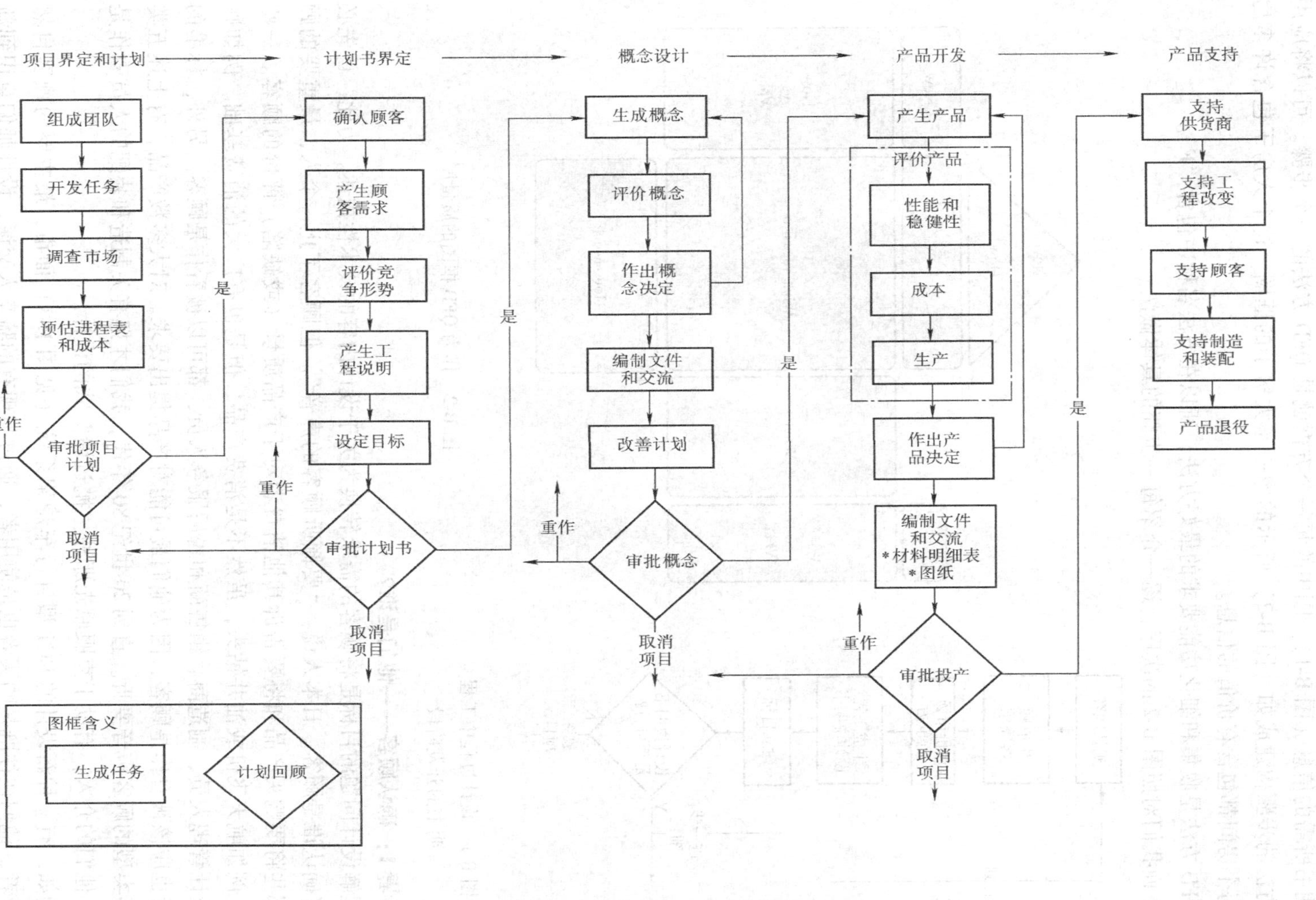

图A-1　机械设计过程框图

特征)，但你不能同时要求该汽车具体的气缸数（内在特征)。

QFD 方法是收集和细化功能要求的好方法，它帮助我们生成设计过程中所需的工程设计说明书所需的信息（图 B-1)。图中的每一个方框就是 QFD 方法的一个步骤。可以将应用 QFD 方法的步骤构建成如（图 B-2）所示的像一座大房子的框图，这个大房子包含许多房间，每个房间都包含有价值的信息。

QFD 方法是收集和细化功能要求的最好方法，所以在方法名称中包含“F”。

下面我们对照图 B-2 的次序，逐一介绍每一步骤的具体做法。

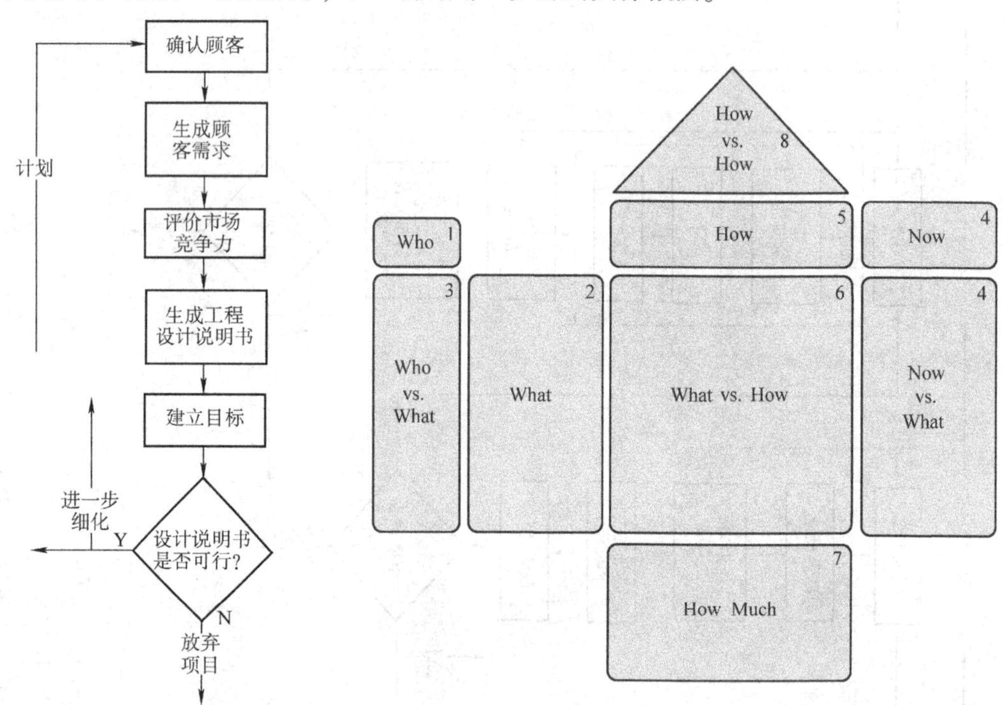

图 B-1　设计过程中工程说明书的开发阶段

图 B-2　作为 QFD 框图的质量屋

步骤 1：确认顾客——他们是谁?

理解设计问题的目标是将顾客的需求转换为关于设计内容的技术性描述。为此，首先必须很好确认谁是顾客。日本人说：“要倾听顾客的声音”。但顾客不止一个人，最重要的顾客是那些将要购买产品和将要告诉其他消费者对于产品质量（或缺陷）评价的顾客。一些产品，例如航天飞机或油井钻头，虽然不是消费产品，但是也有广大的消费基础。例如顾客、设计管理人员、制造商、销售商和售后服务人员，都可以被看作是顾客。另外，标准的制定者也应该被看作是顾客，因为他们最可能对产品提出要求。对大多数产品，有上述五类或更多类型的顾客声音要听。直到 20 世纪 80 年代，我们才把有关制造和装配的人员看作是顾客，他们的介入，有助于克服原先那种“抛过墙”式的设计。

例如，有一种新设计的 ECT 型自行车悬架系统（见图 B-3）面市，最主要的顾客自然是骑行者，他们往往既是购买者也是使用者，通过与现有的骑车人交谈，设计师们意识到新产品的骑行者有两类：一类是在街道上骑行，把自行车作为交通工具；另有一小部分人，他们

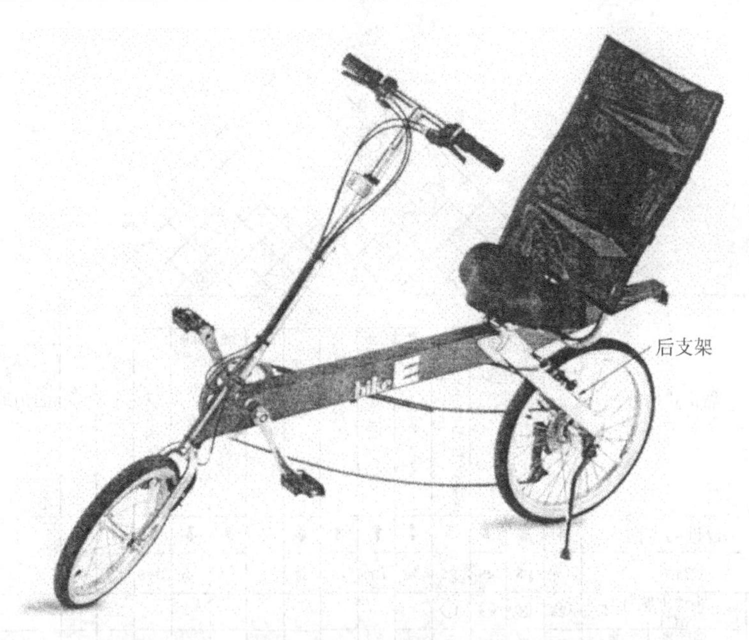

图 B-3　一种新设计的 ECT 型自行车悬架系统

不在柏油路上骑，而是在粗糙路面或小路上骑行。

另外，自行车商店的销售人员和维修人员（经常是同一批人）也是额外的顾客，这些人应该热心于销售这些产品，回答有关问题并且修理产品。

在公司内部，生产、安装工人和运输人员也是顾客。

步骤 2：确定顾客的需求——顾客想要什么？

一般情况下，顾客典型的需求是希望产品能够按预期正常工作，有长的使用寿命，便于维护，外观有吸引力，有最新的科技含量以及其他许多特点。

对于制造商，他们希望产品容易生产（包括制造和装配），采用易于取得的资源（人的技能、仪器和原材料），采用标准的零件和方法，用现有的设备，生产中产生最少的不合格零件。

对于市场销售人员，一般希望产品能够满足顾客的需求：容易包装、存储和运输；外观有吸引力；适于陈列。

关于顾客需求的分析，是一个非常重要和复杂的问题，我们将在本附录的最后进行专题讨论。

步骤 3：确定需求的相对重要性——谁对应什么？

可以通过对每个需求加权重的方法来解决，权重大小反映了要实现每个需求所要花费的努力、时间和金钱的多少。这里要解决两个问题：①这个需求对谁重要？②如何产生出评价不同需求重要性的标准？第一个问题的答案显然是顾客。但是顾客中还有不同的人，同一个需求对不同的人来说，重要性是不同的。

从 1～10 对需求打分，结果往往是所有需求都特别重要。

采用 100 个点分配权重的方法较为合宜。图 B-4 中是采用总和为 100 点的加权方法所得的结果。

步骤 4：辨别和评价竞争对手——别人现在是如何满足顾客需求的？

道路骑行者	销售、修理人员	什么	靠背式自行车悬架举例	怎样														现在 ◇靠背式自行车 ○仰卧式自行车 □山地车				
				街巷道路上的能量传递	街巷道路上最大的加速度	有最大2.5cm不平度路面的加速度	有最大5cm不平度路面的加速度	骑行者关注弹跳程度	骑行者体重范围	骑行者身高范围	#调整工具	#调整工具	弹簧刚度的变化范围	冲击的变化量	悬架系统的平均维护时间	人们喜欢悬架外观	附加的装配时间	1	2	3	4	5
			改进的方向	↓	↓	↓	↓	↓	↑	↑	↓	↓	↓	↓	↓	↑	↓					
			单位	%	gs	gs	gs	%	lbs	in	#	#	%	%	dys	%	min					
13	14	性能	街道上骑行的平滑性	◉	◉	○	○												◇	□○		
18	12	性能	消除冲击产生的震动	○	○	◉	◉											◇	○		□	
11	12	性能	没有弹跳	△				◉										□	○			◇
6	8	可调整性能	对不同体重的人易于调整						◉		◉								□	○		◇
4	11	可调整性能	对不同身高的人易于调整							◉	◉									□○		◇
10	6	可调整性能	易于调整骑座硬度									◉						◇○		□		
6	4	环境适应性	没有显著的温度影响										◉	◉							□○	◇
4	3	环境适应性	没有显著的灰尘影响										◉	◉							□○	◇
8	2	环境适应性	没有显著的水的作用										◉	◉								□◇
15	5	其他	易于保养						○	○	◉				◉					□	○	◇
4	15	其他	悬架外观													◉		◇		○		□
1	8	其他	易于制造														◉		□	◇○		
			靠背式自行车ECT	95.	0.4	1.6	3.0	0.0	100	6.0	0.0	0.0	0.0	0.0								
			山地车	35.	0.1	0.4	0.5	20.	30.	40.	2.0	1.0	0.0	0.0	30.		20.					
			仰卧式自行车	50.	0.1	0.7	0.9	40.	40.	6.0	1.0	1.0	0.0	0.0	45.		10.					
			令人满意的目标	30.	0.1	0.4	0.5	100	100	6.0	0.0	1.0	0.0	0.0	60.	90.	10.					
			令人不满意的目标	50.	0.2	0.7	1.0	50.	50.	3.0	1.0	1.0	0.0	0.0	30.	70.	20.					

图 B-4 ECT 型自行车悬架系统的质量屋

这一步骤的目标是要确定顾客从竞争对手那里得到需求上满足的程度。即使所说的悬架系统是一个新的设计，它也有竞争对手。研究已有产品的目的有两个：首先，能让你了解现有的技术是什么？其次，能看出对现有产品改进的机会。在一些公司中，这个现有技术被称作“竞争基准”，是理解设计问题的一个重要方面。在竞争基准中，每一个竞争产品都应该与顾客的需求相比较（现在对应什么）。对应顾客的每个需求，我们对别人现有的设计按照从 1 至 5 的等级划分：

1）产品根本没有满足需求。

2）产品满足了一点儿需求。

3）产品在一定程度上满足了需求。

4）产品满足了大部分需求。

5）产品完全满足需求。

这个步骤非常重要。因为它使我们了解了顾客从对手那里得到需求满足的程度，同时提供了对现有产品进行改进的机会。

在自行车悬架系统的实例中，选择了流行的悬臂梁产品（图 B-3 ECT 型自行车）作为竞争基准，设计团队采用问卷方式对它进行了评价，从骑行者那里得到的平均情况表示在图 B-4 的"什么"中，需要注意的一些重点是：

1）ECT 型自行车在街道上的骑行性能很差，但是即使是竞争者也没有更多地考虑在街道上的骑行者。

2）ECT 自行车有一个半刚性的后支架，虽然不能消除颠簸，但却宜于不同体重和身高的人使用。

3）无论是山地车还是具有竞争力的仰卧形式，都能很好地消除颠簸，而且便于不同体重和身高的人调整。

4）没有任何可调节性。

上述这些都是设计中要考虑的重要因素，特别是顾客认为非常重要的那些因素。

步骤 5：形成工程设计要求——如何使顾客的需求得到满足？

这一步的目标是要形成一系列的工程设计要求，这些要求是使用参数形式来表达并能够被测定，而且有指标。这些参数是顾客需求的度量。这里的一个重点是尽可能多地发现标定顾客需求的方法。

ECT 型自行车悬架的工程设计要求在图 B-4 中表示出来了。

步骤 6：把顾客的需求和工程设计要求联系起来——如何去测定各种性能。

采用一些特定的符号来表达某些参数和顾客需求之间的关系：

⊙ = 紧密相关

○ = 中等相关

△ = 弱相关

空 = 根本不相关

在图 B-4 中表示出了悬架系统此步骤的结果。

步骤 7：建立工程指标——多少就足够好？

这些指标用来评价产品的功能满足顾客需求的程度，首先要了解竞争对手的指标是多少，然后再确定自己新产品的指标应该是多少。

要得到竞争产品作为对比样本，并用同样的测试方法来测定这个样本。

在设计过程中早些确定指标是重要的，如果指标定得太严格，将会影响新想法的成功。一些公司在概念形成的过程中往往重新修订指标，最后才确定下来。他们初始指标的误差是 ±30%。

许多 QFD 讲义建议用一个数值表示所述的指标，但是在设计中经常不能精确地达到这个值。另外，例如，对一个越大越好的指标设为 50，那么 49 就不行吗？应该采用一个较模糊的确定指标的方法，来表达一个顾客（选出其中最挑剔的）喜欢或不喜欢的程度。例如，在图 B-4 中，工程设计要求“能量损耗在街道路面上”数值越小越好，而 ECT 型自行车损耗了 65% 的能量，这并不令人惊讶，因为它有一个半刚性的后支架；山地车损耗 35%，仰卧式自行车是 50%。将 50% 定为基准。设计者据此提出令人满意的指标为 30%，不满意的指标为 50%。

如果你定出的指标比竞争基准高很多，那就要提出疑问：是否你有了什么新技术，新发现，新概念？或者是你仅仅是比竞争者聪明？

步骤 8：确定工程需求之间的关系——互相之间是怎样相互倚赖的？

在图 B-4 上增加一个房顶来表示工程设计要求之间是互相关联的。当一个设计要求得到满足时，它可能会对其他要求产生正面或者负面的影响。

如果两个设计要求相互有关，则在交叉处用符号表示出：

# = 负面的影响	-1
× = 特别负面的影响	-3
⊙ = 特别正面的影响	9
○ = 正面的影响	3

这些符号可以用来分析设计要求之间的关系。

以上就是 QFD 方法和“质量屋”的全部内容。

这个方法最早可以追溯到 Pahl 和 Beitz 合著的《konstruktionslehre》一书中的“要求表”(Anforderungslists)，可以用来帮助设计者更好地理解设计问题。QFD 方法帮助我们将顾客的需求转换为定量的工程需求指标。

在 QFD 工作开展的初始阶段必须获得一些重要的信息，包括顾客需求、竞争基准和具有可测量的工程要求。

在理解问题阶段研究竞争对象对于寻找市场机遇和制定合理的指标都是有价值的。

下面，就“顾客需求分析”作一些专题讨论。

我们找到需求的目标不仅仅是使顾客满意，而且要刺激他们去购买产品并向别人推荐。Kano 的顾客满意度模型勾画出对应产品功能的顾客满意的情况；从反感到喜欢全部呈现出来（图 B-5）。图中的三条线分别表示了基本特征、性能特征和刺激特征。

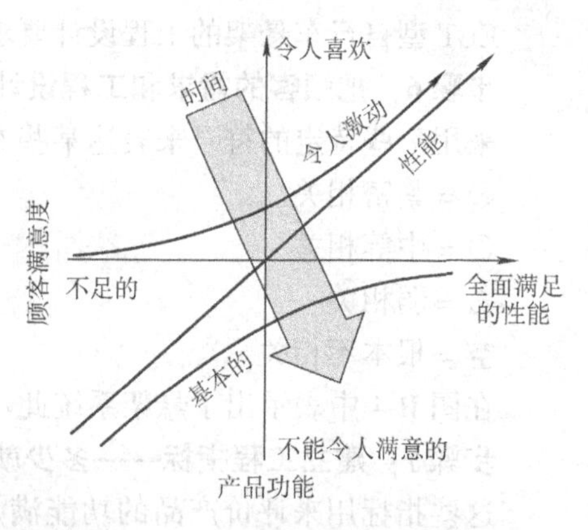

图 B-5　顾客满意度的 Kano 模型图

基本特征是指顾客不一定说出来的产品设想功能方面的需求。如果设计者没有考虑这些需求，顾客早晚也会想起他们。例如，自行车应该有刹车装置就属于基本特征，即使顾客没有说起，自行车也不能不用刹车。

性能特征是要用语言表达的，性能越好，产品就越好。这部分的需求是 QFD 方法的主要部分。例如，对于自行车刹车距离的要求就是一个明确的性能需求。一般说，刹车距离越短，顾客就越喜欢。

寻找具有刺激特征的需求。具有刺激特性的需求也被称为“wow 需求”。如果你去一个自行车商店，试骑一种带声控刹车的自行车，你一定会出乎意料，你对这个系统的反应一定会发出惊叹，如果系统工作良好，你一定会喜欢他。但是，如果谁也没有这个系统，你也不会觉得缺少了什么。因此，这是一种附加功能。

随着时间的流逝，刺激层面的需求会转变成为性能层面的需求，而且可能会转变成为基本层面的需求。例如汽车和有些消费品，当某个品牌上引入一个新的附加功能，顾客们都很惊喜；第二年，每个品牌都有了这个特性，而且有些性能还更优越；再过几年，这个特性已经不再在广告中出现了，因为它已经成为产品的基本特性了。

在 QFD 中，你要收集刺激性性能和需求的信息。这里介绍三种常用的方法：观察、统计和中心小组。

(1) 观察　大部分新产品都是对现有产品的完善，因此许多需求都可以通过观察顾客使用现有产品的情况来获得。例如，汽车制造商派工程师到销售中心去观察顾客将物品放入汽车的过程，从而了解对汽车车门的需求。

(2) 统计　一般用于收集特定的信息或者征求人们对定义明确的项目的意见。统计工作采用经过精心设计的调查问卷，通过邮件、电话或者面对面的座谈进行。统计特别适用于对再设计的新产品或者熟知的产品收集顾客的需求。对于原创型产品或者改进产品设计征求顾客意见最好采用中心小组的方法。

(3) 中心小组　这个方法是20世纪80年代发展起来的，用来帮助人们从精心挑选的潜在消费群体中获得顾客需求。此方法先要确定7～10个潜在的顾客，并且询问他们是否愿意参加关于新产品的讨论会。由设计团队中的一个人作为会议主席，另一人作记录员，最好能够将场景用录音或录象纪录下来。会议的目的在于找出要求设计哪些目前产品中还不具有的特性，因此就要求顾客的想像力。与会者首先利用相似产品的一些信息，然后询问已设计好的有关产品的性能特性和刺激性特性。会议主席的职责就是要通过提问引导讨论进行，而不是控制它。小组讨论要求主席的少量干预，因为与会者之间总指望有人引导，以免离题太远。在座谈中，会议主席要不断问“为什么?”，直到顾客用时间、成本、质量等形式表达出相关的信息，这是有助于得到有用信息的一种技巧。为了得到好的信息，需要经验、训练和与不同与会者的多次交流。经常是第一组提出的问题需要第二组来解决。要得到可靠的信息一般需要经过六次以上的会议。

在设计进程的后期，统计方法还可以用来收集对不同可选方案相对优势的对比意见。观察和中心小组的方法都可以用来提出设想，这些设想可能会成为供选择的方案，也可以用于对候选方案进行评价。所有这些收集信息的方式都要事先规划问题。用于统计的问题和答案都要正规化。统计和观察方法一般采用闭式问题（即预知答案的问题）；中心小组方法采用开放式问题。

不论采用哪种方法，下面的步骤将会有助于设计团队获得有用的数据：

1）确定需要的信息。将问题简化成一句描述需要信息的话，或保证收集一个以上的数据。

2）确定要用的数据的收集方式。以中心小组、观察或统计等数据收集方法为基础。

3）确定每个问题的内容。从每个问题中期望得到的答案的目标要写出来，每个问题应该有一个独立的目标。对于中心小组和观察方法不是所有问题都能做到这一点，但是对于独特的和关键的问题，一定要做到。

4）设计问题。每个问题都应该寻找那些没有偏见、不含糊、明确和简洁的信息。关键点在于：

不要假设顾客具有很多的常识；

不要使用行话；

不要引导顾客趋向你想要的答案；

不要将两个问题混在一起；

使用完整的句子。

问题可以采用下列四种形式之一：

- 是——不是——不知道（对中心小组不适用）；
- 列出选择顺序（1、2、3、4、5：非常同意、同意、可同意可不同意、不同意、完全不同意；或者A=绝对重要、E=特别重要、I=重要、O=一般、U=不重要），要保证每一种选择方式都全面（即要包含整个可能的范围，而且这些选择不能用含混的词）。这里举出的五个等级的例子已经证明很好用；
- 没有顺序的选择（a，b或c）；
- 分等级（a比b好，b比c好）。

好的问题是征询特性，而不是影响特性。特性表示出什么、哪里、怎样或什么时候。当人们描述时间、质量和成本时，应该列出什么、哪里、怎样或什么时候。

5）将问题排序。将问题排序成上下文，将有助于中心小组的与会者或参加统计的人工作有逻辑性。

6）产生数据。为生成有用的信息，常常需要重复使用一些数据。任何问题一经使用，就应该被认为是一次测试或验证性试验。

7）简化数据。一个顾客需求列表应该用顾客的语言表达，如“容易”“快”“当然”，或其他绝对性的词语。设计过程的后期要将这些语言转化为工程参数。表中的表达应该是正面的——顾客需要什么，而不要用顾客不需要什么。我们不是要得到一个坏的设计，我们需要一个好的设计（虽然如此，我们有时还需要了解一些缺点、反面的表述，并转为需求）。

为收集有关自行车悬架系统的信息，设计团队做了一个统计表并发给一些自行车拥有者。统计表中的一些问题如下：

问题1，你每周骑自行车的公里数是多少？（在最佳答案上画○）

1）<5km；

2）5～10km；

3）10～30km；

4）>30km。

问题2，你经常骑行的路面是什么？（在所有可能的答案上画○）

1）平坦的公路；

2）粗糙的公路；

3）砂砾路面；

4）裹有泥土的路；

5）林中小径。

问题3，如果你的自行车有一个后悬架系统，你会在什么样的路面骑行？（在所有可能的答案上画○）

1）平坦的公路；

2）粗糙的公路；

3）砂砾路面；

4）裹有泥土的路；

5）林中小径。

问题4，如果你的自行车有一个后悬架系统，你希望多长时间调整或维护它一次？认为保养就像你检查轮胎和给轮胎打气一样。（在你认为最合适的频率下面画○）

1）从不；

2）每3个月一次；

3）1个月一次；

4）1周一次；

5）每骑一次。

问题5，什么对你是最重要的？（排出1~5的顺序）

——减少路面上的颠簸（例如：粗糙路面，井盖）；

——能够吸收坑洼路面的冲击；

——较少的维护；

——很酷的外形；

——容易保养。

问题6，你的体重是__________kg。

问题7，描述一下你骑自行车去上班或去学校的情形。

（注意，这虽然不是一个问题，但是它引导顾客描述了他们的活动，而且能够发现许多他们对时间、成本和质量上的意见。）

顾客需求的主要类型如下表所示。

顾客需求的类型

功能要求	产品寿命周期
能量流	销售（运输）
信息流	维护
材料流	诊断性
操作步骤	可监测性能
运行程序	可维修性能
人的因素	可清洁性能
外表形态	安装性能
力和运动的控制	报废
控制的难易程度和感觉状态	资源
物理要求	时间
可用的安装空间	成本
物理性质	资金
可靠性	单位
失效的平均时间	仪器
安全性（伤害性的评估）	标准
	环境
	加工要求
	材料
	数量
	公司的生产能力

功能要求指那些描述产品期望功能的性能元素。虽然顾客不会用术语来表述功能，但他们常常通过能量流、信息流和材料流，操作步骤或顺序来描述。你对功能了解得越多，提出的要求就越完整。

任何我们看到、接触到、听到、品尝到、闻到或由我们控制的产品都有人的因素要求。它几乎包括在所有的产品中。一个常见的顾客需求就是产品“看起来很好”或者看起来它具有特殊的功能。团队成员在这些方面具有工业设计知识是十分重要的。另外的要求是有关能量流和产品与人之间的信息流。能量流主要是指力和运动，但也可能是其他形式。信息流需求用于轻松控制和感觉产品的状态。因此，人的因素要求也常是功能要求。

物理要求包括所需的物理性质和空间约束。一些物理性质常用质量（重力）、密度和光、热或电的传导性能（即能量流）的要求来表示。空间约束，即产品和其他已有物体之间如何适应。几乎所有新设计工作都受到其他不能改变的物体的物理干涉的影响。

《Time》杂志对质量作过一个统计，顾客关心的第二个重要问题就是“正常工作的持续时间”，或者说产品的可靠性。理解什么是顾客可接受的可靠度概念是重要的。在一些接近绝对的特殊情况下，产品可能只使用一次（如火箭），或者是一次性产品，不需要太高的可靠性。

可靠性还包括以下问题：当产品失效时会发生什么？安全性含义是什么？产品安全性和伤害评估对了解产品十分重要。

一个经常被忽略的要求就是有关产品生命周期的要求。在刚开始设计ECT型自行车时，其中一个由销售者提出的设计要求是自行车必须通过一个商业包装公司运输，这个公司对商品质量和尺寸有限制，它对产品设计有很大影响。如果这一点没有事先知道，那么事后的重新设计就在所难免。

对每一个设计项目，有限制的资源就是时间。时间要求可能来自顾客，更经常的是来自市场或制造的需要。有些市场是限定了时间的。例如，玩具必须在夏季的展示会上展出才能保证圣诞节时有订单；新款汽车样车应该在秋天展示。在20世纪60~70年代，施乐公司占据着复印机的大部分市场。但是，到了80年代，其地位已受到国内和日本公司的分割，施乐公司发现其中的问题之一是它的产品推向市场的时间是有些竞争者的两倍。幸运的是，施乐公司通过运用一些我们“设计学”的技巧，让他的工程师们不仅更快，而且更好地改变了被动的状况。

成本要求包含了产品设计的花费。例如，一辆福特汽车的设计成本占制造成本的5%。

标准表明了一般设计情况中的工程经验。规范一词也常用来代替标准使用。一些标准是信息的很好来源。另外一些标准属于法律约束，而且必须遵守，如ASME关于压力容器的相关标准。虽然在设计的前期，标准中的这些信息还没有引入到设计中来，但是适用于一般情况的有关标准知识对确定要求是重要的，而且在项目开始阶段就必须注意。

对于设计项目非常重要的标准包括三个方面：性能、测试方法和实践规范。许多产品都有性能标准，如安全带的强度、安全帽的耐用性和录音带的速度。

测试方法标准用于对性能的测定，如硬度、强度、冲击韧性这些机械工程中常用性能。许多测试方法是由相关的协会制定的，协会确定了检测性能的相关仪器和检测步骤的标准。此外，国家还规定了一些有关防火、安全等标准，所有产品必须符合这些标准。

实践标准给出了一些标准机械零件的设计参数，如压力容器、焊接件、电梯、管道和热交换器。

对设计团队来说，保证已经确定的一些环境要求在需求中体现是非常重要的。因为设计过程必须要考虑产品的全寿命周期，所以设计师有责任考虑产品在生产过程中、使用中和报废后对环境的影响。因此设计师不仅要考虑产品最后的处理，也要考虑在生产过程中产生的废物（无论是否有害）的处理。

一些生产或安装要求是用产品的设计数量和公司产品设计特点表述的。产品的生产数量往往决定了采用的制造工艺。如果仅仅是单件生产，采用特定工具的费用在许多方面都难以承担得起，应该尽可能选择通用零件。另外，每个公司都有其内部的加工资源，采用现有资源比到外面的公司加工更合算。这些因素必须从最开始就考虑。

附录 C TRIZ 创造发明问题求解原理性实例 40 则

1. 分割

1）把对象分割成若干独立部分。

2）把对象做成为可分段的。

3）提高对象的可分程度。

例如：①可拆分家具，组合式计算机原件，折叠尺；②花园浇花软管，可以按需要连接成任意需要的长度。

2. 抽出

1）抽出（取去或分出）对象中的“干扰”部分或性质。

2）经抽出只留下需要的部分或特性。

例如：用带式录音机产生惊吓飞鸟的声音，迫使它们离开飞机场。

3. 局部质量

1）把单一结构或外部环境（外部的作用）转化成非单一的结构。

2）使物体的不同部分实现不同的功能。

3）使物体的每一部分都具有完成该部分任务的最有利条件。

例如：①为了在煤矿中和尘埃作斗争，在钻机和装载机的工作头附近喷出一锥状细水雾，水雾越细，除尘效果越好。但细水雾妨碍工作。其解决方法是在锥状细雾的周围喷出一层粗水雾；②把铅笔和橡皮并成一体。

4. 不对称

1）用不对称形体代替对象的对称的形体。

2）如果对象已经是不对称的，加大其不对称程度。

例如：①轮胎一侧的强度比另一侧的高，以增大其承受与路旁隔栏冲撞的能力；②当湿沙由一个对称形漏斗流出时，在出口上面形成拱形，阻碍湿沙流动，而做成不对称形状的漏斗会完全消除这一成拱效应（见图 C-1）。

5. 连合

1）把空间几个单一的物体或预设的物体连合在一起，实现连锁的（相连的）工作。

2）在时间上把连锁的工作连合在一起。

例如：旋转式挖掘机的工作头有特殊的蒸汽喷嘴，在除霜冻的同时，使冻结的土壤软化。

6. 多用性

使一个设计对象能完成多种功能，从而减少一些其他装置的需求。

例如：①多用沙发，白天用作沙发，夜间用作床；②小型行李车椅，可以调节成坐椅、卧床或运物小车。

7. 套装

1）把一件物体放在另一件中，第二件又可以放在第三件中。

2）一件物体穿过另一件的空腔。

例如：①伸缩式天线；②套叠式坐椅（可以一个个叠放起来以便存放）；③内部储存铅芯的自动铅笔；

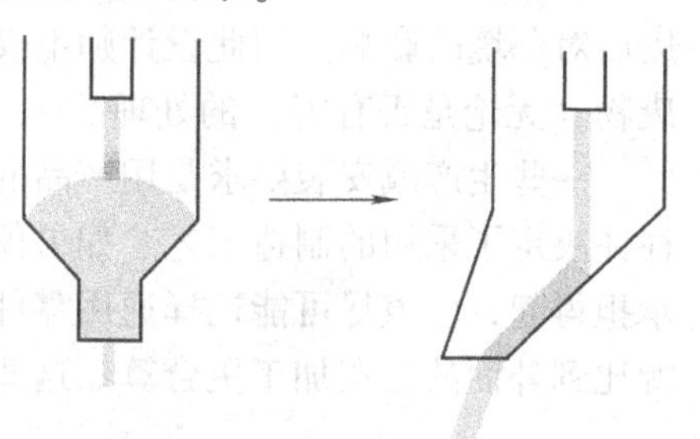

图 C-1　湿沙流出口的改进

8. 抵消或补偿

1）把物体与另一可提供提升力的物体相连抵消前一物体的质量。

2）由周围环境提供的气体动压力或流体动压力承托物体的质量。

例如：①水翼船；②有背翼的比赛汽车，以增大车对路面的压力。

9. 预加反作用

1）如果需要实现某一作用，考虑先施加一反作用。

2）如果设计任务中有一物体要受拉力，先施加反拉的力。

例如：①预应力混凝土柱或板；②强化轴——为了提高轴的强度，由若干层管子套起来制成轴，这些管子预先扭转一计算求得的角度。

10. 预操作

1）在事先全部或至少是局部实现要求的动作。

2）把物体安排最适当的位置，从这位置能即时进入工作状态，没有时间损失。

例如：①实用的刀片做成带有细窄槽，可以把磨钝的刀片部分掰下，重新得到锐利的切削刃；②瓶装的橡胶粘合剂，用时很难涂抹得平整均匀，而把它做成胶带纸，则用时很容易得到理想的效果。

11. 预先缓解

对可靠性较低的对象预先准备防范措施。

例如：为防止商店货品被偷，店主在货品上加一带有磁化的特殊标签板，为了顾客能带出所购货品，经出纳把磁化板消磁。

12. 等势性

改变工作条件使设计对象不必提高或降低。

例如：由工人在一检修坑中换汽车发动机机油，因而不需要昂贵的提升装置。

13. 反向

1）对某一在说明书中规定的操作改为相反的操作。

2）使设计对象或其外部环境中动的部分成为不动的，和使原来不动的变成动的。

3）把设计对象的上部转移到下面。

例如：用研磨的方法清洗零件时，用振动零件代替振动研磨剂。

14. 曲面化

1）用曲面部分代替直线或平面部分，用球状形体代替立方形体。

2）采用滚子、球和螺旋。

3）用旋转运动代替直线运动，运用离心力的作用。

例如：计算机鼠标利用球状的结构，把直角坐标二坐标轴运动转化为向量运动。

15. 动态化

1）使一设计对象或外部环境在工作的每一阶段能自动调整到最佳状态。

2）把一设计对象分为若干彼此能改变相互位置的单元。

3）如果一设计对象是不能动的，把它做成可动的或可替换的。

例如：①闪光灯的底座与灯头之间用柔性的S形管连接；②一运输用容器的本体为圆柱形，把容器做成由两个半圆柱形部分组成，用铰链连接成一体，可以开合，便于容器装满和放下物料。

16. 未达到或超过的作用

如果要100%达到所希望的效果是困难的，则稍微不足一些或超过一些的解决办法可使问题大大地简化。

例如：①在圆柱体外表面涂漆，可以把它浸泡在盛漆的容器中完成，取出后表面粘漆太多时，可通过快速旋转甩掉多余的漆；②要把金属粉末均匀地由料仓漏出，在漏斗内部有一个特殊通道，通道始终保持装满得超出一些，以保证压力接近定值。

17. 变化维数

1）把在沿直线运动物体的问题用二维运动（在平面内运动）的问题代替。同样，如果可能，把平面运动物体的问题用在空间运动的问题代替。

2）用设计对象的多层装配代替单层的。

3）使设计对象倾斜或改变其方向。

4）把影象投在物体的相邻面上或在它的反面。

例如：温室的北部设有凹面的反光设备，在白天反射阳光，以改善温室这部分的光照。

18. 机械振动

1）使设计对象处于振动状态。

2）如果振动存在，增加其频率，甚至达到超声。

3）利用共振频率。

4）使用压电振动代替机械振动。

5）使超声振动与电磁场耦合。

例如：①由铸件表面去掉型砂而不破坏其表面，可以用振动刀代替常用的手锯；②在浇铸时振动铸型以改进金属流动及铸件性质。

19. 周期性作用

1）用周期性或冲击性作用代替连续作用。

2）如果已经是周期性作用，改变其频率。

3）在冲击之间暂停作用以产生附加的作用。

例如：①用冲击扳手震松锈住的螺母，比用连续力好；②采用闪动的报警灯，比用连续不变的光更能引起注意。

20. 有效作用的连续性

1）实现不间断的工作时，设计对象的所有零件都应一直尽其全力地工作。

2）排除运动过程中的空转和间歇。

例如：设计钻头的切削刃，可以使前进和后退时都有切削作用。

21. 迅速处理

以很高的速度完成有害或危险的操作。

例如：用于薄壁塑料管的刀具为了防止在切削时管子变形，采用很高的转速（在管子有可能变形之前切好）。

22. 变有害为有益

1）利用有害因素或环境的有害影响以得到有益的效果。

2）采用与另一有害因素相结合的方法消除有害因素。

3）增加有害因素的作用直到它不再有害。

例如：①砂或砂石在运输时经过寒冷的气候区冻结。过冷（用液氮）使冰脆化，容易倒出；②用高频电流加热金属时，只有其外层被加热。这种不利的效应后来用于表面热处理。

23. 反馈

1）引入反馈。

2）如果已经有反馈，使之反向。

例如：①观测出口压力，压力过低时开动水泵，以保持水井压力；②水和冰的质量分别测量而必须合为一个准确的总质量。因为精确地配放冰是困难的，先测量冰的质量，并把此重量输进水的控制系统，以精确地配入所需水量；③用消除噪声装置提取噪声信号，改变其相位然后反馈回来以消除噪声源。

24. 中介物

1）使用中介物传递或执行动作。

2）把一物体暂时与另一容易移去的物体连接。

例如：当把电流引入液态金属时，为了减少能量损失，使用冷却的电极和有较低熔点的中间液体金属。

25. 自服务

1）使设计对象能自服务并执行补加的和检修的操作。

2）利用剩余的材料和能量。

例如：①为了在辗压滚子表面均匀涂布研磨材料和防止给料槽磨损，给料槽表面由相同的研磨材料制造；②电焊枪的焊条用一特殊装置送进。为简化此系统，用电磁线圈送进焊条，而这一线圈由焊接电流控制。

26. 复制

1）用简单、廉价的复制品代替复杂、昂贵、易碎或不易操作的装置。

2）用光学复制件代替物体或物体系统。

3）如果已采用了可见光复制件，用红外光或紫外光复制件来代替。

例如：高物体的高度可以由测量它的影象来求得。

27. 用廉价而寿命短的物体代替昂贵和寿命长的物体

综合考虑其他性能（如寿命），用一组廉价的物体代替一个昂贵的物体。

例如：①一次性尿布；②一次性使用的捕鼠器，包括装有诱饵的塑料管。老鼠由锥形入口进入捕鼠器，而入口壁有一定角度不允许老鼠跑出。

28. 机械系统的替代

1）用光学、声学或气味系统代替机械系统。

2）用电、磁或电磁场与对象发生感应。

3）场代替。①用运动场代替静态场；②固定场变为变化场；③由随机场变为确定场；④采用铁磁微粒的场。

例如：为增强塑料金属被覆层的粘合，在电磁场中加工，对金属加力。

29. 采用气动或液压构造

用气体或液体代替对象的固体零件，这些零件可以用空气或水作为膨胀介质或用空气或水静压减震。

例如：①为了增加工业烟囱抽风力，安装了带有多个喷口的螺旋形管，当空气开始流经喷嘴时，产生一个空气挡壁，使阻力减小；②在船运易碎产品时，采用空气囊或泡沫材料。

30. 柔性膜或薄膜片

1）用柔性膜片或薄膜代替通常的构造。

2）用薄膜或较薄的膜使物体与外界环境隔绝。

例如：为了避免植物叶表面因蒸发而失去水分，施用聚乙烯喷射，片刻后聚乙烯硬化而改善了植物生长。因为聚乙烯膜透氧性比透水蒸气好。

31. 使用多孔材料

1）使物体成为多孔结构或采用附加的多孔元件（插入件、覆盖件、涂层等）。

2）如果物体已是多孔的，进一步把一些物质充入孔中以改进其性质。

例如：为了避免冷却剂被泵吸入机器，对机器的一些部分充入多孔材料（多孔粉末材料浸入冷却液）。冷却液在机器工作时蒸发，保证在短时间内得到均匀冷却。

32. 改变颜色

1）改变设计对象或其周围物体的颜色。

2）改变设计对象或其周围物体的半透明度。

3）对难以观察到的对象或工艺过程加入有颜色的添加物。

4）如果已经使用了这种添加物，使用能产生发光轨迹的添加物或零件来追踪。

例如：①使用透明的绷带，不必取下绷带就可以观察到伤口；②在轧钢机旁边设计有水幕以保护生产工人不致感到太热。但是水幕只能隔开红外线，而由融化的钢发出的亮光能够很容易地穿透水幕。水中加入颜色可以在保持透明的同时起过滤作用。

33. 同质性

使设计的对象与相互作用的原物体用相同材料或与其性能相近的材料制成。

例如：磨粒送料器表面由与通过料斗的物料相同的材料制成，可使其表面不断得到修复而不致磨坏。

34. 零件的抛弃与修复

1）当一物体的某一元件已经完成了它的使用功能而变为无用时，抛弃或修改该元件（如报废、取消或“蒸发”）。

2）立刻修复装置的任何损耗部分。

例如：①在开枪射击后子弹壳跳出；②多级火箭助推器在实现其功能后脱离。

35. 变换对象的物理或化学状态

改变物质的聚集状态，改变其密集度、柔性程度、温度。

例如：在一个用于脆性易碎物的系统中，进给螺旋机构的螺旋表层由弹性材料制造，用两个螺旋弹簧。为了控制工艺过程，螺旋的螺距能够微调。

36. 改变物相

在实现物质物相转变的过程中出现一种效应。例如，散出或吸收热量过程中改变体积。

例如：为了使管子加肋，把它们充满水并冷却到结冰温度，产生膨胀。

37. 热膨胀

1）利用材料受热时的膨胀或收缩。

2）利用热膨胀系数不同的各种材料。

例如：控制温室顶窗开关，用双金属板连接到窗户上。当温度变化时，板将弯曲使窗户开启或关闭。

38. 利用强氧化剂

1）用富氧空气代替普通空气。

2）用氧气代替富氧空气。

3）用离子化辐射处理空气或氧气。

4）用离子化氧气。

例如：为了使氧乙炔炬中产生更多热量，充进氧气以代替空气。

39. 惰性环境

1）用惰性气体环境代替正常环境。

2）工艺过程在真空中进行。

例如：为了避免棉花在仓库中着火，在运输和储存过程中对棉花用惰性气体处理。

40. 复合材料

用复合材料代替单质材料。

例如：军用飞机的机翼用塑料与碳纤维复合材料制造，以得到高强度和低质量。

附录D 德国“设计学”习题十例

课外作业1 载重车装载系统的开发

为了用载重车运输成件物品，需要开发一个如图D-1所示功能的装载系统。为了卸下成件物品，必须进行如下操作：物品可以用手工从载重车的车箱底板上移动到后挡板的平面上，应用动作机构将其降到地面上，最后从后挡板上将物品取下；装载过程顺序相反。

本作业要求设计后挡板的运动机构及其能量流的操控。

所设计的装载系统应满足如下要求：

1）用锁紧的垂直位置后挡板围成装载空间。

2）后挡板在水平和垂直位置之间摆动。

3）水平位置的后挡板可在车箱底板边缘和地面之间运动。

为了用手操纵运动机构，应该采用一套操纵单元，用来进行后挡板的运动操作。

课外作业2 运输车制动系统设计

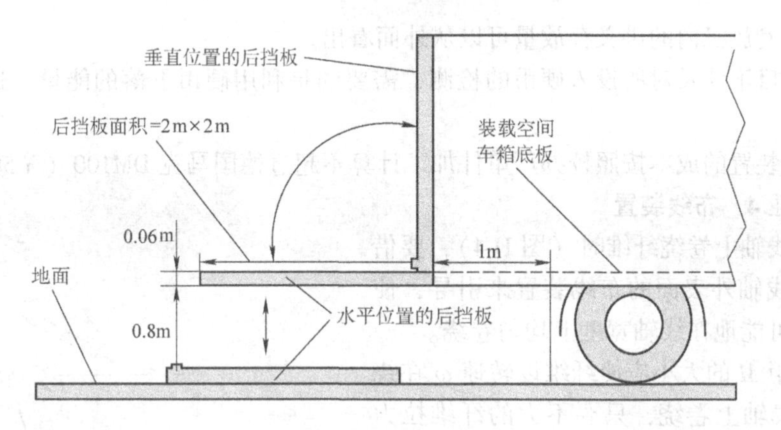

图 D-1　作业示意图

图 D-2 所示为装有两个转向轮和两个支撑轮的运输车，需要为运输车设计制动系统，这个系统由一个操纵单元和一个作用于支撑轮的制动单元组成，两个转向轮不制动。

支撑轮由一个支架、一个装有滑动轴承的轮子和一根轴组成，参见示意图，支架与车固结，轮子安装在轴上。

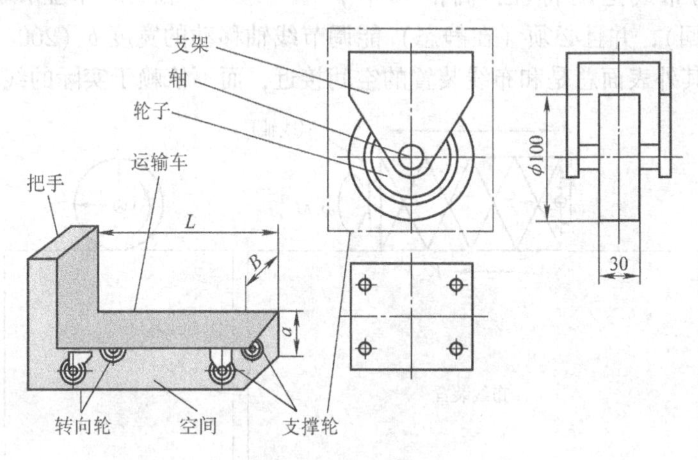

图 D-2　作业示意图

为使运输车制动，应装置一个有机械连接的制动单元，操纵单元必须通过小车的把手用手握住实现操作。出于可靠性的考虑，当手放开操纵单元时，运输车立刻处于制动状态。当手握住操纵单元时，制动系统才松开，运输车才能自由移动。

课外作业 3　讲义自动发放机

为使学生随时可得到讲义，需要开发一种通用的、可补给的讲义自动发放机，它应该在投入一定量的硬币后给出一份讲义。这个发放机是固定安装的。以下为设计要求：

1）自动发放机的地基面积为 600mm×600mm，高度不超过 1m，如图 D-3 所示。

2）用不超过 100N 的脚蹬力和不超过 150mm 的脚蹬行程操作。

3）不需外部能源。

4）讲义存放库中可以放入一个机械储能装置。

5）自动发放机可以存取 A4（297mm×210mm）厚 5～25mm 的讲义。

6）讲义从上面取出。

7）自动发放机内的讲义存放量可以从外面看出。

8）本题目不涉及对所投入硬币的检测，需要的是利用硬币下落的能量，通过预置的总数来计量；

9）整个装置的成本按照校办厂单件加工计算不超过德国马克 DM100（¥500.00）。

课外作业 4　布线装置

在一个线轴上卷绕纤维时（图 D-4），要借助一个贴近线轴外表面的布线装置来引导，使得纤维最大可能地在线轴宽度上均匀卷绕。

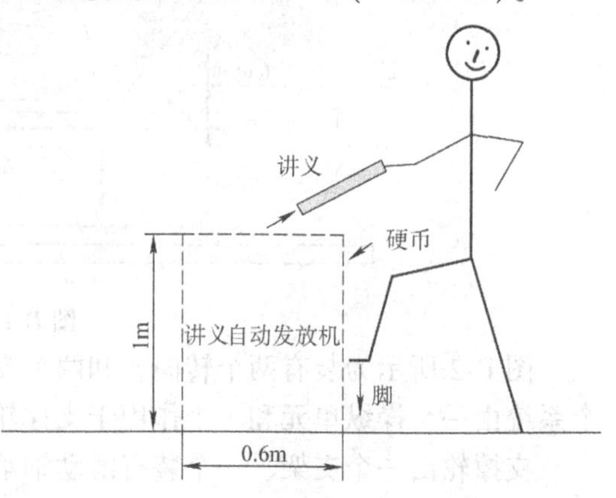

图 D-3　作业示意图

工作力矩 M 的大小应使纤维以转速 ω 在绕 x 轴旋转的线轴上卷绕，只要不大的纤维拉力来张紧纤维就可以。布线装置必须安排在图示空间内，纤维以近似常数的速度 v_x 在 x 方向引导。纤维绕至线轴两端时，布线运动必须换向，此时，制动和加速运动必须尽可能小。布线装置必须有相应的布线运动特征，高的频率 f（约每秒 10 个来回），并且必须（在静态）能调节线轴移动的宽度 b（200～300mm）。线轴在 y 方向应该使其外表面总是和布线装置的空间接近，而不依赖于实际的线轴直径。

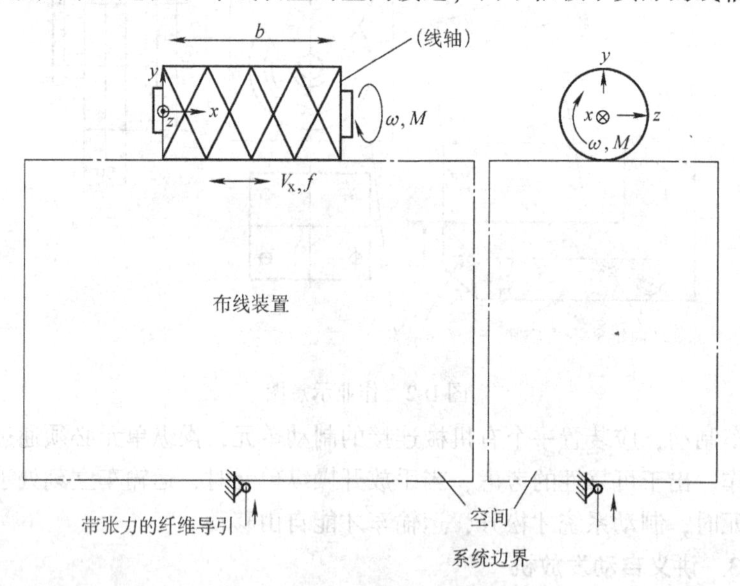

图 D-4　作业示意图

课外作业 5　纸箱机分张和纸板引导系统

开发一个纸箱机的分张和纸板引导系统的功能原理，实现纸板的分张和运输。其中的进纸单元堆放纸板，分张和引导单元按张将纸板送入输送单元。进纸单元从上面放入纸板，从下面逐张输出，可以根据纸板厚度的不同进行调节。

课外作业 6　洗手液输出器

开发一个洗手液输出器的功能原理。洗手液放在罐子里，用手操作，操作杆行程不超过 40mm，洗手液供给量只要很少，并可以调节和关断。

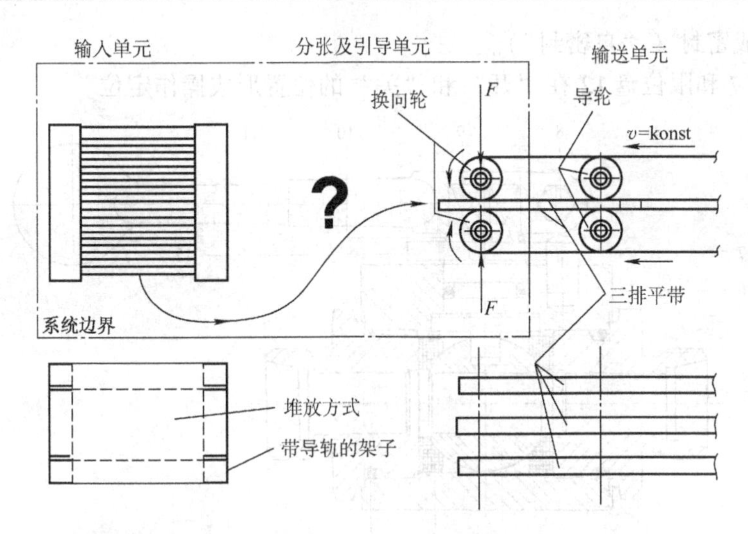

图 D-5 作业示意图

课外作业 7 比萨饼成形机

开发比萨饼成形机功能原理。这台机器应能制作如图 D-7 所示的比萨饼，尺寸为：

（1）“小比萨饼”：直径 25cm，厚 4mm（生面团约 230g）。

（2）“双料比萨饼”：直径 35cm，厚 4mm（生面团约 460g）。

生面团事先做成近似立方体的形状，撒上干粉，输入机器，以免粘结。生面团用手通过漏斗状的装置送入机器，这个漏斗可以放置在机器的任意位置。成形的比萨饼可以通过一个连续运转的输送带送出，漏斗和输送带应放置在不同侧。在成形过程中不应该有生面块散落。

作为驱动单元，这台机器还应有一台带有联轴器的电动机，电动机有一定的转速和力矩，联轴器的两个输出端都为标准轴伸。

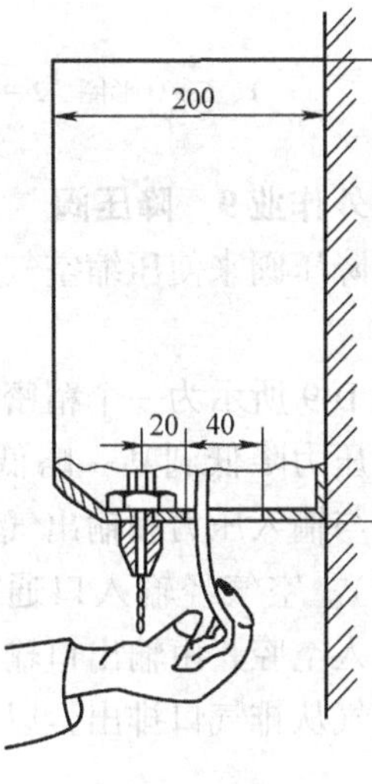

200
400
20 40

图 D-6 作业示意图

课外作业 8 球阀

常常用球阀来作为开、断液体的装置。它可以迅速而轻松地操作，而且在开通时只有很小的液体阻力。图 D-8 所示为球阀的截面图。

球阀的原理很简单，不必在此细说，仅作如下提示：

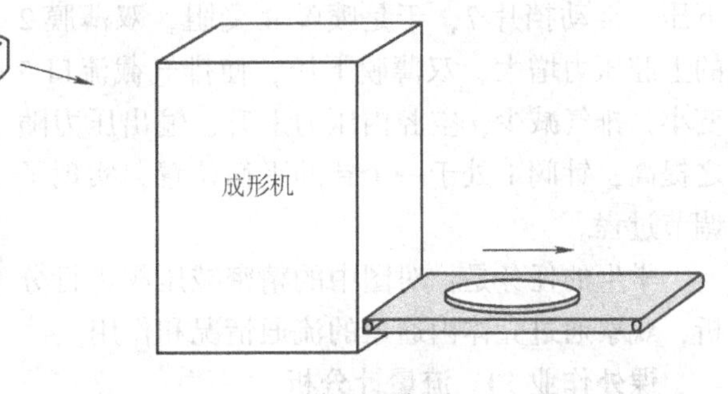

图 D-7 作业示意图

1）操作球阀时，向轴头施加转矩，由一个扁方头插入球上的长槽内传动。扁方头和槽之间缝隙很小，而长度方向的缝隙较大。这样，可以使球阀在关断时不发生向下的移动（球浮动），流体压力将均匀地形成密封（“自密封”）。

2）定位销7和限位盘12在“开”和“关”的位置形成操作定位。

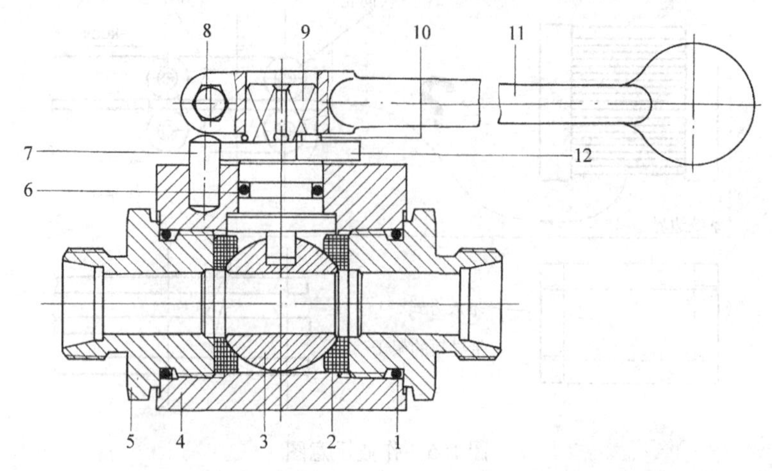

图 D-8 球阀截面图

1、6—O 形圈 2—密封垫 3—球 4—壳体 5—连接头 7—定位销 8—螺钉、螺母 9—轴头 10—卡圈 11—开关手柄 12—限位盘

课外作业9 降压阀

用降压阀来使压缩空气的压力降低，并保持常压。

图D-9所示为一个精密降压阀的构造，可以把输入压力降低到某一略低些的额定输出压力，并使其与输入压力和输出气体流量无关（但有一定精度）。空气经输入口通过截流阀6，降低压力后进入空腔，由输出口输出，排气截流口5使少量空气从排气口排出，以使空腔内压力保持稳定值。

如果出现输入压力变小或输出流量变大，造成输出压力变小，就用手轮进行调节，使膜片3下压，推动挡片7，于是喷嘴4受阻，双薄膜2的上腔压力增大，双薄膜下压，使排气截流口5变小，排气减少，空腔内压力上升，输出压力随之提高，针阀1处于一个新的平衡位置，实现了调节过程。

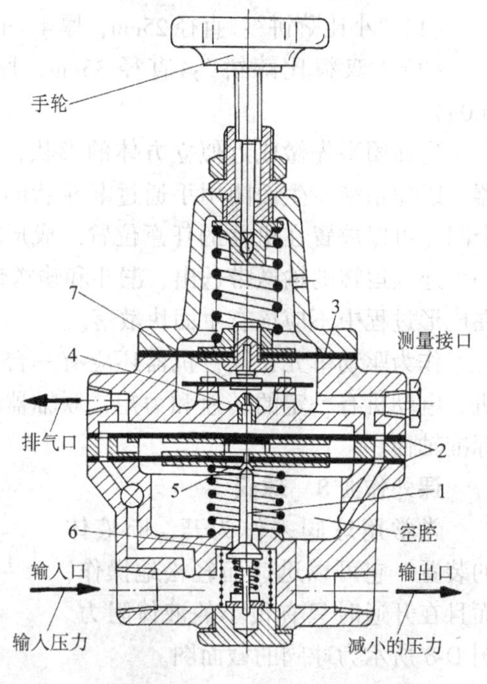

图 D-9 降压阀构造图

1—针阀 2—双薄膜 3—膜片 4—喷嘴 5—截流口 6—截流阀 7—挡片

学生的任务是：对图中的精密减压阀进行分析，观察通过壳体内通道的流通情况和作用。

课外作业10 流量计分析

流量计用来计量所用流体的耗费量（例如：所用水和气的耗费量，加油站油箱的油料抽取量）。图D-10所示为流量计的结构示意图，由椭圆齿轮、磁性联轴器、定标变速器和一个转动计数器组成。

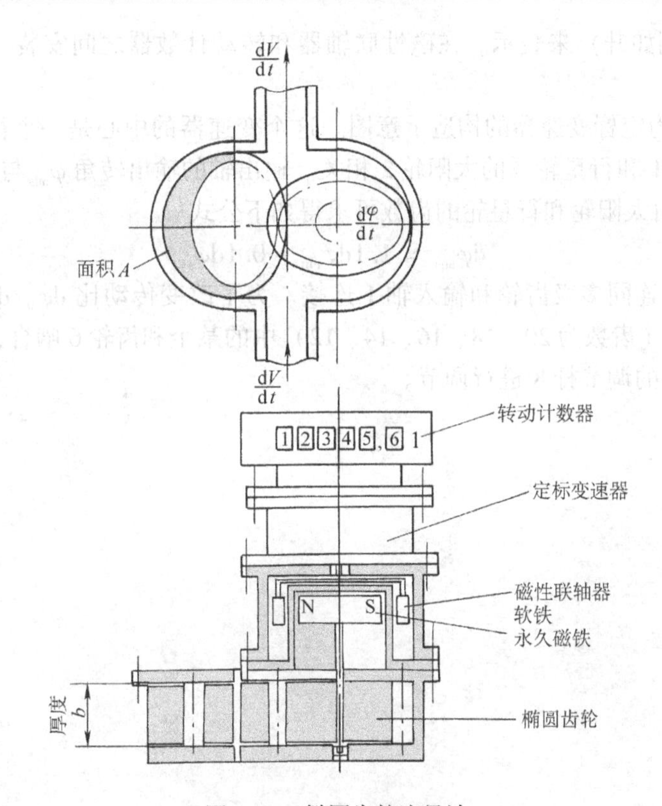

图 D-10 椭圆齿轮流量计

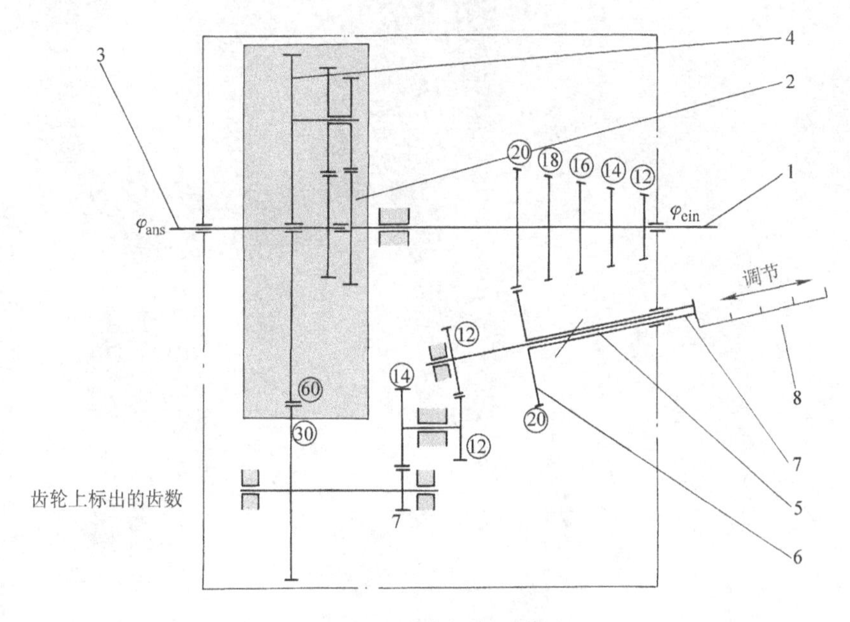

图 D-11 定标变速器

1—输入轴 2—太阳轮 3—输出轴 4—系杆 5—滑键 6—齿轮 7—滑套 8—调节杆

两个椭圆齿轮是外啮合的，流体强迫它们作旋转运动。椭圆齿轮回转一周，相应于一确定的流体体积（把椭圆齿轮非线性的流量看作近似的线性流量 $V = k\Delta\varphi$）。

一个椭圆齿轮的转动通过严格的密封，用磁性联轴器传给外面的转动计数器，其中体积用适当的单位（例如升）来表示。在磁性联轴器和转动计数器之间安装一个小的可调变速比的定标变速器。

图 D-11 所示为定标变速器的构造示意图。这个变速器的中心是一个行星传动。输入转角 φ_{ein}通过输入轴 1 和行星轮系的太阳轮 2 相关。输出轴的输出转角 φ_{aus}与行星轮系的系杆 4 的转角 φ_{st}有关，由太阳轮和行星轮的齿数可求得如下公式

$$d\varphi_{aus} = 1.1d\varphi_{ein} - 0.1d\varphi_{st}$$

系杆 4 通过外啮合连同多级齿轮和输入轴 1 连接。为了改变传动比 $d\varphi_{st}/d\varphi_{ein}$，可以选配并联齿轮，5 个齿轮（齿数为 20、18、16、14、12）中的某个和齿轮 6 啮合，就有一种不同的速比，通过带标尺的调节杆 8 进行调节。

参考文献

1 周复光主编．铲土运输机械设计与计算．北京：水利电力出版社，1986
2 詹启贤主编．自动机械设计．北京：中国轻工业出版社，1987
3 汤瑞编．轻工自动机．上海：上海交通大学出版社，1985
4 徐祥和主编．电子精密机械设计．北京：国防工业出版社，1986
5 章日晋，张立乃，尚凤武编．机械零件的结构设计．北京：机械工业出版社，1987
6 陈南平等编．机械零件失效分析．北京：清华大学出版社，1988
7 蔡泽高等编著．金属磨损与断裂．上海：上海交通大学出版社，1985
8 徐灏编著．机械设计．沈阳：东北工学院出版社，1987
9 牟志忠编著．机械零件可靠性设计．北京：机械工业出版社，1988
10 吴宗泽主编．机械结构设计．北京：机械工业出版社，1988
11 金属切削机床设计编写组．金属切削机床设计．上海：上海科学技术出版社，1985
12 曹金榜主编．现代设计技术与机械产品．北京：机械工业出版社，1987
13 诸乃雄编．机床动态设计原理与应用．上海：同济大学出版社，1987
14 赵江洪编译．普通人体工程学．长沙：湖南科学技术出版社，1988
15 许喜华编．工业造型设计．杭州：浙江大学出版社，1986
16 付家骥编著．价值分析在产品设计中的应用．北京：机械工业出版社，1986
17 和田忠及著．机械设计的构思．北京：机械工业出版社，1986
18 牧野昇，渡边茂编．新技术、新产品—108 个实例．北京：电子工业出版社，1986
19 （日）伊东谊待编．现代机床基础技术．吕伯诚译．北京：机械工业出版社，1987
20 （美）E. J. 豪格等著．实用最优设计．郁永熙等译．北京：科学出版社，1985
21 （日）北郷　薫著．工程设计学基础．彭晋龄等译．北京：机械工业出版社，1989
22 （美）D. J. 奥博尼著．人类工程学及其应用．岳从凤，孙仁佳译．北京：科学普及出版社，1988
23 Pahl，G. Beitz，W. Konstruktionslehre. Berlin：Springer，1986
24 Koller，R. Konstruktionslehre fur den Maschinenbau. Berlin：Springer，1985
25 施东成主编．轧钢机械设计方法．北京：冶金工业出版社，1991
26 邹家祥等编．轧钢机现代设计理论．北京：冶金工业出版社，1991
27 陈淑连，黄日恒编著．机械设计方法学．北京：中国矿业大学出版社，1992
28 邹慧君主编．机械运动方案设计手册．上海：上海交通大学出版社，1994
29 汤瑞编著．轻工机械设计．上海：同济大学出版社，1994
30 许成林主编．包装机械原理与设计．上海：上海科学技术出版社，1988
31 黄尧民主编．机械 CAD. 北京：机械工业出版社，1995
32 王学浩编．摩擦学概论．北京：水利电力出版社，1990
33 沈心敏等编．摩擦学基础．北京：北京航空航天大学出版社，1991
34 卢玉明编．机械零件的可靠性设计．北京：高等教育出版社，1983
35 刘善维．机械零件的可靠性优化设计．北京：中国科学技术出版社，1993
36 机械工程手册电机工程手册编辑委员会．机械工程手册：机械设计基础卷．北京：机械工业出版社，1996
37 机械设计编委会编．机构设计．北京：机械工业出版社，1993
38 现代机构手册编委会编．现代机构手册．北京：机械工业出版社，1994

39　赵少汴编著．抗疲劳设计．北京：机械工业出版社，1994
40　王仁智，吴培远编著．疲劳失效分析．北京：机械工业出版社，1992
41　王学颜，宋广惠编著．结构疲劳强度设计与失效分析．北京：兵器工业出版社，1992
42　Committee on Engineering Design Theory and Methodology. Improving Engineering Design——Designing for Competitive Advantage. Washington D. C：National Academy Press，1991
43　David G. Ulman，The Mechanical Design Process，McGraw-Hill Companices，Inc.，2003
44　Kevin N. OttO，Kristin L. Wood. Product Design. 北京：清华大学出版社，2004

机械设计学　第3版

（黄靖远等主编）

信息反馈表

尊敬的老师：

您好！感谢您多年来对机械工业出版社的支持和厚爱！为了进一步提高我社教材的出版质量，更好地为我国高等教育发展服务，欢迎您对我社的教材多提宝贵意见和建议。另外，如果您在教学中选用了本书，欢迎您对本书提出修改建议和意见。

一、基本信息

姓名：________　性别：______　职称：________　职务：__________

邮编：________　地址：____

任教课程：___________　电话：________—________（H）________（O）

电子邮件：_________________________________　手机：___________

二、您对本书的意见和建议

（欢迎您指出本书的疏误之处）

三、您对我们的其他意见和建议

请与我们联系：

100037　机械工业出版社·高教分社　刘编辑收

Tel：010—88379712，88379715，68994030（Fax）

E-mail：lxh@mail.machineinfo.gov.cn